항공종사자를 위한

비행의 원리

| 진원진 지음

BM (주)도서출판 성안당

■ **도서 A/S 안내**

성안당에서 발행하는 모든 도서는 저자와 출판사, 그리고 독자가 함께 만들어 나갑니다.

좋은 책을 펴내기 위해 많은 노력을 기울이고 있습니다. 혹시라도 내용상의 오류나 오탈자 등이 발견되면 "좋은 책은 나라의 보배"로서 우리 모두가 함께 만들어 간다는 마음으로 연락주시기 바랍니다. 수정 보완하여 더 나은 책이 되도록 최선을 다하겠습니다.

성안당은 늘 독자 여러분들의 소중한 의견을 기다리고 있습니다. 좋은 의견을 보내주시는 분께는 성안당 쇼핑몰의 포인트(3,000포인트)를 적립해 드립니다.

잘못 만들어진 책이나 부록 등이 파손된 경우에는 교환해 드립니다.

저자 문의 e-mail : jwonjin@hanmail.net(진원진)
본서 기획자 e-mail : coh@cyber.co.kr(최옥현)
홈페이지 : http://www.cyber.co.kr   전화 : 031) 950-6300

머리말
PREFACE

항공기가 하늘을 나는 원리는 **항공역학**(aerodynamics)과 **비행역학**(flight mechanics)이라는 학문을 통하여 이해할 수 있다. 항공역학은 공기(air) 흐름의 형태와 공기가 항공기 주위로 흐를 때 나타나는 양력과 항력이라는 힘이 발생하는 원리를 다룬다. 그리고 양력과 항력뿐만 아니라 추력·중력·원심력 등도 항공기에서 발생하거나 항공기에 작용하는데, 항공역학은 이러한 주제를 연구한다. 비행역학은 이러한 다양한 힘들에 의하여 비행이라고 일컫는 항공기의 운동이 발생하는 원리를 설명하는 학문이다. 또한, 안정적으로 비행하는 항공기의 성능과 조종사가 원하는 방향으로 원활하게 조종되는 항공기의 성능도 비행역학의 주제에 포함된다.

이 책, **비행의 원리**는 **항공 관련 학문에 입문**한 독자 또는 **항공 분야에 종사**하는 독자를 대상으로, **비행역학**에서 다루는 주제를 중요한 **기본 개념 위주**로 집필되었으며, 총 4개의 Part와 15개의 장으로 구성되었다.

Part I의 주제는 **비행역학의 기초**로서 비행의 원리를 공부하기에 앞서 알아 두어야 할 공학 단위와 기본 물리법칙에 관한 내용을 담았다. 또한, 양력·항력·중력·추력 등 항공기에 작용하는 여러 가지 힘의 특징과 이러한 힘들의 관계를 설명하는 데 필요한 항공기의 기본 운동방정식에 대하여 살펴보았다.

Part II에서는 항공기의 **비행성능**에 관하여 기술하였다. 항공기, 특히 고정된 날개로 비행하는 고정익기가 이륙·상승·순항(수평비행)·선회·하강 및 활공·착륙 단계를 거치면서 고정익기에 작용하는 힘들의 관계는 변화하는데, 이를 비행 단계별 비행운동 방정식으로 설명하였다. 그리고 비행속도·양항비·고양력장치 등 고정익기의 비행성능에 영향을 미치는 요소에 대해 알아보고, 이를 통하여 비행성능을 개선하는 방법을 소개하였다.

항공기의 가장 중요한 성능은 양력과 추력으로, 공중에 떠서 나아가는 것이다. 하지만 항공기의 형상과 항공기를 조종할 때 작동하는 조종면이 적절하게 구성되지 않으면 비행하는 동안 자세가 불안정해지거나, 원하지 않는 방향으로 비행할 수 있다. 그러므로 항공기의 **안정성과 조종성** 역시 매우 중요한 성능인데, 이에 대해서는 **Part III**에서 다루었다.

날개에서 발생하는 양력으로 비행하는 고정익기뿐만 아니라, 회전날개를 회전시켜 양력과 추력을 얻는 회전익기, 즉 헬리콥터도 항공기에 포함된다. 따라서 헬리콥터가 공중에서 자유자재로 비행이 가능한 원리와 회전날개에서 발생하는 다양하고 독특한 공기역학적 현상을 **Part IV 헬리콥터 비행원리**에서 설명하였다.

비행역학은 물리적 개념과 수학적 표현을 토대로 하지만, 이 책은 **비행역학의 기본 개념**을 독자들에게 쉽게 전달할 수 있도록 복잡한 수학적 표현은 최소화하고, 기본 개념 설명에 필수적인 주요 공식과 수식만을 수록하였다. 특히, 필자가 항공역학과 비행역학 수업에서 만나는 **학생들이 이해하기 어려워하는** 개념들에 대해서는 보다 자세한 설명을 덧붙였다.

그리고 독자들이 본문의 내용에서 **중요 개념과 정의**를 쉽게 학습할 수 있도록 해당 부분을 **볼드체**로 표시하였다. 그리고 볼드체로 설명한 중요 내용을 각 장의 마지막 부분에 다시 **요약 정리**하였으며, 이를 토대로 만들어진 **연습문제**로 독자들이 스스로 반복 학습할 수 있게 함으로써 이해도와 학습효과를 높일 수 있도록 하였다. 또한, **항공산업기사**의 항공역학 과목에서 출제되었던 **최근 기출문제**도 첨부, 실력 점검을 할 수 있도록 구성하였다.

또한, 비행원리의 개념을 좀 더 현장감 있게 독자들에게 설명하기 위하여 다양한 매체에서 활용이 가능한 수천 장의 **항공기 관련 사진**을 검토하여 가장 적합한 컷을 게재하기 위해 많은 노력을 기울였다. 세계의 다양한 기관에서 일반에게 공개한 사진과 저자가 사용허가를 받은 개인 촬영 사진은 아래에 **사진 출처와 촬영자 이름을 기재**하였다. 반면에, 유료 포토 사이트에서 구매하여 게재한 사진은 본문에서 출처를 따로 명시하지 않았다.

항공기는 인류가 만든 가장 복잡하지만 아름다운 기계로, 위험하게 생각되지만 실제로는 가장 안전한 운송수단 중의 하나이다. 사실, 인류는 항상 하늘을 나는 비행에 대하여 매료되어 왔다. 이 책이 독자들이 항공기와 비행의 원리를 더욱 폭넓게 이해하는 데 도움이 되기를 바란다. **항공기와 비행을 향한 독자들의 끊임없는 관심과 열정을 응원**한다.

2022년 2월
저자 진원진

차례 CONTENTS

머리말 ... iii

PART 1 비행역학의 기초

Chapter 1 기본 물리 개념 ... 3
- 1.1 개요 ... 4
- 1.2 기본 물리량 ... 4
- 1.3 물리량과 단위 ... 5
- 1.4 상태량과 단위 ... 15
- 1.5 벡터 ... 18
- 1.6 기본 물리법칙과 유체역학의 기본 공식 ... 22
- Summary ... 33
- Practice 연습문제 및 기출문제 ... 35

Chapter 2 항공기에 작용하는 힘 ... 37
- 2.1 4가지 기본 힘 ... 38
- 2.2 중량 ... 39
- 2.3 양력 ... 39
- 2.4 항력 ... 47
- 2.5 추력 ... 57
- 2.6 중력 ... 64
- 2.7 마찰력 ... 65
- 2.8 구심력과 원심력 ... 66
- Summary ... 68
- Practice 연습문제 및 기출문제 ... 70

Chapter 3 항공기의 기본 운동방정식 … 73

- 3.1 항공기의 자세 각도 … 74
- 3.2 기본 운동방정식 … 77
- 3.3 양항비 … 80
- 3.4 추력 대 중량비 … 82
- 3.5 필요추력과 이용추력 … 82
- 3.6 필요동력과 이용동력 … 87
- Summary … 92
- Practice 연습문제 및 기출문제 … 93

PART 2 비행성능

Chapter 4 이륙 … 99

- 4.1 이륙 … 100
- 4.2 이륙속도 … 100
- 4.3 최대이륙중량 … 103
- 4.4 이륙거리 … 104
- 4.5 이륙활주 운동방정식 … 105
- 4.6 이륙활주거리 계산식 … 106
- 4.7 이륙활주거리의 단축 … 108
- 4.8 고양력장치 … 112
- 4.9 피치 트림 조절 … 118
- Summary … 121
- Practice 연습문제 및 기출문제 … 123

Chapter 5 상승비행 … 125

- 5.1 상승비행 … 126
- 5.2 상승비행 운동방정식 … 126
- 5.3 상승률 … 129

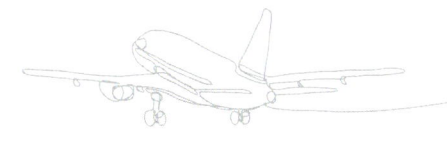

5.4 잉여추력 ········· 129
5.5 잉여동력 ········· 130
5.6 고도 상승과 비행성능 ········· 130
5.7 상승한계 ········· 135
- Summary ········· 138
- Practice 연습문제 및 기출문제 ········· 139

Chapter 6 순항비행 141

6.1 순항비행 ········· 142
6.2 순항비행 운동방정식 ········· 143
6.3 순항비행방식 ········· 144
6.4 최장시간 순항조건 ········· 145
6.5 최장거리 순항조건 ········· 150
6.6 항속시간 및 항속거리 ········· 153
6.7 항속시간 ········· 154
6.8 항속거리 ········· 160
- Summary ········· 166
- Practice 연습문제 및 기출문제 ········· 168

Chapter 7 선회비행 171

7.1 선회비행 ········· 172
7.2 pull up 비행 ········· 178
7.3 pull down 비행 ········· 179
7.4 loop 비행 ········· 180
7.5 하중배수 ········· 186
7.6 V-n 선도 ········· 187
- Summary ········· 196
- Practice 연습문제 및 기출문제 ········· 198

Chapter 8 하강 및 활공 비행 — 201

- 8.1 하강비행 — 202
- 8.2 하강비행 운동방정식 — 202
- 8.3 하강률 — 203
- 8.4 하강비행 잉여추력과 잉여동력 — 204
- 8.5 수직하강비행 — 205
- 8.6 활공비행 — 206
- Summary — 211
- Practice 연습문제 및 기출문제 — 212

Chapter 9 착륙 — 215

- 9.1 착륙 — 216
- 9.2 착륙속도 — 216
- 9.3 착륙 받음각 — 217
- 9.4 최대착륙중량 — 218
- 9.5 계기착륙장치 — 219
- 9.6 착륙 플레어 — 220
- 9.7 측풍착륙 — 222
- 9.8 윈드시어와 마이크로버스트 — 223
- 9.9 착륙거리 — 224
- 9.10 착륙활주 운동방정식 — 225
- 9.11 착륙활주거리 계산식 — 226
- 9.12 착륙활주거리 단축 — 227
- 9.13 오버런 — 228
- 9.14 감속장치 — 229
- Summary — 236
- Practice 연습문제 및 기출문제 — 238

PART 3 안정성과 조종성

Chapter 10 안정성의 개요 및 정적 세로 안정성 — 243
- 10.1 안정성의 개요 — 244
- 10.2 트림 — 244
- 10.3 안정성의 구분 — 245
- 10.4 정적 세로 안정성 — 249
- Summary — 266
- Practice 연습문제 및 기출문제 — 269

Chapter 11 정적 가로 안정성 및 정적 방향 안정성 — 273
- 11.1 정적 가로 안정성 — 274
- 11.2 정적 방향 안정성 — 285
- Summary — 294
- Practice 연습문제 및 기출문제 — 296

Chapter 12 동적 안정성, 고속 안정성과 실속 — 299
- 12.1 동적 안정성 — 300
- 12.2 동적 세로 안정성 — 300
- 12.3 동적 가로 및 방향 안정성 — 302
- 12.4 고속 안정성 — 312
- 12.5 실속 — 317
- Summary — 325
- Practice 연습문제 및 기출문제 — 327

Chapter 13 조종성 — 331
- 13.1 조종 — 332
- 13.2 조종계통 — 338

13.3 키놀이 조종 ··· 341
13.4 옆놀이 조종 ··· 346
13.5 빗놀이 조종 ··· 353
13.6 조종력 감소 ··· 356
• Summary ·· 362
• Practice 연습문제 및 기출문제 ·· 364

PART 4 헬리콥터 비행원리

Chapter 14 헬리콥터 구조와 조종   371

14.1 헬리콥터의 개요 ··· 372
14.2 헬리콥터에 작용하는 힘 ··· 373
14.3 헬리콥터의 종류 ··· 378
14.4 회전날개계통 ··· 383
14.5 헬리콥터 조종 ··· 386
• Summary ·· 396
• Practice 연습문제 및 기출문제 ·· 398

Chapter 15 헬리콥터 공기역학   401

15.1 회전날개 공기역학 ·· 402
15.2 헬리콥터 공기역학 ·· 412
• Summary ·· 431
• Practice 연습문제 및 기출문제 ·· 433

■ 참고문헌 ·· 436
■ 찾아보기 ·· 438

Principles of Flight

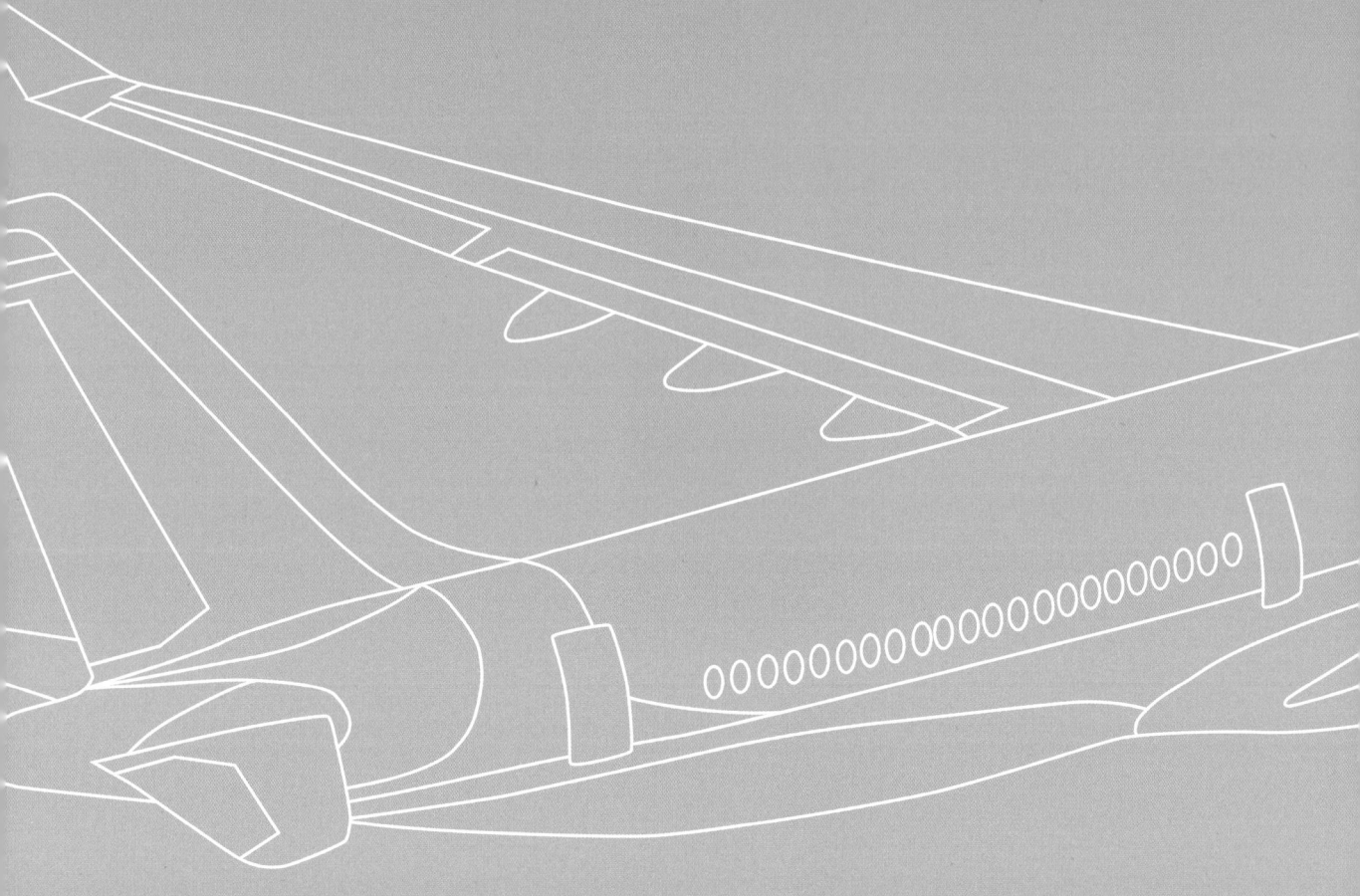

Principles of Flight

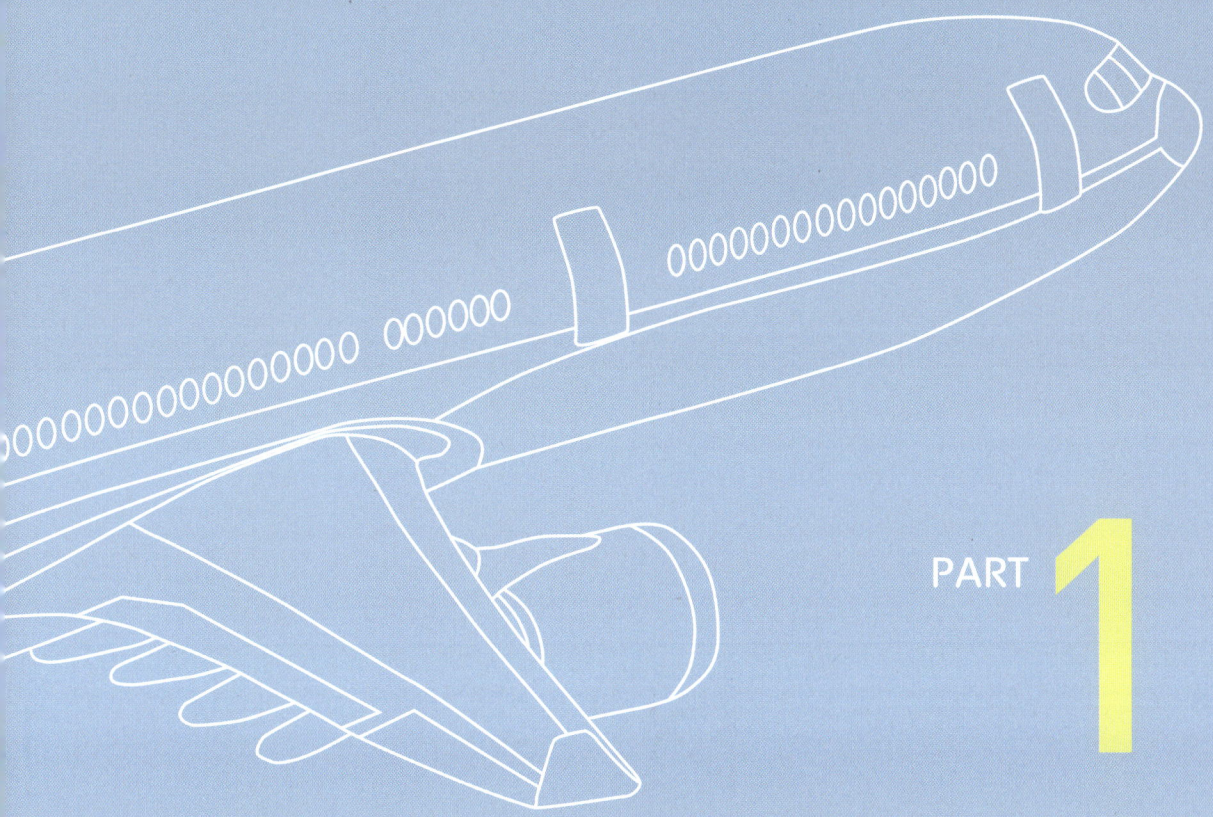

PART 1

비행역학의 기초

Chapter 1　기본 물리 개념
Chapter 2　항공기에 작용하는 힘
Chapter 3　항공기의 기본 운동방정식

Principles of Flight

대형 여객기로 분류되는 Boeing 747-8i. 중량이 450 t이 넘는 이 무거운 항공기가 4개의 엔진에서 발생하는 1,200,000 N이 넘는 추력으로 하늘에 떠서 10 km 이상의 높은 고도에서 910 km/hr의 빠른 속도로 14,000 km 이상의 먼 거리를 비행하는 동안에 다양한 힘들이 항공기에 작용하거나 항공기에서 발생한다. 이렇게 운동하는 물체는 관성의 법칙, 가속도의 법칙, 작용-반작용의 법칙 등 뉴턴의 운동법칙의 지배를 받는다. 그리고 항공기라는 물체는 비행이라는 운동을 한다. 그러므로 항공기의 비행과 연관된 힘의 관계를 설명하는 비행역학은 뉴턴의 운동법칙, 즉 물리학의 고전역학에 기초를 두고 있다.

CHAPTER 1

기본 물리 개념

1.1 개요 | 1.2 기본 물리량 | 1.3 물리량과 단위 | 1.4 상태량과 단위 | 1.5 벡터
1.6 기본 물리법칙과 유체역학의 기본 공식

1.1 개요

이 책은 항공기가 비행하는 동안 항공기에서 발생하거나, 항공기에 작용하는 다양한 힘의 관계와 이러한 힘들에 의한 항공기의 운동을 공부하는 **비행역학**(flight mechanics)의 주제를 다룬다. 비행역학에서 항공기 운동의 개념은 물리적 정의(definition)와 법칙(law) 그리고 방정식(equation)으로 표현된다. 또한, 정의, 법칙, 방정식 또는 공식은 속도·압력·밀도 등 다양한 **물리량**(physical quantity)과 물리량의 크기를 표현하는 **단위**(unit)로 나타낼 수 있다.

비행역학의 기본 원리는 물리학자 **뉴턴**(Isaac Newton, 1643~1727)이 정립한 **고전역학**(classical mechanics)에 근간을 두고 있다. 고전역학은 물리학(physics)의 한 종류로, 물체에 힘이 작용할 때 발생하는 물체의 운동에 관한 학문이다. 질량 보존의 법칙, 운동량 보존의 법칙, 에너지 보존의 법칙이라는 **기본 물리법칙**과 관성의 법칙, 가속도의 법칙, 작용-반작용의 법칙의 **뉴턴의 운동법칙**이 고전역학의 주요 내용이다. 그리고 고전역학의 법칙을 통하여 양력과 중력, 추력과 항력 등 항공기에서 발생하거나 항공기에 작용하는 힘, 그리고 이에 따른 항공기 운동, 즉 비행의 중요 개념을 설명할 수 있다.

또한, 기본 물리법칙에서 도출된 연속방정식, 운동량 방정식, 베르누이 방정식 등 **유체역학의 기본 공식**으로 항공기와 비행에 연관된 여러 가지 물리적 현상의 원인과 결과를 설명하고 예측한다. 따라서 비행의 원리를 본격적으로 공부하기에 앞서 비행역학 및 항공기의 운동과 연관된 다양한 물리량과 단위, 기본 물리법칙, 그리고 유체역학의 기본 공식 등에 대하여 살펴보는 것이 중요할 것이다.

1.2 기본 물리량

[표 1-1]은 F-35A 전투기의 제원표이다. 이 항공기가 얼마나 크고 무거운지, 얼마나 빠르고 멀리 비행할 수 있는지는 항공기의 크기와 무게 그리고 성능에 대한 제원을 검토하면 알 수 있다.

이 책에서는 항공기의 길이, 폭, 날개면적, 중량, 속도, 상승률 등 다양한 종류의 물리량이 등장한다. **물리량은 객관적으로 측정할 수 있는 양**(quantity)으로 정의되는데, 측정된 수치값과 물리적 **단위**로 표현된다. 즉, F-35A의 최대속도는 '360 m/s'로, 이는 360으로 측정된 수치값과 그 값의 많고 적음의 기준을 나타내는 m/s라는 속도 단위로 구성된다.

이렇게 다양한 물리량은 기본 물리량의 조합으로 이루어져 있다. 기본 물리량은 질량(mass), 길이(length), 시간(time), 전류(electric current), 온도(temperature), 몰(분자)질량(molar mass), 그리고 광도(luminous intensity) 등 7가지인데, 이 중 비행역학에서 주로 활용되는 **기본 물리량**

[표 1-1] F-35A 제원(specification)

구분	값[단위]	구분	값[단위]
길이	15.7[m]	최대이륙중량	31,751[kgf]
폭	11[m]	최대속도	360[m/s]
높이	4.4[m]	최대항속거리	2,800[km]
날개면적	43[m²]	실용상승한도	15,000[m]
공허중량	13,290[kgf]	상승률	200[m/s]

은 질량(M)·길이(L)·시간(T)이며, **국제단위계**(SI unit)와 **영국단위계**(British unit)에 따른 단위는 다음과 같다. 면적은 m²이므로 길이의 제곱으로, 부피는 m³이므로 길이의 세제곱으로 이루어지므로 면적과 부피 또한 길이라는 기본 물리량으로 정의할 수 있다.

[표 1-2] 기본 물리량과 단위

기본 물리량	SI 단위	영국단위
질량(M)	킬로그램[kg]	파운드[lb]
길이(L)	미터[m]	피트[ft]
시간(T)	초[s]	초[s]

1.3 물리량과 단위

(1) 속도와 가속도

기본 물리량을 조합하여 복잡하고 다양한 물리량을 나타낼 수 있다. 예를 들어 항공기의 **속도**(velocity, V)는 일정 시간 동안 이동한 거리, 즉 시간당 길이의 변화이므로 '길이÷시간'으로 정의하고, 단위는 m/s 또는 ft/s로 나타낸다.

$$속도(V) = \frac{거리 \text{ 또는 } 길이(l)}{시간(t)}$$

SI 단위: $\left[\frac{\text{m}}{\text{s}}\right]$ 영국단위: $\left[\frac{\text{ft}}{\text{s}}\right]$

가속도(acceleration, a)는 일정 시간 동안 속도의 변화, 즉 시간당 속도의 변화로 정의되므로 '속도÷시간'이고, 단위는 $\frac{\text{m/s}}{\text{s}}$, 즉 $\frac{\text{m}}{\text{s}^2}$ 또는 $\frac{\text{ft}}{\text{s}^2}$로 나타낸다.

$$가속도(a) = \frac{속도(V)}{시간(t)}$$

SI 단위: $\left[\dfrac{\text{m}}{\text{s}^2}\right]$ **영국단위:** $\left[\dfrac{\text{ft}}{\text{s}^2}\right]$

아울러 가속도는 시간에 대한 속도의 변화율이므로 수학적으로 다음과 같이 속도를 시간에 대하여 미분하여 가속도를 나타낼 수 있다.

$$a = \frac{d}{dt}V$$

(2) 운동량

활주로에 착지한 뒤 활주 중인 항공기를 완전히 멈추게 할 때에는 항공기가 클수록, 항공기의 활주속도가 빠를수록 정지시키기 힘들다. 즉, **운동하는 물체의 크기**(질량)**와 속도에 비례하는 물리량을 운동량**(momentum)이라고 하고, '질량 × 속도'로 정의한다. 질량이 크거나 속도가 빠른 경우, 물체의 운동량이 크다고 표현한다.

$$운동량(p) = 질량(m) \times 속도(V)$$

그러므로 운동량의 단위는 kg·m/s 또는 lb·ft/s로 나타낸다.

SI 단위: $\left[\text{kg}\dfrac{\text{m}}{\text{s}}\right]$ **영국단위:** $\left[\text{lb}\dfrac{\text{ft}}{\text{s}}\right]$

운동량 보존의 법칙(the law of conservation of momentum)**은 물체에 외부의 힘이 작용하지 않으면 운동량, 즉 속도는 일정하다**는 것이다. 이를 다르게 표현하면, 물체에 힘이 작용하면 운동량 또는 속도는 변화한다고 할 수 있다.

(3) 힘

앞서 정의한 바와 같이, 힘은 물체의 운동량을 변화시킨다. 정지한 물체가 힘을 받으면 움직이면서 속도가 발생하고, 지속적으로 힘을 받으면 움직이는 속도가 증가하여 가속도가 발생한다. 따라서 운동량(p)은 질량(m)과 속도(V)의 곱으로 정의된다.

$$p = mV$$

힘(force, F)**은 시간에 대하여 운동량을 변화시키는 물리량**이다. 이를 수학적으로 표현하면 **힘은 운동량을 시간에 대하여 미분한 것이다**$\left(F = \dfrac{d}{dt}p\right)$. 이는 운동량을 정의하는 속도를 시간에 대하여 미분한 것과 같은데, 속도를 시간에 대하여 미분하면 가속도가 된다$\left(\dfrac{dV}{dt} = a\right)$.

$$F = \frac{d}{dt}p = m\frac{d}{dt}V = m\frac{dV}{dt} = ma$$

그러므로 힘은 다음과 같이 정의할 수 있다.

$$힘(F) = 질량(m) \times 가속도(a)$$

한편, 물체에 작용하는 힘은 여러 가지가 존재한다. 항공기에서 발생하거나 항공기에 작용하는 힘은 양력·중력·추력·항력 등이 있기 때문에 앞의 공식에 나타난 힘은 여러 가지 힘의 **알짜힘**(net force, ΣF)으로 정의하고, 일정 질량(m)을 가진 항공기가 알짜힘으로 가속도(a) 비행을 한다고 해석해야 한다.

$$\Sigma F = ma$$

항공기가 추력을 발생시키며 비행 중일 때, 기체에서는 **항력**(drag)이 발생한다. 추력은 항공기를 비행 방향으로 나아가게 하는 힘이지만, **항력은 항공기가 비행 방향으로 나아가지 못하게 방해하는 힘**이다. 그러므로 추력과 항력은 서로 반대 방향으로 작용한다. 그런데 항력의 크기만큼 추력을 발생시키고 있다면 두 힘의 크기는 같지만 방향은 반대이므로 항공기에 작용하는 **알짜힘은 0이 된다**($\Sigma F = 0$). 따라서 가속도도 0이 되고, 항공기는 가속도가 없는 일정한 속도, 즉 **등속비행**(steady flight)을 하게 된다.

위의 공식은 물리학자 뉴턴에 의하여 정의되었기 때문에 **뉴턴의 가속도법칙** 또는 **뉴턴의 제2법칙**이라고 한다. 이 공식은 비행역학뿐만 아니라 과학사에서 가장 중요한 공식 중 하나이다.

그리고 힘은 질량과 가속도의 곱이므로 단위는 $kg\frac{m}{s^2}$인데, 힘을 물리적 의미로 정의한 뉴턴의 업적을 기리기 위하여 N(newton)으로 나타내기도 한다.

SI 단위: $\left[kg\frac{m}{s^2}\right] = [N]$ **영국단위**: $\left[lb\frac{ft}{s^2}\right]$

[그림 1-1] 비행 중 추력(T)과 항력(D)이 같으면 $\Sigma F = 0$이고, 가속도 $a = 0$이므로 등속비행을 한다.

(4) 중량

물질의 고유한 양을 **질량**(mass)이라고 하고 일반적으로 얼마나 무거운지를 나타내는 척도, 즉 **무게**(weight)와 같은 개념이라고 생각할 수 있다. 그런데 질량과 무게는 공학적 관점에서 보면 서로 다른 물리량이다.

무게는 질량이 있는 물체에 중력(gravity)**이 작용할 때 발생하는 물리량**이고, 이런 이유로 **중량**이라고도 한다. 우리가 체중계 위에 올라가면 몸무게의 값이 지시되는데, 이는 우리 몸에 중력이 작용하여 아래로 향하는 힘이 발생하고 이 힘이 체중계를 눌러 몸무게의 값이 나타나는 것이다. 덩치가 큰 사람은 질량이 크므로 더 큰 힘으로 체중계를 누르게 된다. 즉, **중량은 힘과 같은 물리량**으로 볼 수 있다. 단, 힘은 질량과 가속도의 곱으로 정의되지만, 중량은 질량과 중력가속도의 곱으로 정의된다. **중력가속도**(gravitational acceleration, g)**는 물체에 작용하는 중력에 의하여 물체가 낙하할 때의 가속도**로, 고도가 높아질수록 중력의 영향이 작아지므로 중력가속도의 값도 작아진다.

표준대기 해면고도 기준으로 중력가속도의 값 $g = 9.80665 \text{ m/s}^2$인데 일반적으로 $g = 9.8 \text{ m/s}^2$로 나타내고 영국단위계로는 $g = 32.2 \text{ ft/s}^2$이다. 따라서 질량이 있는 물체는 중력이 없으면 중량은 '0'으로 정의된다. 즉, 우주선의 무중력 상태에서 체중계로 몸무게를 측정하면 중량이 없다. 따라서 질량은 중력과 관계없이 일정한 물리량인 반면, 중량은 중력의 크기에 따라서 달라진다.

앞서 설명한 바와 같이, **무게 또는 중량은 질량에 중력가속도를 곱하여 정의**된다.

$$중량(W) = 질량(m) \times 중력가속도(g)$$

여기서, 중량의 단위는 kgf(킬로그램중) 또는 lbf(pound force)이다. 그리고 단위의 'f'는 중력가속도 $g = 9.8 \text{ m/s}^2$ 또는 $g = 32.2 \text{ ft/s}^2$이다. 따라서 중량의 단위인 kgf는 다음과 같이 표현할 수 있다.

$$1 \text{ kgf} = 1 \text{ kg} \times 9.8 \text{ m/s}^2 = 9.8 \text{ kg} \cdot \text{m/s}^2 = 9.8 \text{ N}$$

$$1 \text{ lbf} = 1 \text{ lb} \times 32.2 \text{ ft/s}^2 = 32.2 \text{ lb ft/s}^2$$

즉, 중량은 힘과 같은 물리량을 가지고 있으므로 중량의 단위를 힘의 단위로 변환할 수 있다. 다시 말해 중량의 SI 단위 1 kgf는 9.8 N에 해당한다. 그러나 일반적으로 무게 또는 중량은 kgf로, 힘은 N으로 나타낸다. 그러므로 우리가 몸무게를 말할 때 kg이라는 단위를 쓰는데, 실제로 우리 몸무게는 중량이기 때문에 kgf로 표현하는 것이 정확하다.

(5) 에너지와 일

힘을 물체가 움직이게 하는 것이라고 하면, 힘의 원천은 **에너지**(energy, E)라고 할 수 있다. 즉, **에너지는 물체가 운동을 하게 하는 능력**으로 정의된다. 자연계에는 열에너지, 원자력 에너지, 전자기장 에너지 등 다양한 에너지가 있는데, 비행역학에서는 운동에너지와 위치에너지 등 역학적 에너지를 중심으로 다룬다.

물체에 힘을 가하면 에너지가 물체로 전달되어 물체가 움직이게 된다. 따라서 에너지의 크기는 물체에 얼마나 큰 힘이 가해지고, 이에 따라 물체가 얼마나 멀리 움직이는지를 통하여 정의된다.

그런데 **일**(work, W)**의 정의 또한 물체에 힘을 가하여 물체를 움직이게 하는 것**이다. 그러므로 에너지는 일을 발생시킨다. 예를 들어 전기자동차는 전기에너지로 움직이고 일을 한다. 물체에 힘을 가했을 때 물체가 움직이면 일을 한 것이지만, 힘을 가했음에도 불구하고 물체가 움직이지 않으면 물리적으로 한 일이 없는 것이다. 반대로 일이 에너지를 만들어 낼 수도 있다. 항공기 엔진의 터빈이 회전하는 일을 하여 전기에너지를 만들어 내는 것이 그 예라고 할 수 있다. 그러므로 **일과 에너지는 서로 전환되기 때문에 같은 물리량**으로 간주한다.

에너지와 일은 물체에 가해진 힘과 물체가 이동한 거리로 표현하므로 다음과 같이 물체에 가해진 힘과 힘이 가해진 방향으로 물체가 움직인 거리를 곱하여 정의한다.

$$일(W) \text{ 또는 } 에너지(E) = 힘(F) \times 거리(L)$$

그리고 에너지와 일의 SI 단위는 N·m인데, 줄여서 J(joule)이라고도 하고, 영국단위는 ft·lbf이다.

SI 단위: [N·m] = [J]   **영국단위**: [ft·lbf]

일(에너지)의 단위인 J은 다음과 같이 기본 물리량으로 표현할 수 있다.

$$[J] = [N \cdot m] = \left[kg \frac{m}{s^2} \cdot m \right] = \left[kg \frac{m^2}{s^2} \right]$$

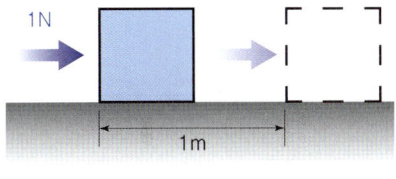

1J = 1N × 1m

[그림 1-2] 에너지(일)의 정의

(6) 모멘트

모멘트(moment, *M*)는 **물체를 회전시키는 힘을** 말하는데, **회전력** 또는 **토크**(torque)로 표현하기도 한다. 회전중심을 기준으로 물체가 회전할 때 물체에 작용하는 힘(F)이 클수록, 회전중심부터 힘의 작용점까지의 거리(L)가 멀수록, 즉 모멘트 암(moment arm)의 길이가 길수록 회전력은 증가한다. 그러므로 회전력은 '힘 × 거리 또는 모멘트 암'으로 나타낸다.

$$\text{모멘트}(M) = \text{힘}(F) \times \text{거리}(L)$$

그런데 회전력은 앞서 설명한 일 또는 에너지와 같은 물리량이지만 서로 구별하기 위하여 단위는 J(joule)이 아닌 N·m를 사용한다.

SI 단위: [N·m]   **영국단위**: [ft·lbf]

항공기가 비행할 때 무게중심(center of gravity, *cg*)을 기준으로 기수가 들리거나, 반대로 내려가는 모멘트가 발생하는데, 이를 **키놀이 모멘트**(pitching moment)라고 한다. 또한, 항공기를

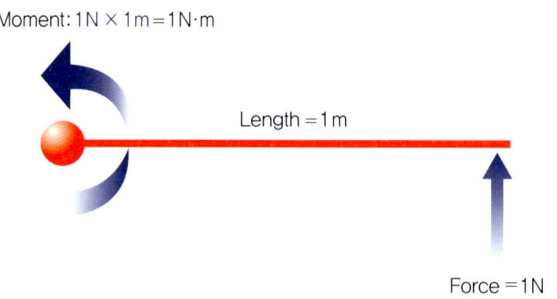

[그림 1-3] 모멘트의 정의

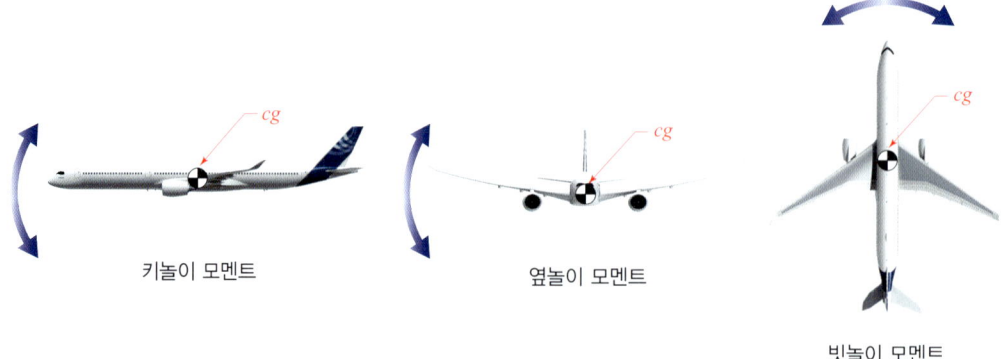

키놀이 모멘트   옆놀이 모멘트   빗놀이 모멘트

[그림 1-4] 항공기에 작용하는 모멘트

앞에서 보았을 때 한쪽 날개가 내려가거나 올라가는 모멘트를 **옆놀이 모멘트**(rolling moment) 라고 하고, 항공기를 위에서 보았을 때 기수가 시계 방향 또는 반시계 방향으로 돌아가는 모멘트를 **빗놀이 모멘트**(yawing moment)라고 한다. 이때 모멘트 암은 날개의 평균공력시위(Mean Aerodynamic Chord, MAC) 또는 날개의 스팬(span)길이라고 하는 날개폭을 기준으로 한다. 이렇게 항공기에는 힘뿐만 아니라 모멘트가 발생하거나 작용하고 있다.

(7) 일률과 동력

A학생과 B학생이 과제를 하고 있다고 하자. A학생은 1시간 만에 과제를 끝냈지만, B학생은 같은 과제를 마치는 데 5시간이 걸렸다. 따라서 A학생이 B학생보다 훨씬 효율적으로 일(work)을 했다고 판단할 수 있다.

일 또는 에너지에 대하여 논할 때 효율, 즉 **일의 능률**도 고려되어야 하는데 이를 **일률**(power) 이라고 한다. **일률은 일정 시간 동안 발생하거나 적용된 일 또는 에너지**로 정의하기 때문에 일률은 다음과 같이 '일 또는 에너지 ÷ 시간'으로 표현된다.

$$일률(P) = \frac{일(W) \text{ 또는 에너지}(E)}{시간(t)}$$

또한, 일률의 SI 단위는 J/s이고, 줄여서 W(watt)로 표기한다. 그리고 영국단위는 ft·lbf/s이다.

SI 단위: [J/s] = [W]   **영국단위**: [ft·lbf/s]

일률도 다음과 같이 기본 물리량으로 나타낼 수 있다. 따라서 앞서 설명한 바와 같이, 모든 물리량은 kg, m, s 등 기본 물리량의 단위로 표현할 수 있음을 알 수 있다.

$$[W] = \left[\frac{J}{s}\right] = \left[\frac{N \cdot m}{s}\right] = \left[\frac{kg \frac{m}{s^2} \cdot m}{s}\right] = \left[kg \frac{m^2}{s^3}\right]$$

일률은 영어로 power라고 하는데 이는 '**동력**'으로 번역되기도 한다. **동력의 물리적 정의 역시 일정 시간 동안 발생하거나 적용된 일 또는 에너지**이다. 그런데 모멘트 또는 회전력은 '힘 × 모멘트 암 길이'로, 단위는 N·m로 정의된다. 여기에 회전각속도의 단위인 1/s을 곱하면 (N·m)/s 가 되는데, 이는 회전운동의 일률로서 직선운동의 일률, 즉 동력과 같은 단위를 가진다. 물리적 단위가 같다는 것은 물리량의 명칭은 달라도 물리적 의미는 같다고 볼 수 있다.

$$회전운동의\ 일률(동력): \left[N \cdot m \times \frac{1}{s}\right] = \left[\frac{N \cdot m}{s}\right] = \left[\frac{J}{s}\right] = [W]$$

동력의 단위로 **마력**(horse power, hp)을 사용하기도 한다. 마력이라고 하는 단위는 18세기 중

기기관의 성능을 비약적으로 발전시킨 제임스 와트(James Watt, 1736~1819)가 증기기관의 힘(동력)과 말이 끄는 마차의 힘(마력)을 비교하면서 정립되었다. SI 단위계 기준 마력은 [PS]로, 영국단위계 기준 마력은 [hp]로 구분하여 표기하지만, SI 단위도 [hp]로 나타내기도 한다. SI 단위 기준 마력과 SI 동력의 단위인 [W] 및 [kgf·m/s]와의 관계는 다음과 같다.

$$1 \text{ hp} = 735.5 \text{ W} = 75 \text{ kgf} \cdot \frac{\text{m}}{\text{s}} = 550 \text{ lbf} \cdot \frac{\text{ft}}{\text{s}}$$

일반적으로 항공기용 **터보팬·터보제트 엔진**에서 나오는 출력은 추력, 즉 **힘**(force)을 기준으로 한다. 반면, 프로펠러를 구동하는 **터보프롭, 터보샤프트, 왕복엔진**에서 나오는 출력은 **동력**(power)을 기준으로 한다. 이는 프로펠러를 회전시켜 항공기를 앞으로 밀어내는 힘을 발생시키는 프로펠러 엔진은 회전운동의 일률, 즉 동력으로 엔진의 힘을 가늠하기 때문이다.

다음은 서로 다른 형식의 터빈엔진의 성능을 나타내고 있다. 노즐을 통하여 강한 제트를 분사하여 힘을 얻는 터보팬엔진은 추력[N]으로 힘을 정의하는 반면, 프로펠러 회전력으로 항공기를 앞으로 밀어내는 터보프롭 엔진은 동력[W] 또는 마력[hp]으로 엔진의 힘을 정의하는 것을 알 수 있다.

[표 1-3] A330neo와 A400M 항공기에 장착되는 엔진 비교

Aircraft	Engine Name	Engine type	Engine output each
A330neo	Rolls-Royce Trent 7000	Turbofan	324 kN
A400M	Europrop TP400-D6	Turboprop	8,200 kW (11,000 hp)

터보팬엔진을 장착한 Airbus A330neo 여객기(좌)와 터보프롭엔진을 장착한 Airbus A400M 군용 수송기(우). 터보팬엔진은 추력[N]으로 엔진의 힘을 정의하는 반면, 프로펠러를 회전시켜 힘을 얻는 터보프롭엔진은 동력[W] 또는 마력[hp]으로 엔진의 힘을 정의한다.

앞서 살펴본 바와 같이, 동력의 단위는 $\frac{N \cdot m}{s}$로 표현할 수 있다. 이때 N은 힘, m/s는 속도의 단위이므로 **동력은 힘(F)과 속도(V)의 곱**으로 정의할 수도 있다.

$$\text{동력 또는 일률}(P) = \frac{\text{일}(W) \text{ 또는 에너지}(E)}{\text{시간}(t)} = \frac{\text{힘}(F) \times \text{거리}(l)}{\text{시간}(t)}$$

$$= \text{힘}(F) \times \frac{\text{거리}(l)}{\text{시간}(t)} = \text{힘}(F) \times \text{속도}(V)$$

한편, 항공기의 성능을 분석할 때는 이용동력과 필요동력으로 정의된다. **이용동력**(power available, P_A)은 항공기엔진이 발생시킬 수 있는 동력이므로 엔진의 추력(T)에 비행속도(V)를 곱하여 나타내고, **필요동력**(power required, P_R)은 비행 중 항공기에서 발생하는 항력(D)을 극복하고 나아가는 데 필요한 동력으로 항력(D)에 비행속도(V)를 곱하여 표현한다.

$$\text{이용동력}: P_A = T \times V$$
$$\text{필요동력}: P_R = D \times V$$

(8) 회전속도

회전속도(rotational velocity, ω)란 **물체가 회전할 때의 속도**를 말하고, **시간당 각**(angle)**의 변화**로 표현할 수도 있어서 **각속도**(angular velocity)라고도 한다. 즉, 회전속도가 빠르다는 것은 같은 시간 동안 각도의 변화가 크다는 것을 의미한다. 회전속도의 단위는 시간당 라디안 각도인 rad/s이며, rad은 각도를 나타내는 무차원값이므로 1/s로 표기하기도 한다.

그런데 긴 막대기가 한쪽 끝을 중심으로 회전할 때, 회전속도가 같다고 해도 **중심으로부터 거리가 멀어질수록 이동속도, 즉 선속도**(linear velocity, v)**는 빨라진다**. 예를 들어 운동장에서 여러 명의 학생들이 달리기를 한다고 가정하자. 운동장 중심을 기준으로 바깥쪽에서 달리는 학생은 안쪽에서 달리는 학생에게 뒤처지지 않고 같은 회전속도를 유지하기 위해서 훨씬 빨리

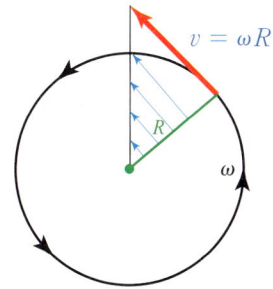

[그림 1-5] 선속도(linear velocity)의 정의

비행 중인 Eurocopter AS532 Cougar 헬리콥터. 헬리콥터 회전날개(rotor)에서의 선속도는 위치에 따라 달라지는데 회전날개 중심에서 멀어질수록, 즉 회전반지름이 커질수록 선속도는 증가한다. 고속으로 비행하는 경우, 회전반지름이 가장 큰 회전날개깃 끝단(blade tip)에서는 빠른 선속도에 비행속도가 더해져서 상대풍의 속도가 초음속에 도달하고, 충격파(shock wave) 형성 등의 압축성 효과 때문에 실속(stall)이 발생하기도 한다. 그러므로 헬리콥터는 회전날개깃의 길이와 비행속도의 제한을 받는다.

달려서 많은 거리를 이동할 수 있도록 높은 선속도를 내야 하는 것과 같은 원리이다. 이를 식으로 표현하면 다음과 같다.

$$\text{선속도}(v) = \text{회전속도}(\omega) \times \text{회전반지름}(R)$$

즉, 선속도(v)는 일정한 회전속도(ω)로 회전하더라도 회전중심을 기준으로 회전반지름(R)이 길어질수록 또는 회전중심에서 멀어질수록 커진다. 회전속도(ω)를 선속도(v)와 회전반지름(R)으로 나타내면 다음과 같다.

$$\text{회전속도}(\omega) = \frac{\text{선속도}(v)}{\text{회전반지름}(R)}$$

단위: $\left[\dfrac{\text{rad}}{\text{s}}\right]$, $\left[\dfrac{1}{\text{s}}\right]$

1.4 상태량과 단위

(1) 압력

유체의 현재 상태를 나타내는 물리량을 **상태량**(property)이라고 하는데, 대표적인 상태량에는 **압력**(p), **밀도**(ρ), **온도**(T)가 있다. **압력은 일정 면적에 수직으로 작용하는 힘으로서 '수직힘 ÷ 면적'으로 나타내고 단위는 N/m² 또는 lbf/ft²이다.** 특히, N/m²는 파스칼(pascal), 즉 Pa로 줄여서 표시하고, lbf/ft²는 lbf/in² 또는 psi(pound per square inch)로 나타낼 수 있다. 물론, 1 ft = 12 in이기 때문에 1 lbf/in² = 1 psi = 144 lbf/ft²이다.

$$압력(p) = \frac{수직힘(F)}{면적(A)}$$

SI 단위: $\left[\dfrac{\text{N}}{\text{m}^2}\right] = [\text{Pa}]$ **영국단위**: $\left[\dfrac{\text{lbf}}{\text{ft}^2}\right], \left[\dfrac{\text{lbf}}{\text{in}^2}\right] = [\text{psi}]$

압력은 면적에 반비례하므로 같은 힘이 작용하더라도 면적이 작으면 압력이 증가한다. 예를 들어 주삿바늘이 작은 힘으로도 살을 뚫을 수 있는 것은 살과 접촉하는 주삿바늘 끝의 단면적이 매우 작기 때문이다. 그리고 유체의 압력은 **정압**(static pressure, p)과 **동압**(dynamic pressure, q)으로 구분하고, 두 종류의 압력을 통틀어 **전압**(total pressure, p_t)이라고 한다.

$$전압(p_t) = 정압(p) + 동압(q)$$

한편, 공기와 같은 기체의 압력은 기체 입자의 운동과 기체의 흐름에 의하여 발생한다. **기체가 흐르지 않아도 각각의 기체 입자들은 끊임없이 움직이며 운동하기 때문에 압력이 발생하는데 이를 정압**(static pressure)이라고 한다. 기체 입자들은 모든 방향으로 무질서하게 운동하므로 기체의 정압은 모든 방향으로 작용한다.

유체의 흐름 또는 이동을 유동(流動)이라고 부르는데, **유동 속의 기체 입자들이 일정 방향과 속도로 이동할 때 나타나는 압력을 동압**(dynamic pressure)으로 정의한다. 유동의 속도가 빨라지거나 기체 입자의 수가 많아져서 밀도가 증가하면 동압이 증가한다. 달리는 차에서 밖으로 손을 내밀었을 때 공기 유동이 부딪쳐 손바닥에서 압력을 느낄 수 있다. 이 압력은 공기 입자들의 운동(정압)과 공기 유동이 일정 속도로 이동하여(동압) 부딪혀 나타난 결과이기 때문에 전압에 해당한다. 그리고 손바닥에 부딪히는 공기 유동의 힘을 공기역학적 힘 또는 공기력(aerodynamic force)이라고 한다. 공기력에 의하여 전압이 나타나지만, 유동의 속도와 밀도가 증가하여 동압이 커지면 공기력도 증가하기 때문에 공기력은 동압에 비례한다.

앞서 설명한 바와 같이 물체의 표면에 작용하는 압력은 일정 면적에 수직으로 작용하는 힘으로 정의한다. 기체의 정압은 모든 방향으로 작용하지만, 압력의 정의를 기준으로 할 때 물체의 작용하는 정압은 표면에 수직으로 작용하는 압력이다. 날개의 양력은 공기 유동이 날개 주위로 흐를 때 날개 윗면과 아랫면의 압력차에 의하여 발생한다. 그리고 그 압력은 날개 표면을 따라 흐르는 유동 속 공기 입자들의 운동에 의하여 날개 표면에 수직으로 작용하는 정압이다.

대기(atmosphere)**는 지구를 둘러싸고 있는 공기층**으로서, 지구에서 만들어진 공기 입자들이 지구 중력의 영향으로 지구 근처에 머물러 있으면서 대기가 형성된다. 그런데 대기에 포함된 공기 입자의 운동뿐만 아니라 공기 입자의 무게(중량)로 인하여 대기 내부에서는 **대기압**(atmospheric pressure)이 존재한다. 항공기가 낮은 고도에서 비행하는 경우 항공기 위에 있는 대기층의 두께가 두껍고, 공기 입자의 양이 많아서 대기압이 높다. 반대로 높은 고도에서는 그 고도 위에 존재하는 대기층이 얇고 공기 입자의 양이 적으므로 대기압은 낮다. 이는 잠수부가 바닷속으로 깊이 내려갈수록 잠수부를 누르는 물의 양이 많아져서 수압이 증가하는 것과 같은 이치이다. 공기가 밀폐된 용기에 갇혀 있는 경우를 제외하고 정체된 공기의 압력(정압)은 고도에 따라 변화하는 대기압이다. 표준대기 해면고도(sea level)에서의 **대기압은 101,325 Pa**이고 영국단위계로 **14.7 psi에 해당**한다.

베르누이 방정식(Bernoulli's equation)은 다음과 같이 표현하는데, 이는 1지점과 2지점 간 유동의 압력과 속도의 관계를 설명한다. 여기서 첫 번째 항(p)이 정압, 그리고 두 번째 항($\frac{1}{2}\rho V^2$)이 동압(q)을 나타내고, 그 합은 전압($p_t = p + \frac{1}{2}\rho V^2$)이다.

$$p_1 + \frac{1}{2}\rho V_1^2 = p_2 + \frac{1}{2}\rho V_2^2$$

저속으로 유체가 흐르는 경우, 어디에서나 **전압은 일정**($p_{t1} = p_{t2}$)**하다.** 따라서 한 지점에서의 **정압과 동압은 서로 반비례**한다. 즉 일정 지점에서 유동의 속도가 증가하여 동압이 높아지면 그 지점의 정압이 감소하고, 반대로 속도가 감소하여 동압이 떨어지면 그 지점에서의 정압은 증가하여 전압이 일정하게 유지된다. 동압은 유동의 밀도와 속도의 제곱에 비례하기 때문에 상대적으로 대기의 밀도가 높은 저고도에서 비행할 때는 동압이 증가하고, 비행속도가 2배 증가하면 동압은 4배 높아지게 된다.

(2) 밀도

밀도는 일정 부피 안에 들어 있는 물질의 양으로 나타내므로 '질량 ÷ 부피'로 표현한다. 단위는 $\frac{kg}{m^3}$ 또는 $kgf \cdot \frac{s^2}{m^4}$이다. 여기서, $1\ kgf = 9.8\ kg \cdot \frac{m}{s^2}$이므로, $1\ \frac{kg}{m^3} = \frac{1}{9.8} kgf \cdot \frac{s^2}{m^4}$이다. 표준대기 해면고도에서의 대기밀도는 $1.225\ kg/m^3$인데, 이는 $0.125\ kgf \cdot s^2/m^4$에 해당하며, 밀도의 영국단위는 lb/ft^3이다.

$$밀도(\rho) = \frac{질량(m)}{부피(V)}$$

SI 단위: $\left[\dfrac{\text{kg}}{\text{m}^3}\right] = \left[\text{kgf} \cdot \dfrac{\text{s}^2}{\text{m}^4}\right]$ **영국단위:** $\left[\dfrac{\text{lbf}}{\text{ft}^3}\right]$

밀도는 일정 부피에 들어 있는 물질의 질량으로서 같은 부피라도 물질의 질량이 커지면, 즉 양이 많아지면 밀도가 증가한다. 공기 입자에 의하여 구성된 대기는 고도가 높아질수록 중력의 영향이 작아져서 지구 근처에 붙잡혀 있는 공기 입자 수가 적어지므로 공기의 밀도, 즉 대기의 밀도는 낮아진다. 따라서 **대기밀도는 고도가 증가할수록 낮아진다.**

밀도가 높은 저고도를 비행하는 경우, 대기 중 공기 입자가 많으므로 양력이 증가하지만 기체에 부딪히는 공기 입자가 많으므로 항력도 증가한다. 그러므로 고속으로 비행하는 항공기는 가능한 한 높은 고도에서 비행한다. 그러나 대기밀도가 낮아지면 항공기 엔진에 들어가는 공기가 희박해지므로 엔진의 출력은 떨어진다. 다만 압축기에 의하여 흡입 공기가 높은 압축비로 압축되는 제트엔진은 밀도가 낮은 높은 고도에서 출력 감소가 크지는 않지만, 압축비가 낮은 왕복엔진은 높은 고도에서 출력이 급감한다.

같은 고도 기준으로 **대기의 온도가 증가하면 밀도는 감소**한다. 따라서 온도가 높은 열대지역에서 항공기가 이륙할 때는 활주로 주위의 대기밀도가 상대적으로 낮기 때문에 양력이 더디게 증가하므로 보다 긴 이륙 활주거리가 필요하다.

(3) 온도

온도(temperature, T)는 뜨겁고 차가운 정도를 나타내는 상태량이다. 공기의 온도는 압력(p)과 부피, 또는 비체적(specific volume, v)에 비례하는데, 그 관계는 다음의 이상기체 상태방정식을 통하여 정의할 수 있다. 여기서 비체적 v는 기체의 부피($\forall$)를 기체의 질량(m)으로 나눈 값이다.

$$\text{이상기체 상태방정식: } pv = RT$$

여기서, R은 기체상수(gas constant)라고 하는데 압력과 부피의 곱이 온도와 같아지도록 하는 일종의 비례상수이며, 기체의 종류에 따라 고유한 값을 가진다. 공기의 기체상수의 값과 단위는 다음과 같다.

$$\text{공기의 기체상수: } R = 287 \ \dfrac{\text{J}}{\text{kg} \cdot \text{K}} = 0.287 \ \dfrac{\text{kJ}}{\text{kg} \cdot \text{K}}$$

이상기체(ideal gas)는 위의 방정식에 따라 온도·부피·압력의 관계가 정의되는 기체를 말한다. 공기를 포함한 이상기체는 압력·부피·온도 중 두 가지가 정의되면 나머지는 이상기체 상태방정식을 통하여 구할 수 있다.

온도의 일반적 단위는 다음과 같이 섭씨(°C) 또는 화씨(°F)로 정의한다.

SI 단위: [°C]   영국단위: [°F]

높은 고도에서는 대기의 온도가 음(−)의 값, 즉 영하가 되는데 음(−)의 온도값으로 이상기체의 상태방정식을 통하여 압력과 부피를 구하는 경우, 음(−)의 압력 또는 음(−)의 부피가 정의될 수 있다. 특히, 부피가 음수가 되는 것은 물리적으로 불가능하므로 음(−)의 온도값이 배제되는 **절대온도의 단위인 K(kelvin)을 사용한다.** 온도가 감소할수록 기체의 부피가 감소하는데, **−273°C는 기체의 부피가 '0'이 되는 온도로, 그 이하의 온도는 정의되지 않는다.** 따라서 −273°C를 0 K이라고 하면 모든 온도는 양(+)의 값으로 나타낼 수 있다. 즉, **절대온도는 섭씨온도에 273을 더하여 정의한다.** 영국단위 기준 절대온도의 단위는 °R(rankine)이고 −460°F가 0°R에 해당한다. 따라서 **영국단위의 절대온도는 화씨온도에 460을 더하여 나타낸다.**

절대온도 SI 단위: [K] = [°C] + 273
영국단위: [°R] = [°F] + 460

1.5 벡터

(1) 벡터양

앞서 설명한 여러 가지 물리량을 정확히 나타내려면 **벡터(vector)양**으로 표시해야 한다. 즉, 물리량의 크기뿐만 아니라 작용하는 방향까지 정의해야 하는데, **속도를 포함하는 물리량은 벡터양으로 나타낸다.** 즉, 어떤 물체가 방향성을 가지고 운동하는 경우에 벡터로 표현할 수 있는데, 속도·가속도·힘·일(에너지)·동력 등은 모두 벡터양이다.

하지만 질량·부피·밀도 등의 물리량은 방향이 정의되지 않으므로 벡터양이 아닌 **스칼라(scalar)양**으로 분류한다. 예를 들면 항공기가 등속비행을 할 때, 추력과 항력은 같다고 정의한다. 이는 스칼라양 기준으로 힘의 크기가 동등하다는 뜻이고, 실제로 벡터양 기준으로 표현하면 추력과 항력의 크기는 같지만 방향은 반대이다. 즉, 힘의 크기는 같지만 힘의 방향은 반대이기 때문에 힘의 균형이 발생하여 가속 또는 감속하지 않는다고 설명할 수 있으므로 역학적으로 보다 명확하게 해석된다.

(2) 벡터의 합

항공기의 운동과 연관된 벡터양은 서로 방향이 다른 경우가 많기 때문에 벡터양의 합과 차를

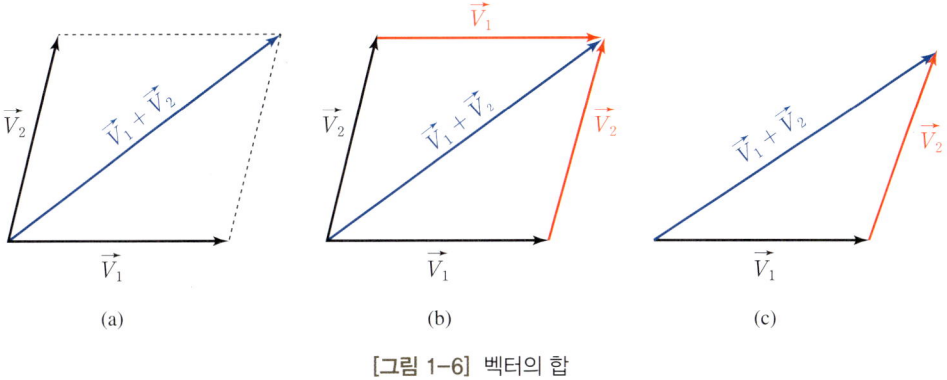

[그림 1-6] 벡터의 합

정의하는 것은 중요하다. 방향이 같거나 평행한 벡터는 더하거나 빼면 된다. 만약, 두 벡터양 사이에 각도가 있으면 평행사변형규칙을 적용할 수 있다. 즉, 두 벡터와 인접하고 평행하며 크기가 같은 두 변(점선)을 그리면 평행사변형이 되는데, 이때 평행사변형의 대각선 성분이 두 벡터양의 합, 즉 **합벡터**가 된다. 또한, 크기가 같고 방향이 같아서 평행하면 동일한 벡터로 간주할 수 있다. 따라서 벡터 $\vec{V_1}$ 및 벡터 $\vec{V_2}$와 동일한 벡터는 각각 빨간색 화살표로 나타낸 것과 같다. 그러므로 벡터의 합을 [그림 1-6(c)]와 같이 나타낼 수 있다.

비행역학에서는 벡터의 개념을 활용해야만 항공기의 운동을 설명할 수 있다. 그 예시는 다양한데, 첫 번째 예시는 다음과 같다. 항공기가 전진비행을 하고 있으면 기수 앞으로 상대풍(relative wind)이 불어오므로 기수 쪽으로 속도벡터 $\vec{V_1}$이 발생한다. 그런데 돌풍에 의하여 항공기의 오른쪽 날개가 내려가는 교란이 발생하고, 따라서 항공기가 오른쪽으로 기울어지며 이동하게 되

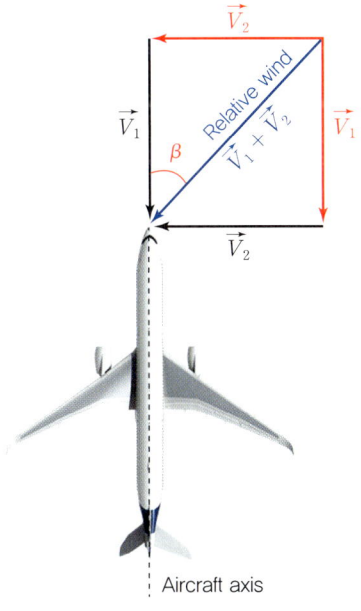

[그림 1-7] 상대풍의 속도벡터합에 의한 옆미끄럼각(β)의 발생

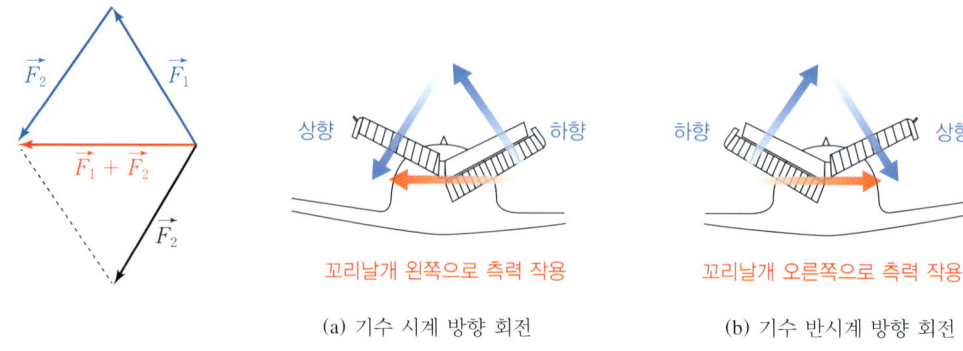

(a) 기수 시계 방향 회전   (b) 기수 반시계 방향 회전

[그림 1-8] 힘벡터의 합에 의한 러더베이터 측력 발생

면 오른쪽에서 왼쪽으로 불어오는 속도벡터 $\vec{V_2}$가 생긴다. 항공기에 작용하는 상대풍은 두 속도 벡터의 합($\vec{V_1} + \vec{V_2}$)과 같이 비스듬하게 작용하게 된다. 따라서 항공기를 위에서 볼 때 항공기의 동체축(aircraft axis)과 상대풍의 사잇각인 **옆미끄럼각**(sideslip angle, β)이 발생하게 된다.

러더베이터(ruddervator)**는 승강타**(elevator)**와 방향타**(rudder)**가 합쳐진 형태의 조종면을** 말한다. 러더베이터가 방향타의 역할을 하며 측력(side force)을 만들어 항공기의 기수를 회전 시키는 운동, 즉 빗놀이운동(yawing)이 발생하는 과정을 다음과 같이 벡터의 개념으로 설명 할 수 있다.

[그림 1-8]은 러더베이터가 장착된 항공기를 뒤쪽에서 바라본 모습을 나타낸다. 그림 (a)에서 오른쪽 러더베이터가 아래로 내려가면(하향) 위쪽으로 향하는 힘벡터 $\vec{F_1}$이 발생하고, 왼쪽 러더베이터는 위로 올라가(상향) 아래로 힘벡터 $\vec{F_2}$가 작용하고 있다. 힘벡터 $\vec{F_2}$와 평행하고 같은 크기의 새로운 F_2(빨간색)를 그림과 같이 정의하면 평행사변형규칙에 따라 합벡터 $\vec{F_1} + \vec{F_2}$는 오른쪽에서 왼쪽으로 향하는 힘으로 나타낼 수 있는데, 이 힘이 기수를 시계 방향으로 돌리는 측력이다. 즉, 항공기 꼬리 기준 왼쪽 방향으로 힘이 작용하면 기수는 오른쪽, 즉 시계 방향으로 회전하게 된다. 그림 (b)는 기수를 반시계 방향으로 돌리는 측력의 발생을 나타내고 있다.

[그림 1-9]는 항공기가 돌풍 등의 외부 교란에 의하여 오른쪽 날개는 내려가고, 왼쪽 날개가 올라가는 상황을 보여준다. 해당 항공기의 양쪽 날개는 항공기 진행 방향, 즉 상대풍 속도벡터 $\vec{V}$에 대하여 날개 시위선(chord line)과의 사잇각인 받음각(angle of attack, α)이 있다.

그런데 오른쪽 날개는 내려가므로 아래에서 위로 향하는 새로운 상대속도가 발생하여 상승 속도벡터 $\vec{V_1}$이 나타난다. 따라서 날개에 작용하는 속도벡터는 $\vec{V} + \vec{V_1}$과 같고, 시위선의 각도인 새로운 받음각 α_1이 나타나는데 이는 기존의 받음각보다 증가한 것이다($\alpha < \alpha_1$).

반대로 왼쪽 날개는 올라가기 때문에 위에서 아래로 향하는 새로운 하강 속도벡터 $\vec{V_2}$가 나타난다. 따라서 실제로 날개에 작용하는 속도벡터는 $\vec{V} + \vec{V_2}$이므로, 이에 따라 기존 받음각 α보다 감소한 새로운 받음각 α_2가 발생한다($\alpha > \alpha_2$).

그러므로 하강하는 오른쪽 날개는 받음각이 증가하고 이에 따라 양력이 커져서 다시 상승하

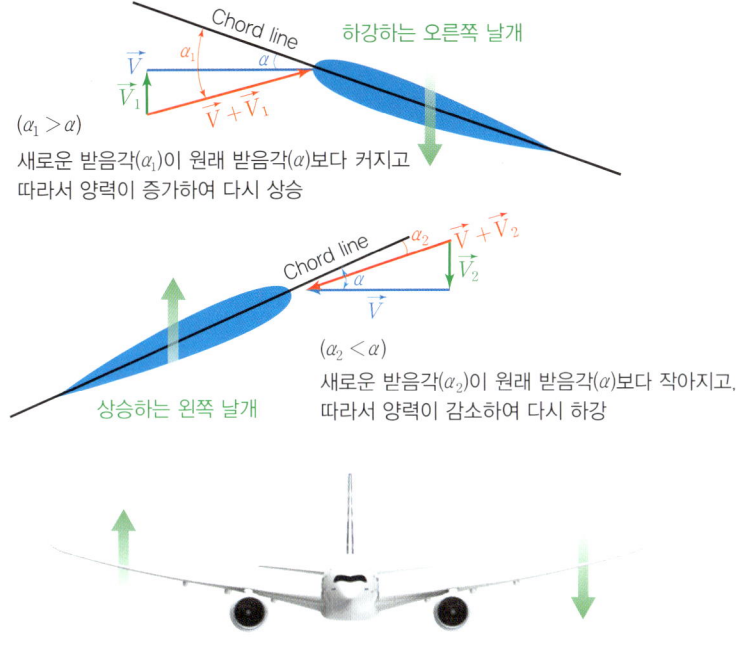

[그림 1-9] 상승 및 하강하는 날개에 대한 속도벡터 변화와 받음각(α) 변화

게 되고, 상승하는 왼쪽 날개는 받음각이 감소하고 양력이 작아져서 다시 하강하게 되므로 외부 교란에 의하여 올라가거나 내려간 날개는 다시 수평 상태로 원위치한다.

(3) 벡터와 삼각비

다음과 같은 직각삼각형의 변들 사이의 비율을 삼각비라고 한다. 그리고 삼각비는 사잇각 θ에 대하여 다음과 같이 정의한다.

$$\sin \theta = \frac{\text{높이}}{\text{빗변}} = \frac{B}{C}$$

$$\cos \theta = \frac{\text{밑변}}{\text{빗변}} = \frac{A}{C}$$

$$\tan \theta = \frac{\text{높이}}{\text{밑변}} = \frac{B}{A}$$

따라서 삼각비를 이용하여 밑변 A와 높이 B를 빗변 C로 다음과 같이 각각 나타낼 수 있다.

$$A = C \cos \theta$$
$$B = C \sin \theta$$

벡터의 경우도 마찬가지로, 빗변이 벡터 $\vec{V}$이면 밑변은 $\vec{V}\cos\theta$, 높이는 $\vec{V}\sin\theta$로 정의한다.

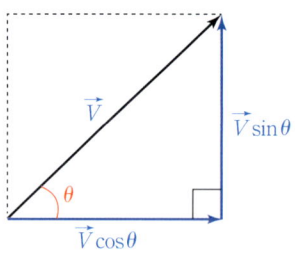

[그림 1-10]과 같이 항공기가 상승각 γ로 상승하고 있다. 상승 중 상대풍의 방향은 그림과 같으므로 양력벡터 $\vec{L}$은 상대풍의 수직 방향으로 작용한다. 이때 중량, 즉 중력벡터 $\vec{W}$는 그림과 같이 지구중심을 향하고 있다. 수평비행의 경우, 양력벡터 $\vec{L}$과 중력벡터 $\vec{W}$는 같은 크기를 가지고 서로 반대 방향으로 작용하므로 서로 균형을 이루게 된다. 하지만 상승하는 경우, 양력벡터 $\vec{L}$과 균형을 이루는 것은 $\vec{W}\cos\gamma$가 된다. 따라서 상승비행 중 양력 관련 힘의 균형방정식은 $\vec{L} = \vec{W}$가 아니라 다음과 같이 표현해야 한다.

$$\vec{L} = \vec{W}\cos\gamma$$

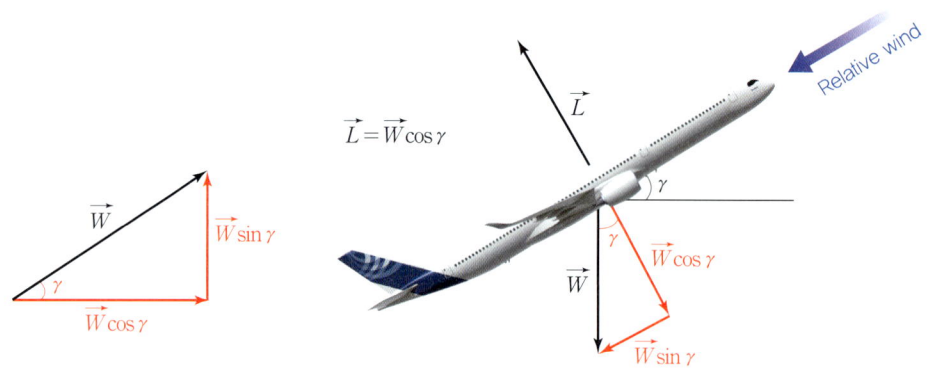

[그림 1-10] 상승비행 중 항공기에 작용하는 힘벡터

1.6 기본 물리법칙과 유체역학의 기본 공식

(1) 질량 보존의 법칙과 연속방정식

유체의 운동과 상태는 **연속방정식, 운동량 방정식, 베르누이 방정식** 등 유체역학의 기본 공식으로 설명할 수 있다. 그리고 유체역학의 기본 공식은 기본 물리법칙, 즉 **질량 보존의 법칙, 운동량 보존의 법칙** 그리고 **에너지 보존의 법칙**으로부터 도출된다.

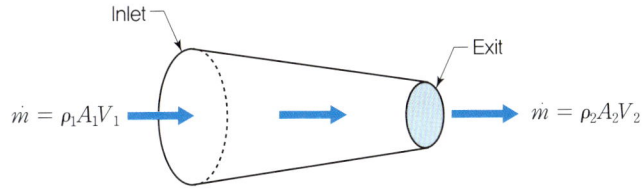

[그림 1-11] 노즐(nozzle) 내부를 흐르는 유동에 대한 연속방정식

우선 질량 보존의 법칙에서 연속방정식을 유도하는 과정을 설명한다. **질량 보존의 법칙**(the law of conservation of mass)은 일정한 경계 내의 **물질의 질량은 새로 생성되거나 없어지지 않고, 시간과 관계없이 일정**하다고 정의한다. [그림 1-11]과 같이 단면적이 점점 좁아지는 노즐(nozzle) 내부에 공기가 흐르고 있다고 가정하자. 이때 노즐은 경계가 되고, 공기는 물질이 된다. 그러므로 노즐 입구(inlet)로 들어갈 때의 유체 질량과 노즐 출구(exit)에서 나올 때의 유체 질량은 시간에 따라 변화하지 않고 일정하다. 그 이유는 노즐 내부를 통과할 때 유체의 질량은 증가하거나 감소할 수 없기 때문이다.

시간당 질량은 질량유량(mass flow rate, $\dot{m}$)으로 정의되며, 단위는 [kg/s]이다. 질량 보존의 법칙에 따르면 노즐로 들어갈 때 유체의 질량유량과 나올 때 질량유량은 같다고 표현할 수 있다. 그런데 밀도·단면적·속도의 단위의 곱은 다음과 같이 질량유량의 단위와 같기 때문에 질량유량은 경계 내부를 흐르는 유체의 밀도·속도 그리고 경계, 즉 통로의 단면적의 곱으로 정의할 수 있다.

$$\text{밀도} \times \text{단면적} \times \text{속도} \rightarrow \text{단위}: \left[\frac{\text{kg}}{\text{m}^2}\right] \times [\text{m}^2] \times \left[\frac{\text{m}}{\text{s}}\right] = \left[\frac{\text{kg}}{\text{s}}\right] \rightarrow \text{질량유량}$$

그러므로 노즐 입구를 기준으로 유체의 '밀도 × 입구면적 × 속도'는 출구 기준 유체의 '밀도 × 출구면적 × 속도'와 항상 같다. 뿐만 아니라 노즐 내부 어느 위치에서도 공기의 밀도, 속도, 단면적의 곱은 항상 일정하므로 다음의 식으로 표현할 수 있는데, 이를 **연속방정식**(continuity equation)이라고 한다. 연속방정식은 질량 보존의 법칙에서 도출되어 유체의 밀도, 유체가 흐르는 통로의 단면적 그리고 유체의 속도 사이의 관계를 설명한다.

$$\text{연속방정식}: \rho_1 A_1 V_1 = \rho_2 A_2 V_2 = \text{constant}(\text{일정})$$

만약, 유동의 속도가 느린 **비압축성 유동**(incompressible flow)이라면 밀도는 변화 없이 항상 일정하다($\rho_1 = \rho_2$). 따라서 저속, 즉 비압축성 유동에 대한 연속방정식은 다음과 같다.

$$\text{연속방정식}(\text{비압축성 유동}): A_1 V_1 = A_2 V_2 = \text{constant}(\text{일정})$$

출구면적을 최소화한 Boeing F/A-18E 전투기의 노즐. 노즐의 면적이 감소하면 연속 방정식에 의하여 분출되는 제트의 속도는 증가한다. 이는 유동의 속도가 낮은 아음속 제트일 때만 해당되고, 초음속으로 제트가 분출되는 경우는 면적과 속도의 반비례 관계는 성립되지 않는다.

저속 비압축성 유동에 대한 연속방정식에 따르면 **유체의 속도와 유체가 지나는 통로의 단면적은 서로 반비례**한다. 따라서 단면적이 좁아지는 노즐에서는 유체의 속도가 증가한다. 이는 호스의 끝을 손가락으로 눌러 출구의 면적을 작게 하면 출구에서 물이 분출되는 속도가 빨라지는 현상과도 같다.

하지만 연속방정식을 통하여 설명하는 유동의 속도와 단면적의 반비례 관계는 저속, 즉 음속보다 낮은 아음속(subsonic) 유동에 대해서만 적용이 가능하고, 음속보다 빠른 속도로 흐르는 초음속(supersonic) 유동에 대해서는 성립하지 않는다.

(2) 운동량 보존의 법칙과 운동량 방정식

앞서 설명한 바와 같이, 운동량(p)은 물체의 질량(m)과 속도(V)의 곱으로 정의된다.

$$p = mV$$

운동량 보존의 법칙(the law of conservation of momentum)은 운동하는 물체에 외부 힘(외력)이 작용하지 않으면 물체의 운동량은 보존된다는 것을 의미한다. 이는 물체에 힘이 작용하면 운동량은 보존되지 않고 시간의 흐름에 따라 변화한다고 해석할 수 있다. 다시 말하면 힘(F)은 시간에 대하여 운동량을 변화시키는데, 이를 수학적으로 표현하면 다음과 같다.

$$F = \frac{d}{dt}p = \frac{d}{dt}mV$$

즉, 힘을 시간의 변화에 대한 운동량의 변화로 표현할 수 있는데, 이를 **운동량 방정식**(momentum equation)이라고 한다.

$$\text{운동량 방정식: } F = \frac{d}{dt}mV$$

위 식의 질량에 대한 시간의 미분$\left(\frac{d}{dt}m\right)$을 질량유량($\dot{m}$)이라고 하고, 질량유량은 연속방정식에서 정의한 바와 같이 유동의 밀도와 유동의 단면적, 그리고 유동의 속도의 곱과 같다($\dot{m} = \rho A V$). 따라서 힘은 다음과 같이 표현할 수도 있다.

$$F = \dot{m}V = \rho A V \cdot V$$

위의 운동량 방정식을 기반으로 프로펠러(propeller) 또는 헬리콥터의 회전날개(rotor)에서 발생하는 추력을 구하는 계산식을 도출할 수 있다. [그림 1-12]와 같이 헬리콥터의 회전날개가 회전하면서 위의 공기를 아래로 내려보내 추력을 발생시킨다. 회전날개 회전에 의한 가속으로 회전날개에서 나가는 유동의 속도(V_2)는 회전날개로 들어오는 유동의 속도(V_1)보다 빠르고, 이에 따라 위에 제시된 힘의 관계식에 의하여 회전날개 아래에서의 유동의 힘($F_2 = \dot{m}V_2$)이 위의 힘($F_1 = \dot{m}V_1$)보다 커지며, 그 힘의 차이에 의하여 추력(T)이 발생한다. 이때 질량 보존의 법칙에 의하여 회전날개를 지나는 유동의 질량유량($\dot{m}$)은 일정하다. 이를 식으로 정리하면 다음과 같고, 이 식을 이용하여 회전날개가 만들어 내는 추력을 예측할 수 있다.

$$T = F_2 - F_1 = \dot{m}(V_2 - V_1) = \rho A V(V_2 - V_1)$$

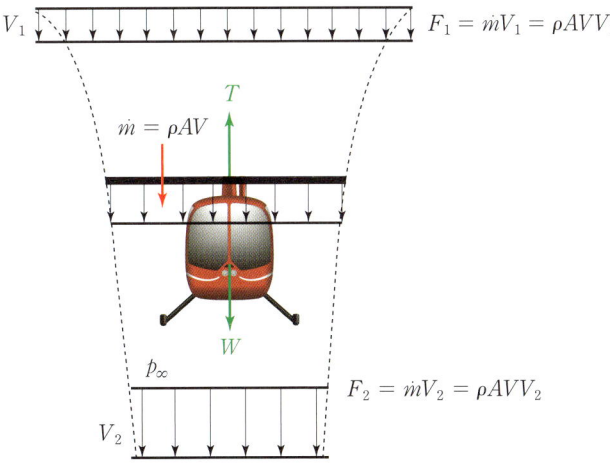

[그림 1-12] 운동량 방정식에 의한 헬리콥터 회전날개의 추력(T)의 정의

(3) 뉴턴의 운동법칙: 관성, 가속도, 작용-반작용의 법칙

운동량 보존의 법칙은 물체에 외부의 힘이 가해지지 않으면 운동량은 일정하다는 것이다. 운동량은 운동의 관성(inertia)이라고 할 수 있기 때문에 운동량 보존의 법칙은 **관성의 법칙**(the law of inertia)으로 해석되기도 한다. 즉, **뉴턴의 운동법칙 중 제1법칙인 관성의 법칙은 외력이 없는 한 정지한 물체는 계속 정지($V=0$)하려고 하고, 일정 속도(V)로 운동하는 물체는 계속 운동하려고 하는 경향성을 설명**한다.

뉴턴의 제2법칙은 가속도의 법칙(the law of acceleration)이다. 외부의 힘이 물체에 작용하지 않으면 운동량(mV), 즉 속도(V)는 일정하다는 운동량 보존의 법칙을 바꾸어 말하면 물체에 힘이 작용하면 운동량 또는 속도는 시간에 따라 변화한다고 이해할 수 있다. 그리고 시간에 대한 속도의 변화를 가속도(a)로 정의한다. 그러므로 **물체에 힘을 가하면 물체는 가속(a)하는 운동을 하게 되는데**, 이를 **가속도의 법칙**이라고 한다.

운동량 보존의 법칙에서 파생되는 또 하나의 중요한 역학적 법칙은 **뉴턴의 제3법칙**으로 불리는 **작용-반작용의 법칙**(the law of action-reaction)이다. 이번에는 상호작용을 하는 복수의 물체가 만들어내는 운동량을 기준으로 한다. A와 B라는 두 개의 물체가 동일한 속도로 움직이다가 충돌하여 A는 속도가 감소하고 B는 속도가 증가한 경우를 생각해 보자. 두 물체의 질량은 충돌 후에도 일정하지만 달라진 속도 때문에 각각의 운동량은 변화한다. 즉 A는 운동량이 감소했지만 그만큼의 운동량이 B로 전달되어 B의 속도는 증가한다. 그런데 두 물체의 운동량 총합을 기준으로 볼 때 운동량은 변화하지 않는데 이는 운동량 보존의 법칙으로 설명된다. 앞서 1.3절에서 시간에 대한 운동량의 변화는 힘으로 정의하였다.

$$\frac{d}{dt}p = \frac{d}{dt}mV = m\frac{d}{dt}V = ma = F$$

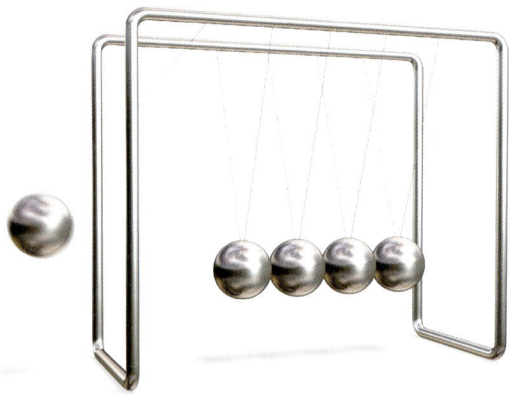

장식품으로 많이 사용하는 뉴턴의 요람(Newton's cradle). 진자들이 반복적으로 서로 운동량을 교환하고 속도가 변화하면서 정지와 이동을 반복한다. 이는 하나의 물체가 다른 물체에 힘을 가하여 이동하게 만들고, 자신은 그만큼의 힘을 받아 정지하게 되는 작용-반작용의 법칙을 적용한 예이다.

좌측은 후기 연소기(after burner)를 작동하며 큰 추력으로 이륙하는 Mikoyan MIG-31BSM 요격기(interceptor)이다. 항공기 엔진에서 만들어지는 고온·고압의 배기가스, 즉 제트(jet)를 후방으로 분출하면 작용-반작용의 법칙으로 항공기 역시 그만큼의 힘을 반대 방향으로 받아 앞으로 나아가게 되는데, 이를 추력이라고 한다. 우측은 꼬리 부분에 꼬리회전날개(tail rotor)를 장착한 Eurocopter EC130 헬리콥터이다. 헬리콥터의 엔진은 회전날개(rotor)에 회전력(torque)을 가하여 회전날개를 회전시켜 양력과 추력을 발생시킨다. 그런데 작용-반작용의 법칙에 의하여 엔진을 장착한 동체 역시 반대 방향으로 도는 같은 크기의 회전력(anti-torque)을 받는다. 따라서 동체 후방에 꼬리회전날개를 부착하여 동체가 도는 회전력을 상쇄시키거나 제어한다.

즉, 두 물체가 부딪히는 동안의 시간은 두 물체에 동일하고, 같은 시간 동안 발생한 두 물체의 운동량 변화는 두 물체가 작용하거나 작용받은 힘으로 간주할 수 있다. 만약 두 물체가 부딪혀 A는 속도가 줄고 B는 속도가 늘었다면, A는 B에 힘을 가하여 B의 속도를 증가시켰지만 B 역시 그만큼의 힘을 반대 방향, 즉 A에게 가하여 A는 속도가 줄어들게 된 것이다. 따라서 **작용-반작용의 법칙은 한 물체가 다른 물체에 힘을 가하면 힘을 가한 물체 역시 같은 크기의 힘을 반대 방향으로 받는다**고 정리할 수 있다.

(4) 각운동량 보존의 법칙과 코리올리 효과

운동하는 물체에 힘이 가해지지 않으면 운동량은 일정하다는 운동량 보존의 법칙은 회전운동을 하는 물체에도 적용된다. 즉, **회전하는 물체는 외력이 작용하지 않으면 회전운동량 또는 각운동량**(angular momentum, L)은 보존되는데, 이를 **각운동량 보존의 법칙**(the law of angular momentum)이라고 한다.

앞서 1.3절에서 각속도, 즉 회전속도(ω)는 다음과 같이 선속도(v)와 회전반지름(R)으로 정의하였다.

$$\omega = \frac{v}{R}$$

그리고 회전하는 물체의 선속도는 $v = \omega R$로 나타낼 수 있다. 또한, 운동량은 $p = mV$이므로 속도 대신 회전운동의 선속도를 대입하여 각운동량(L)을 다음과 같이 표현할 수 있다.

$$L = m\omega R$$

여기서, 각운동량이 보존된다는 것은 물체의 질량(m)은 일정하기 때문에 각속도(ω)와 회전반지름(R)의 곱이 일정하다는 뜻이다.

$$\omega R = \text{constant}$$

그러므로 **물체의 회전반지름이 증가하면 각속도, 즉 회전속도는 감소하고, 반대로 회전반지름이 감소하면 회전속도는 증가**한다. 각운동량 보존의 법칙에 의하여 나타나는 이러한 물리적 현상을 **코리올리 효과**(Coriolis effect)라고 한다.

코리올리 효과는 주위에서 쉽게 관찰할 수 있다. [그림 1-13]과 같이 피겨스케이팅 선수가

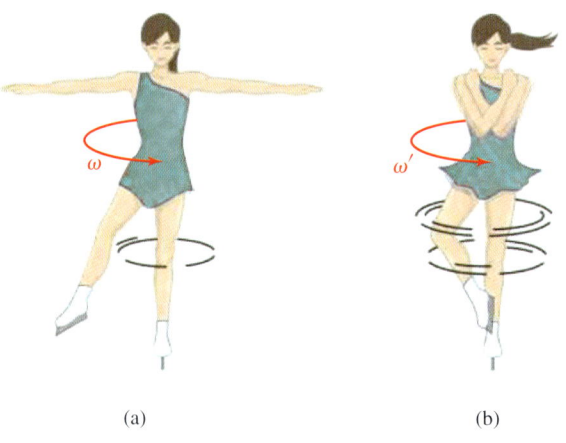

[그림 1-13] 코리올리 효과에 의한 회전속도 변화

1994년 6월 미공군기지 공개행사에서 시범비행 중 추락한 B-52H 폭격기. 한쪽 날개가 많이 내려간 자세, 즉 큰 경사각으로 선회비행을 하는 중 날개에 발생한 실속(stall)이 사고의 원인이었다. 사고를 방지하려면 과도한 경사각 상태에 빠지기 전에 항공기를 다시 수평 상태로 신속히 되돌려 실속에서 벗어나야 한다. 그런데 B-52H 폭격기는 다량의 폭탄을 탑재하고 장거리비행을 해야 하기 때문에 큰 날개가 필요하고, 따라서 날개의 폭, 즉 날개의 스팬(span) 길이가 56.4 m에 이른다. 그러므로 날개의 스팬길이, 즉 회전반지름이 매우 길고, 따라서 내려간 날개를 다시 상승시키는 회전운동의 속도가 너무 느렸기 때문에 신속히 원래의 자세를 회복하지 못하고 실속에 들어가 추락하였다.

스핀(spin) 동작을 할 때 양팔을 펴면 회전속도가 감소하고 양팔을 몸 쪽으로 오므리면 다시 회전속도가 증가한다. 즉, 피겨스케이팅 선수는 양팔이 회전반지름이기 때문에 양팔을 펴고 오므림에 따라 각운동량 보존의 법칙에 의하여 회전속도가 달라지는 것이다.

(5) 에너지 보존의 법칙과 베르누이 방정식

항공기 날개에서 양력이 발생하는 원리는 **베르누이 방정식**(Bernoulli's equation)을 통하여 설명할 수 있다. 날개 위를 지나는 공기의 속도가 빨라지면 날개 위의 압력(정압)은 낮아지기 때문에 날개 위쪽으로 양력이 발생한다. 베르누이 방정식은 이를 연구하고 발표한 베르누이(Daniel Bernoulli, 1700~1782)의 이름을 따서 명명되었다. 베르누이 방정식은 **에너지 보존의 법칙**(the law of conservation of energy)**에서 도출**된다. 역학적 에너지에는 운동에너지(kinetic energy)와 위치에너지(potential energy)가 있는데, 두 에너지의 총합은 항상 일정함을 설명하는 것이 역학적 에너지 보존의 법칙이다. 운동에너지와 위치에너지는 다음과 같이 정의한다. 여기서, m은 질량, V는 유체의 속도, g는 중력가속도, h는 높이이다.

$$\text{운동에너지 } E_k = \frac{1}{2}mV^2 \quad \text{단위: } [\text{kg}] \times \left[\frac{\text{m}^2}{\text{s}^2}\right] = \left[\text{kg}\frac{\text{m}}{\text{s}^2} \cdot \text{m}\right] = [\text{N} \cdot \text{m}] = [\text{J}]$$

$$\text{위치에너지 } E_p = mgh \quad \text{단위: } [\text{kg}] \times \left[\frac{\text{m}}{\text{s}^2}\right] \times [\text{m}] = [\text{N} \cdot \text{m}] = [\text{J}]$$

위에 나타낸 바와 같이, 운동에너지와 위치에너지 공식에 포함된 각 물리량 단위의 곱을 검토해 보면 에너지의 단위인 J(joule)로 정리됨을 확인할 수 있다. 흐르는 공기의 유동에 대해서도 운동에너지와 위치에너지가 보존된다.

그런데 유체의 흐름, 즉 유동을 발생시키는 것은 압력 차이다. 압력 차에 의한 힘은 압력이 높은 곳에서 낮은 곳으로 유체가 흐르게 하는 일(work)을 한다. [그림 1-14]와 같이 덕트(duct) 내부에 공기가 흐른다고 가정하자. 위치 ①에서의 압력 p_1은 위치 ②에서의 압력 p_2보다 크기 때문에 이러한 압력 차는 ①에서 ②로 유동이 흐르게 한다. 압력은 '힘 ÷ 면적'이고, 따라서 힘은 '압력 × 면적'으로 정의된다. 그리고 압력에 의한 일은 '힘 × 이동거리'이므로 압력을 포함하여 일

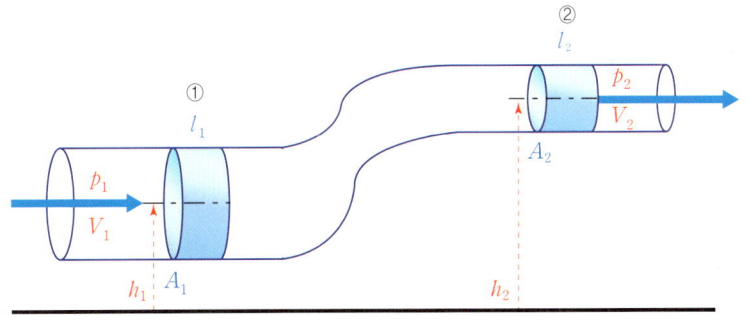

[그림 1-14] 단면적이 변하는 덕트 내부를 지나는 유동의 압력 및 속도 변화

을 정리하면 '압력×면적×이동거리'가 된다. 일의 단위 역시 에너지와 같이 [J]이다.

$$압력 \times 면적 \times 거리 = pAl$$

$$단위: \left[\frac{N}{m^2}\right] \times [m^2] \times [m] = [N \cdot m] = [J]$$

앞서 설명한 대로 압력 차에 의하여 유동이 ①에서 ②의 위치로 이동하려면 $p_1 > p_2$이어야 하므로 압력 차에 의한 일(work)은 다음과 같이 표현할 수 있다.

$$p_1 A_1 l_1 - p_2 A_2 l_2$$

압력 차에 의한 힘 때문에 유체가 흐르게 되는데, ①과 ② 위치에서의 면적 차이 때문에 연속방정식에 의하여 유체의 이동속도가 서로 다르고($V_1 \neq V_2$), 이동거리인 l_1과 l_2도 서로 다르다. 하지만 밀도가 일정한 **비압축성 유동**(incompressible flow)이라면 ①과 ②에서의 밀도 차이는 없으므로 공기 유동의 부피 차이도 없다($\forall_1 = \forall_2$). 즉, ①에서 일정한 부피만큼 공기가 이동했다면, ②에서도 동일한 부피의 공기가 이동한다. 그러므로 ①과 ②에서 이동 중인 공기의 부피는 일정하고($\forall_1 = \forall_2 = \forall$), 부피는 '면적×거리'($\forall = Al$)로 정의하므로 압력 차에 의한 일은 다음과 같이 다시 정리할 수 있다.

$$p_1 A_1 l_1 - P_2 A_2 l_2 = p_1 \forall_1 - p_2 \forall_2 = \forall(p_1 - p_2)$$

질량과 마찬가지로 에너지는 보존된다. 따라서 ①과 ②의 위치에서 유동의 역학적 에너지, 즉 운동에너지와 위치에너지의 합은 일정하다. 에너지와 일은 같은 물리량이기 때문에 압력 차에 의한 일(work)도 다음과 같이 에너지 보존식에 포함된다. 여기서, h_1과 h_2는 각각 ①과 ②의 위치에서의 높이이다.

$$\underbrace{\frac{1}{2}mV_1^2}_{\substack{①에서의 \\ 운동에너지}} + \underbrace{mgh_1}_{\substack{①에서의 \\ 위치에너지}} + \underbrace{\forall(p_1 - p_2)}_{\substack{압력 차에 \\ 의한 일}} = \underbrace{\frac{1}{2}mV_2^2}_{\substack{②에서의 \\ 운동에너지}} + \underbrace{mgh_2}_{\substack{②에서의 \\ 위치에너지}}$$

위의 식을 부피($\forall$)로 나누고 정리하면 다음과 같다.

$$p_1 + \frac{1}{2}\frac{m}{\forall}V_1^2 + \frac{m}{\forall}gh_1 = p_2 + \frac{1}{2}\frac{m}{\forall}V_2^2 + \frac{m}{\forall}gh_2$$

그런데 $\frac{m}{\forall}$, 즉 질량 ÷ 부피는 밀도(ρ)와 같다.

$$\frac{m}{\forall} = \rho$$

위의 정의를 이용하여 다음과 같이 정리할 수 있는데, 이를 베르누이 방정식이라고 한다.

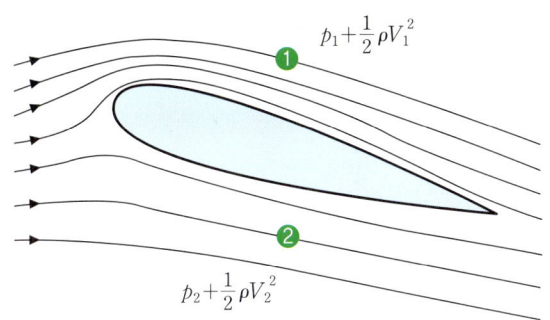

[그림 1-15] 베르누이 방정식에 의한 날개 양력 발생

베르누이 방정식: $p_1 + \frac{1}{2}\rho V_1^2 + \rho g h_1 = p_2 + \frac{1}{2}\rho V_2^2 + \rho g h_2$

[그림 1-15]와 같이 날개 위와 아래의 높이 차가 크지 않다면($h_1 \approx h_2$), 베르누이 방정식은 다음과 같이 간략하게 표현할 수 있다.

베르누이 방정식(높이 차 무시): $p_1 + \frac{1}{2}\rho V_1^2 = p_2 + \frac{1}{2}\rho V_2^2$

베르누이 방정식은 일정 위치를 흐르는 유동의 압력(정압)**과 속도는 반비례**함을 나타낸다. 즉, 날개에 받음각을 주어 위를 지나는 공기의 속도가 아래를 지나는 공기의 속도보다 빨라지지만, 윗면의 압력이 아래보다 낮아지므로 위로 향하는 힘인 양력이 발생한다는 것을 알 수 있다.

앞서 설명한 바와 같이, 베르누이 방정식은 에너지 보존의 법칙을 기반으로 유도되었기 때문에 에너지의 유입이나 유출이 없는 유동에 한하여 적용할 수 있다. 예를 들어 프로펠러는 유동을 가속하여 추력을 발생시키는데, 프로펠러에 전후 유동에 대하여 베르누이 방정식을 적용할 수 없다. 이는 엔진이라는 외부의 에너지원에 의하여 프로펠러로 에너지가 전달되기 때문에 프로펠러를 지나는 유동의 에너지는 증가하고, 따라서 **에너지가 보존된다는 가정이 성립되지 않기 때문**이다.

또한, 유동의 속도가 초음속에 도달하여 충격파가 발생한다면 충격파의 전과 후의 위치에 대해서는 베르누이 방정식을 적용할 수 없다. 충격파는 에너지의 불연속면으로서 충격파를 지나는 유동의 전압은 감소하게 된다.

전압(p_t)은 다음과 같이 정압(p)과 동압(q)으로 구성된다.

전압(p_t) = 정압(p) + 동압(q) = $p + \frac{1}{2}\rho V^2$

그런데 충격파 이후의 전압, 즉 정압과 동압의 합$\left(p_2 + \frac{1}{2}\rho V_2^2\right)$은 충격파 이전의 정압과 동압의 합$\left(p_1 + \frac{1}{2}\rho V_1^2\right)$과 비교하여 감소하므로 베르누이 법칙은 성립하지 않는다. 그러므로 **베르누이 방정식은 충격파가 발생하지 않는 저속의 유동에 대해서만 적용**할 수 있다.

앞서 살펴보았던 연속방정식과 베르누이 방정식으로 작동원리를 설명할 수 있는 장치가 벤투리관(venturi tube)이다. [그림 1-16]과 같이 벤투리관은 유체가 흐르는 도관(tube)의 중간 부분 단면적이 수축하다가 다시 확대되는 형태이다. 연속방정식은 비압축성 유동의 속도와 유동이 흐르는 통로의 단면적은 반비례함을 설명하므로 수축부를 흐르는 비압축성 유체의 속도는 증가($V_1 < V_2$)하게 된다. 반면에 베르누이 방정식은 비압축성 유동의 속도와 압력(정압)이 반비례함을 나타낸다. 따라서 단면적이 감소($A_1 > A_2$)함에 따라 비압축성 유동의 압력은 감소($p_1 > p_2$)한다.

정리하면 벤투리관은 비압축성 유동의 속도를 증가시키고, 압력을 감소시키기 위하여 고안된 장치이다. 그리고 **비압축성 유동이 면적이 작아지는 통로를 지나갈 때 속도가 증가하고, 압력이 감소하는 현상을 벤투리 효과**(venturi effect)라고 한다.

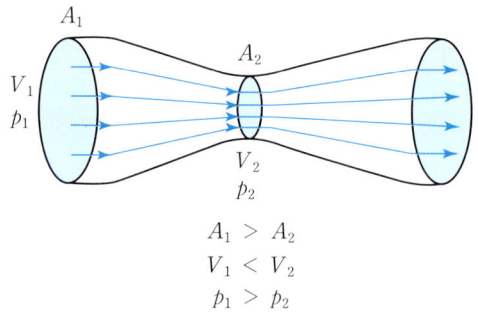

[그림 1-16] 벤투리관(venturi tube)

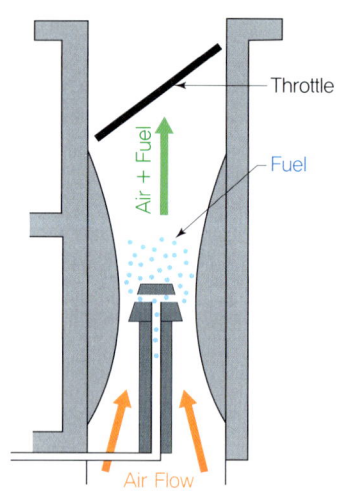

왕복엔진의 기화기(carburetor)에 적용된 벤투리 효과. 기화기의 수축부에 연료분사장치(discharge nozzle)가 있어서 공기가 통과하며 가속될 때 발생하는 압력 감소에 따라 연료가 흡입되어 공기와 연료의 혼합기(air-fuel mixture)가 만들어진다.

CHAPTER 01 SUMMARY

- **기본 물리량[단위]**: 질량[kg], 길이[m], 시간[sec]

- 속도$(V) = \dfrac{\text{거리 또는 길이}(l)}{\text{시간}(t)}$ 단위기호: m/s

- 가속도$(a) = \dfrac{\text{속도}(V)}{\text{시간}(t)}$ 단위기호: $\dfrac{m}{s^2}$

- 운동량(p) = 질량(m) × 속도(V) 단위기호: $kg\dfrac{m}{s}$

- **운동량 보존의 법칙**: 물체에 외부의 힘이 작용하지 않으면 운동량 또는 속도는 일정하다.

- 힘(F) = 질량(m) × 가속도(a) 단위기호: $kg\dfrac{m}{s^2} = N$

- 중력가속도$(g) = 9.8 \text{ m/s}^2$

- 중량(W) = 질량(m) × 중력가속도(g) 단위기호: kgf = 9.8 N

- 일(W) 또는 에너지(E) = 힘(F) × 거리(L) 단위기호: N·m = J

- 모멘트(M) = 힘(F) × 거리(L) 단위기호: N·m

- 일률 또는 동력$(P) = \dfrac{\text{일}(W) \text{ 또는 에너지}(E)}{\text{시간}(t)} =$ 힘(F) × 속도(V) 단위기호: J/s = W

- 선속도(v) = 회전속도(ω) × 회전반지름(R)

- 회전속도$(\omega) = \dfrac{\text{선속도}(v)}{\text{회전반지름}(R)}$

- 압력$(p) = \dfrac{\text{수직힘}(F)}{\text{면적}(A)}$ 단위기호: $\dfrac{N}{m^2} = Pa$

- **동압**(dynamic pressure, $q = \dfrac{1}{2}\rho V^2$): 유동 속의 기체 입자들이 일정한 방향과 속도로 이동할 때 발생하는 압력으로서 유동의 속도와 기체의 밀도가 증가하면 동압이 증가한다.

- **정압**(static pressure, p): 기체가 흐르지 않고 정지한 상태에서 기체 입자들의 운동으로 발생하는 압력

- **전압**(total pressure, p_t): 정압과 동압의 합

$$\text{전압}(p_t) = \text{정압}(p) + \text{동압}(q) = p + \dfrac{1}{2}\rho V^2$$

- 밀도$(\rho) = \dfrac{\text{질량}(m)}{\text{부피}(\forall)}$ 단위기호: $1 \dfrac{kg}{m^3} = \dfrac{1}{9.8} kgf \cdot \dfrac{s^2}{m^4}$

CHAPTER 01 SUMMARY

- **절대온도 단위**: K = °C + 273

- **뉴턴 제1법칙**: 관성의 법칙이라고도 하며, 외력이 없는 한 정지한 물체는 계속 정지하려고 하고, 일정 속도로 운동하는 물체는 계속 운동하려고 하는 경향성을 나타낸다.

- **뉴턴 제2법칙**: 가속도의 법칙이라고도 하며, 외부의 힘이 물체에 작용하지 않으면 운동량, 즉 속도는 일정하다.

- **뉴턴 제3법칙**: 작용-반작용의 법칙이라고도 하며, 한 물체가 다른 물체에 힘을 가하면 힘을 가한 물체 역시 같은 크기의 힘을 반대 방향으로 받는다.

- **비압축성 유동**(incompressible flow): 밀도 변화가 없는 유동

- **질량보존의 법칙**(the law of conservation of mass): 일정한 경계 내의 물질의 질량은 새로 생성되거나 없어지지 않고 시간과 관계없이 일정하다.

- **운동량 보존의 법칙**(the law of conservation of momentum): 운동하는 물체에 외부 힘(외력)이 작용하지 않으면 물체의 운동량(momentum)은 일정하다.

- **각운동량 보존의 법칙**(the law of angular momentum): 회전하는 물체는 외력이 작용하지 않으면 회전운동량 또는 각운동량은 보존된다.

- **코리올리 효과**(Coriolis effect): 각운동량 보존의 법칙에 의하여 나타나는 현상으로, 물체의 회전반지름이 증가하면 각속도, 즉 회전속도는 감소하고, 반대로 회전반지름이 감소하면 회전속도는 증가한다.

- **에너지 보존의 법칙**(the law of conservation of energy): 운동에너지(kinetic energy)와 위치에너지(potential energy)의 총합은 항상 일정하다.

- **연속방정식**: $\rho_1 A_1 V_1 = \rho_2 A_2 V_2 =$ constant(일정)

- **연속방정식(비압축성 유동)**: $A_1 V_1 = A_2 V_2 =$ constant(일정), 즉 유동의 속도(V)와 유동이 지나는 통로의 단면적(A)은 반비례한다.

- **베르누이 방정식**: $p_1 + \frac{1}{2}\rho V_1^2 + \rho g h_1 = p_2 + \frac{1}{2}\rho V_2^2 + \rho g h_2$

- **베르누이 방정식(높이 차 무시)**: $p_1 + \frac{1}{2}\rho V_1^2 = p_2 + \frac{1}{2}\rho V_2^2$, 일정 위치를 흐르는 유동의 압력(정압, p)과 속도(V)는 반비례함을 설명한다.

- **벤투리 효과**(venturi effect): 비압축성 유동이 면적이 작아지는 통로를 지날 때 속도가 증가하고, 압력이 감소하는 현상을 말한다.

PRACTICE

연습문제 및 기출문제

01 다음 중 압력의 단위로 맞는 것은?
① N/m ② N/m²
③ N/m³ ④ N/m⁴

해설 압력의 단위는 N/m²이며, Pa(pascal)이라고도 한다.

02 다음 중 기본 물리량에 해당하는 것은?
① 가속도(acceleration)
② 힘(force)
③ 시간(time)
④ 압력(pressure)

해설 기본 물리량은 질량, 길이, 시간이다.

03 20°C를 절대온도로 바꾸면 얼마인가?
① 273.15 K ② 287.15 K
③ 288.15 K ④ 293.15 K

해설 $T[K] = t_C + 273.15$이므로, $T[K] = 20 + 273.15 = 293.15$ K이다.

04 다음 중 공기의 밀도(density)를 맞게 정의한 것은?
① 단위 면적당 공기의 질량
② 단위 부피당 공기의 질량
③ 단위 면적당 공기의 수직힘
④ 단위 부피당 공기의 수직힘

해설 밀도는 단위 부피(V)당 질량(m)으로 정의한다.

05 관(pipe) 내에서 비압축성 공기가 흐를 때 다음 중 사실에 가장 가까운 것은?
① 단면적이 감소하면 정압이 증가한다.
② 단면적이 감소하면 밀도는 증가한다.
③ 단면적이 감소하면 전압이 증가한다.
④ 단면적이 감소하면 동압이 증가한다.

해설 연속방정식은 $A_1V_1 = A_2V_2 =$ constant(일정)로 정의하고, 유체의 속도와 유체가 지나는 통로의 단면적은 반비례함을 설명한다. 그리고 동압은 $q = \frac{1}{2}\rho V^2$이므로 속도에 비례한다.

06 날개의 폭이 큰 비행기일수록 비행 기동성이 낮아진다는 사실을 가장 잘 설명할 수 있는 법칙은?
① 질량 보존의 법칙
② 가속도의 법칙
③ 작용-반작용의 법칙
④ 각운동량 보존의 법칙

해설 각운동량 보존의 법칙은 물체의 회전반지름과 회전속도는 반비례함을 설명한다. 따라서 날개의 폭이 큰 비행기는 회전속도가 낮아서 기동성이 떨어진다.

07 헬리콥터의 꼬리회전날개(tail rotor)가 필요한 이유와 가장 밀접한 관계가 있는 물리법칙은?
① 질량 보존의 법칙
② 가속도의 법칙
③ 작용-반작용의 법칙
④ 각운동량 보존의 법칙

해설 회전날개가 회전할 때 작용-반작용의 법칙에 의하여 엔진을 장착한 동체는 반대 방향으로 도는 회전력을 받고, 동체 후방에 꼬리회전날개를 부착하여 회전력을 상쇄시킨다.

08 다음 중 동압을 바르게 정의한 것은?
① $\frac{1}{2}\rho V^2$ ② $\frac{1}{2}\rho V$
③ $\frac{1}{2}\rho^2 V$ ④ $\frac{1}{2}\rho^2 V^2$

해설 동압은 $q = \frac{1}{2}\rho V^2$으로 정의한다.

09 지름이 20 cm와 30 cm로 연결된 관에서 지름이 20 cm인 관에서의 속도가 2.4 m/s일 때 30 cm 관에서의 속도는 약 몇 m/s인가?
[항공산업기사 2020년 3회]
① 0.19 ② 1.07
③ 1.74 ④ 1.98

정답 1.② 2.③ 3.④ 4.② 5.④ 6.④ 7.③ 8.① 9.②

> **해설** 연속방정식은 $A_1V_1 = A_2V_2$이므로, $V_2 = V_1 \dfrac{A_1}{A_2} =$
> $2.4 \text{ m/s} \times \dfrac{\dfrac{\pi}{4} \times (0.2 \text{ m})^2}{\dfrac{\pi}{4} \times (0.3 \text{ m})^2} = 1.07 \text{ m/s}$이다.

10 비압축성 베르누이(Bernoulli) 방정식에 대한 설명 중 사실과 다른 것은?

① 에너지 보존법칙에서 도출되었다.
② 속도와 정압과의 관계를 정의할 수 있다.
③ 밀도가 변화하는 유동에 적용할 수 있다.
④ 방정식에서 정압, 동압, 전압을 정의할 수 있다.

> **해설** 비압축성 유동은 밀도의 변화가 없는 유동을 말한다.

11 관의 단면이 10 cm²인 곳에서 10 m/s로 흐르는 비압축성 유체는 관의 단면이 25 cm²인 곳에서는 몇 m/s의 흐름 속도를 가지는가? [항공산업기사 2019년 2회]

① 3   ② 4
③ 5   ④ 8

> **해설** 연속방정식은 $A_1V_1 = A_2V_2$이므로,
> $V_2 = V_1 \dfrac{A_1}{A_2} = 10 \text{ m/s} \times \dfrac{10 \text{ cm}^2}{25 \text{ cm}^2} = 4 \text{ m/s}$이다.

12 베르누이의 정리에 대한 식과 설명으로 틀린 것은? (단, p_t: 전압, p: 정압, q: 동압, V: 속도, ρ: 밀도이다.) [항공산업기사 2019년 4회]

① $q = \dfrac{1}{2}\rho V^2$
② $p = p_t + q$
③ 정압은 항상 존재한다.
④ 이상유체 정상흐름에서 전압은 일정하다.

> **해설** 전압(p_t)은 정압(p)과 동압(q)의 합이다.

13 양력(lift)의 발생원리를 직접적으로 설명할 수 있는 원리는? [항공산업기사 2019년 2회]

① 관성의 법칙   ② 베르누이의 정리
③ 파스칼의 정리   ④ 에너지 보존법칙

> **해설** 날개 윗면의 공기 유동속도는 아랫면보다 빠르고 따라서 윗면의 압력(정압)은 아랫면보다 작아지므로 양력이 발생하는데, 이는 유동의 압력(정압)과 속도가 반비례함을 나타내는 베르누이 방정식으로 설명할 수 있다.

14 정상 흐름의 베르누이 방정식에 대한 설명으로 옳은 것은? [항공산업기사 2016년 1회]

① 동압은 속도에 반비례한다.
② 정압과 동압의 합은 일정하지 않다.
③ 유체의 속도가 커지면 정압은 감소한다.
④ 정압은 유체가 갖는 속도로 인해 속도의 방향으로 나타나는 압력이다.

> **해설** 동압$\left(q = \dfrac{1}{2}\rho V^2\right)$은 속도에 비례하고, 정압과 동압의 합인 전압$\left(p_t = p + \dfrac{1}{2}\rho V^2\right)$은 비압축성 유동에서는 항상 일정하다. 유동이 일정한 속도로 움직여 물체에 부딪힐 때 발생하는 압력이 동압이고, 정압(p)은 유체 입자의 움직임으로 유동의 방향과 나란한 표면에 작용하는 압력으로, 동압과 유동의 속도에 반비례한다.

정답 10. ③ 11. ② 12. ② 13. ② 14. ③

NASA Langley Research Center의 풍동(wind tunnel)에서 시험 중인 Boeing X-48B의 축소 모형. 풍동에서는 항공기의 공기역학적 성능, 즉 양력과 항력, 피칭 모멘트(pitching moment), 실속(stall) 특성 등을 시험한다. 항공기에는 중력(중량, W), 양력(L), 항력(D), 추력(T) 등 4가지 기본 힘이 작용한다. X-48B와 같은 BWB(Blended Wing Body) 또는 전익기(全翼機)는 동체와 날개가 구분되지 않고 전체 기체가 날개 형태를 하고 있다. 그러므로 기체에서 발생하는 양력이 매우 크기 때문에 양항비(lift to drag ratio, L/D)가 높고 익면하중(wing loading, W/S)이 낮아 공기역학적 성능, 특히 항속성능이 우수한 장점이 있다. 따라서 BWB는 항속성능이 중요한 장거리 폭격기나 차세대 여객기의 형상으로 연구되고 있다.

CHAPTER 2

항공기에 작용하는 힘

2.1 4가지 기본 힘 | 2.2 중량 | 2.3 양력 | 2.4 항력 | 2.5 추력 | 2.6 중력 | 2.7 마찰력 | 2.8 구심력과 원심력

2.1 4가지 기본 힘

항공기는 질량이 있는 물체이므로 중력가속도에 의한 무게, 즉 **중량**(weight, W)이 정의된다. 그런데 항공기는 비행을 위한 기계이기 때문에 공중에 띄우려면 중량의 반대 방향으로 중량 이상의 **양력**(lift, L)이 필요하다. 하지만 양력을 얻기 위하여 날개(wing) 또는 회전날개(rotor)가 공기를 가르며 일정 방향으로 움직여야 하므로 그 방향으로 밀어주는 **추력**(thrust, T)이 필요하다. 추력에 의하여 항공기가 공기 중에서 이동하면 공기 입자가 항공기와 부딪히기 때문에 추력과 반대 방향으로 항공기의 이동을 방해하는 힘이 발생하는데, 이를 **항력**(drag, D)이라고 한다.

따라서 **양력은 최소한 중량만큼 발생해야 하고, 추력은 최소한 항력만큼 만들어져야 한다.** 양력과 중량이 같은 경우($L=W$)에 항공기는 **수평비행**(level flight)을 하며, **추력과 항력이 같을 때**($T=D$)는 **등속비행**(steady flight)을 한다. 비행역학에서는 **등속 및 수평**($L=W$, $T=D$) 비행을 **순항비행**(cruise)이라고 하는데, 실제 순항비행은 상승하여 목적지에 이르러 하강할 때까지 비교적 일정한 속도로 이동하는 비행단계라고 할 수 있다.

양력이 중량보다 클 때($L>W$) 항공기는 상승하거나 고도가 높아지고, 양력이 중량보다 작을 때는($L<W$) 고도가 낮아지거나 **실속**(stall)하게 된다. 또한, **추력이 항력보다 크면**($T>D$) 항공기의 속도는 시간에 따라 점점 증가하면서 **가속**(acceleration)하게 되고, 반대로 **항력보다 추력이 적으면**($T<D$) **감속**(deceleration)한다.

항공기의 중량이 증가하면 양력을 높여야 한다. 그런데 **양력이 높아지면 항력도 함께 증가**하게 된다. 즉, 양력을 높이기 위하여 비행속도를 증가시키거나 날개의 면적을 늘리는 경우, 항력도 커지게 된다. 그리고 **항력이 증가하면 추력을 높여야 하므로 연료소모율이 증가**하여 항속성능이 감소한다. 그러므로 승객이 여객기를 이용할 때 수화물의 무게를 제한하거나, 무게에 따라 항공 운임을 책정하는 이유가 여기에 있다.

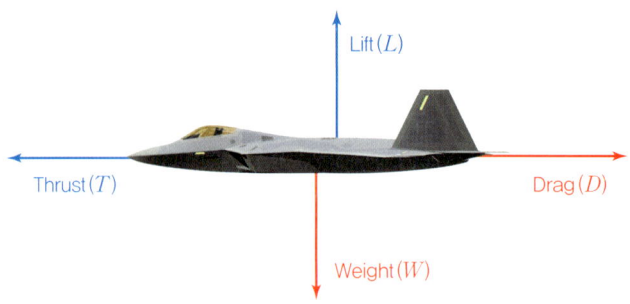

[그림 2-1] 항공기에 작용하는 4가지 힘(고정익기 기준)

2.2 중량

중량(weight, W)은 말 그대로 무게이다. 물체를 지구중심으로 잡아당기는 중력으로 중량이 발생하기 때문에 **중량은 질량과 중력가속도의 곱**으로 정의된다. 이에 따라 중량은 질량과 가속도의 곱으로 정의되는 힘(force)과 같은 물리량이라고 할 수 있다. 항공기에 작용하는 4가지 기본 힘은 **중력·양력·항력·추력**인데, 중력에 의하여 중량이 정의되기 때문에 중력과 중량이라는 용어는 구분 없이 사용하는 경우가 많다. 양력·항력·추력의 방향은 항공기의 진행 방향과 상대풍의 방향 등에 따라 달라지지만, 중량의 방향은 항상 일정하다. 즉, 중량은 중력에 의하여 발생하기 때문에 **중량의 방향은 항상 지구중심**을 향한다.

항공기의 무게, 즉 중량을 나타낼 때 일반적으로 kg 또는 t으로 나타내는데, kg은 질량(mass)의 단위이기 때문에 정확히 표현하려면 중량의 단위는 kgf를 사용해야 하며 1 t은 1,000 kgf이다. 항공기의 중량은 기체 크기에 따라 매우 다양한데, 수 그램의 초소형 무인기부터 600 t이 넘는 대형 수송기도 있다.

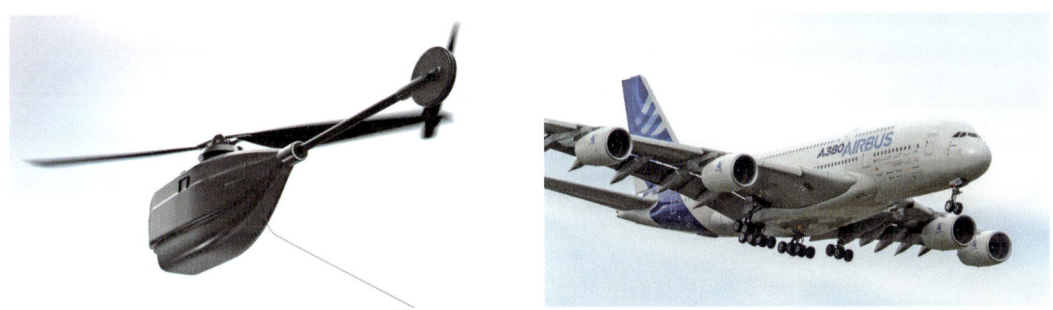

위의 왼쪽 사진은 실전 배치된 초소형 정찰 무인 헬리콥터인 Black Hornet Nano로서 최대이륙중량이 0.016 kgf에 지나지 않는다. 오른쪽 사진은 최대 615명의 승객을 실어 나를 수 있는 세계 최대의 여객기인 Airbus A380이며, 최대이륙중량은 590,000 kgf(590 t)가 넘는다.

2.3 양력

(1) 양력의 발생

양력(lift, L)은 항공기의 중량, 즉 중력을 극복하며 항공기를 공중에 띄워 일정 고도에서 비행할 수 있게 하는 힘이다. 양력은 고정익기의 경우 동체에 부착된 날개에서 만들어지고, 회전익기는 회전날개가 회전하여 양력을 발생시킨다. 고정익기가 비행할 때 날개 윗면과 아랫면을 흐르는 유동의 속도 차이가 발생하고, 베르누이 방정식으로 설명되듯이 속도 차이에 따라 압력 차이가 발생한다. 이 압력 차가 중량에 대응하여 항공기가 공중에서 날게 하는 양력이 된다.

날개 윗면과 아랫면의 표면에는 압력뿐만 아니라 날개 표면과 유동 사이의 마찰에 의한 전단응력(shear stress)도 발생한다. 날개 표면의 압력 분포와 전단응력의 분포를 상대풍 방향에 대한 **수직힘**과 **수평힘**으로 평균하여 정리한 것이 각각 양력과 항력이다. 그러므로 **양력의 방향은 상대풍의 방향과 수직**이고, **항력은 양력과 수직 또는 진행 방향과 평행한 방향**으로 작용한다. 그리고 이 평균힘이 작용하는 작용점을 **압력중심**(center of pressure, cp)이라고 한다.

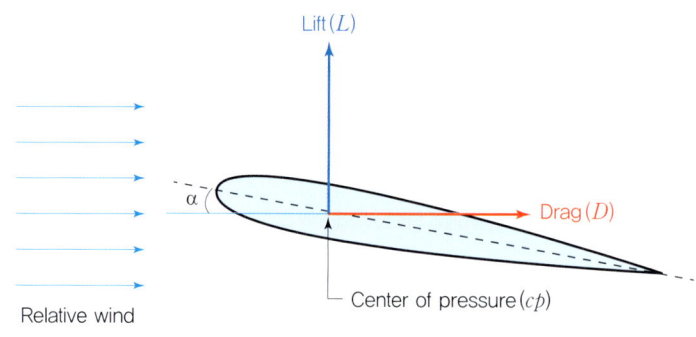

[그림 2-2] 양력(L)과 항력(D)의 방향

동압$\left(q = \dfrac{1}{2}\rho V^2\right)$이 증가하면 양력도 증가한다. 즉, 공기의 밀도(ρ)가 높을수록, 비행속도(상대풍의 속도, V)가 빠를수록 양력은 커진다. 그러므로 밀도가 높은 낮은 고도에서 고속으로 비행하면 양력이 증가한다. 그러나 밀도가 높으면 항공기 기체 표면에 부딪히는 공기 입자의 수가 많아지므로 항공기를 앞으로 나아가지 못하게 방해하는 항력도 증가한다. 또한, 비행속도가 높을수록 항공기 표면에 부딪히는 공기 입자의 충격량과 함께 항력도 커진다. 즉, 동압이 커지면 양력뿐만 아니라 항력도 증가하게 된다. 그러므로 고속으로 비행하는 항공기는 밀도가 낮은 높은 고도에서 비행해야 한다.

(2) 양력계수

항공기 전체 또는 날개에서 발생하는 양력의 크기를 표시할 때 **양력계수**(lift coefficient, C_L)라는 **무차원수**(dimensionless number)를 사용한다. 무차원수란 같은 물리량을 조합하여 단위가 없는 물리량으로 만든 것이다.

유동의 속도와 밀도, 즉 동압과 날개의 면적, 날개의 형상 그리고 받음각은 양력에 큰 영향을 미친다. 특히, 동압과 날개면적이 커지면 양력이 증가한다. 또한, 마하수(Mach number)와 레이놀즈수(Reynolds number)에 의해서도 양력이 변화한다. 이렇게 양력의 크기에 영향을 주는 요소들이 많기 때문에 가장 현저한 영향이 있는 동압$\left(\dfrac{1}{2}\rho V^2\right)$과 날개의 면적($S$)으로 다음과 같이 양력을 무차원화한다.

$$\text{양력계수: } C_L = \frac{L}{\frac{1}{2}\rho V^2 S}$$

동압에 날개면적을 곱하면 힘이 되므로 양력과 같은 물리량이 되고, 이를 양력에 대하여 나누면 무차원수인 양력계수가 정의된다.

$$C_L = \frac{\text{양력} = \text{힘}}{\text{동압} \times \text{날개면적} = \text{힘}} = \frac{L}{\frac{1}{2}\rho V^2 S}$$

풍동(wind tunnel)은 항공기 형상 또는 날개 형상의 공기역학적 성능을 시험하기 위한 장치이다. 만약, 서로 다른 형상의 날개 A와 B가 있는데, 이 두 날개 형상의 양력특성을 풍동에서 비교하려면 동압(속도와 밀도)과 날개면적을 똑같이 일치시켜야 한다. 만약, 날개 A에 대한 유동의 속도가 날개 B의 경우보다 월등히 높으면 날개의 형상과 관계없이 날개 A의 양력특성이 우세하게 나타날 것이다. 하지만 풍동시험에서 속도와 밀도 등의 유동조건을 항상 동일하게 유지하기란 쉽지 않다.

그러나 양력을 동압과 날개면적으로 나눈 양력계수로 비교한다면 유동의 속도와 밀도, 그리고 날개의 크기로 인한 영향이 상쇄되므로 서로 다른 날개 형상의 양력특성을 쉽게 비교할 수 있다. 즉, 동압이 2배가 되면 양력은 2배가 되지만 양력계수는 일정하다. 항력 대신 항력계수를 비교하는 것도 같은 이유이다. 양력계수와 항력계수를 공력계수라고도 하는데, 공력계수는 날개 또는 항공기의 형상에 따라 변화하지만 동압과 날개면적 또는 항공기의 크기와 무관하다. 따라서 풍동에서 시험하여 도출된 축소 모형 항공기의 공력계수는 비행 중인 실제 항공기의 공력계수와 동일하다. 이러한 사실을 이용하여 개발 중인 항공기의 실제 공기역학적 성능을 미리 예측할 수 있다.

(3) 최대양력계수

받음각(angle of attack, α), 즉 상대풍의 방향과 날개 시위선 사이의 각도가 커지면 양력계수는 증가한다. 받음각이 증가하면 날개 위와 아랫면 속도 차가 커지면서 압력 차가 증가하기 때문이다.

[그림 2-3]은 받음각이 변화할 때 여러 가지 날개 형태의 양력계수 변화를 나타내는데, 날개 단면(airfoil)의 형상에 따라 양력계수가 변화하는 양상이 서로 다르므로 **날개의 형상이 바뀌면 양력계수의 변화 패턴도 달라지는 것**을 알 수 있다. 일반적으로 날개 단면의 두께와 날개 단면의 굽어진 정도를 나타내는 캠버(camber)가 증가할수록 양력계수가 증가한다.

하지만 날개 형상과 관계없이 받음각이 커질수록 양력계수가 증가하는 것은 모두 같다. 그리고 일정 받음각에 도달하면 양력계수는 더 이상 증가하지 않고, 일정 받음각 이상에서는 양력

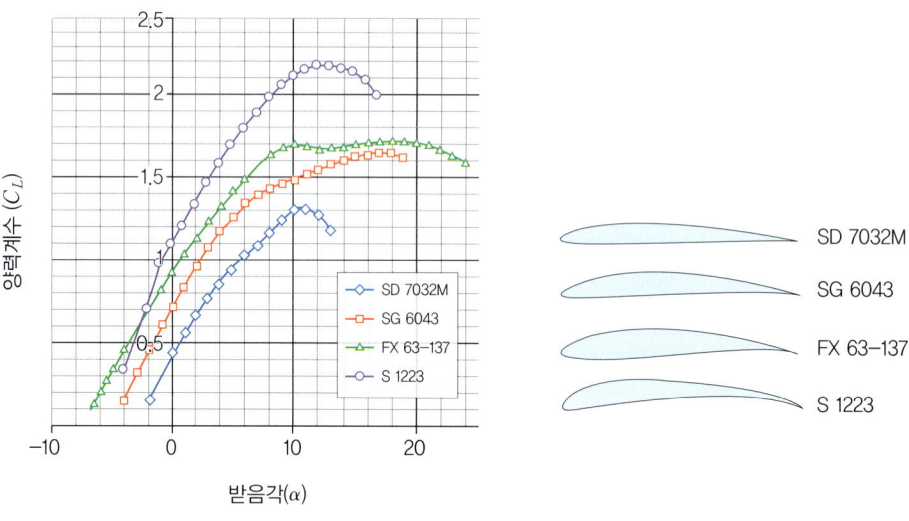

[그림 2-3] 여러 가지 형태의 날개 단면의 양력계수

계수가 갑자기 감소하게 된다. 이는 과도하게 높은 받음각에서 날개 윗면을 흐르는 유동이 떨어져 나가는 **유동박리**(flow separation) 때문에 양력이 급감하는 **실속**(stall)이 발생하기 때문이다. **실속이 발생하기 시작하는 받음각을 실속받음각**(α_s) **또는 최대받음각**(α_{max})이라고 하고, 실속 전후로 양력계수는 최대가 되었다가 급감하므로 **실속받음각에서의 양력계수를 최대양력계수**($C_{L_{max}}$)라고 한다.

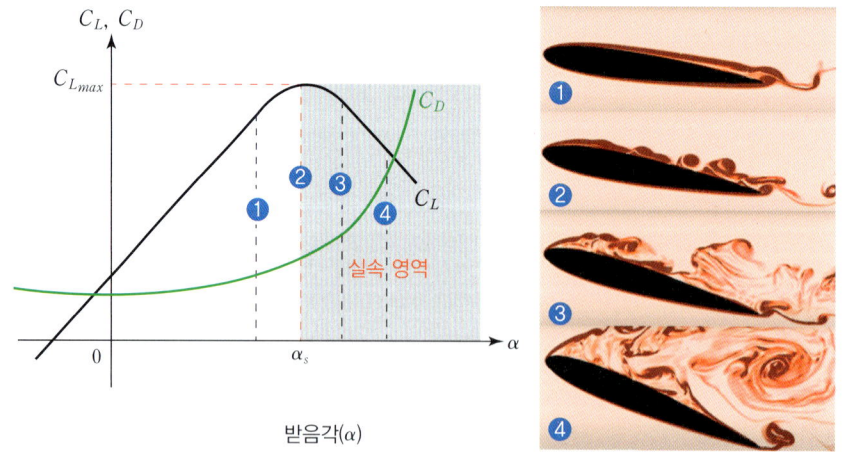

[그림 2-4] 받음각 증가에 따른 날개 위 유동의 변화와 최대양력계수($C_{L_{max}}$) 및 실속받음각(α_s)의 정의

날개의 형상에 따라 양력계수 변화의 패턴이 다르고, 따라서 각각의 날개 형상에 대하여 고유의 최대양력계수와 실속받음각이 정의되기 때문에 최대양력계수와 실속받음각의 값은 그 날개

의 공기역학적 특징을 나타내는 기준이 된다.

높은 받음각에서 실속, 즉 날개에 유동박리가 생기면 **양력은 감소하고 항력은 급증**하게 되므로 양항비(lift to drag ratio, L/D)는 급감하여 항공기의 비행성능에 악영향을 줄 뿐만 아니라 실속에서 회복되지 못하는 경우, 추락으로 이어진다. 그러므로 실속은 안전한 비행을 위협하는 가장 위험한 상황이므로 항공기의 실속특성을 파악하는 것이 중요하다. 또한, 돌풍 등의 외부 교란에 의하여 갑자기 기수가 올라가 받음각이 증가하여 실속에 들어가는 상황을 방지해야 한다.

(4) 실속속도

앞서 소개한 양력계수의 정의를 이용하여 다음과 같이 양력(L)을 정의할 수 있다.

$$C_L = \frac{L}{\frac{1}{2}\rho V^2 S}$$

$$양력: L = C_L \frac{1}{2}\rho V^2 S$$

즉, 양력은 양력계수(C_L)와 대기의 밀도(ρ), 비행속도(V), 날개면적(S)에 비례한다. 양력과 양력계수로 다음과 같이 비행속도(V)를 표현할 수 있다.

$$V = \sqrt{\frac{2L}{\rho S C_L}}$$

항공기가 수평비행을 할 때는 양력과 중량의 크기가 같으므로($L=W$), 위의 속도식은 중량으로 표현할 수 있다.

$$수평비행속도: V = \sqrt{\frac{2L}{\rho S C_L}} = \sqrt{\frac{2W}{\rho S C_L}}$$

위에서 정의된 비행속도는 항공기의 중량만큼 양력을 발생시켜$\left(W = L = C_L \frac{1}{2}\rho V^2 S\right)$ 수평으로 비행할 때의 속도를 말한다. 만약, 비행속도를 감소시키면 양력이 중량보다 적어져서 실속하게 된다. 따라서 수평비행 상태에서 속도를 감소시키려면 양력계수(C_L)를 높여야 한다. **양력계수를 변화시키는 방법은 받음각을 바꾸거나 고양력장치를 사용하여 완전히 다른 날개 형상으로 변화시키는 것이다.**

항공기가 수평비행 중 속도를 낮추려면 일단 받음각을 증가시켜야 한다. 속도가 낮아져도 받음각 증가에 따라 양력계수가 증가하면 중량만큼 양력을 유지할 수 있다. 이때 **양력을 유지하기 위한 최저속도를 실속속도**(stall speed, V_s)라고 하는데, 실속속도보다 낮은 속도로 비행하면 항공기 날개 표면을 지나는 유동의 힘이 부족하여 표면으로부터 떨어져 나가는 유동박리가 발생

왕복엔진을 장착하여 최고속도가 약 600 km/hr인 Spitfire 전투기(1939)와 터보팬엔진을 장착하여 최고속도가 약 2,500 km/hr($M = 2.0$)에 이르는 Eurofighter Typhoon 전투기(2003). Spitfire는 두께가 두껍고 캠버가 커서 양력계수(C_L)가 높은 저속용 날개 단면을 가졌고, Typhoon은 초음속 비행을 위하여 얇은 날개 단면을 장착하였다. 그런데 얇은 날개 단면은 양력계수가 낮아서 낮은 속도에서 충분한 양력이 발생하지 않는다. 양력은 $L = W = C_L \frac{1}{2}\rho V^2 S$로 정의되므로 속도가 감소하면 양력이 중량보다 부족하여 실속이 발생할 수 있다. 이런 경우, 받음각을 높이거나 고양력장치를 전개하면 양력계수가 증가하여 양력을 유지할 수 있다. 따라서 초음속 비행기인 고속 전투기 Typhoon은 저속기인 Spitfire와 나란히 수평으로 비행하기 위하여 받음각을 증가시키고, 고양력장치인 앞전 플랩을 전개하여 양력을 유지하고 있음을 볼 수 있다.

하고, 따라서 실속하게 된다. 실속하기 직전 가장 낮은 비행속도, 즉 실속속도에서 중량만큼 양력을 유지하기 위하여 가장 큰 양력계수, 즉 최대양력계수를 날개에서 발생시킨다. 다시 정리하면 **수평비행 중 실속속도에서의 양력계수는 최대양력계수이다.**

그러므로 실속속도를 다음과 같이 수식으로 나타낼 수 있다.

$$\text{수평비행 실속속도: } V_s = \sqrt{\frac{2W}{\rho S C_{L_{max}}}}$$

(5) 고양력장치

저속에서 양력계수를 증가시켜 양력을 유지하는 또 다른 방법은 날개의 형상, 특히 날개 단면(airfoil)의 형상을 변화시키는 것이다. 날개 단면의 형상이 바뀌면 또 다른 최대양력계수가 정의되며 실속 특성이 달라진다.

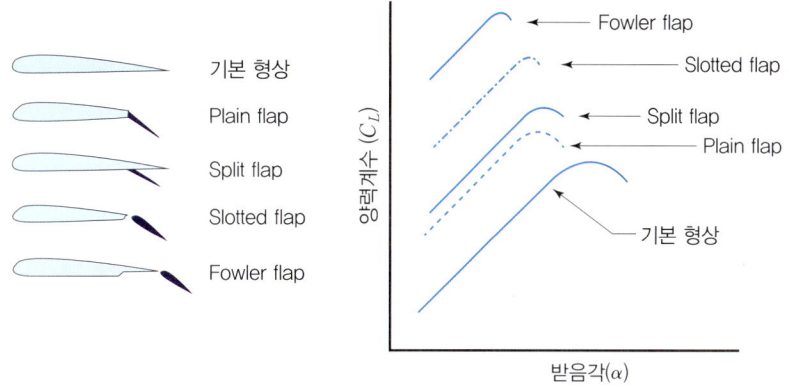

[그림 2-5] 플랩 종류에 따른 양력계수

이착륙 중에는 속도를 대폭 감소해야 한다. 순항속도가 1,000 km/hr 이상이라도 이착륙을 위해서는 300 km/hr 전후로 속도를 낮춘다. 따라서 이착륙 중 실속에 들어가지 않기 위해서는 받음각을 높여야 할 뿐만 아니라 플랩(flap) 또는 슬랫(slat) 등의 고양력장치를 전개해야 한다. 플랩은 조종면과 유사하게 날개 뒷부분의 각도가 변화하는 장치로, **플랩을 전개하면 날개 단면의 캠버(camber)가 커지면서 양력계수가 증가**하는 효과가 있다. 이런 이유로 플랩을 **고양력장치(high-lift device)** 라고 부른다.

[그림 2-5]와 같이 플랩을 전개하는 경우, 새로운 형태의 날개 단면이 되고, 따라서 또 다른 최대양력계수, 즉 더 높은 최대양력계수가 발생하므로 실속속도를 낮추어 낮은 이착륙속도에서도 실속하지 않게 된다. 플랩의 종류는 그림과 같이 여러 가지가 있으며, 날개면적까지 증가시키는 파울러 플랩(fowler flap)을 전개하면 실속속도를 대폭 감소시킬 수 있다.

$$V_s = \sqrt{\frac{2W}{\rho S C_{L_{max}}}}$$

날개 앞전의 각도가 변화하는 슬랫이 추가로 장착되면 날개 캠버와 날개면적의 증가가 더욱 현저해진다. 중량(W)이 증가하면 실속속도가 높아지므로 크고 무거운 항공기일수록 실속속도를 낮추기 위하여 슬랫과 파울러 플랩을 모두 사용해야 한다. 플랩과 슬랫 이외에 다른 고양력장치도 존재하는데, 자세한 내용은 4장에서 다루도록 한다.

(6) 익면하중

날개면적이 넓을수록 더 많은 양력이 발생하여 항공기의 공기역학적 성능이 향상된다. 또한, 항공기의 중량이 가벼울수록 적은 양력이 요구되고, 따라서 항력이 감소하므로 적은 추력으로 오랫동안 비행할 수 있어서 항속거리도 증가한다. 그러므로 양력은 크고 중량이 적을수록 비행

날개와 동체의 구분이 모호한 Blended Wing Body(BWB) 형태로 설계된 Northrop Grumman B-2A Spirit 폭격기. 익면하중(wing loading)이 매우 낮아 항속거리를 극대화할 수 있는데, 이는 장거리 폭격기의 중요 성능 기준이다.

Photo: Israeli Defense Force

1983년 이스라엘 공군 F-15A 전투기가 훈련비행 중 아군기와 충돌하여 한쪽 날개를 잃는 대형 항공사고가 발생했는데, 다행히 큰 양력 손실 없이 추락하지 않고 무사 착륙하였다. 현대 항공기는 동체의 형상이 날개 모양같이 납작하게 설계되어 날개뿐만 아니라 동체에서도 양력을 발생시키므로 익면하중이 낮고 공기역학적 성능이 우수하다.

성능이 개선되기 때문에 중량과 날개면적의 관계는 항공기의 비행성능에 중요한 기준이 된다. **즉, 중량(W)을 날개면적(S)으로 나누어 익면하중(wing loading, W/S)이라는 지표로 항공기의 공기역학적 성능을 나타내는데, 익면하중이 낮을수록 항공기의 성능은 향상**된다. 하지만 익면하중을 낮추기 위하여 날개의 크기를 과도하게 키우면 항력이 커지는 문제가 발생한다. 따라서 요즘 개발되는 항공기는 날개뿐만 아니라 동체에서도 양력이 발생하도록 항공기 형상을 설계한다. 이는 동체와 날개의 구분 없이 전체 기체가 날개 형태를 취하고 있는 항공기로, Blended Wing Body(BWB) 또는 전익기(全翼機)라고 한다.

2.4 항력

(1) 항력계수

항력(drag, D)은 항공기가 앞으로 나아가는 데 방해가 되는 힘을 말한다. 항력은 항공기의 형상과 실속, 충격파 발생, 날개 끝 와류 등에 의하여 발생한다. 항력을 극복하고 항공기가 전진하게 하는 힘이 추력이기 때문에 항력은 추력 및 항공기 진행 방향과 평행하지만, 반대 방향으로 양력 방향의 수직으로 작용한다.

양력과 마찬가지로 항력 역시 동압과 날개면적에 비례한다. 따라서 동압$\left(\frac{1}{2}\rho V^2\right)$과 날개면적($S$)으로 무차원화하여 다음과 같이 **항력계수**(drag coefficient)를 정의한다.

$$C_D = \frac{항력 = 힘}{동압 \times 날개면적 = 힘}$$

$$항력계수: C_D = \frac{D}{\frac{1}{2}\rho V^2 S}$$

항력은 다음과 같이 항력계수·동압 그리고 날개면적으로 나타내기도 한다. 비행속도를 낮추면 양력 유지를 위하여 받음각(α)을 높여 양력계수를 증가시켜야 하는데, 받음각이 커지면 항력계수도 증가한다. 특히, 이착륙 중 양력계수 증가를 위하여 플랩(flap) 등의 고양력장치를 전개하면 항력계수, 즉 항력이 증가하기 때문에 항공기가 앞으로 나아가기 위하여 추력을 높여야 한다.

$$항력: D = C_D \frac{1}{2}\rho V^2 S$$

(2) 항력의 구분

항공기에서 발생하는 항력은 발생 원인이 다양하기 때문에 그 원인에 따라 [그림 2-6]과 같이 항력의 종류 역시 다양하다. 항력, 즉 **전 항력**(total drag)은 크게 **유해항력**(parasite drag, C_{D_p})

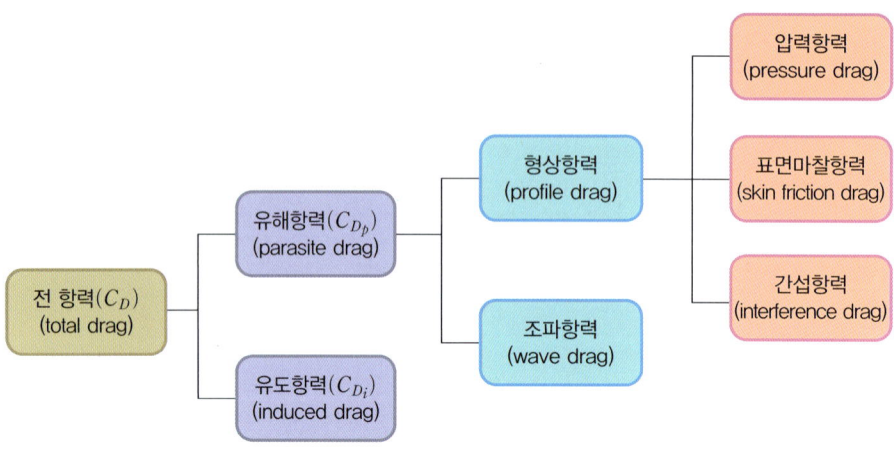

[그림 2-6] 항력(drag)의 구분

과 **유도항력**(induced drag, C_{D_i})으로 구분된다.

일반적으로 양력에 의하여 발생하는 항력인 유도항력 이외의 항력은 모두 유해항력으로 취급된다. 유해항력은 다시 **형상항력**(profile drag)과 **조파항력**(wave drag)으로 나뉜다. 조파항력은 충격파에 의한 항력이고, 형상항력은 항공기의 기하학적 형태에 의한 항력으로서 **압력항력**(pressure drag), **표면마찰항력**(skin friction drag), **간섭항력**(interference drag)으로 구분된다.

(3) 압력항력

[그림 2-7]은 여러 형상의 물체가 유체의 흐름 속에 있을 때 물체의 항력계수를 비교한 것이다. 평판보다는 원형이 항력계수가 적고, 유선형 날개 형상의 항력계수는 원형의 1/10 수준임을

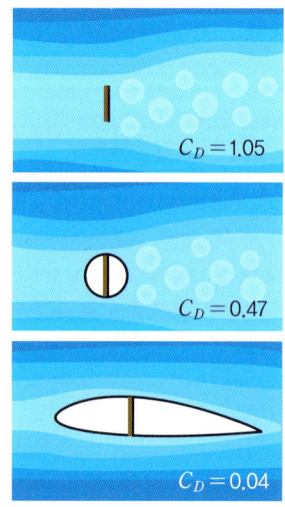

[그림 2-7] 물체의 형상에 따른 항력계수

볼 수 있다. 이는 유동박리(flow separation)의 규모에 따라 압력 차가 다르기 때문인데, 유동이 떨어져 나가면 그 위치에 저압부가 생기고 압력 차에 의하여 물체를 뒤로 미는 힘, 즉 항력이 발생한다. 따라서 **유동박리에 의한 항력을 압력항력**(pressure drag)이라고 한다.

유선형 날개도 받음각이 높아지면 유동이 박리하여 실속하게 되고, 이에 따라 양력이 급감하고 항력이 급증하는데, 이때 증가하는 항력은 압력항력에 해당한다.

(4) 표면마찰항력

표면마찰항력(skin friction drag)은 항공기 표면이 거칠고 불규칙할 때 발생하는 항력이다. 표면이 매끈한 항공기가 거친 경우보다 저항이 적다는 것은 직관적으로 알 수 있으므로 항공기 표면을 깨끗하고 매끄럽게 유지해야 한다. 그리고 항공기 기체와 날개 표면에는 무수히 많은 리벳(rivet)이 장착되어 있는데, 머리 부분이 돌출하지 않는 접시머리리벳(countersunk head rivet)을 사용하는 이유는 표면마찰항력을 줄이기 위해서이다.

그런데 **표면 거칠기가 클수록 난류 경계층**(turbulent boundary layer)**이 발생**할 가능성이 커진다. 층류 경계층(laminar boundary layer)과 비교하여 난류 경계층에서는 유동의 형태가 불규칙한 반면 유동의 에너지는 높다. 따라서 난류 경계층이 발달하면 유동의 에너지가 충분하므로 항공기 표면에서 잘 떨어지지 않고, 이에 따라 유동박리가 감소하여 압력항력이 낮아지게 된다. 즉, 표면 거칠기가 클수록 표면마찰항력은 증가하지만 난류 경계층이 발달하여 유동박리가 줄어들고, 따라서 압력항력이 감소하여 전체 항력이 낮아지는 효과가 있다. [그림 2-9]와 같이 골프공 표면에 요철(dimple)을 주어 제작하는 이유도 압력항력을 낮추어 더 멀리 날아가게 하기 위해서이다.

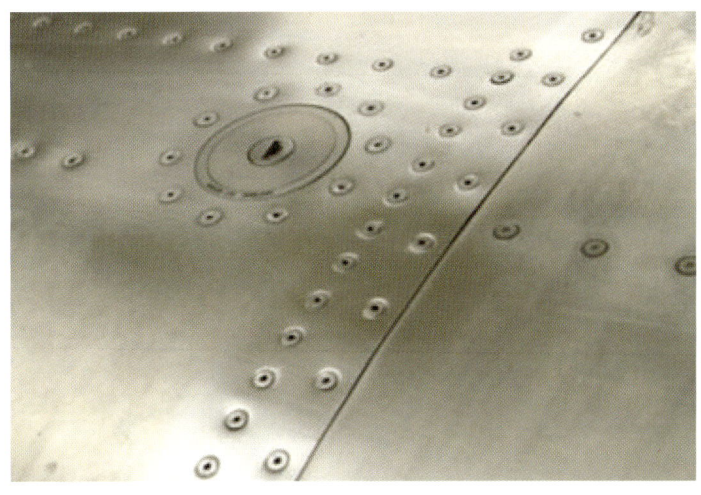

[그림 2-8] 항공기 날개 표면의 접시머리리벳

Photo: US Air Force

Photo courtesy of: Max Bryansky

1972년 세계 최고의 상승률을 기록하기 위해 특별히 개조된 McDonnell Douglas F-15A 'Streak Eagle(상)'. 표면마찰항력과 중량을 최소화하기 위하여 도색을 하지 않은 상태로 비행하였다. 이 비행기는 27.57초 만에 3 km를 상승하는 경이적인 성능으로 이전에 구소련의 MIG-25가 세운 상승률 기록을 경신하였다. 그러나 구소련의 시험비행기인 Sukhoi P-42(하)가 1986년 고도 6 km를 37초 만에 상승하여 다시 기록을 경신하였으며 현재까지 신기록으로 남아 있다. P-42 역시 무도장으로 비행하였는데, 이 시험기는 추후 Su-27 전투기로 발전한다.

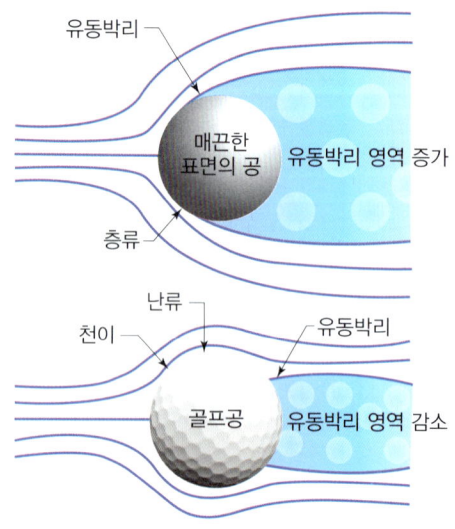

[그림 2-9] 골프공 표면의 요철에 의한 유동박리와 압력항력 감소

(5) 간섭항력

간섭항력(interference drag)은 항공기 형상요소의 접합부에서 발생하는 **항력**을 말한다. 예를 들어 동체와 날개의 접합부에는 모서리가 생기는데, 날개와 동체에서 각각 따로 흐르는 경계층과 유동들이 모서리에서 서로 결합하면서 와류(vortex)와 같은 복잡한 유동을 형성하고, 따라서 그곳을 흐르는 공기의 유동을 방해하면서 항력이 증가하게 된다.

간섭항력을 최소화하기 위한 방법은 동체 및 날개 등 항공기 형상요소의 접합부에 덮개(cover) 또는 페어링(fairing) 등의 형상부품을 추가하는 것이다. 이에 따라 접합부 모서리의 형상을 최대한 부드럽게 메꾸어 간섭항력을 줄일 수 있다.

Bombardier Q-400 여객기의 날개 페어링(wing root fairing) 장착 모습. 날개 페어링은 동체와 날개 접합부에 발생하는 간섭항력을 감소시킨다.

(6) 조파항력

고속비행 중 항공기 표면을 흐르는 유동의 속도가 **음속**(speed of sound)에 이를 때의 비행 마하수를 **임계마하수**(critical Mach number)라고 한다. 또한, 표면 위의 속도가 초음속을 넘어 **충격파**(shock wave)가 발생하며 항력이 급증하기 시작하는 비행 마하수를 **항력발산 마하수**(drag divergence Mach number)라고 한다.

[그림 2-10]은 날개 윗면에 충격파가 생성된 현상을 컴퓨터 시뮬레이션으로 나타낸 것이다. 고속유동이 날개 윗면을 흐르며 속도가 더욱 증가하여 초음속(supersonic speed)에 이르는 동안 압력은 급감한다. 그리고 충격파가 발생하고 충격파를 지난 유동의 속도는 다시 낮아지며, 압력은 원래 수준으로 높아진다. 이때 충격파 전방은 저압부, 충격파 후방은 고압부가 형성되어 **역압력 구배**(adverse pressure gradient) **현상**이 나타난다. 즉, 공기가 흐르는 방향과 반대로 압

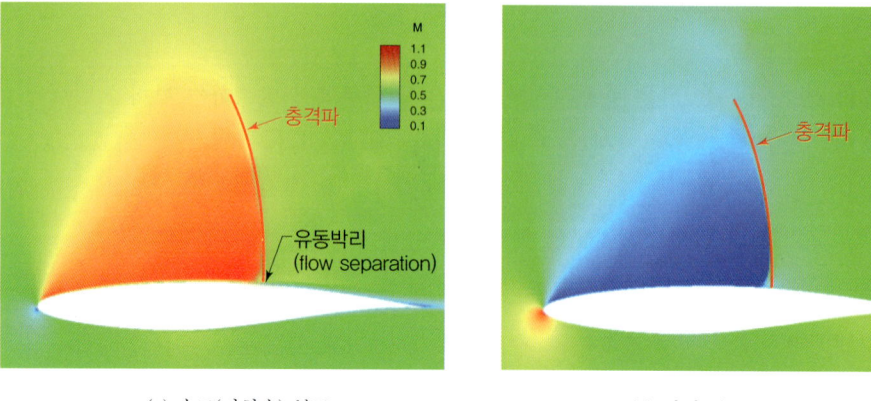

(a) 속도(마하수) 분포   (b) 압력 분포

[그림 2-10] 날개 위 충격파 발생에 따른 속도(마하수) 및 압력 분포 변화

력 차에 의한 힘이 작용하여 **유동박리가 나타나고 이에 따라 항력이 급증하는데, 이를 조파항력**(wave drag)이라고 한다. 또한, 초음속 비행 중 날개 앞전에 경사 충격파가 발생할 때도 항력이 급증하는데, 이 역시 조파항력에 해당한다.

조파항력은 나머지 유해항력과 유도항력을 합친 것보다 몇 배 이상 크기 때문에 추력 및 연료 소모 증가를 유발한다. 따라서 적은 항력과 낮은 연료소모율로 장거리 및 장시간 순항할 때는 충격파가 발생하지 않는 아음속 영역에서 비행해야 한다. 만약 초음속으로 비행해야 하는 경

고속으로 비행하는 Beoing F/A-18F 전투기의 동체에 충격파가 생성된 모습. 충격파는 육안으로 보기 힘든 압축성 공기역학적 현상이지만, 충격파 전방에 초음속 및 낮은 압력의 영역이 형성되어 온도가 급감하고 공기 중의 수분이 응축되어 사진과 같은 충격파현상을 관찰할 수 있다.

우에는 충격파 형성을 지연하고 조파항력을 줄이기 위하여 날개 앞전(leading edge)에 후퇴각(sweepback angle)을 적용해야 한다. 후퇴각은 날개 앞전에 작용하는 상대속도의 크기를 줄여 임계마하수를 높이고 충격파의 발생을 지연시킬 수 있다.

(7) 유도항력

항공기 날개 아랫면의 압력은 윗면보다 높아야 하고, 날개 윗면과 아랫면의 압력 차가 커야 양력이 증가한다. 그런데 날개의 형상은 3차원으로 정의되므로 고압부인 날개 아랫면에서 저압부인 날개 윗면으로 이동하는 공기의 유동이 존재하는데, 이는 날개 끝(wing tip)을 따라 흘러 올라가게 된다. 이러한 유동은 소용돌이 형태의 와류를 형성하는데, 이를 **날개 끝 와류**(wing tip vortex)라고 한다. 그리고 날개 윗면과 아랫면의 압력 차가 클수록 날개 끝 와류의 강도도 커지게 된다.

그런데 소용돌이 형태의 날개 끝 와류에 의하여 근처 날개 주위를 지나는 유동을 위에서 밑으로 누르는 **내리흐름**(down wash)이 발생한다. 내리흐름 때문에 날개에 대한 상대풍 방향의 각도는 감소하고, 따라서 날개 받음각은 실제보다 작아지게 된다. 그리고 날개 받음각이 작아지면 날개에서 발생하는 양력도 감소한다. 즉, 날개 윗면과 아랫면의 압력 차가 클수록 양력은 증가하지만, 3차원 효과에 의한 날개 끝 와류 강도 역시 커지므로 증가한 양력이 일부 감소하게 된

① 날개 상하면 압력차에 의한 날개 끝 와류(wing tip vortex) 발생

② 날개 끝 와류에 의한 내리흐름(downwash) 발생

[그림 2-11] 날개 끝 와류에 의한 유도항력 발생

날개 끝 와류를 형성하며 착륙 중인 Boeing 767 여객기. 날개 끝 와류는 실제 육안으로 관찰하기 쉽지 않지만, 사진과 같이 항공기가 구름을 통과할 때 구름의 형상 변화로 날개 끝 와류의 크기와 모양을 식별할 수 있다. 날개 끝 와류는 날개 윗면에 내리흐름을 형성하고, 이는 날개 윗면을 지나는 유동 받음각을 낮추어 유도항력을 증가시킨다.

다. 또한, 양력의 방향은 상대풍의 방향에 수직이기 때문에 상대풍 방향의 각도가 감소함에 따라 양력의 방향이 뒤로 기울어진다. 즉, 내리흐름으로 양력의 방향이 바뀌면서 새로운 항력 성분이 발생하는데, 이를 **유도항력**(induced drag)이라고 정의한다. 날개 윗면과 아랫면의 압력 차가 양력인데, 이는 날개 끝 와류를 형성하여 유도항력을 유발한다. 정리하면 **유도항력은 날개 윗면과 아랫면의 압력 차, 즉 양력에 의한 날개 끝 와류 때문에 발생하는 항력**으로 정의할 수 있다.

유도항력계수를 나타내는 공식은 다음과 같다. 이 책에서는 해당 공식을 유도하는 과정은 생략한다.

$$\text{유도항력계수: } C_{Di} = \frac{C_L^2}{\pi e AR}$$

유도항력은 양력계수(C_L)**의 제곱에 비례**하는 것을 볼 수 있는데, 날개 상하면의 압력 차의 증가, 즉 양력 증가에 따라 유도항력이 증가한다는 사실은 앞에서 설명하였다. 또한, 유도항력은 e에 반비례함을 볼 수 있는데, e는 **날개효율계수**(Oswald's factor)로서 날개 평면 형상에 따라 달라지는 값이다. 즉, 날개 끝 시위길이가 짧아 날개 끝 와류의 강도가 작은 **타원형 날개**(elliptical wing)는 e값이 크기 때문에 유도항력계수가 작아지고, 시위길이가 긴 직사각형 날개(rectangular wing)는 e값이 작기 때문에 유도항력계수가 증가한다.

그리고 AR로 표시하는 날개의 가로세로비(aspect ratio)는 유도항력계수와 반비례한다. 동일

최고속도가 약 600 km/hr인 Spitfire 전투기(하)와 최고속도가 약 2,500 km/hr($M=2.0$)에 이르는 Eurofighter Typhoon 전투기(상). 저속에서는 유도항력이 증가하고, 고속에서는 조파항력 때문에 유해항력이 증가한다. 따라서 비행속도가 비교적 낮은 Spitfire 전투기는 날개의 평면 형상을 타원형으로 구성하여 유도항력을 낮추고, 빠른 속도로 순항하는 Typhoon 전투기는 날개 앞전에 큰 후퇴각을 적용하여 조파항력을 낮춘다.

면적의 날개라도 **날개 폭이 길어 가로세로비가 커지면 유도항력이 감소**한다. 앞서 설명하였듯이, 항공기의 비행속도가 낮을수록 받음각을 키워 양력계수(C_L)를 높여야 하는데, 양력계수가 증가하면 유도항력도 증가하게 된다. 그러므로 비행속도가 낮아질수록 전 항력에서 유해항력이 차지하는 비중이 커지고, 따라서 순항속도가 낮은 항공기는 유도항력을 낮추기 위하여 날개 평면 형상을 타원형에 가깝게 설계하거나 날개에 큰 가로세로비를 적용한다.

유도항력을 감소시키는 또 다른 방법은 날개에 대한 날개 끝 와류의 내리흐름 영향을 최소화하는 것이다. 즉, 날개 끝이 날개보다 높게 위치하도록 **윙렛(winglet)을 설치한다. 윙렛은 날개 끝에 수직으로 장착되는 작은 날개 또는 작은 수직판**이다. 윙렛이 장착되면 날개 윗면보다 높은 위치에 있는 윙렛의 끝단에서 날개 끝 와류가 형성되기 때문에 날개 윗면을 흐르는 유동은 날개

[그림 2-12] 윙렛에 의한 날개 끝 와류 강도 및 유도항력 감소

Airbus A350 여객기의 Sharklet 윙렛(좌)과 Boeing 777-9 여객기의 접는 방식의 Raked wingtip(우). 날개 끝단에 수직판을 설치하거나, 날개 끝단 시위길이를 최소화하여 날카롭게 제작하면 날개 끝 와류의 영향을 최소화하여 유도항력을 감소시킨다. 잘 설계된 윙렛은 순항 중 항력을 약 3% 이상 감소시키는 것으로 알려져 있다.

끝 와류의 영향 없이 흐르게 되고, 따라서 유도항력도 감소한다.

또한, 날개의 끝단 시위길이를 짧게 하면 날개 끝 와류의 강도를 경감시킬 수 있다. 날개 아랫면의 유동이 날개 끝단을 통하여 윗면으로 이동하는 것이 날개 끝 와류이기 때문에 날개 끝단의 시위 길이가 매우 짧거나, 끝단이 아예 없는 형태로 날개 끝을 날카롭게 구성하면 와류 형성과 유도항력을 최소화할 수 있다. 이러한 형태의 날개 끝단을 Raked wingtip(갈퀴형 끝단)이라 부른다.

(8) 전 항력

유해항력과 유도항력을 합하면 전 항력(total drag)이 되는데, 일반적으로 항력이라 일컫는다. 그러므로 항력계수(C_D)는 유해항력계수(C_{D_p})와 유도항력계수(C_{D_i})의 합이다. 따라서 유도항력계수의 정의를 이용하여 항력계수를 정의하면 다음과 같다.

$$C_D = C_{D_p} + C_{D_i}$$

항력계수: $C_D = C_{D_p} + \dfrac{C_L^2}{\pi e AR}$

그리고 항력은 항력계수(C_D)에 동압($\frac{1}{2}\rho V^2$)과 날개면적(S)을 곱하여 정의하므로 다음과 같이 항력을 나타낼 수 있다.

$$D = C_D \frac{1}{2}\rho V^2 S = \left(C_{D_p} + \frac{C_L^2}{\pi e AR}\right)\frac{1}{2}\rho V^2 S$$

항력: $D = C_{D_p} \dfrac{1}{2}\rho V^2 S + \dfrac{C_L^2}{\pi e AR}\dfrac{1}{2}\rho V^2 S$

저속비행 중에는 유도항력이 증가하고, 고속으로 비행할 때는 유해항력이 현저해진다. 즉, 저속 영역에서는 양력 유지를 위하여 받음각을 높여 양력계수를 증가시켜야 하는데, 유도항력계수는 양력계수의 제곱에 비례하므로 유도항력도 높아지게 된다. 빠른 비행속도로 순항할 때는 전 항력에서 유도항력이 차지하는 비율은 10% 전후이지만, 비행속도가 느린 이착륙 중에는 날개 형상에 따라 다르지만 70% 이상까지 증가하게 된다.

2.5 추력

(1) 추력의 발생

추력(thrust, T)이란 항공기가 항력을 극복하고 앞으로 나아가게 하는 힘이다. 추력은 양력 및 항력과 달리 항공기에 장착된 엔진 등의 추진계통(propulsion system)에 의하여 발생하는 기계적인 힘이라고 볼 수 있다.

터보팬(turbofan), **터보제트**(turbojet)엔진을 사용하는 **고정익기**(fixed wing aircraft)는 해당 엔진에서 발생하는 고온·고압·고속의 가스, 즉 **제트**(jet)를 일정 방향으로 배출하고, **작용-반작용의 법칙에 따라 제트 분출의 반대 방향으로 추력**을 얻어 그 방향으로 나아간다. 또한, 프로펠러를 장착한 고정익기는 **터보프롭**(turboprop), **터보샤프트**(turboshaft), **왕복**(reciprocating) **엔진** 또는 전기모터 등의 추진기관에서 회전력을 받아 **프로펠러를 돌려 공기를 일정 방향으로 밀어내고 그 반대 방향으로 추력**을 얻어 전진한다. 헬리콥터(helicopter)라고 부르는 **회전익기**는 **터보샤프트** 또는 **터보프롭엔진** 등으로부터 동력을 받아 **회전날개**를 회전시켜 발생하는 양력과 추력으로 비행한다.

이렇듯 항공기의 추력을 발생시키는 추진계통의 종류와 개수·형식 그리고 추력 발생방식 등이 다양한데 항공기의 크기와 비행속도(마하수)·운항고도·항속거리·운항방식·임무 등 항공기 운용조건에 따라 결정하여 사용한다. 한편, 추진계통의 종류와 형식에 따라 항공기의 형상이 변경되기도 한다.

(2) 터보제트엔진

엔진의 명칭에 '터보(turbo-)'라는 단어가 붙은 엔진은 터빈(turbine)에서 동력을 발생시키기 때문에 터빈엔진이라고 한다. 특히, 터빈엔진은 단계별로 구성된 여러 개의 압축기를 통하여 공기를 고압으로 압축하므로 압축비가 높아서 **밀도가 낮은 높은 고도에서도 안정적으로 추진력을 발생시킨다**. 단, 프로펠러와 함께 구성되는 터보프롭과 터보샤프트는 프로펠러의 **깃 끝의 실속**(blade tip stall) 문제로 인해 초음속 이상의 고속비행이 어렵다.

터보제트엔진은 비행속도가 음속에 가까워지면 깃 끝의 실속 문제로 효율이 급감하는 프로펠러 구동 엔진의 한계를 극복하기 위하여 개발되었다. 터보제트엔진은 **압축기**(compressor), **연소기**(combustion chamber), **터빈**(turbine), **노즐**(nozzle)로 구성된다. 비행 중 엔진으로 유입되는 공기를 압축기에서 높은 압축비로 압축하고, 연소기에서 연료와 함께 연소시켜 고온·고압의 제트를 만들어 터빈으로 배출한다. 터빈은 제트를 받아 회전하며 축(shaft)을 통하여 압축기를 회전시키고, 터빈을 통과한 제트는 노즐을 통하여 가속되어 엔진 밖으로 분출되며 추진력을 발생시킨다.

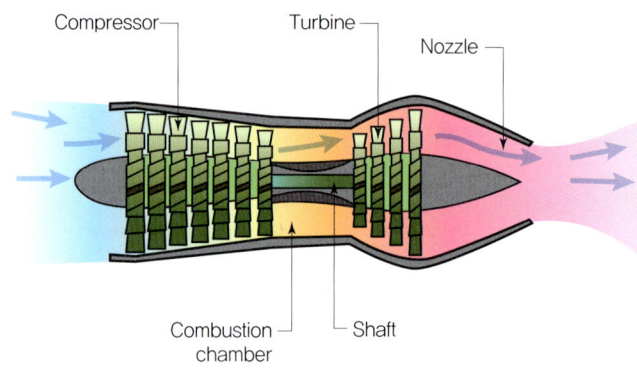

[그림 2-13] 터보제트엔진의 구조

(3) 터보팬엔진

터보팬(turbofan)**엔진**은 터보제트엔진에 팬(fan)이 추가된 형태로, 터빈은 고압터빈(high pressure turbine)과 저압터빈(low pressure turbine)으로 나뉜다. 고압터빈은 고압 압축기를 회전시키고, 저압터빈은 팬과 저압 압축기를 회전시킨다. 팬은 엔진에 내장된 일종의 프로펠러로서 노즐을 통하여 배출되는 제트뿐만 아니라 **팬의 회전에 의한 공기 유동의 가속으로 추가로 추력을 발생**시킨다. 따라서 팬에서 만들어지는 추력은 직접 연료 분사에 의한 것이 아니므로 팬의 크기, 즉 팬의 직경이 커서 전체 추력 중 팬에서 발생하는 추력의 비율이 높을수록 엔진의 연료효율도 개선된다.

팬을 통과하는 공기의 양을 노즐 통과 제트의 양으로 나눈 값을 바이패스비(By Pass Ratio, BPR)라고 하는데, 바이패스비가 높을수록 연료효율이 증가한다. 하지만 **팬의 직경이 증가하면 깃 끝 실속 문제가 발생하기 때문에 높은 비행속도를 낼 수 없다는 단점**이 있다. 그러나 팬의 직경이 작은 **저(低)바이패스비 터보팬엔진**은 터보제트엔진과 마찬가지로 고속에서도 안정적으로 추력이 발생하기 때문에 초음속항공기에 장착된다.

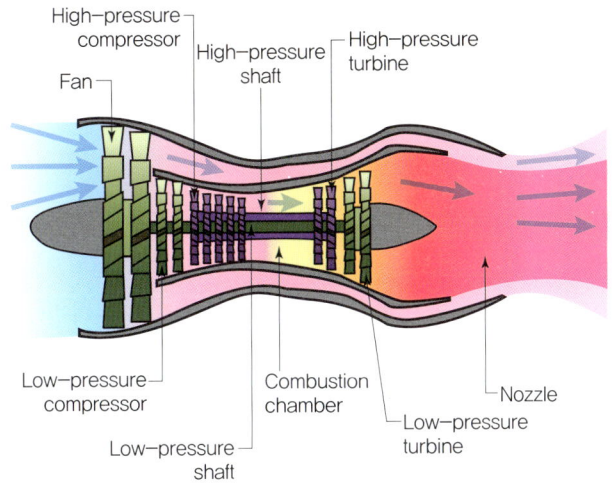

[그림 2-14] 터보팬엔진의 구조

(4) 터보프롭엔진

터보프롭(turboprop)엔진은 내장된 팬이 아닌 **엔진 외부에 장착된 프로펠러를 구동하여 추력을 얻는 엔진** 형태이다. 즉, 터보팬엔진과 구조가 유사하지만 터빈의 회전력은 팬이 아닌 프로펠러를 회전시킨다. 프로펠러 추진은 저속에서 낮은 연료소모율로 비교적 양호한 추진력을 발생시키는 장점이 있다. 또한, 터빈을 회전시키고 엔진 외부로 배출되는 제트는 추진력을 추가로 발생시킨다. 그러나 터빈은 고속으로 회전하기 때문에 같은 속도로 프로펠러가 회전하는 경우 깃 끝실속이 발생하여 추력이 떨어지므로 감속장치(gearbox)를 통하여 프로펠러의 회전수를 조절한다.

터보프롭엔진은 프로펠러와 조합하여 사용하기 때문에 터보프롭엔진 자체의 성능뿐만 아니라 프로펠러의 성능도 중요하다. 그러므로 터보프롭엔진의 추력 또는 동력은 프로펠러의 효율이

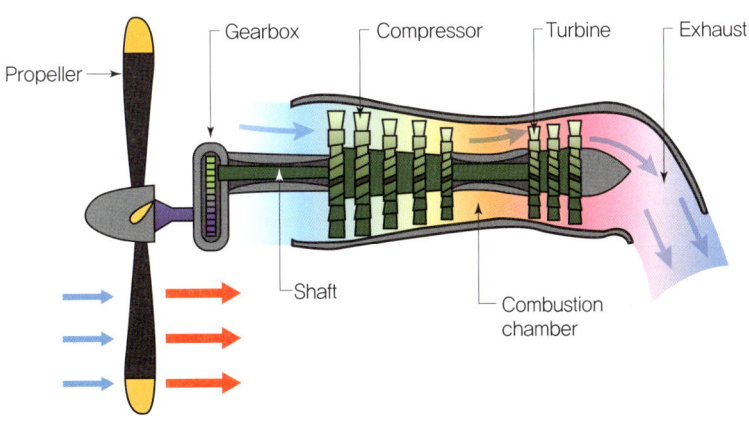

[그림 2-15] 터보프롭엔진의 구조

반영되어 산정된다. 즉, 프로펠러의 효율이 높을수록 엔진에서 발생하는 동력이 항공기를 추진하는 힘으로 가능한 한 많이 전환된다. 하지만 프로펠러 효율이 급격히 떨어지는 초음속 근처의 고속 영역에서는 추진력을 제대로 발생시킬 수 없다.

(5) 터보샤프트엔진

터보샤프트(turboshaft)엔진은 터보프롭과 유사하게 터빈의 회전력으로 프로펠러를 회전시킨다. 그런데 터보샤프트엔진의 경우, 터빈과 분리되어 장착된 **자유터빈**(free turbine)에 제트를 분사하여 회전시키고, 이와 연결된 **동력 구동축**(power shaft)을 통하여 프로펠러를 회전시킨다. 터보샤프트엔진은 작은 크기로 구성할 수 있어서 헬리콥터, 소형 항공기, 선박의 추진장치로 사용된다. 중대형 항공기에 장착되는 보조동력장치(Auxiliary Power Unit, APU)의 구조도 터보샤프트엔진과 가장 유사하다.

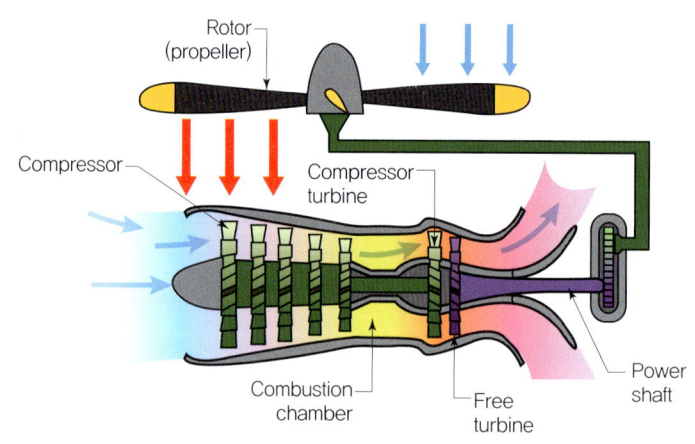

[그림 2-16] 터보샤프트엔진의 구조

(6) 왕복엔진

왕복엔진(reciprocating engine)은 **피스톤**(piston)**엔진**이라고도 하는데, **실린더**(cylinder) **안으로 분사된 공기와 연료의 혼합기체를 피스톤으로 압축한 후 연소·폭발을 통하여 동력**을 만드는 추진기관이다. 다수의 실린더에서 나오는 동력은 구동축(shaft)을 통하여 프로펠러를 회전시킨다. 하지만 실린더의 부피가 작아서 혼합기체를 고압으로 압축하기 어려운 단점이 있다. 즉, 여러 개의 압축기를 사용하므로 압축비가 높은 터보프롭 등의 터빈엔진과 비교하여 출력이 낮고, 공기의 밀도가 낮아지는 경우에 출력은 더욱 감소하는 단점이 있다. 따라서 공기의 밀도가 떨어지는 높은 고도에서는 **엔진으로 유입되는 공기를 압축하여 밀도를 높이는 과급기**(supercharger, turbo charger)를 장착하지만, 압축효과에 한계가 있으므로 터빈엔진만큼의 고고도 성능을 발휘할 수 없다.

그리고 왕복엔진 역시 프로펠러와 조합하여 사용하기 때문에 프로펠러의 효율 역시 중요하다. 하지만 터빈엔진보다 구조가 단순하고 가격이 싸기 때문에 낮은 고도에서 저속으로 비행하는 경량 항공기에 주로 사용되고 있다.

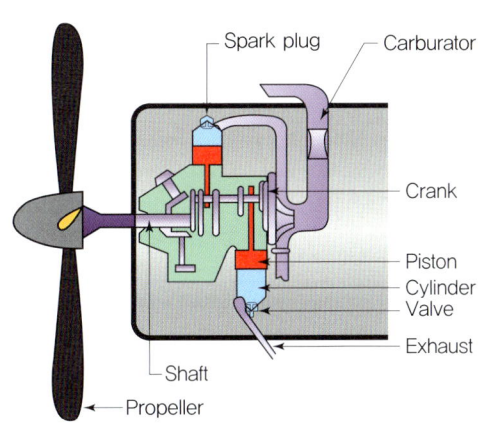

[그림 2-17] 왕복엔진의 구조

(7) 엔진의 효율

엔진의 형식을 선택할 때는 비행거리당 연료소모율을 산정하는 **비연료소모율**(Specific Fuel Consumption, SFC)이 중요한데, 항공기의 설계 비행속도에 따라 해당 속도에서 가장 효율이 높은 엔진의 종류를 선택한다.

초음속 영역에서 비행하는 전투기는 높은 속도에서도 추력 감소가 적은 저(低)바이패스비 터보팬 또는 터보제트엔진을 사용하고, 마하수 $M=0.8$ 전후의 아음속으로 **장거리를 비행하는 여객기 또는 수송기는 해당 비행속도에서 비연료소모율이 낮은 고(高)바이패스비 터보팬엔진**을 장착한다. 터보팬엔진과 터보제트엔진은 비행속도가 증가함에 따라 비연료소모율은 높아지지만, 엔진으로 유입되는 공기량이 증가하여 고속에서도 비교적 안정적인 추력을 발생시킨다. 그리고 비교적 낮은 속도에서 장시간 비행하며 정찰 및 초계비행을 하는 항공기는 **저속에서 비연료소모율이 가장 낮은 터보프롭과 프로펠러 또는 왕복엔진과 프로펠러의 조합**을 사용한다. 하지만 비행속도가 음속($M=1$)에 가까워지면 프로펠러 깃 끝의 실속으로 추진력이 급속히 감속한다.

제트를 분출하여 항공기를 나아가게 하는 터보제트엔진 또는 터보팬엔진은 힘의 크기를 추력의 단위인 [N] 또는 [lbf]로 표시하는데, 프로펠러 또는 회전날개를 회전시키는 터보프롭·터보샤프트·왕복엔진은 추력의 단위 대신 동력의 단위인 [watt] 또는 [hp]로 엔진의 힘을 나타낸다.

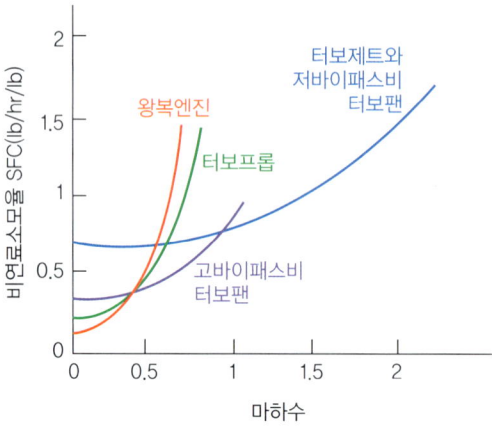

[그림 2-18] 엔진의 형식과 비행속도에 따른 비연료소모율(SFC) 비교

[그림 2-19] Eurofighter Typhoon 초음속전투기(최고속도 2,500 km/hr)에 탑재되는 Eurojet EJ200 터보팬엔진(저바이패스비)

[그림 2-20] Boeing 737-300 여객기(최고속도 876 km/hr)에 탑재되는 CFM-56 터보팬엔진(고바이패스비)

[그림 2-21] P-2J 초계기(최고속도 650 km/hr)에 탑재되는 General Electric T64 터보프롭엔진

[그림 2-22] AW139 헬리콥터(최고속도 310 km/hr)에 장착되는 PT6 터보샤프트엔진

[그림 2-23] Cessna 150 소형기(최고속도 202 km/hr)에 탑재되는 Continental O-200 왕복엔진

2.6 중력

일반적으로 **항공기의 중량이 무거우면 양력을 증가시켜야 하고, 양력이 증가하면 항력도 증가하기 때문에 추력을 높여야 한다.** 그리고 항공기의 중량이 증가하면 더 큰 추력이 요구되기 때문에 연료소모율도 증가한다. 또한, 추력을 증가시킬수록 항공기의 비행속도는 빨라지지만 동시에 연료 소모도 증가하므로 정해진 연료탑재량으로 빠른 속도로 비행할 때는 비행시간과 비행거리가 감소하는 문제가 발생한다.

아울러 상승각을 가지고 상승비행을 하는 경우는 항력뿐만 아니라 항공기 진행 방향의 반대로 작용하는 중력까지 극복해야 하므로 수평비행할 때보다 훨씬 큰 추력이 필요하다. 다시 말해 상승각이 증가할수록 요구되는 추력도 증가하게 된다.

원래 추력이 작용하는 방향, 즉 추력선(thrust line)의 방향과 항공기의 진행 방향은 일치하지 않을 수가 있으나, 본 교재에서는 항공기 운동을 나타낼 때 수학적 표현의 단순화를 위하여 항공기가 진행하는 방향으로 추력이 작용한다고 가정한다.

인공위성이 탑재된 로켓을 성층권(stratosphere)에서 공중발사하기 위하여 제작한 Stratolaunch 수송기. 최대 230 t의 화물을 성층권까지 실어 날라야 하므로 개당 추력이 282 kN인 Boeing 747-400 여객기용 Pratt & Whitney PW4000 터보팬엔진을 6개나 장착하고 있다. 항공기 중량이 무거우면 그만큼 큰 양력이 필요하고, 양력이 증가하면 항력도 증가하므로 큰 추력이 요구된다. 특히, 무거운 화물을 싣고 높은 고도까지 상승비행을 하려면 매우 큰 추력이 필요하다. 이는 자전거에 무거운 짐을 싣고 오르막길을 올라가려면 힘이 많이 드는 것과 같다.

2.7 마찰력

항공기에 작용하는 4가지 기본적인 힘, 즉 중력·양력·항력·추력 이외에 **마찰력**(frictional force, F_f)과 **원심력**(centrifugal force)도 항공기에 영향을 준다. 마찰력은 항력의 종류인 표면 마찰항력과는 구분되는데, 항공기가 이륙 또는 착륙을 위하여 활주로에서 활주할 때 **활주로 표면과 착륙장치**(landing gear)**의 타이어 간 마찰로 발생하는 힘**을 말한다. 원심력은 항공기가 선회비행(turning flight)을 할 때 회전중심에서 바깥쪽으로 작용하는 힘이다.

마찰력은 서로 접촉하여 마찰하고 있는 두 물체의 표면에 작용하는 **수직힘**(F_n)**과 표면의 마찰계수**(μ)**의 곱**으로 다음과 같이 정의한다. 즉, 수직힘과 마찰계수가 클수록 마찰력은 증가한다.

$$F_f = \mu F_n$$

항공기가 활주로에서 활주할 때, 착륙장치의 타이어 표면과 활주로 표면 사이에 마찰력이 발생한다. 이때 타이어와 활주로 접촉면에 작용하는 수직힘은 중량과 양력의 차이($W-L$)이므로 다음과 같이 마찰력을 표현할 수 있다.

$$\text{마찰력: } F_f = \mu F_n = \mu(W-L)$$

활주로 표면의 거칠기가 크면 마찰계수의 증가로 마찰력이 증가하며, 항공기의 중량이 무거울수록 ($W-L$)값이 증가하여 마찰력이 커진다. 항공기가 이륙할 때는 활주로 지면과 착륙장치 타이어 사이의 마찰력이 작아서 항공기가 빨리 가속하여 이륙하는 것이 중요하다. 하지만 항공기가 착

착륙할 때 차륜 브레이크를 작동시키면 타이어와 활주로 지면과의 마찰력 증가로 활주거리가 단축되는데, 이에 따라 타이어에는 많은 마찰열과 함께 마모가 발생한다.

륙하여 가능한 한 짧은 활주거리에서 정지하려면 착륙장치 타이어의 마찰력이 되도록 커야 한다.

그러므로 이륙할 때는 중량이 가벼울수록 마찰력이 감소하여 가속이 원활하고, 착륙하여 활주할 때는 중량이 커서 마찰력이 증가해야 빨리 감속하여 활주거리를 최소화할 수 있다. 하지만 착륙 중량이 크면 착륙장치 구조에 충격이 발생하는 등 단점이 많으므로 스포일러 등의 양력 감소장치를 전개하여 $(W-L)$값, 즉 수직힘을 높여 마찰력을 증가시키게 된다. 그리고 착륙장치에는 자동차의 브레이크와 유사한 원리의 차륜 브레이크 장치가 있으므로 타이어의 회전에 제동을 걸어 활주로 표면과의 마찰력을 극대화시킨다.

2.8 구심력과 원심력

물체가 원운동 또는 회전운동을 할 수 있도록 회전중심 쪽으로 작용하는 힘을 구심력(centripetal force)이라고 한다. 예컨대 어떤 사람이 회전하는 물체를 밖에서 볼 때 물체가 이탈하지 않고 일정한 반지름을 그리며 회전한다면 구심력이 회전중심 쪽으로 물체를 당기고 있기 때문이다. 그런데 그 사람이 회전하는 물체에 탑승하고 있다면 관성의 영향으로 구심력의 반대 방향, 즉 **회전중심에서 바깥쪽으로 구심력만큼의 힘을 느끼게 되는데 이를 원심력**(centrifugal force, F_c)이라고 부른다. 따라서 원심력은 원운동 또는 회전운동을 할 때 물체에 작용하는 관성력이다. 일정한 선회반지름으로 선회비행을 하는 항공기를 보면 선회중심 쪽으로 작용하는 구심력이 있음을 알 수 있다. 또한, 선회 중인 비행기에 탑승한 사람은 구심력만큼 선회중심의 바깥쪽으로 작용하는 원심력 때문에 자기 몸무게보다 더 무거운 하중을 받게 된다.

구심력과 원심력은 크기는 같고 방향은 반대이며, 원심력은 질량(m), 회전속도(ω), 선속도(v) 그리고 회전반지름(R)을 통하여 다음과 같이 정의된다.

$$원심력(F_c) = m\omega^2 R = m\left(\frac{v}{R}\right)^2 R = m\frac{v^2}{R}$$

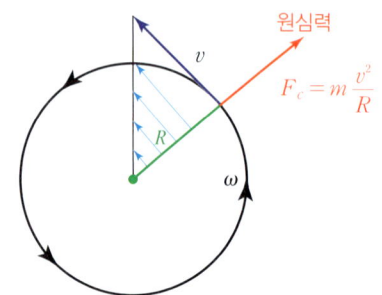

[그림 2-24] 원심력(centrifugal force)의 정의

Principles of Flight

자료 출처: Zero Gravity Corporation

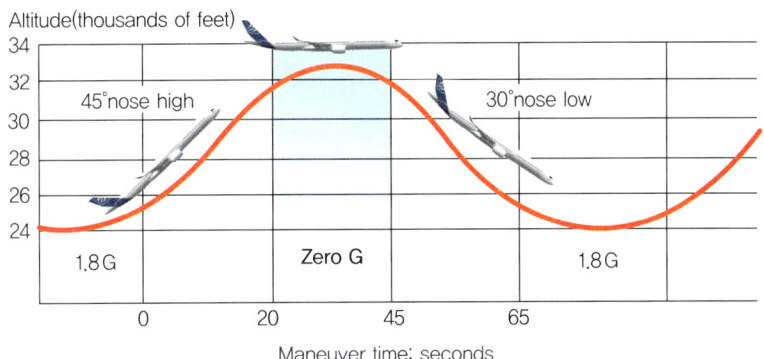

(자료 출처: Zero Gravity Corporation)

무중력 상태를 체험하기 위하여 개조된 Boeing 727 여객기. 높은 고도에 올라가 원을 그리며 하강하는 회전비행을 할 때 항공기의 위쪽, 즉 회전중심의 바깥쪽으로 원심력이 작용한다. 이 원심력의 크기가 중력과 같다면 원심력이 중력을 상쇄시키는데, 이에 따라 탑승자는 수십 초 동안 무중력(zero gravity) 상태를 체험하게 된다.

원심력은 회전하는 물체의 질량(m)과 회전반지름(R)에 비례하고 회전속도의 제곱(ω^2)에 비례한다. 또한 선속도(v) 기준으로 질량(m)에 비례하고 선속도의 제곱(v^2)에 비례하며 회전반지름(R)에 반비례한다.

항공기는 질량이 크고 속도가 빠르므로 항공기가 선회비행을 하면 큰 원심력이 발생한다. 선회중심 쪽으로 날개를 기울이면 양력의 방향이 선회중심을 향하게 되는데, 이때 발생하는 양력의 수평 방향 성분이 원심력과 균형을 이루지 않으면 항공기는 선회 중 바깥쪽으로 밀리게 된다. 이는 자전거를 타고 회전할 때 회전중심 쪽으로 몸을 기울여 발생하는 중력의 수평 방향 힘으로 원심력을 상쇄하는 것과 같은 원리이다.

CHAPTER 02 SUMMARY

- **중량(중력):** 항공기의 무게, 또는 지구가 항공기를 지구중심 쪽으로 당기는 힘
- **양력:** 항공기의 중량, 즉 중력을 극복하며 항공기를 공중에 띄워 일정 고도에서 비행할 수 있게 하는 힘
- **항력:** 항공기가 앞으로 나아가는 데 방해가 되는 힘
- **추력:** 항공기가 항력을 극복하고 앞으로 나아가게 하는 힘
- **수평비행:** 양력(L) = 중량(W)
- **등속비행:** 추력(T) = 항력(T)
- **양력의 방향:** 상대풍의 방향(진행 방향)과 수직
- **항력의 방향:** 양력 방향의 수직, 즉 상대풍의 방향(진행 방향)과 평행
- **양력계수:** $C_L = \dfrac{L}{\frac{1}{2}\rho V^2 S}$ (L: 양력, ρ: 밀도, V: 비행속도, S: 날개면적)
- **양력:** $L = C_L \dfrac{1}{2}\rho V^2 S$
- **최대양력계수($C_{L_{\max}}$):** 실속받음각(α_s)에서의 양력계수
- **수평비행 속도:** $V = \sqrt{\dfrac{2L}{\rho S C_L}} = \sqrt{\dfrac{2W}{\rho S C_L}}$
- **수평비행 실속속도:** $V_s = \sqrt{\dfrac{2W}{\rho S C_{L_{\max}}}}$
- **익면하중(W/S):** 중량(W)을 날개면적(S)으로 나누어 정의하며, 익면하중이 낮을수록 항공기의 성능은 향상된다.
- **항력계수:** $C_D = \dfrac{D}{\frac{1}{2}\rho V^2 S}$ (D: 항력, ρ: 밀도, V: 비행속도, S: 날개면적)
- **항력:** $D = C_D \dfrac{1}{2}\rho V^2 S$
- **항력** = 유해항력 + 유도항력
- **유해항력** = 형상항력 + 조파항력
- **형상항력** = 압력항력 + 표면마찰항력 + 간섭항력
- **압력항력:** 유동박리와 후류의 발생에 의한 항력

CHAPTER 02 SUMMARY

- **표면마찰항력:** 항공기 표면이 거칠고 불규칙할 때 발생하는 항력

- **간섭항력:** 항공기 형상요소의 접합부에서 발생하는 항력

- **조파항력:** 충격파 발생에 의한 항력

- **임계마하수(critical Mach number):** 항공기 표면에 음속(sonic speed)으로 흐르는 유동이 발생할 때의 비행 마하수

- **항력발산 마하수(drag divergence Mach number):** 항공기 표면에 충격파(shock wave)가 발생하며 항력이 급증하기 시작하는 비행 마하수

- **유도항력:** 날개 윗면과 아랫면의 압력 차, 즉 양력에 의한 날개 끝 와류 때문에 발생하는 항력

- **유도항력계수:** $C_{D_i} = \dfrac{C_L^2}{\pi e AR}$ (e: 날개효율계수, AR: 날개 가로세로비)

- **항력 계산식:** $D = C_{D_p} \dfrac{1}{2} \rho V^2 S + \dfrac{C_L^2}{\pi e AR} \dfrac{1}{2} \rho V^2 S$ (C_{D_p}: 유해항력계수)

- **항공기용 추진기관:** 터보팬(turbofan)엔진, 터보제트(turbojet)엔진, 터보프롭(turboprop)엔진, 터보샤프트(turboshaft)엔진, 왕복엔진(reciprocating engine) 등

- **마찰력:** $F_f = \mu F_n = \mu(W - L)$ (μ: 표면마찰계수, F_n: 수직힘)

- **원심력:** $F_c = m \dfrac{v^2}{R}$ (m: 회전 물체의 질량, v: 선속도, R: 회전반지름)

PRACTICE

01 다음 중 비행기의 진행 방향에 수직으로 작용하는 힘은?
① 양력 ② 항력
③ 수평력 ④ 추력

해설 양력의 방향은 상대풍의 방향과 수직이고, 항력은 양력과 수직 또는 진행 방향과 평행한 방향으로 작용한다.

02 다음 중 실속속도(V_S)를 구하는 공식을 바르게 나타낸 것은?
① $V_S = \sqrt{\dfrac{2W}{\rho S C_L}}$ ② $V_S = \sqrt{\dfrac{2W}{\rho S C_{min}}}$
③ $V_S = \sqrt{\dfrac{2W}{\rho S C_{max}}}$ ④ $V_S = \sqrt{\dfrac{2W}{\rho S C_{L_0}}}$

해설 실속속도 $V_S = \sqrt{\dfrac{2W}{\rho S C_{max}}}$ 로 정의한다.

03 최대양력계수($C_{L_{max}}$)가 발생하는 받음각은?
① 최소받음각 ② 무양력받음각
③ 실속받음각 ④ 절대받음각

해설 양력계수가 최대가 될 때가 실속 직전이므로 최대양력계수가 발생하는 받음각은 실속받음각(α_s)이다.

04 다음 중 항력(D)을 바르게 정의한 것은?
(C_D: 항력계수, ρ: 대기밀도, V: 비행속도, S: 날개면적)
① $D = C_D \dfrac{1}{2} \rho^2 VS$ ② $D = C_D \dfrac{1}{2} \rho V^2 S$
③ $D = C_D \dfrac{1}{2} \rho VS^2$ ④ $D = C_D \dfrac{1}{2} \rho VS$

해설 항력은 $D = C_D \dfrac{1}{2} \rho V^2 S$로 정의한다.

05 항력의 종류 중 유동박리와 후류에 의한 항력은?
① 압력항력 ② 간섭항력
③ 조파항력 ④ 유도항력

해설 압력항력은 유동박리와 후류에 의하여 발생한다.

06 골프공 표면에 요철을 적용했을 때 항력의 증감을 바르게 설명한 것은?
① 마찰항력 증가 및 간섭항력 감소
② 압력항력 감소 및 간섭항력 감소
③ 마찰항력 증가 및 압력항력 감소
④ 압력항력 감소 및 유도항력 감소

해설 골프공에 요철을 적용하면 표면마찰항력은 다소 증가하지만, 압력항력이 대폭 감소하여 전 항력은 감소한다.

07 유도항력(C_{D_i})을 줄이기 위한 방안이 아닌 것은?
① 윙렛(winglet) 설치
② 날개 가로세로비 증가
③ 테이퍼비(λ) 증가
④ 날개의 평면 형상을 타원형으로 구성

해설 유도항력계수는 $C_{D_i} = \dfrac{C_L^2}{\pi e AR}$으로 정의하므로 날개의 가로세로비($AR$)를 높이고 평면 형상을 타원형으로 구성하고($e = 1$), 윙렛을 설치하면 날개 끝 와류(wing tip vortex)의 강도가 감소하여 유도항력이 줄어든다.

08 항력의 종류 중 3차원 날개에서만 정의되는 것은?
① 압력항력 ② 마찰항력
③ 무양력항력 ④ 유도항력

해설 3차원 날개효과에 의하여 날개 끝 와류가 발생하는데, 이에 따라 유도항력이 발생한다.

09 항력의 종류 중 양력이 '0'이 될 때 같이 '0'이 되는 항력은?
① 압력항력 ② 마찰항력
③ 무양력항력 ④ 유도항력

해설 유도항력계수는 $C_{D_i} = \dfrac{C_L^2}{\pi e AR}$으로 정의하므로 양력($C_L$)이 '0'이 되면 유도항력도 '0'이 된다.

정답 1. ① 2. ③ 3. ③ 4. ② 5. ① 6. ③ 7. ③ 8. ④ 9. ④

10 다음 장치 중 3차원 날개효과와 가장 관계가 깊은 것은?

① 플랩(flap) ② 스포일러(spoiler)
③ 슬롯(slot) ④ 윙렛(winglet)

해설 3차원 날개효과에 의하여 날개 끝 와류가 발생하는데, 이를 감소시키기 위하여 설치하는 것이 윙렛이다.

11 다음의 날개보조장치 중 유도항력(induced drag) 감소와 가장 관계가 깊은 것은?

① 스포일러(spoiler) ② 윙렛(winglet)
③ 플랩(flap) ④ 탭(tab)

해설 윙렛은 날개 끝의 와류를 감소시켜 유도항력을 줄인다.

12 터보팬엔진의 팬(fan) 직경을 증가시킬 때 나타나는 현상과 가장 거리가 먼 것은?

① 바이패스비(BPR) 증가
② 엔진 소모 연료 증가
③ 팬 깃 끝 회전 선속도 증가
④ 팬 항력 증가

해설 팬의 직경을 증가시켜 바이패스비가 증가하면 연료소모가 감소한다.

13 비행기가 고속으로 비행할 때 날개 위에서 충격파 실속이 발생하는 시기는?

[항공산업기사 2020년 3회]

① 아음속에서 생긴다.
② 극초음속에서 생긴다.
③ 임계마하수에 도달한 후에 생긴다.
④ 임계마하수에 도달하기 전에 생긴다.

해설 항공기가 고속으로 비행하다가 임계마하수를 초과하면 항공기 표면에 음속으로 흐르는 유동이 발생하고, 비행속도가 증가하여 항력발산 마하수에 도달하면 표면에 충격파가 발생한다.

14 항공기 날개의 유도항력계수를 나타낸 식으로 옳은 것은? [단, AR: 날개의 가로세로비, C_L: 양력계수, e: 스팬(span) 효율계수이다.]

[항공산업기사 2020년 3회]

① $\dfrac{C_L^2}{\pi e AR}$ ② $\dfrac{C_L^3}{\pi e AR}$

③ $\dfrac{C_L}{\pi e AR}$ ④ $\sqrt{\dfrac{C_L}{\pi e AR}}$

해설 유도항력계수는 $C_{D_i} = \dfrac{C_L^2}{\pi e AR}$으로 정의한다.

15 비행기 무게 1,500 kgf, 날개면적이 30 m²인 비행기가 등속도로 수평비행하고 있을 때, 실속속도는 약 몇 km/hr인가? (단, 최대양력계수는 1.2, 밀도는 0.125 kgf·s²/m⁴이다)

[항공산업기사 2020년 1회]

① 87 ② 90
③ 93 ④ 101

해설 실속속도 $V_S = \sqrt{\dfrac{2W}{\rho S C_{L_{MAX}}}} = \sqrt{\dfrac{2 \times 1500}{0.125 \times 30 \times 1.2}}$
$= 25.8 \text{ m/s} = 93 \text{ km/hr}$

16 항력계수가 0.02이며, 날개면적이 20 m²인 항공기가 150 m/s로 등속도비행을 하기 위해 필요한 추력은 약 몇 kgf인가? (단, 공기의 밀도는 0.125 kgf·s²/m⁴이다.)

[항공산업기사 2018년 1회]

① 433 ② 563
③ 643 ④ 723

해설 등속비행은 추력과 항력이 동일하므로, 추력은
$T = D = C_D \dfrac{1}{2} \rho V^2 S$
$= 0.02 \times \dfrac{1}{2} \times 0.125 \times 150^2 = 563 \text{ kgf}$

정답 10. ④ 11. ② 12. ② 13. ③ 14. ① 15. ③ 16. ②

17 무게가 4,000 kgf, 날개면적 30 m²인 항공기가 최대양력계수 1.4로 착륙할 때 실속속도는 약 몇 m/s인가? (단, 공기의 밀도는 1/8 kgf·s²/m⁴이다.) [항공산업기사 2018년 1회]

① 10　　　② 19
③ 30　　　④ 39

해설 실속속도

$$V_S = \sqrt{\frac{2W}{\rho S C_{L_{MAX}}}} = \sqrt{\frac{2 \times 4000}{1/8 \times 30 \times 1.4}} = 39 \text{ m/s}$$

18 날개의 면적을 유지하면서 가로세로비만 2배로 증가시켰을 때 이 비행기의 유도항력계수는 어떻게 되는가? [항공산업기사 2016년 4회]

① 2배 증가한다.　② 1/2로 감소한다.
③ 1/4로 감소한다.　④ 1/16로 증가한다.

해설 유도항력계수는 $C_{D_i} = \dfrac{C_L^2}{\pi e AR}$으로 정의하므로 가로세로비($AR$)가 2배로 증가하면 유도항력은 1/2로 감소한다.

19 양력계수가 0.25인 날개면적 20 m²의 항공기가 720 km/hr의 속도로 비행할 때 발생하는 양력은 약 몇 N인가? (단, 공기의 밀도는 1.23 kg/m³이다.) [항공산업기사 2016년 2회]

① 6,150　　　② 10,000
③ 123,000　　④ 246,000

해설 양력 $L = C_L \dfrac{1}{2} \rho V^2 S = 0.25 \times \dfrac{1}{2} \times 1.23 \times \left(\dfrac{720}{3.6} \text{ m/s}\right)^2 \times 20 \text{ m}^2 = 123,000 \text{ N}$

20 형상항력을 구성하는 항력으로만 나타낸 것은? [항공산업기사 2016년 1회]

① 유도항력 + 조파항력
② 간섭항력 + 조파항력
③ 압력항력 + 표면마찰항력
④ 표면마찰항력 + 유도항력

해설 형상항력은 압력항력·표면마찰항력·간섭항력으로 구성된다.

정답 17. ④　18. ②　19. ③　20. ③

선회비행 중 발생하는 원심력을 상쇄시키기 위하여 큰 선회경사각으로 선회 중인 Airbus A380 여객기. 비행(flight)은 항공기의 운동이다. 물체의 운동은 뉴턴의 제2법칙인 가속도의 법칙을 통하여 해석하는데 항공기의 운동, 즉 비행 역시 항공기에 작용하는 힘의 균형 방정식과 가속도의 법칙으로 정리하는 운동방정식을 통하여 이해할 수 있다. 비행 중에는 속도의 변화, 즉 가속(acceleration) 또는 감속(deceleration)이 발생하지만, 항공기 운동 해석의 단순화를 위하여 이 책에서는 속도의 변화가 없는 등속비행(steady flight)을 위주로 다루도록 한다.

CHAPTER 3

항공기의 기본 운동방정식

3.1 항공기의 자세 각도 | 3.2 기본 운동방정식 | 3.3 양항비 | 3.4 추력 대 중량비
3.5 필요추력과 이용추력 | 3.6 필요동력과 이용동력

3.1 항공기의 자세 각도

(1) 받음각, 피치각, 비행경로각

항공기의 운동과 자세는 다양한 각도를 기준으로 정의한다. 대표적인 각도에는 받음각·피치각·비행경로각·경사각·방위각 그리고 옆미끄럼각 등이 있다.

받음각(angle of attack, α)**은 날개 시위선**(wing chord line)**과 상대풍**(relative wind)**의 방향 사이의 각도**를 말한다. 항공기 진행 방향, 즉 비행 방향(direction of flight)의 반대로 항공기가 상대풍을 받으므로 상대풍의 방향과 비행 방향은 반대이지만 나란하다. 그러므로 받음각은 날개 시위선과 항공기 비행 방향 사이의 각도로 정의할 수도 있다.

[그림 3-1]과 같이 날개 시위선과 항공기의 X-기체축(aircraft axis)이 나란한 경우에 받음각은 X-기체축과 상대풍 방향, 즉 비행 방향 사이의 각도라고도 할 수 있다. X-기체축은 항공기 동체 기준선이다. 그러나 날개가 항공기 동체에 결합될 때 **붙임각**(angle of incidence), 즉 **X-기체축**(aircraft X-axis)**과 날개 시위선 사이의 각도**가 존재하는 경우에는 X-기체축을 기준으로 받음각을 정의할 수 없다.

피치각(pitch angle, θ)**은 동체를 기준한 X-기체축과 지표면, 즉 지평선**(horizon) **사이의 각도**이다. 양력 증가를 위하여 받음각을 증가시키는 경우, 지평선 기준으로 항공기의 기수가 올라가므로 피치각도 증가하게 된다.

비행경로각(flight path angle, γ)**은 항공기 비행 방향과 지평선 사이의 각도**이다. 항공기가 상승 또는 하강비행을 하는 경우 발생하는 **상승각**(climb angle)**과 하강각**(descent angle)**은 비행경로각에 해당한다.

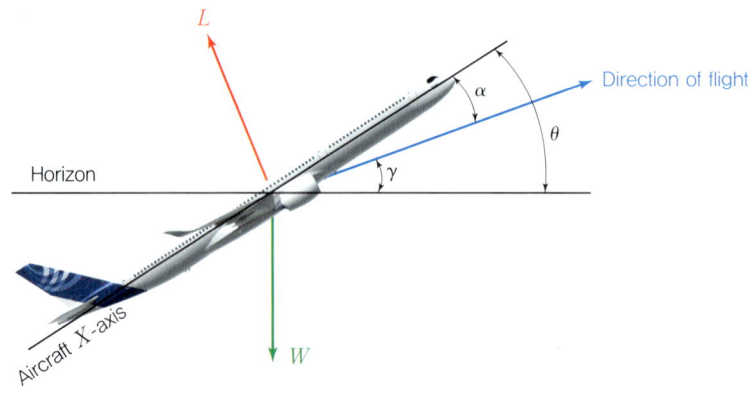

[그림 3-1] 받음각, 피치각, 비행경로각의 정의

(2) 선회경사각, 방위각, 옆미끄럼각

경사각(bank angle, ϕ)은 **Y-기체축**(aircraft Y-axis)과 **지평선**(horizon) **사이의 각도**를 말한다. 여기서, Y-기체축은 날개 스팬(span) 방향의 기준축이다. 옆놀이운동(rolling)을 위하여 한쪽 날개를 기울이면 경사각이 발생하는데, 항공기의 진행 방향을 바꾸기 위하여 선회비행(turning flight)을 할 때 선회중심 쪽으로 날개를 기울여 경사각을 만들기 때문에 선회경사각이라고 일컫는다. 선회경사각이 있을 때 발생하는 구심력으로 선회비행 중 발생하는 원심력을 상쇄시킨다.

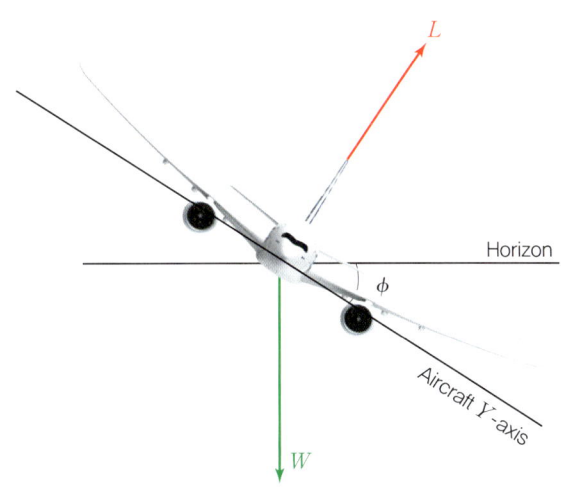

[그림 3-2] 선회경사각의 정의

방위각(heading angle, ψ)은 **자북**(magnetic north)과 **X-기체축, 즉 기수**(nose)**가 향하는 방향의 사잇각**을 말한다. 나침반에서 지시하는 북쪽을 자북이라고 하는데, 자북을 0도로 하고 시계 방향으로 방위각이 정의된다. 즉, 방위각이 270도이면 항공기 기수가 정서향(正西向)으로 비행하고 있음을 의미한다.

옆미끄럼각(sideslip angle, β)은 **X-기체축과 상대풍의 방향, 즉 항공기 비행 방향**(direction of flight) **사이의 각도**를 말한다. 항공기를 옆에서 볼 때 기체축(날개 시위선)과 상대풍의 방향이 이루는 각을 받음각이라고 하면, 항공기를 위에서 볼 때 기체축과 상대풍 방향의 사잇각을 옆미끄럼각으로 정의한다. 돌풍에 의하여 기수가 돌아간 상태로 비행하거나, 측풍이 불 때 측풍의 영향을 추력으로 상쇄하기 위하여 측풍이 불어오는 방향으로 기수를 돌리고 비행을 할 때 옆미끄럼각이 발생한다.

앞서 소개한 항공기의 자세와 관련된 다양한 각도는 비행에 연관된 중요한 정보이므로 계기를 통하여 조종사에게 제공된다. 특히, 자세지시계(attitude indicator)와 방위지시계(heading indicator)에서 각도 정보를 나타내는데, 현대 여객기의 경우 **PFD**(Primary Flight Display)라고 부르는 계기에서 통합하여 지시한다.

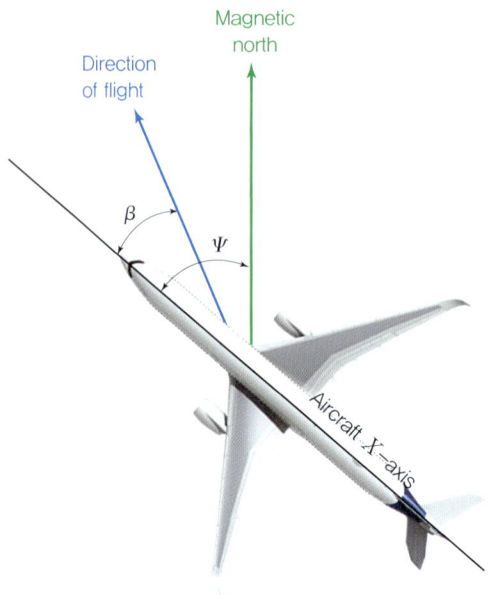

[그림 3-3] 방위각, 옆미끄럼각(sideslip angle, β)의 정의

Boeing 737 여객기의 PFD(Primary Flight Display)의 Attitude indicator(자세지시계, 중간)와 Bank angle indicator(경사지시계, 중간 아래). 해당 계기에는 받음각(α), 피치각(θ), 비행경로각(γ), 선회경사각(ϕ), 방위각(ψ), 옆미끄럼각(β)이 표시된다.

3.2 기본 운동방정식

(1) 기본 운동방정식의 유도

항공기가 비행하는 것을 물리학적 용어로 표현하면 항공기라는 물체가 '**운동**'을 한다고 할 수 있다. 비행이라는 운동은 항공기에 작용하거나 항공기가 만들어 내는 여러 가지 힘으로 발생한다. 그리고 항공기와 연관된 힘의 균형 관계식을 토대로 항공기의 운동을 설명하는 기본 운동방정식을 유도할 수 있다.

항공기의 기본 운동방정식은 뉴턴의 제2법칙인 **가속도의 법칙**을 기반으로 한다. 가속도의 법칙은 외부의 힘 F가 질량 m의 물체에 작용하면 가속도 a가 발생하는 사실을 설명하며, 다음과 같은 식으로 표현한다.

$$F = ma$$

즉, 질량이 있는 항공기에 힘이 작용하면 항공기는 가속한다. 하지만 앞서 살펴본 바와 같이 양력·중력·항력·추력·원심력 등 항공기에 작용하는 힘은 다양하다. 모든 힘은 방향성을 가진 벡터양이기 때문에 **항공기에 작용하는 다양한 힘은 작용하는 방향에 따라 분리하여 정리**되어야 한다. 양력과 항력은 항공기로 불어오는 상대풍에 의하여 발생하고, 상대풍의 방향은 비행 방향과 나란하다.

따라서 항공기에 작용하는 힘은 비행 방향을 기준으로 **비행 방향과 평행한 힘의 합**($\sum F_H$)과 **비행 방향에 수직인 힘의 합**($\sum F_V$)으로 구분한다. 그리고 힘은 운동하는 물체의 질량(m)과 가속도(a)의 곱으로 나타낸다.

$$\text{비행 방향과 평행: } \sum F_H = ma$$

$$\text{비행 방향과 수직: } \sum F_V = ma$$

상승하는 항공기에 작용하는 힘의 균형은 [그림 3-4]에 나타나 있다. 항공기가 상승각 γ로 상승하고 있고, 추력(T)은 항공기 비행 방향으로 작용하고 있다. **비행 방향에 수직으로 양력(L)이 작용**하고 **비행 방향과 나란하지만, 반대로 항력(D)이 발생**한다. 그리고 **지구중심 방향으로 중량, 즉 중력(W)이 작용**하고 있다. 추력과 항력은 나란한 반면 상승각을 가지고 위를 향해 비행 중이기 때문에 양력과 중력은 나란하지 않다.

그림에서 제시되었듯이, 중력벡터 $\vec{W}$는 비행 방향에 수평성분인 $W\sin\gamma$와 수직성분인 $W\cos\gamma$로 구분할 수 있다. $W\sin\gamma$는 추력(T) 및 항력(D)에 나란하고, $W\cos\gamma$는 양력(L)과 나란함을 볼 수 있다.

우선 비행 방향과 평행한 힘에 대하여 살펴보도록 한다. 비행 방향과 평행한 힘에는 추력(T),

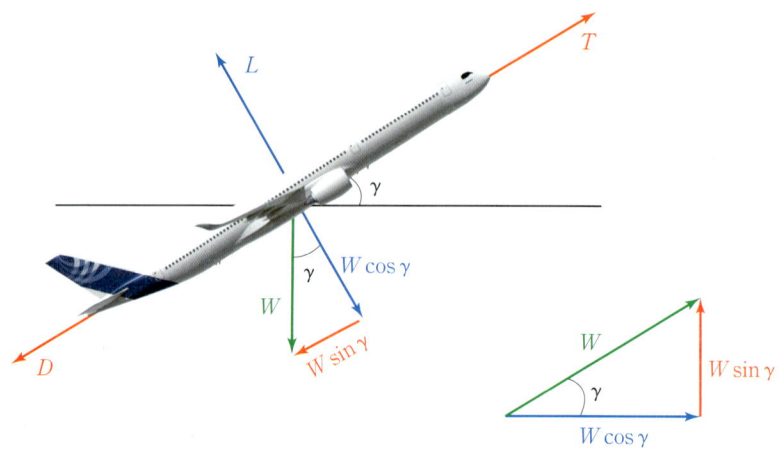

[그림 3-4] 상승각(climb angle, γ)

항력(D) 그리고 중량의 수평성분인 $W\sin\gamma$가 있다. 그런데 추력의 반대 방향으로 항력과 $W\sin\gamma$가 작용하므로 다음과 같이 (+)와 (−)로 비행 방향과 평행한 힘들의 균형을 나타낼 수 있다.

$$\sum F_H = T - D - W\sin\gamma$$

그리고 위에 제시된 평행한 힘들의 합($\sum F_H$)에 따라 질량 m의 항공기는 가속도 a로 가속하게 되므로 다음과 같이 평행한 힘에 대한 운동방정식을 정리할 수 있다.

$$ma = T - D - W\sin\theta$$

[그림 3-4]에 의하면 비행 방향에 수직인 힘에는 양력(L)과 중력의 수직성분인 $W\cos\gamma$가 있다. 또한 양력과 $W\cos\gamma$는 서로 반대 방향으로 작용하고 있으므로 비행 방향에 대한 수직힘들의 합을 다음과 같이 나타낼 수 있다.

$$\sum F_V = L - W\cos\gamma$$

그러므로 항공기의 수직 방향 힘의 합($\sum F_V$)에 의하여 항공기가 수직 방향으로 가속하면 다음과 같이 수직힘에 대한 운동방정식을 나타낼 수 있다.

$$ma = L - W\cos\gamma$$

그런데 항공기의 비행 방향으로 가속 또는 감속하는 경우는 흔하지만, 비행 방향의 수직으로 가속이 발생하는 경우는 드물다. 대신 항공기가 원을 그리며 하강하다가 상승하거나 또는 상승하다가 하강하는 회전비행을 할 때가 있다. 이때 항공기에는 **회전중심에서 바깥쪽으로, 즉 항공기의 비행 방향에 수직으로 원심력이 작용**하게 된다.

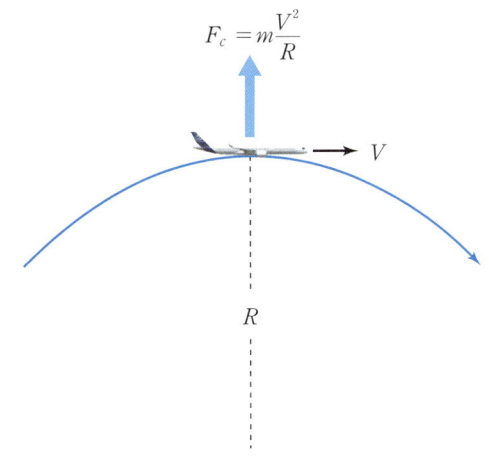

[그림 3-5] 원심력(centrifugal force, F_c)

질량 m의 항공기가 선속도 V로 회전반지름 R을 가지고 회전할 때 발생하는 원심력(F_c)은 다음과 같이 정의된다.

$$F_c = m\frac{V^2}{R}$$

그러므로 원심력을 포함한 비행 방향 수직힘에 대한 운동방정식을 나타내면 다음과 같다.

$$m\frac{V^2}{R} = L - W\cos\gamma$$

따라서 비행 방향과 평행하거나 비행 방향에 수직인 운동방정식은 다음과 같다. 이를 항공기의 **기본 운동방정식**이라고 하는데, 각각의 비행 단계에서 항공기에 작용하는 힘에 의한 운동을 이 방정식을 통하여 설명할 수 있다.

$$\text{비행 방향과 평행: } ma = T - D - W\sin\gamma$$

$$\text{비행 방향과 수직: } m\frac{V^2}{R} = L - W\cos\gamma$$

(2) 등속 및 수평비행

예를 들어 시간에 대하여 속도 변화가 없는, 즉 항공기가 가속이 없는 등속비행(steady flight)을 한다고 가정하자. 가속도가 없으면 $a = 0$이므로 비행 방향과 평행한 운동방정식은 다음과 같이 나타낼 수 있다.

$$\text{비행 방향과 평행: } 0 = T - D - W\sin\gamma$$

그리고 비행기가 일정 고도로 수평비행(level flight)을 한다면 상승각이 없으므로 $\gamma = 0$이고, 따라서 $\sin 0 = 0$이며 $\cos 0 = 1$이 된다. 또한, 수평비행을 하면 원심력이 없으므로 $m\dfrac{V^2}{R} = 0$ 이다. 따라서 비행 방향과 평행하거나 수직인 운동방정식은 다음과 같이 정리된다.

$$\text{비행 방향과 평행: } 0 = T - D - 0$$
$$\text{비행 방향과 수직: } 0 = L - W \times 1$$

등속 및 수평비행을 순항비행(cruise flight)이라고 하는데, 순항비행 중인 항공기의 운동방정식은 다음과 같다.

$$\text{등속 수평비행(순항) 운동방정식: } T = D$$
$$L = W$$

$T = D$가 의미하는 것은 비행 방향으로 추력과 항력이 균형을 이루어 가속 또는 감속하지 않는 등속비행을 하는 것이고, $L = W$는 중력, 즉 중량만큼 양력을 발생시켜 고도의 변화 없이 수평비행을 하는 것을 나타낸다. 이렇게 기본 운동방정식을 기준으로 하여 해당 비행조건에 맞게 방정식을 정리한다면 그 비행조건에서 항공기의 운동을 발생시키는 힘을 나타내거나, 힘의 균형을 설명하는 항공기 운동방정식을 도출할 수 있다.

3.3 양항비

양력이 가능한 한 클수록 비행성능은 개선된다. 즉, 양력이 크면 큰 중량을 지탱하므로 항공기는 더 많은 화물을 실어 나를 수 있다. 양력은 다음과 같이 양력계수(C_L), 대기의 밀도(ρ), 비행속도(V) 그리고 날개면적(S)으로 정의한다.

$$L = C_L \dfrac{1}{2} \rho V^2 S$$

항력은 가능한 한 작을수록 작은 추력으로도 오랫동안 그리고 멀리 비행할 수 있다.

$$D = C_D \dfrac{1}{2} \rho V^2 S$$

위의 식에서 볼 수 있듯이, 양력을 증가시키기 위하여 날개면적(S)을 증가시키면 항력도 증가한다. 또한, 양력을 높이기 위하여 속도(V)를 올리는 경우, 항력 역시 커진다. 그리고 대부분의 경우, 양력계수(C_L)와 항력계수(C_D)는 비례한다. 특히, 유도항력계수(C_{D_i})는 양력계수의 제곱에 비례한다.

Photo: 한국항공우주연구원

면적이 넓고 가로세로비(aspect ratio)가 큰 날개를 장착한 한국항공우주연구원(KARI)의 EAV-3 태양광 장기체공 무인기. 태양열을 전기 동력으로 전환하며 가능한 한 낮은 속도로 오랫동안 체공하려면 날개의 양항비가 높아야 한다. 특히, 저속 영역에서는 유도항력이 증가하기 때문에 가능한 한 날개의 스팬(span)을 길게 함으로써 가로세로비를 극대화하여 유도항력을 최소화해야 한다. 따라서 이 항공기는 날개의 높은 양항비로 인하여 플랩 등의 고양력장치 없이 이착륙이 가능하다.

$$C_{D_i} = \frac{C_L^2}{\pi e AR}$$

따라서 양력을 높이면서 동시에 항력을 감소시키는 방법은 거의 없다. 단, 양력을 많이 증가시키는 동안 항력은 조금만 증가하도록 하는 것이 최선이다. 또한, 양력이 감소하면서 항력은 증가하는 최악의 경우가 있는데 실속이 대표적인 예이다. 과도하게 높은 받음각 또는 충격파의 생성으로 날개 위 또는 동체에서 유동이 박리하는 경우, 양력이 급감하지만 항력은 증가하게 된다.

양력과 항력의 균형을 나타내는 공기역학적 성능지표를 '**양항비**(lift to drag ratio, L/D)'라고 하는데, 양항비는 양력을 항력으로 나눈 무차원수로 정의한다. 다음 관계식에서 알 수 있듯이 양항비는 양력계수와 항력계수의 비로 표현되기도 한다. 양항비가 크다는 것은 양력이 크고 항력이 작다는 뜻이므로 공기역학적 성능이 개선됨을 의미한다.

$$\text{양항비}: \frac{L}{D} = \frac{C_L \frac{1}{2}\rho V^2 S}{C_D \frac{1}{2}\rho V^2 S} = \frac{C_L}{C_D}$$

3.4 추력 대 중량비

항공기에 작용하는 또 다른 힘은 추력과 중량(중력)이다. 추력이 클수록 속도를 높여 먼 거리를 비행할 수 있고, 빨리 상승할 수 있다. 또한, 속도가 높아지면 무거운 중량을 지탱할 수 있는 양력도 증가한다. 그러나 중량은 클수록 큰 양력이 필요하며 따라서 항력이 증가한다. 그러므로 가능한 한 큰 추력과 가벼운 중량으로 비행할수록 비행성능이 개선된다. 양항비와 마찬가지로 항공기 성능의 지표로서 추력과 중량의 비율을 정의하는데, 이를 **추력 대 중량비**(thrust to weight ratio, T/W)라고 한다. 즉, 추력 대 중량비가 크다는 것은 큰 추력과 가벼운 중량을 의미한다.

순항비행을 하는 항공기는 등속($T=D$) 및 수평($W=L$) 상태를 유지한다. 따라서 순항비행 중인 항공기의 추력 대 중량비는 다음과 같이 양항비(C_L/C_D)의 역수로도 나타낼 수 있다. 그러므로 항공기의 중량이 일정한 경우, 추력을 감소시키기 위하여 높은 양항비가 요구됨을 다음 관계식을 통하여 알 수 있다.

$$\text{순항비행 중 추력 대 중량비}: \frac{T}{W} = \frac{D}{L} = \frac{C_D}{C_L} = \frac{1}{L/D} = \frac{1}{C_L/C_D}$$

3.5 필요추력과 이용추력

(1) 정의

항공기 운동을 해석할 때 추력의 개념을 두 가지로 구분하여 정의한다. 첫 번째는 **항공기가 항력을 극복하며 나아갈 때 필요한 추력으로서 필요추력**(required thrust, T_R)이라고 한다. 두 번째는 **항공기의 추진계통을 통하여 항공기가 쓸 수 있는 추력으로서 이용추력**(available thrust, T_A)이라고 부른다.

필요추력은 항공기 기체에서 발생하는 저항, 즉 항력을 극복하는 데 필요한 추력이므로 항력만큼 발생시켜야 한다. 즉, **필요추력(T_R)의 크기는 항력(D)과 같다**고 할 수 있다. 그러므로 필요추력은 항력을 발생시키는 항공기의 기체 형상과 항력을 증가시키는 기체의 중량에 좌우된다. 즉, 가볍고 항력이 적게 항공기 기체를 설계한다면 필요추력이 감소한다.

이용추력(T_A)은 항공기 추진기관의 힘으로서, 앞서 정의한 추력(T) 그 자체이다. 따라서 추력이 큰 추진기관을 탑재한 항공기는 이용추력이 증가할 것이다. 하지만 추력은 일반적으로 추진기관의 크기와 중량에 비례하므로 이용추력이 큰 추진기관을 탑재한 항공기는 필요추력 또한 증가하게 된다.

$$필요추력: T_R = D$$
$$이용추력: T_A = T$$

그런데 순항비행, 즉 등속비행 중에는 추력과 항력이 같고($T = D$), 따라서 이용추력과 필요추력이 모두 같다.

$$T = D = T_A = T_R$$

순항비행 중에는 등속비행뿐만 아니라 수평비행을 하므로 양력과 중량이 같다($L = W$). 그러므로 필요추력은 다음과 같이 중량과 양항비(L/D)로 나타낼 수 있고, 항공기 중량이 가벼울수록 또 항공기의 양항비가 클수록 필요추력이 감소한다.

$$\frac{T}{W} = \frac{T_A}{W} = \frac{T_R}{W} = \frac{D}{L} = \frac{C_D}{C_L} = \frac{1}{L/D} = \frac{1}{C_L/C_D}$$

$$순항비행 중 필요추력: T_R = \frac{W}{L/D} = \frac{W}{C_L/C_D}$$

(2) 필요추력의 최소화

항공기가 순항비행을 할 때 가능한 한 오래 비행하려면 항력 또는 필요추력을 최소화하여 연료소모율을 낮춰야 한다. 비행 중 중량은 연료 소모 등으로 감소하지만 문제의 단순화를 위하여 중량은 등속비행 중 변하지 않는다고 가정하자. 추진기관의 힘을 동력이 아닌 추력으로 가늠하는 제트 항공기의 경우, 오래 비행하기 위하여 필요추력을 최소화하려면 양항비(C_L/C_D)가 최대가 되어야 한다. 그런데 항공기의 양항비는 비행속도와 받음각(α)의 영향을 받는다. 따라서 비행할 때는 양항비가 최대가 되고, 필요추력이 최소가 되는 받음각과 속도로 순항해야 한다.

양항비가 최대가 되는 날개의 받음각은 날개의 형태에 따라 다르지만 제트 여객기의 경우, 대략 $\alpha = 5°$ 전후이다. 그러나 날개 기준 최대양항비가 발생하는 받음각으로 항공기가 비행하면 여객기 동체에서 발생하는 항력은 증가한다. 즉, 원형 단면을 가진 여객기 동체는 받음각이 없는 상태에서 최소항력을 발생시킨다. 그러므로 항공기를 제작할 때 최대양항비의 받음각과 동일하거나 유사한 각도로 날개를 동체에 부착하는데, 이를 붙임각(angle of incidence)이라고 한다. 즉, 붙임각은 기체축(aircraft axis)과 날개 시위선(wing chord line) 사이의 각도이다. 이에 따라 날개에서는 높은 양항비를 발생시키지만 동체는 받음각이 없으므로 순항비행 중 항력, 즉 필요추력을 최소화할 수 있다.

매우 낮은 속도로 비행하는 경우 항력, 즉 필요추력이 최소가 될 것 같지만 실제는 그렇지 않

날개 붙임각(angle of incidence)이 비교적 큰 Boeing B-52H 폭격기. 날개 붙임각을 적용하여 항공기를 제작하면 순항비행 중 동체는 수평을 유지하지만, 날개는 양항비를 높여 필요추력을 감소시킬 수 있다.

다. 속도가 낮아지면 수평비행을 유지하기 위하여 중량만큼 양력을 증가시켜야 해서 받음각을 높여 양력계수(C_L)를 증가시킨다. 그리고 양력계수가 커지면 다음 공식에 의하여 유도항력(D_i)도 커지고, 필요추력도 증가하게 된다.

$$C_{D_i} = \frac{C_L^2}{\pi eAR}$$

$$D_i = C_{D_i} \frac{1}{2} \rho V^2 S$$

또한, 속도가 증가하면 당연히 항력, 즉 필요추력도 증가한다. 더 정확히 말하면 속도가 높아지면서 유해항력(D_p)이 증가한다. 특히, 초음속에 가까워지면 압축성 효과와 충격파 형성으로 조파항력이 발생하므로 유해항력의 증가와 함께 필요추력이 급격히 증가한다.

필요추력(T_R)은 항력(D)과 같고, 항력은 다시 유해항력(D_p)과 유도항력(D_i)으로 구분하므로 다음 식으로 필요추력을 정의할 수 있다. [그림 3-6]은 속도의 증가에 따른 필요추력, 즉 항력의 변화를 나타낸다. 앞서 설명한 대로 매우 낮은 속도에서는 유도항력 때문에, 높은 속도에서는 유해항력 때문에 필요추력이 증가하는 것을 볼 수 있다.

$$T_R = D = D_p + D_i = C_{D_p} \frac{1}{2} \rho V^2 S + C_{D_i} \frac{1}{2} \rho V^2 S$$

$$= C_{D_p} \frac{1}{2} \rho V^2 S + \frac{C_L^2}{\pi eAR} \frac{1}{2} \rho V^2 S$$

그리고 오랜 시간 동안 비행하려면 가능한 한 작은 추력, 즉 최소 필요추력($T_{R_{min}}$)이 발생하는 속도로 비행해야 한다. 앞서 설명한 대로 최소 필요추력은 양항비 C_L/C_D가 최대일 때 발생하기 때문에 이 속도가 C_L/C_D가 최대일 때의 속도이다.

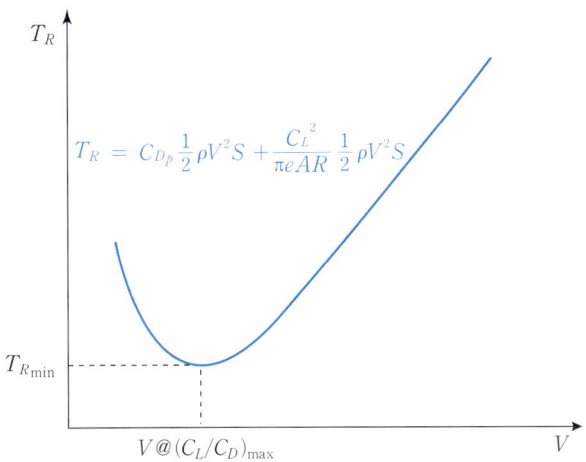

[그림 3-6] 비행속도(V)에 따른 필요추력(T_R)의 변화

(3) 이용추력의 발생

이용추력은 항공기가 추진계통을 이용하여 발생시킬 수 있는 추력으로, 엔진의 종류와 성능에 따라 달라진다. 엔진의 종류는 일반적으로 항공기의 요구성능, 특히 설계 순항속도에 따라 달라지며 항공기의 무게와 크기가 증가하면 장착되는 엔진의 수를 늘리는 방법이 일반적이다.

날개(wing)가 장착되어 양력을 발생시켜서 비행하는 항공기를 고정익기(비행기)라고 한다. 고정익기는 일반적으로 터보팬 또는 터보제트엔진을 장착하는 제트 비행기, 터보프롭 또는 왕복엔진을 장착하여 프로펠러를 회전시키는 프로펠러 비행기로 구분된다. 제트 비행기의 경우, 터보팬 또는 터보제트엔진에서 발생하는 고온·고압의 가스, 즉 제트의 힘을 이용추력(T_A)으로 정의한다. 이용추력, 즉 제트의 힘은 비행속도에 크게 영향을 받지 않는다.

반대로 프로펠러를 구동하여 추진력을 얻는 프로펠러 비행기는 속도가 높아짐에 따라 프로펠러로 유입되는 공기의 양은 많아지지만, 프로펠러 깃 끝(blade tip)에서 발생하는 실속 때문에 추력이 감소하게 된다. 그러므로 [그림 3-7]에 제시된 바와 같이, 프로펠러 비행기는 700 km/hr 이하의 비교적 낮은 속도로 비행한다.

터보팬과 터보제트엔진은 비행속도가 증가함에 따라 프로펠러와 유사하게 팬(fan)과 압축기(compressor)의 효율은 다소 감소한다. 하지만 프로펠러보다 직경이 작기 때문에 빠른 비행속도에서도 깃 끝의 실속이 발생하지 않으며, 속도가 빨라지면 흡입되는 공기의 양이 증가하므로 비교적 일정한 이용추력을 발생시킬 수 있다. 그러므로 터보팬 또는 터보제트엔진을 장착한 비행기는 비교적 높은 고도에서 1,000 km/hr 이상의 고속순항이 가능하다.

그러나 큰 직경의 팬으로 구성된 고바이패스비(high BPR) 터보팬엔진은 비행속도가 음속에 가까워지면 프로펠러와 유사하게 깃 끝의 실속 문제가 나타나기 때문에 음속 이상(고도 9 km

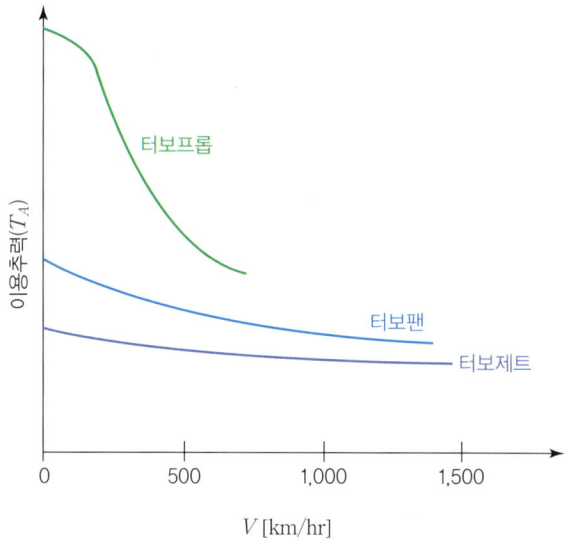

[그림 3-7] 비행속도(V)에 따른 엔진의 형태별 이용추력(T_A)의 변화

Airbus A320neo 여객기에 탑재되는 CFM International Leap 1A 터보팬엔진. 추력과 연료효율을 높이기 위하여 팬의 지름을 증가시켜 바이패스비(BPR)가 11:1에 이른다. 컴퓨터를 통하여 팬의 깃(blade)에서 나타나는 공기역학적 현상을 예측하고 최적의 형상으로 깃을 설계하여 깃 끝에서 초음속 유동이 발생하는 높은 비행속도에서도 안정적으로 추력을 발생시킨다.

기준 약 1,100 km/hr)으로 비행할 수 없다. 반면에 저바이패스비(low BPR) 터보팬엔진과 팬이 장착되지 않은 터보제트엔진은 초음속 이상의 높은 비행속도에서도 비교적 안정적인 추력을 발생시킨다.

(4) 속도의 결정

등속으로 비행할 때는 항력과 추력이 균형을 이루고, 따라서 필요추력과 이용추력도 균형을 이룬다. 그러므로 [그림 3-8]에 나타낸 필요추력(T_R)과 이용추력(T_A)이 일치하는 점에서의 속도(V)가 등속비행속도라고 할 수 있다.

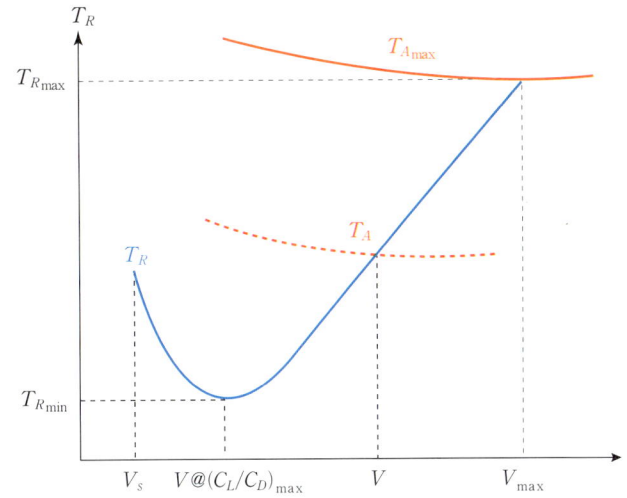

[그림 3-8] 이용추력(T_A)에 따른 최고속도(V_{max})와 등속비행속도(V)의 정의

아울러 최대이용추력($T_{A_{max}}$)은 추진기관에서 발생하는 힘의 최댓값이고, 이때의 비행속도가 항공기가 발생시킬 수 있는 최고속도(V_{max})가 된다. 따라서 속도가 빠른 항공기를 제작하려면 최대이용추력이 높은 추진기관을 장착해야 한다. 필요추력은 실속속도(V_s) 이하에서는 정의되지 않는다. 이는 실속속도보다 낮은 속도에서는 필요추력의 크기와 관계없이 비행이 불가능하기 때문이다.

3.6 필요동력과 이용동력

(1) 정의

터보프롭엔진 또는 왕복엔진 등 프로펠러를 구동하는 추진계통의 힘의 크기는 추력보다도 회전운동의 일률을 나타내는 **동력**(power)으로 표현하는 것이 일반적이다. 프로펠러 추진계통에서 발생하는 동력도 추력과 마찬가지로 **필요동력**(power required, P_R)과 **이용동력**(power available, P_A)으로 구분하는데, 각각 **항력을 극복하고 항공기가 앞으로 나아가는 데 필요한 동력**과 **항공기가 추진기관과 프로펠러를 통하여 이용할 수 있는 동력**으로 정의할 수 있다.

동력은 힘과 속도의 곱으로 정의한다($P = FV$). 그러므로 항력과 연관된 필요동력은 항공기 기체에서 발생하는 항력(D)에 비행속도(V)를 곱한 것과 같다. 그리고 앞서 정의한 바와 같이 항력은 필요추력(T_R)과 같다. 따라서 **필요동력은 필요추력(T_R)과 비행속도(V)의 곱으로도 표현할 수 있다.**

또한, 추진기관과 프로펠러에서 나오는 **이용동력**(P_A)은 추력(T)과 비행속도(V)의 곱으로 나타낼 수 있는데 이용추력(T_A)이 추력 그 자체를 의미하므로 다음과 같이 **이용추력**(T_A)**과 비행속도**(V)**의 곱으로도 정의**할 수 있다.

$$\text{필요동력: } P_R = DV = T_R V$$
$$\text{이용동력: } P_A = TV = T_A V$$

앞서 설명한 바와 같이, 순항비행 중 필요추력(T_R)은 중량과 양항비로 나타냈다.

$$T_R = \frac{W}{L/D} = \frac{W}{C_L/C_D}$$

필요동력은 필요추력에 속도를 곱한 것과 같으므로 다음과 같이 필요동력을 중량과 양항비 (C_L/C_D)로 표현할 수도 있다.

$$\text{순항비행 중 필요동력: } P_R = T_R \cdot V = \frac{W}{L/D} \cdot V = \frac{WV}{C_L/C_D}$$

(2) 필요동력의 최소화

등속·수평비행($L = W$) 중 항공기의 속도는 다음과 같이 정의한다.

$$V = \sqrt{\frac{2W}{\rho S C_L}}$$

그러므로 앞서 정의한 프로펠러 비행기의 필요동력을 다음과 같이 양항비 $C_L^{3/2}/C_D$ 로 나타낼 수도 있다.

$$P_R = T_R \cdot V = \frac{W}{C_L/C_D}\sqrt{\frac{2W}{\rho S C_L}} = \sqrt{\frac{2W^3}{\rho S C_L^3/C_D^2}} = \sqrt{\frac{2W^3}{\rho S (C_L^{3/2}/C_D)^2}} = \sqrt{\frac{2W^3}{\rho S}}\frac{1}{(C_L^{3/2}/C_D)}$$

순항비행 중 항공기의 중량(W)은 변화하지 않는다고 가정하자. 순항 중에는 수평비행을 하기 때문에 고도 변화가 없으므로 대기의 밀도(ρ)도 일정하다고 볼 수 있다. 순항 중에는 플랩 등의 고양력장치를 전개하지 않기 때문에 날개면적(S)도 일정하다. 따라서 필요동력은 오직 양항비 $C_L^{3/2}/C_D$의 영향을 받으며, **프로펠러 비행기가 가능한 한 오래 비행하려면 필요동력이 최소가 되어야 하고, 양항비 $C_L^{3/2}/C_D$가 최대가 되는 속도와 받음각으로 비행**해야 함을 알 수 있다.

필요추력(T_R)을 유해항력(D_p)과 유도항력(D_i)의 관계식으로 표현할 수 있으므로 필요동력(P_R) 역시 속도(V)를 곱하여 다음과 같이 항력의 관계식으로 나타낼 수 있다.

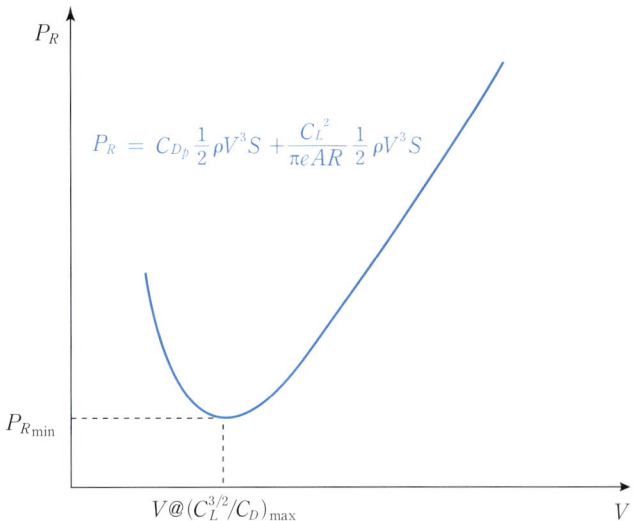

[그림 3-9] 비행속도(V)에 따른 필요동력(P_R)의 변화

$$T_R = C_{D_p} \frac{1}{2}\rho V^2 S + \frac{C_L^2}{\pi e AR}\frac{1}{2}\rho V^2 S$$

$$P_R = T_R \cdot V = C_{D_p} \frac{1}{2}\rho V^3 S + \frac{C_L^2}{\pi e AR}\frac{1}{2}\rho V^3 S$$

비행속도(V)에 대한 필요동력의 변화를 그래프로 나타내면 [그림 3-9]와 같다. 필요추력과 마찬가지로 낮은 속도 영역에서는 유도항력의 증가로 인하여 필요동력이 높지만, 속도가 증가함에 따라 필요동력은 감소한다. 그리고 속도가 더 높아지면서 유해항력이 다시 증가하며 필요동력이 급증하는 경향을 보인다.

또한, 프로펠러 비행기가 가능한 한 오랜 시간 동안 비행하려면 최소 필요동력($P_{R_{min}}$)이 발생하는 속도로 비행해야 하는데, 이는 앞서 소개된 필요동력 관계식에서 나타낸 바와 같이 $\frac{1}{C_L^{3/2}/C_D}$이 최소, 즉 $C_L^{3/2}/C_D$가 최대가 될 때의 속도이다.

(3) 이용동력의 발생

프로펠러 비행기의 이용동력은 터보프롭 및 터보샤프트엔진 또는 왕복엔진의 회전력뿐만 아니라 프로펠러 성능에 의해서도 결정된다. 즉, 엔진의 터빈 또는 실린더에서 발생하는 힘이 프로펠러 구동축(shaft)으로 전달되고, 구동축은 프로펠러를 회전시켜 항공기를 전진시킨다. 프로펠러 구동축으로 전달되는 동력을 제동마력(Break Horse Power, BHP)이라고 한다. 따라서 프로펠러기의 이용동력(P_A)은 제동마력에 프로펠러 효율(η_p)을 곱하여 다음과 같이 정의한다. 그러므로 프로펠러 비행기의 경우, 엔진 자체의 성능뿐만 아니라 프로펠러의 성능도 이용동력의

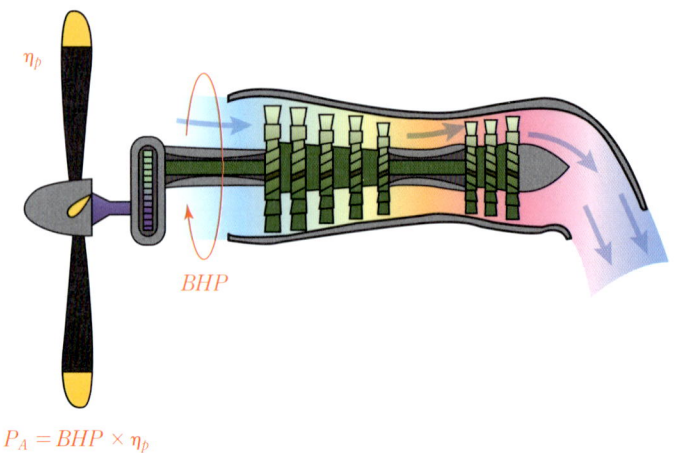

[그림 3-10] 프로펠러 비행기의 이용동력(P_A)

중요한 요소가 된다.

$$\text{프로펠러 비행기의 이용동력: } P_A = BHP \times \eta_p$$

프로펠러가 일정한 회전속도로 회전할 때, 중심으로부터 먼 거리에 있는 깃 끝에서의 선속도는 매우 높다. 더욱이 비행속도가 증가하면 프로펠러에 대한 상대풍의 속도도 증가하는데, 이는 깃 끝에서 발생하는 빠른 선속도와 함께 깃 끝에서 초음속 유동을 발생시키고 압축성 현상을 유발할 수 있다. 압축성 효과에 의하여 충격파(shock wave)가 형성되면 깃 끝을 지나는 유동이 박리되어 실속이 발생하고 프로펠러 효율이 감소하게 된다.

속도가 증가해도 터보제트·터보팬 등의 제트엔진은 비교적 일정한 이용추력(T_A)을 발생시킨다. 그러나 비행속도가 증가할수록 프로펠러 깃 끝의 실속 문제 때문에 프로펠러 구동 엔진에서 나오는 이용동력(P_A)은 감소하게 된다. 이는 프로펠러 비행기가 음속에 가까운 속도로 빠르게 비행할 수 없는 이유이다.

(4) 속도의 결정

[그림 3-11]에서 나타낸 바와 같이, 등속 및 수평비행을 할 때의 비행속도(V)는 필요동력(P_R)과 이용동력(P_A)이 일치할 때 나타난다. 그리고 최고속도($V_{\max}$)는 동력장치에서 발생하는 최대 이용동력($P_{A_{\max}}$)과 항공기의 필요동력(P_R)이 일치한 점에서 정의된다. 프로펠러 비행기의 속도를 높이려면 높은 동력의 엔진을 사용해야 할 뿐만 아니라 효율이 높은 프로펠러를 장착하여 최대 이용동력을 높여야 한다.

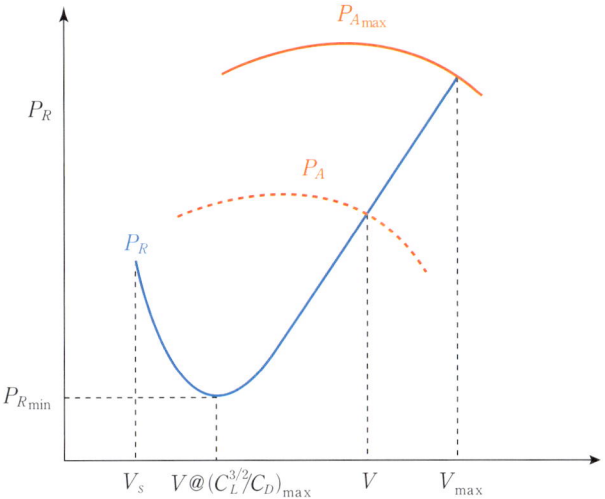

[그림 3-11] 이용동력(P_A)에 따른 최고속도(V_{max})와 등속비행속도(V)의 정의

최고속도가 830 km/hr($M=0.78$)에 이르는 Tupolev Tu-95MS 장거리 폭격기. 강력한 터보프롭엔진 4기와 서로 반대 방향으로 회전하는 8매의 동축 반전 프로펠러(contra-rotating propeller)를 통하여 발생하는 매우 큰 이용동력을 가지고 있다. 따라서 프로펠러 비행기임에도 불구하고 비행속도가 빨라 조파항력(wave drag) 감소를 위하여 날개에 후퇴각을 적용하였다. 고속에서도 프로펠러 깃 끝 실속이 발생하지 않는 이유는 프로펠러의 개수를 늘리는 대신 프로펠러의 회전속도를 낮춘 것이다. 즉, Q-400 터보프롭 여객기의 순항 중 프로펠러 회전수는 약 850 rpm인 반면, Tu-95의 회전수는 약 750 rpm에 지나지 않는다. 하지만 서로 반대 방향으로 회전하는 동축 반전 프로펠러의 특성상 상당한 수준의 소음이 발생하는 단점이 있다.

CHAPTER 03 SUMMARY

- **받음각**(angle of attack, α): 날개 시위선과 상대풍의 방향, 또는 비행 방향 사이의 각도
- **옆미끄럼각**(sideslip angle, β): 항공기를 위에서 보았을 때 동체 기준축과 상대풍의 방향, 또는 비행 방향 사이의 각도
- **피치각**(pitch angle, θ): 동체 기준축과 지평선 사이의 각도
- **비행경로각**(flight path angle, γ): 비행 방향과 지평선 사이의 각도로, 상승각과 하강각이 비행경로각에 해당
- **선회경사각**(bank angle, ϕ): 날개의 스팬 방향 기준축과 지평선 사이의 각도
- **방위각**(heading angle, ψ): 자북(magnetic north)과 동체 기준축, 즉 기수(nose)가 향하는 방향 사이의 각도
- **항공기의 기본 운동방정식**
  - 비행 방향과 평행: $ma = T - D - W\sin\gamma$
  - 비행 방향과 수직: $m\dfrac{V^2}{R} = L - W\cos\gamma$
- **등속 수평비행(순항) 운동방정식**: $T = D$(등속), $L = W$(수평)
- **양항비**: $\dfrac{L}{D} = \dfrac{C_L \frac{1}{2}\rho V^2 S}{C_D \frac{1}{2}\rho V^2 S} = \dfrac{C_L}{C_D}$
- **순항비행 중 추력 대 중량비**: $\dfrac{T}{W} = \dfrac{D}{L} = \dfrac{C_D}{C_L} = \dfrac{1}{L/D} = \dfrac{1}{C_L/C_D}$
- **필요추력**(T_R): 항공기가 항력을 극복하며 나아갈 때 필요한 추력, $T_R = D$
- **이용추력**(T_A): 항공기의 추진계통을 통하여 항공기가 쓸 수 있는 추력, $T_A = T$
- **필요동력**: $P_R = DV = T_R V$
- **이용동력**: $P_A = TV = T_A V$
- **프로펠러 비행기의 이용동력**: $P_A = BHP \times \eta_p$
- **순항비행 중 필요추력**: $T_R = \dfrac{W}{L/D} = \dfrac{W}{C_L/C_D}$
- **순항비행 중 필요동력**: $P_R = T_R \cdot V = \dfrac{W}{L/D} \cdot V = \dfrac{WV}{C_L/C_D}$
- **등속 수평비행속도**: 필요추력(T_R)과 이용추력(T_A)이 일치하거나, 필요동력(P_R)과 이용동력(P_A)이 일치할 때의 속도
- **최고속도**: 필요추력(T_R)과 최대이용추력($T_{A_{max}}$)이 일치하거나, 필요동력(P_R)과 최대이용동력($P_{A_{max}}$)이 일치할 때의 속도

PRACTICE

연습문제 및 기출문제

01 항공기의 비행 방향(direction of flight)과 지평선(horizon) 사이의 각도는?
① 받음각 ② 옆미끄럼각
③ 피치각 ④ 비행경로각

해설 항공기의 비행 방향과 지평선 사이의 각도를 비행경로각(flight path angle)이라고 한다.

02 등속도 수평비행 시 추력을 바르게 정의한 것은?
① $T = D\dfrac{C_L}{C_D}$ ② $T = D\dfrac{C_D}{C_L}$
③ $T = W\dfrac{C_L}{C_D}$ ④ $T = W\dfrac{C_D}{C_L}$

해설 등속($T = D$) 수평($L = W$)비행 중 양항비는 $\dfrac{L}{D} = \dfrac{W}{T}$ 이다. 따라서 추력은 $T = \dfrac{W}{L/D} = W\dfrac{D}{L} = W\dfrac{C_D}{C_L}$ 이다.

03 등속 수평비행 중인 어떤 비행기의 양항비가 $L/D = 2$이고 중량이 400 kgf일 때 추력은?
① 100 kgf ② 200 kgf
③ 400 kgf ④ 800 kgf

해설 등속 수평비행 중 추력은 $T = \dfrac{W}{L/D} = \dfrac{400\ \text{kgf}}{2} = 200\ \text{kgf}$ 이다.

04 비행기의 이용동력(P_A)의 정의로 맞는 것은?
① 추력(T) × 비행속도(V)
② 항력(D) × 비행속도(V)
③ 중량(W) × 비행속도(V)
④ 양력(L) × 비행속도(V)

해설 이용동력 $P_A = TV$로 정의한다.

05 등속도비행 시 항공기에 작용하는 힘의 관계식으로 맞는 것은?
① $L = W$ ② $L = D$
③ $T = W$ ④ $T = D$

해설 추력과 항력이 같을 때($T = D$) 등속비행을 한다.

06 수평비행 시 항공기에 작용하는 힘의 관계식으로 맞는 것은?
① $L = W$ ② $L = D$
③ $T = W$ ④ $T = D$

해설 양력과 중량이 같을 때($L = W$) 수평비행을 한다.

07 무게가 7,000 kgf인 제트항공기가 양항비 3.5로 등속 수평비행할 때 추력은 몇 kgf인가? [항공산업기사 2019년 2회]
① 1,450 ② 2,000
③ 2,450 ④ 3,000

해설 등속 수평비행 중 추력은 $T = \dfrac{W}{L/D} = \dfrac{7000\ \text{kgf}}{3.5} = 2{,}000\ \text{kgf}$ 이다.

08 무게가 1,000 lb이고 날개면적이 100 ft²인 프로펠러 비행기가 고도 10,000 ft에서 100 mph의 속도, 받음각 3°로 수평 정상비행할 때 필요마력은 약 몇 hp인가? (단, 밀도 0.001756 slug/ft³, 양력계수 0.6, 항력계수 0.2이다.) [항공산업기사 2019년 1회]
① 50.5 ② 100
③ 68.2 ④ 83.5

해설 필요동력 $P_R = DV = C_D \dfrac{1}{2}\rho V^3 S = 0.2 \times \dfrac{1}{2} \times 0.001756 \times 146.7^3 \times 100 = 55{,}439\ \text{lbf}\cdot\text{ft/s}$ 이므로, 필요마력은 100.8 hp이다. 여기서, 1 mph = 1.467 ft/s, 1 hp = 550 lbf·ft/s이다.

정답 1. ④ 2. ④ 3. ② 4. ① 5. ④ 6. ① 7. ② 8. ②

09 등속 수평비행을 하기 위한 힘의 관계를 옳게 나열한 것은? [항공산업기사 2018년 2회]

① 양력 = 무게, 추력 > 양력
② 양력 > 무게, 추력 = 항력
③ 양력 > 무게, 추력 > 항력
④ 양력 = 무게, 추력 = 항력

해설 등속비행은 $T = D$, 수평비행은 $L = W$에서 발생한다.

10 항공기가 등속 수평비행을 하기 위한 조건으로 옳은 것은? (단, L은 양력, D는 항력, T는 추력, W는 항공기 무게이다.) [항공산업기사 2017년 4회]

① $L = W$, $T > D$ ② $L = W$, $T = D$
③ $T = W$, $L > D$ ④ $T = W$, $L = D$

해설 등속비행은 $T = D$, 수평비행은 $L = W$에서 발생한다.

11 수평비행 중인 비행기의 항력이 추력보다 커진다면 비행기에 발생하는 현상은? [항공산업기사 2010년 1회]

① 상승한다.
② 등속도 비행을 한다.
③ 감속전진 운동을 한다.
④ 가속전진 운동을 한다.

해설 $T < D$이면 항공기의 속도가 감소하는 감속비행을 한다.

12 이륙중량이 1,500 kgf, 기관의 출력이 200 hp인 비행기가 5,000 m 고도를 50% 출력으로 270 km/hr 등속도 순항비행하고 있을 때 양항비는 얼마인가? [항공산업기사 2009년 4회]

① 5   ② 10
③ 15   ④ 20

해설 등속 수평비행 중 양항비는 $\frac{L}{D} = \frac{W}{T}$이다. 또한 $P_A = TV$이다. 그러므로

$$\frac{L}{D} = \frac{W}{T} = \frac{W}{P_A/V}$$

$$= \frac{1500 \text{ kgf}}{\left(\dfrac{200 \times 75 \text{ kgf} \cdot \text{m/s}}{75 \text{ m/s}}\right) \times 0.5} = 15$$

여기서, 1 hp = 735.5 W = 75 kgf·m/s, V = 270 km/hr = 75 m/s 이다.

정답 9. ④ 10. ② 11. ③ 12. ③

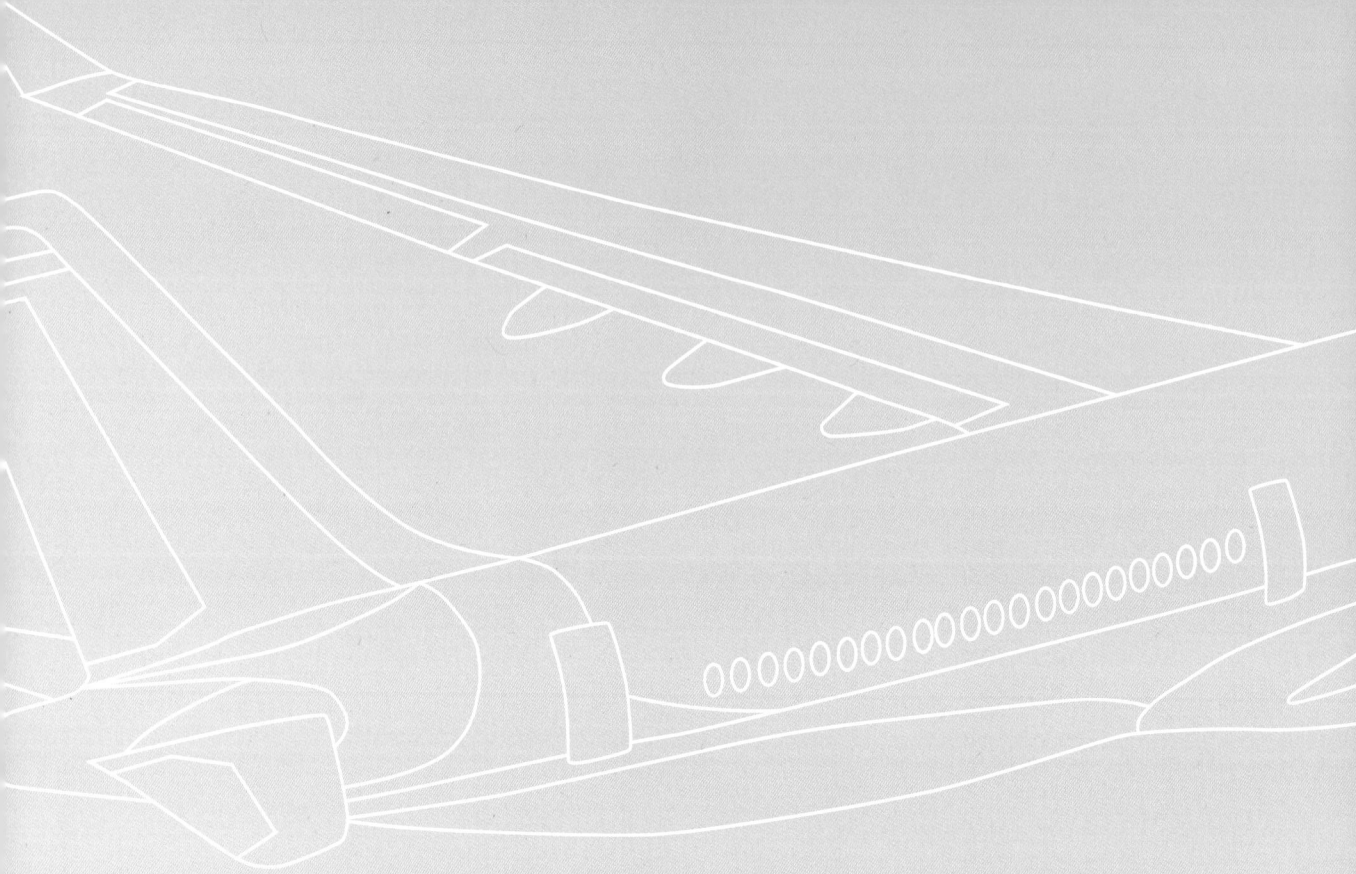

Principles of Flight

PART 2

비행성능

Chapter 4   이륙
Chapter 5   상승비행
Chapter 6   순항비행
Chapter 7   선회비행
Chapter 8   하강 및 활공 비행
Chapter 9   착륙

프로펠러 추진 항공기이지만 이륙을 위한 활주거리를 단축하기 위하여 제트 이륙보조장치(Jet Assisted Take Off, JATO)를 사용하여 추력을 높이고 있는 Lockheed Martin C-130T 수송기. 이륙은 추력이라는 힘으로 정지한 항공기의 운동량을 높이고 양력을 발생시켜 항공기를 공중에 띄우는 과정이다. 운동량(momentum)은 질량(m)과 속도(V)의 곱으로 정의되므로 이륙속도가 높을수록 빨리 이륙할 수 있다. 그러나 비행단계 중 연료량이 가장 많아 항공기 중량이 가장 무거울 때가 이륙단계이기 때문에 중량이 무거운 상태로 제한된 활주거리에서 운동량을 높여 안전하게 이륙하기 위해서는 가능한 한 큰 추력을 사용해야 한다. 그리고 양력을 높이는 고양력장치(high-lift device)를 사용하는 경우, 이륙거리를 단축시킬 수 있다.

CHAPTER **4**

이륙

4.1 이륙 | 4.2 이륙속도 | 4.3 최대이륙중량 | 4.4 이륙거리 | 4.5 이륙활주 운동방정식
4.6 이륙활주거리 계산식 | 4.7 이륙활주거리의 단축 | 4.8 고양력장치 | 4.9 피치 트림 조절

4.1 이륙

비행단계는 일반적으로 **이륙, 상승, 순항, 하강, 착륙** 단계로 나뉜다. **이륙은 항공기가 정지한 상태에서 추력을 증가시켜 속도를 높여 날개에서 양력을 발생시키고, 가속을 진행하여 이륙전환속도에 이르면 기수를 들어 활주로에서 부양**(lift off)**하는 단계**를 말한다.

이륙 전 항공기의 중량을 **최대이륙중량**(Maximum Take Off Weight, MTOW)이라고 한다. 이륙 전에는 연료 소모가 거의 없으므로 전체 비행단계 중에서 중량이 가장 무거운 단계라고 할 수 있다. 중량이 최대인 항공기를 정지상태에서 이륙이 가능한 속도까지 가능한 한 짧은 거리에서 가속하려면 사용할 수 있는 가장 큰 추력이 필요하다. 이렇게 이륙은 엔진에서 만들어지는 최대추력을 이용하여 중량이 가장 무거운 상태의 항공기를 공중에 띄우기 위해 높은 속도로 가속하는 단계이므로 엔진 고장과 항공 사고가 빈번히 발생한다. 따라서 항공기 조종 및 항법관리시스템의 발달로 거의 모든 비행과정이 자동화되었지만 아직까지 이륙단계만큼은 조종사가 직접 조종을 담당한다.

항공기에서 발생하는 양력이 중량보다 커져 부양할 때까지 가속해야 하는데, 받음각을 증가시켜 양력을 높이는 방법도 있다. 즉, 어느 정도 가속되어 이륙전환속도에 이르면 항공기 승강타(elevator)를 올려 기수를 들게 된다. 따라서 순간적으로 날개 받음각이 증가하고 양력이 급증하여 지면에서 항공기가 부양하게 된다. 부양 후 지면에서 **35 ft(제트 비행기) 또는 50 ft(프로펠러 비행기)** 높이를 통과하게 되면 이륙이 완료되어 착륙장치와 고양력장치를 접어올리고, 이에 따라 항력이 감소하기 때문에 추력을 상승추력으로 낮춘 후 순항고도까지 고도를 높이는 상승비행단계에 들어간다.

4.2 이륙속도

(1) 이륙속도의 종류

이륙은 정지상태의 항공기가 공중에 부양할 만큼 양력을 발생시키기 위하여 속도를 증가시키는 과정이다. 따라서 급가속과 기수들림 등 항공기의 급격한 운동이 동반되는 단계이고, 그만큼 사고발생의 가능성도 크다. 그러므로 이륙 중 속도 증가에 따라 단계별로 다양한 속도를 정의하여 안전한 이륙이 진행되도록 한다.

이륙속도의 종류는 낮은 속도에서 높은 속도의 순으로 다음과 같이 구분한다.

이륙결정속도(V_1) → 이륙전환속도(V_R) → 공중부양속도(V_{LOF}) → 이륙안전속도(V_2)

(2) 이륙결정속도

항공기가 활주로에서 이륙 중일 때 엔진 이상 또는 항공기 기체 시스템의 고장 등으로 이륙을 포기해야 할 때가 있다. 이상 발생에 따라 제동장치를 사용하여 정해진 활주로 길이 내에서 안전하게 정지하기 위해서는 충분한 활주거리가 필요하다.

그런데 너무 가속된 상태에서는 제동(brake)해도 활주로 끝에서 정지할 수 없게 되고, 활주로를 이탈하여 화재 등으로 항공기가 파손될 뿐만 아니라 인명피해가 발생할 수도 있다. 그러므로 제동을 하며 안전하게 정지할 수 없을 만큼 가속된 상태에서는 일단 이륙을 진행해야 하고, 이륙 후 연료 방출 등의 조치를 취한 후 다시 착륙하는 것이 안전하다.

따라서 **이륙결정속도(V_1)는 이륙활주 중 항공기에 이상이 발생했을 때 제동을 할지 아니면 이륙할지를 판단하는 기준이 되는 이륙속도**이며, 이륙결정속도 이전에 제동하면 안전하게 정지할 수 있고, 이후에는 무조건 이륙해야 한다. 그러므로 조종사는 이륙을 위한 가속 중 이륙결정속도에 다다르면 제동장치(역추진 레버)에서 손을 뗀 후 조종간만 잡고 이륙을 준비한다.

(3) 이륙전환속도

항공기를 가속하면 양력이 중량보다 증가하여 항공기가 공중에 뜨게 된다. 그러나 날개받음각을 증가시키면 양력계수가 증가하여 좀 더 빨리 부양할 수 있는데, 가속 중 이륙결정속도를 지나 일정 속도에 이르면 승강타(elevator) 또는 수평안정판(horizontal stabilizer)의 각도를 상향시켜 수평안정판 아래로 작용하는 힘을 발생시킨다. 이에 따라 착륙장치를 회전중심축으로 기수가 상승하는 모멘트가 생겨 날개 받음각이 높아져서 양력이 순간적으로 증가하고, 항공기가

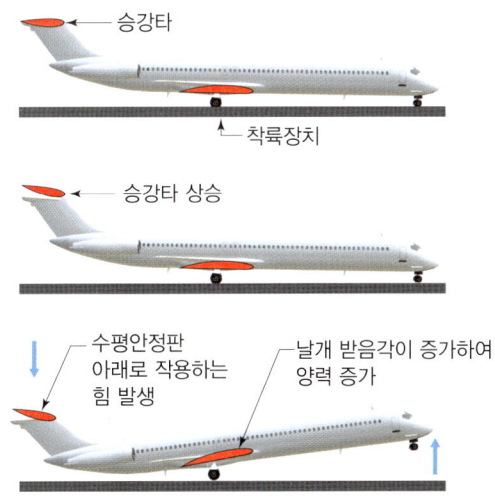

[그림 4-1] 이륙 전환 중 수평안정판 각도 상향에 따른 기수 상승

공중으로 부양하게 된다. 즉, 기수 들림을 위하여 승강타를 조작하는 이륙속도를 이륙전환속도(V_R)라고 한다.

이륙 중인 F-16C 전투기(좌)와 Q-400 여객기(우). 제트 전투기인 F-16의 경우, 이륙전환속도(V_R)는 약 150 kts (약 280 km/hr)이고, 프로펠러 여객기인 Q-400은 약 120 kts(약 230 km/hr)이다. 비행관리컴퓨터(Flight Management Computer, FMC)가 장착된 현대 항공기는 항공기 무게, 활주로 길이, 대기 상태 등을 고려하여 이륙속도를 계산한 후 속도계에 지시하여 조종사의 이륙비행 절차를 도와준다.

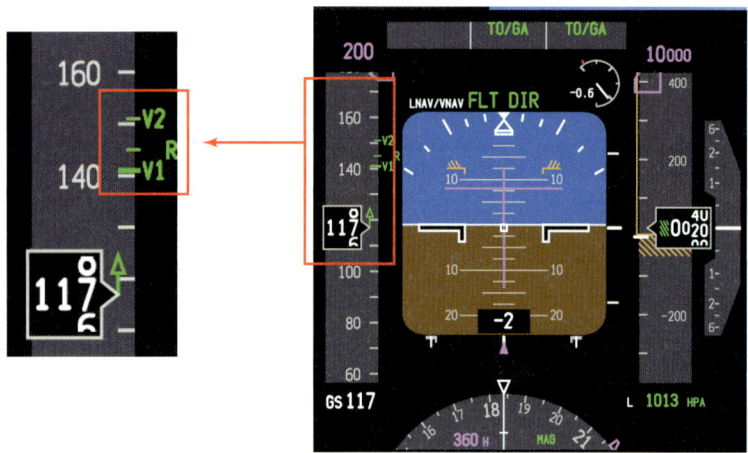

Boeing 777 여객기의 비행계기인 PFD(Primary Flight Display). 비행관리 컴퓨터(FMC)가 항공기의 이륙성능에 영향을 주는 항공기 이륙중량, 무게중심, 활주로 대기 밀도 및 온도 등을 감안하여 이륙속도 V_1, $V_R(R)$, V_2를 계산하고 조종사가 이륙비행 중인지를 확인할 수 있도록 PFD에 지시한다.

(4) 공중부양속도

이륙전환속도 이후 기수가 들리고 곧 모든 **착륙장치(타이어)가 지면으로부터** 부양하게 되는데, 이 시점에서의 이륙속도를 **공중부양속도(V_{LOF})**라고 한다.

(5) 이륙안전속도

항공기가 공중으로 부양한 후 제트기는 지면으로부터 고도 **35 ft**(10.3 m), 프로펠러기는

50 ft(15 m)에 다다랐을 때의 이륙속도를 이륙안전속도(V_2)라고 한다. 이륙안전속도를 지나면 이륙이 안전하게 완료되었다고 판단하여 착륙장치 및 플랩 등의 고양력장치를 접어 들인다. 이륙거리는 항공기가 활주로에 정지한 위치부터 이 속도가 발생하는 고도까지 수평으로 이동한 거리로 정의한다.

이륙이 종료되면 이륙추력에서 상승추력으로 전환한 후 일정한 상승각을 가지고 순항고도에 이를 때까지 고속으로 상승하기 시작한다. 최근에는 공항 주변의 민간 거주지역에 대한 소음 감소를 위하여 플랩을 전개한 상태에서 소음이 낮은 저속으로 천천히 상승하다가 일정 고도에 다다르면 최종적으로 플랩을 접고 항력을 최소화하여 고속으로 상승한다.

이륙안전속도 및 이륙거리의 기준이 되는 고도 35 ft와 50 ft는 미국항공기술기준 FAR 23에 근거한다. 활주로 끝에 위치한 50 ft 장애물을 무사히 넘는 것이 안전 이륙의 기준인데, 이는 관련 규정이 만들어진 1940년대 텍사스 소재 공군기지 울타리 근처 나무들의 평균 높이를 기준으로 설정하였다고 한다. 이후 민간 제트 항공기가 취항하면서 그 규정을 35 ft로 완화하였다.

4.3 최대이륙중량

지면에 붙어 운행하는 자동차와 달리, 항공기는 공중에 떠서 이동하기 때문에 무게는 항공기의 비행성능에 큰 영향을 준다. 무게가 무거울수록 더 많은 양력을 발생시켜야 하고 양력이 클수록 항력도 증가하며, 항력이 커지면 추력도 커야 하므로 연료 소모가 증가한다. 민간 여객기의 경우, 일반적으로 다음과 같이 무게, 즉 중량을 구분한다.

- 항공기 자중(Basic Empty Weight, BEW): **항공기의 기본 장비와 항공기 작동에 필요한 연료, 유압유 및 윤활유 등의 오일의 무게가 포함된 중량**으로서 승무원, 승객 및 화물 그리고 비행 중에 소모되는 연료와 오일의 무게는 제외된 중량이다.
- 운항공허중량(Operational Empty Weight, OEW): **항공기의 자중(BEW)에 승무원·서비스용품 등 운항에 필요한 요소의 무게가 포함된 중량**이다.
- 최대무연료중량(Maximum Zero Fuel Weight, MZFW): **운항공허중량(OEW)에 승객과 화물, 즉 유상화물(payload)의 무게가 추가된 중량**으로서 비행 중에 소모되는 연료와 오일을 제외한 모든 무게가 포함된 중량이다.
- 최대이륙중량(Maximum Take Off Weight, MTOW): **최대 무연료중량에 비행에 필요한 연료·오일의 무게가 더해진 중량**이다. 이륙 직전의 무게로서 비행 중 연료를 지속적으로 소모하므로 비행단계 중 가장 무거운 중량에 해당한다. 또한, 항공기의 무게를 대표하는 중량으

로서 비행 전 정해진 최대이륙중량을 초과하여 화물을 탑재 또는 연료를 보급하는 경우에는 정해진 이륙거리에서 이륙이 불가능할 수도 있다. 반대로 최대이륙중량이 적은 경우, 낮은 이륙속도, 짧은 이륙거리 또는 낮은 추력으로 이륙할 수 있다.

- **최대착륙중량(Maximum Landing Weight, MLW): 비행 중 소비한 연료·오일의 무게를 제외한 착륙할 때의 항공기 구조강도 허용중량**이다. 정해진 최대착륙중량보다 무거운 상태로 착륙을 진행하면 착륙장치 및 날개 등 항공기 구조에 무리가 갈 수 있으므로 착륙 전 최대착륙중량 이하로 항공기의 무게를 조절해야 한다.

4.4 이륙거리

이륙거리는 항공기가 정지상태에서 가속하여 부양한 후 고도 **35 ft**(프로펠러기는 **50 ft**)를 통과하는 지점까지 수평으로 이동한 거리이다. 이륙중량이 약 300 t인 Boeing 777 여객기는 대략 3,000 m의 이륙거리가 필요한 반면, 이륙중량이 약 17 t이고 가속력이 큰 F-16 전투기는 500 m 이내에서 이륙할 수 있다.

이륙을 위한 가속 중 속도의 증가에 따라 다양한 이륙속도가 정의되듯이, 이륙거리도 단계별로 구분된다. 이륙거리(S_{TO})는 크게 지상이륙거리(S_G)와 공중이륙거리(S_A)로 구분한다. **지상이륙거리는 정지한 위치에서 가속하여 모든 착륙장치가 공중에 뜨기 직전까지 활주로에서 이동한 거리를 말하고, 공중이륙거리는 모든 착륙장치가 공중에 떠서 고도 35 ft**(프로펠러기는 **50 ft) 지점까지 수평으로 이동한 거리**이다.

지상이륙거리는 이륙활주거리(S_T)와 이륙회전거리(S_R)로 나뉜다. **이륙활주거리는 정지부터 이륙결정속도(V_1)를 지나 기수를 드는 이륙전환속도(V_R)에 이르기 직전까지 활주로에서 이동한 거리**이다. 즉, 앞착륙장치(Nose Landing Gear, NLG)와 주착륙장치(Main Landing Gear, MLG)가 모두 활주로에 접촉한 상태로 활주(taxi)하는 거리이다.

이륙회전거리는 이륙전환속도(V_R)에서 기수를 들어(rotation) 앞착륙장치가 공중에 뜨고 이어 주착륙장치가 부양하기 직전까지 수평으로 이동한 거리이다.

공중이륙거리는 이륙전환거리(S_{TR})와 이륙상승거리(S_{CL})로 나뉜다. **이륙전환거리는 공중부양속도(V_{LOF})에서 모든 착륙장치가 공중에 떠서 포물선을 그리며 상승 비행경로로 이륙 방향을 전환하는 동안 수평으로 이동한 거리**를 말한다.

이륙상승거리는 이륙전환이 끝난 지점부터 고도 35 ft(프로펠러기는 **50 ft)를 통과하는 지점, 즉 이륙안전속도(V_2)의 지점까지 수평으로 이동한 거리**이다. 여기까지가 이륙단계이고, 이후는 상승단계(climb)에 해당한다.

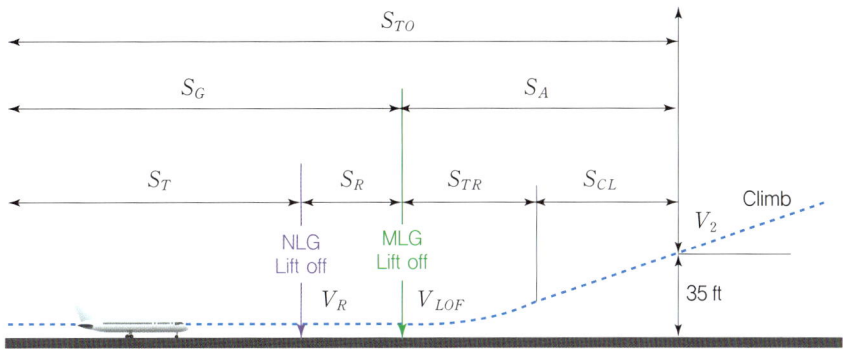

[그림 4-2] 이륙거리의 정의: $S_{TO} = S_G + S_A = (S_T + S_R) + (S_{TR} + S_{CL})$

4.5 이륙활주 운동방정식

이륙을 위하여 활주로에서 활주할 때 항공기의 운동방정식을 세우기 위해 비행 방향과 평행한 힘, 비행 방향과 수직인 힘에 대한 기본 운동방정식을 이용한다.

- 비행 방향과 평행: $ma = T - D - W\sin\gamma$
- 비행 방향과 수직: $m\dfrac{V^2}{R} = L - W\cos\gamma$

활주 중에는 원심력이 작용하지 않지만 $\left(m\dfrac{V^2}{R} = 0\right)$, 정지상태에서 양력이 충분히 발생하는 이륙전환속도까지 속도를 증가시켜야 하므로 가속도를 무시할 수 없다($a \neq 0$). 그러나 지평면에서 이륙을 위한 활주를 진행하므로 상승각 또는 하강각은 없다($\gamma = 0$). 따라서 $\sin\gamma = 0$, $\cos\gamma = 1$ 이므로 운동방정식은 다음과 같이 정리된다.

- 활주 방향과 평행: $ma = T - D - W \times 0$ $ma = T - D$
- 비행 방향과 수직: $0 = L - W \times 1$ $L = W$

하지만 항공기가 부양하기 전까지 지상에서 활주 중일 때는 중량만큼 양력이 발생하지 않기 때문에 $L < W$가 된다.

또한, 지상활주 중일 때는 착륙장치와 지면과의 마찰력이 작용하는데, 마찰력의 작용 방향은 추력의 반대, 즉 항력과 같은 방향이다. 마찰력은 착륙장치 타이어와 활주로 접촉면에 작용하는 수직힘, 즉 항공기의 양력과 중량의 차이($W - L$)에 활주로 표면마찰계수(μ)를 곱하여 정의한다. 활주로 표면마찰계수는 표면 거칠기로서 표면이 거칠수록 마찰력이 증가한다.

[표 4-1] 활주로 표면 상태에 따른 마찰계수(μ)

표면의 상태	마찰계수(μ)
콘크리트	0.02~0.03
잔디	0.05
풀밭	0.05~0.10
비포장	0.10~0.50

따라서 마찰력을 포함하여 이륙을 위한 활주 중 항공기의 운동방정식은 다음과 같이 정리된다.

이륙활주 운동방정식: $ma = T - D - \mu(W - L)$

[그림 4-3]은 이륙을 위하여 항공기가 활주할 때 항공기에 작용하는 힘들을 보여 준다. 등속비행 중에는 추력(T)과 항력(D)은 균형을 이루지만, 이륙 중에는 추력이 항력과 착륙장치의 마찰력(F_f)의 합보다 커야 항공기를 가속시켜 성공적으로 이륙할 수 있다.

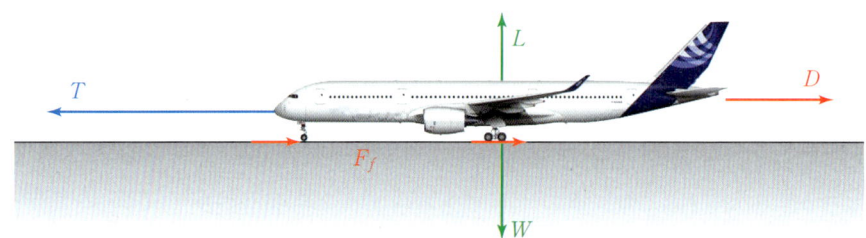

[그림 4-3] 이륙활주 중 항공기에 작용하는 힘

4.6 이륙활주거리 계산식

위의 이륙활주 운동방정식을 이용하여 이륙활주거리(S_T)를 구하는 공식을 유도할 수 있다. 이륙활주거리는 항공기가 정지한 상태에서 가속하여 이륙을 위해 기수를 들기 전까지 활주로에서 활주하는 동안의 거리를 말한다. 먼저 항공기에 작용하는 힘(F)에 대한 수학적 정의와 적분법을 활용한다. 힘은 질량과 가속도의 곱($F = ma$)으로 정의하는데, 가속도는 속도를 시간에 대하여 미분하여 $a = \dfrac{dV}{dt}$로 나타낼 수 있다.

$$F = ma = m\frac{dV}{dt}$$

위에서 제시한 힘의 관계식에서 이륙활주시간(t)과 이륙활주속도(V)에 대한 미분항으로 분리한다.

$$F = m\frac{dV}{dt}, \quad Fdt = mdV$$

그리고 양쪽 항을 각각 시간($0 \sim t$)과 속도($0 \sim V$)에 대하여 정적분하면 다음과 같다.

$$F\int_0^t dt = m\int_0^V dV$$

$$Ft = mV$$

따라서 이륙활주시간과 속도는 다음과 같이 나타낼 수 있다.

$$t = \frac{mV}{F}, \quad V = \frac{Ft}{m}$$

또한, 이륙활주속도는 이륙활주거리(S_T)에 대한 활주시간(t)의 변화율이다.

$$V = \frac{dS_T}{dt}, \quad dS_T = Vdt$$

이륙활주속도는 $V = Ft/m$이므로 다음과 같이 정리할 수 있다.

$$dS_T = \frac{Ft}{m}dt$$

이번에는 이륙활주거리($0 \sim S_T$)와 이륙활주시간($0 \sim t$)에 대하여 각각 정적분한다.

$$\int_0^{S_T} dS_T = \frac{F}{m}\int_0^t t\,dt$$

정리하면 이륙활주거리(S_T)는 다음과 같이 나타낼 수 있다.

$$S_T = \frac{1}{2}\frac{F}{m}t^2$$

이륙활주시간은 $t = mV/F$이므로 다음과 같이 정리된다. 또한, 중량 $W = mg$이므로, $m = \frac{W}{g}$이다.

$$S_T = \frac{1}{2}\frac{F}{m}t^2 = \frac{1}{2}\frac{F}{m}\left(\frac{mV}{F}\right)^2 = \frac{1}{2}\frac{m}{F}V^2 = \frac{1}{2}\frac{W}{gF}V^2$$

앞서 이륙활주 운동방정식을 아래와 같이 정의하였다.

$$ma = T - D - \mu(W - L)$$

힘은 $F = ma$로 정의하므로 이륙활주 중 항공기에 작용하는 힘은 다음과 같다.

$$F = T - D - \mu(W - L)$$

이륙활주속도를 이륙안전속도(V_2)와 같다고 가정하면 이륙안전속도는 실속속도(V_s)의 1.2배이므로 이륙활주속도를 다음과 같이 나타낼 수 있다.

$$V = V_2 = 1.2V_s = 1.2\sqrt{\frac{2W}{\rho S C_{L_{max}}}}$$

위의 힘과 이륙활주속도의 정의를 이륙활주거리 관계식에 대입하면 다음과 같다.

$$S_T = \frac{1}{2}\frac{W}{gF}V^2 = \frac{1}{2}\frac{W}{g[T-D-\mu(W-L)]}\left(1.2\sqrt{\frac{2W}{\rho S C_{L_{max}}}}\right)^2$$

이를 정리하면 다음과 같이 이륙활주거리의 계산식을 도출할 수 있다.

$$\text{이륙활주거리 계산식: } S_T = \frac{1.44W^2}{\rho S C_{L_{max}} g[T-D-\mu(W-L)]}$$

4.7 이륙활주거리의 단축

(1) 고려사항

제한된 길이의 활주로에서 항공기가 안전하게 이륙하려면 가능한 한 이륙활주거리(S_{TO})가 짧아야 한다. 앞에서 유도한 이륙활주거리 공식을 검토해 보면 이륙활주거리를 단축하기 위하여 고려해야 할 사항은 다음과 같다.

- 첫째, **이륙중량(W)을 최소화해야 한다.** 이륙중량이 무거울수록 가속하는 데 많은 추력이 필요하고, 이륙거리가 증가한다. 특히, 정해진 최대이륙중량(MTOW) 이상으로 화물 또는 연료를 탑재하면 이륙이 불가능할 수도 있다.
- 둘째, **익면하중(W/S)을 가능한 한 작게 한다.** 익면하중은 항공기 중량을 날개면적으로 나눈 항공기의 중요한 성능지표이다. 따라서 날개면적이 큰 항공기일수록 짧은 거리에서 이륙할 수 있다. 중량을 낮출 수 없으면 파울러 플랩(fowler flap)과 같이 날개면적을 증가시키는 고양력장치가 필요하다.
- 셋째, **최대양력계수($C_{L_{max}}$)를 증가시킨다.** 특히, 플랩과 슬랫(slat) 등의 고양력장치는 날개 단면의 캠버를 증가시켜 최대양력계수를 높이고, 따라서 같은 속도에서도 양력을 증가시켜 이륙거리를 단축한다.
- 넷째, **높은 대기밀도(ρ)는 이륙활주거리를 단축시킨다.** 대기밀도가 높을수록 양력이 증가하므로 짧은 거리에서 이륙이 가능하다. 고도와 대기온도는 대기밀도와 반비례 관계이

다. 따라서 높은 고도에 위치한 활주로에서 이륙하는 경우, 이륙거리가 증가한다. 또, 추운 지역보다는 더운 지역에서, 겨울보다는 여름에 이륙할 때 더 긴 이륙활주거리가 요구된다.

- 다섯째, **추력(T)을 최대로 한다.** 추력이 큰 경우, 이륙 가속이 빨라 짧은 거리에서 이륙할 수 있다. 따라서 제트 전투기가 신속하게 이륙하기 위하여 엔진의 재연소장치(afterburner)를 가동하여 추력을 증가시키거나, JATO(Jet Assisted Take Off) 등의 이륙추력 보조장치를 사용한다.
- 여섯째, **가능한 한 항공기 유해항력 및 유도항력(D)을 최소화한다.** 그러나 양력 증가를 위하여 유해항력이 높아지는 고양력장치를 불가피하게 사용해야 하므로 이륙 중 항력을 감소시키는 것은 쉽지 않다.
- 일곱째, **지면마찰력[$\mu(W-L)$]을 최소화한다.** 지면마찰력은 착륙장치, 즉 타이어 접지압($W-L$)과 활주로 표면 거칠기(μ)에 비례한다. 따라서 고양력장치를 사용하여 W와 L의 차이를 줄여 접지압을 낮추거나, 표면 거칠기가 낮은 활주로에서 이륙을 진행하면 지면마찰력을 감소시킬 수 있다.

이륙활주거리 단축에는 이륙활주거리 공식에 나타난 항공기의 중량·추력·양력·항력 및 마찰항력이 주요한 영향을 미치지만, 그 외 바람의 방향, 지면효과(ground effect) 등 이륙거리 단축에 도움이 되는 중요한 요인들이 있다.

Images from Movie *American Made*(Cross Creek Pictures, 2017)

영화 '아메리칸 메이드(American Made, 2017)'의 한 장면. 조종사인 주인공은 멕시코 고산지대에서 비행기로 화물을 실어 나르는 임무를 맡게 된다. 활주로는 고산지대에 땅을 깎아서 임시로 만들었기 때문에 활주로 표면의 마찰력은 매우 크다. 또한, 활주로가 고산지대에 위치하여 대기밀도가 낮기 때문에 이륙활주 중 비행기에서 발생하는 양력도 낮아진다. 배달하는 화물의 무게에 따라 많은 배송료를 받음에도 불구하고, 무사히 이륙하기 위하여 주인공은 탑재 화물을 과감히 줄이고, 가능한 한 활주로 끝 뒤로 항공기를 밀어 최대한 활주거리를 확보한다. 그렇게 해서 이륙비행 중 비행의 기본적인 원리를 무시하고 많은 화물을 실어 나르려던 욕심 많은 조종사들이 실패한 이륙을 주인공은 무사히 성공하게 된다.

(2) 상대풍의 영향

위의 이륙거리 계산식에는 표현되지 않았지만, 바람의 방향도 이륙거리에 큰 영향을 미친다. **기수 쪽으로 불어오는 정풍(head wind)을 받으면 날개 위의 상대풍의 속도가 증가**한다. 따라서 가속하는 효과가 발생하므로 양력을 증가시키고 이륙거리를 단축시킬 수 있다. 반대로 꼬리 쪽으로 바람이 부는 **배풍(tail wind)을 받는 경우는 날개 위 상대풍의 속도가 감소하므로 이륙거리가 늘어난다.**

따라서 이륙할 때는 항상 바람을 안고, 즉 정풍을 받고 이륙하는 것이 중요하다. 정풍을 받으며 이륙하면 엔진으로 흡입되는 공기 유량이 증가하므로 추력이 높아지는 이점도 있다.

[그림 4-4] 정풍과 배풍의 정의

이륙 대기 중인 Airbus A320 여객기. 풍향기(wind sock)를 보면 비행기가 정풍을 받으며 이륙을 준비하는 상태라는 것을 알 수 있다.

항공모함에서 이함 준비 중인 프랑스 해군의 Dassault Rafale-M 전투기. 일반적으로 제트 전투기가 이륙할 때 필요한 이륙거리는 500 m 전후지만, 항공모함에서는 100 m 전후의 짧은 활주거리에서 이함해야 하므로 다음과 같은 독특한 이륙방식을 사용한다. 첫째, 최대양력계수($C_{L_{max}}$)를 높이기 위하여 플랩(flap)과 날개 앞전의 슬랫(slat)을 전개할 뿐만 아니라, 앞착륙장치(NLG)의 스트럿(strut)의 길이를 확장시킴으로써 날개 받음각을 증가시킨다. 둘째, 이륙 가속력을 극대화하기 위하여 항공기 사출장치인 캐터펄트(catapult)를 사용한다. 캐터펄트는 일반적으로 증기의 힘을 이용하는데, 압축된 증기를 갑자기 팽창시키고 팽창할 때 발생하는 힘으로 항공기를 고속으로 밀어내며 급가속시킨다. 셋째, 항공기가 정풍, 즉 맞바람을 받고 이함할 수 있도록 항공기 이함 방향으로 항공모함을 항해시킨다. 항공모함의 항해속도는 대략 30 kts(56 km/hr)인데 그만큼 항공기에 작용하는 상대풍의 속도가 증가하게 되고, 따라서 이륙거리를 감소시킬 수 있다.

(3) 지면효과

비행 중 날개의 상하면 압력 차에 의하여 날개 끝 와류(wing tip vortex)가 발생하고, 이는 날개 주위를 흐르는 유동을 아래로 누르는 내리흐름(down wash)을 유발하여 날개에 작용하는 상대풍의 각도를 낮춘다. 이에 따라 날개 받음각이 감소하면 결과적으로 날개에서 발생하는 양력이 감소하게 된다.

그런데 지면 근처에서 비행하거나, 이착륙을 위하여 지상에서 활주할 때는 지면(ground)의 영향으로 날개 끝 와류의 강도와 크기가 감소한다. 따라서 내리흐름이 약해지고 양력의 감소가 줄어드는, 즉 양력이 증가하는 현상이 발생하는데, 이를 **지면효과**(ground effect)라고 한다. **이륙 활주 중 발생하는 지면효과는 양력을 높여 이륙활주거리 단축**에 도움이 된다. 특히, 날개가 동체의 아랫부분에 장착되는 저익기(low wing plane)는 날개와 지면 사이의 거리가 가깝기 때문에 현저한 지면효과에 의하여 고익기(high wing plane)보다 이륙거리가 단축될 수 있다.

(a) 비행 중 날개 끝 와류 발생

(b) 지상활주 중 지면효과에 의한 날개 끝 와류 강도 감소

[그림 4-5] 지면효과(ground effect)는 날개 끝 와류의 강도를 약화시킴으로써 내리흐름을 감소시키고, 양력을 증가시켜 이륙활주거리 단축에 기여한다.

4.8 고양력장치

(1) 플랩과 슬랫

양력의 크기는 속도에 비례한다. 그런데 **항공기가 이착륙할 때는 속도가 감소하기 때문에 양력을 유지하기 위하여 고양력장치(high-lift device)를 사용**해야 한다. 대표적인 고양력장치는 플랩(flap)과 슬랫(slat)이다. 고양력장치를 사용하지 않으면 이착륙 중 낮은 비행속도에서 항공기는 실속하게 된다.

실속속도는 항공기의 중요한 안전성능의 기준이 되는데, 미국 연방항공규정(Federal Aviation Regulations, FAR)의 경우, 소형 항공기(최대이륙중량 < 5,700 kgf)의 실속속도(V_s)는 $V_s <$ 61 kts로 규정하고 있다. 61 kts는 약 113 km/hr 또는 31 m/s이다. 즉, 소형 항공기의 경우는 113 km/hr 이하의 낮은 속도에서도 실속하지 않음을 증명해야 항공기가 안전하게 운항할 수 있다는 감항인증(Airworthiness Certification)을 받을 수 있다.

그리고 실속속도는 다음과 같이 최대양력계수($C_{L_{max}}$)의 영향을 받는데, 항공기의 최대양력계수가 증가할수록 실속속도는 낮아지고 항공기의 실속성능은 개선된다. 이착륙 중 날개에서 발생하는 최대양력계수가 충분하지 않은 경우에는 플랩과 슬랫 등의 고양력장치를 사용하여 최대양력계수를 높이고 실속속도를 낮춘다.

$$실속속도: V_s = \sqrt{\frac{2W}{\rho S C_{L_{max}} S}}$$

플랩(flap)은 날개의 구성요소로서 **날개 단면의 캠버(camber)와 날개의 면적을 증가시켜 양력을 높이는 역할**을 한다. 특히, 날개 캠버가 커지면 최대양력계수가 증가한다. 플랩은 날개 앞전에 장착되는 앞전 플랩(leading-edge flap), 도움날개와 유사한 형태로 도움날개의 안쪽에 장착되는 뒷전 플랩(trailing-edge flap)으로 구분된다. **슬랫(slat)은 날개 앞전에 장착되며,** 플랩과 마찬가지로 날개의 캠버와 면적을 증가시킨다.

플랩과 슬랫이 전개되면 캠버와 날개 시위길이의 증가에 따라 위의 실속속도 관계식의 최대양력계수($C_{L_{max}}$)와 날개면적(S)이 증가하고, 따라서 실속속도가 감소하여 낮은 이착륙 중에도 실속하지 않고 비행할 수 있다.

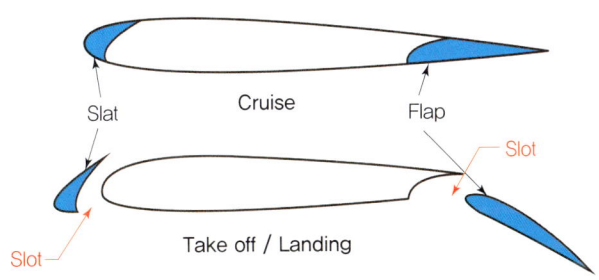

[그림 4-6] 플랩, 슬랫 및 슬롯

슬랫이 날개로부터 분리되어 전개되면 **슬랫과 날개 사이에 공간이 생기는데, 이를 슬롯**(slot)**이라고 한다.** 날개 아랫면을 지나는 공기의 유동이 슬롯을 통하여 날개 윗면을 따라 흐르는 경우, 높은 받음각에서도 날개에서 유동박리를 방지하는 효과가 있다. 즉, 아랫면을 지나는 유동의

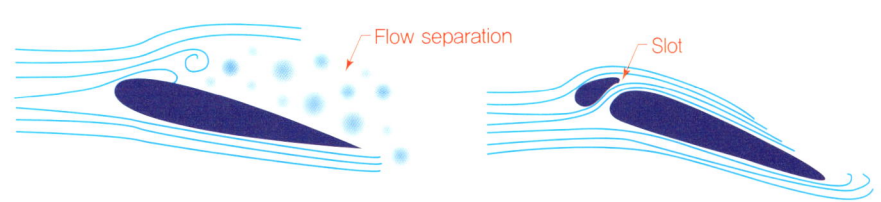

[그림 4-7] 슬롯(slot)은 이를 통하여 날개 윗면으로 흐르는 유동의 운동에너지를 증가시켜 유동박리(flow separation)를 방지하는 효과가 있다.

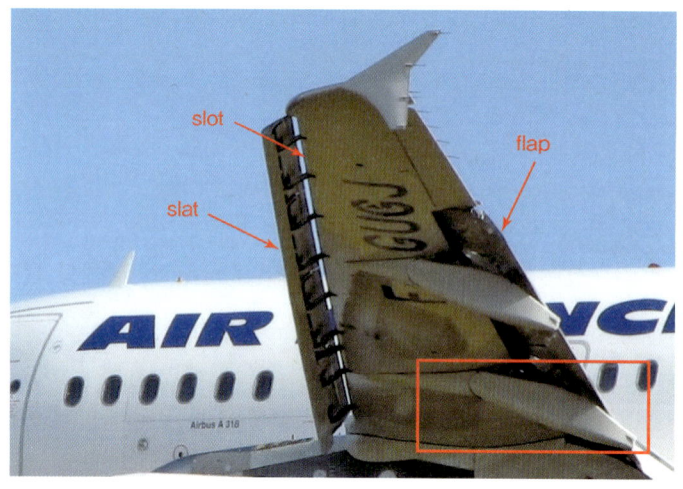

[그림 4-8] Airbus A318-100 여객기의 슬랫(slat), 슬롯(slot) 및 플랩(flap). 네모로 표시한 부분은 플랩 가동장치가 수납된 Flap Track Fairing (FTF)이다.

일부가 슬롯이라는 좁은 면적의 통로를 통과하여 윗면으로 흐를 때 연속방정식으로 설명할 수 있듯이, 유동의 속도가 증가하게 된다. 이에 따라 운동에너지가 증가한 유동은 날개 윗면을 지나는 경계층 또는 유동과 혼합되어 이착륙 중 높은 받음각에서도 박리되지 않기 때문에 최대양력계수를 증가시키고, 따라서 항공기가 실속에 들어가지 않게 한다. 또한, 뒷전 플랩이 날개로부터 분리되어 전개되는 경우에도 슬롯이 발생한다.

앞전 플랩과 슬랫은 유사하게 날개 앞전에 장착되지만, 슬롯의 발생 유무에 따라 구분한다. 즉, 슬랫은 앞으로 돌출되어 꺾여 내려와서 슬롯이 발생함으로써 날개의 캠버와 면적을 증가시킨다. 반면에 슬롯이 없이 날개 앞전의 일부가 꺾여 내려와 날개의 캠버만 증가시키는 것을 앞전 플랩이라고 한다.

중량(W)이 무거운 항공기일수록 실속속도를 낮추기 위하여 최대양력계수($C_{L_{max}}$)와 날개면적(S)을 더욱 증가시켜야 한다. 그러므로 기체가 크고 무거운 항공기는 양력과 날개면적을 최대화하기 위하여 보다 복잡한 플랩장치를 장착한다.

$$V_s = \sqrt{\frac{2W}{\rho S C_{L_{max}} S}}$$

평플랩(plain flap)은 단순히 날개 단면의 캠버를 증가시켜 최대양력계수를 증가시키는 반면, **파울러 플랩(fowler flap)은 날개로부터 펼쳐져 나오는 형태의 플랩으로서 최대양력계수를 크게 높인다.** 특히, 슬롯이 이중으로 구성된 파울러 플랩(slat & double-slotted fowler flap)을 사용하면 캠버와 날개면적을 극대화할 수 있으므로 착륙중량이 무거운 항공기는 이와 같은 복잡한 플랩장치를 사용해야 한다. 플랩장치가 복잡해지면 그만큼 항공기의 중량도 증가하지만, 양력을 높이고 실속을 방지하는 것이 우선이다. 또한, 플랩을 전개하면 항력이 커지므로 이를 극복하기 위한 추력 증가도 요구된다.

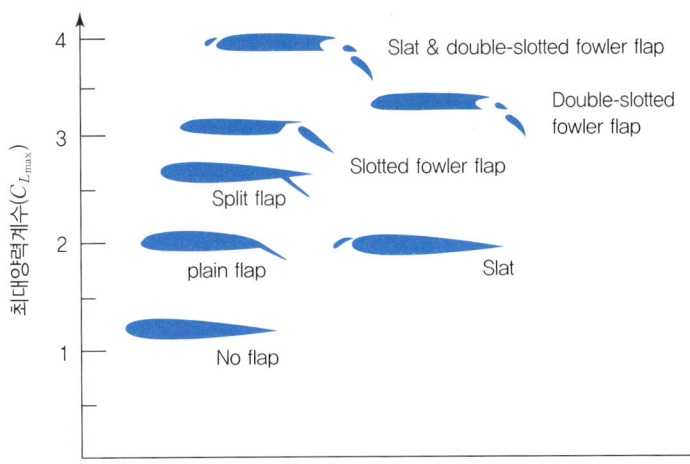

[그림 4-9] 고양력장치 형태에 따른 최대양력계수($C_{L_{max}}$) 증가
(자료 출처: Anderson, John D., *Introduction to Flight*, McGraw-Hill Education, 2015.)

(a) Boeing F-15E의 평플랩(plain flap)

(b) A320-200의 single-slotted fowler flap

(c) Boeing 747-400의 triple-slotted fowler flap

사진의 Boeing F-15E, A320-200, Boeing 747-400의 최대이륙중량(MTOW)은 각각 36,800 kgf, 77,000 kgf, 413,000 kgf이다. 따라서 항공기의 중량이 무거울수록 구조는 복잡하지만, 최대양력계수 ($C_{L_{max}}$)와 날개면적(S)의 증가가 현저한 고양력장치를 사용함을 알 수 있다.

(2) 스트레이크

항공기가 이륙 또는 착륙을 진행할 때에는 기수를 들게 되는데, 이에 따라 날개 받음각이 과도하게 증가하는 경우에 날개 위를 흐르는 공기의 흐름이 분리되는 유동박리(flow separation)가 발생하여 양력이 감소하거나, 심각한 경우 실속할 수 있다. 특히, 초음속비행을 위하여 날개 단면의 두께를 가능한 한 얇게 제작된 항공기의 경우, 받음각이 조금만 증가하여도 날개 앞전부터 유동이 박리되어 쉽게 실속으로 들어간다.

그러므로 **실속을 지연시키기 위하여 날개 앞전**(leading edge)**을 기수 쪽으로 연장**(extension)**한 형태로 날개를 구성하는데, 이를 스트레이크**(strake) **또는 LEX**(Leading Edge Extension)라고 부른다.

스트레이크는 매우 큰 후퇴각을 가진 얇은 날개 앞전 형태를 가지는데, 이런 형상은 높은 받음각에서 강한 소용돌이 모양의 원추형 와류(conical vortex)를 발생시킨다. 스트레이크로부터 높은 에너지를 가진 원추형 와류가 발달하면 날개 위에서 소용돌이, 즉 고속유동이 형성되고 이에 따라 날개 위의 압력은 급격히 떨어진다. 에너지가 높은 원추형 와류는 높은 받음각에서도 날개 위에서 유동이 박리되는 것을 방지한다. 또한, 원추형 와류에 의한 날개 저압부 형성은 저속에서도 양력을 증가시키는 역할을 한다.

스트레이크에서 강한 원추형 와류를 발생시키며 이륙하여 상승 중인 Boeing F/A-18E 전투기. 스트레이크에서 발생하는 원추형 와류에 의하여 저속 그리고 높은 받음각 비행 중에도 날개 위에서 저압부가 형성되는데, 이에 따라 양력을 높이고 실속을 방지할 수 있다. 고속으로 회전하는 원추형 와류는 저압유동이고 따라서 유동의 온도 역시 감소한다. 그러므로 공기의 수분이 응축하여 원추형 와류가 발생했음을 눈으로 확인할 수 있다.

[그림 4-10] 엔진 나셀 스트레이크

(3) 엔진 나셀 스트레이크

날개 아래에 엔진을 장착한 항공기가 이착륙할 때는 높은 받음각 때문에 엔진과 엔진 나셀에서 발생하는 후류(wake)가 날개 위를 지나게 된다. 공기의 흐름이 물체를 지나면서 박리되어 에너지를 잃은 유동을 후류라고 하는데, 엔진이 위치한 날개 부분은 후류의 영향으로 양력이 감소한다. 특히, 현대 항공기는 연료효율을 높이기 위하여 바이패스비(BPR)가 큰 터보팬엔진을 장착하는데, 이에 따라 엔진 나셀의 크기가 커짐으로써 후류의 규모는 더욱 증가한다.

[그림 4-10]의 **엔진 나셀 스트레이크**(engine nacelle strake)를 장착한 경우, 높은 받음각으로 이착륙하는 상황에서 강한 원추형 와류를 발생시켜 엔진 위의 날개 부분으로 흐르게 함으로써 유동의 에너지를 증가시켜 양력을 높이는 역할을 한다. 이러한 이유로 엔진을 날개 아래에 장착한 항공기에 엔진 나셀 스트레이크를 장착하는 사례가 늘고 있다.

4.9 피치 트림 조절

트림(trim)은 조종사의 조종간 조작이 없어도 항공기가 평형상태를 유지하며 비행하는 상태, 즉 **기체의 기준축 기준으로 모멘트가 없는 상태**를 말한다. 비행 중 트림을 위하여 조종면을 작동하는 경우, 항력이 증가하기 때문에 최소한의 트림을 하도록 항공기 승객 및 화물·연료를 적절히 배치하여 탑재해야 한다.

그러나 이륙단계에서는 플랩과 슬랫의 전개와 착륙장치의 전개 때문에 날개 양력의 중심점 이동과 무게 분포의 불균형이 발생하고, 따라서 기수가 가볍거나 무거워져서 불필요한 피칭 모

Principles of Flight

Photo courtesy of: Yannick Delamarre

이륙 중 테일 스트라이크(tail strike)가 발생한 Airbus A340. 테일 스트라이크는 주로 착륙 중 상대풍의 방향 변화에 따라 양력이 순간적으로 감소할 때 발생하지만, 이륙 중 피치 트림 문제로 발생하기도 한다.

미공군 KC-135의 Trimmable Horizontal Stabilizer(THS). 마킹을 자세히 보면 위는 'Airplane Nose Down', 아래는 'Airplane Nose Up'이라고 표시되어 있다. 즉, 기수가 너무 가벼워지는 피칭 모멘트가 분포한다면 이륙 전 THS의 각도를 위로 높이고(Nose Down), 반대로 기수가 무거운 피칭 모멘트가 분포하면 THS의 각도를 아래로 낮추는 (Nose Up) 피치 트림을 하고 이륙을 진행한다.

4.9 피치 트림 조절 — 119

멘트(pitching moment)가 발생한다. 그러므로 이륙 중 기수 들림 조작을 할 때 기수가 과도하게 올라가거나, 반대로 기수가 잘 올라가지 않는 경우가 나타날 수 있다. **기수가 과도하게 올라가면 항공기 꼬리에 지면과 부딪히는 테일 스트라이크(Tail strike)가 발생하고, 기수가 올라가지 않으면 이륙거리가 증가하여 안전사고가 발생할 수 있다.**

따라서 이륙전환속도(V_R)에서 정확한 상승각으로 기수 들림을 진행하기 위하여 승강타 또는 수평안정판(horizontal stabilizer)에 일정 각도를 주어 불필요한 피칭 모멘트의 발생을 방지한다. 이륙 전 기수가 가벼운 피칭 모멘트가 분포한다면 이륙전환속도에서 과도한 기수 들림이 발생한다. 이러한 경우에는 승강타(elevator) 또는 수평안정판의 각도를 위쪽으로 설정하여 수평안정판의 위쪽 방향으로 힘을 발생시키고, 이에 따라 기수가 내려가는 모멘트로 피치 트림을 하여 이륙을 진행한다. 반대로 기수가 무겁다면 승강타 또는 수평안정판의 각도를 아래쪽으로 설정한다.

현대 여객기 및 수송기는 승강타뿐만 아니라 수평안정판 전체가 작동하는 **Trimmable Horizontal Stabilizer**(THS)가 장비되어 있다. 조종을 위하여 승강타를 조작하지만, 트림하기 위하여 수평안정판 전체의 각도를 조절한다. 즉, 이륙 전 피치 트림을 위하여 **THS**의 수평안정판의 각도를 조절하고, 이륙을 위하여 기수 들림 조작을 할 때는 승강타를 조작한다.

CHAPTER 04 SUMMARY

- **이륙(take off)**: 항공기가 정지한 상태에서 추력을 증가시켜 속도를 높여 날개에서 양력을 발생시키고 활주로에서 부양(lift off)하는 비행단계

- **이륙결정속도(V_1)**: 이륙활주 중 항공기에 이상이 발생했을 때 제동을 할지 아니면 이륙할지를 판단하는 기준이 되는 이륙속도

- **이륙전환속도(V_R)**: 기수 들림을 위하여 승강타를 조작하는 시점에서의 이륙속도

- **공중부양속도(V_{LOF})**: 항공기의 모든 착륙장치가 지면으로부터 부양하게 되는 시점에서의 이륙속도

- **이륙안전속도(V_2)**: 항공기가 공중으로 부양한 후 지면으로부터 고도 35 ft(제트기) 또는 50 ft(프로펠러기)에 다다랐을 때의 이륙속도

- **항공기 자중(Basic Empty Weight, BEW)**: 항공기의 기본 장비와 항공기 작동에 필요한 연료·유압유 및 윤활유 등의 오일의 무게가 포함된 중량

- **운항공허중량(Operational Empty Weight, OEW)**: 항공기 자중(BEW)에 승무원과 서비스용품 등 운항에 필요한 요소의 무게가 포함된 중량

- **최대무연료중량(Maximum Zero Fuel Weight, MZFW)**: 운항공허중량(OEW)에 승객과 화물, 즉 유상화물(payload)의 무게가 추가된 중량

- **최대이륙중량(Maximum Take Off Weight, MTOW)**: 최대무연료중량에다 비행에 필요한 연료·오일의 무게가 더해진 중량으로, 최대이륙중량을 초과하여 이륙을 진행할 수 없다. 비행단계 중 가장 무거운 상태의 중량

- **최대착륙중량(Maximum Landing Weight, MLW)**: 비행 중 소비한 연료와 오일의 무게를 제외한 착륙 시의 항공기 구조강도 허용 중량

- **이륙거리(S_{TO})**: 항공기가 정지상태에서 가속하여 부양한 후 고도 35 ft(프로펠러기는 50 ft)를 통과하는 지점까지 수평으로 이동한 거리

$$S_{TO} = S_G + S_A = (S_T + S_R) + (S_{TR} + S_{CL})$$

- **지상이륙거리(S_G)**: 정지한 위치에서 가속하여 모든 착륙장치가 공중에 뜨기 직전까지 활주로에서 이동한 거리

- **공중이륙거리(S_A)**: 모든 착륙장치가 공중에 떠서 고도 35 ft(프로펠러기는 50 ft) 지점까지 수평 이동한 거리

- **이륙활주거리(S_T)**: 정지상태부터 이륙결정속도(V_1)를 지나 기수를 드는 이륙전환속도(V_R)에 이르기 직전까지 모든 착륙장치가 활주로에 접촉하여 활주하는 거리

CHAPTER 04 SUMMARY

- **이륙회전거리**(S_R): 이륙전환속도(V_R)에서 기수를 들어(rotation) 앞착륙장치가 공중에 뜨고 이어 주착륙장치가 부양하기 직전까지 수평으로 이동한 거리

- **이륙전환거리**(S_{TR}): 공중부양속도(V_{LOF})에서 모든 착륙장치가 공중에 떠서 포물선을 그리며 상승 비행경로로 이륙방향을 전환하는 동안 수평으로 이동한 거리

- **이륙상승거리**(S_{CL}): 이륙전환이 끝난 지점부터 고도 35 ft(프로펠러기는 50 ft)를 통과하는 지점, 즉 이륙안전속도(V_2) 지점까지 수평으로 이동한 거리

- **이륙활주 운동방정식**: $ma = T - D - \mu(W - L)$

- **이륙활주거리 계산식**: $S_T = \dfrac{1.44W^2}{\rho S C_{L_{max}} g[T - D - \mu(W - L)]}$

- **이륙활주거리 감소방법**

  1. 이륙중량(W) 최소화
  2. 익면하중(W/S) 최소화
  3. 최대양력계수($C_{L_{max}}$) 증가: 고양력장치 사용
  4. 높은 대기밀도(ρ)
  5. 추력(T) 최대
  6. 유해항력 및 유도항력(D) 최소화
  7. 지상마찰력[$\mu(W - L)$] 최소화

- **고양력장치**: 항공기가 이착륙할 때는 속도가 감소하여 실속할 수 있으므로 양력을 유지하기 위해 작동시키는 장치로서 플랩(flap), 슬랫(slat), 스트레이크(LEX), 엔진 나셀 스트레이크(engine nacelle strake) 등이 있다.

PRACTICE

연습문제 및 기출문제

01 이륙 중 항공기에 이상이 발생했을 때 이륙 판단의 기준이 되는 이륙속도는?

① 이륙결정속도(V_1)
② 이륙전환속도(V_R)
③ 공중부양속도(V_{LOF})
④ 이륙안전속도(V_2)

[해설] 이륙결정속도(V_1)는 이륙활주 중 항공기에 이상이 발생했을 때 제동을 할지 아니면 이륙할지의 판단 기준이 되는 이륙속도이다.

02 다음의 항공기 중량 구분에서 가장 항공기가 무거운 중량은?

① 항공기 자중(BEW)
② 최대무연료중량(MZFW)
③ 최대이륙중량(MTOW)
④ 최대착륙중량(MLW)

[해설] 최대이륙중량(MTOW)과 최대무연료중량(MZFW)의 비행에 필요한 연료와 오일의 무게가 더해진 중량으로, 비행단계 중 가장 무거운 상태의 중량이다.

03 비행기 이륙 중 이륙전환거리(S_{TR})의 정의로 맞는 것은?

① 비행기가 움직이기 시작하여 $V = V_g$에 도달하기까지의 수평이동거리
② 비행기가 포물선을 그리며 상승비행경로로 이륙 방향을 전환하는 동안의 수평이동거리
③ 기수를 들기 위한 조종간 당김 조작 중 수평이동거리
④ 제동을 걸기 시작하여 완전히 정지할 때까지의 수평이동거리

[해설] 이륙전환거리(S_{TR})는 모든 착륙장치가 공중에 떠서 상승비행경로로 포물선을 그리며 이륙 방향을 전환하는 동안 수평으로 이동한 거리이다.

04 프로펠러 비행기의 이륙거리는 고도 몇 ft까지 도달할 때까지의 수평이동거리인가?

① 10.6 ft   ② 15 ft
③ 35 ft   ④ 50 ft

[해설] 정지상태에서 가속 및 이륙하여 프로펠러기는 50 ft, 제트기는 35 ft 고도를 통과할 때까지의 수평이동거리를 이륙거리로 정의한다.

05 비행기의 이륙거리를 단축시키기 위한 방법 중 틀린 것은?

① 비행기의 무게 감소
② 엔진의 추력 증가
③ 맞바람을 받으며 이륙
④ 타이어의 마찰력 증가

[해설] 이륙거리 단축을 위하여 가능한 한 활주로와 타이어 사이의 마찰력을 감소시켜야 한다.

06 이륙거리를 단축시키기 위한 장치가 아닌 것은?

① 지상 스포일러 ② 플랩
③ 슬랫   ④ 애프터 버너

[해설] 애프터 버너(후기 연소기)는 추력을 높이고, 플랩(flap)과 슬랫(slat) 등의 고양력장치로 양력을 증가시켜 이륙거리를 단축시킨다. 지상 스포일러(spoiler)는 항력을 높여 착륙거리를 단축시킨다.

07 이륙 시 활주거리를 감소시킬 수 있는 방법으로 옳은 것은? [항공산업기사 2020년 3회]

① 플랩을 활용하여 최대양력계수를 증가시킨다.
② 양항비를 높여 항력을 증가시킨다.
③ 최소 추력을 내어 가속력을 줄인다.
④ 양항비를 높여 실속속도를 증가시킨다.

[해설] 이륙활주거리를 단축시키려면 플랩 등 고양력장치를 사용하여 최대양력계수를 높이고 추력을 증가시켜야 한다. 아울러 양항비가 높아지려면 양력은 증가하고 항력은 감소해야 하는데, 양력이 증가하면 실속속도는 낮아진다.

정답 1. ① 2. ④ 3. ② 4. ④ 5. ④ 6. ① 7. ①

08 항공기 이륙거리를 짧게 하기 위한 방법으로 옳은 것은? [항공산업기사 2019년 1회]
① 정풍(head wind)을 받으면서 이륙한다.
② 항공기 무게를 증가시켜 양력을 높인다.
③ 이륙 시 플랩이 항력 증가의 요인이 되므로 플랩을 사용하지 않는다.
④ 엔진의 가속력을 가능한 한 최소가 되도록 하여 효율을 높인다.

해설 이륙거리를 단축시키려면 정풍을 받으며 이륙하고 이륙중량을 최소화해야 하며, 플랩 등의 고양력장치를 사용하고 추력을 높여 가속력을 높여야 한다.

09 비행기의 이륙활주거리를 짧게 하기 위한 방법이 아닌 것은? [항공산업기사 2018년 1회]
① 엔진의 추력을 크게 한다.
② 비행기의 무게를 감소한다.
③ 슬랫(slat)과 플랩(flap)을 사용한다.
④ 항력을 줄이기 위해 작은 날개를 사용한다.

해설 이륙거리를 단축하려면 정풍을 받으며 이륙하고 이륙중량을 최소화해야 하며, 플랩 등의 고양력장치를 사용하고 추력을 높여 가속력을 높여야 한다. 또한, 작은 날개는 항력은 낮지만 양력 발생이 적으므로 이륙단축을 위해서는 큰 면적의 날개를 장착해야 한다.

10 항공기 이륙거리를 줄이기 위한 방법이 아닌 것은? [항공산업기사 2017년 2회]
① 항공기의 무게를 가볍게 한다.
② 플랩과 같은 고양력장치를 사용한다.
③ 엔진의 추력을 증가하여 이륙활주 중 가속도를 증가시킨다.
④ 바람을 등지고 이륙하여 바람의 저항을 줄인다.

해설 이륙거리를 단축하려면 정풍을 받고 이륙하고 이륙중량을 최소화해야 하며, 플랩 등의 고양력장치를 사용하고 추력을 높여 가속력을 높여야 한다.

11 다음 중 이륙활주거리를 줄일 수 있는 조건으로 옳은 것은? [항공산업기사 2016년 4회]
① 추력을 최대로 한다.
② 고양력장치를 사용한다.
③ 비행기의 하중을 크게 한다.
④ 항력이 큰 활주 자세로 이륙한다.

해설 이륙거리를 단축하려면 이륙중량을 최소화해야 하고 플랩 등의 고양력장치를 사용하며, 추력을 높여 가속력을 높여야 하고 가능한 한 항력이 적어야 한다.

12 비행기의 이륙활주거리가 겨울에 비해 여름철이 더 긴 주된 이유는? [항공산업기사 2013년 4회]
① 활주로 온도가 증가함에 따라 밀도 감소
② 활주로 노면의 습도 증가로 인한 항력 증가
③ 활주로 온도가 증가함에 따라 지면 마찰력 감소
④ 온도 증가에 따라 동체가 팽창하여 형상항력 증가

해설 공기의 밀도는 온도와 반비례하므로 여름철에는 공기의 밀도가 낮아 항공기의 양력이 감소하여 이륙활주거리가 증가한다.

13 제트 비행기의 실제적인 이륙거리를 가장 옳게 설명한 것은? [항공산업기사 2008년 4회]
① 비행기 기관이 작동한 후 이륙할 때까지의 모든 이동거리를 말한다.
② 비행기 기관이 작동한 후 고도 50 ft까지 도달하는 데 소요된 이륙상승거리의 합을 말한다.
③ 지상활주거리와 고도 35 ft까지 도달하는 데 소요된 이륙상승거리의 합을 말한다.
④ 지상활주거리와 고도 50 ft까지 도달하는 데 소요된 이륙상승거리의 합을 말한다.

해설 정지상태에서 가속 및 이륙하여 프로펠러기는 50 ft, 제트기는 35 ft 고도를 통과할 때까지의 수평이동거리를 이륙거리로 정의한다.

정답 8. ① 9. ④ 10. ④ 11. ① 12. ① 13. ③

106,000 N의 추력을 발생시키는 Pratt & Whitney F100 터보팬엔진 2기를 장착하고 이륙한 후 큰 상승각으로 상승(climb)비행 중인 Boeing F-15C 전투기. 항공기가 상승할 때는 추력이 항력뿐만 아니라 중력을 이기고 나아가야 하므로 수평비행과 비교하여 더 큰 추력이 요구된다. 따라서 추진기관, 즉 엔진이 충분한 추력(잉여추력)을 발생시킬 수 있어야 큰 각도로 빨리 상승할 수 있다.

CHAPTER **5**

상승비행

5.1 상승비행 | 5.2 상승비행 운동방정식 | 5.3 상승률 | 5.4 잉여추력 | 5.5 잉여동력
5.6 고도 상승과 비행성능 | 5.7 상승한계

5.1 상승비행

항공기가 이륙하면 **순항고도에 이를 때까지 고도를 높이는 상승비행**(climbing flight)을 시작한다. 즉 이륙단계를 종료하면 착륙장치를 접어 들이고, 상승각에 따라 기수를 들고 추력과 속도를 증가시키며 상승하기 시작한다. 플랩 등의 고양력장치가 전개된 상태에서는 항력이 크기 때문에 상승할 때 더 많은 추력이 필요하므로 모든 고양력장치도 접어 들인다. 상승비행 중 발생하는 **비행경로각**(flight path angle)을 **상승각**(climb angle)으로 **정의하는데, 이는 기체축**(aircraft axis)**과 지평선**(horizon) **사이의 각도**를 말한다.

가능한 한 큰 상승각을 가지고 상승한다면 짧은 시간에 순항고도에 도달할 수 있고, 빠른 속도로 상승하는 경우에도 빨리 순항고도까지 상승할 수 있다. 즉, 시간당 고도의 변화를 상승률(rate of climb)이라고 하는데, 상승각이 크고 상승속도가 높을수록 상승률이 증가하여 순항고도에 빨리 도달할 수가 있다.

수평비행 중에는 추력을 항력만큼만 발생시켜도 비행이 가능하지만, 상승비행을 위하여 상승각을 가지고 기수를 들게 되면 추력 방향의 반대 방향으로 중력이 작용하므로 그만큼 추력을 증가시켜야 한다. 즉, 추력의 여유라고 하는 잉여추력(excess thrust)이 클수록 큰 상승률이 발생한다.

동력은 추력과 속도의 곱으로 나타내므로 필요동력은 필요추력과 비행속도의 곱으로 표현할 수 있다. 그런데 고도가 높아질수록 대기의 밀도가 감소하므로 양력 유지를 위하여 비행속도를 높여야 하고, 따라서 필요동력은 증가하게 된다. 또한, 밀도가 감소하면 엔진의 이용동력도 떨어진다. 그러므로 이용동력과 필요동력의 차로 정의되는 잉여동력은 고도가 증가할수록 감소하며 결국 '0'이 된다.

5.2 상승비행 운동방정식

상승비행에 대한 운동방정식을 세우기 위하여 비행 방향과 평행한 힘과 수직인 힘에 대한 기본 운동방정식을 이용한다.

- 비행 방향과 평행: $ma = T - D - W\sin\gamma$
- 비행 방향과 수직: $m\dfrac{V^2}{R} = L - W\cos\gamma$

상승비행 중에도 등속비행을 가정하므로 가속도가 없고($a = 0$), 상승각(γ)을 가지고 상승경로를 따라 직선비행을 하므로 원심력은 없다$\left(m\dfrac{V^2}{R} = 0\right)$.

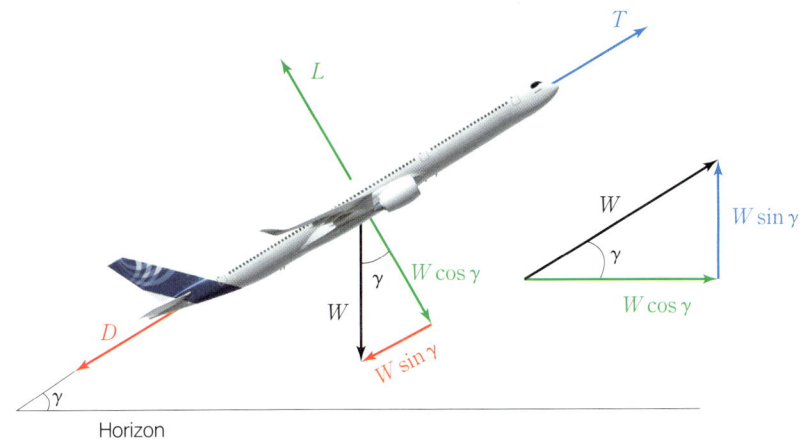

[그림 5-1] 상승비행 중 항공기에 작용하는 힘의 균형

따라서 상승비행 중인 항공기의 운동방정식을 정리하면 다음과 같다.

$$m \times 0 = T - D - W\sin\gamma$$
$$0 = L - W\cos\gamma$$

상승비행 운동방정식: $T = D + W\sin\gamma$
$$L = W\cos\gamma$$

등속으로 수평비행을 하는 경우 $T = D$이지만, **상승비행으로 전환하면 $W\sin\gamma$만큼의** 추력이 더 필요하다. 즉, 추력 방향의 반대로 중력(W)이 작용하므로 그만큼 추가 추력이 요구된다. 상승각(γ)이 커지면 상승각에 비례하여 추력을 증가시켜야 한다. 자전거를 타고 오르막길을 오를 때 경사가 클수록 더 많은 힘이 드는 것과 같은 이유이다.

[그림 5-2] 수직 상승비행 중 항공기에 작용하는 힘의 균형

수평비행 중에는 양력은 중량만큼 발생시키면 되지만($L = W$), **상승비행을 할 때는 양력은 $W \cos \gamma$만큼** 만들어야 한다. 상승각이 증가하면 $\cos \gamma$는 감소하고, 상승각이 $\gamma = 90°$, 즉 수직상승(vertical climb)하는 경우에 $\cos 90° = 0$이므로 양력도 $L = 0$이 된다. **수직 상승비행** 중에는 $\sin 90° = 1$이므로 $T = D + W$가 되고, 추력은 항력뿐만 아니라 중량도 감당해야 하므로 매우 큰 추력이 요구된다.

수직 상승비행 중인 항공기의 운동방정식은 다음과 같다.

$$\text{수직 상승 운동방정식:} \quad T = D + W$$
$$L = 0$$

즉, 수직으로 상승하는 항공기는 중량보다 큰 추력이 필요하다. 따라서 강력한 엔진을 장비하여 추력 대 중량비(T/W)가 1 이상이 되는 전투기만 수직 상승비행이 가능하다.

수직상승 중인 Lockheed Martin F-22A 전투기. 추력 대 중량비(T/W)는 항공기의 추력의 크기를 나타내는 중요한 비행성능지표이다. 민간 항공기나 수송기 등 일반적인 항공기는 추력 대 중량비가 1보다 작으므로($T/W < 1$) 급상승 또는 수직상승이 가능하지 않다. 하지만, 급기동 비행성능이 중요한 최신 전투기는 강력한 추력을 발생시키는 엔진을 장착하여 추력 대 중량비가 대략 $0.9 < T/W < 1.2$이므로 수직에 가까운 상승각으로 상승할 수 있다. F-4E는 0.94, F-16C는 1.06, F-15C는 1.19, F-22A는 1.18이며, 상승률 세계 최고 기록을 보유한 Su-27의 추력 대 중량비는 1.26에 이른다.

5.3 상승률

항공기가 상승할 때 얼마나 빠른 속도로 올라가는지를 판단하는 기준은 **상승률**(rate of climb, R/C)이다. 이는 **시간당 고도 변화로 정의하며, 수직속도**(vertical speed)**와 동일한 개념**이다. [그림 5-3]과 같이 항공기가 γ의 상승각(angle of climb)을 가지고 비행속도 V로 상승 중이다. 이 때 수직속도, 즉 상승률은 삼각형의 높이에 해당하므로 비행속도 V에 $\sin \gamma$를 곱한 값이다. 따라서 큰 상승각을 가지고 비행속도 V로 상승하는 경우, 고도 변화가 증가하므로 상승률은 증가한다. 그리고 높은 비행속도로 상승하는 경우에도 상승률이 증가하는 것을 알 수 있다.

$$상승률: R/C = V \sin \gamma$$

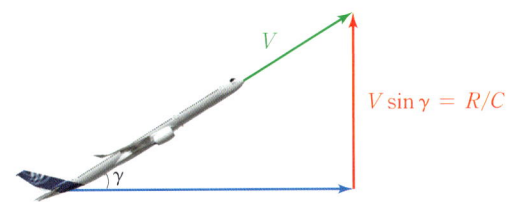

[그림 5-3] 상승각(γ)에 따른 상승률의 정의

5.4 잉여추력

항공기의 추력(T)은 이용추력(T_A), 항력(D)은 필요추력(T_R)이다. 항공기가 상승할 때 **필요추력과 비교하여 이용추력이 큰 경우 추력의 여유분이 발생하며, 이를 잉여추력**(excess thrust, ΔT)**이라고 한다.** 앞서 상승 중인 항공기의 비행 방향 운동방정식은 다음과 같이 정의하였다.

$$상승비행\ 운동방정식: T = D + W \sin \gamma$$

이를 이용추력과 필요추력으로 하여 다음과 같이 나타낼 수 있다.

$$T_A = T_R + W \sin \gamma$$

그리고 상승비행 중 이용추력(T_A)과 필요추력(T_R)의 차이가 잉여추력이므로 잉여추력은 $W \sin \gamma$와 같다. 즉, 중량이 증가할수록, **상승각이 클수록 더 많은 잉여추력이 필요**함을 알 수 있다. 바꾸어 말하면 잉여추력이 충분하면 큰 상승각으로 상승할 수 있다.

상승비행 잉여추력: $\Delta T = T_A - T_R = W \sin \gamma$

5.5 잉여동력

제트 비행기는 잉여추력을 산정하지만, 프로펠러 비행기의 경우는 **잉여동력**(excess power, ΔP)을 기준으로 한다. 동력(P)은 힘×속도($T \cdot V$)로 정의되므로 잉여추력 계산을 위한 식에 비행속도(V)를 곱한다. 즉, 이용추력에 비행속도가 곱해진 것($T_A \cdot V$)은 이용동력(P_A)이 되고, 필요추력에 속도가 곱해지면($T_R \cdot V$) 필요동력(P_R)이 된다.

$$T_A \cdot V = T_R \cdot V + W \cdot V \sin \gamma$$
$$P_A = P_R + W \cdot V \sin \gamma$$

그리고 이용동력(P_A)과 필요동력(P_R)의 차인 잉여동력은 다음과 같다.

상승비행 잉여동력: $\Delta P = P_A - P_R = W \cdot V \sin \gamma$

그런데 앞서 $V \sin \gamma$는 상승률(R/C)로 정의하였다. 따라서 잉여동력은 상승률로 다음과 같이 표현할 수 있다.

상승률: $R/C = V \sin \gamma$

$$\Delta P = P_A - P_R = W \cdot V \sin \gamma = W \cdot R/C$$

또한, 상승률은 다음과 같이 잉여동력으로 나타낼 수 있다. 즉, 잉여동력(ΔP) 또는 잉여추력(ΔT)이 클수록 상승률이 증가함을 알 수 있다.

상승률: $R/C = \dfrac{\Delta P}{W} = \dfrac{P_A - P_R}{W} = \dfrac{(T_A - T_R) \cdot V}{W} = \dfrac{\Delta T \cdot V}{W}$

그러므로 전투기가 급기동을 할 때, 급하게 고도를 상승시키기 위해서는 충분한 잉여추력이 필요하다.

5.6 고도 상승과 비행성능

고도가 증가하면서 대기압과 대기의 밀도는 감소한다. 즉, 고도가 높아질수록 중력이 작아지므로 중력 때문에 지구 주위에 갇혀 있는 공기의 입자 수가 적어진다. 따라서 일정 부피 안에 포함된 공기의 질량이 감소하므로 공기의 밀도는 낮아진다.

그런데 항공기에 장착되는 대부분의 추진장치, 즉 엔진은 종류에 관계없이 대기의 공기를 흡입하여 작동한다. 그러므로 대기 중 공기의 질량이 감소하여 밀도가 떨어지면 엔진의 힘도 감소하게 된다. 특히, 압축비가 낮은 **왕복엔진(reciprocating engine)의 경우, 높은 고도에서 출력 감소는 현저**해진다. 때문에 왕복엔진을 장착하고 높은 고도에서 비행하는 항공기는 **과급기**(super charger, turbo charger)를 장착하는데, 과급기는 흡입한 공기를 압축하여 부피를 낮추고, 따라서 공기의 밀도를 회복시켜 엔진으로 보내는 역할을 한다.

약 9 km 고도에서 폭격을 하는 Boeing B-17G(1943) 폭격기. 대공포 포탄이 도달하지 않는 높은 고도에서 폭격을 진행해야 하는데, 대기의 밀도 감소 때문에 엔진의 출력이 떨어져 고도 유지가 어렵게 된다. 고도 9 km에서의 대기밀도는 해면고도 기준 밀도의 38%에 지나지 않는다. 따라서 4개의 엔진에 공기를 압축하는 과급기를 부착하여 엔진으로 공급되는 공기의 밀도를 회복, 엔진의 추력을 유지하였다.

고도 증가에 따라 밀도가 낮아지면서 항공기의 실속속도(V_s)도 변화한다. 실속속도는 밀도(ρ)를 포함하여 다음과 같이 나타낸다.

$$V_s = \sqrt{\frac{2W}{\rho S C_{L_{max}}}}$$

즉, 항공기의 중량(W)과 날개면적(S)이 일정하고 최대양력계수($C_{L_{max}}$)가 변화하지 않아도 **고도가 높아지면 밀도가 감소하기 때문에 실속속도는 증가**하게 된다.

고도가 0인 해면고도($h = 0$)에서의 실속속도(V_{s0})를 다음과 같이 정의하자.

$$V_{s0} = \sqrt{\frac{2W}{\rho_0 S C_{L_{max}}}}$$

그러므로 일정 고도에서의 실속속도(V_s)는 해면고도 기준 실속속도(V_{s0})와 다음과 같은 관계가 성립한다.

$$\frac{V_s}{V_{s0}} = \frac{\sqrt{\dfrac{2W}{\rho S C_{L_{max}}}}}{\sqrt{\dfrac{2W}{\rho_0 S C_{L_{max}}}}} = \sqrt{\frac{\rho_0}{\rho}}$$

$$V_s = V_{s0}\sqrt{\frac{\rho_0}{\rho}}$$

고도 9 km에서의 대기밀도는 해면고도 기준 밀도의 38%이므로 밀도비는 $\dfrac{\rho_0}{\rho} = \dfrac{1}{0.38} = 2.63$이 된다. 따라서 $\sqrt{\rho_0/\rho} = \sqrt{2.63} = 1.62$이고, 고도 9 km에서의 실속속도는 $V_s = 1.62 V_{s0}$이므로 해면고도와 비교하여 실속속도가 62% 증가하게 된다. 만약, 해면고도에서의 실속속도가 $V_{s0} = 150$ km/hr라면 고도 9 km에서는 $V_s = 243$ km/hr까지 증가하므로 실속하지 않으려면 보다 빠른 속도로 비행해야 한다.

필요추력(T_R)은 항공기 기체에서 발생하는 항력(D)이기 때문에 유도항력계수(C_{D_i})와 유해항력계수(C_{D_p})를 통하여 다음과 같이 나타낼 수 있다. 또한, 필요추력, 즉 항력에 비행속도(V)를 곱하면 필요동력(P_R)이 정의되므로 필요동력은 다음의 항력 관계식으로 표현할 수 있다.

$$T_R = D = C_{D_p}\frac{1}{2}\rho V^2 S + C_{D_i}\frac{1}{2}\rho V^2 S$$

$$P_R = D \cdot V = C_{D_p}\frac{1}{2}\rho V^3 S + C_{D_i}\frac{1}{2}\rho V^3 S$$

위의 식을 통하여 속도에 대한 필요추력(T_R)과 필요동력(P_R)의 변화를 나타낼 수 있는데, [그림 5-4, 5-5]의 그래프에서 제시된 바와 같이 곡선으로 정의된다. 즉 낮은 속도에서는 유도항력(C_{D_i})의 증가로, 높은 속도에서는 유해항력(C_{D_p})의 증가 때문에 필요추력과 필요동력이 높아진

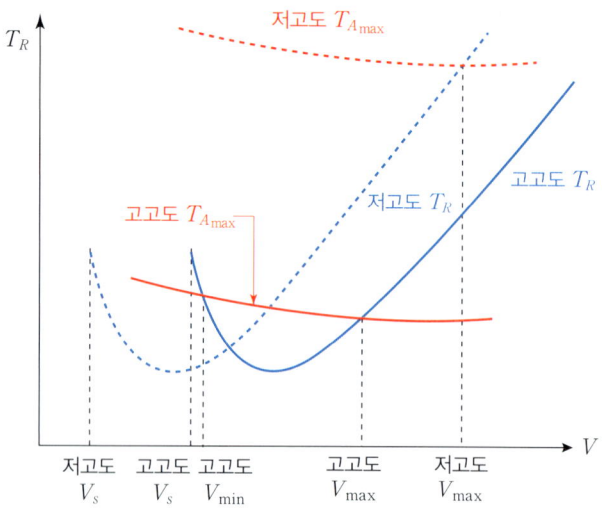

[그림 5-4] 비행속도(V)와 고도 변화에 따른 필요추력(T_R)의 변화

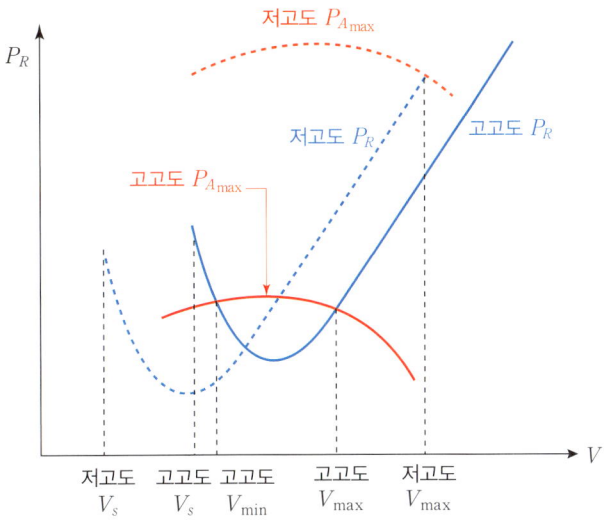

[그림 5-5] 비행속도(V)와 고도 변화에 따른 필요동력(P_R)의 변화

다. 그런데 고도가 증가하면 위의 식에 포함된 밀도(ρ)의 값이 떨어지기 때문에 속도(V)를 일정하게 유지하는 상태에서는 필요추력과 필요동력이 낮아짐을 알 수 있다. 하지만 고도 증가에 따라 밀도가 감소하는 상황에서 속도를 일정하게 두면 양력이 중량보다 감소하여 비행이 어려워진다. 따라서 높은 고도에서 중량만큼의 양력을 발생시키기 위해서는 속도를 높여야 한다. 밀도가 감소한 만큼 속도(V^2)를 증가시키면 동압($\frac{1}{2}\rho V^2$)이 일정하여 항력은 큰 변화가 없고, 따라서 항력과 동일한 필요추력(T_R)은 큰 차이가 없다. 하지만 고도가 올라가면서 속도를 증가시키면 필요동력(P_R)은 증가하게 된다. 왜냐하면 필요동력은 필요추력에 속도를 곱하여 정의하고 ($T_R \cdot V$), 따라서 속도의 3제곱(V^3)에 비례하므로 고도가 높아짐에 따라 양력을 유지하기 위하여 속도를 높이는 경우, 필요동력은 현저하게 증가한다.

그러므로 터보프롭과 왕복엔진 등 프로펠러 구동 엔진의 힘인 필요동력은 비행고도가 높아질수록 증가하므로 **프로펠러기는 가능한 한 낮은 고도에서 비교적 낮은 속도로 비행하는 것이 유리**하다. 하지만 저속으로 비행하는 프로펠러기는 양력을 유지하기 위하여 큰 면적의 날개를 장착해야 한다.

그런데 추진기관에서 발생하는 추력과 동력은 각각 이용추력(T_A)과 이용동력(P_A)으로 정의하였다. 그리고, 고도가 상승할수록 엔진의 추력과 동력, 즉 **이용추력과 이용동력은 고도 상승과 반비례하여 감소**한다. 특히, 내연기관인 왕복엔진의 경우에 압축비가 크지 않기 때문에 고도 상승에 따른 동력 감소는 현저하다. 터보팬·터보제트·터보프롭 등 압축비가 큰 터빈엔진의 경우, 비행속도 증가에 따른 추력 감소는 크지 않지만 고도가 상승함에 따라 유입되는 공기의 밀도가 감소하게 되면 결국 추력도 감소하게 된다.

따라서 [그림 5-4, 5-5]의 그래프의 최대이용추력($T_{A_{max}}$)과 최대이용동력($P_{A_{max}}$)의 변화선은 고도 증가에 따라 아래로 이동하게 된다. **필요추력(T_R)과 최대이용추력($T_{A_{max}}$) 또는 필요동력(P_R)과 최대이용동력($P_{A_{max}}$)이 높은 속도에서 일치하는 지점이 최고속도(V_{max})이다.** 그 이상에서는 필요추력(동력)이 최대이용추력(동력), 즉 항력이 추력보다 커지므로 결국 비행속도는 다시 일치 지점, 즉 최고속도까지 감속하게 된다. 그런데 그래프를 보면 고고도의 최고속도(V_{max})는 저고도의 최고속도보다 낮은 속도에서 정의되는 것을 볼 수 있다. 이는 고고도에서 대기의 밀도가 감소함에 따라 최대이용추력(동력)이 감소하기 때문이다. 따라서 **고도가 증가할수록 최저속도인 실속속도(V_s)는 높아지지만, 최고속도(V_{max})는 낮아지므로 항공기 운항속도의 범위는 좁아지게 된다.**

그래프와 같이 최대이용추력(동력)의 변화선과 필요추력(동력)의 변화선과의 교점이 낮은 속도에서 하나 더 생기는데, 이를 최저속도(V_{min})라고 한다. 그런데 최저속도 이하에서는 최대이용추력이 필요추력보다 작으므로 등속비행이 불가능하다. 따라서 최대이용추력이 충분한 경우에는 실속속도가 최저속도가 되지만, 최대이용추력이 과도하게 낮아지면 실속속도보다 높은 속도에서 최저속도가 정의되고 항공기의 속도 범위는 더욱 좁아지게 된다.

높은 고도에서 고속으로 비행할 때는 충격파(shock wave) 현상이 발생할 수 있다. 즉, 항공기 날개 또는 기체 표면을 지나는 유동이 일정 위치에서 음속($M=1$)에 도달하는 경우 압축성 효과가 나타나기 시작하며, 그 이상의 속도에서는 충격파가 형성되어 항력(조파항력)이 급증하거나 실속하게 된다. 즉, 항공기 표면 유속이 **음속에 도달하여 압축성 효과가 발생하기 시작하**

Photo: US Air Force

정찰을 위하여 20 km 이상의 고고도(high altitude)에서 비행하는 Lockheed U-2A(1956). 고도 20 km에서는 밀도가 해면고도의 7%에 불과하기 때문에 양력 유지를 위하여 넓은 면적의 날개를 장착하고 있다. 아울러 고도 20 km에서는 실속속도(V_s)가 해면고도보다 약 3.7배까지 증가한다. 그런데 높은 고도에서는 대기밀도가 낮아짐에 따라 엔진의 최대이용추력이 감소하여 항공기의 최고속도(V_{max})는 낮아진다. 그러므로 고도 20 km를 비행 중인 U-2A의 실속속도와 최고속도의 차이는 19 km/hr에 불과하였다. 따라서 대부분의 고고도 비행구간을 실속속도보다 불과 9 km/hr 높은 속도로 순항하였다.

는 항공기 비행 마하수를 임계마하수(critical Mach number, M_{cr})라고 한다. 항공기 속도계에는 임계마하수 대신 최대 운용 마하수(maximum operating Mach number, M_{MO})라고 표시되는데, 항공기 비행 중 넘지 말아야 하는 제한최고속도가 된다.

마하수(M)는 다음과 같이 속도(V)와 음속(a)의 비로 정의하고, 음속은 $\sqrt{\gamma RT}$와 같다.

$$M = \frac{V}{a} = \frac{V}{\sqrt{\gamma RT}}$$

여기서, γ는 비열비(specific heat ratio), R은 기체상수(gas constant), T는 대기의 온도이다.

대류권에서는 고도와 온도가 반비례하므로 **고도가 높아지면 대기의 온도가 감소해 음속이 낮아지고, 따라서 비행 마하수는 증가하게 된다.** 즉, 일정한 속도로 비행하더라도 고도가 높아질수록 마하수가 증가하므로 **높은 고도에서는 빨리 음속에 도달하고 압축성 효과도 더 낮은 속도에서 나타난다.** 이는 고도가 높아지면 최대 운용 마하수(M_{MO})가 감소함을 의미한다. 그런데 고도가 높아짐에 따라 실속속도(V_s)는 증가하므로 **매우 높은 고도에서는 실속속도와 최대 운용 마하수가 서로 근접하거나 거의 일치하게 된다**($V_s \approx M_{MO}$). 따라서 이러한 현상이 나타나는 고고도에서는 안전을 보장하는 비행속도가 정의될 수 없으므로 고도를 낮추어 비행해야 한다.

5.7 상승한계

앞서 상승률(R/C)은 다음과 같이 잉여추력(ΔT) 또는 잉여동력(ΔP)으로 정의하였다. 잉여추력과 잉여동력은 각각 이용추력과 필요추력 또는 이용동력과 필요동력의 차이다.

$$\text{상승률}: R/C = \frac{\Delta P}{W} = \frac{P_A - P_R}{W} = \frac{(T_A - T_R) \cdot V}{W} = \frac{\Delta T \cdot V}{W}$$

[그림 5-6]에서 나타낸 바와 같이, **최대이용추력($T_{A_{max}}$)의 변화선과 필요추력(T_R)의 변화선 사이의 거리가 잉여추력(ΔT)이 된다.** 즉, 쓸 수 있는 최대한의 추력(최대이용추력)과 필요한 추력(필요추력)의 차가 여분의 추력(잉여추력)이 된다. 그리고 **잉여추력이 최대가 되는 속도로 상승하는 경우, 상승률은 최대$[(R/C)_{max}]$가 된다.** 이는 잉여동력(ΔP)을 나타내는 [그림 5-7]에서도 동일하다.

그런데 고도를 높이는 상승비행을 하고 있다면 상승 중 대기의 밀도(ρ)가 감소하므로 중량만큼의 양력($L = W$)을 유지하기 위하여 속도(V^2)를 증가시켜야 한다.

$$W = L = C_L \frac{1}{2} \rho V^2 S$$

필요동력(P_R)은 필요추력(T_R)과 속도(V)의 곱으로 정의하였으므로 고도가 높아짐에 따라 양력

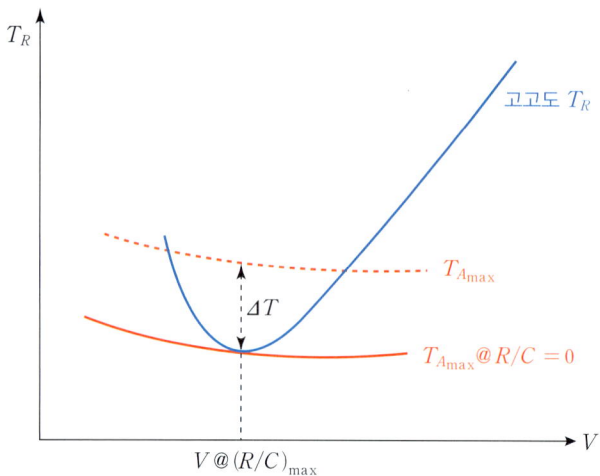

[그림 5-6] 최대이용추력($T_{A_{max}}$)과 필요추력(T_R)에 의한 잉여추력(ΔT)의 정의

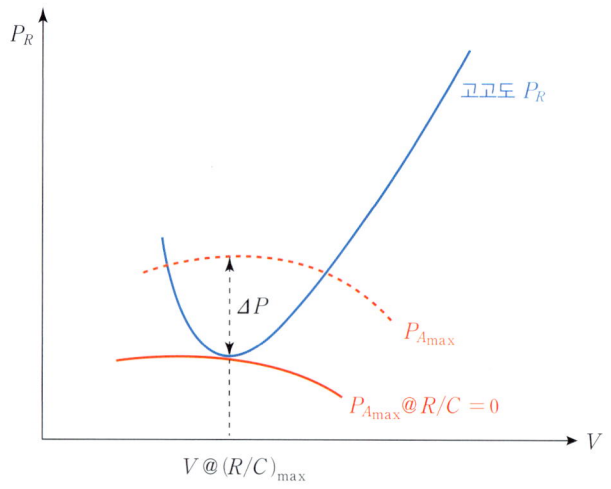

[그림 5-7] 최대이용동력($P_{A_{max}}$)과 필요동력(P_R)에 의한 잉여동력(ΔP)의 정의

유지를 위하여 속도를 증가시키면 필요동력 역시 증가하게 된다.

반면에 이용추력(T_A)과 이용동력(P_A)은 고도가 높아지면 감소한다. 일정 고도까지 상승하면 최대이용추력($T_{A_{max}}$)이 감소하여 필요추력(T_R) 변화선의 맨 아랫부분과 일치하게 되는데, 이는 잉여추력이 '0'이 됨을 의미한다($\Delta T = 0$). 즉, 잉여추력이 없어지면 상승률 역시 '0'이 되고($R/C = 0$), 항공기는 더 이상 상승할 수 없다.

즉, 고도가 증가함에 따라 최대이용추력(동력)이 감소하여 잉여추력(동력)이 '0', 즉 **상승률이 '0'이 되는 고도를 절대상승한계**(absolute ceiling)라고 한다. 절대상승한계고도가 높은 항공기는 항공기 기체의 중량과 항력이 낮아 필요추력(동력)이 작고, 추진기관의 힘이 커서 이용추력

(동력)이 높아 잉여추력(동력)이 충분한 항공기이다. 특히, 중량이 낮고 추력이 클수록, 즉 **추력 대 중량비(T/W)가 큰 항공기일수록 절대상승한계가 높아진다.**

실용상승한계(service ceiling)는 상승률이 100 ft/min(1.83 km/hr)**에 도달하는** 고도로 정의한다. 고도가 높아질수록 상승률이 감소하는데 상승률이 100 ft/min 이하가 되는 고도부터는 비행이 거의 불가능하기 때문에 실용적 의미로서의 항공기 상승고도한계는 실용상승한계가 된다. 마찬가지로 항공기의 중량과 항력이 적고 추진기관의 추력이 클수록 실용상승한계가 높아진다. 특히, 넓은 비행 영역에서 다양한 임무를 수행해야 하는 군용 전술기는 실용상승한계가 높아야 한다.

[표 5-2]는 다양한 항공기의 종류에 따른 실용상승한계를 보여 주고 있다.

[표 5-2] 항공기 종류별 실용상승한계

Aircraft	Service ceiling
Cessna 172(경비행기)	4.1km(13,500 ft)
AH-64D(헬리콥터)	6.1 km(20,000 ft)
Q-400(터보프롭 여객기)	8.2 km(27,000 ft)
A350-1000(제트 여객기)	12.7 km(41,500 ft)
Boeing 747-8(대형 제트 여객기)	13 km(43,000 ft)
F-22A(초음속 전투기)	20 km(65,000 ft)
TR-1(U-2)(고고도 정찰기)	24 km(80,000 ft)

CHAPTER 05 SUMMARY

- **상승(climb)**: 이륙 후 순항고도에 이를 때까지 일정 상승각(γ)으로 비행하며 고도를 높이는 단계
- **상승비행 운동방정식**: $T = D + W\sin\gamma$
  $L = W\cos\gamma$
- **수직상승 운동방정식**: $T = D + W$
  $L = 0$
- **상승비행 잉여추력**: $\Delta T = T_A - T_R = W\sin\gamma$ (T_A: 이용추력, T_R: 필요추력)
- **상승비행 잉여동력**: $\Delta P = P_A - P_R = W \cdot V\sin\gamma$ (P_A: 이용동력, P_R: 필요동력)
- **상승률(rate of climb, R/C)**: 시간당 고도 변화로 정의하며 수직속도와 동일

$$R/C = V\sin\gamma = \frac{\Delta P}{W} = \frac{P_A - P_R}{W} = \frac{(T_A - T_R)\cdot V}{W} = \frac{\Delta T \cdot V}{W}$$

- **추력 대 중량비(T/W)**: 엔진의 추력을 항공기의 중량으로 나누어 정의하고, 추력 대 중량비가 클수록 잉여추력이 높아 상승률이 증가한다.
- 필요추력(T_R)과 최대이용추력($T_{A\max}$) 또는 필요동력(P_R)과 최대이용동력($P_{A\max}$)이 일치하는 시점에서 최고속도($V_{\max}$)가 발생한다.
- 고도가 높아질수록 대기의 밀도가 감소하므로 실속속도(V_s)는 높아지지만, 최고속도($V_{\max}$)는 낮아지므로 항공기 운항속도의 범위가 감소한다.
- 대류권 기준으로 고도가 높아질수록 대기의 온도가 감소함에 따라 음속이 낮아지기 때문에 같은 속도로 비행하더라도 마하수는 증가한다.
- 고도가 높아질수록 낮은 비행속도에서 최대 운용 마하수(M_{MO})에 도달한다.
- **절대상승한계(absolute ceiling)**: 고도가 증가함에 따라 최대이용추력(동력)이 감소하여 잉여추력(동력)이 '0', 즉 상승률이 '0'이 되는 고도를 말한다.
- **실용상승한계(service ceiling)**: 상승률이 100 ft/min(1.83 km/hr)에 도달하는 고도를 말한다.

PRACTICE

연습문제 및 기출문제

01 다음 중 상승률(R/C)을 표시한 것 중 바르게 정의한 것은?

① $R/C = \dfrac{W}{P_A - P_R}$ ② $R/C = \dfrac{W}{P_R - P_A}$

③ $R/C = \dfrac{P_A - P_R}{W}$ ④ $R/C = \dfrac{P_R - P_A}{W}$

해설 상승률 $R/C = V \sin \gamma = \dfrac{\Delta P}{W} = \dfrac{P_A - P_R}{W}$
$= \dfrac{(T_A - T_R) \cdot V}{W} = \dfrac{\Delta T \cdot V}{W}$
로 정의한다.

02 다음 중 수직상승 중인 항공기의 비행 방향 운동방정식으로 맞는 것은?
(T: 추력, W: 중량, D: 항력, γ: 하강각)

① $T = D$
② $T = D - W \sin \gamma$
③ $T = D + W \sin \gamma$
④ $T = D + W$

해설 상승 중인 항공기의 비행 방향 운동방정식은 $T = D + W \sin \gamma$인데, 수직상승(vertical climb)하는 경우 상승각 $\gamma = 90°$이고, 따라서 $\sin 90° = 1$이므로 운동방정식은 $T = D + W$가 된다.

03 비행고도의 영향에 대한 설명 중 사실과 거리가 먼 것은?

① 고도가 높아질수록 대기밀도가 감소한다.
② 고도가 높아질수록 비행기의 이용동력이 증가한다.
③ 고도가 높아질수록 비행기의 잉여동력이 감소한다.
④ 고도가 높아질수록 비행기의 상승률이 감소한다.

해설 고도가 높아지면 공기밀도 감소에 따른 기관 출력 감소에 따라 이용동력이 감소한다.

04 비행고도가 높아질수록 나타나는 현상이 아닌 것은?

① 대기의 밀도가 감소한다.
② 비행기의 필요동력(P_R)이 증가한다.
③ 수평비행을 위하여 속도를 감소시켜야 한다.
④ 비행기 엔진의 출력이 감소한다.

해설 고도가 높아질수록 대기의 밀도가 감소함에 따라 양력이 감소하므로 수평비행 시 양력 유지를 위하여 속도를 증가시켜야 한다. 아울러 대기밀도가 낮아지면 엔진의 출력이 감소한다. 그리고 필요동력은 $P_R = DV = C_D \dfrac{1}{2} \rho V^3 S$ 로 정의하므로 고도가 높아지면 밀도(ρ)는 감소하지만, 양력 유지를 위하여 비행속도(V)를 증가시켜야 하는데, 필요동력은 속도의 3제곱에 비례하므로 높은 고도에서는 필요동력이 증가한다.

05 실용상승한도(service ceiling)란?

① 상승률이 0 ft/min이 되는 고도
② 상승률이 10 ft/min이 되는 고도
③ 상승률이 100 ft/min이 되는 고도
④ 상승률이 1,000 ft/min이 되는 고도

해설 실용상승한도(service ceiling)는 상승률이 100 ft/min (1.83 km/hr)에 도달하는 고도를 말한다.

06 등속 상승비행에 대한 상승률을 나타내는 식이 아닌 것은? (단, V: 비행속도, γ: 상승각, W: 항공기 무게, T: 추력, D: 항력, P_A: 이용동력, P_R: 필요동력)

[항공산업기사 2020년 3회]

① $\dfrac{P_A - P_R}{W}$ ② $\dfrac{잉여동력}{W}$

③ $\dfrac{(T - D)V}{W}$ ④ $\dfrac{V}{W} \sin \gamma$

해설 상승률은 $R/C = V \sin \gamma = \dfrac{\Delta P}{W} = \dfrac{P_A - P_R}{W}$
$= \dfrac{(T_A - T_R) \cdot V}{W} = \dfrac{\Delta T \cdot V}{W}$ 로 정의한다.
여기서, ΔP는 잉여동력(excess power)이고 $T_A = T$, $T_R = D$이다.

정답 1. ③ 2. ④ 3. ② 4. ③ 5. ③ 6. ④

07 700 PS짜리 2개의 엔진을 장착한 항공기가 대기속도 50 m/s로 상승비행을 하고 있다면 이 항공기의 상승률은 몇 m/s인가? (단, 비행기의 중량은 5,000 kgf, 항력은 1,000 kgf, 프로펠러 효율은 0.8이다.)
[항공산업기사 2017년 4회]

① 3.4 ② 5.0
③ 6.0 ④ 6.8

해설 $P_A = 700 \times 75 \times 2 \times 0.8 = 84,000$ kgf·m/s, 여기서 1 PS = 1 hp = 75 kgf·m/s이다.
$P_R = DV = 1,000 \times 50 = 50,000$ kgf·m/s
따라서 상승률 $R/C = \dfrac{P_A - P_R}{W} =$
$\dfrac{84,000 \text{ kgf·m/s} - 50,000 \text{ kgf·m/s}}{5,000 \text{ kgf}} = 6.8$ m/s
이다.

08 비행속도가 300 m/s인 항공기가 상승각 10°로 상승비행을 할 때 상승률은 약 몇 m/s인가? [항공산업기사 2017년 2회]

① 52 ② 150
③ 152 ④ 295

해설 상승률 $R/C = V \sin \gamma = 300$ m/s $\times \sin 10° = 52$ m/s

09 이용동력(P_A), 잉여동력(P_E), 필요동력(P_R)의 관계를 옳게 나타낸 것은? [항공산업기사 2015년 2회]

① $P_A + P_E = P_R$ ② $P_R \times P_A = P_E$
③ $P_E + P_R = P_A$ ④ $P_A \times P_E = P_R$

해설 잉여동력은 $\Delta P = P_E = P_A - P_R$이므로 $P_E + P_R = P_A$이다.

10 비행기가 230 km/hr로 수평비행할 때 비행기의 상승률이 10 m/s라고 하면, 이 비행기의 상승각은 약 몇°인가? [항공산업기사 2012년 4회]

① 4.8 ② 7.2
③ 9.0 ④ 12.0

해설 상승률은 $R/C = V \sin \gamma$이므로,

상승각 $\gamma = \sin^{-1}\left(\dfrac{R/C}{V}\right) = \sin^{-1}\left(\dfrac{10 \text{ m/s}}{\dfrac{230}{3.6} \text{ m/s}}\right) = 9°$

11 다음 중 항공기의 상승률과 하강률에 가장 큰 영향을 주는 것은? [항공산업기사 2013년 1회]

① 받음각 ② 잉여마력
③ 가로세로비 ④ 비행자세

해설 상승률$(R/C) = V \sin \gamma = \dfrac{\Delta P}{W} = \dfrac{P_A - P_R}{W}$
$= \dfrac{(T_A - T_R) \cdot V}{W} = \dfrac{\Delta T \cdot V}{W}$ 로 정의하므로 상승률은 잉여동력(잉여마력), 이용동력(이용추력), 필요동력(필요추력), 상승속도, 상승각 및 항공기 중량의 영향을 받는다.

12 등속상승비행에 대한 상승률을 나타내는 식이 아닌 것은? [항공산업기사 2016년 1회]

V: 비행속도, γ: 상승각, W: 항공기 무게, T_A: 이용추력, T_R: 필요추력

① $V \sin \gamma$ ② $\dfrac{(T_A - T_R)V}{W}$
③ $\dfrac{잉여마력}{W}$ ④ $\dfrac{T_A - T_R}{W}$

해설 상승률은 $R/C = V \sin \gamma = \dfrac{\Delta P}{W} = \dfrac{P_A - P_R}{W}$
$= \dfrac{(T_A - T_R) \cdot V}{W} = \dfrac{\Delta T \cdot V}{W}$ 로 정의하고, ΔP는 잉여동력(잉여마력)이다.

13 항공기가 상승하기 위한 수평비행 시 필요마력과 상승 시 이용마력의 관계로 옳은 것은? [항공산업기사 2010년 4회]

① 이용마력 = 필요마력
② 이용마력 > 필요마력
③ 이용마력 ≤ 필요마력
④ 이용마력 < 필요마력

해설 상승률$(R/C) = \dfrac{P_A - P_R}{W}$로 정의하므로 $P_A > P_R$일 때, 상승률이 발생한다.

정답 7. ④ 8. ① 9. ③ 10. ③ 11. ② 12. ④ 13. ②

고도 10 km 이상의 대류권계면에서 순항비행 중인 Airbus A380 여객기. 고도가 높을수록 대기의 밀도가 감소하고, 따라서 항력이 적어지므로 낮은 연료소모율과 높은 순항속도로 비행할 수 있다. 항속거리, 즉 순항비행을 통하여 이동하는 거리와 순항시간을 극대화하기 위해서는 연료탑재량도 증가시켜야 한다. 또한, 효율적인 순항비행을 위한 순항속도와 받음각이 존재하는데, 이는 항공기의 추진방식(제트 및 프로펠러)에 따른 양항비(lift to drag ratio)와 항력비에 따라 정의된다.

CHAPTER

6

순항비행

6.1 순항비행 | 6.2 순항비행 운동방정식 | 6.3 순항비행방식 | 6.4 최장시간 순항조건
6.5 최장거리 순항조건 | 6.6 항속시간 및 항속거리 | 6.7 항속시간 | 6.8 항속거리

6.1 순항비행

순항비행(cruise)은 일정 고도를 유지하며 출발지에서 목적지로 이동하므로 일반적으로 **가장 많은 비행시간이 소모되는 비행단계**라고 할 수 있다. 따라서 비행기의 **날개·동체 등의 기본 형상과 구조 그리고 추진계통의 종류는 순항비행 중에 가장 효율적으로 성능을 발휘하도록 설계되고 제작**된다. 특히, 순항 중에는 가능한 한 연료소모율이 작을수록, 그리고 목적지까지 빨리 도착할수록 순항성능이 우수하다고 할 수 있다. 항공기는 상승비행 후 순항고도에 이르면 상승각과 추력을 감소시키며, 수평상태로 전환하여 순항비행을 시작한다.

저속으로 가까운 거리를 순항하는 항공기는 가능한 한 상승과 하강 단계를 단축하기 위하여 비교적 낮은 고도에서 순항한다. 반대로 장거리를 비행하는 항공기는 **대기의 밀도가 낮고 항력이 적어 고속비행이 가능한 높은 고도에서 순항비행**을 한다.

일반적으로 대류권은 다양한 형태의 구름과 기상현상이 존재한다. 그러므로 대류권에서 장거리 비행을 한다면 난류(turbulence)와 돌풍(gust) 등의 외부 교란이 발생하여 안정적인 순항이 힘들고, 항력이 증가하여 연료소모율이 높아진다. 따라서 장거리 순항은 대부분 대류권보다 높은 성층권 아랫부분인 고도 12 km 전후에서 이루어진다.

[그림 6-1]은 항공기 종류에 따른 순항고도(cruise altitude)와 순항속도(cruise speed)를 비

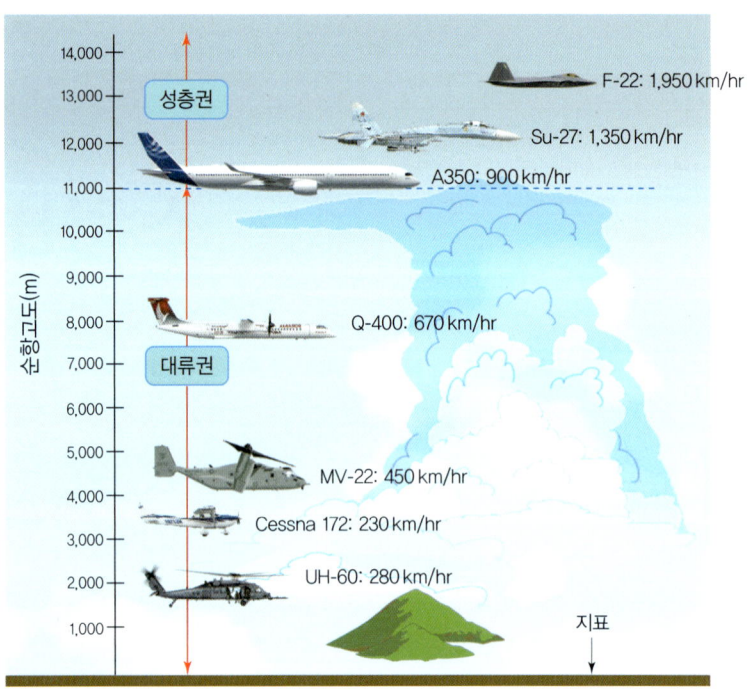

[그림 6-1] 항공기 종류별 순항고도(cruise altitude)와 순항속도(cruise speed)의 비교

교한 것이다. Cessna 172와 같이 왕복엔진을 장착한 경비행기는 약 4 km 전후의 고도에서 약 230 km/hr의 속도로 순항한다. 헬리콥터의 순항고도는 이보다도 낮은데, UH-60의 경우 2 km 전후의 고도에서 약 280 km의 속도로 순항비행을 한다. 하지만 MV-22와 같은 편향 회전날개형(tilt rotor) 헬리콥터는 고정익기의 프로펠러와 같은 방식으로 회전날개(rotor)를 사용하여 순항속도가 450 km/hr에 이른다.

주로 단거리 운송에 투입되는 단거리 여객기는 추력은 낮지만 연료효율이 우수한 터보프롭엔진을 사용하는데, 약 8 km의 고도에서 670 km/hr의 속도로 순항한다. 기본적으로 프로펠러(propeller) 또는 회전날개를 통하여 추력을 내는 항공기는 **깃 끝 실속 문제**로 순항속도가 700 km/hr를 초과하기가 쉽지 않다.

중장거리 여객기는 앞서 설명한 바와 같이, 기상현상이 나타나지 않는 대류권 이상에서 비행한다. 또한, 압축비가 높고 연료효율이 우수하여 장거리 순항에 적합한 고바이패스비(high BPR) 터보팬엔진을 주로 사용한다. 대표적인 장거리 여객기 중 하나인 A350의 경우, 약 11.5 km 고도에서 900 km/hr 전후의 속도(약 $M = 0.85$)로 15시간 이상 장시간 순항비행이 가능하다.

저바이패스비(low BPR) 터보팬엔진을 사용하는 초음속 전투기는 보다 높은 속도에서 더 빠르게 순항할 수 있다. Su-27 전투기의 경우 12 km 이상의 고도에서 약 1,350 km/hr로 순항하고, 우수한 엔진성능으로 초음속 순항(supersonic cruising)이 가능한 F-22 전투기는 13 km 이상의 고도에서 1,950 km/hr($M = 1.8$) 이상의 높은 속도로 순항비행이 가능하다.

6.2 순항비행 운동방정식

순항비행(cruise flight)이란 이론적으로 **등속으로 수평비행**하는 것을 말한다. 즉, 고도를 일정하게 유지하며 가속이나 감속이 없는 비행방식이다. 그러나 실제 운항 측면에서의 순항비행은 일정 고도까지 상승한 후 목적지에 이르러 하강할 때까지 이동하는 비행단계를 말한다. 따라서 순항비행 중에도 빨리 목적지에 도달하기 위하여 가속하기도 하고, 좋은 기상상태에서 비행하거나 연료 소모를 줄이기 위하여 고도를 변화시키기도 한다. 하지만 이 책에서는 이론적 정의를 토대로 등속 및 수평비행을 순항비행으로 간주한다.

순항비행에 대한 운동방정식을 도출하기 위하여 다음과 같이 비행 방향과 평행한 힘과 수직인 힘에 대한 항공기의 기본 운동방정식을 이용한다.

- 비행 방향과 평행: $ma = T - D - W\sin\gamma$
- 비행 방향과 수직: $m\dfrac{V^2}{R} = L - W\cos\gamma$

등속비행을 하면 가속도가 없고($a=0$) 수평비행을 하므로 상승각이 없으며($\gamma=0$), 원심력도 없다($\frac{V^2}{R}=0$).

따라서 복잡한 항공기의 기본 운동방정식이 다음과 같이 단순해진다. 즉, **순항비행 중에는 추력**(T)**과 항력**(D), **양력**(L)**과 중량**(W)**이 서로 균형**을 이루게 된다.

$$0 = T - D - 0$$
$$0 = L - W \times 1$$

순항비행 운동방정식: $T = D$, $L = W$

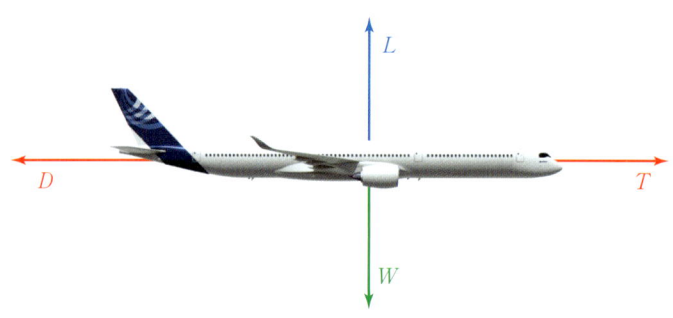

[그림 6-2] 순항비행 중 항공기에 작용하는 힘의 균형

순항비행 중에는 $T=D$이고 이용추력은 추력과 같으며($T_A=T$), 필요추력은 항력과 동일($T_R=D$)하므로 $T=D=T_A=T_R$의 관계를 순항비행에 대하여 적용할 수 있다. 이에 따라 이용동력(P_A)과 필요동력(P_R)도 동일하다.

6.3 순항비행방식

순항비행하는 방식은 여러 가지가 있다. **연료소모율이 가장 낮아 가장 오랫동안 비행할 수 있는 최장시간 순항방식**(Maximum Range Cruise, MRC), 순항시간이 가장 짧아 주어진 비행조건에서 가장 멀리 갈 수 있는 최장거리 순항방식(Long Range Cruise, LRC)과 비행에 요구되는 비용을 최소화하기 위하여 두 가지 방식을 절충한 경제순항방식(economical cruise, ECON)이 있다.

최장시간 순항방식은 **연료효율이 최고 또는 연료소모율이 최저가 되도록 제트 비행기는** $(T_R)_{min}$, **프로펠러 비행기는** $(P_R)_{min}$ **조건**으로 비행한다. 따라서 장시간 비행이 가능하지만 비행속도가 낮다.

반면에 최장거리 순항방식은 정해진 구간을 비행할 때 순항시간이 짧은 방식이다. 이를 다르게 해석하면 정해진 순항시간 동안 가장 멀리 순항할 수 있다는 뜻이다. 최장거리 순항방식은 **낮은 추력 및 동력을 사용하는 동시에 가능한 한 속도도 증가시켜야 한다.** 따라서 $(T_R/V)_{min}$ 또

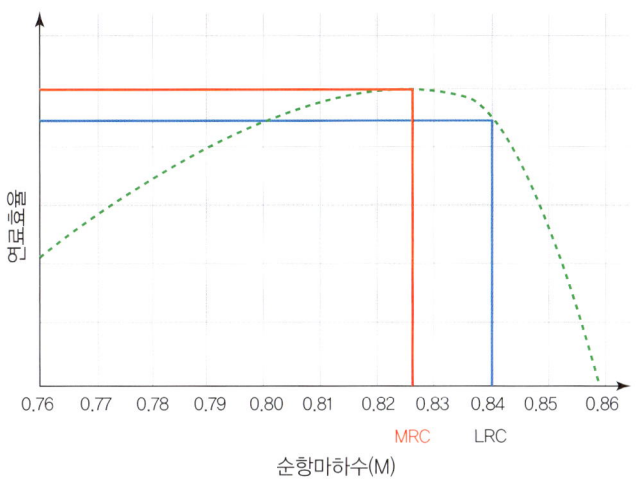

[그림 6-3] 최장시간 순항방식(MRC)과 최장거리 순항방식(LRC)의 비교 (자료 출처: Boeing)

는 $(P_R/V)_{min}$의 조건을 충족하도록 순항한다. 속도가 최장시간 순항방식보다 높기 때문에 연료 소모율이 높지만, 비행시간이 짧으므로 정비비용 및 승무원 인건비용 등 운항경비가 낮아진다.

경제순항방식은 **최장시간 순항방식과 최장거리 순항방식을 최소비용 기준으로 절충한 방식**이다. 연료비가 내려가는 시기에는 빠르게 순항하는 최장거리 방식에 가깝게, 연료비가 상승하면 연료소모율이 낮은 최장시간 방식에 근접하도록 시기별 연료비 증감에 따라 최적의 비용이 발생하는 속도로 순항한다. 주로 연료비 변동에 민감한 민간 항공사에서 사용하는 순항방식이다.

실제 장거리 순항을 하는 민간 항공기는 **스텝업 순항**(step up cruise)을 한다. 항공기가 최대 이륙중량(MTOW) 상태로 이륙하여 순항고도까지 상승하려면 많은 양의 연료가 소모된다. 이는 자전거에 많은 짐을 싣고 오르막을 오를 때 큰 힘과 에너지가 소모되는 것과 같다. 따라서 일단 실제 순항고도보다 낮은 고도까지만 상승한 다음 순항비행을 시작한다. 이후 연료 소모에 따라 항공기의 중량이 가벼워지면 다시 일정 고도만큼 높여 순항을 하고, 중량이 더욱 감소하면 또 고도를 높여 순항하는 방식이다. 마치 계단을 오르듯 상승비행과 순항비행을 반복하는데, 처음부터 최종 순항고도까지 상승하여 순항을 시작하는 방식보다 많은 연료를 절감할 수 있다.

6.4 최장시간 순항조건

가장 긴 시간 동안 순항(MRC)을 하려면 연료를 가능한 한 적게 사용하며 비행해야 하는데, 낮은 연료소모율은 낮은 추력 또는 동력을 의미한다. 즉, **제트기의 경우 최소필요추력**$(T_R)_{min}$**으로, 프로펠러기의 경우 최소필요동력**$(P_R)_{min}$**으로 비행해야 최장시간 순항**이 가능하다.

최소추력 또는 최소동력 상태에서 실속하지 않고 순항할 수 있는 속도와 받음각이 존재한다.

그리고 이 속도와 받음각은 양력과 항력 사이의 관계, 즉 양항비(lift to drag ratio)와 유해항력과 유도항력 사이의 관계, 즉 항력비에 의하여 결정될 수 있다. 따라서 최장시간 순항을 위한 양항비와 항력비가 발생할 수 있는 속도와 받음각으로 순항하면 가장 오랫동안 비행할 수 있다. 즉, 일정 값의 양항비와 항력비는 최장시간 순항을 위한 조건으로 정의할 수 있다.

그런데 **제트기와 프로펠러기의 엔진의 힘은 각각 추력과 동력을 기준**으로 하기 때문에 최장시간 순항을 위한 양항비와 항력비 조건이 다르다. 다음 설명을 통하여 제트기와 프로펠러기의 최장시간 순항을 위한 양항비와 항력비 조건을 도출해 보도록 한다.

(1) 제트기 양항비

제트기가 최장시간 순항을 하려면 가급적 적은 연료소모율, 즉 최소추력$(T_R)_{\min}$ 조건으로 비행해야 한다. 다음의 관계식 유도과정은 3.5절에서 설명하였다.

$$(T_R)_{\min} = \left(\dfrac{W}{\dfrac{C_L}{C_D}}\right)_{\min}$$

따라서 중량(W)이 일정한 제트기의 최장시간 비행을 위한 양항비 조건은 다음과 같다.

$$\text{제트기의 최장시간 양항비 조건:} \left(\dfrac{1}{\dfrac{C_L}{C_D}}\right)_{\min} = \left(\dfrac{C_L}{C_D}\right)_{\max}$$

즉, 제트기가 최장시간으로 순항하기 위해서는 양항비가 $\left(\dfrac{C_L}{C_D}\right)$이 최대가 되는 속도와 받음각으로 비행해야 한다.

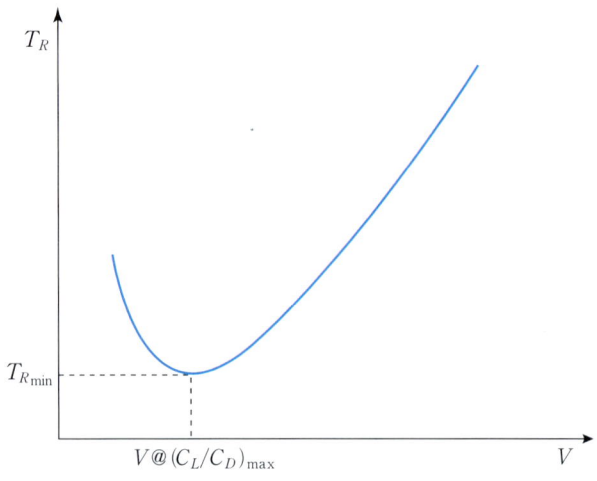

[그림 6-4] 제트기의 최소추력$(T_R)_{\min}$이 발생하는 양항비 및 속도

(2) 제트기의 항력비

다음은 제트기의 최장시간 순항을 위한 항력비를 구하는 과정이다. 필요추력, 즉 **항력은 유해항력**(D_p)과 **유도항력**(D_i)으로 구성되고, **유해항력계수**(C_{D_p})와 **유도항력계수**(C_{D_i})로 다음과 같이 나타낼 수 있다.

$$T_R = D = (D_p + D_i)$$
$$= (C_{D_p} + C_{D_i})qS = C_{D_p}\frac{1}{2}\rho V^2 S + C_{D_i}\frac{1}{2}\rho V^2 S$$

그런데 유도항력계수는 $C_{D_i} = \dfrac{C_L^2}{\pi e A}$ 이고, 양력계수는 $C_L = \dfrac{L}{\frac{1}{2}\rho V^2 S} = \dfrac{W}{\frac{1}{2}\rho V^2 S}$ 이므로 다음과 같이 정리할 수 있다.

$$T_R = C_{D_p}\frac{1}{2}\rho V^2 S + \frac{C_L^2}{\pi e A}\frac{1}{2}\rho V^2 S$$
$$= C_{D_p}\frac{1}{2}\rho V^2 S + \frac{\left(\dfrac{W}{\frac{1}{2}\rho V^2 S}\right)^2}{\pi e A}\frac{1}{2}\rho V^2 S = C_{D_p}\frac{1}{2}\rho V^2 S + \frac{\dfrac{W^2}{\frac{1}{2}\rho V^2 S}}{\pi e A}$$

추력(T_R)은 속도(V)의 함수이므로 최소추력을 만드는 항력비(즉, [그림 6-4]의 곡선의 가장 아랫부분에서의 항력비)를 찾기 위하여 V에 대하여 다음과 같이 미분한다.

$$\frac{d}{dV}T_R = C_{D_p}\rho V S - \frac{\dfrac{W^2}{\frac{1}{4}\rho V^3 S}}{\pi e A}$$
$$= \rho V S\left[C_{D_p} - \frac{\dfrac{W^2}{\frac{1}{4}\rho^2 V^4 S^2}}{\pi e A}\right] = \rho V S\left[C_{D_p} - \frac{\left(\dfrac{L}{\frac{1}{2}\rho V^2 S}\right)^2}{\pi e A}\right]$$
$$= \rho V S\left[C_{D_p} - \frac{C_L^2}{\pi e A}\right] = \rho V S[C_{D_p} - C_{D_i}]$$

따라서 추력(T_R)을 속도(V)에 대하여 미분하면 다음과 같이 정리되며, 미분의 결과값이 0이 되는 조건이 최소추력의 조건이 된다.

$$\frac{d}{dV}T_R = \rho V S[C_{D_p} - C_{D_i}] = 0$$

즉, 최소추력의 조건은 $\dfrac{d}{dV}T_R = 0$이고, 이를 만족하는 조건은 $C_{D_p} - C_{D_i} = 0$이다.

그러므로 최소추력, 즉 제트기의 최장시간 순항을 위한 항력비 조건은 다음과 같다.

$$\text{제트기의 최장시간 항력비 조건: } C_{D_p} = C_{D_i}$$

따라서, 제트기가 최장시간으로 순항하기 위해서는 항력비가 $C_{D_p} = C_{D_i}$이므로 유해항력과 유도항력이 같아지는 속도와 받음각으로 비행해야 한다.

(3) 프로펠러기 양항비

프로펠러기가 최장시간 비행하려면 가능한 한 적은 동력, 즉 $(P_R)_{min}$ 조건으로 비행해야 한다. 그러므로 3.6절에서 설명한 필요동력 계산식을 통하여 최소필요동력을 다음과 같이 정리할 수 있다.

$$(P_R)_{min} = \left(\sqrt{\frac{2W^3}{\rho S C_L^3 / C_D^2}} \right)_{min}$$

따라서 밀도(ρ), 중량(W), 그리고 날개면적(S)이 일정한 조건에서 프로펠러기의 최장시간 비행을 위한 양항비 조건은 다음과 같다.

프로펠러기의 최장시간 양항비 조건:

$$\left(\sqrt{\frac{1}{C_L^3/C_D^2}} \right)_{min} = \left(\sqrt{\frac{1}{(C_L^{3/2}/C_D)^2}} \right)_{min} = \left(\frac{1}{C_L^{3/2}/C_D} \right)_{min} = \left(\frac{C_L^{3/2}}{C_D} \right)_{max}$$

즉, 프로펠러기가 최장시간으로 순항하기 위해서는 양항비 $\left(\dfrac{C_L^{3/2}}{C_D} \right)_{max}$가 최대가 되는 속도와 받음각으로 비행해야 한다.

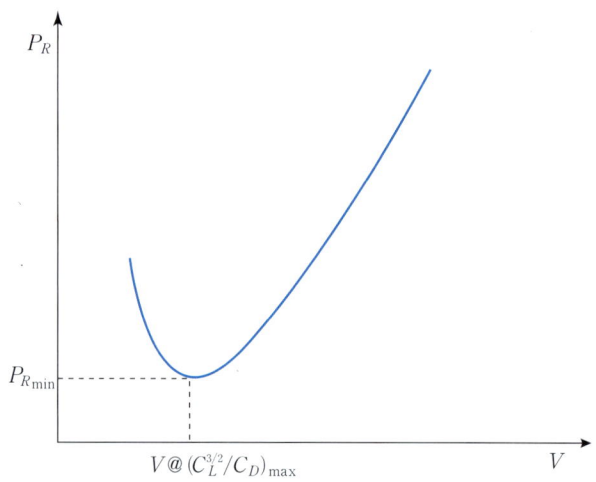

[그림 6-5] 프로펠러기 최소동력$(P_R)_{min}$이 발생하는 양항비 및 속도

(4) 프로펠러기 항력비

프로펠러기의 최장시간 순항을 위한 항력비 조건을 살펴보도록 한다. **필요동력은 유해항력과 유도항력에 비행속도를 곱한 것**으로 정의할 수 있으므로 다음과 같이 정리할 수 있다.

$$P_R = D \times V = (D_p + D_i) \times V = (C_{D_p} + C_{D_i})qS \times V$$

$$= C_{D_p}\frac{1}{2}\rho V^3 S + C_{D_i}\frac{1}{2}\rho V^3 S$$

$$= C_{D_i}\frac{1}{2}\rho V^3 S + \frac{C_L^2}{\pi eA}\frac{1}{2}\rho V^3 S$$

그리고 $C_L = \dfrac{L}{\frac{1}{2}\rho V^2 S} = \dfrac{W}{\frac{1}{2}\rho V^2 S}$ 이므로 다음과 같이 정리할 수 있다.

$$P_R = C_{D_p}\frac{1}{2}\rho V^3 S + \frac{\left(\dfrac{W}{\frac{1}{2}\rho V^2 S}\right)^2}{\pi eA}\frac{1}{2}\rho V^3 S = C_{D_p}\frac{1}{2}\rho V^3 S + \frac{W^2}{\frac{1}{2}\rho VS}\cdot\frac{1}{\pi eA}$$

동력(P_R)은 속도(V)의 함수이므로 최소추력을 만드는 항력비를 찾기 위하여 V에 대하여 다음과 같이 미분한다.

$$\frac{d}{dV}P_R = \frac{3}{2}C_{D_p}\rho V^2 S - \frac{\dfrac{W^2}{\frac{1}{2}\rho V^2 S}}{\pi eA}$$

$$= \frac{3}{2}\rho V^2 S\left[C_{D_p} - \dfrac{\dfrac{W^2}{\frac{3}{4}\rho^2 V^4 S^2}}{\pi eA}\right] = \frac{3}{2}\rho V^2 S\left[C_{D_p} - \frac{1}{3}\dfrac{\left(\dfrac{L}{\frac{1}{2}\rho V^2}\right)^2}{\pi eA}\right]$$

$$= \frac{3}{2}\rho V^2 S\left[C_{D_p} - \frac{1}{3}\frac{C_L^2}{\pi eA}\right] = \frac{3}{2}\rho V^2 S\left[C_{D_p} - \frac{1}{3}C_{D_i}\right]$$

즉, 동력(P_R)을 속도(V)에 대하여 미분하면 다음의 식으로 정리되는데, 미분의 결과값이 0이 되는 조건이 최소동력의 조건이 된다.

$$\frac{d}{dV}P_R = \frac{3}{2}\rho V^2 S\left[C_{D_p} - \frac{1}{3}C_{D_i}\right] = 0$$

따라서 최소동력의 조건은 $\dfrac{d}{dV}P_R = 0$ 이고, 이를 만족하는 조건은 $C_{D_p} - \dfrac{1}{3}C_{D_i} = 0$ 이다.

그러므로 최소동력, 즉 프로펠러기의 최장시간 순항을 위한 항력비 조건은 다음과 같다.

프로펠러기의 최장시간 항력비 조건: $C_{D_P} = \frac{1}{3}C_{D_i}$ 또는 $3C_{D_P} = C_{D_i}$

따라서 **프로펠러기가 최장시간으로 순항하기 위해서는 항력비가 $3C_{D_P} = C_{D_i}$가 되어야 하므로 유도항력이 유해항력의 3배가 되는 속도와 받음각으로 비행해야 함을 알 수 있다.**

6.5 최장거리 순항조건

최장거리, 즉 긴 거리를 순항(LRC)하려면 가능한 한 낮은 추력 또는 동력으로 가급적 빠른 속도로 비행해야 한다. 최소추력 또는 최소동력을 사용하면 장시간 비행할 수 있지만 긴 거리를 갈 수는 없다. 그러므로 될 수 있는 대로 낮은 추력 또는 동력으로 비행함과 동시에 가능한 한 순항속도를 높여야 한다. 앞에서 최장시간 순항을 위하여 제트기의 경우 최소추력 $(T_R)_{\min}$으로, 프로펠러기의 경우 최소동력 $(P_R)_{\min}$으로 비행해야 함을 살펴보았다. 그러나 최장거리 순항을 위해서는 **제트기의 경우 추력 대 속도의 비가 최소가 되도록, 즉 $(T_R/V)_{\min}$으로, 프로펠러기의 경우 동력 대 속도의 비가 최소가 되도록, 즉 $(P_R/V)_{\min}$으로 순항해야 한다.** 이는 가능한 한 낮은 T_R 또는 P_R과 가능한 한 높은 V를 의미하는 수학적 표현이다.

또한, 최장거리 순항을 위한 제트기와 프로펠러기의 양항비와 항력비를 정할 수 있는데, 이는 최장거리 순항을 위한 비행조건이 된다. 다음은 제트기와 프로펠러기의 최장거리 순항을 위한 양항비와 항력비 조건을 도출하는 과정이다.

(1) 제트기 양항비

제트기가 최장거리를 순항하려면 가능한 한 적은 추력을 이용하는 동시에 가능한 한 빠른 속도로 비행해야 하므로 $(T_R/V)_{\min}$**이 되어야 한다.**

$$(T_R/V)_{\min} = \left(\frac{W}{\frac{C_L}{C_D}\sqrt{\frac{2W}{\rho SC_L}}}\right)_{\min} = \left(\frac{W}{\frac{C_L^{1/2}}{C_D}\sqrt{\frac{2W}{\rho S}}}\right)_{\min}$$

여기서, $T_R = \left(\dfrac{W}{C_L/C_D}\right)$이고, $V = \sqrt{\dfrac{2W}{\rho SC_L}}$이다.

따라서 밀도(ρ), 중량(W) 그리고 날개면적(S)이 일정한 조건에서 제트기의 최장거리 비행을 위한 양항비 조건은 다음과 같다.

제트기의 최장거리 양항비 조건: $\left(\dfrac{1}{C_L^{1/2}/C_D}\right)_{\min} = \left(\dfrac{C_L^{1/2}}{C_D}\right)_{\max}$

그러므로 **제트기가 최장거리를 순항하기 위해서는 양항비 $C_L^{1/2}/C_D$가 최대가 되는 속도와 받음각**으로 비행해야 한다.

앞서 제트기의 최장시간 비행조건에서 T_R은 다음과 같이 정리하였다.

$$T_R = C_{D_p} \frac{1}{2}\rho V^2 S + \frac{W^2}{\frac{1}{2}\rho V^2 S \pi e A}$$

따라서 T_R/V은 다음과 같다.

$$\frac{T_R}{V} = C_{D_p} \frac{1}{2}\rho V S + \frac{W^2}{\frac{1}{2}\rho V^3 S \pi e A}$$

(2) 제트기 항력비

T_R/V 역시 속도(V)의 함수이므로 $(T_R/V)_{\min}$을 이루는 항력비를 찾기 위하여 V에 대하여 미분한다.

$$\frac{d}{dV}\frac{T_R}{V} = C_{D_p}\frac{1}{2}\rho S - \frac{W^2}{\frac{1}{6}\rho V^4 S \pi e A}$$

$$= \frac{1}{2}\rho S \left[C_{D_p} - \frac{W^2}{\frac{1}{12}\rho^2 V^4 S^2 \pi e A} \right] = \frac{1}{2}\rho S \left[C_{D_p} - 3\frac{\left(\frac{L}{\frac{1}{2}\rho V^2 S}\right)^2}{\pi e A} \right]$$

$$= \frac{1}{2}\rho S \left(C_{D_p} - 3\frac{C_L^2}{\pi e A} \right) = \frac{1}{2}\rho S (C_{D_p} - 3C_{D_i})$$

따라서 $\frac{d}{dV}\frac{T_R}{V}$에 대한 결과는 다음과 같은데, $\frac{d}{dV}\frac{T_R}{V} = 0$이 되는 조건에서 항력비를 찾을 수 있다.

$$\frac{d}{dV}\frac{T_R}{V} = \frac{1}{2}\rho S [C_{D_p} - 3C_{D_i}] = 0$$

즉, $C_{D_p} - 3C_{D_i} = 0$일 때 $(T_R/V)_{\min}$이기 때문에 제트기의 최장거리 순항을 위한 항력비 조건은 다음과 같다.

제트기의 최장거리 항력비 조건: $C_{D_p} = 3C_{D_i}$

그러므로 **제트기가 최장거리를 순항하기 위해서는 유해항력이 유도항력의 3배가 되는 속도와 받음각**으로 비행해야 한다.

(3) 프로펠러기 양항비

프로펠러기가 최장거리를 비행하려면 가능한 한 적은 동력을 이용하는 동시에 빠른 속도로 비행해야 하므로 $(P_R/V)_{min}$이 되어야 한다.

$$(P_R/V)_{min} = (T_R \cdot V/V)_{min} = (T_R)_{min} = \left(\frac{W}{C_L/C_D}\right)_{min}$$

그러므로 중량(W)이 일정한 프로펠러기의 최장거리 순항 양항비 조건은 다음과 같다.

$$\text{프로펠러기의 최장거리 양항비 조건: } \left(\frac{1}{C_L/C_D}\right)_{min} = \left(\frac{C_L}{C_D}\right)_{max}$$

즉, 프로펠러기가 최장거리를 순항하기 위해서는 양항비 C_L/C_D이 최대가 되는 속도와 받음각으로 비행해야 한다.

(4) 프로펠러기 항력비

프로펠러기의 최장거리 순항을 위한 항력비는 $\dfrac{d}{dV}\dfrac{P_R}{V} = 0$이 되는 조건에서 도출할 수 있다. 그런데 $P_R = T_R \cdot V$이므로 다음과 같이 정리할 수 있다.

$$\frac{d}{dV}\frac{P_R}{V} = \frac{d}{dV}\frac{T_R \cdot V}{V} = \frac{d}{dV}T_R$$

이는 제트기의 최장시간 순항조건과 동일하다.

$$\frac{d}{dV}T_R = \rho VS[C_{D_p} - C_{D_i}] = 0$$

즉, 프로펠러기의 최장거리 순항을 위한 항력비 조건은 다음과 같다.

$$\text{프로펠러기의 최장거리 항력비 조건: } C_{D_p} = C_{D_i}$$

그러므로 **프로펠러기가 최장거리를 순항하기 위해서는 유해항력과 유도항력이 같아지는 속도와 받음각으로 비행**해야 함을 알 수 있다.

지금까지 설명한 제트기와 프로펠러기의 최장시간 및 최장거리 순항을 위한 양항비와 항력비 조건을 정리하면 [표 6-1]과 같다.

[표 6-1] 제트기와 프로펠러기의 최장시간 및 최장거리 순항조건

구분		제트기	프로펠러기
최장시간 조건	양항비	$\left(\dfrac{C_L}{C_D}\right)_{max}$	$\left(\dfrac{C_L^{3/2}}{C_D}\right)_{max}$
	항력비	$C_{D_p} = C_{D_i}$	$3C_{D_p} = C_{D_i}$
최장거리 조건	양항비	$\left(\dfrac{C_L^{1/2}}{C_D}\right)_{max}$	$\left(\dfrac{C_L}{C_D}\right)_{max}$
	항력비	$C_{D_p} = 3C_{D_i}$	$C_{D_p} = C_{D_i}$

6.6 항속시간 및 항속거리

제트기와 프로펠러기가 최장시간을 순항하거나, 최장거리를 순항하는 양항비와 항력비 조건을 앞에서 살펴보았다. 즉, 최장시간 또는 최장거리를 순항하는 양항비와 항력비는 특정 속도와 받음각에서 나오는데, 이는 어떻게 비행해야 제일 오랫동안 또는 가장 멀리 갈 수 있는지, 이를테면 항공기 운항방법 기준의 순항조건이었다.

이제는 연료소모율을 통하여 **항공기의 항속시간(endurance)과 항속거리(range)**를 계산하는 공식을 도출하는 과정을 살펴보도록 한다. **항속시간과 항속거리 공식은 양항비뿐만 아니라 기체 중량과 탑재연료량 그리고 날개면적 등 항공기 설계기준으로 구성**된다. 따라서 성능 요구조건에 부합하는 항속성능을 미리 예측할 수 있는 공식은 항공기를 설계할 때 매우 중요한 도구가 되는데, 가장 대표적인 것이 브레게(Bréguet) 공식이다.

프로펠러 항공기의 항속시간 공식과 항공거리 공식을 브레게 공식이라고 부른다. 그런데 프랑스 항공사업가이자 비행사인 브레게(Louis-Charles Bréguet, 1880~1955)가 처음 이 공식들을 유도했다는 설이 있지만 이와 같은 사실을 증명하는 역사적 자료는 없기 때문에 브레게 공식으로 불리는 이유는 불분명하다.

항속시간은 순항시간과 유사한 개념으로, 주어진 연료로 공중에 체공할 수 있는 시간을 말하고, **항속거리는 주어진 연료로 이동할 수 있는 거리**를 뜻한다. 그렇기 때문에 항속시간과 항속거리는 항공기의 연료탑재량과 연료소모율에 큰 영향을 받는다. 정찰기와 관측기 등 가능한 한 오랫동안 체공해야 하는 항공기는 항속시간이 길어야 하고, 여객기 등 가능한 한 먼 거리를 빨리 이동해야 하는 항공기는 항속거리가 길어야 한다.

따라서 **항속시간을 최대화하려면 '소모연료중량/시간'을 최소화**해야 하고, **항속거리를 최대화하려면 '소모연료중량/거리'을 최소화**해야 한다. 즉, 연료 소모를 가능한 한 적게 하는 동시에 비행시간 또는 비행거리를 가능한 한 늘려야 한다는 뜻이다. 기본적으로 항속시간과 항속거리는 순항시간과 순항거리와 같은 개념이다.

- 최장항속시간(maximum endurance): $\dfrac{\text{소모연료중량}}{\text{시간}}$ 의 최소화

- 최장항속거리(maximum range): $\dfrac{\text{소모연료중량}}{\text{거리}}$ 의 최소화

항공기가 비행 중 얼마나 많은 연료를 소모하는지는 일반적으로 **추력당 연료소모율**(Thrust Specific Fuel Consumption, *TSFC*) 또는 **비연료소모율**(Specific Fuel Consumption, *SFC*)이라는 정량적 지표로 나타낸다.

$$TSFC = \frac{\text{소모연료중량}}{\text{추력}(T_A) \times \text{시간}}$$

$$SFC = \frac{\text{소모연료중량}}{BHP \times \text{시간}}$$

여기서 **추력**(T_A)은 제트엔진의 발생추력이고, **BHP**는 제동마력(break horse power)으로서 프로펠러 구동 엔진의 출력을 나타낸다. 즉, *TSFC*는 제트엔진, *SFC*는 프로펠러 구동 엔진의 연료효율을 의미한다. 이는 일정 시간 동안 일정 추력(T_A) 또는 동력(*BHP*)을 발생시키기 위하여 얼마나 많은 연료가 소모되는지를 나타내고, 이 값이 작을수록 엔진의 연료효율이 좋다는 뜻이다.

6.7 항속시간

(1) 제트기

먼저 제트기의 항속시간(endurance)을 계산하는 공식을 유도하도록 한다. 앞서 설명한 바와 같이, 항속시간은 '소모연료중량/시간'에 의하여 결정된다. 그리고 '소모연료중량/시간'은 다음과 같이 *TSFC*로 나타낼 수 있다.

$$TSFC = \frac{\text{소모연료중량}}{\text{추력}(T_A) \times \text{시간}}, \quad \frac{\text{소모연료중량}}{\text{시간}} = TSFC \times T_A$$

따라서 미소시간(dt) 동안의 '소모연료중량/시간'은 다음과 같다.

$$TSFC \cdot T_A \, dt$$

또한, 비행 중 소모연료중량(W)은 다음과 같이 표현할 수 있다. 여기서, W_0는 이륙할 때의 연료중량이고, W_1은 착륙할 때의 연료중량이다.

$$W = W_0 - W_1$$

비행 중 소모되는 미소연료중량(dW)과 미소시간(dt) 동안의 '소모연료중량/시간'은 같다. 그리고 시간에 따라 연료중량은 감소하므로 (−)부호를 써서 다음과 같이 미분형태로 나타낼 수 있다.

$$dW = -TSFC \cdot T_A dt$$

항속시간을 계산하기 위하여 위의 미분식을 미소시간(dt)에 대하여 정리한다.

$$dt = \frac{-1}{TSFC \cdot T_A} dW$$

비행시간의 변화는 0에서 전체 항속시간 E라고 하고, 중량의 변화는 이륙중량(W_0)과 착륙중량(W_1)의 차이라면 해당 범위를 기준으로 다음과 같이 정적분을 하여 전체 항속시간을 나타낼 수 있다. 여기서, dt를 정적분하면 전체 항속시간인 E가 된다.

$$\int_0^E dt = E = -\int_{W_0}^{W_1} \frac{1}{TSFC \cdot T_A} dW = \int_{W_1}^{W_0} \frac{1}{TSFC \cdot T_A} dW$$

그리고 순항비행, 즉 등속비행을 가정하므로 이용추력(T_A)은 항력(D)과 같다($T_A = D$).

$$E = \int_{W_1}^{W_0} \frac{1}{TSFC \cdot D} dW = \int_{W_1}^{W_0} \frac{1}{TSFC \cdot D} \frac{W}{W} dW$$

또한, 순항비행은 수평비행이므로 $L = W$이다. 또, $L/D = C_L/C_D$과 같다.

$$E = \int_{W_1}^{W_0} \frac{1}{TSFC \cdot D} \frac{L}{W} dW = \int_{W_1}^{W_0} \frac{1}{TSFC} \frac{L}{D} \frac{1}{W} dW$$

$$= \frac{1}{TSFC} \frac{L}{D} \int_{W_1}^{W_0} \frac{1}{W} dW = \frac{1}{TSFC} \frac{C_L}{C_D} \int_{W_1}^{W_0} \frac{1}{W} dW$$

$$= \frac{1}{TSFC} \frac{C_L}{C_D} [\ln W]_{W_1}^{W_0} = \frac{1}{TSFC} \frac{C_L}{C_D} (\ln W_0 - \ln W_1)$$

따라서 제트기의 항속시간은 다음의 공식을 이용하여 계산될 수 있다.

제트기의 항속시간 계산식: $E = \dfrac{1}{TSFC} \dfrac{C_L}{C_D} (\ln W_0 - \ln W_1)$

위의 공식에서 볼 수 있듯이, 제트기의 항속시간은 추력당 연료소모율($TSFC$)과 양항비(C_L/C_D) 그리고 연료탑재량, 즉 이륙중량과 착륙중량의 차이($\ln W_0 - \ln W_1$)에 의하여 결정된다.

그러므로 제트기의 항속시간을 최대화하기 위하여, 다시 말하면 가능한 한 오래 체공하는 제트 항공기를 설계하기 위해서는 다음과 같은 사항을 고려해야 한다.

바이패스비(BPR)가 10:1에 이르는 General Electric GE9X 터보팬엔진을 장착한 Boeing 777X. 높은 바이패스비 때문에 엔진팬의 직경이 3.4 m까지 증가하였지만, 팬에서 발생하는 추력이 엔진 코어 발생 추력의 10배이기 때문에 그만큼 연료소모율이 감소하여 제트기의 항속시간과 항속거리를 증가시킬 수 있다.

첫째, **추력당 연료소모율($TSFC$)이 낮은 엔진을 탑재**해야 한다. 최근에는 높은 바이패스비(high BPR)의 터보팬(turbofan)엔진이 개발되고 있는데, 엔진팬에서의 추력은 연료의 직접 연소로 발생하지 않기 때문에 팬 추력을 증가시키면 연료소모율을 낮추어 항속시간을 증가시킨다.

둘째, **양항비 C_L/C_D이 최대**가 되도록 한다. 이는 앞서 설명한 제트기의 최장시간 순항조건 양항비와 일치하는 결과이다. 그리고 C_L/C_D이 최대가 되는 속도 및 받음각으로 비행해야 한다는 운항조건뿐만 아니라 제트 항공기를 설계할 때, 특히 날개를 설계할 때 C_L/C_D이 극대화되는 공력성능을 가진 날개 형상이 고려되어야 함을 의미하기도 한다.

셋째, **연료탑재량을 극대화**해야 한다. 연료탑재량이 많아지면 항공기 중량이 증가하여 연료소모가 다소 증가할 수 있지만, 이에 비하여 사용할 수 있는 연료가 많아져서 기본적으로 항속시간이 증가한다.

(2) 프로펠러기

프로펠러기의 경우, '소모연료중량/시간'은 SFC로 나타낸다.

$$SFC = \frac{\text{소모연료중량}}{BHP \times \text{시간}}, \quad \frac{\text{소모연료중량}}{\text{시간}} = SFC \times BHP$$

그리고 미소시간(dt) 동안의 '소모연료중량/시간'은 다음과 같다.

$$SFC \cdot BHP \, dt$$

프로펠러기가 소모하는 미소연료중량(dW)과 미소시간(dt) 동안의 '소모연료중량/시간'은 동일하다. 시간에 따라 연료중량은 감소하므로 (−)부호를 붙인다.

$$dW = -SFC \cdot BHP \, dt$$

항속시간을 계산하기 위하여 위의 미분식을 시간에 대하여 정리하면 다음과 같다.

$$dt = \frac{-1}{SFC \cdot BHP} dW$$

그리고 전체 비행시간(0~E)과 탑재 연료중량의 변화(W_0~W_1)를 기준으로 다음과 같이 정적분을 수행한다. 이때 dt를 정적분하면 전체 항속시간인 E가 된다.

$$\int_0^E dt = E = -\int_{W_0}^{W_1} \frac{1}{SFC \cdot BHP} dW = \int_{W_1}^{W_0} \frac{1}{SFC \cdot BHP} dW$$

프로펠러기의 이용동력(P_A)은 엔진의 제동마력과 프로펠러의 효율(η_p)의 곱으로 $P_A = \eta_p BHP$와 같이 나타낸다. 아울러 프로펠러기가 등속비행을 하는 경우, $P_A = DV$와 같다. 따라서 제동마력 BHP는 다음과 같이 정리할 수 있다.

$$BHP = \frac{P_A}{\eta_p} = \frac{DV}{\eta_p}$$

그러므로 위의 미분식은 다음과 같이 나타낼 수 있다.

$$E = \int_{W_1}^{W_0} \frac{\eta_p}{SFC \cdot DV} dW = \int_{W_1}^{W_0} \frac{\eta_p}{SFC \cdot DV} \frac{W}{W} dW$$

그리고 순항비행은 수평비행이므로 $L = W$이다.

$$E = \int_{W_1}^{W_0} \frac{\eta_p}{SFC \cdot DV} \frac{L}{W} dW = \int_{W_1}^{W_0} \frac{\eta_p}{SFC} \frac{L}{D} \frac{1}{VW} dW$$

또한, 속도 $V = \sqrt{\frac{2W}{\rho S C_L}}$이고, $L/D = C_L/C_D$이다.

$$E = \int_{W_1}^{W_0} \frac{\eta_p}{SFC} \frac{C_L}{C_D} \frac{1}{\sqrt{\frac{2W}{\rho S C_L}} W} dW$$

$$= \int_{W_1}^{W_0} \frac{\eta_p}{SFC} \frac{C_L}{C_D} \sqrt{\frac{\rho S C_L}{2}} \frac{dW}{W^{3/2}} = \int_{W_1}^{W_0} \frac{\eta_p}{SFC} \frac{C_L^{3/2}}{C_D} \sqrt{\frac{\rho S}{2}} \frac{dW}{W^{3/2}}$$

$$= \frac{\eta_p}{SFC} \frac{C_L^{3/2}}{C_D} \sqrt{\frac{\rho S}{2}} \int_{W_1}^{W_0} \frac{dW}{W^{3/2}} = -2 \frac{\eta_p}{SFC} \frac{C_L^{3/2}}{C_D} \sqrt{\frac{\rho S}{2}} [W^{-1/2}]_{W_1}^{W_0}$$

$$= -\frac{\eta_p}{SFC}\frac{C_L^{3/2}}{C_D}\sqrt{2\rho S}\left[W_0^{-1/2} - W_1^{-1/2}\right]$$

$$= -\frac{\eta_p}{SFC}\frac{C_L^{3/2}}{C_D}\sqrt{2\rho S}\left[\frac{1}{\sqrt{W_0}} - \frac{1}{\sqrt{W_1}}\right]$$

$$= \frac{\eta_p}{SFC}\frac{C_L^{3/2}}{C_D}\sqrt{2\rho S}\left[\frac{\sqrt{W_0} - \sqrt{W_1}}{\sqrt{W_0}\sqrt{W_1}}\right]$$

그러므로 프로펠러기의 항속시간 공식은 다음과 같이 정리된다.

$$\text{프로펠러기의 항속시간 계산식}: E = \frac{\eta_p}{SFC}\frac{C_L^{3/2}}{C_D}\sqrt{2\rho S}\left[\frac{\sqrt{W_0} - \sqrt{W_1}}{\sqrt{W_0}\sqrt{W_1}}\right]$$

위의 공식에서 볼 수 있듯이, 프로펠러기의 항속시간은 비연료소모율(SFC), 프로펠러 효율(η_p), 양항비($C_L^{3/2}/C_D$), 연료탑재량($\sqrt{W_0} - \sqrt{W_1}$) 그리고 대기의 밀도(ρ)와 날개면적(S)의 영향을 받는다.

따라서 항속시간을 최대화, 즉 가능한 한 오래 체공하는 프로펠러 항공기를 설계하기 위해서는 다음과 같은 사항을 고려해야 한다.

첫째, 비연료소모율(SFC)이 낮은 엔진을 탑재해야 하고, 프로펠러 효율이 높아야 한다. 특히, 프로펠러 효율(η_p)은 일반적으로 70~90%인데, 최근에는 최적 형상 설계와 복합소재 사용을 통하여 프로펠러 효율을 높이고 있다. 특히, 현재 항공기에 장착되는 프로펠러의 깃(blade) 수는 8개까지 증가하였는데, 이에 따라 깃 사이의 간섭효과 증가 등의 문제가 있지만 고형비

C-130A(1954)
T56-A1 Turboprop 3,750 hp
3-blade propeller

C-130H(1974)
T56-A15 Turboprop 4,591 hp
4-blade propeller

C-130J(1999)
AE 2100D3 Turboprop 4,637 hp
6-blade propeller

photo: US Air Force

C-130 수송기에 장착되는 엔진과 프로펠러의 발전. 1950년대 처음 개발된 C-130 수송기는 우수한 성능과 신뢰성 때문에 현재까지 여러 가지 파생형이 나오며 현역에서 활동 중이다. 탑재되는 터보프롭엔진의 성능 개선에 따라 현재 장착되는 엔진은 초기형과 비교해 24% 이상 출력이 증가되었다. 장착되는 프로펠러의 형상도 발전하고 있는데, 프로펠러 깃의 수가 늘어남에 따라 깃 사이의 간섭효과 등의 문제가 있지만, 엔진의 출력은 더 많이 전달할 수 있게 되었다.

Photo: 한국항공우주연구원

한국항공우주연구원(KARI)이 개발한 태양광 장기체공 무인기 EAV-2. 날개에 부착된 태양전지에서 발생하는 전력으로 비행하는 전기동력 프로펠러기이다. 순항비행 중 양력 증가와 장기체공 성능 향상을 위하여 넓은 날개면적을 가지고 있다. 아울러 유도항력을 최소화하기 위하여 날개의 가로세로비를 $AR = 20$까지 증가시켰을 뿐만 아니라 항속시간을 최대화하기 위하여 높은 양항비($C_L^{3/2}/C_D$)가 발생하도록 설계된 날개를 장착하고 있다. 따라서 22시간 이상 장기체공할 수 있는 항속성능을 보이고 있다.

(solidity ratio)가 비약적으로 증가하여 결과적으로 프로펠러를 통하여 발생하는 항공기의 이용동력은 높아졌다.

둘째, **양항비 $C_L^{3/2}/C_D$이 최대**가 되어야 하는데, 이는 앞서 설명한 프로펠러기 최장시간 순항조건 양항비와 일치한다. 즉, $C_L^{3/2}/C_D$가 최대가 되는 속도 및 받음각으로 비행해야 할 뿐만 아니라 항속시간이 긴 프로펠러 항공기를 설계할 때는 $C_L^{3/2}/C_D$이 높은 날개 형상을 채택해야 한다.

셋째, **많은 연료를 탑재**해야 하며, 비행시간을 극대화한다.

넷째, **높은 밀도, 즉 낮은 고도에서 운항**하도록 설계한다. 대기의 밀도는 고도가 증가할수록 낮아지기 때문에 프로펠러기가 긴 시간 동안 순항하려면 가능한 한 낮은 고도에서 비행해야 한다. 프로펠러기가 오랫동안 체공하려면 가능한 한 낮은 속도로 비행해야 하는데, 속도가 느려짐에 따라 발생 가능한 양력 감소는 높은 밀도의 대기에서 비행함으로써 만회될 수 있다.

다섯째, **날개면적이 클수록 프로펠러기는 오랫동안 비행**할 수 있다. 낮은 순항속도 때문에 날개의 양력성능이 떨어질 수 있으므로 날개면적이 충분히 커야 한다. 그뿐만 아니라 날개면적이 크면 양항비가 증가하는 효과도 있으며, 일반적으로 연료는 날개에 탑재되기 때문에 날개면적을 증가시키면 연료탑재량도 증가하여 항속거리 증가로 이어진다.

6.8 항속거리

(1) 제트기

항속거리는 앞서 설명한 바와 같이 '소모연료중량/거리'에 의하여 결정된다. 그리고 속도는 '거리/시간'이므로 거리는 '시간× 속도'이다.

$$\frac{소모연료중량}{거리} = \frac{소모연료중량}{시간 \times 속도}$$

그런데 제트기의 추력당 비연료소모율(TSFC)의 정의를 이용하여 '소모연료중량/거리'을 다음과 같이 표현할 수 있다.

$$TSFC = \frac{소모연료중량}{추력(T_A) \times 시간}$$

$$\frac{소모연료중량}{거리} = \frac{소모연료중량}{시간 \times 속도} = \frac{TSFC \cdot 추력(T_A)}{속도} = \frac{TSFC \cdot 추력(T_A)}{V}$$

항속거리 관계식을 구하기 위하여 다음과 같이 거리에 대하여 정리한다.

$$거리 = \frac{V}{TSFC \cdot 추력(T_A)} \times 소모연료중량$$

미소거리(ds)와 미소연료중량(dW)을 기준으로 하여 위의 식을 미분방정식으로 정리하면 다음과 같다. 비행거리가 증가하면서 연료는 소모되므로 연료량은 감소한다. 따라서 ds와 dW는 반비례하므로 미분방정식에 (−)를 추가한다.

$$ds = \frac{-V}{TSFC \cdot T_A} dW$$

전체 비행거리(R~0)와 연료중량의 변화(W_0~W_1)를 기준으로 다음과 같이 정적분한다. 이때 ds를 정적분하면 전체 항속거리인 R이 된다.

$$\int_0^R ds = R = -\int_{W_0}^{W_1} \frac{V}{TSFC \cdot T_A} dW = \int_{W_1}^{W_0} \frac{V}{TSFC \cdot T_A} dW$$

등속비행을 가정하면 $T_A = D$이다.

$$R = \int_{W_1}^{W_0} \frac{V}{TSFC \cdot D} dW = \int_{W_1}^{W_0} \frac{V}{TSFC \cdot D} \frac{W}{W} dW$$

또한, 순항비행은 수평비행이므로 $L = W$이고, 속도는 $V = \sqrt{\dfrac{2W}{\rho S C_L}}$ 이다.

$$R = \int_{W_1}^{W_0} \frac{V}{TSFC} \frac{L}{D} \frac{1}{W} dW = \int_{W_1}^{W_0} \frac{\sqrt{\dfrac{2W}{\rho S C_L}}}{TSFC} \frac{C_L}{C_D} \frac{1}{W} dW$$

$$= \frac{1}{TSFC} \frac{C_L^{1/2}}{C_D} \sqrt{\frac{2}{\rho S}} \int_{W_1}^{W_0} \frac{1}{W^{1/2}} dW = \frac{2}{TSFC} \frac{C_L^{1/2}}{C_D} \sqrt{\frac{2}{\rho S}} [W^{1/2}]_{W_1}^{W_0}$$

$$= \frac{1}{TSFC} \frac{C_L^{1/2}}{C_D} \sqrt{\frac{8}{\rho S}} (W_0^{1/2} - W_1^{1/2})$$

$$= \frac{1}{TSFC} \frac{C_L^{1/2}}{C_D} \sqrt{\frac{8}{\rho S}} (\sqrt{W_0} - \sqrt{W_1})$$

따라서 제트기의 항속거리(range) 계산식은 다음과 같이 정리된다.

제트기의 항속거리 계산식: $R = \dfrac{1}{TSFC} \dfrac{C_L^{1/2}}{C_D} \sqrt{\dfrac{8}{\rho S}} (\sqrt{W_0} - \sqrt{W_1})$

위의 공식에 따르면 제트기의 항속거리는 추력당 연료소모율($TSFC$), 양항비($C_L^{1/2}/C_D$), 연료탑재량($\sqrt{W_0} - \sqrt{W_1}$)뿐만 아니라 대기밀도(ρ)와 날개면적(S)의 영향을 받는다.

제트 항공기의 항속거리를 연장하려면 다음과 같은 설계사항을 반영해야 한다.

Lockheed Martin F-16E 전투기 동체 옆에 장착된 컨포멀 연료탱크(Conformal Fuel Tank, CFT). 컨포멀 연료탱크는 기체와 형태를 최대한 일치하도록 설계하여 유해항력 증가를 최소화하면서 연료탑재량을 증가시킨다. 따라서 긴 항속거리가 요구되는 전투기에 중요한 장비이다.

Boeing 777-200

Boeing 777-200LR(Long Range)

Specification	Boeing 777-200	Boeing 777-200LR (Long Range)	Increase
전장(length)	63.73 m		−
날개면적(wing area)	427.8 m²	436.8 m²	2%
연료탑재량	94,240 kgf	145,538 kgf	54%
최대좌석수(Max. seating capacity)	313		−
최대이륙중량(MTOW)	247,200 kgf	347,452 kgf	41%
최대항속거리(range)	9,700 km	15,843 km	63%

Boeing 777-200과 항속거리(range) 연장형 Boeing 777-200LR(Long Range)의 사진과 제원(specification) 비교표. 동체에 연료탱크를 추가하여 연료탑재량이 증가함에 따라 항속거리가 63% 연장되었다. 또한, 날개 끝 와류와 유도항력을 최소화하기 위하여 날개 끝을 날카롭게 구성한 Boeing 777-200LR의 Raked wingtip도 항속거리 연장에 기여하였다.

첫째, **추력당 연료소모율($TSFC$)이 낮은 제트엔진을 탑재**해야 한다.

둘째, 제트기의 최대순항거리 양항비 조건과 마찬가지로 **높은 $C_L^{1/2}/C_D$이 발생하는 날개**를 설계하여 장착한다.

셋째, **연료탑재량을 극대화**해야 한다. 내부 연료탱크의 용적이 제한된 경우에는 외부 연료탱크를 부착하여 추가 연료를 탑재하는데, 비행 중 항력이 증가하지만 항속거리를 대폭 연장시킬 수 있다.

넷째, **낮은 밀도, 즉 비교적 높은 고도에서 비행**하도록 설계한다. 낮은 밀도 상태에서 비행하면 엔진의 출력이 떨어질 수 있으나, 제트엔진은 기본적으로 압축비가 높기 때문에 고도가 과도하게 높은 고고도가 아닌 경우를 제외하고 추력 저하는 크지 않다. 밀도가 낮은 경우, 공기밀도에 의하여 기체에서 발생하는 항력을 낮출 수 있기 때문에 낮은 추력과 높은 속도로 순항이 가능하다.

다섯째, **날개면적을 가능한 한 작게 구성**한다. 높은 고도에서 고속으로 비행하는 제트기는 날개면적이 작아도 충분한 양력을 발생시킬 수 있다. 또한, 과도하게 큰 날개는 항력을 증가시켜 연료소모율을 증가시킨다. 그러나 순항속도가 천음속인 제트 항공기의 경우, 매우 작은 날개는 날개 내부 연료탱크의 용적을 감소시켜 연료탑재량을 낮추므로 항속거리가 단축될 수도 있다.

(2) 프로펠러기

프로펠러기의 항속거리는 '소모연료중량/거리' 또는 '소모연료중량/시간·속도'에 의하여 결정되고, 다음과 같이 비연료소모율(SFC)로 나타낼 수 있다.

$$\frac{\text{소모연료중량}}{\text{거리}} = \frac{\text{소모연료중량}}{\text{시간} \times \text{속도}}$$

$$SFC = \frac{\text{소모연료중량}}{BHP \times \text{시간}}$$

$$\frac{\text{소모연료중량}}{\text{거리}} = \frac{\text{소모연료중량}}{\text{시간} \times \text{속도}} = \frac{SFC \cdot BHP}{V}$$

프로펠러기의 항속거리식을 도출하기 위하여 위의 식을 거리에 대하여 다시 정리한다.

$$\text{거리} = \frac{V}{SFC \cdot BHP} \times \text{소모연료중량}$$

미소거리(ds)와 미소연료중량(dW)을 기준으로 미분방정식을 정리하고, 순항거리가 증가할수록 연료가 소모되어 연료중량이 감소, 즉 ds와 dW는 반비례하므로 ($-$)를 추가한다.

$$ds = \frac{-V}{SFC \cdot BHP} dW$$

전체 비행거리($R \sim 0$)와 연료중량의 변화($W_0 \sim W_1$)를 기준으로 정적분한다. 이때 ds를 정적분하면 전체 항속거리인 R이 된다.

$$\int_0^R ds = R = -\int_{W_0}^{W_1} \frac{V}{SFC \cdot BHP} dW = \int_{W_1}^{W_0} \frac{V}{SFC \cdot BHP} dW$$

프로펠러기의 경우 이용동력은 $P_A = \eta_p BHP$이고, 등속비행을 하는 경우 $P_A = P_R = DV$이므로 제동마력 BHP는 다음과 같다.

$$BHP = \frac{P_A}{\eta_p} = \frac{DV}{\eta_p}$$

그러므로 프로펠러기의 항속거리 관계식을 정리하면 다음과 같다.

$$R = \int_{W_1}^{W_0} \frac{\eta_p V}{SFC \cdot DV} dW = \int_{W_1}^{W_0} \frac{\eta_p}{SFC \cdot D} dW = \int_{W_1}^{W_0} \frac{\eta_p}{SFC \cdot D} \frac{W}{W} dW$$

수평비행이므로 $L = W$ 이다.

$$R = \int_{W_1}^{W_0} \frac{\eta_p}{SFC \cdot D} \frac{L}{W} dW = \int_{W_1}^{W_0} \frac{\eta_p}{SFC} \frac{C_L}{C_D} \frac{1}{W} dW$$

$$= \frac{\eta_p}{SFC} \frac{C_L}{C_D} \int_{W_1}^{W_0} \frac{1}{W} dW = \frac{\eta_p}{SFC} \frac{C_L}{C_D} [\ln W]_{W_1}^{W_0}$$

$$= \frac{\eta_p}{SFC} \frac{C_L}{C_D} (\ln W_0 - \ln W_1)$$

최종적으로 프로펠러기의 항속거리(range) 계산식을 정리하면 다음과 같다.

프로펠러기의 항속거리 계산식: $R = \dfrac{\eta_p}{SFC} \dfrac{C_L}{C_D} (\ln W_0 - \ln W_1)$

위의 공식에서 볼 수 있듯이, 프로펠러기의 항속거리는 비연료소모율(SFC), 프로펠러 효율(η_p), 양항비(C_L/C_D)와 연료탑재량($\ln W_0 - \ln W_1$)에 의하여 결정된다.

Ilyushin IL-76 수송기로부터 공중급유를 받고 있는 Tupolev Tu-95 폭격기. 장거리 폭격 임무를 수행하기 위해서는 비행 중 연료를 공급받는 공중급유가 필수적이다. 여객기는 안전과 비용의 문제로 공중급유를 하지 않지만, 장거리 임무를 수행하는 군용기의 경우는 소모되는 연료를 보충하기 위하여 공중급유를 받는데, 이를 통하여 기내 연료탑재량의 제한을 넘어 항속거리를 비약적으로 증가시킬 수 있다.

따라서 프로펠러 항공기의 항속거리 증가를 위하여 다음과 같은 설계사항을 반영해야 한다.

첫째, **비연료소모율(SFC)이 낮은 엔진을 탑재하고, 효율이 높은 프로펠러를 채택**한다.

둘째, 프로펠러 항공기의 최장거리 순항 양항비 조건과 마찬가지로 **높은 C_L/C_D이 발생**하도록 날개 형상을 설계한다.

셋째, **가능한 한 많은 연료를 탑재**하여 항속거리를 최대화한다.

CHAPTER 06 SUMMARY

- 순항(cruise)은 일정 고도를 유지하며 목적지까지 이동하는 비행단계로서 일반적으로 가장 많은 비행시간이 소모된다.

- 순항비행 운동방정식: $T = D, \ L = W$

- 최장시간 순항방식(MRC): 가장 낮은 연료소모율이 발생하도록 제트기는 최소필요추력$(T_R)_{min}$, 프로펠러기는 최소필요동력$(P_R)_{min}$의 조건으로 가장 오랜 시간 동안 순항하는 방식

- 최장거리 순항방식(LRC): 낮은 추력 및 동력을 사용하는 동시에 가능한 한 높은 비행속도, 즉 제트기는 $(T_R/V)_{min}$, 프로펠러기는 $(P_R/V)_{min}$의 조건으로 가장 멀리 순항하는 방식

- 경제순항방식(economical cruise, ECON): 최장시간 순항방식과 최장거리 순항방식을 최소 비용 기준으로 절충한 방식

- 제트기 최장시간 양항비 조건: $\left(\dfrac{1}{C_L/C_D}\right)_{min} = \left(\dfrac{C_L}{C_D}\right)_{max}$

- 제트기 최장시간 항력비 조건: $C_{D_p} = C_{D_i}$

- 프로펠러기 최장시간 양항비 조건: $\left(\dfrac{1}{C_L^{3/2}/C_D}\right)_{min} = \left(\dfrac{C_L^{3/2}}{C_D}\right)_{max}$

- 프로펠러기 최장시간 항력비 조건: $3C_{D_p} = C_{D_i}$

- 제트기 최장거리 양항비 조건: $\left(\dfrac{1}{C_L^{1/2}/C_D}\right)_{min} = \left(\dfrac{C_L^{1/2}}{C_D}\right)_{max}$

- 제트기 최장거리 항력비 조건: $C_{D_p} = 3C_{D_i}$

- 프로펠러기 최장거리 양항비 조건: $\left(\dfrac{1}{C_L/C_D}\right)_{min} = \left(\dfrac{C_L}{C_D}\right)_{max}$

- 프로펠러기 최장거리 항력비 조건: $C_{D_p} = C_{D_i}$

- 제트기 항속시간 계산식: $E = \dfrac{1}{TSFC} \dfrac{C_L}{C_D} (\ln W_0 - \ln W_1)$

    (W_0: 이륙연료중량, W_1: 착륙연료중량)

- 제트기 항속시간 연장방법
  1. 추력당 연료소모율($TSFC$)이 낮은 엔진을 탑재
  2. C_L/C_D 최대
  3. 연료탑재량 극대화

CHAPTER 06 SUMMARY

- 프로펠러기 항속시간 계산식: $E = \dfrac{\eta_p}{SFC} \dfrac{C_L^{3/2}}{C_D} \sqrt{2\rho S} \left[\dfrac{\sqrt{W_0} - \sqrt{W_1}}{\sqrt{W_0}\sqrt{W_1}} \right]$

- 프로펠러기 항속시간 연장방법
  1. 비연료소모율(SFC)이 낮은 엔진 및 효율(η_p)이 높은 프로펠러 탑재
  2. $C_L^{3/2}/C_D$ 최대
  3. 연료탑재량 극대화
  4. 높은 밀도(ρ), 즉 낮은 고도에서 운항
  5. 큰 날개면적(S)

- 제트기 항속거리 계산식: $R = \dfrac{1}{TSFC} \dfrac{C_L^{1/2}}{C_D} \sqrt{\dfrac{8}{\rho S}} \left(\sqrt{W_0} - \sqrt{W_1} \right)$

- 제트기 항속거리 연장방법
  1. 추력당 연료소모율($TSFC$)이 낮은 제트엔진을 탑재
  2. $C_L^{1/2}/C_D$ 최대
  3. 연료탑재량 극대화
  4. 낮은 밀도, 즉 비교적 높은 고도에서 비행
  5. 작은 날개면적

- 프로펠러기 항속거리 계산식: $R = \dfrac{\eta_p}{SFC} \dfrac{C_L}{C_D} (\ln W_0 - \ln W_1)$

- 프로펠러기 항속거리 연장방법
  1. 비연료소모율(SFC)이 낮은 엔진 및 효율이 높은 프로펠러 탑재
  2. C_L/C_D 최대
  3. 연료탑재량 극대화

PRACTICE

01 여객기를 기준으로 하여 일반적으로 가장 많은 시간이 소요되는 비행단계는?
① 이륙　　② 상승
③ 순항　　④ 착륙

해설 순항(cruise)은 일정 고도를 유지하며 목적지까지 이동하는 비행단계로서 일반적으로 가장 많은 비행시간이 소모된다.

02 비행 중 연료소모율이 가장 낮은 순항방식은?
① 최장시간 순항방식
② 최장거리 순항방식
③ 최대 연료소모율 순항방식
④ 경제순항방식

해설 최장시간 순항방식(MRC)은 가장 낮은 연료소모율이 발생하도록 제트기는 최소필요추력 $(T_R)_{min}$, 프로펠러기는 최소필요동력 $(P_R)_{min}$의 조건으로 가장 오랜 시간 동안 순항하는 방식이다.

03 Bréquet 공식을 기준으로 제트 비행기의 최장시간 순항조건에 해당하지 않는 것은?
① 추력당 연료 소모 최소
② 밀도가 높은 낮은 고도에서 비행
③ 양항비(C_L/C_D) 최대
④ 연료 탑재 최대

해설 제트 비행기의 항속시간 계산식은
$E = \dfrac{1}{TSFC} \dfrac{C_L}{C_D}(\ln W_0 - \ln W_1)$이므로 추력당 연료소모율($TSFC$)이 낮을수록, 양항비($C_L/C_D$)가 높을수록, 탑재연료량($\ln W_0 - \ln W_1$)이 많을수록 항속시간이 증가한다.

04 다음의 프로펠러 비행기 최대항속거리 조건 중 바르지 않은 것은?
① 프로펠러 효율을 최대로 할 것
② 연료소모율을 최소로 할 것
③ 연료를 많이 실을 것
④ $C_L^{1/2}/C_D$이 최대가 될 것

해설 프로펠러 비행기의 최대항속거리(최장거리) 비행조건은 $\left(\dfrac{C_L}{C_D}\right)_{max}$이다.

05 프로펠러 비행기가 최대항속거리를 비행하기 위한 조건으로 옳은 것은? (단, C_{D_p} : 유해항력계수, C_{D_i} : 유도항력계수이다.)
[항공산업기사 2020년 3회]
① C_L/C_D이 최소일 때
② C_L/C_D이 최대일 때
③ $C_L^{3/2}/C_D$이 최대일 때
④ $C_L^{3/2}/C_D$이 최소일 때

해설 프로펠러 비행기의 최대항속거리(최장거리) 양항비 조건은 $\left(\dfrac{C_L}{C_D}\right)_{max}$이다.

06 프로펠러 비행기가 최대항속거리를 비행하기 위한 조건은? [항공산업기사 2019년 4회]
① 양항비 최소, 연료소비율 최소
② 양항비 최소, 연료소비율 최대
③ 양항비 최대, 연료소비율 최대
④ 양항비 최대, 연료소비율 최소

해설 프로펠러 비행기의 항속거리 계산식은
$R = \dfrac{\eta_p}{SFC} \dfrac{C_L}{C_D}(\ln W_0 - \ln W_1)$이므로 프로펠러 효율($\eta_p$)이 높을수록, 연료소모율($SFC$)이 낮을수록, 양항비($C_L/C_D$)가 높을수록, 탑재연료량($\ln W_0 - \ln W_1$)이 많을수록 항속시간이 증가한다.

07 프로펠러 항공기의 최대항속거리 비행조건으로 옳은 것은? (단, C_{D_p} : 유해항력계수, C_{D_i} : 유도항력계수이다.) [항공산업기사 2019년 2회]
① $C_{D_p} = C_{D_i}$　　② $3C_{D_p} = C_{D_i}$
③ $C_{D_p} = 3C_{D_i}$　　④ $C_{D_p} = 2C_{D_i}$

해설 프로펠러 비행기의 최대항속거리(최장거리) 항력비 조건은 $C_{D_p} = C_{D_i}$이다.

정답 1. ③　2. ①　3. ②　4. ④　5. ②　6. ④　7. ①

08 프로펠러 비행기의 이용마력과 필요마력을 비교할 때 필요마력이 최소가 되는 비행속도는? [항공산업기사 2019년 2회]

① 비행기의 최고속도
② 최저상승률일 때의 속도
③ 최대항속거리를 위한 속도
④ 최대항속시간을 위한 속도

해설 최장시간 순항(최대항속시간)은 가장 낮은 연료소모율이 발생하도록 제트기는 최소필요추력 $(T_R)_{min}$, 프로펠러기는 최소필요동력(마력) $(P_R)_{min}$의 속도로 비행하는 것이다.

09 프로펠러 항공기의 경우, 항속거리를 최대로 하기 위한 조건으로 옳은 것은? [항공산업기사 2019년 1회]

① 양항비가 최소인 상태로 비행한다.
② 양항비가 최대인 상태로 비행한다.
③ $\dfrac{C_L}{\sqrt{C_D}}$ 이 최대인 상태로 비행한다.
④ $\dfrac{C_D}{\sqrt{C_L}}$ 가 최대인 상태로 비행한다.

해설 프로펠러 비행기의 최대항속거리(최장거리) 양항비 조건은 $\left(\dfrac{C_L}{C_D}\right)_{max}$이고, 항력비 조건은 $C_{D_p} = C_{D_i}$이다.

10 제트 항공기가 최대항속시간을 비행하기 위해 최대가 되어야 하는 것은? (단, C_L은 양력계수, C_D는 항력계수이다.) [항공산업기사 2018년 2회]

① $C_L^{3/2}/C_D$
② C_L/C_D
③ $C_L^{1/2}/C_D$
④ $C_L/C_D^{1/2}$

해설 제트 비행기의 최대항속시간(최장시간) 양항비 조건은 $\left(\dfrac{C_L}{C_D}\right)_{max}$이다.

11 제트 비행기의 속도에 따른 추력 변화 그래프 분석을 통해 알 수 있는 최대항속거리에 대한 조건으로 옳은 것은? [항공산업기사 2018년 4회]

① 속도에 대한 필요추력의 비가 최대인 값
② 속도에 대한 필요추력의 비가 최소인 값
③ 속도에 대한 이용추력의 비가 최대인 값
④ 속도에 대한 이용추력의 비가 최소인 값

해설 최장거리 순항(최대항속거리)은 낮은 추력 및 동력을 사용하는 동시에 가능한 한 높은 비행속도, 즉 제트기는 $(T_R/V)_{min}$, 프로펠러기는 $(P_R/V)_{min}$의 조건으로 비행하는 것이다.

12 제트 비행기의 최대항속시간에 해당하는 속도는 다음 중 어느 조건에서 이루어지는가? [항공산업기사 2017년 4회]

① 최대이용추력
② 최소이용추력
③ 최대필요추력
④ 최소필요추력

해설 최장시간 순항(최대항속시간)은 가장 낮은 연료소모율이 발생하도록 제트기는 최소필요추력 $(T_R)_{min}$, 프로펠러기는 최소필요동력 $(P_R)_{min}$의 속도로 비행하는 것이다.

13 프로펠러 비행기의 항속거리를 증가시키기 위한 방법이 아닌 것은? [항공산업기사 2016년 1회]

① 연료소비율을 작게 한다.
② 프로펠러 효율을 크게 한다.
③ 날개의 가로세로비를 작게 한다.
④ 양항비가 최대인 받음각으로 비행한다.

해설 프로펠러 비행기의 항속거리 계산식은
$R = \dfrac{\eta_p}{SFC}\dfrac{C_L}{C_D}(\ln W_0 - \ln W_1)$이므로 프로펠러 효율$(\eta_p)$이 높을수록, 연료소모율$(SFC)$이 낮을수록, 양항비$(C_L/C_D)$가 높을수록, 탑재연료량$(\ln W_0 - \ln W_1)$이 많을수록 항속시간이 증가한다.

정답 8. ④ 9. ② 10. ② 11. ② 12. ④ 13. ③

14 제트 항공기가 최대항속거리로 비행하기 위한 조건은? (단, C_L: 양력계수, C_D: 항력계수이며, 연료소비율은 일정하다.)

[항공산업기사 2015년 4회]

① $(C_L^{1/2}/C_D)$ 최대 및 고고도
② $(C_L^{1/2}/C_D)$ 최대 및 저고도
③ (C_L/C_D) 최대 및 고고도
④ (C_L/C_D) 최대 및 저고도

해설 $R = \dfrac{1}{TSFC} \dfrac{C_L^{1/2}}{C_D} \sqrt{\dfrac{8}{\rho S}} (\sqrt{W_0} - \sqrt{W_1})$ 이므로, $\dfrac{C_L^{1/2}}{C_D}$ 이 최대, 그리고 ρ 가 최소, 즉 밀도가 낮은 높은 고도에서 비행해야 한다.

15. 프로펠러 항공기가 최대항속거리로 비행할 수 있는 조건으로 옳은 것은? (단, C_D는 항력계수, C_L은 양력계수이다.)

[항공산업기사 2015년 1회]

① $\left(\dfrac{C_D}{C_L}\right)$ 최대 ② $\left(\dfrac{C_L^{1/2}}{C_D}\right)$ 최대

③ $\left(\dfrac{C_L}{C_D}\right)$ 최대 ④ $\left(\dfrac{C_D^{1/2}}{C_L}\right)$ 최대

해설 프로펠러 비행기의 최대항속거리(최장거리)의 양항비 조건은 $\left(\dfrac{C_L}{C_D}\right)_{max}$ 이다.

정답 14. ① 15. ③

반지름이 일정한 원을 그리며 균형선회(coordinated turning)를 하고 있는 Yakovlev Yak-52 공중 곡예기. 수평면 위에서 진행 방향을 바꾸는 선회비행을 하면 항공기에 원심력이 작용하기 때문에 이를 상쇄하기 위하여 회전축 쪽으로 한쪽 날개를 기울여 선회경사각(bank angle)을 주고 선회한다. 항공기에서 발생하는 양력의 크기를 항공기 중량으로 나누어 그 비율로 나타낸 것을 하중배수(load factor)라고 한다. 그런데 선회경사각을 주어 선회비행을 할 때는 중량에 대응하는 수직힘의 크기가 감소하기 때문에 실속하지 않으려면 양력을 높여 수직힘을 증가시켜야 한다. 따라서 선회비행 중에는 양력이 중량보다 커지고, 따라서 하중배수가 증가하게 된다. 그리고 수직면에서 일정 반지름으로 선회하며 고도를 높이거나 낮추는 pull up, pull down, loop 비행 중에도 양력의 증감에 따라 하중배수의 변화가 발생한다. 하중배수가 과도하게 크면 항공기 구조에 악영향을 주기 때문에 하중배수의 범위와 한계가 표시된 V-n 선도를 참고로 하여 항공기를 설계하거나 비행을 진행한다.

CHAPTER 7

선회비행

7.1 선회비행 | 7.2 pull up 비행 | 7.3 pull down 비행 | 7.4 loop 비행 | 7.5 하중배수
7.6 V-n 선도

7.1 선회비행

(1) 운동방정식

선회비행(turning flight)은 지평선과 평행한 수평면을 기준으로 위에서 항공기를 보았을 때 원을 그리며 지속적으로 방향 전환을 하는 비행을 말한다. 즉, 선회중심축을 기준으로 수평면에서 원운동을 하므로 항공기에 대하여 **원심력**(centrifugal force, F_c)**이 작용하며, 원심력은 선회운동을 하는 항공기를 선회중심축 밖으로 밀어낸다**. 따라서 항공기는 선회중심축 쪽으로 날개를 기울여 **선회경사각**(bank angle, ϕ)을 만들어 선회를 진행하고, **선회경사각에 의한 양력의 수평힘의 발생으로 원심력을 상쇄**시킨다. 자전거를 타고 원을 그리며 돌 때, 회전축 방향으로 본능적으로 몸을 기울여 중력의 수평힘으로 원심력을 상쇄시키는 것과 같은 원리라고 볼 수 있다.

앞서 소개되었던 직선비행 중인 항공기의 운동방정식은 추력과 항력, 양력과 중력 기준으로 정리하였는데, 선회비행 중에는 양력과 중력을 중심으로 원심력과 선회중심축으로 향하는 양력의 수평힘(F_r)을 추가하여 표현한다. 여기서 소개하는 선회비행은 수평 평면상에서 등속원운동을 하는 것으로, 기본적으로 추력과 항력은 균형을 이룬다($T = D$).

[그림 7-1]에 나타낸 바와 같이, 회전축 바깥쪽으로 항공기에 작용하는 원심력(F_c)은 회전하는 물체의 질량(m)에 선회속도(V_T)의 제곱 그리고 선회반지름(R)으로, 다음과 같이 정의한다. 그리고 중량(W)은 질량에 중력가속도(g)의 곱이므로, 질량은 '중량 ÷ 중력가속도'이다.

$$\text{원심력}: F_c = m\frac{V_T^2}{R} = \frac{W}{g}\frac{V_T^2}{R}$$

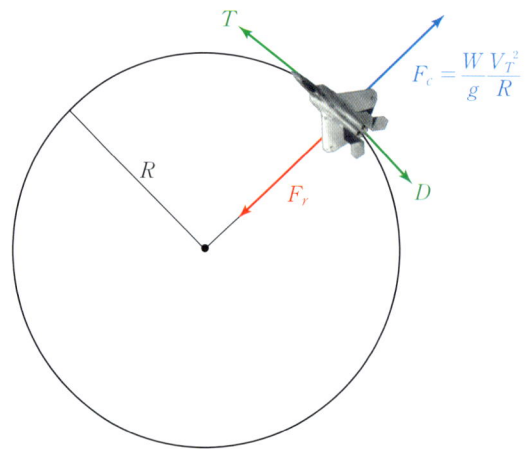

[그림 7-1] 선회비행 중 항공기에 작용하는 힘의 균형

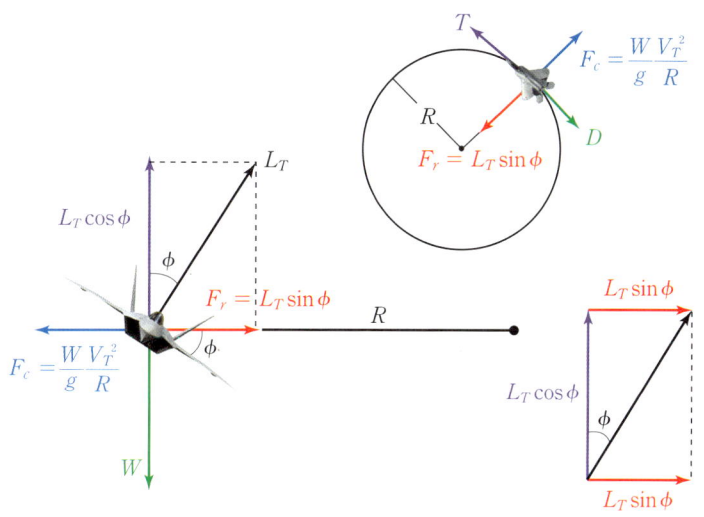

[그림 7-2] 선회비행 중 원심력(F_c)과 양력의 수평힘(F_r)의 균형

원심력 상쇄를 위한 양력의 수평힘은 선회경사각에 의하여 발생한다. [그림 7-2]와 같이 선회경사각 ϕ만큼 회전축 쪽으로 한쪽 날개를 기울이고 선회하면 양력 방향 역시 선회경사각만큼 기울어지게 된다. 따라서 원심력에 대한 반대 방향의 힘은 선회비행 중 발생하는 양력 L_T의 수평힘 성분인 $L_T \sin\phi$이다. 여기서, 선회경사각 ϕ는 원심력과 정확히 균형을 이루는 만큼의 양력 수평힘을 발생시키는 경사각도이다. **원심력과 양력의 수평힘이 균형을 이루며 일정한 반지름으로 원(circle)을 그리며 선회하는 것을 균형 선회비행**(coordinated turning flight)이라고 한다.

$$\text{양력의 수평힘: } F_r = L_T \sin\phi$$

원심력과 양력의 수형힘이 같으므로($F_c = F_r$) 다음과 같은 관계식이 도출된다.

$$\frac{W}{g}\frac{V_T^2}{R} = L_T \sin\phi$$

또한, 선회비행 중 양력의 수직힘 성분은 $L_T \cos\phi$이고, 이 힘은 항공기의 중량(W)과 균형을 이루며 수평면 위에서 선회비행을 하므로 양력과 중량의 관계식을 다음과 같이 나타낼 수 있다.

$$W = L_T \cos\phi$$

따라서 선회비행 운동방정식을 다음과 같이 정리할 수 있다.

$$\text{선회비행 운동방정식: } \frac{W}{g}\frac{V_T^2}{R} = L_T \sin\phi$$
$$W = L_T \cos\phi$$

(2) 선회경사각과 선회반지름

선회비행 운동방정식으로부터 $\cos\phi$와 $\sin\phi$를 다음과 같이 표현할 수 있다.

$$W = L_T \cos\phi, \quad \cos\phi = \frac{W}{L_T}$$

$$\frac{W}{g}\frac{V_T^2}{R} = L_T \sin\phi, \quad \sin\phi = \frac{W}{g}\frac{V_T^2}{RL_T}$$

균형 선회비행을 위한 선회경사각 관계식을 정의하기 위하여 다음의 삼각함수 정리를 이용한다.

$$\tan\phi = \frac{\sin\phi}{\cos\phi} = \frac{\frac{W}{g}\frac{V_T^2}{RL_T}}{W/L_T} = \frac{V_T^2}{gR}$$

따라서 **선회경사각은 선회속도(V_T)에 비례하고 선회반지름(R)에 반비례**함을 다음 식을 통해 알 수 있다.

$$\text{선회경사각: } \phi = \tan^{-1}\frac{V_T^2}{gR}$$

함께 비행 중인 영국 공군의 Spitfire(좌)와 독일 공군의 Bf-109(우). 제2차 세계대전에서 대결했던 두 전투기는 날개면적의 차이가 두드러진다. Spitfire와 Bf-109의 날개면적은 각각 22.5 m^{2}와 16.1 m^{2}로서 Spitfire가 약 40% 넓고, 따라서 Spitfire의 선회성능이 Bf-109보다 높았다고 알려져 있다. Spitfire의 선회반지름은 R = 687 ft (선회경사각 ϕ = 69°)인 반면, Bf-109의 선회반지름은 R = 885 ft (선회경사각 ϕ = 62°)이었다. 전투기들이 공중전을 할 때 선회반지름이 작아서 방향 전환을 빨리할 수 있으면 유리한 위치를 차지하는 경우가 많다. 그러므로 작은 선회반지름으로 선회하려면 선회속도를 낮춰야 하지만, 낮은 속도에서는 양력이 부족하여 실속할 수 있다. 그러나 날개면적이 넓으면 선회 중 낮은 속도에서도 실속하지 않기 때문에 선회성능이 우수해진다. 물론, 과하게 넓은 날개면적은 항력 증가 등의 역효과가 발생하여 급기동성능이 낮아진다.

위의 식을 이용하여 선회반지름에 대한 관계식도 다음과 같이 정리할 수 있다. 즉, **선회반지름은 선회속도에 비례하고, 선회경사각에 반비례**한다.

$$선회반지름: R = \frac{V_T^2}{g \tan \phi}$$

(3) 양력과 하중배수

수평면 위에서 선회비행을 하기 위하여 중량만큼 양력을 유지하는 것이 중요하고, 앞서 설명한 바와 같이 선회비행 중 양력과 중량의 관계식은 다음과 같다. 이를 이용하여 선회비행 양력은 다음과 같이 정의할 수 있다.

$$W = L_T \cos \phi$$

$$선회비행\ 양력: L_T = \frac{W}{\cos \phi}$$

항공기가 경사각(ϕ)을 가지고 선회비행에 들어가면 $\cos \phi$값은 1보다 작아지므로 그만큼 선회비행 양력(L_T)은 선회비행 전의 양력(L)보다 증가한다. 작은 선회반지름으로 선회하는 경우, 선회경사각(ϕ)이 커야 하므로 $\cos \phi$값은 더 감소하기 때문에 선회비행에 요구되는 양력은 더욱 증가한다. 즉, 수평 직선비행 중에는 $L = W$이지만, 선회비행 중에는 $L_T > W$가 된다.

하중배수(load factor, n)**는** 항공기가 만들어내는 양력(L)에 대한 항공기 중량(W)의 비로 다음과 같이 정의한다. 항공기의 양력은 주로 날개 위로 작용하고, 양력이 클수록 날개 구조물에 대하여 큰 하중으로 작용한다.

$$하중배수: n = \frac{L}{W}$$

수평비행 중에는 양력을 중량만큼($L = W$) 발생시키기 때문에 하중배수는 $n = 1$이 된다. 앞서 정의된 선회비행 중 양력과 중량의 관계는 $W = L_T \cos \phi$이다. 이를 하중배수 관계식에 대입하면 다음과 같이 선회하중배수(n_T)를 나타낼 수 있다.

$$선회하중배수: n_T = \frac{L_T}{W} = \frac{L_T}{L_T \cos \phi} = \frac{1}{\cos \phi}$$

따라서 **선회경사각(ϕ)이 증가하면 $\cos \phi$가 감소하여 선회하중배수(n_T)가 늘어난다**. 즉, [그림 7-3]에서 볼 수 있듯이 선회반지름을 줄이기 위하여 선회경사각을 증가시키면 선회비행 양력(L_T)이 증가하면서 선회하중배수가 증가하게 되고, 그만큼 항공기에 부과되는 하중이 증가한다.

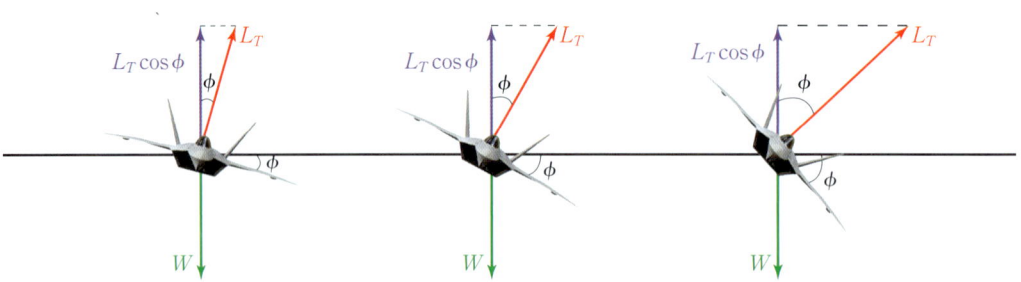

[그림 7-3] 선회경사각(ϕ) 증가에 따른 선회비행 양력(L_T)의 증가

(4) 선회율

앞서 정리한 균형 선회비행을 위한 선회반지름 관계식을 삼각함수 관계식을 통하여 $\tan\phi = \sqrt{n_T^2 - 1}$ 로 나타낼 수 있으므로 다음과 같이 표현할 수 있다.

$$R = \frac{V_T^2}{g \tan\phi}, \quad R = \frac{V_T^2}{g\sqrt{n_T^2 - 1}}$$

> **참고**
>
> $\sin^2\phi + \cos^2\phi = 1, \quad \frac{\sin^2\phi}{\cos^2\phi} + 1 = \frac{1}{\cos^2\phi}, \quad \tan^2\phi + 1 = n_T^2, \quad \tan\phi = \sqrt{n_T^2 - 1}$

따라서 **선회반지름은 선회하중배수(n_T)와 반비례** 관계이며, 작은 선회반지름으로 선회비행하는 항공기는 큰 하중을 받음을 확인할 수 있다.

선회율(rate of turn, ω)은 얼마나 빨리 선회하는지를 나타내는 지표로서 시간당 각도 변화로 표현하므로 일반적으로 각속도(ω)와 같은 개념이다. 선회속도(V_T)는 '각속도(ω) × 선회반지름(R)'으로 정의하므로 각속도는 '선회속도 ÷ 선회반지름'이 된다.

$$V_T = \omega R, \quad \omega = \frac{V_T}{R}$$

앞서 선회반지름은 다음과 같이 정의하였다.

$$R = \frac{V_T^2}{g \tan\phi} = \frac{V_T^2}{g\sqrt{n_T^2 - 1}}$$

그러므로 선회율도 선회경사각(ϕ)과 선회하중배수(n_T)로 다음과 같이 정의하는 것이 가능하다. 즉, **높은 선회율은 큰 선회경사각으로 얻을 수 있으며, 큰 선회경사각은 작은 선회반지름에서 발생**한다.

큰 선회경사각과 작은 선회반지름으로 급선회비행 중인 Boeing F/A-18F. 선회 중 실속 방지와 양력 증가를 위하여 큰 받음각 상태에서 비행하므로 스트레이크(strake)에서 강한 와류가 발생하고 있다. 앞전에 장착된 고양력장치인 앞전 플랩도 전개된 것을 볼 수 있다. 전투기의 앞전 플랩은 고(高)받음각 비행이나 선회비행 중 자동으로 전개되어 실속을 방지하고 양력을 증가시킨다.

$$\omega = \frac{V_T}{R} = \frac{V_T}{\dfrac{V_T^2}{g \tan \phi}} \quad \text{또는} \quad \omega = \frac{V_T}{R} = \frac{V_T}{\dfrac{V_T^2}{g \sqrt{n_T^2 - 1}}}$$

$$\text{선회율:} \quad \omega = \frac{g \tan \phi}{V_T} = \frac{g \sqrt{n_T^2 - 1}}{V_T}$$

따라서 선회반지름은 선회속도에 비례하고, 선회경사각에 반비례한다. 일반적으로 전투기의 공중전(dogfight) 비행성능을 가늠하는 기준은 최고속도·가속성능·상승률·선회비행성능 등이며, 가능한 한 작은 반지름으로 지속 선회가 가능한 전투기는 근접 공중전에서 유리하다. 앞서 살펴본 바와 같이, 최소 선회반지름은 매우 낮은 선회속도와 큰 선회경사각 조건에서 발생한다. 큰 선회경사각은 큰 선회양력을 요구하므로 **선회비행 중 양력 증가를 위하여 받음각(α)을 증가시키거나 고양력장치인 앞전 플랩 또는 슬랫(slat)을 사용**하기도 한다.

7.2 pull up 비행

(1) 운동방정식

pull up 비행은 수평비행 상태에서 갑자기 기수를 들고 상승하는 기동을 말하는데, 여기서는 해석과 설명을 단순화하기 위하여 일정한 반지름을 가지고 상승하는 경우를 기준으로 한다. 항공기에 원심력과 양력의 수평힘이 균형을 이루는 것은 앞서 설명한 선회비행과 유사하지만, 선회비행은 수평면이 기준인 반면 **pull up 비행은 수직면을 기준으로 일정 반지름(R)을 이루는 경로로 고도 증가, 즉 상승**하는 경우이다. 일반적으로 기수를 들기 전에 충분히 가속하여 운동에너지를 증가시킨 상태에서 고도를 높이게 된다. pull up을 시작하는 위치에서의 속도를 pull up 속도(V_{PU})라고 하고, 이를 이용하여 원심력(F_c)을 정리하면 다음과 같다.

$$F_c = m \frac{V_{PU}^2}{R} = \frac{W}{g} \frac{V_{PU}^2}{R}$$

이때 원심력과 균형을 이루는 힘(F_r)은 [그림 7-4]와 같이 pull up 회전축으로 향하는 힘으로서 양력(L)과 중력(W)의 차이라고 할 수 있다. 그리고 회전축으로 향하는 힘을 편의상 구심력으로 부르기로 한다.

$$F_r = L - W$$

pull up 비행 중에도 원심력과 구심력은 균형을 이루게 되므로($F_c = F_r$), 이에 따라 pull up 비행에 대한 항공기의 운동방정식을 다음과 같이 정리할 수 있다.

$$\text{pull up 비행 운동방정식: } \frac{W}{g} \frac{V_{PU}^2}{R} = L - W$$

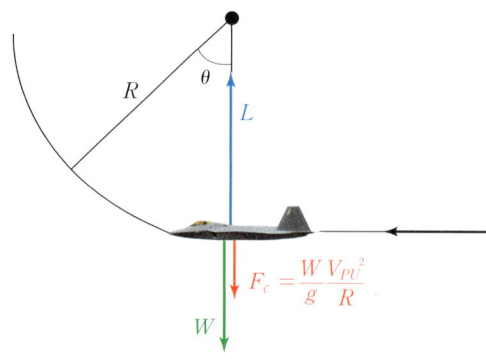

[그림 7-4] pull up 비행 중 항공기에 작용하는 힘의 균형

(2) 선회반지름

pull up 비행 중 발생하는 하중배수(load factor)는 $n = L/W$ 이므로 구심력은 다음과 같이 정리할 수 있다.

$$F_r = L - W = W(n - 1)$$

일정한 반지름으로 pull up 비행을 하려면 원심력과 구심력이 같아야 하고, 따라서 다음의 관계식이 성립한다.

$$\frac{W}{g}\frac{V_{PU}^2}{R} = L - W = W(n - 1)$$

$$\frac{V_{PU}^2}{gR} = (n - 1)$$

그러므로 pull up 비행 중 선회반지름(R)은 다음과 같이 정리할 수 있다.

$$\text{pull up 선회반지름}: R = \frac{V_{PU}^2}{g(n - 1)}$$

7.3 pull down 비행

(1) 운동방정식

pull up 비행과 비교되는 pull down 비행은 [그림 7-5]와 같이 배면 수평비행 상태에서 갑자기 기수를 들고 하강하는 기동을 말한다. 즉, 일정 반지름을 기준으로 항공기에 작용하는 원심

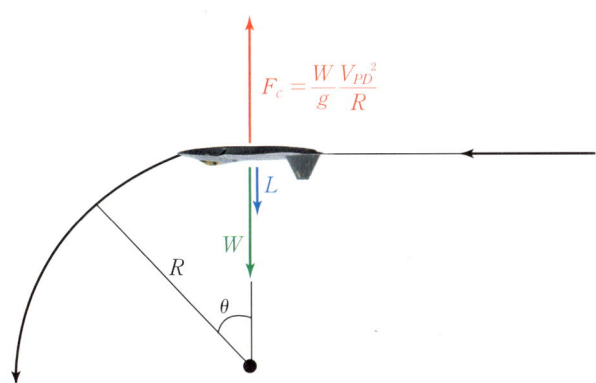

[그림 7-5] pull down 비행 중 항공기에 작용하는 힘의 균형

력과 구심력이 균형을 이루면서 고도를 낮추는 비행 패턴이다. 하강비행과 유사하고, 저속상태라고 해도 위치에너지가 있기 때문에 pull down 직전에 가속이나 추력의 증가가 필요하지 않다.

pull down 비행을 시작하는 위치에서의 속도를 pull down 속도(V_{PD})라고 정의하고, 이를 이용하여 원심력을 정리하면 다음과 같다.

$$F_c = m\frac{V_{PD}^2}{R} = \frac{W}{g}\frac{V_{PD}^2}{R}$$

또한, pull down 비행 중에는 양력의 방향이 중력과 동일하므로 그림에 나타낸 바와 같이 기준축 쪽으로 향하는 구심력은 양력(L)과 중력(W)의 합이다.

$$F_r = L + W = W(n+1)$$

pull down 비행 중에도 원심력과 구심력이 균형을 이루고($F_c = F_r$), 이에 따라 다음과 같이 pull down 비행 중 운동방정식을 나타낼 수 있다.

$$\text{pull down 비행 운동방정식: } \frac{W}{g}\frac{V_{PD}^2}{R} = L + W$$

(2) 선회반지름

pull down 비행 중 원심력과 구심력의 균형 관계식이 다음과 같이 정리되고, 이를 통하여 pull down 비행 중 발생하는 하중배수(n)와 선회반지름(R)의 관계식을 유도할 수 있다.

$$\frac{W}{g}\frac{V_{PD}^2}{R} = L + W = W(n+1)$$

$$\frac{V_{PD}^2}{gR} = (n+1)$$

$$\text{pull down 선회반지름: } R = \frac{V_{PD}^2}{g(n+1)}$$

7.4 loop 비행

앞서 살펴보았던 pull up과 pull down이 결합한 비행 패턴을 loop 비행 또는 '키돌이비행'이라고 한다. loop 비행 중에는 항공기가 가속하여 운동에너지가 최대인 상태에서 pull up하여 일정 반지름으로 상승하고, 최대 위치에너지를 가지는 최고고도에서 pull down하여 하강한다.

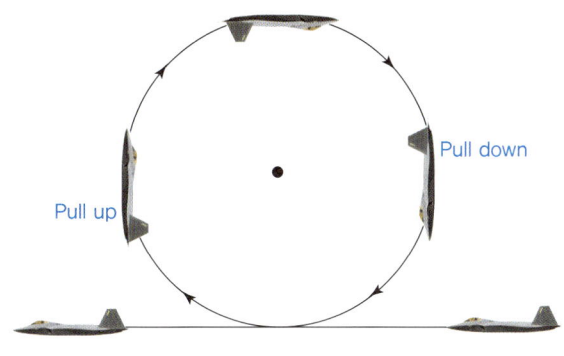

[그림 7-6] loop 비행

loop 기동 중인 공중 곡예기. loop 비행은 일반적인 비행 패턴은 아니고 곡예비행에서 선보이는 특수 비행 패턴으로서 원심력과 중력의 영향으로 위치에 따른 하중배수(n)값의 변화가 크다.

즉, loop 비행은 수직면을 기준으로 일정한 반지름의 원(circle)을 그리며 상승 및 하강 비행하는 것을 말한다. 일정 위치에서 pull up하여 상승하고 **상단점이라고 부르는 가장 높은 고도**에 이른 후 다시 pull down 비행을 통하여 하강, **가장 낮은 고도에 해당하는 하단점**을 지나는 비행 패턴이다. 이를테면 상단점과 하단점은 loop 비행에 의하여 만들어지는 원의 맨 위와 맨 아래에 해당한다. 그리고 상단점과 하단점에서의 운동방정식은 각각 pull down 비행과 pull up 비행의 운동방정식과 같다.

하지만 상단점과 하단점에서의 항공기 비행속도는 서로 다르다. 원을 그리며 상승하는 pull up 비행은 상승비행과 유사하기 때문에 가능한 한 큰 추력과 높은 속도로 하단점에서 pull up 비행을 시작한다. 그런데 상승하면서 점점 속도가 감소하다가 가장 높은 고도 위치인 상단점을 지날 때는 속도가 가장 낮아지고, 이어 pull down을 시작할 때는 위치에너지 때문에 다시 가속하게 된다. 그러므로 loop 비행 중 **하단점에서 최대가 되고, 상단점에서 최소가 되는 속도의 변화**가 발생한다.

항공기는 정상적인 자세로 하단점을 지나 pull up하지만 상단점을 지날 때는 항공기가 뒤집어지는 배면비행을 하므로 양력의 방향도 바뀌게 되고, 따라서 항공기의 하중배수(n)도 변화하게 된다.

(1) 선회반지름

항공기의 **속도(V)와 관련된 운동에너지**(kinetic energy, E_k)는 다음과 같이 정의되므로 속도가 증가하면 항공기의 운동에너지도 증가하게 된다.

$$E_k = \frac{1}{2}mV^2 = \frac{1}{2}\frac{W}{g}V^2$$

항공기의 고도(h), 즉 **위치와 관련된 위치에너지**(potential energy, E_p)는 다음과 같이 정의하는데, 고도가 높아지면 위치에너지가 증가한다.

$$E_p = mgh = \frac{W}{g}gh = Wh$$

그러므로 속도가 빨라지면 운동에너지가 증가하고, 고도가 높아지면 위치에너지가 증가하게 된다. 하단점에서의 속도와 고도가 각각 V_1과 h_1이라면 하단점에서의 운동에너지(E_{k_1})와 위치에너지(E_{p_1})는 다음과 같다.

$$E_{k_1} = \frac{1}{2}\frac{W}{g}V_1^2, \quad E_{p_1} = Wh_1$$

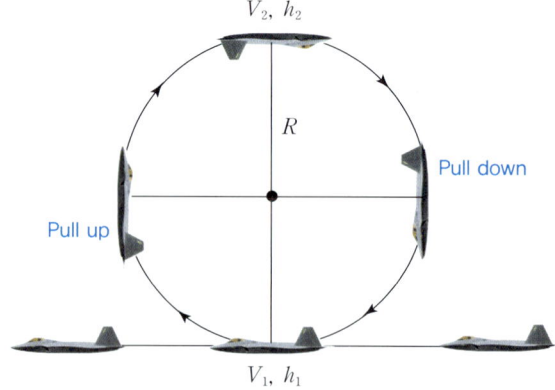

[그림 7-7] loop 비행 중 운동에너지와 위치에너지의 변화

상단점에서의 속도와 고도가 각각 V_2와 h_2라면 상단점에서의 운동에너지(E_{k_2})와 위치에너지(E_{p_2})는 다음과 같이 나타낼 수 있다.

$$E_{k_2} = \frac{1}{2}\frac{W}{g}V_2^2, \quad E_{p_2} = Wh_2$$

그런데 **하단점에서는 속도가 최대, 고도는 최소가 되므로 운동에너지가 최대, 위치에너지는 최소**가 된다. 반대로 **상단점에서는 속도가 최소, 고도가 최대가 되므로 운동에너지는 최소, 위치에너지는 최대**가 된다. 즉 하단점에서는 운동에너지가 증가하지만 그만큼 위치에너지가 감소하고, 반대로 상단점에서는 운동에너지가 감소하는 만큼 위치에너지가 증가하게 된다. 이는 운동에너지와 위치에너지의 합은 항상 일정하다는 역학적 에너지 보존법칙으로 설명할 수 있다.

그러므로 하단점과 상단점의 운동에너지 차($E_{k_1} - E_{k_2}$)는 상단점과 하단점의 위치에너지의 차($E_{p_2} - E_{p_1}$)와 같다고 할 수 있다. 이를 토대로 다음과 같은 관계식을 정의할 수 있다.

$$E_{k_1} - E_{k_2} = E_{p_2} - E_{p_1}$$

$$\frac{1}{2}\frac{W}{g}V_1^2 - \frac{1}{2}\frac{W}{g}V_2^2 = Wh_2 - Wh_1$$

$$\frac{1}{2g}(V_1^2 - V_2^2) = (h_2 - h_1)$$

그런데 loop 비행 중 상단점과 하단점의 고도 차이($h_2 - h_1$)는 loop 비행에 의한 원의 지름, 즉 loop 비행 선회반지름의 두 배($2R$)와 같다. 그러므로 다음과 같이 선회반지름을 하단점과 상단점에서의 속도로 나타낼 수 있다.

$$\frac{1}{2g}(V_1^2 - V_2^2) = 2R$$

$$\text{loop 비행 선회반지름}: R = \frac{1}{4g}(V_1^2 - V_2^2)$$

(2) 하중배수 변화

앞서 설명한 바와 같이, pull down과 pull up 비행의 선회반지름은 다음과 같다.

$$\text{pull up}: R = \frac{V_{PU}^2}{g(n-1)}$$

$$\text{pull down}: R = \frac{V_{PD}^2}{g(n+1)}$$

loop 비행을 하는 항공기의 속도와 하중배수는 하단점과 상단점에서 각각 달라진다. 하단점에 기준한 속도와 하중배수를 각각 V_1과 n_1 그리고 상단점 기준으로 각각 V_2와 n_2로 구분하여

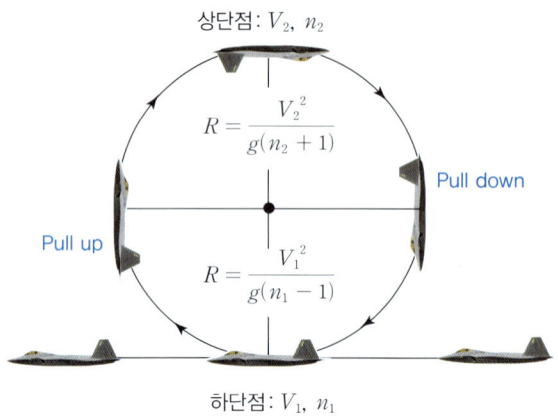

[그림 7-8] loop 비행 중 상단점과 하단점에서의 선회반지름

pull up과 pull down 선회반지름을 다음과 같이 표현할 수 있다.

$$하단점: R = \frac{V_1^2}{g(n_1 - 1)}$$

$$상단점: R = \frac{V_2^2}{g(n_2 + 1)}$$

loop 비행은 일정 반지름의 원을 그리는 비행이고, loop 비행을 구성하는 pull up 비행의 선회반지름과 pull down 비행의 선회반지름은 동일하므로 다음과 같은 선회반지름의 관계식이 성립한다.

$$R = \frac{V_1^2}{g(n_1 - 1)} = \frac{V_2^2}{g(n_2 + 1)}$$

만약, 상단점에서 원심력$\left(F_c = \frac{W}{g}\frac{V_2^2}{R}\right)$과 중력($W$)이 균형을 이루는 경우를 고려하여 보자. 상단점, 즉 pull down 비행을 시작하는 위치에서의 운동방정식은 다음과 같다.

$$\frac{W}{g}\frac{V_2^2}{R} = L_2 + W$$

그리고 상단점에서 원심력과 중력이 균형을 이루는 경우, 상단점에서 양력(L_2)은 없다.

$$\frac{W}{g}\frac{V_2^2}{R} = W, \quad L_2 = 0$$

상단점에서 양력이 없으면 하중배수(n_2)는 0이 된다.

$$n_2 = \frac{L_2}{W} = 0$$

상단점 기준 loop 비행의 선회반지름은 다음과 같이 표현된다.

$$R = \frac{V_2^2}{g(n_2 + 1)}$$

따라서 상단점에서의 하중배수가 $n = 0$일 때, 선회반지름은 다음과 같다.

$$V_2^2 = gR$$

아울러 loop 비행의 선회반지름은 다음과 같이 정의하였기 때문에 위의 결과를 대입하면 다음과 같다.

$$R = \frac{1}{4g}(V_1^2 - V_2^2)$$

$$R = \frac{1}{4g}(V_1^2 - gR)$$

$$4gR = V_1^2 - gR \qquad V_1^2 = 5gR$$

즉, 상단점에서 $n_2 = 0$일 때, $V_1^2 = 5gR$이고 $V_2^2 = gR$가 된다. 이를 관계식에 대입하면 다음과 같다.

$$\frac{V_1^2}{g(n_1 - 1)} = \frac{V_2^2}{g(n_2 + 1)}$$

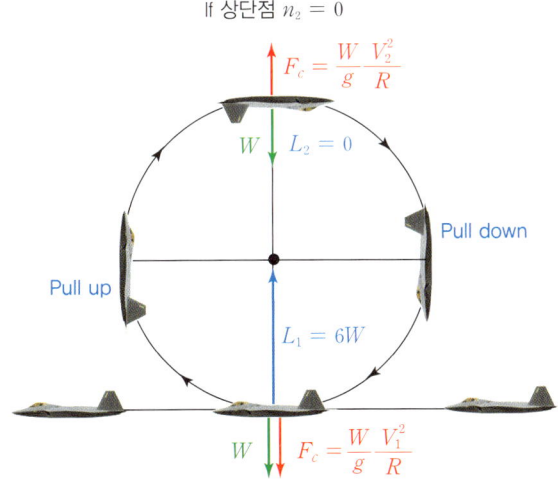

[그림 7-9] loop 비행 중 하중배수(n)의 변화

$$\frac{5gR}{g(n_1-1)} = \frac{gR}{g(0+1)}$$

$$\frac{5R}{(n_1-1)} = R$$

$$5R = Rn_1 - R$$

$$n_1 = 6$$

loop 비행 중 상단점의 하중배수 $n_2 = 0$일 때 하단점의 하중배수 $n_1 = 6$

따라서 상단점에서 원심력과 중량이 균형을 이루어 양력이 없을 때 **하단점에서의 양력은 중량의 6배까지 증가**한다. 이는 loop 비행 중 항공기에 발생하는 하중의 변화를 나타내는 예시로 상단점을 지날 때는 항공기에 작용하는 하중은 크지 않지만 하단점을 지날 때 하중이 급증함을 알 수 있다.

7.5 하중배수

선회비행과 loop 비행 등의 급기동을 할 때 항공기에 발생하는 양력은 수평비행할 때보다 증가함을 앞서 살펴보았다.

하중배수(load factor, n)는 비행 중인 항공기가 발생시키는 양력과 기체에 작용하는 중력, 즉 중량의 비로 표현하였다.

$$n = \frac{L}{W}$$

하중배수가 증가할수록, 즉 양력이 중량보다 커질수록 항공기 날개·동체 등의 기체 구조에 가해지는 하중이 증가한다. 또한, 고속비행 중에 항공기에 작용하는 공기력이나 급기동 중에 발생하는 원심력 등도 하중에 포함된다.

항공기가 수평비행(level flight)을 할 때는 양력과 중량이 같으므로 수평비행 중 양력을 L_L로 정의하면 이를 $L_L = W$로 나타낼 수 있다. 그러므로 하중배수를 양력(L)과 수평비행 중 양력(L_L)의 비로 다음과 같이 표현할 수도 있다.

$$n = \frac{L}{W} = \frac{L}{L_L}$$

7.6 V-n 선도

앞서 살펴본 바와 같이, loop 비행과 같은 급기동을 하면 항공기에 작용하는 하중은 중량의 6배까지 증가하게 된다. 따라서 큰 하중이 발생하는 비행 패턴을 비행하는 항공기는 구조강도를 높여 항공기가 견디는 하중배수의 범위를 확대해야 하고, 허용된 하중배수 범위 내에서 안전하게 비행해야 한다. 비행 패턴뿐만 아니라 비행속도가 증가하면 양력이 증가하고, 항공기에 작용하는 공기력도 커지고, 따라서 하중배수도 증가하게 된다. 그러므로 항공기의 구조설계를 하거나 항공기를 운항할 때, 비행 패턴 또는 비행속도에 따른 하중배수의 범위와 한계가 제시된 자료가 요구되는데 대표적인 것이 V-n 선도이다.

V-n 선도(V-n diagram)는 비행속도(V)에 대한 하중배수(n)의 관계를 나타낸 그래프이다. 즉, 다양한 비행단계 또는 비행 패턴 중 변화하는 비행속도에 대하여 항공기가 안전하게 운용될 수 있는 구조하중의 범위와 한계가 V-n 선도에 명시된다. 구조하중의 한계는 비행의 안전성과 직접 관련되므로 항공기를 설계하고 제작할 때, 국가별로 항공기술기준(미국의 경우 FAR 23, 25 또는 MIL-A 8861)을 토대로 설정된다.

가로축은 속도(V), 세로축은 하중배수(n)로 표시하며, 안전운용 영역(연한 청색 부분) 내에서의 속도와 하중으로 비행해야 항공기의 구조적 안전이 보장된다. [그림 7-10]은 V-n 선도의 구성요소를 나타낸 것이다.

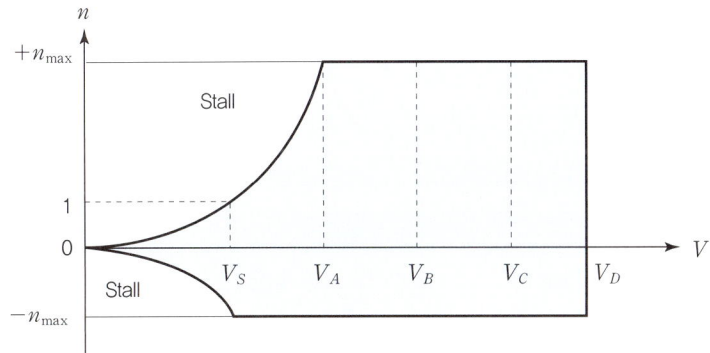

[그림 7-10] V-n 선도

(1) 설계제한 하중배수

설계제한 하중배수(n_{max})는 항공기 구조가 견딜 수 있는 최대하중배수로서 설계제한 하중배수 이상에서 운용될 때 항공기 구조에 무리가 간다. 설계제한 하중배수는 작용 방향에 따라 다음과 같이 두 가지로 구분된다.

- $+n_{max}$: 양(+)의 하중(양력 방향)에 대한 설계제한 하중배수
- $-n_{max}$: 음(−)의 하중[음(−)의 받음각에 따른 아래 방향 양력 발생]에 대한 설계제한 하중배수

V-n 선도에서 설계제한 하중배수는 [그림 7-11]과 같이 안전운영영역의 위와 아래의 경계를 설정한다.

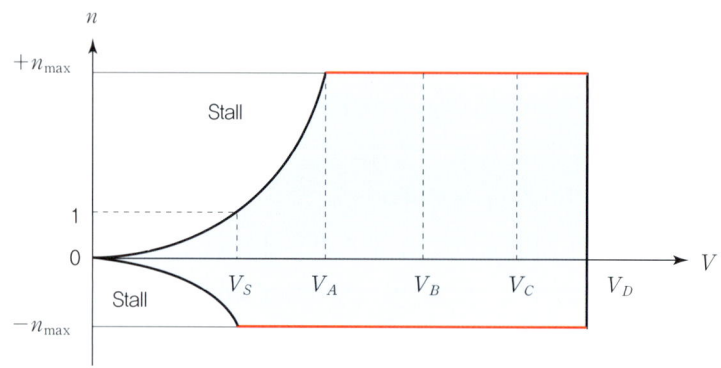

[그림 7-11] V-n 선도에서 설계제한 하중배수($+n_{max}$, $-n_{max}$)의 정의

항공기의 비행특성 및 임무에 따라 항공기기술기준이 정하는 설계제한 하중배수는 달라진다. 순항 위주로 비행하는 민간 여객기는 설계제한하중이 $n_{max} = -1 \sim 3$인 반면, 급기동을 하는 전투기는 $n_{max} = -3 \sim 9$에 이른다. 항공기의 구조가 튼튼하여 설계제한 하중배수의 범위가 크다면 급기동을 포함하여 다양한 패턴의 비행이 가능한 장점이 있는 반면, 항공기의 중량이 증가하는 단점이 있다. 그러므로 민간 여객기 또는 군용 수송기 등 급기동성능이 요구되지 않는 항공기 종류는 설계제한 하중배수의 범위를 축소하여 기체 중량을 절감해야 한다.

[표 7-1] 군용 항공기 형식에 따른 설계제한 하중배수(MIL-A 8861)

aircraft type	$+n_{max}$	$-n_{max}$
전투기(fighter)	8.67	−3.00
공격기(attack plane)	7.33	−3.00
연습기(trainer)	5.67	−2.33
소형 폭격기(small bomber)	3.67	−1.67
중형 폭격기 및 중형 수송기 (medium bomber, medium transport plane)	2.50	−1.00
대형 폭격기 및 대형 수송기 (heavy bomber, heavy transport plane)	2.00	−1.00

(2) 실속속도

실속속도(V_s)는 항공기가 수평비행, 즉 $L = W$를 유지할 수 있는 가장 낮은 비행속도를 말한다. 받음각을 최대받음각 또는 실속받음각까지 높이고 날개에서 최대양력계수($C_{L_{max}}$)를 발생시키면 가장 낮은 속도인 실속속도에서도 수평비행상태를 유지할 수 있다. 그러므로 실속속도를 다르게 정의하면 **최대양력계수에서 비행할 때 가장 낮은 속도**라고 할 수 있다.

$$L = W = C_L \frac{1}{2} \rho V^2 S = C_{L_{max}} \frac{1}{2} \rho V_S^2 S$$

$$V_s = \sqrt{\frac{2W}{\rho S C_{L_{max}}}}$$

실속속도는 수평비행 기준이고, 따라서 $L = W$이므로 실속속도에서의 하중배수는 $n = 1$이 된다. 그러므로 V-n 선도에서 **실속속도는 하중배수축의 $n = 1$에 대응되는 속도**로 정의된다. 실속속도 이하에서 비행하는 것은 하중과 관련된 문제는 없기 때문에 항공기 구조에 무리가 가지는 않지만, 공기역학적으로 비행이 불가능한 상태가 된다.

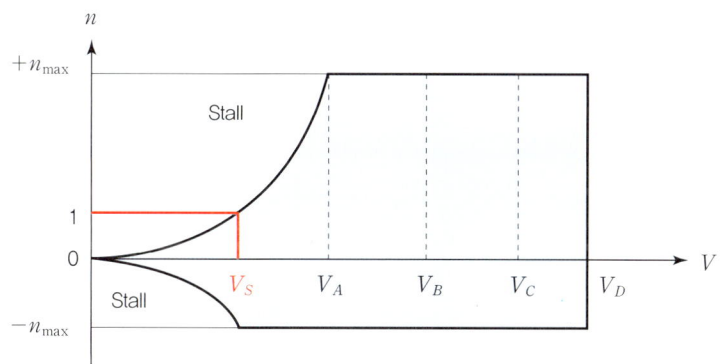

[그림 7-12] V-n 선도에서 실속속도(V_s)의 정의

(3) 설계기동속도

실속속도는 최대양력계수가 발생하는 최대받음각 또는 실속받음각 상태에서 수평을 유지하면서 비행할 수 있는 가장 낮은 속도이지만, 실제로 최대양력계수를 유지하면서 실속속도 이상의 속도로 수평비행을 할 수 있다. 이때 항공기에서 발생하는 양력은 중력보다 커져서 하중배수가 1보다 커지며($L > W$), 속도가 높아질수록 양력이 커지므로 하중배수는 더욱 증가하게 된다. 즉, **설계기동속도**(V_A)는 최대양력계수가 발생하는 최대받음각(실속받음각)에서 실속속도 이상의 속도로 비행하면서 증가하는 양력 때문에 하중배수가 설계제한 하중배수(n_{max})에 도달할 때의 속도를 말한다.

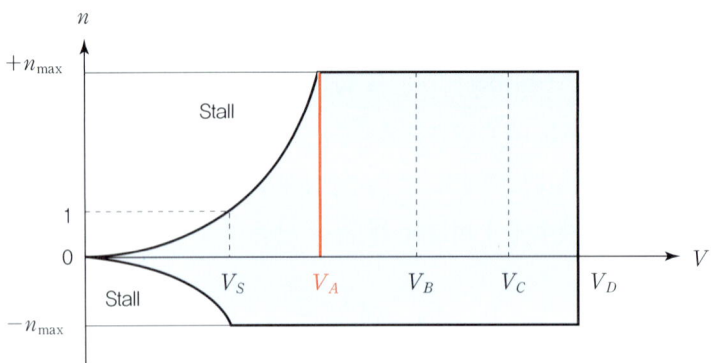

[그림 7-13] V-n 선도에서 설계기동속도(V_A)의 정의

한편, 작은 선회반지름으로 선회비행을 하는 경우에는 실속에 들어가지 않기 위하여 받음각을 증가시켜 양력계수를 높여야 한다. 즉, **선회반지름의 감소를 위하여 최대양력계수에서 선회 중인 항공기가 설계제한하중을 받는다면 이때의 속도 역시 설계기동속도에 해당한다.** 설계기동속도 이하에서는 항공기가 어떤 비행 조작을 해도 구조상 안전하다.

하중배수는 $n = L/W$로 정의하므로 수평비행 중 속도 변화에 대한 하중배수 n은 다음과 같이 나타낼 수 있다.

$$n = \frac{L}{W} = \frac{C_{L_{max}} \frac{1}{2} \rho V^2 S}{C_{L_{max}} \frac{1}{2} \rho V_S^2 S} = \frac{V^2}{V_S^2}$$

여기서, L은 최대양력계수($C_{L_{max}}$)가 발생하는 받음각으로, 실속속도(V_S) 이상의 비행속도(V)로 수평비행할 때의 양력을 나타낸다. 그리고 비행속도(V)만 변수이고 실속속도(V_S), 최대양력계수($C_{L_{max}}$), 밀도(ρ)는 상수이므로 하중배수 n은 비행속도의 제곱(V^2)에 비례하고, 따라서 [그림 7-14]와 같이 V-n 선도에서 포물선으로 정의된다. 즉, 포물선은 실속속도(V_S)에서 설계기동속도(V_A)까

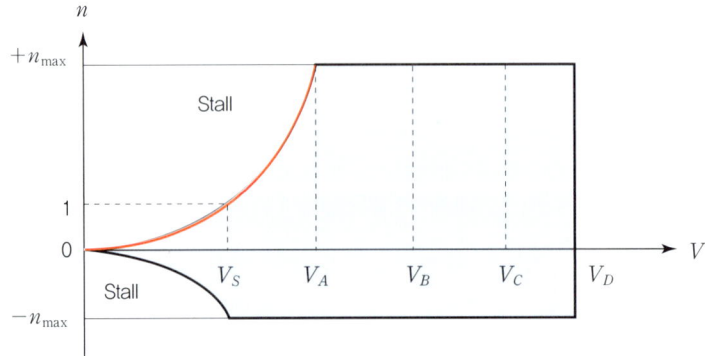

[그림 7-14] V-n 선도에서 양(+)의 하중배수(+n_{max}) 발생 구간

지 최대양력계수가 발생하는 최대받음각(실속받음각) 상태에서 속도를 증가시킬 때 발생하는 하중배수(n)의 증가를 나타낸다. 그리고 비행속도가 설계기동속도(V_A)를 초과하여 설계제한 하중배수($+n_{max}$)를 넘어서면 항공기 구조에 무리가 발생한다. 설계기동속도(V_A)는 수평비행 또는 선회비행 중 최대받음각에서 설계제한 하중배수($+n_{max}$)에 이르게 될 때의 비행속도인데, 이를 다르게 표현하면 **최대받음각에서의 구조강도가 허용하는 최고속도**이다. 그림에서 'Stall'로 표시된 영역에 들어간다는 것은 받음각이 최대받음각(실속받음각)보다 높아져 항공기가 실속에 들어감을 의미한다.

또한, 항공기가 0보다 작은 음(-)의 받음각을 가지면 음(-)의 양력계수가 발생한다. 따라서 음(-)의 최대받음각(실속받음각)에서 음(-)의 최대양력계수가 발생한다. 음(-)의 최대양력계수를 유지하며 속도를 증가시키면 하중배수(n)가 음(-)의 방향으로 증가하고 음(-)의 설계제한 하중배수($-n_{max}$)에 이르게 되는데, 이러한 음(-)의 하중배수의 변화를 [그림 7-15]에 표시하였다.

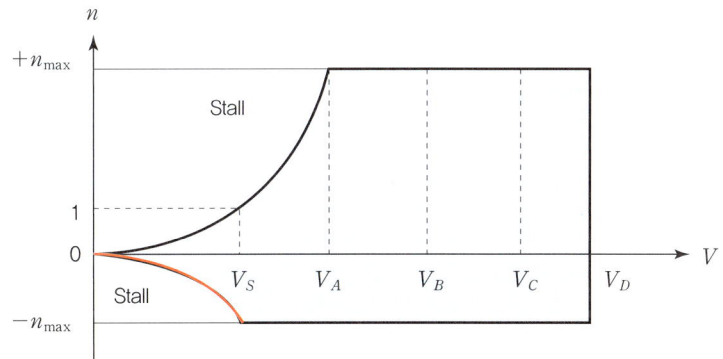

[그림 7-15] V-n 선도에서 음(-)의 하중배수($-n_{max}$) 발생구간

설계기동속도에 대하여 좀 더 알아보도록 하자. 설계기동속도는 최대양력계수 상태에서 발생하므로 이때의 양력은 최대양력(L_{max})이라고 할 수 있다.

$$L_{max} = C_{L_{max}} \frac{1}{2} \rho V_A^2 S$$

그러나 항공기의 중량(W)은 항공기에 작용하는 하중의 증감과 관계없다. 가장 낮은 속도, 즉 실속속도(V_s)에서 양력을 중량만큼 발생시키기 위하여 항공기가 최대양력계수($C_{L_{max}}$) 상태에서 비행해야 하므로 중량과 일치하는 양력은 다음과 같이 최대양력계수와 실속속도로 정의할 수 있다.

$$W = L = C_{L_{max}} \frac{1}{2} \rho V_S^2 S$$

설계제한 하중배수($+n_{max}$)는 최대양력(L_{max})이 발생할 때의 하중배수이므로 다음과 같이 설계기동속도(V_A)와 실속속도(V_S)의 비로 나타낼 수 있다.

$$+n_{max} = \frac{L_{max}}{W} = \frac{C_{L_{max}} \frac{1}{2} \rho V_A^2 S}{C_{L_{max}} \frac{1}{2} \rho V_S^2 S} = \frac{V_A^2}{V_S^2}$$

따라서 설계기동속도(V_A)는 항공기의 실속속도(V_S)와 설계제한 하중배수($+n_{max}$)가 결정되면 다음 식을 통하여 계산할 수 있다.

$$+n_{max} = \frac{V_A^2}{V_S^2}, \quad V_A = V_S \sqrt{+n_{max}}$$

(4) 설계돌풍속도

항공기가 수평비행을 할 때 항공기 아래로부터 위로 돌풍(gust)을 받으면 받음각이 증가하고, 따라서 양력이 증가하여 하중배수가 높아진다. 그러므로 **설계돌풍속도(V_B)는 수평비행 중 돌풍 등의 외부 교란으로 양력과 하중배수가 증가하여 설계제한 하중배수($+n_{max}$)에 도달할 때의 속도**를 말한다.

다음에 설명할 설계순항속도(V_C)는 수평비행 상태에서의 최고속도로, 속도가 높아짐에 따라 양력이 증가하여 설계제한하중에 도달하는 속도이다. 이와 비교하여 설계돌풍속도는 수평비행 중 돌풍에 의한 받음각 증가에 따라 제한하중배수에 도달하는 속도이므로 수평비행 중 최고속도인 설계순항속도보다 낮은 속도로 정의된다.

$$V_C > V_B$$

즉, 아래에서 위로 돌풍이 불어서 위로 향하는 수직속도 성분이 발생하면 수평으로 불어오던 상대풍의 방향이 비스듬하게 위로 향하게 된다. 이는 받음각이 커짐을 의미하고, 이에 따라 양

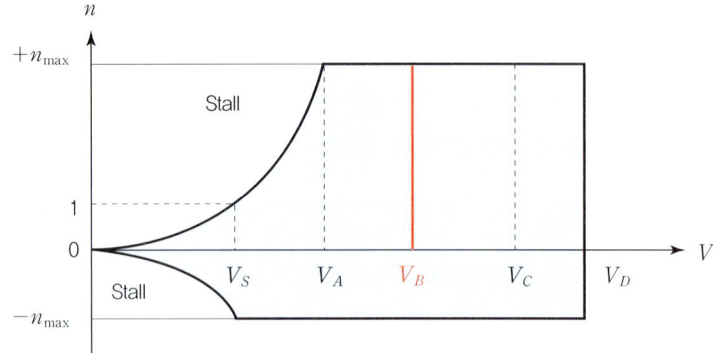

[그림 7-16] V-n 선도에서 설계돌풍속도(V_B)의 정의

력 및 하중배수가 과도하게 증가하여 설계제한 하중배수를 넘으면 항공기의 구조 파손으로 이어지게 된다.

(5) 설계순항속도

항공기가 순항비행, 즉 수평비행 중 속도를 높이면 양력이 증가하는데, 이에 따라 하중배수가 증가하여 설계제한 하중배수($+n_{max}$)에 도달할 때의 속도를 설계순항속도(V_C)라고 한다. 그러므로 **순항비행 중 항공기의 구조강도가 허용하는 최고속도**라고 볼 수 있다.

미국 항공기술기준인 FAR 25에서는 설계순항속도(V_C)는 설계돌풍속도(V_B)보다 43 kts(약 80 km/hr) 이상 높은 속도로 정의한다.

$$V_C \geq V_B + 43 \text{ kts}$$

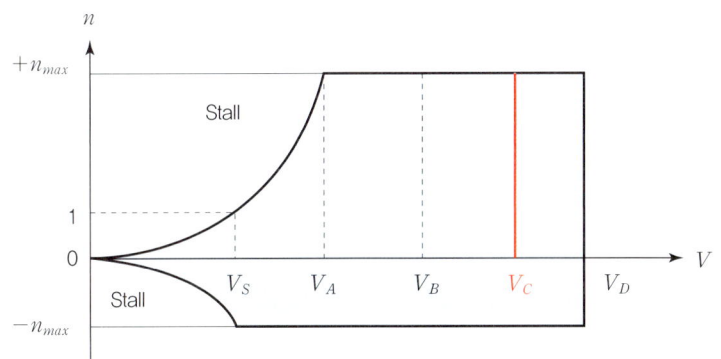

[그림 7-17] V-n 선도에서 설계순항속도(V_C)의 정의

(6) 설계급강하속도

급강하(dive)란 항공기가 수직에 가까운 큰 하강각으로 하강하는 비행 패턴을 말한다. 항공기가 수평을 유지하며 비행할 때는 중력과 균형을 이루는 양력이 필요한데, 과도한 양력의 발생은 날개 등 항공기 기체의 구조하중을 높인다. 하지만 거의 수직으로 하강하는 급강하비행 중에는 양력보다는 항공기의 기체에 작용하는 공기력 때문에 구조하중이 증가한다. 즉, 급강하할 때의 속도는 매우 높아서 상대풍의 공기력이 기체에 작용할 때 발생하는 동압이 항공기 구조강도가 한계에 도달하게 한다. 또한, 항공기의 기체 위로 고속유동이 흐르면서 기체 구조물이 진동하는 고속 버피팅(high-speed buffeting)도 심각한 구조 손상을 유발한다.

따라서 **설계급강하속도(V_D)는 급강하할 때 항공기에 작용하는 동압에 의하여 설계제한 하중배수($+n_{max}$)에 도달할 때의 속도**를 말한다. V-n 선도에 표시되는 속도 중 가장 빠른 속도이므로 사실상 **구조강도의 허용 범위 내에서 항공기가 낼 수 있는 최고속도**이다. 미국 항공기술기준

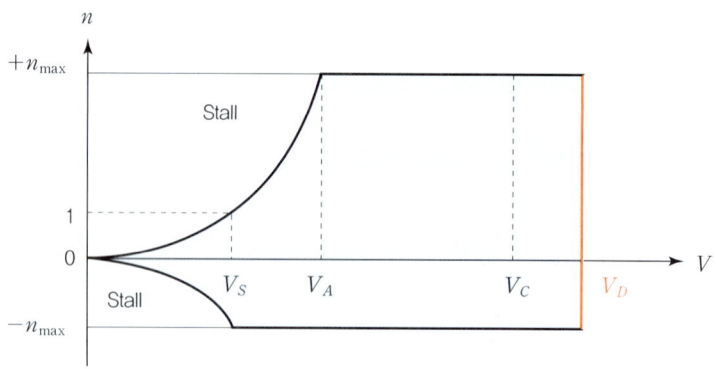

[그림 7-18] V-n 선도에서 설계급강하속도(V_D)의 정의

인 FAR 23, 25에서 설계급강하속도는 설계순항속도(V_C)보다 25% 높은 속도로 규정하고 있다.

$$V_D = 1.25 V_C$$

설계순항속도가 설계급강하속도보다 낮은 이유는 다음과 같다. 항공기가 수평으로 순항할 때 비행속도가 증가하면서 양력이 커지고 이에 따라 구조하중이 증가하는데, 이러한 하중의 증가는 급강하할 때 항공기에 작용하는 동압에 의한 하중의 증가보다 더 크다. 그러므로 설계순항속도는 설계급강하속도보다 낮은 비행속도에서 설계제한 하중배수에 도달한다.

따라서 V-n 선도에 제시되는 속도를 낮은 속도에서 높은 속도의 순으로 나열하면 다음과 같다.

실속속도(V_S) < 설계기동속도(V_A) < 설계순항속도(V_C) < 설계급강하속도(V_D)

정리하면 항공기의 최저속도는 실속속도인데, 이는 구조하중과 연관된 속도가 아니라 비행속도가 너무 낮아 날개 주위로 공기가 원활하게 흐르지 않고, 유동박리(flow separation)되어 실속할 때의 속도이다. 그리고 최고속도는 설계급강하속도이다.

태평양 전쟁 초기 미국 해군의 주력 전투기는 F4F Wildcat(아래)이고, 일본 해군은 A6M Zero 전투기(위)였다. 방어력을 중요시한 미국 해군의 F4F는 견고하게 제작되어 최대이륙중량이 3,400 kgf이고, 기동성능을 중요시한 일본 해군의 A6M의 최대이륙중량은 약 2,800 kgf이었기 때문에 F4F보다 약 18% 가벼웠다. 중량이 중요 요소로 작용하는 상승률을 비교하면 F4F의 상승률은 약 2,300 ft/min인 반면, A6M은 약 3,000 ft/min이나 되었다. 따라서 F4F가 A6M을 격추하기 위하여 추격하는 경우, A6M이 기수를 들어 상승비행에 들어가면 상승률이 낮은 F4F는 쫓아갈 수 없었다. 그러나 가볍게 설계된 일본의 A6M은 설계제한 하중배수가 $n=7$인 반면, 견고하게 제작된 미국 해군의 F4F는 $n=8.5$에 달하였다. 따라서 반대로 F4F가 쫓기는 경우, 기수를 낮추어 급강하에 들어가면 낮은 설계제한 하중배수 때문에 설계급강하속도가 낮은 A6M은 따라올 수 없었다. A6M이 추격을 위하여 F4F와 같은 속도로 급강하하는 경우, 설계제한 하중배수를 초과해 공중분해될 수 있기 때문이다.

CHAPTER 07 SUMMARY

- **선회비행**(turning flight): 수평면을 기준으로 원을 그리며 지속적으로 방향 전환을 하는 비행

- **균형 선회비행**(coordinated turning flight): 원심력과 양력의 수평힘이 균형을 이루며 일정한 반지름으로 원(circle)을 그리며 선회한다.

- 선회비행 중 항공기에 작용하는 원심력: $F_c = m\dfrac{V_T^2}{R} = \dfrac{W}{g}\dfrac{V_T^2}{R}$

  [m: 항공기 질량, W: 항공기 중량(무게), g: 중력가속도, V_T: 선회속도]

- 선회비행 중 항공기에 작용하는 양력의 수평힘: $F_r = L_T \sin\phi$

- 선회비행 운동방정식: $\dfrac{W}{g}\dfrac{V_T^2}{R} = L_T \sin\phi, \quad W = L_T \cos\phi$

- 선회경사각: $\phi = \tan^{-1}\dfrac{V_T^2}{gR}$

  선회경사각은 선회속도(V_T)에 비례하고, 선회반지름(R)에 반비례한다.

- 선회반지름: $R = \dfrac{V_T^2}{g\tan\phi}$

  선회반지름은 선회속도(V_T)에 비례하고, 선회경사각(ϕ)에 반비례한다.

- 선회비행 양력: $L_T = \dfrac{W}{\cos\phi}$

- **하중배수**(load factor, n): 항공기가 만들어 내는 양력(L)에 대한 항공기 중량(W)의 비를 말한다.

  $n = \dfrac{L}{W}$

- 선회하중배수: $n_T = \dfrac{L_T}{W} = \dfrac{L_T}{L_T \cos\phi} = \dfrac{1}{\cos\phi}$

  선회하중배수는 선회경사각(ϕ)에 비례

- **선회율**(rate of turn, ω): 얼마나 빨리 선회하는지를 나타내는 지표로서 시간당 각도 변화로 표시한다.

  선회율(ω) $= \dfrac{g\tan\phi}{V_T} = \dfrac{g\sqrt{n_T^2 - 1}}{V_T}$

  선회율은 선회경사각(ϕ)에 비례하고, 선회반지름(R)에 반비례한다.

- pull up 비행 운동방정식: $\dfrac{W}{g}\dfrac{V_{PU}^2}{R} = L - W \quad (V_{PU}$: pull up 속도)

- pull up 선회반지름: $R = \dfrac{V_{PU}^2}{g(n-1)}$

- pull down 비행 운동방정식: $\dfrac{W}{g}\dfrac{V_{PD}^2}{R} = L + W \quad (V_{PD}$: pull down 속도)

CHAPTER 07 SUMMARY

- pull down 선회반지름: $R = \dfrac{V_{PD}^2}{g(n+1)}$

- loop 비행: 수직면을 기준으로 일정한 반지름의 원(circle)을 그리며 상승 및 하강하는 비행방식이다.

- loop 비행 선회반지름: $R = \dfrac{1}{4g}(V_1^2 - V_2^2)$ (V_1: 하단점 속도, V_2: 상단점 속도)

- loop 비행 중 상단점 하중배수가 $n_2 = 0$일 때, 하단점 하중배수는 $n_1 = 6$이다.

- V–n 선도(V–n diagram): 비행속도(V)에 대한 하중배수(n)의 관계를 나타낸 그래프. 비행속도에 대하여 항공기가 안전하게 운용될 수 있는 구조하중의 범위와 한계를 명시한다.

- 설계제한 하중배수($n_{\max}$): 항공기 구조가 견딜 수 있는 최대하중배수이다.

- 설계기동속도(V_A): 최대양력계수가 발생하는 최대(실속)받음각에서 실속속도 이상으로 비행하면서 증가하는 양력 때문에 하중배수가 설계제한 하중배수에 도달할 때의 속도이다.

- 설계돌풍속도(V_B): 수평비행 중 돌풍 등의 외부 교란을 받아 양력과 하중배수가 증가하여 설계제한 하중배수에 도달할 때의 속도이다.

- 설계순항속도(V_C): 순항비행(수평비행) 중 속도 증가에 따라 양력과 하중배수가 증가하여 설계제한 하중배수에 도달할 때의 속도. 즉, 순항비행 중 항공기의 구조강도가 허용하는 최고속도이다.

- 설계급강하속도(V_D): 급강하비행 중 항공기에 작용하는 동압에 의하여 설계제한 하중배수에 도달할 때의 속도로, 구조강도의 허용 범위 내에서 항공기가 낼 수 있는 최고속도이다.

PRACTICE

01 선회비행 중 원심력과 양력의 수평힘이 같아서 일정한 선회반지름으로 선회하는 것은?

① 관성 선회비행 ② 등속 선회비행
③ 균형 선회비행 ④ 평형 선회비행

해설 원심력과 양력의 수평힘이 균형을 이루며 일정한 반지름으로 원(circle)을 그리며 선회하는 것을 균형 선회비행(coordinated turning flight)이라고 한다.

02 선회비행에 대한 설명 중 사실과 거리가 먼 것은?

① 선회비행 중 양력은 직선 수평비행 중의 양력보다 커야 한다.
② 선회반지름(R)을 작게 하려면 선회경사각(ϕ)이 커야 한다.
③ 선회반지름(R)을 작게 하려면 선회속도(V_T)가 커야 한다.
④ 선회경사각을 크게 하려면 받음각을 크게 하여 양력을 증가시켜야 한다.

해설 선회반지름은 $R = \dfrac{V_T^2}{g \tan \phi}$로 정의하므로 선회반지름과 선회속도($V_T$)는 비례한다.

03 비행기의 선회하중배수(n_T)를 바르게 정의한 것은?

① 선회추력/선회항력
② 선회양력/중량
③ 중량/선회추력
④ 주익면적/선회양력

해설 선회하중배수는 $n_T = \dfrac{L_T}{W}$로 정의한다.

04 비행기가 등속도 수평비행을 하고 있다면 이 비행기에 작용하는 하중배수는?
[항공산업기사 2020년 1회]

① 0   ② 0.5
③ 1   ④ 1.8

해설 하중배수는 $n = \dfrac{L}{W}$로 정의하는데, 수평비행 중에는 $L = W$이므로 하중배수는 $n = 1$이다.

05 항공기 속도와 하중배수를 기준으로 구조역학적으로 항공기의 안전한 비행 범위를 정해주는 그래프는?

① 양력-받음각 그래프
② 항력극곡선
③ 항력-하중 그래프
④ V-n 선도

해설 V-n 선도(V-n diagram)는 비행속도(V)에 대한 하중배수(n)의 관계를 나타낸 그래프로, 비행속도에 대하여 항공기가 안전하게 운용될 수 있는 구조하중의 범위와 한계가 명시되어 있다.

06 전 중량이 4,500 kgf인 비행기가 400 km/hr의 속도, 선회반지름 300 m로 원운동을 하고 있다면 이 비행기에 발생하는 원심력은 약 몇 kgf인가? [항공산업기사 2020년 1회]

① 170   ② 18,900
③ 185,000   ④ 245,000

해설 선회비행 중 항공기에 작용하는 원심력은

$$F_c = \frac{W}{g}\frac{V_T^2}{R} = \frac{4500 \text{ kgf}}{9.8 \text{ m/s}^2} \times \frac{\left(\frac{400}{3.6} \text{ m/s}\right)^2}{300 \text{ m}}$$
$$= 18{,}900 \text{ kgf}$$

이다.

07 비행기의 무게가 2,000 kgf이고 선회경사각이 30°, 150 km/hr의 속도로 정상 선회하고 있을 때 선회반지름은 약 몇 m인가?
[항공산업기사 2019년 4회]

① 214   ② 256
③ 307   ④ 359

해설 선회반지름(R)

$$R = \frac{V_T^2}{g \tan \phi} = \frac{\left(\frac{150}{3.6} \text{ m/s}\right)^2}{9.8 \text{ m/s}^2 \times \tan 30°} = 307 \text{ m}$$ 이다.

정답 1. ③ 2. ③ 3. ② 4. ③ 5. ④ 6. ② 7. ③

08 선회각 ϕ로 정상 선회비행하는 비행기의 하중배수를 나타낸 식은? (단, W는 항공기의 무게이다.) [항공산업기사 2019년 2회]

① $W\cos\phi$ ② $\dfrac{W}{\cos\phi}$
③ $\dfrac{1}{\cos\phi}$ ④ $\cos\phi$

해설 선회하중배수는 $n_T = \dfrac{L_T}{W} = \dfrac{L_T}{L_T\cos\phi} = \dfrac{1}{\cos\phi}$ 로 정의한다.

09 항공기가 선회속도 20 m/s, 선회각 45° 상태에서 선회비행을 하는 경우, 선회반경은 몇 m인가? [항공산업기사 2019년 1회]

① 20.4 ② 40.8
③ 57.7 ④ 80.5

해설 선회반지름(반경)은
$R = \dfrac{V_T^2}{g\tan\phi} = \dfrac{(20 \text{ m/s})^2}{9.8 \text{ m/s}^2 \times \tan 45°} = 40.8$ m 이다.

10 키돌이(loop)비행 시 상단점에서의 하중배수를 '0'이라고 하면, 이론적으로 하단점에서의 하중배수는 얼마인가? [항공산업기사 2018년 2회]

① 0 ② 1
③ 3 ④ 6

해설 키돌이(loop)비행 중 상단점의 하중배수가 $n_2 = 0$일 때, 하단점의 하중배수는 $n_1 = 6$이다.

11 비행기 무게가 1,000 kgf이고, 경사각 30°, 100 km/h의 속도로 정상선회를 하고 있을 때 양력은 약 몇 kgf인가? [항공산업기사 2017년 4회]

① 500 ② 866
③ 1,155 ④ 2,000

해설 선회비행 양력은
$L_T = \dfrac{W}{\cos\phi} = \dfrac{1000 \text{ kgf}}{\cos 30°} = 1,155$ kgf 이다.

12 항공기가 선회경사각 30°로 정상선회할 때 작용하는 원심력이 3,000 kgf라면 비행기의 무게는 약 몇 kgf인가? [항공산업기사 2018년 4회]

① 6,150 ② 6,000
③ 5,800 ④ 5,196

해설 정상선회비행 중 항공기에 작용하는 원심력은
$F_c = \dfrac{W}{g}\dfrac{V_T^2}{R}$ 이고, 선회반지름은 $R = \dfrac{V_T^2}{g\tan\phi}$ 이다.
선회반지름 관계식을 원심력 공식에 대입하면
$F_c = \dfrac{W}{g}\dfrac{V_T^2}{R} = \dfrac{W}{g}\dfrac{V_T^2}{\dfrac{V_T^2}{g\tan\phi}} = W\tan\phi$ 가 된다.

그러므로 항공기의 무게는
$W = \dfrac{F_c}{\tan\phi} = \dfrac{3,000 \text{ kgf}}{\tan 30°} = 5,196$ kgf 이다.

13 정상선회하는 항공기의 선회각이 60°일 때 하중배수는? [항공산업기사 2017년 2회]

① 0.5 ② 2.0
③ 2.5 ④ 3.0

해설 선회하중배수는
$n_T = \dfrac{L_T}{W} = \dfrac{L_T}{L_T\cos\phi} = \dfrac{1}{\cos\phi} = \dfrac{1}{\cos 60°} = 2.0$이다.

14 키돌이(loop)비행 시 발생되는 비행이 아닌 것은? [항공산업기사 2015년 2회]

① 수직상승 ② 배면비행
③ 수직강하 ④ 선회비행

해설 loop 비행은 수직면을 기준으로 일정한 반지름의 원(circle)을 그리며 상승 및 하강하는 비행방식을 말하며, 선회비행은 수평면을 기준으로 하여 원을 그리며 지속적으로 방향 전환을 하는 비행방식이다.

정답 8. ③ 9. ② 10. ④ 11. ③ 12. ④ 13. ② 14. ④

15 비행기의 키돌이(loop)비행 시 비행기에 작용하는 하중배수의 범위로 옳은 것은?

[항공산업기사 2016년 2회]

① $-6 \sim 0$ ② $-6 \sim 6$
③ $-3 \sim 3$ ④ $0 \sim 6$

해설 키돌이(loop)비행 중 상단점의 하중배수가 $n_2 = 0$일 때, 하단점의 하중배수는 $n_1 = 6$이다.

16 정상 수평선회하는 항공기에 작용하는 원심력과 구심력에 대한 설명으로 옳은 것은?

[항공산업기사 2015년 2회]

① 원심력은 추력의 수평성분이며 구심력과 방향이 반대다.
② 원심력은 중력의 수직성분이며 구심력과 방향이 반대다.
③ 구심력은 중력의 수평성분이며 원심력과 방향이 같다.
④ 구심력은 양력의 수평성분이며 원심력과 방향이 반대다.

해설 선회비행 중 항공기에 작용하는 원심력은 $F_c = m\dfrac{V_T^2}{R} = \dfrac{W}{g}\dfrac{V_T^2}{R}$ 이고, 구심력은 $F_r = L_T \sin\phi$ (양력의 수평성분)이다. 구심력은 원심력의 반대 방향으로 작용하며, 서로 균형을 이루어 일정한 반지름의 선회비행을 한다.

17 정상 선회에 대한 설명으로 옳은 것은?

[항공산업기사 2015년 1회]

① 경사각이 크면 선회반경은 커진다.
② 선회반경은 속도가 클수록 작아진다.
③ 경사각이 클수록 하중배수는 커진다.
④ 선회 시 실속속도는 수평비행 실속속도 보다 작다.

해설 선회반지름은 $R = \dfrac{V_T^2}{g\tan\phi}$ 이므로, 경사각(ϕ)에 반비례하고 선회속도(V_T)에 비례한다. 선회하중배수는 $n_T = \dfrac{1}{\cos\phi}$ 이므로 경사각에 비례한다(선회각도 $0 \sim 180°$에서는 각도가 증가할수록 cosine값은 감소). 그리고 선회양력은 $L_T = \dfrac{W}{\cos\phi}$ 이므로 선회비행에 들어가면 수평비행보다 양력을 높여야 한다. 그러므로 선회속도는 수평비행속도보다 높아야 하며, 선회 중 실속속도는 수평비행 실속속도보다 높다.

정답 15. ④ 16. ④ 17. ③

Photo: NASA

지구 대기권 밖의 임무를 마치고 착륙하기 위하여 하강비행하는 NASA의 우주왕복선 Atlantis. 우주왕복선은 400 km 이상의 매우 높은 고도에서 고속으로 하강하기 때문에 하강각이 크지만, 여객기 등의 일반 항공기는 3도 전후의 하강각으로 하강한다. 항공기가 하강할 때는 진행 방향으로 중력이 작용하므로 매우 낮은 추력 또는 추력이 없는 상태로 비행할 수 있다. 특히 추력이 없이 무동력으로 하강하는 비행패턴을 활공(glide)이라고 한다.

CHAPTER **8**

하강 및 활공 비행

8.1 하강비행 | 8.2 하강비행 운동방정식 | 8.3 하강률 | 8.4 하강비행 잉여추력과 잉여동력
8.5 수직하강비행 | 8.6 활공비행

8.1 하강비행

항공기가 목적지에 다다르게 되면 고도를 낮추고 착륙을 준비한다. **착륙하기 위하여 순항고도에서 기수를 낮추고 음(−)의 상승각인 하강각을 가지고 고도를 낮추는 비행단계를 하강(descent)이라고 한다.** 하강을 시작하면 중력(중량)의 방향이 추력 방향과 같아지기 때문에 중력이 항력을 이기고 나아가는 추력을 도와 주므로 추력을 감소시킬 수 있다. 중량이 무거운 여객기의 경우는 중력에 의한 추력 감소가 현저하므로 추력이 거의 없는 엔진의 공회전(idle) 상태로 하강하는 활공(glide)비행을 하기도 한다. 그럼에도 불구하고 하강속도가 증가하는 경우에는 스피드 브레이크(speed brake)나 스포일러(spoiler) 등의 제동장치를 이용하여 감속하며 하강하기도 한다. 하지만 하강비행이 끝나고 플랩 등의 고양력장치를 사용하여 착륙을 진행할 때는 고양력장치가 항력을 높이기 때문에 다시 추력을 상승시킨다.

8.2 하강비행 운동방정식

하강비행에 대한 운동방정식을 세우기 위하여 비행경로에 평행한 방향과 비행경로에 수직인 방향에 대한 기본 운동방정식을 이용한다.

- 비행 방향과 평행: $ma = T - D - W\sin\gamma$
- 비행 방향과 수직: $m\dfrac{V^2}{R} = L - W\cos\gamma$

하강비행 중에도 등속비행을 가정하므로 가속도가 없고($a = 0$), 하강각(descent angle)을 가지고 상승 경로를 따라 직선비행을 하므로 원심력은 없다$\left(m\dfrac{V^2}{R} = 0\right)$. 그리고 **지표면과 항공기 진행 방향**(하강 방향) **사이의 각도인 하강각은 음(−)의 상승각(−γ)**으로 볼 수 있으므로 다음과 같이 정리할 수 있다.

$$\sin(-\gamma) = -\sin\gamma, \quad \cos(-\gamma) = \cos\gamma \quad (0 \leq \gamma \leq -90°)$$

따라서 하강비행 중 운동방정식은 다음과 같이 정리할 수 있다.

$$m \times 0 = T - D - W \times (-\sin\gamma)$$
$$0 = L - W\cos\gamma$$

하강비행 운동방정식: $T + W\sin\gamma = D$
$L = W\cos\gamma$

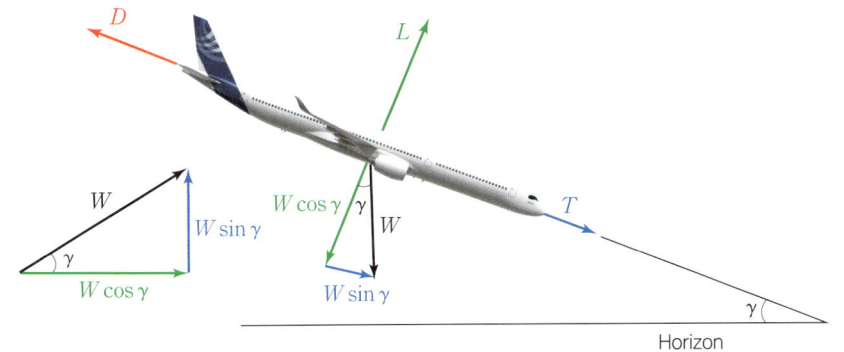

[그림 8-1] 하강비행 중 항공기에 작용하는 힘의 균형

등속수평비행에서 하강비행으로 전환하면 $W \sin \gamma$만큼 추력을 낮출 수 있다. 그 이유는 추력의 방향으로 중력(W)이 작용하므로 더 낮은 추력으로도 항력을 이기고 하강할 수 있기 때문이다. 이는 자전거를 타고 내리막길을 내려갈 때 힘들이지 않고도 빠른 속도로 내려갈 수 있는 것과 같다. 하강각(γ)이 커지거나 중량(W)이 큰 경우는 추력이 없는 상태에서도 하강을 진행할 수 있다.

8.3 하강률

시간당 고도 변화로 정의되는 수직속도는 하강비행 중에도 적용할 수 있다. 상승비행 중 수직속도는 상승률과 동일한 것과 마찬가지로 **하강비행 중 시간당 고도 변화, 즉 수직하강속도를 하강률**(rate of descent, R/D)이라고 정의한다. [그림 8-2]와 같이 항공기가 γ의 하강각을 가지고 비행속도 V로 하강 중일 때 하강률은 수직속도, 즉 $V \sin \gamma$와 같다. 따라서 하강각이 클수록 그리고 하강속도가 높을수록 하강률은 증가한다.

$$하강률: R/D = V \sin \gamma$$

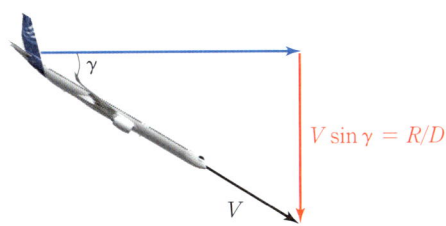

[그림 8-2] 하강각(γ)에 따른 하강률(R/D)의 정의

8.4 하강비행 잉여추력과 잉여동력

하강비행 중 운동방정식을 기준으로 잉여추력(ΔT)은 다음과 같이 나타낼 수 있다. 추력(T)은 이용추력(T_A)과 같고, 항력(D)은 필요추력(T_R)과 같으며, 잉여추력은 이용추력과 필요추력의 차이로 나타낸다. 따라서 다음과 같이 **하강비행 중 잉여추력은** $\Delta T = -W\sin\gamma$ 또는 $-\Delta T = W\sin\gamma$로 정의할 수 있다. 그러므로 하강각(γ)과 중량(W)이 증가할수록 음(−)의 잉여추력($-\Delta T$)이 증가하게 되는, 즉 하강비행에 요구되는 **잉여추력이 감소**한다. 이는 항공기가 무겁고 하강각이 클수록 하강할 때 추력이 적게 든다는 뜻이다.

$$\text{하강비행 운동방정식: } T + W\sin\gamma = D$$
$$T_A + W\sin\gamma = T_R$$

$$\text{하강비행 중 잉여추력: } \Delta T = T_A - T_R = -W\sin\gamma$$

하강비행 중 잉여동력을 정의하기 위하여 다음과 같이 이용추력과 필요추력에 각각 하강속도를 곱한다.

$$T_A \cdot V + W \cdot V\sin\gamma = T_R \cdot V$$
$$P_A + W \cdot V\sin\gamma = P_R$$

이용추력에서 필요추력을 뺀 값으로 잉여추력을 정의하는 것과 마찬가지로 이용동력(P_A)과 필요동력(P_R)의 차로 잉여동력(access power, ΔP)을 나타낸다. 따라서 하강비행 중 잉여동력(ΔP)을 다음과 같이 정의할 수 있다.

$$\text{하강비행 중 잉여동력: } \Delta P = P_A - P_R = -W \cdot V\sin\gamma$$

하강률 R/D은 $V\sin\gamma$로 정의하였으므로 잉여동력과 잉여추력으로 다음과 같이 정의할 수도 있다.

$$\text{하강률: } R/D = V\sin\gamma$$
$$\Delta P = P_A - P_R = -W \cdot V\sin\gamma = -W \cdot R/D$$

$$\text{하강률: } R/D = -\frac{\Delta P}{W} = -\frac{P_A - P_R}{W} = -\frac{(T_A - T_R) \cdot V}{W} = -\frac{\Delta T \cdot V}{W}$$

8.5 수직하강비행

(1) 운동방정식

하강각이 90도(상승각이 −90도)가 되면, 즉 항공기가 수직으로 하강하게 되면 $\cos(-90°) = 0$ 이므로 양력이 $L = 0$이 된다. 그리고 $\sin(-90°) = -1$이므로 $T = D - W$이다. 이렇게 항공기가 **수직으로 하강하는 비행을 급강하**(dive)라고 일컫기도 한다. 그런데 급강하비행을 하는 경우 일반적으로 항공기에서 발생하는 항력보다 항공기의 중량(W)이 더 크므로 추력이 필요하지 않다 ($T = 0$). 중량은 질량에 작용하는 중력가속도로 정의하는데 중력가속도의 영향으로 오히려 수직하강속도가 증가하는 가속이 발생한다.

그런데 수직하강속도가 증가하면 항력도 함께 증가한다. 따라서 어느 시점부터는 **중량만큼 항력이 증가하여**($D = W$) **등속으로 급강하하게 되는데**, 이때의 속도를 **급강하속도**(dive speed) 또는 **종극속도**(terminal velocity)라고 한다. 따라서 급강하속도에서의 급강하, 즉 수직하강비행의 기본운동방정식을 다음과 같이 정리할 수 있다.

$$\text{수직하강(급강하) 운동방정식: } L = 0, \quad D = W$$

[그림 8-3] 수직하강(급강하)비행 중 항공기에 작용하는 힘의 균형

(2) 급강하속도

수직하강비행 또는 급강하비행 중 항력과 중량이 같아지는 급강하속도 또는 종극속도 V_D는 항력계수 정의를 통하여 다음과 같이 표현할 수 있다.

Image from Movie *Midway* (Summit Entertainment, 2019)

영화 〈미드웨이(Midway, 2019)〉에서 미해군의 SBD Dauntless 급강하 폭격기가 급강하하여 일본 항공모함을 공격하는 장면. 아무리 큰 항공모함이라도 넓은 바다에서는 작은 표적에 불과하므로 정밀 폭격 조준장치가 없던 당시에는 거의 수직으로 급강하하여 공격하는 것 외에는 다른 방법이 없었다. 폭탄 투하 후 다시 급상승하여 이탈해야 하므로 엔진 추력을 정지하지 않고 급강하하고, 따라서 너무 빠른 급강하 가속도를 제어하기 위해 플랩이 상하로 분리되어 항력을 증가시키는 방식의 스피드 브레이크(speed brake)를 사용하였다. 또한, 급강하 중 발생하는 구조하중을 견디기 위하여 설계제한 하중배수가 $n=12$에 이를 만큼 급강하 폭격기는 견고하게 제작되었다.

$$D = C_D \frac{1}{2} \rho V_D^2 S = W$$

급강하(종극)속도: $V_D = \sqrt{\dfrac{2W}{\rho S C_D}}$

급강하속도는 항공기가 발생시킬 수 있는 속도 중 가장 높은 속도로, 속도가 높아짐에 따라 항공기 기체에 작용하는 동압과 하중이 증가하고 따라서 구조강도에 큰 영향을 준다. 그러므로 급강하속도는 항공기 구조설계를 할 때 하중배수(load factor) 선정에 대한 중요한 기준이 된다.

8.6 활공비행

하강비행 중에는 중력의 영향으로 추력을 감소시킬 수 있다. 특히 항공기의 중량이 무겁거나 항력이 작은 경우에는 **중력으로 항력을 상쇄시키며 추력이 없는 상태로 하강을 진행할 수 있는데, 이를 활공비행**(gliding flight)이라고 한다. 활공비행의 특징을 이용하여 **추진장치가 없이 비행하는 항공기를 활공기**(glider 또는 sailplane)라고 한다. 활공기는 항력, 특히 유도항력(induced

Principles of Flight

활공비행 중인 Binder EB28 활공기(glider). 유해항력을 감소시키기 위하여 동체는 유선형이며, 유도항력을 최소화하기 위해 날개의 가로세로비를 최대화하였고, 날개 끝에 윙렛(winglet)을 장착하였다. 중력을 이용하여 천천히 하강하는 활공비행을 하므로 추력을 발생시키는 추진계통은 보이지 않는다.

drag)의 감소를 위하여 가로세로비(aspect ratio)가 큰 날개를 장착하고 있다.

비행 중에는 추진계통이 필요 없더라도 활공기가 이륙이나 상승비행을 하려면 추력이 요구되기 때문에 견인용 항공기에 케이블로 연결되어 이륙 및 상승비행을 한다. 그리고 일정 고도에 다다르면 케이블을 분리하여 활공비행을 시작한다. 활공기 역시 비행이 목적이므로 가능한 한

엔진을 장착한 경비행기에 의하여 견인되어 이륙하고 있는 활공기. 이 상태로 이륙 및 상승비행을 진행한 후 일정 고도에 이르면 견인기와의 연결을 분리하고 활공을 시작한다.

8.6 활공비행 — 207

긴 거리를 비행하는 것이 중요하며, 이를 위하여 큰 양력과 작은 항력, 즉 **양항비가 높고 활공거리가 최대가 되는 조건으로 비행**해야 한다. 활공기는 추진계통이 없고, 구조가 단순하며 비행과 정비에 소요되는 비용이 저렴하므로 취미로 비행하는 사람들에게 인기가 많다.

(1) 운동방정식

활공비행의 운동방정식은 기본적으로 등속하강비행과 유사한데, 차이점은 추력이 없다는 것이므로 $T = 0$을 기준으로 다음과 같이 정리한다.

- 비행 방향과 평행: $T = 0 = D - W \sin \gamma$
- 비행 방향과 수직: $L = W \cos \gamma$

활공비행 운동방정식: $D = W \sin \gamma$
$L = W \cos \gamma$

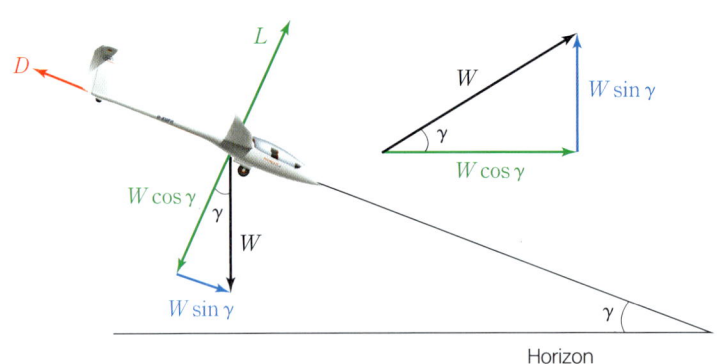

[그림 8-4] 활공비행 중 항공기에 작용하는 힘의 균형

(2) 활공각

활공비행 중 지평선(horizon)과 비행 진행 방향 사이의 각도를 활공각(γ)이라고 한다. 가능한 한 먼 거리를 활공하려면 최적의 활공각을 가지고 비행하는 것이 중요하다. 앞서 정의한 바와 같이, 활공비행 중 운동방정식은 다음과 같다.

$$D = W \sin \gamma$$
$$L = W \cos \gamma$$

여기서, $\sin \gamma$와 $\cos \gamma$는 다음과 같이 정리할 수 있다.

$$\sin \gamma = \frac{D}{W}, \quad \cos \gamma = \frac{L}{W}$$

삼각함수의 정리에서 tan γ는 sin γ ÷ cos γ로 정의하므로, 위에서 정리한 내용과 함께 tan γ는 다음과 같이 양항비의 역수로 표현할 수 있다. 양항비는 양력과 항력의 비로서 L/D 또는 C_L/C_D로 정의된다.

$$\tan \gamma = \frac{\sin \gamma}{\cos \gamma} = \frac{D}{L} = \frac{1}{L/D} = \frac{1}{C_L/C_D}$$

따라서 활공각(γ)은 다음과 같이 나타낼 수 있고, **양항비가 클수록 활공각이 작아짐**을 알 수 있다.

$$활공각: \gamma = \tan^{-1}\left(\frac{1}{L/D}\right) = \tan^{-1}\left(\frac{1}{C_L/C_D}\right)$$

(3) 활공거리

활공거리는 활공을 시작한 위치부터 지상에 착륙할 때까지 수평으로 이동한 거리를 말한다. [그림 8-5]와 같이 활공 시작 위치에서의 고도를 h, 활공거리를 R이라고 한다면 활공각 γ를 기준으로 tan γ는 h와 R의 비로 다음과 같이 나타낼 수 있다.

$$\tan \gamma = \frac{h}{R}$$

앞서 tan γ는 양항비로 정의하였다.

$$\tan \gamma = \frac{1}{L/D} = \frac{1}{C_L/C_D}$$

따라서 활공거리(R)는 다음과 같이 표현할 수 있다.

$$\frac{h}{R} = \frac{1}{L/D} = \frac{1}{C_L/C_D}$$

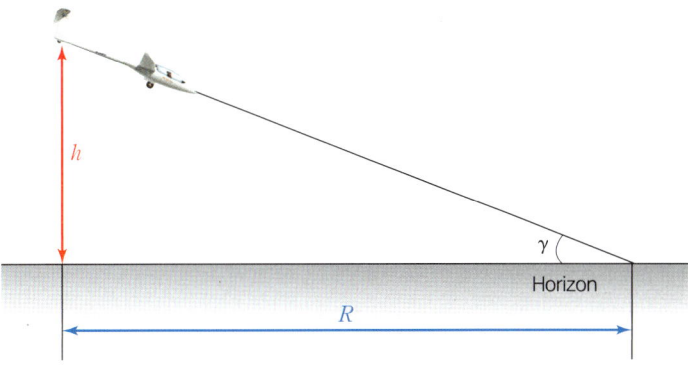

[그림 8-5] 활공각(γ)과 활공거리(R)의 정의

$$\text{활공거리: } R = \frac{1}{\tan \gamma} h = \frac{L}{D} h = \frac{C_L}{C_D} h$$

위의 활공거리 관계식에서 알 수 있듯이, 추력이 없는 활공기가 가능한 한 오랫동안 비행하려면 **활공거리(R)가 최대**가 되어야 한다. 이를 위하여 **활공각 γ 가 최소**가 되거나 **고도 h가 최대**가 되어야 하고, **양항비 C_L/C_D가 최대**가 되어야 한다. 즉, **가능한 한 높은 고도에서 작은 활공각으로 활공하거나 항력을 최소화**해야 한다.

유해항력(C_{D_p})과 유도항력(C_{D_i})은 다음과 같이 정의한다. 유해항력을 낮추기 위하여 활공기의 동체를 가능한 한 유선형으로 제작해야 하고, 유도항력을 감소시키기 위하여 큰 가로세로비(AR)를 가진 날개를 장착해야 한다.

$$C_D = C_{D_p} + C_{D_i} = C_{D_p} + \frac{C_L^2}{\pi e AR}$$

CHAPTER 08 SUMMARY

- **하강(descent):** 착륙을 위하여 순항고도에서 기수를 낮추어 하강각(γ)을 가지고 고도를 낮추는 비행단계

- **하강비행 운동방정식:** $T + W\sin\gamma = D$
  $$L = W\cos\gamma$$

- **하강비행 잉여추력:** $\Delta T = T_A - T_R = -W\sin\gamma$ (T_A: 이용추력, T_R: 필요추력)

- **하강비행 잉여동력:** $\Delta P = P_A - P_R = -W \cdot V\sin\gamma$ (P_A: 이용동력, P_R: 필요동력)

- **하강률(rate of descent, R/D):** 하강비행 중 시간당 고도 변화, 즉 수직하강속도

$$R/D = V\sin\gamma = -\frac{\Delta P}{W} = -\frac{P_A - P_R}{W} = -\frac{(T_A - T_R)\cdot V}{W} = -\frac{\Delta T \cdot V}{W}$$

- **수직하강(급강하) 운동방정식:** $L = 0$
  $$D = W$$

- **급강하(종극)속도:** 급강하속도가 증가하면 항력도 함께 증가하여 어느 시점부터는 중량과 항력이 같아지게 되며($D = W$), 등속으로 급강하할 때의 속도를 말한다.

$$V_D = \sqrt{\frac{2W}{\rho S C_D}} \quad (C_D: 항력계수)$$

- **활공비행(gliding flight):** 중력으로 항력을 상쇄시키며 추력이 없는 상태로 하강하는 비행패턴

- **활공비행 운동방정식:** $D = W\sin\gamma$
  $$L = W\cos\gamma$$

- **활공각:** $\gamma = \tan^{-1}\left(\dfrac{1}{L/D}\right) = \tan^{-1}\left(\dfrac{1}{C_L/C_D}\right)$

- **활공거리:** $R = \dfrac{1}{\tan\gamma}h = \dfrac{L}{D}h = \dfrac{C_L}{C_D}h$

  활공거리는 활공각(γ)에 반비례, 고도(h)에 비례, 양항비(C_L/C_D)에 비례한다.

✈ PRACTICE

01 하강 중인 항공기의 비행 방향 운동방정식을 바르게 정의한 것은? (T: 추력, W: 중량, D: 항력, γ: 하강각)
① $T = D$
② $T = D - W \sin \gamma$
③ $T = D + W \sin \gamma$
④ $T = D + W$

해설 하강 중인 항공기의 비행 방향 운동방정식은 $T = D - W \sin \gamma$이다.

02 급강하비행 중 종극속도에 대한 설명 중 맞는 것은?
① 급강하에 들어갈 때 속도가 증가하다가 끝에는 일정해지는 속도
② 급강하에 들어갈 때 속도가 감소하다가 끝에는 일정해지는 속도
③ 급강하에 들어갈 때 속도가 일정하다가 끝에는 증가하는 속도
④ 급강하에 들어갈 때 속도가 일정하다가 끝에는 감소하는 속도

해설 급강하속도가 증가하면 항력도 함께 증가하여 어느 시점부터는 중량과 항력이 같아지게 되어($D = W$) 등속으로 급강하하는데, 이때의 속도를 급강하속도 또는 종극속도라고 한다.

03 중량이 2 kN이고 날개면적이 10 m²인 비행기가 수직강하할 때 종극속도에 가장 가까운 값은? (항력계수는 $C_D = 0.01$이고, 밀도는 1.0 kg/m³)
① 6.3 m/s
② 141 m/s
③ 200 m/s
④ 626 m/s

해설 급강하(종극)속도는
$$V_D = \sqrt{\frac{2W}{\rho S C_D}} = \sqrt{\frac{2 \times 2000 \text{ N}}{1.0 \frac{\text{kg}}{\text{m}^3} \times 10 \text{ m}^2 \times 0.01}}$$
$= 200$ m/s이다.

04 비행기가 무동력 상태에서 실속하지 않고 하강하는 비행방식은?
① 순항비행
② 급강하비행
③ 하강비행
④ 활공비행

해설 활공비행이란 중력으로 항력을 상쇄시키며 추력이 없는 상태로 하강하는 비행방식을 말한다.

05 활공 중인 항공기의 비행 방향 운동방정식을 바르게 정의한 것은? (T: 추력, W: 중량, D: 항력, γ: 활공각)
① $D = W \sin \gamma$
② $T = D - W \sin \gamma$
③ $T = D + W \sin \gamma$
④ $T = D + W$

해설 하강 중인 항공기의 비행 방향 운동방정식은 $T = D - W \sin \gamma$이므로 추력이 없이($T = 0$) 하강하는 활공의 비행방향 운동방정식은 $D = W \sin \gamma$가 된다.

06 비행기가 가능한 한 멀리 활공하기 위한 방법이 아닌 것은?
① 활공각을 작게 한다.
② 날개의 가로세로비를 크게 한다.
③ 양항비(C_L/C_D)를 작게 한다.
④ 유해항력을 작게 한다.

해설 활공거리는 $R = \frac{1}{\tan \gamma} h = \frac{L}{D} h = \frac{C_L}{C_D} h$로 정의되므로 활공거리를 연장하기 위하여 가능한 한 활공각(γ)을 작게, 양항비(C_L/C_D)를 크게, 높은 고도(h)에서 활공해야 한다. 유해항력을 낮추고 날개의 가로세로비를 크게 하여 유도항력을 줄이면 C_L/C_D가 증가한다.

07 비행기가 활공비행을 할 때 활공거리(R)를 바르게 나타낸 것은? (C_L: 양력계수, C_D: 항력계수, h: 고도)
① $R = \frac{C_L}{C_D}$
② $R = \frac{C_L}{C_D h}$
③ $R = \frac{C_D}{C_L} h$
④ $R = \frac{C_D}{C_L h}$

해설 활공거리는 $R = \frac{1}{\tan \gamma} h = \frac{L}{D} h = \frac{C_L}{C_D} h$로 정의된다.

정답 1. ② 2. ① 3. ③ 4. ④ 5. ① 6. ③ 7. ①

08 양항비가 10인 항공기가 고도 2,000 m에서 활공비행 시 도달하는 활공거리는 몇 m인가? [항공산업기사 2020년 3회]

① 10,000 ② 15,000
③ 20,000 ④ 40,000

해설 활공거리는 $R = \dfrac{C_L}{C_D}h = 10 \times 2,000$ m $= 20,000$ m 이다.

09 활공비행의 한 종류인 급강하비행 시(활공각 90°) 비행기에 작용하는 힘을 나타낸 식으로 옳은 것은? (단, L = 양력, D = 항력, W = 항공기 무게) [항공산업기사 2020년 1회]

① $L = D$ ② $D = 0$
③ $D = W$ ④ $D + W = 0$

해설 급강하 중 수직하강속도가 증가하면 항력도 함께 증가하여 어느 시점부터는 중량과 항력이 같아진다 ($D = W$).

10 활공비행에서 활공각(γ)을 나타내는 식으로 옳은 것은? (단, C_L: 양력계수, C_D: 항력계수이다.) [항공산업기사 2019년 2회]

① $\sin \gamma = \dfrac{C_L}{C_D}$ ② $\sin \gamma = \dfrac{C_D}{C_L}$
③ $\cos \gamma = \dfrac{C_D}{C_L}$ ④ $\tan \gamma = \dfrac{C_D}{C_L}$

해설 활공각은 $\gamma = \tan^{-1}\left(\dfrac{1}{L/D}\right) = \tan^{-1}\left(\dfrac{1}{C_L/C_D}\right)$이므로 $\tan \gamma = \dfrac{1}{C_L/C_D} = \dfrac{C_D}{C_L}$로 표현할 수 있다.

11 활공기에서 활공거리를 증가시키기 위한 방법으로 옳은 것은? [항공산업기사 2019년 4회]

① 압력항력을 크게 한다.
② 형상항력을 최대로 한다.
③ 날개의 가로세로비를 크게 한다.
④ 표면 박리현상의 방지를 위하여 표면을 적절히 거칠게 한다.

해설 활공거리는 $R = \dfrac{1}{\tan \gamma}h = \dfrac{L}{D}h = \dfrac{C_L}{C_D}h$로 정의되므로 활공거리를 증가시키기 위하여 가능한 한 양항비 (C_L/C_D)를 크게 해야 하는데, 이를 위해 형상항력, 즉 압력항력과 표면마찰항력을 줄이고 날개의 가로세로비를 높여 유도항력을 줄여야 한다.

12 날개 하중이 30 kgf/m²이고, 무게가 1,000 kgf인 비행기가 7,000 m 상공에서 급강하하고 있을 때 항력계수가 0.1이라면 급강하속도는 몇 m/s인가? (단, 공기의 밀도는 0.06 kgf·s²/m⁴이다.) [항공산업기사 2018년 1회]

① 100 ② $100\sqrt{3}$
③ 200 ④ $100\sqrt{5}$

해설 급강하(종극)속도는

$$V_D = \sqrt{\dfrac{2W}{\rho S C_D}} = \sqrt{\dfrac{2 \times 30 \dfrac{\text{kgf}}{\text{m}^2}}{0.06 \dfrac{\text{kgf} \cdot \text{s}^2}{\text{m}^4} \times 0.1}} = 100 \, \text{m/s}$$

이다. 여기서, 날개 하중(익면하중)은 $\dfrac{W}{S} = 30 \dfrac{\text{kgf}}{\text{m}^2}$이다.

13 무게 2,000 kgf의 비행기가 5 km 상공에서 급강하할 때 종극속도는 약 몇 m/s인가? (단, 항력계수 0.03, 날개하중 300 kgf/m², 공기의 밀도 0.075 kgf·s²/m⁴이다.) [항공산업기사 2017년 1회]

① 350 ② 516.4
③ 620 ④ 771.5

해설 급강하(종극)속도는

$$V_D = \sqrt{\dfrac{2W}{\rho S C_D}} = \sqrt{\dfrac{2 \times 300 \dfrac{\text{kgf}}{\text{m}^2}}{0.075 \dfrac{\text{kgf} \cdot \text{s}^2}{\text{m}^4} \times 0.03}}$$
$$= 516.4 \, \text{m/s}$$

이다. 여기서, 날개 하중은 $\dfrac{W}{S} = 300 \dfrac{\text{kgf}}{\text{m}^2}$이다.

정답 8. ③ 9. ③ 10. ④ 11. ③ 12. ① 13. ②

14 항공기 엔진이 정지한 상태에서 수직 강하고 있을 때 도달할 수 있는 최대속도인 종극속도 상태의 경우는? [항공산업기사 2018년 4회]

① 항공기 양력과 항력이 같은 경우
② 항공기 양력의 수평분력과 항력의 수직분력이 같은 경우
③ 항공기 총중량과 항공기에 발생되는 항력이 같아지는 경우
④ 항공기 총중량과 항공기에 발생되는 양력이 같은 경우

해설 급강하 중 $D = W$가 되는 시점에서의 속도가 급강하(종극)속도이다.

15 활공기가 1 km 상공을 속도 100 km/hr로 비행하다가 활공각 45°로 활공할 때 침하속도는 약 몇 km/hr인가? [항공산업기사 2016년 2회]

① 50   ② 70.7
③ 100   ④ 141.4

해설 하강률 $R/D = V \sin \gamma$로 정의하는데 하강률은 시간당 고도의 변화로서 침하속도와 같다. 따라서 침하속도 $V \sin \gamma = 100 \text{ km/hr} \times \sin 45° = 70.7 \text{ km/hr}$이다.

정답 **14.** ③ **15.** ②

착지(touch down) 후 활주거리의 단축을 위하여 스포일러(spoiler), 역추력장치(thrust reverser) 등의 감속(deceleration)장치를 사용 중인 Airbus A320-200 여객기. 비행역학에서 정의하는 착륙은 활주로에 접근하여 착지하는 것뿐만 아니라 속도를 줄여서 완전히 정지하는 과정도 포함한다. 물리적 의미의 운동량(momentum)은 질량(m)과 속도(V)의 곱으로 정의되므로 항공기의 착륙중량이 무겁고 착륙속도가 빠를수록 운동량이 커서 그만큼 정지시키기가 어렵게 된다. 착륙활주가 길어지는 경우, 항공기가 활주로에서 이탈하는 사고인 오버런(overrun)이 발생할 수 있으므로 착륙중량이 가볍고 착륙속도가 낮아야 하며, 다양한 감속장치를 사용하여 가능한 한 짧은 활주거리 내에서 정지해야 한다. 사진과 같이 악천후로 인하여 활주로가 미끄러운 경우에는 타이어의 마찰력이 감소하기 때문에 감속장치의 역할이 더욱 중요해진다.

CHAPTER 9

착륙

9.1 착륙 | 9.2 착륙속도 | 9.3 착륙 받음각 | 9.4 최대착륙중량 | 9.5 계기착륙장치
9.6 착륙 플레어 | 9.7 측풍착륙 | 9.8 윈드시어와 마이크로버스트 | 9.9 착륙거리
9.10 착륙활주 운동방정식 | 9.11 착륙활주거리 계산식 | 9.12 착륙활주거리 단축
9.13 오버런 | 9.14 감속장치

9.1 착륙

하강비행을 통하여 순항고도에서 고도를 낮추고 활주로에 접근(approach)하면 항공기는 착륙단계에 들어간다. 활주로에 착륙하여 정해진 활주거리에서 안전하게 정지하기 위하여 가능한 한 착륙속도를 낮추어야 한다. 그러므로 이륙단계와 마찬가지로 **정풍(head wind), 즉 맞바람을 받고 착륙해야만 착륙속도를 낮추어 착륙활주거리를 단축**할 수 있다.

착륙속도가 빠르면 항공기가 착지(touch down)할 때 착륙장치 등에 큰 충격이 가해져서 항공기 기체구조에 무리가 갈 수 있다. 착륙속도는 항공기마다 조금씩 차이가 난다. 예를 들면 초음속 전투기인 F-16의 착륙속도는 약 140 kts(260 km/hr)이고, 프로펠러 여객기인 Q-400의 경우는 약 110 kts(210 km/hr) 정도이다. 이때 비교적 낮은 착륙속도에서 항공기의 중량만큼 양력을 발생시켜야 하는데, 이를 위하여 **기수를 들어 받음각을 주고 플랩(flap)과 슬롯(slot) 등의 날개 고양력장치를 전개**한다. 하강 중에는 중력의 영향으로 추력 발생을 최소화할 수 있으나, **착륙 중 받음각 증가와 고양력장치 전개에 따라 항력이 증가하게 되므로 추력을 다시 높여** 착륙을 진행한다.

착륙 중에 발생하는 **측풍(cross wind), 돌풍(gust)과 윈드시어(wind shear)** 등은 안전한 착륙을 방해하는 외부 교란인데, 이에 따라 항공사고는 착륙단계에서 많이 발생한다. 그러므로 악천후 등으로 인하여 안전한 착륙이 보장되지 않을 때는 **착륙을 포기하고 다시 이륙하는 복행(go around)**를 진행해야 한다.

9.2 착륙속도

이륙을 위한 가속 중 단계별로 여러 종류의 이륙속도가 정의되는 것과 달리, 착륙속도는 좀 더 단순하게 구분하는데, 일반적으로 **착륙기준속도(V_{REF})와 착지속도(V_{TD})**로 나뉜다.

착륙기준속도는 항공기가 착륙을 위하여 고도를 낮추며 활주로에 진입하여 활주로 끝단에서 고도 50 ft를 통과할 때의 속도를 말한다. 착륙기준속도는 실속속도의 **1.3배**로 정하는데, Fly By Wire 시스템을 탑재하여 더욱 정교하게 착륙비행성능을 제어할 수 있는 항공기는 실속속도의 1.23배로 정의한다.

착지속도는 항공기의 착륙장치가 활주로에 접촉할 때의 속도로서 일반적으로 착륙기준속도의 90% 정도이다. 즉, 항공기는 고도 50 ft 지점을 지나 기수를 드는 착륙 플레어(landing flare)를 실시한 후 착륙기준속도보다 낮은 착지속도로 착지한다.

현대 여객기는 자동조종장치(auto pilot system)의 비행관리시스템(FMS)이 착륙기준속도를 계산하여 속도계기에 지시하면 조종사는 이를 기준으로 착륙을 진행한다. 그런데 착지 직전에 기상 상태에 따라 측풍 또는 배풍(tail wind)이 발생하면 실속하여 사고가 발생할 수 있기 때문에 일반적으로 착륙기준속도보다 약 5 kts 정도 높은 속도로 착륙을 진행한다.

9.3 착륙 받음각

착륙 시 항공기의 받음각의 크기도 항공기의 종류에 따라 다른데, 이는 특히 날개의 공기역학적 특징 때문이다. 예를 들어, 초음속 전투기인 F-16의 최고속도는 약 1,150 kts이고 착륙속도는 약 140 kts인데, 프로펠러 여객기인 Q-400의 최고속도는 약 360 kts이고, 착륙속도는 약 110 kts이다. 그러므로 F-16은 착륙을 위하여 1,000 kts 이상 감속하는 반면, Q-400은 약 250 kts만 감속하기 때문에 감속의 폭이 상대적으로 작다. F-16은 초음속 비행 중에 발생하는 **조파항력을 낮추기 위하여 작은 캠버와 얇은 두께의 날개 단면**(airfoil)을 가지고 있는데, 이에 따라 양력계수가 낮은 단점이 있다. 따라서 착륙을 위하여 감속하면 실속속도에 가까워지고 양력이 중량을 지탱할 수 없을 만큼 작아진다.

더욱이 F-16은 날개가 얇기 때문에 날개 유효면적이 증가하는 복잡한 형태의 파울러 플랩을 사용하지 못하고 캠버의 크기만 변화하는 평플랩(plain flap)을 장착하므로 여전히 양력이 부족하다. 따라서 **착륙할 때는 높은 받음각으로 설정하여 양력을 유지**한다. 이러한 이유로 Q-400과 같이 비교적 순항속도가 낮은 항공기는 착륙할 때 속도 감소폭이 크지 않고, 따라서 착륙 중 양력계수를 큰 폭으로 증가시킬 필요가 없기 때문에 비교적 작은 받음각으로 착륙을 진행한다.

큰 받음각으로 착륙 중인 F-16C 전투기(좌)와 작은 받음각으로 착륙하는 Q-400 여객기(우). 두 기종 모두 착륙속도는 비슷하지만, 순항비행속도는 F-16C가 훨씬 빠르다. 고속비행에 최적화되어 있는 F-16의 날개는 착륙속도, 즉 저속에서는 비효율적이므로 받음각을 최대로 하여 양력을 유지한다.

9.4 최대착륙중량

최대착륙중량(Maximum Landing Weight, MLW)은 항공기의 안전한 착륙을 보장하는 항공기 중량의 최대치로서, 항상 **최대착륙중량 이하로 착륙(착지)을 진행**해야 한다. Boeing 777-200 여객기의 경우 착륙 시의 중량은 약 200 t이고, A380 여객기의 경우는 약 380 t에 이른다. 그러므로 **항공기가 착지할 때의 충격으로 착륙장치와 날개 등 기체 구조물에서 상당한 충격하중이 발생**하고, 착륙중량이 무거울수록 구조물의 충격하중이 증가한다. 따라서 항공기 구조물이 견디는 착륙중량의 최고제한값, 즉 최대착륙중량을 항공기마다 설정하여 항상 최대착륙중량 이하의 상태로 착륙을 진행한다.

만약 이륙 직후 착륙해야 하는 상황에서 항공기 중량이 최대착륙중량을 초과하는 경우, 연료방출 또는 착륙활주로 근처에서의 선회비행을 통하여 연료를 소모한 다음 최대착륙중량 이하의 상태에서 착륙하도록 규정하고 있다. 일반적으로 최대착륙중량보다 다소 무거운 상태에서의 착지도 견디도록 항공기 착륙장치가 설계 및 제작되지만, 실제 최대착륙중량 이상에서 착륙하는 상황이 발생하면 착륙장치에 대한 별도의 점검 및 정비가 실시된다.

2020년 5월 미국 Newark 공항에서 이륙하여 일본 Narita 공항으로의 장거리 비행을 위하여 이륙한 후 유압계통 문제로 비상착륙하기 전에 연료를 방출 중인 Boeing 777-200. 해당 여객기의 최대이륙중량(MTOW)은 약 250 t이고, 최대착륙중량(MLW)은 약 200 t이기 때문에 비상착륙을 하기 전에 많은 양의 연료를 배출해야 했다.

9.5 계기착륙장치

시계착륙(visual landing)이란 조종사가 직접 활주로를 보고 착륙하는 것을 말하는데, 악천후 기상에서 시야가 확보되지 못한다면 활주로 근처에 설치된 **계기착륙장치**(Instrument Landing System, ILS)를 이용하여 항공기 계기에서 지시되는 정보를 보고 착륙을 하는 계기착륙(instrument landing)을 진행한다. 물론, 시계착륙을 하는 동안에도 착륙의 정밀도를 높이고 안전하게 착륙하기 위하여 계기착륙장치를 활용하는 것이 일반적이다. 계기착륙장치는 착륙 중 항공기의 3차원 위치와 자세정보를 제공하는 시스템인데, **로컬라이저**(localizer)와 **글라이더 슬로프**(glider slope)로 구성되어 있다.

로컬라이저는 활주로 중심선을 기준으로 항공기의 경로 오차를 알려 주고, 글라이더 슬로프는 3도의 하강각을 기준으로 하는 하강 경로에 대하여 경로 오차정보를 제공한다. [그림 9-1]은

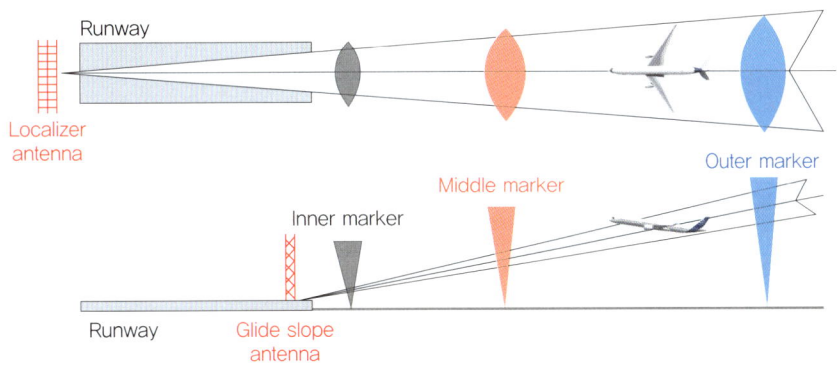

[그림 9-1] 계기착륙장치(ILS)의 구성

(a) 로컬라이저 안테나   (b) 글라이더 슬로프 안테나

[그림 9-2] 계기착륙장치(ILS) 안테나

[그림 9-3] Boeing 777 여객기의 PFD에 표시되는 로컬라이저 및 글라이드 슬로프 신호

로컬라이저 안테나와 글라이더 슬로프 안테나를 보여 주고 있는데, 모두 활주로 근처에 설치되어 착륙하는 항공기에 중심선 오차 및 하강 경로 오차 정보를 전파로 제공한다.

계기착륙장치로부터 받은 전파정보는 비행계기 중 자세계(attitude indicator)에 표시된다. [그림 9-3]은 Boeing 777 여객기의 자세계가 표시되는 PFD(Primary Flight Display)이다. 항공기가 착륙 중 계기착륙장치로부터 유도전파를 받으면 글라이더 슬로프는 자세계의 좌측에, 로컬라이저는 아래에 보라색 마름모 표시로 지시된다.

그러므로 항공기 자세를 나타내는 aircraft symbol의 날개 표시와 항공기 중심 표시를 각각 글라이더 슬로프 표시와 로컬라이저 표시에 맞추어지도록 항공기 자세를 유지하면 악천후 또는 활주로 시야가 확보되지 않은 상태에서도 항공기를 안전하게 착륙시킬 수 있다.

9.6 착륙 플레어

항공기가 착지(touch down)할 때 발생하는 큰 충격은 착륙장치와 날개 등 항공기 구조물에 악영향을 준다. 따라서 최대착륙중량 이하의 중량으로 착지해야 할 뿐만 아니라 추력을 낮추어 가능한 한 낮은 속도, 즉 실속속도보다 조금 높은 속도로 착지해야 한다. 착륙기준속도(V_{REF})는 실속속도의 1.3배이고, 착지속도(V_{TD})는 착륙기준속도의 약 90%로 실속속도의 약 1.2배가 되므로 착륙장치가 활주로에 닿는 순간의 속도는 거의 실속속도에 가깝다고 볼 수 있다.

그러나 착지 직전 수 미터의 낮은 고도라도 실속하여 추락하면 항공기 착륙장치와 구조물에 큰 충격을 줄 수 있다. 따라서 위의 그림과 같이, 고도 50 ft 지점을 지나 **착지 직전에 감속을 할**

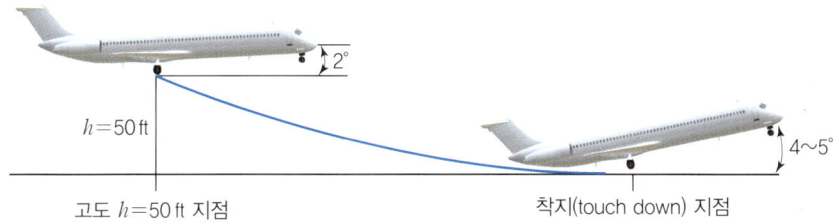

착륙 플레어하고 있는 Boeing 747-400F 화물기. 지평선과 항공기 기체축 사이의 각도를 피치각(pitch angle)이라고 하는데, 피치각 2도로 착륙을 진행한다면 착지 직전 2~3도 증가시켜 4~5도의 피치각으로 착지하는 플레어 비행을 한다. 이를 통하여 감속 착지할 때 발생하는 실속과 항공기 충격을 방지할 수 있다.

때 양력을 유지하기 위하여 착륙 받음각보다 약 **2~3도 받음각을 더 증가시키는**, 즉 기수를 드는 비행조작을 하는데, 이를 **착륙 플레어**(landing flare)라고 한다.

대부분의 항공기는 착륙 플레어를 할 때 주 착륙장치(Main Landing Gear, MLG)라고 일컫는 뒤쪽 바퀴가 먼저 활주로에 닿고, 이어 앞 착륙장치(Nose Landing Gear, NLG)가 착지하게 된다. 특히, 앞 착륙장치는 주 착륙장치만큼 견고하게 제작되지 않기 때문에 착륙 플레어 비행을 통하여 앞 착륙장치에 작용하는 하중을 경감시켜야 한다. 항공기가 착지한 이후에는 **활주거리 감소를 위하여 스피드 브레이크**(speed break)**와 역추력장치**(thrust reverser) **등을 이용한 감속 절차**에 들어간다.

9.7 측풍착륙

착륙을 진행할 때 상대풍이 항공기 측면 쪽으로 옆에서 불어오는 측풍(cross wind)이 발생하기도 한다. 착륙 중 측풍이 불어오면 항공기가 옆으로 밀리고 활주로에서 이탈하여 대형 사고를 유발할 수도 있다. 따라서 측풍의 영향을 착륙 추력으로 상쇄하기 위하여 **추력의 방향, 즉 기체축(aircraft axis)을 측풍이 불어오는 방향으로 틀고, 항공기의 진행 방향은 활주로와 나란하게 한 상태로 착륙을 진행**하는데, 이러한 착륙방식을 **측풍착륙(cross-wind landing)**이라고 한다. 하지만 착지 직전에는 기체축을 진행 방향, 즉 활주로 중심선과 나란하도록 방향타를 조작해야 하며, 그렇지 않으면 착륙장치에 충격이 가해지며 사고로 이어질 수 있다. 만약 강한 측풍으로 인하여 착륙이 불가능한 경우, 다시 추력을 증가시켜 이륙단계로 들어가는 **복행(go-around)**을 실시하고, 정해진 절차에 따라 다시 착륙을 시도하거나 다른 대체 공항으로 **회항(diversion)**한다.

Photo: Youtube/Mraviationguy

측풍착륙 중인 Airbus Beluga XL 수송기. Beluga XL은 조립 전에 있는 Airbus 여객기의 부품 수송을 담당한다. 이렇게 동체가 큰 항공기는 동체 효과가 매우 크기 때문에 측풍에 의한 활주로 이탈사고가 쉽게 발생할 수 있다. 따라서 측풍이 불어오는 방향으로 기체축을 향하게 하여 착륙하는 측풍착륙을 시도하거나, 강한 측풍으로 인하여 착륙이 불가능한 경우에는 복행하여 회항하기도 한다.

9.8 윈드시어와 마이크로버스트

　방향과 속도가 갑자기 바뀌는 바람의 형태를 윈드시어(wind shear)라고 일컫는다. 특히, 항공기가 이착륙하는 활주로 또는 공항에 윈드시어가 발생하면 대형 항공사고로 이어질 수 있기 때문에 윈드시어는 항공기 운항에 매우 위험한 기상현상이다.

　아울러 **마이크로버스트(microburst)는 윈드시어의 일종으로서 구름으로부터 지상을 향하여 매우 높은 속도로 이동하는 하강 기류**이다. 마이크로버스트가 지면에 부딪히면 지면을 따라 모든 방향으로 향하는 강한 유동을 발생시킨다. 착륙 중인 항공기가 마이크로버스트의 영향 속으로 들어간다고 가정하자. 마이크로버스트가 착륙 중인 항공기의 기수에 정풍으로 작용하면 갑자기 양력이 증가하여 항공기가 급상승하고, 반대로 배풍으로 작용한다면 항공기의 양력이 급감하여 급격한 고도 하강 또는 실속을 유발할 수 있다.

　윈드시어 또는 마이크로버스트와 같은 돌발 기상현상은 사전에 탐지하기 어려운 점이 있으나, 공항에는 윈드시어 감지기가 설치되어 있고, Boeing 777와 같은 현대 여객기는 PWS(Predictive Wind Shear) 경보시스템을 탑재하여 이러한 돌발 기상현상에 대비하고 있다.

2016년 8월 태국 방콕시에서 발생한 마이크로버스트 기상현상. 마이크로버스트는 구름으로부터 지표면으로 향하는 풍속이 200 km/hr에 이르는 강한 돌풍이다. 운항의 안전을 위하여 공항과 여객기에는 이와 같은 기상현상을 사전에 탐지하는 장치가 설치되어 있다.

9.9 착륙거리

항공기가 착륙기준속도(V_{REF})로 활주로 끝 고도 **50 ft**를 통과하여 착지한 후 활주로에서 활주하여 완전히 정지할 때까지 수평으로 이동한 거리를 착륙거리로 정의한다. 최대착륙중량(MLW)이 약 200 t인 Boeing 777-200 여객기의 착륙거리는 약 1,670 m이고, 최대착륙중량이 약 12.5 t인 F-16C 전투기의 착륙거리는 약 900 m이다. Boeing 777-200의 경우, 성능을 기준으로 한 이론적 착륙거리는 약 1,000 m이지만, 돌발상황과 안전을 고려하여 성능기준 착륙거리를 0.6으로 나눈, 즉 67%만큼 증가한 거리를 실제 착륙거리로 규정한다. 우천 등으로 활주로가 미끄러운 상황에는 착륙거리를 약 15% 더 추가하여야 한다. 따라서 Boeing 777-200 착륙거리는 약 1,670 m이고, 우천 시에는 규정 착륙거리가 약 1,900 m까지 증가한다. 물론, 착륙거리는 활주로가 위치한 지역의 온도와 밀도 등 대기상태에 따라 달라진다.

착륙거리(S_L)는 크게 **공중착륙거리**(S_{LA})와 **지상착륙거리**(S_{LG})로 구분된다. 공중착륙거리는 항공기가 활주로에 접근(approach)하여 고도 **50 ft**를 통과하여 착지하기 직전까지 공중에서 수평으로 이동한 거리이다. 공중착륙거리를 세분하면 **착륙하강거리**(S_{LD})와 **착륙플레어거리**(S_{LF})로 나눌 수 있다. 착륙하강거리는 하강 중 활주로 끝 고도 **50 ft** 지점을 통과하여 착륙 플레어(landing flare) 직전까지 수평으로 이동한 거리이다. 착륙플레어거리는 착륙 플레어, 즉 받음각 증가를 위하여 기수를 2~3도 드는 비행 조작을 시작하는 지점부터 주 착륙장치가 착지하기 직전까지의 수평이동거리이다.

지상착륙거리는 착지하고 활주 및 감속하며 항공기가 정지할 때까지의 수평이동거리이며, **착륙회전거리**(S_{LR})와 **착륙활주거리**(S_{LT})로 세분된다. 착륙회전거리는 착지속도(V_{TD})로 주 착륙장

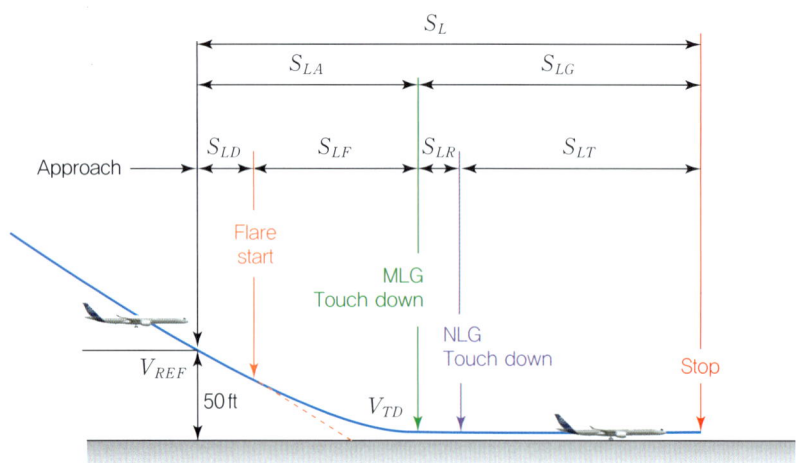

[그림 9-4] 착륙거리의 정의: $S_L = S_{LA} + S_{LG} = (S_{LD} + S_{LF}) + (S_{LR} + S_{LT})$

치(MLG)가 착지하고 기수를 내려(rotation) 앞 착륙장치(NLG)까지 활주로에 닿을 때까지 수평으로 이동한 거리를 말한다. 그리고 **착륙활주거리**는 모든 착륙장치가 활주로에 접지한 상태로 활주(taxi) 및 감속(deceleration)하여 최종적으로 완전히 정지할 때까지 수평 이동한 거리로 정의한다. 따라서 구간별로 구분하는 착륙거리는 [그림 9-4]와 같이 정리할 수 있다.

9.10 착륙활주 운동방정식

항공기가 활주로에 착륙하여 정지할 때까지 지상을 활주할 때 항공기에 작용하는 힘에 의한 운동방정식도 다음의 기본 운동방정식을 이용하여 도출할 수 있다.

- 비행 방향과 평행: $ma = T - D - W\sin\gamma$
- 비행 방향과 수직: $m\dfrac{V^2}{R} = L - W\cos\gamma$

원심력이 작용하지 않고 $\left(m\dfrac{V^2}{R} = 0\right)$, 활주로에서 활주하므로 상승각 또는 하강각이 없다($\gamma = 0$). 아울러 착륙하여 정지할 때까지 속도를 감속해야 하므로(음의 가속) 가속도가 영이 아니다($a \neq 0$). 지금까지의 조건은 이륙단계와 유사하다. 하지만 이륙과 달리, 착륙하여 활주할 때는 착륙거리를 단축시키기 위하여 추력을 발생시키지 않는다. 경우에 따라 역추력장치를 사용하지만, 이 책에서는 추력이 없는 상황($T = 0$)만 방정식에 반영한다.

- 활주 방향과 평행: $ma = 0 - D - W \times 0$
$$ma = -D$$
- 비행 방향과 수직: $0 = L - W \times 1$
$$L = W$$

그런데 항공기가 착륙하여 지상에서 활주할 때는 양력이 중량보다 감소한 상태이기 때문에 $L < W$가 된다. 또한, 착륙활주 중에는 착륙장치(타이어) 마찰력도 항력의 방향으로 발생한다.

$$\text{마찰력: } F_f = \mu(W - L)$$

마찰력이 항력의 방향과 같으므로 이를 포함하여 다음과 같이 활주방향 운동방정식을 표현할 수 있다.

$$ma = -D - \mu(W - L)$$

부호를 다시 정리하면 다음과 같다.

$$-ma = D + \mu(W - L)$$

따라서 착륙활주 운동방정식을 정리하면 다음과 같이 표현할 수 있다.

착륙활주 운동방정식: $-ma = D + \mu(W - L)$

[그림 9-5]는 착륙활주 중인 항공기에 작용하는 힘들을 나타내는데, 추력은 없고 항력(D)과 착륙장치의 마찰력(F_f)이 항공기가 정지할 때까지 감속시킨다.

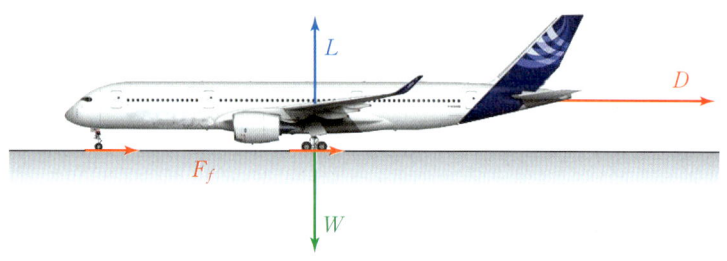

[그림 9-5] 착륙활주 중 항공기에 작용하는 힘

9.11 착륙활주거리 계산식

위의 착륙활주 운동방정식을 이용하여 착륙활주거리(S_{LT}) 계산식을 유도할 수 있는데, 그 과정은 4.6절에서 설명한 이륙활주거리(S_T) 계산식을 도출하는 과정과 유사하다. 단, 이륙활주 중에는 시간이 증가함에 따라 속도가 증가하는 반면, 착륙활주할 때는 시간과 속도는 반비례한다. 즉, 착륙활주시간의 변화(0~t)에 따라 착륙활주속도는 점점 감소하여 결국 항공기는 정지한다(V~0). 이를 토대로 4.6절의 정적분 방정식을 착륙활주의 경우에 대하여 다음과 같이 나타낼 수 있다.

$$F\int_0^t dt = m\int_V^0 dV = -m\int_0^V dV$$

이후의 유도과정은 이륙활주의 경우와 동일하며, 이를 통하여 착륙활주거리(S_{LT}) 관계식을 다음과 같이 나타낼 수 있다.

$$S_{LT} = -\frac{1}{2}\frac{W}{gF}V^2$$

위의 식에 포함된 힘(F)은 앞서 소개한 착륙활주 운동방정식에서 다음과 같이 정의하였다.

$$F = ma = -D - \mu(W - L)$$

착륙활주를 시작할 때의 속도, 즉 착륙활주속도는 착륙기준속도(V_{REF})와 같다고 가정한다. 그리고 착륙기준속도는 일반적으로 실속속도(V_s)의 1.3배로 규정하므로 착륙활주속도(V)를 다음과 같이 표현할 수 있다.

$$V = V_{REF} = 1.3V_s = 1.3\sqrt{\frac{2W}{\rho S C_{L_{max}}}}$$

앞서 정의한 착륙활주 중 항공기에 작용하는 힘(F)과 착륙활주속도(V)를 착륙활주거리 관계식에 대입하면 다음과 같다.

$$S_T = -\frac{1}{2}\frac{W}{gF}V^2 = -\frac{1}{2}\frac{W}{g[-D-\mu(W-L)]}\left(1.3\sqrt{\frac{2W}{\rho S C_{L_{max}}}}\right)^2$$

위의 식을 정리하면 착륙활주거리 계산식은 최종적으로 다음과 같이 도출된다.

착륙활주거리 계산식: $S_T = \dfrac{1.69W^2}{\rho S C_{L_{max}} g[D + \mu(W-L)]}$

9.12 착륙활주거리 단축

이륙과 마찬가지로 제한된 길이의 활주로에서 안전하게 정지하려면 착륙활주거리(S_{LT})를 가급적 단축해야 한다. 그리고 앞에 제시된 착륙활주거리 계산식의 검토를 통하여 착륙활주거리를 단축할 때 고려해야 할 사항을 다음과 같이 정리할 수 있다.

첫째, 착륙중량(W)을 최소화한다. 항공기는 비행 중 소모되는 연료 때문에 착륙할 때의 중량은 이륙중량보다 가볍다. 물론 전기추진계통을 사용하는 항공기는 비행 중 중량의 변화는 거의 없다. 중량이 최대착륙중량(MLW)보다 무거운 상태로 착륙하는 경우, 착지할 때 발생하는 충격 때문에 착륙장치 및 항공기 기체구조가 파손될 수 있다. 따라서 최대착륙중량을 초과하는 만큼 연료를 배출하고 중량을 경감시킨 뒤 착륙을 진행한다. 또한, 여기서 설명하는 착륙활주거리 계산식은 항공기가 착지한 후 지상활주 중인 상황에 적용되는데, 항공기 중량이 가벼울수록 빨리 감속되므로 짧은 거리에서 정지할 수 있다.

둘째, 익면하중(W/S)을 가능한 한 작게 한다. 이륙과 달리 착륙기준속도(V_{REF})를 낮추어야 착륙활주거리를 단축시킬 수 있다. 하지만 속도를 낮추면 양력도 떨어진다. 그러므로 착륙할 때는 양력 감소를 방지하기 위하여 파울러 플랩(fowler flap)과 같은 고양력장치를 사용하여 날개면적(S)을 넓혀 익면하중(W/S)을 낮추는 것이 중요하다. 특히, 중량이 무거운 대형 여객기의 경우 2중 슬롯 파울러 플랩(double-slotted fowler flap)과 같이 날개면적을 극대화하는 고양력장치를 사용해야 한다.

셋째, **최대양력계수($C_{L_{max}}$)를 증가시킨다.** 익면하중의 경우와 마찬가지로 착륙활주거리를 줄이기 위해서는 착륙기준속도(V_{REF})를 가능한 한 낮추어야 한다. 착륙기준속도는 실속속도에 비례한다($V_{REF} = 1.3 V_s$). 따라서 플랩과 슬랫 등의 고양력장치를 사용하여 최대양력계수를 높이면 실속속도가 낮아지고, 착륙기준속도 역시 감소한다. 일반적으로 착륙속도가 이륙속도보다 낮고, 따라서 실속속도를 더 낮추어야 하므로 착륙할 때는 보다 큰 각도로 플랩과 슬랫을 전개한다.

넷째, **대기밀도(ρ)는 높아야 착륙활주거리가 단축된다.** 그러므로 높은 고도에 위치하여 대기밀도가 낮은 공항에 착륙하거나 대기밀도가 낮아지는 여름에는 더 긴 착륙거리가 필요하다.

다섯째, **이륙할 때와 다르게 착륙할 때는 가능한 한 항력(D)을 크게 한다.** 항력이 증가해야 착륙거리가 단축된다. 따라서 스포일러(spoiler), 스피드 브레이크(speed brake), 감속 낙하산(drag chute) 등 항력을 증가시키는 감속장치를 사용하고, 중량이 무거운 항공기는 관성력에 의하여 쉽게 감속되지 않기 때문에 역추력장치(thrust reverser)를 사용하기도 한다.

여섯째, **이륙할 때는 지면마찰력[$\mu_g(W - L)$]을 최소화해야 하지만 착륙할 때는 지면 마찰력이 클수록 착륙거리가 단축된다.** 스포일러는 착륙 중 항력을 증가시키기도 하지만 착륙활주를 할 때 양력을 감소시킴으로써 착륙장치의 접지압($W - L$)을 높여 마찰력을 증가시키는 효과도 있다.

9.13 오버런

오버런(overrun)은 항공기가 이륙하거나 착륙할 때 돌발상황 또는 고장으로 인하여 정해진 활주거리에서 이륙 또는 착륙하지 못하고 활주로 밖으로 벗어나는 사고를 뜻한다. 이륙할 때는 이륙결정속도에서 이륙하지 못하여 정해진 활주거리 내에서의 정지가 불가능할 때 오버런이 발생한다. 그리고 착륙 중에는 착지 예상 지점을 훨씬 벗어나서 착륙하거나 우천 및 결빙 등의 기상조건으로 활주로의 마찰력이 현저히 감소하는 경우와 측풍의 영향 등으로 오버런할 수 있다. 항공기 오버런이 발생하면 착륙장치 및 엔진 등 항공기가 파손될 수 있을 뿐만 아니라 화재로 이어지는 경우 많은 인명 피해가 발생하는 대형 항공사고를 유발할 수 있다. 따라서 이륙 중에는 항공기에 기술적 이상이나 고장이 나타나도 이륙결정속도에는 반드시 이륙해야 하고, 착륙 중에는 착지 후 스피드브레이크 또는 역추력장치 등의 감속장치를 사용하여 가능한 한 신속하게 감속 및 정지를 진행해야 한다.

Caribbean Airlines Boeing 737(2011. 07. 11.)

Miami Air Boeing 737(2019. 05. 06.)

Sky Lease Cargo Boeing 747(2018. 11. 07.)

Pegasus Air Boeing 737(2018. 01. 14.)

착륙 중 오버런하여 활주로를 이탈한 여객기 사고 사진. 항공기 자동제어장치가 발전된 현대에는 조종 과실보다는 주로 활주로 결빙과 측풍 등의 기상현상에 의하여 오버런이 발생하고 있다.

9.14 감속장치

앞서 살펴본 바와 같이 수십 톤 내지는 수백 톤의 항공기가 착륙한 후 제한된 활주거리 내에서 오버런하지 않도록 완전히 정지시키는 것은 매우 중요하다. 활주로는 항공기의 이착륙이 끊임없이 반복되는 곳이다. 그러므로 착륙 후 활주거리가 충분하더라도 안전사고를 방지하기 위하여 가능한 한 빨리 감속하여 활주로를 벗어나 유도로(taxiway)로 빠져나가야 한다. 항공기에는 다양한 종류의 감속장치가 장착되는데, 일반적으로 주 착륙장치(MLG)가 접지하면 감속장치가 전개된다. 또한, 이륙활주를 하는 동안 항공기 또는 엔진에 이상이 발생하여 이륙결정속도 이전에 이륙을 포기하는 경우에도 감속장치를 사용한다. 대표적인 항공기 감속장치는 다음과 같다.

(1) 차륜 브레이크

항공기용 차륜 브레이크(wheel brake)는 자동차의 브레이크 구조와 작동방식이 유사하다. 즉, 착륙장치의 일부인 브레이크 디스크(brake disk)는 빗놀이운동(yawing)을 위한 조종석 페달에

[그림 9-6] 착륙활주 중인 Airbus A350-1000 여객기의 주 착륙장치(MLG) 제동

의하여 작동하는데, 조종사가 방향타 페달(rudder pedal)을 밟으면 브레이크 디스크가 타이어와 마찰을 일으켜 타이어의 회전을 멈춘다. 일반적으로 차륜 브레이크는 주 착륙장치(MLG)에만 적용되며, 비 또는 결빙에 의하여 활주로 표면마찰력이 낮은 경우 차륜 브레이크에 의한 감속효과는 떨어질 수 있다.

(2) 스포일러

스포일러(spoiler)는 주로 중대형 여객기 및 수송기에 장착되는데, 비행 중에는 도움날개 역할을 하며 옆놀이운동(rolling)과 빗놀이운동을 발생시키는 조종면이다. 그러나 착지 후에는 **양**

스포일러를 전개하여 감속 중인 Airbus A330-300. 착륙단계에서 전개한 플랩은 착륙활주 중에도 양력을 발생시켜 차륜 브레이크의 효과를 낮추는데, 스포일러는 플랩의 양력을 낮추는 역할도 한다.

쪽 스포일러가 모두 위로 전개되고, 이에 따라 항력을 증가시키는 저항판 역할을 하여 항공기의 활주속도를 낮춘다. 특히, 착륙단계에서 양력 증가를 위하여 전개하는 플랩은 착지 후 활주하는 동안 항력을 증가시켜 감속에 도움을 주지만 양력의 증가효과로 착륙장치의 타이어 접지압을 낮추어 차륜 브레이크의 제동효과를 떨어뜨린다. 그러므로 스포일러는 활주 중 양력을 감소시키고 접지압 및 지면과의 마찰력을 높여서 착륙속도를 낮춘다.

(3) 스피드 브레이크

착륙속도가 빠른 고속 항공기 중에서 날개에 스포일러(spoiler)가 장착되지 않은 소형 제트 항공기는 **스피드 브레이크(speed brake)를 사용하여 감속**한다. 에어 브레이크(air brake)라고도 하는데, 주로 동체 위 또는 아래에 설치되며 착륙 중 전개되어 저항을 높인다. 착륙 전 하강비행 중 하강속도가 과도한 경우에도 스피드 브레이크를 전개하여 하강속도를 조절한다. 현대 전투기에는 수평안정판(horizontal stabilizer)과 승강타(elevator)가 결합된 스태빌레이터(stabilator)가 장착되는데, 착지 후 스태빌레이터를 하향시키면 상대풍에 대하여 항력을 발생시키는 스피드 브레이크 역할을 한다.

동체 아래에 장착된 스피드 브레이크(speed brake)를 전개하여 감속 중인 Sukhoi Su-24 전폭기. 착륙속도가 빠른 고속 전투기는 착지 전부터 스피드 브레이크를 사용하기도 한다.

착륙활주 중인 Lockheed Martin F-22A 전투기. 스피드 브레이크를 따로 장착하지 않는 스텔스 전투기는 스태빌레이터를 이용하여 감속한다.

(4) 감속 낙하산

착륙중량이 매우 무겁거나 착륙속도가 높은 군용기는 **감속 낙하산**(drag chute)을 별도로 장착한다. 활주로에 결빙이 자주 발생하는 북반구 국가의 군용기도 감속 낙하산을 흔히 사용한다.

감속 낙하산을 사용하여 착륙 후 감속하는 Boeing B-52G 폭격기. 최대착륙중량(MLW)이 148 t에 이르고 따라서 감속이 어렵기 때문에 사진과 같이 사이즈가 큰 감속 낙하산을 전개한다.

강설지역의 활주로에 감속 낙하산을 전개하며 착륙활주 중인 Mikoyan MiG-35D 전투기. 활주로에 눈 또는 결빙이 발생하면 차륜 브레이크의 감속효과가 떨어지기 때문에 감속 낙하산의 역할이 커진다.

낙하산에서 발생하는 항력은 매우 크기 때문에 어느 감속장치보다 높은 효과가 있다. 그러나 활주로에서 충분히 감속한 후 주기장까지 활주로 표면 위로 낙하산을 끌고 가면 낙하산이 손상될 수도 있다. 그러므로 대부분 감속 직후 낙하산을 분리하는데, 다른 항공기의 이착륙을 방해하지 않으려면 분리된 낙하산을 신속히 활주로에서 수거해야 한다. 즉, 분리된 감속 낙하산은 다른 항공기의 착륙장치와 엔진에 위험요소가 될 수 있다. 이러한 이유로 많은 항공기가 짧은 시간 동안 이착륙하는 번잡한 공항에서 운항하는 민간 항공기에는 감속 낙하산이 사용되지 않는다.

(5) 역추력장치

역추력장치(thrust reverser)는 항공기가 착륙활주를 하는 동안 항공기의 진행 방향과 같은 방향으로 엔진의 추력을 분사하여 감속하는 장치이다. 우천과 결빙 때문에 활주로의 마찰력이 급감하여 차륜 브레이크의 감속효과가 낮아질 때 역추력장치는 큰 효과를 낼 수 있다. 그러나 날개에 엔진을 2개 이상 장착한 항공기가 일부 엔진의 고장으로 착륙하는 경우 역추력장치를 사용하면 좌우 엔진의 감속효과가 달라서 한쪽으로 회전하여 큰 사고가 발생할 수 있는 단점이 있다. [그림 9-7]에 나타낸 터보팬(turbofan) 엔진의 역추력장치의 형태는 팬에서 발생하는 제트의 이동통로를 바꿔 앞으로 추력을 작용시키는 방식으로 현대 여객기에 가장 일반적이다.

한편, [그림 9-8, 9-9]와 같이 엔진 노즐을 통하여 분사되는 제트를 차단막 형태의 구성품으로 막아 앞으로 향하도록 구성한 역추력장치도 있는데, 역분사되는 제트의 양이 많아 역추진 효과가 크다. 그러나 분사 제트의 충격을 직접 받는 구성품은 중량의 증가 없이 고열과 고압에 견디도록 제작되어야 한다.

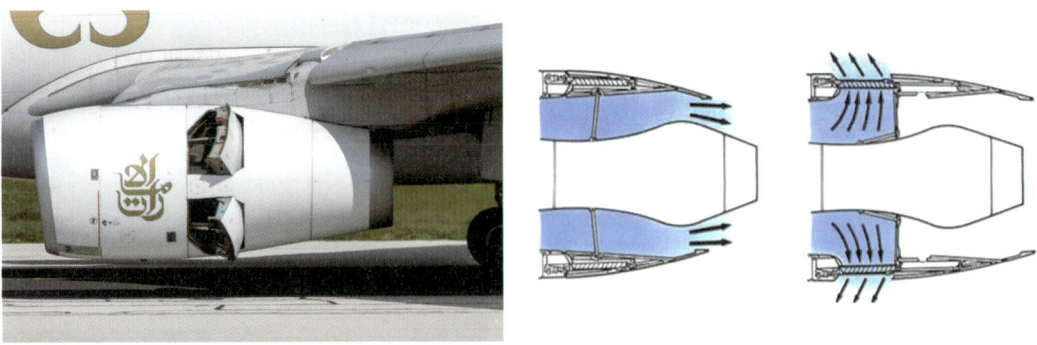

[그림 9-7] Airbus A330-300 여객기의 역추력장치 구조(cascade type)

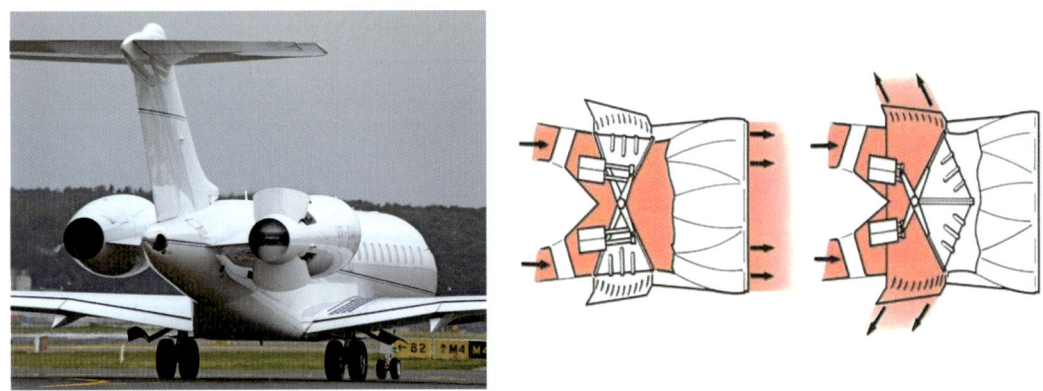

[그림 9-8] Bombardier Global express 여객기의 역추력장치 구조(clamshell door type)

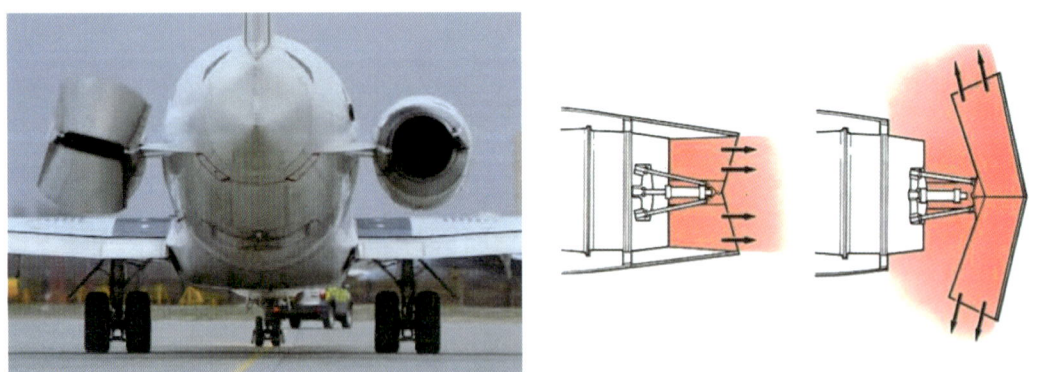

[그림 9-9] McDonnell Douglas MD-82 여객기의 역추력장치 구조(bucket type)

Principles of Flight

착륙 중인 Bombardier Q-400 여객기의 프로펠러 피치 변화. 고속으로 순항할 때는 프로펠러의 피치각을 증가시키고, 착륙 후 감속할 때는 피치각을 최소화하여 추력을 0으로 만든다. 급격한 감속이 필요할 때는 프로펠러의 피치각을 반대로 변경하여 회전시킴으로써 역추진을 진행한다.

그리고 프로펠러를 회전시켜 추력을 발생시키는 항공기는 프로펠러 피치를 반대로 역전시키는 **역피치(reverse pitch) 프로펠러**로, 역추진하여 감속한다. 프로펠러는 깃의 각도, 즉 피치각(pitch angle)에 따라 추력의 방향이 결정된다. 프로펠러는 일정 피치각에서 항공기의 비행 방향과 반대 방향으로 유동을 분사하여 추력을 발생시키지만, 착지 후 감속을 위하여 피치각을 정반대로 바꾸면 프로펠러 회전 방향을 변환시키지 않고도 반대 방향으로 추력을 작용시키게 된다.

CHAPTER 09 SUMMARY

- **착륙기준속도**(V_{REF}): 항공기가 착륙하기 위해 고도를 낮추며 활주로에 진입하여 활주로 끝단에서 고도 50 ft를 통과할 때의 속도로서 실속속도(V_S)의 약 1.3배이다.

- **착지속도**(V_{TD}): 항공기의 착륙장치가 활주로에 접촉할 때의 속도로서 착륙기준속도의 약 90%이다.

- **최대착륙중량**(Maximum Landing Weight, MLW): 항공기의 안전한 착륙을 보장하는 항공기 중량의 최대치로서 최대착륙중량 이하로 착륙을 진행해야 한다.

- **계기착륙장치**(Instrument Landing System, ILS): 활주로 근처에 설치되어 항공기가 안전하게 착륙하도록 유도전파를 발생시키는 장치로서 로컬라이저와 글라이드 슬로프로 구성된다.

- **로컬라이저**(localizer): 활주로 중심선을 기준으로 항공기 경로의 오차정보를 제공한다.

- **글라이드 슬로프**(glide slope): 3도의 하강각을 기준으로 하강경로에 대한 오차정보를 제공한다.

- **착륙 플레어**(landing flare): 착지를 위한 감속 중에도 양력을 유지하기 위하여 기수를 들어 착륙 받음각을 약 2~3도 증가시키는 비행 조작

- **착륙거리**(S_L): 항공기가 고도 50 ft를 통과하여 활주로에 착지한 후 감속하여 완전히 정지할 때까지 수평으로 이동한 거리

$$S_L = S_{LA} + S_{LG} = (S_{LD} + S_{LF}) + (S_{LR} + S_{LT})$$

- **공중착륙거리**(S_{LA}): 고도 50 ft를 통과하여 착지(touch down)하기 직전까지 공중에서 수평으로 이동한 거리

- **지상착륙거리**(S_{LG}): 착지한 후 활주 및 감속하여 항공기가 완전히 정지할 때까지 수평으로 이동한 거리

- **착륙하강거리**(S_{LD}): 착륙기준속도(V_{REF})로 고도 50 ft를 통과하여 착륙 플레어(landing flare) 직전까지 수평으로 이동한 거리

- **착륙 플레어 거리**(S_{LF}): 착륙 플레어를 시작하는 지점부터 주 착륙장치(MLG)가 착지하기 직전까지의 수평이동거리

- **착륙회전거리**(S_{LR}): 착지속도(V_{TD})로 주 착륙장치(MLG)가 착지하고 기수를 내려 앞 착륙장치(NLG)가 활주로에 닿을 때까지 수평으로 이동한 거리

- **착륙활주거리**(S_{LT}): 모든 착륙장치가 활주로에 접지한 상태로 활주 및 감속하여 항공기가 완전히 정지할 때까지 수평이동한 거리

- **착륙활주 운동방정식**: $-ma = D + \mu(W - L)$

CHAPTER 09 SUMMARY

- **착륙활주거리 계산식**: $S_T = \dfrac{1.69W^2}{\rho S C_{L_{max}} g[D + \mu(W-L)]}$

- **착륙활주거리 감소방법**

  ① 착륙중량(W) 최소화

  ② 익면하중(W/S) 최소화

  ③ 최대양력계수($C_{L_{max}}$) 증가: 고양력장치 사용

  ④ 높은 대기밀도(ρ)

  ⑤ 항력(D) 최대: 감속장치 사용

  ⑥ 지상마찰력[$\mu(W-L)$] 최대화

- **오버런(overrun)**: 항공기가 이륙 또는 착륙할 때 돌발상황 또는 고장으로 인하여 정해진 활주거리에서 이륙 또는 착륙하지 못하고 활주로 밖으로 벗어나는 사고

- **감속장치**: 가능한 한 짧은 활주거리 내에서 항공기를 정지시키기 위하여 착륙활주속도를 낮추는 장치. 차륜 브레이크(wheel brake), 스포일러(spoiler), 스피드 브레이크(speed brake), 감속 낙하산(drag chute), 역추력장치(thrust reverser), 역피치(reverse pitch) 프로펠러 등이 있다.

PRACTICE

01 다음 중 계기착륙장치(ILS)를 구성하는 장치는?

① 도살 핀　　　② 스포일러
③ 글라이드 슬로프　④ 플랩

해설 계기착륙장치(Instrument Landing System, ILS)는 활주로 근처에 설치되어 항공기가 안전하게 착륙하도록 유도전파를 발생시키는 장치로서 로컬라이저(localizer)와 글라이드 슬로프(glide slope)로 구성된다.

02 착지하기 직전에 감속하는 상황에서 실속하지 않고 양력을 유지하기 위하여 기수를 들어 착륙받음각을 약 2~3도 높이는 비행조작은?

① 착륙 접근　　② 착륙
③ 착륙 회전　　④ 착륙 플레어

해설 착륙 플레어(landing flare)는 착지를 위한 감속 중에 양력을 유지하기 위하여 기수를 들어 착륙받음각을 약 2~3도 증가시키는 비행조작을 말한다.

03 제트비행기의 공중착륙거리(S_{LA})는 지상 높이 몇 ft까지 하강하는 데 필요한 공중 수평 이동거리인가?

① 10 ft　　② 15 ft
③ 35 ft　　④ 50 ft

해설 공중착륙거리(S_{LA})는 하강 중 고도 50 ft를 통과하여 주 착륙장치가 착지할 때까지 항공기가 공중에서 착륙을 진행할 때 수평으로 이동한 거리를 말한다.

04 착륙장치 타이어 마찰력의 증가와 가장 관련이 있는 날개 구성품은?

① 윙렛　　② 플랩
③ 슬롯　　④ 스포일러

해설 스포일러는 양력을 낮추고 타이어의 마찰력을 증가시켜 차륜 브레이크의 효율을 증가시킨다.

05 비행기의 착륙거리를 단축시키기 위한 방법 중 틀린 것은?

① 비행기의 무게 감소
② 엔진의 추력 증가
③ 정풍을 받으며 착륙
④ 타이어의 마찰력 증가

해설 착륙거리를 단축시키기 위한 방법
- 정풍을 받고 착륙을 진행하여 착륙속도를 낮춘다.
- 착륙중량을 최소화한다.
- 익면하중(W/S)을 최소화한다.
- 고양력장치를 사용하여 양력계수를 높인다.
- 감속장치와 역추력장치를 사용한다.
- 타이어의 지상마찰력을 높인다.

06 다음 중 감속(deceleration)장치에 해당하는 것은?

① 경계층 제어(boundary layer control)장치
② 윙렛(winglet)
③ 슬롯(slot)
④ 스포일러(spoiler)

해설 착륙감속장치에는 차륜 브레이크, 스포일러(spoiler), 스피드 브레이크, 감속 낙하산(drag chute), 역추력장치(thrust reverser), 역피치(reverse pitch) 프로펠러 등이 있다.

07 착륙거리를 단축시키기 위한 장치가 아닌 것은?

① 드래그 슈트(drag chute)
② 스포일러
③ 역추력장치
④ 도살 핀

해설 도살 핀(dorsal fin)은 수직안정판의 면적과 효율을 향상시켜 항공기의 방향 안정성(directional stability)을 높이는 역할을 한다.

정답 1. ③　2. ④　3. ④　4. ④　5. ②　6. ④　7. ④

08 프로펠러의 역피치(reverse pitch)를 사용하는 주된 목적은? [항공산업기사 2018년 1회]

① 후진비행을 위해서
② 추력의 증가를 위해서
③ 착륙 후의 제동을 위해서
④ 추력을 감소시키기 위해서

해설 역피치 프로펠러는 착륙거리를 단축시키는 감속장치이다.

09 착륙 접지 시 역추력을 발생시키는 비행기에 작용하는 순감속력에 대한 식은? (단, T: 추력, D: 항력, W: 무게, L: 양력, μ: 활주로 마찰계수이다.) [항공산업기사 2017년 4회]

① $T - D + \mu(W - L)$
② $T + D + \mu(W + L)$
③ $T - D + \mu(W + L)$
④ $T + D + \mu(W - L)$

해설 착륙활주 중인 항공기의 수평 방향 운동방정식은 $-ma = D + \mu(W - L)$인데, D는 항력, $\mu(W - L)$은 지상마찰력을 나타낸다. 역추력(T)을 발생시키는 경우, 항공기를 감속시키는 힘은 역추력·항력·지상마찰력의 합이다. 아울러 역추력의 방향은 항력(D)의 방향과 같으므로 감속력을 나타내는 식은 $T + D + \mu(W - L)$로 표현할 수 있다.

10 비행기의 최대양력계수가 커질수록 이와 관계된 비행성능의 변화에 대한 설명으로 옳은 것은? [항공산업기사 2017년 1회]

① 상승속도가 크고 착륙속도도 커진다
② 상승속도는 작고 착륙속도는 커진다.
③ 선회반경이 크고 착륙속도는 작아진다.
④ 실속속도가 작아지고 착륙속도도 작아진다.

해설 실속속도는 $V_S = \sqrt{\dfrac{2W}{\rho S C_{L_{max}}}}$ 이므로, 최대양력계수 ($C_{L_{max}}$)가 증가하면 실속속도는 감소한다. 또한, 착륙기준속도(V_{REF})는 실속속도의 약 1.3배이므로 실속속도가 감소하면 착륙속도도 감소한다.

11 항공기의 착륙거리를 줄이기 위한 방법이 아닌 것은? [항공산업기사 2017년 1회]

① 추력을 크게 한다.
② 익면하중을 작게 한다.
③ 역추력장치를 사용한다.
④ 지면마찰계수를 크게 한다.

해설 착륙거리를 단축시키기 위한 방법
• 정풍을 받고 착륙을 진행하여 착륙속도를 낮춘다.
• 착륙중량을 최소화한다.
• 익면하중(W/S)을 최소화한다.
• 고양력장치를 사용하여 양력계수를 높인다.
• 감속장치와 역추력장치를 사용한다.
• 타이어의 지상마찰력을 높인다.

12 항공기의 착륙거리를 짧게 하기 위한 내용으로 가장 올바른 것은?[항공산업기사 2007년 4회]

① 항력을 작게 한다.
② 착륙속도를 크게 한다.
③ 마찰계수가 큰 활주로에 착륙한다.
④ 활주 시 비행기의 양력을 크게 한다.

해설 항력이 클수록 착륙거리가 단축되며, 착륙속도가 낮을수록 착륙거리가 짧아진다. 아울러 착륙활주 중 양력이 크면 타이어의 접지압이 낮아 지상마찰력이 감소하여 착륙거리가 길어지므로 스포일러를 전개, 양력을 감소시켜야 한다.

정답 8. ③ 9. ④ 10. ④ 11. ① 12. ③

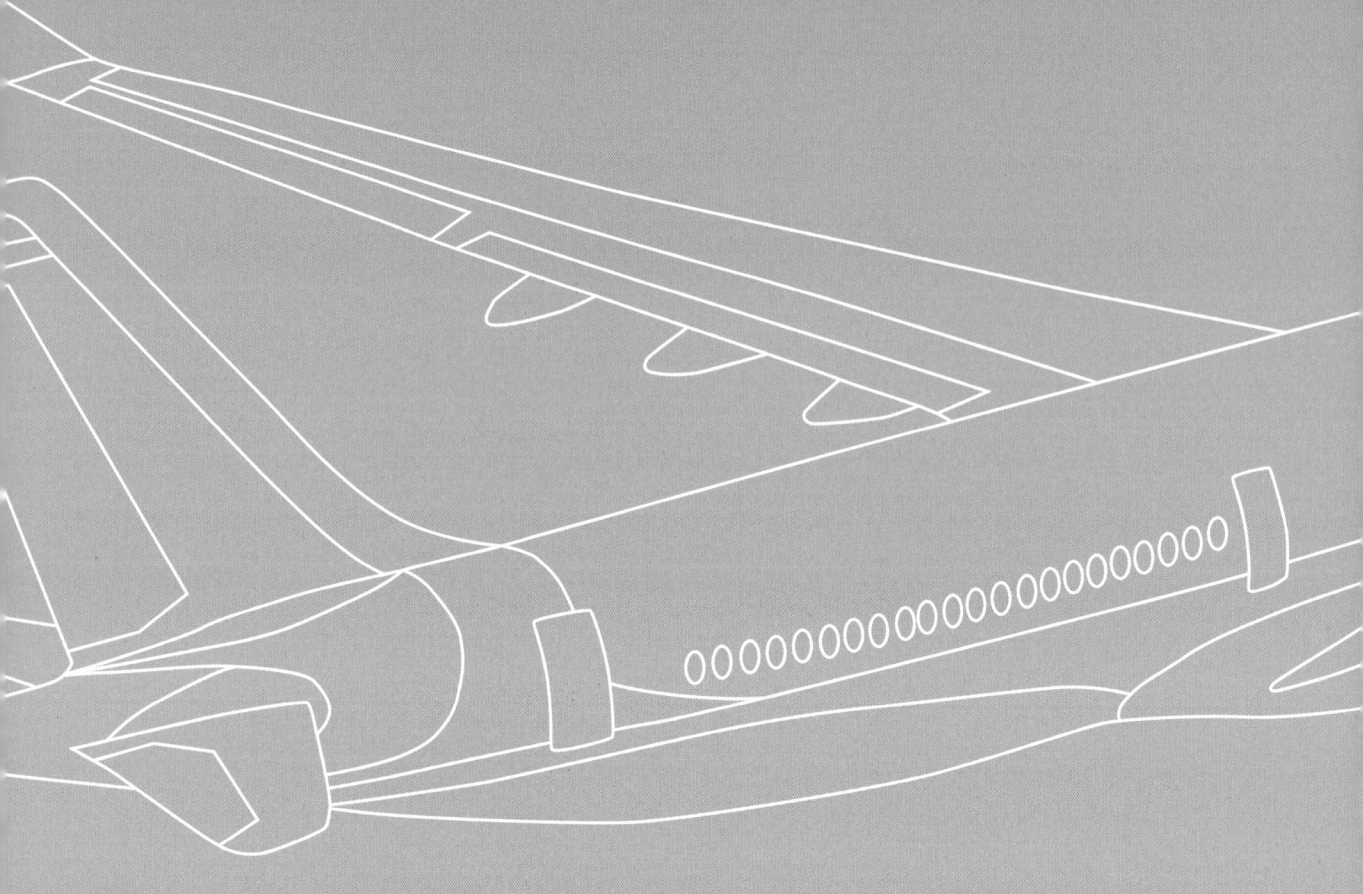

Principles of Flight

PART 3

안정성과 조종성

Chapter 10	안정성의 개요 및 정적 세로 안정성
Chapter 11	정적 가로 안정성 및 정적 방향 안정성
Chapter 12	동적 안정성, 고속 안정성과 실속
Chapter 13	조종성

Principles of Flight

기상현상이 없는 높은 고도에서 안정적으로 순항 중인 Boeing 737 Max 여객기(좌)와 날개 뿌리에서 와류(vortex)를 발생시키며 급기동 비행 중인 Sukhoi Su-30MK 전투기(우). 항공기는 자세 변화 없이 안정적으로 비행해야 하는데, 특히 승객과 화물을 실어 나르는 민간 항공기는 안정성이 중요하다. 날개·수평안정판·수직안정판 등의 항공기 형상요소는 비행 중 돌풍 같은 외부 교란에 의하여 항공기의 비행자세에 변화가 발생하면 다시 원위치시켜 원래의 비행상태로 되돌아가도록 도와 주는 역할을 한다. 하지만 과도하게 안정적으로 설계된 항공기는 원래의 비행상태를 유지하려는 안정성 때문에 조종사가 원하는 방향으로 조종하기가 힘들다. 따라서 높은 기동성이 요구되는 전투기는 인위적으로 안정성을 낮추는 대신 조종성이 향상되도록 설계된다.

CHAPTER 10

안정성의 개요 및 정적 세로 안정성

10.1 안정성의 개요 | 10.2 트림 | 10.3 안정성의 구분 | 10.4 정적 세로 안정성

10.1 안정성의 개요

항공기의 안정성(stability)은 비행 중 외부 교란에 의하여 항공기가 원래의 자세(attitude), 비행경로(flight path)와 고도(altitude)에서 벗어났을 때 회복을 위한 조종사의 개입이 없어도 날개·수평안정판·수직안정판 등 항공기 형상의 영향으로 원래 비행하던 경로·자세·고도로 되돌아가는, 즉 **평형상태로 복귀하는 경향성**을 말한다. 여객기, 소형 비행기, 훈련기 등은 안정성이 중요하다. 그런데 안정성이 우수한 항공기는 원래 가고자 하는 비행경로와 자세를 유지하며 안정적으로 비행하지만, 조종사가 비행경로 및 자세 변화를 주려고 실제 조종을 할 때 원활하게 반응하지 않는다. 즉, 안정성이 큰 항공기는 조종성(controllability)이 떨어진다.

조종성은 조종사가 조종면과 추진계통을 통하여 원하는 비행자세와 경로 그리고 고도로 항공기를 조종할 때 항공기가 이에 반응하는 성능으로 정의하며, 조종성이 좋을수록 조종사가 원하는 대로 항공기가 원활하게 비행한다. 따라서 급기동 비행성능이 중요시되는 전투기는 조종성 또는 기동성(maneuverability)이 우수해야 하고, 안정성이 높으면 기동 비행성능이 낮아지므로 일부러 안정성을 낮추거나, 불안정하게 설계하기도 한다. 그러므로 **안정성과 조종성은 서로 상반되는 개념**으로 볼 수 있다.

현대 전투기의 경우, 비행 중 발생할 수 있는 불안정성은 자동제어 시스템으로 통제하기 때문에 높은 조종성과 안정성을 동시에 확보할 수 있다.

10.2 트림

트림(trim)은 항공기에 작용하는 모든 힘들이 서로 균형을 이루어 항공기의 자유도운동(키놀이·옆놀이·빗놀이)을 하는 기준축에 대하여 모멘트가 없는 정적 평형(static equilibrium)상태를 말한다. 항공기는 가능한 한 트림 상태에서 비행하도록 설계·운용되는데, 트림상태에서 변화가 발생하는 경우의 예시는 다음과 같다.

첫째, 비행 중 돌풍 등의 외력에 의해 키놀이(pitching), 옆놀이(rolling), 빗놀이(yawing) 모멘트가 발생한다.

둘째, 비행 중 연료 소모와 이착륙 중 플랩과 착륙장치의 전개에 따른 무게중심과 공력중심의 변화로 키놀이 모멘트가 발생한다.

셋째, 양쪽 날개에 장착된 엔진 중 하나에 문제가 발생하여 추력 불균형 때문에 빗놀이 모멘트가 발생한다.

위와 같은 이유로 항공기에 작용하는 힘의 균형이 깨져서 모멘트가 발생하면 날개와 수평안정판·수직안정판 등에서 이에 반하는 모멘트를 발생시키거나, 조종사가 조종면을 작동하여 이를 상쇄시키는 모멘트를 발생시켜 다시 정적 균형상태, 즉 트림 상태로 만든다.

예를 들면 연료 소모에 의한 무게중심의 변화에 따라 기수가 올라가는 키놀이 모멘트가 발생했다고 하자. 이때 승강타 또는 승강타의 트림 탭(trim tab)의 각도를 변화시켜 수평안정판을 기준으로 위로 향하는 힘을 발생시키면 기수를 내리는 모멘트를 발생시켜 키놀이 트림 상태로 회복할 수 있다. 그리고 비행 중 돌풍에 의하여 한쪽 날개가 올라가게 되면 날개 상반각 형상에 의하여 이를 낮추는 모멘트가 발생하여 옆놀이 트림으로 복귀한다. 또한, 왼쪽 날개의 엔진이 멈추게 되면 반시계 방향으로 기수가 도는 빗놀이 모멘트가 발생하는데, 방향타의 각도를 오른쪽으로 증가시켜 빗놀이 트림 상태로 만든다.

현대 항공기는 자동비행제어장치가 트림의 변화에 따른 항공기의 자세 변화를 수십 분의 1초 단위로 자동 감지하고 조종면을 움직여 트림 상태를 유지한다. 트림을 위하여 조종면에 각도를 주게 되면 비행 중 항력이 증가하여 비행성능이 떨어진다. 그러므로 비행 중 트림을 위한 조종면 변위를 최소화하기 위하여 항공기 내부 장비 및 승객·화물을 배치할 때 많은 주의가 요구된다.

다시 정리하면 안정성이란 교란에 의하여 항공기가 평형상태인 트림 상태에서 벗어났으나 이후 트림 상태로 다시 복귀하려는 경향성을 말한다.

10.3 안정성의 구분

안정성은 크게 **정적 안정성**(static stability)과 **동적 안정성**(dynamic stability)으로 나뉘고, 정적 및 동적 안정성은 항공기가 운동하는 기준축에 따라 **세로 안정성**(longitudinal stability), **가로 안정성**(lateral stability), **방향 안정성**(lateral stability)으로 구분된다.

정적(static)이라는 것은 시간의 경과에 따라 상태의 변화가 없음을 의미하고, **동적**(dynamic)의 뜻은 시간의 경과에 따라 상태가 변화하는 것이다. 따라서 정적 비행은 시간 경과에 따라 이동거리가 증가해도 일정한 경로를 따라 비행하는 것이고, 동적 비행은 sine 곡선과 같이 시간 변

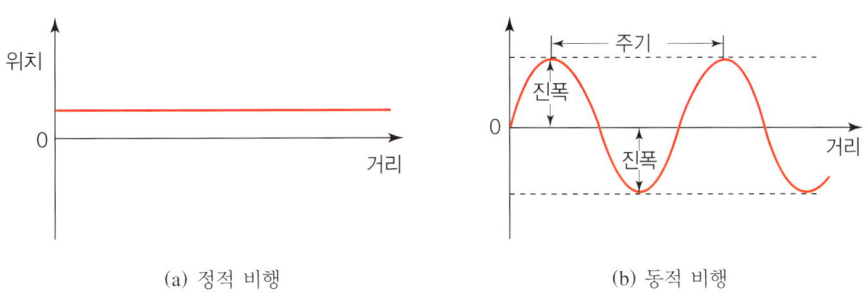

[그림 10-1] 정적 비행과 동적 비행 상태의 비교

화에 따라 항공기의 자세 또는 경로가 변화하는 비행을 말한다.

(1) 정적 안정성

정적 안정성(static stability)은 [그림 10-2]로 설명할 수 있다. 오목한 바닥[그림 (a)] 또는 볼록한 바닥[그림 (b)] 가운데에 구슬이 놓여 있다. 여기서 구슬을 옆으로 이동시켰다가 다시 놓는 외부 교란을 준다. 그러면 오목한 바닥의 구슬은 좌우로 이동하다가 결국 원래 위치인 가운데에서 멈추게 되는 반면, 볼록한 바닥의 구슬은 옆으로 미끄러져 버린다. 즉, 오목한 바닥의 구슬이 교란 이후 원래의 위치로 복귀하여 정적 평형상태가 되므로 정적으로 안정(stable)하고, 볼록한 바닥의 구슬은 교란 이후 원위치로 복귀하지 않아 이탈 이동을 하므로 정적으로 불안정(unstable)하다.

즉, **정적 안정성은 교란 후 시간이 지남에 따라 초기 경향성으로 다시 복귀하는지의 여부로 판단**한다. **안정하다는 것은 양(+)의 안정성**(positive stability)**이 있고, 불안정하다는 것은 음(−)의 안정성**(negative stability)**이 있다고 표현하기도 한다.**

맨 오른쪽 구슬의 경우, 원위치에 교란을 받아 다른 위치로 이동하였지만, 원위치로 복귀하지도 않고 이탈하지도 않으며 새로운 위치에서 정적 평형상태를 유지하게 되므로 **정적 중립**(neutral static stability)이라고 정의한다.

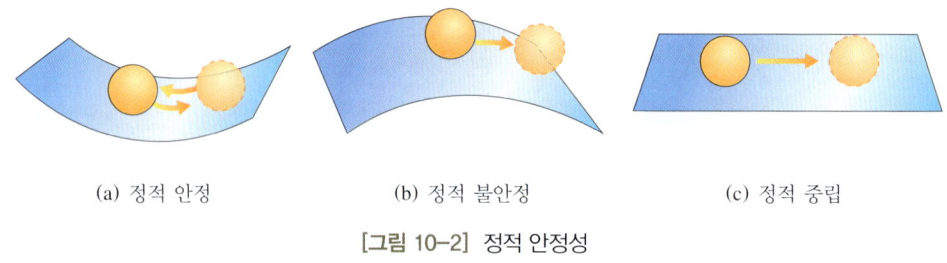

(a) 정적 안정   (b) 정적 불안정   (c) 정적 중립

[그림 10-2] 정적 안정성

정적 안정, 정적 불안정 그리고 정적 중립을 [그림 10-3]의 그래프를 통하여 구분하여 설명할 수 있다. 그래프의 가로축은 초기 비행경로를 나타내고, 세로축은 교란 이후 항공기의 위치 변화를 나타낸다.

그림 (a)는 항공기가 교란을 받은 후 비행경로에서 이탈하지만, 이후 초기 비행경로, 즉 정적 평형상태로 다시 복귀하는 경향성을 보이므로 **정적 안정**(positive static stability)을 나타낸다.

그림 (b)는 교란 후 초기 비행경로에서 이탈을 지속하며 다시 복귀하는 경향성을 보이지 않으므로 **정적 불안정**(negative static stability)하다고 할 수 있다.

그림 (c)는 교란을 받아 비행경로에서 이탈하지만 초기 비행경로로 복귀하지도 않고, 또한 이탈을 지속하지도 않으면서 새로운 위치에서 다시 정적 평형상태를 유지하므로 **정적 중립**(neutral static stability)이라고 한다.

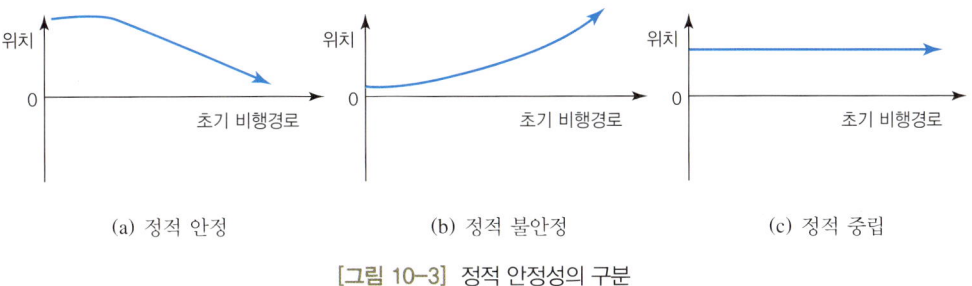

[그림 10-3] 정적 안정성의 구분

(2) 동적 안정성

항공기가 교란을 받아 초기 비행경로에서 이탈하게 되면 시간이 지나면서 비행자세와 경로가 변화하는 동적 비행경로를 가지게 될 수 있다. 예를 들면 교란 후 받음각의 변화 또는 피치각의 변화가 발생하여 시간의 경과에 따라 비행경로가 파장(wave)의 형태로 나타난다.

이때 시간이 지남에 따라 파장 형태의 비행경로 진폭이 점차 감소하여 초기 평형상태, 즉 초기 비행경로로 복귀하면 **동적 안정성**(positive dynamic stability)을 가진다고 정의한다. 반대로 교란 후 시간에 따라 진폭이 점차 증가하면서 초기 비행경로에서의 이탈을 지속한다면 **동적으로 불안정**(negative dynamic stability)하다고 한다.

즉, **동적 안정성은 교란 후 시간이 지남에 따라 파장 형태의 비행경로 진폭이 감쇠(convergent)하는지의 여부로 판단한다**. 그리고 항공기가 교란을 받은 후 초기 비행경로에서 이탈하지만 일정한 진폭과 주기를 가지는 파장 형태로, 즉 진폭이 증가하거나 감소하지 않는다면 **동적 중립**(neutral dynamic stability)으로 정의한다.

위에서 설명한 동적 안정성의 판별 기준을 다음의 그래프를 통하여 보다 직관적으로 살펴볼 수 있다. 그래프의 가로축은 항공기의 초기 비행경로를 나타내고, 세로축은 교란 이후 항공기의 위치 변화를 표현한다.

그림 (a)는 항공기가 교란을 받은 후 파장 형태의 동적 비행을 하게 되지만, 시간이 지남에 따라

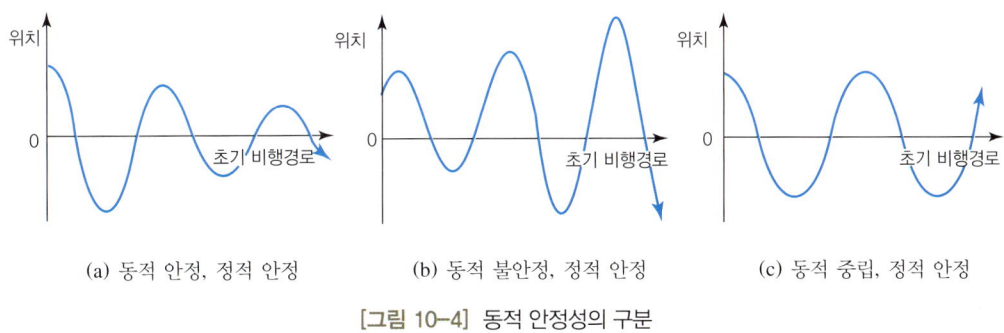

[그림 10-4] 동적 안정성의 구분

진폭이 감쇠하므로 동적 안정의 예라고 볼 수 있다. 또한, 초기 비행경로에 완전히 복귀하지 못하고 지나치지만 지속적으로 **초기 비행경로로 복귀하려는 경향성**을 보이므로 **정적으로도 안정**하다.

그림 (b)는 교란 후 **진폭이 증폭**(divergent)하므로 동적 불안정을 나타낸다. 그러나 **초기 비행경로로 돌아가려는 경향성**을 보이므로 정적으로는 안정하다.

그림 (c)는 교란 후 동적 비행패턴을 보이지만, **진폭이 일정하기 때문에 동적 중립상태**를 나타낸다. 특히, 진폭이 감소하지는 않지만, **초기 비행경로로 돌아가려는 경향성을 지속적으로 나타내므로 정적 안정**으로도 볼 수 있다.

(3) 세로 안정성, 가로 안정성, 방향 안정성

안정성은 항공기가 운동하는 기준축에 따라 **세로 안정성, 가로 안정성, 방향 안정성**으로 분류된다.

세로 안정성(longitudinal stability)은 Y축 기준 항공기의 안정성, 즉 **기수 들림과 내림을 유발하는 교란과 관계**가 있고, 항공기가 발생시키는 **키놀이운동**(pitching)에 의하여 교란이 감소하거나 증가한다.

가로 안정성(lateral stability)은 X축 기준 항공기의 안정성, 즉 **한쪽 날개의 들림 또는 내림을 유발하는 교란과 관계**가 있고, 항공기가 발생시키는 **옆놀이운동**(rolling)에 의하여 교란이 감소하거나 증가한다.

방향 안정성(directional stability)은 Z축 기준 항공기의 안정성, 즉 **기수의 시계 방향 또는 반시계 방향 전환을 유발하는 교란과 관계**되며, 항공기가 발생시키는 **빗놀이운동**(yawing)에 의하여 교란이 감소하거나 증가한다.

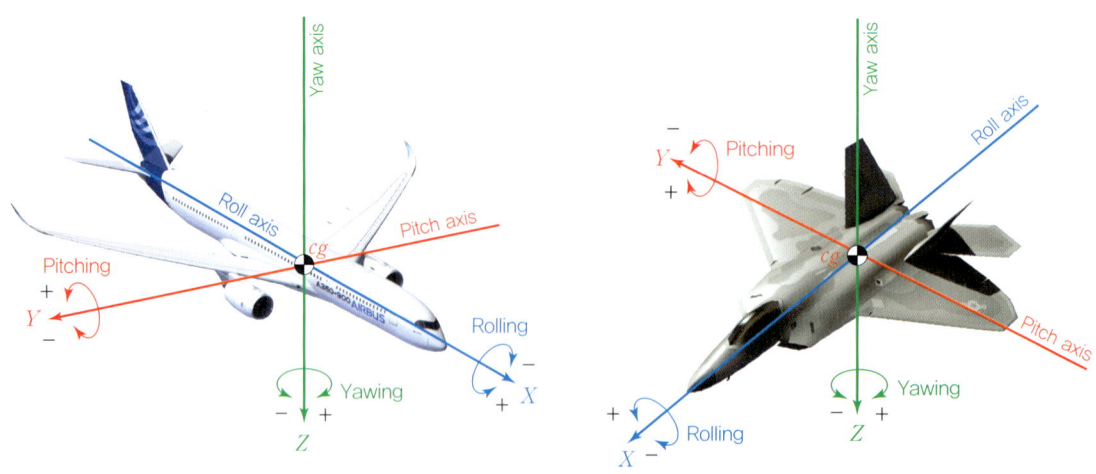

[그림 10-5] 키놀이운동(pitching), 옆놀이운동(rolling), 빗놀이운동(yawing)

10.4 정적 세로 안정성

정적 세로 안정성(longitudinal static stability)은 항공기의 기수 들림 또는 내림을 유발하는 교란에 대한 정적 안정성을 말한다. 항공기가 돌풍 등의 교란을 받아 기수가 들리거나 내려가면 **받음각**(α)의 변화가 발생한다.

이러한 받음각의 변화에 대하여 날개 및 수평안정판 등의 효과로 **초기 비행상태 또는 정적 평형상태로 되돌아가려는 키놀이 모멘트**(pitching moment)가 발생하면 정적 세로 안정성이 확보되었다고 한다.

(1) 키놀이 교란에 의한 받음각 변화

받음각(α)은 항공기의 기수가 위로 올라가거나 아래로 내려갔을 때, 항공기 진행 방향(상대풍 방향)과 기체 중심축 또는 날개 시위선(wing chord line) 사이의 각도를 말한다. **기수가 올라가면 양(+)의 받음각(+α), 내려가면 음(−)의 받음각(−α)** 으로 정의한다. 따라서 항공기가 돌풍(gust) 등 외부 교란에 의하여 기수가 올라가거나 내려가는 키놀이 교란이 발생할 때 받음각은 변화한다.

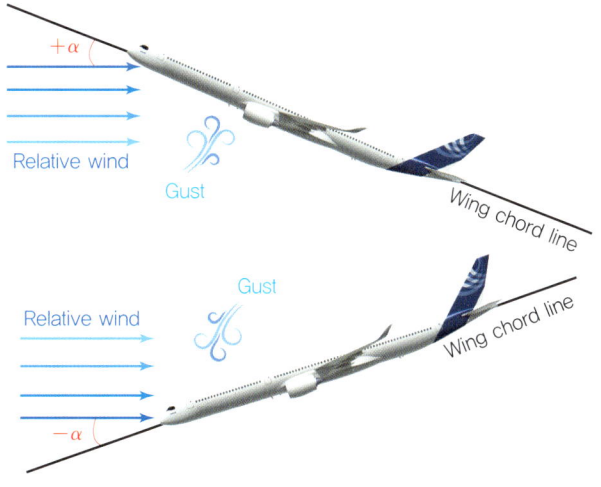

[그림 10-6] 교란에 의한 양(+)과 음(−)의 받음각(α) 발생

(2) 키놀이 모멘트

항공기의 키놀이 모멘트계수(C_M)는 항공기 날개의 압력 분포와 전단응력 분포에 의한 키놀이 모멘트(M), 날개에 작용하는 동압($\frac{1}{2}\rho V^2$), 날개면적(S) 그리고 키놀이운동에 대한 모멘트 암

(moment arm)에 해당하는 날개의 평균시위길이($\bar{c}$)로 다음과 같이 정의한다.

$$\text{키놀이 모멘트계수: } C_M = \frac{M}{\frac{1}{2}\rho V^2 S \bar{c}}$$

$$\text{키놀이 모멘트: } M = C_M \frac{1}{2}\rho V^2 S \bar{c}$$

모멘트가 작용할 때 기준점에 대한 정의가 필요한데, 항공기의 경우 일반적으로 무게중심(center of gravity, cg)을 기준으로 한다. 따라서 무게중심에 대한 키놀이 모멘트($C_{M_{cg}}$)로 표현한다.

$$\text{키놀이 모멘트계수(무게중심 기준): } C_{M_{cg}} = \frac{M_{cg}}{\frac{1}{2}\rho V^2 S \bar{c}}$$

기수가 올라가는 모멘트를 양의 키놀이 모멘트($+C_{M_{cg}}$), 기수가 내려가는 모멘트를 음의 키놀이 모멘트($-C_{M_{cg}}$)로 정의한다. 모멘트에 대한 부호 결정은 물리적인 이유에 따른 것은 아니고 약속에 의한 정의이다.

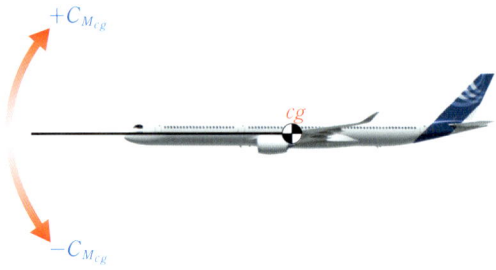

[그림 10-7] 양(+)과 음(-)의 키놀이 모멘트의 정의

(3) 정적 세로 안정성 판별

이제부터 정적 세로 안정성과 불안정성의 판별에 대한 과정을 알아보도록 한다. 항공기가 돌풍 등의 교란을 받아 기수가 올라가서 **양(+)의 받음각($+\alpha$)**이 나타날 때, 날개 및 수평안정판의 효과 등으로 **기수가 내려가는 음(-)의 키놀이 모멘트($-C_{M_{cg}}$)**가 발생하면 정적 평형상태로 되돌아갈 수 있고, 따라서 **정적 세로 안정성**이 확보된다.

마찬가지로 항공기가 돌풍 등의 교란을 받아 기수가 내려가서 **음(-)의 받음각($-\alpha$)**이 나타날 때, **날개 및 수평안정판의 효과** 등으로 **기수를 올리는 양(+)의 키놀이 모멘트($+C_{M_{cg}}$)**가 발생하

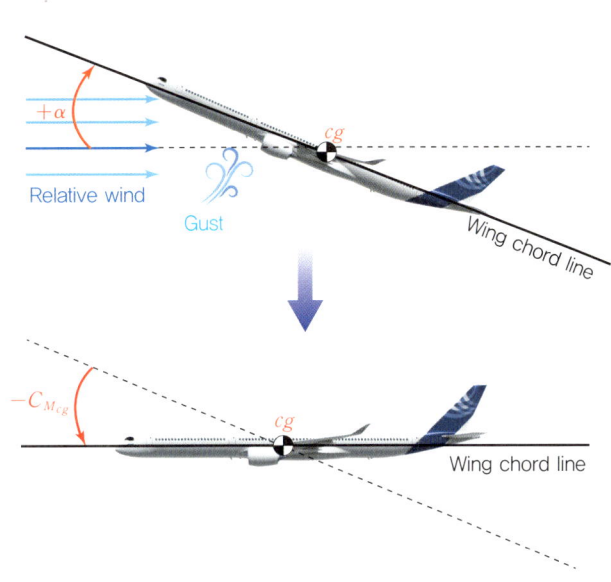

[그림 10-8] 양(+)의 받음각(+α)에 대하여 음(-)의 키놀이 모멘트($-C_{M_{cg}}$)가 발생하면 정적 세로 안정성이 확보된다.

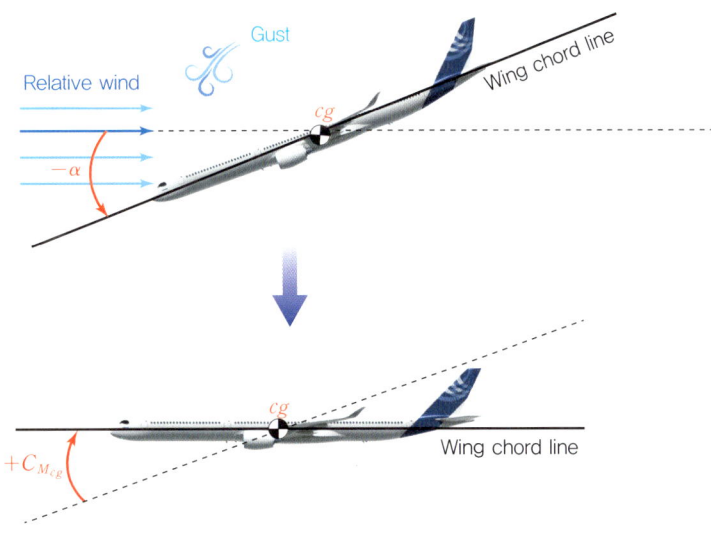

[그림 10-9] 음(-)의 받음각(-α)에 대하여 양(+)의 키놀이 모멘트($+C_{M_{cg}}$)가 발생하면 정적 세로 안정성이 확보된다.

면 정적 평형상태로 되돌아갈 수 있고, 따라서 **정적 세로 안정성**이 확보된다.

하지만 기수가 올라가는 **양(+)의 받음각(+α)**이 발생하는 교란에 대하여 기수를 올리는 **양(+)의 키놀이 모멘트($+C_{M_{cg}}$)**가 발생하면 초기 정적 평형상태에서 멀어지므로 **정적 세로 불안정성**이 발생한다고 볼 수 있다. 즉, **받음각(α)과 키놀이 모멘트($C_{M_{cg}}$)의 부호가 반대이면 정적 세로 안정성**이 확보됨을 알 수 있다.

또한, 미분계수를 사용하여 정적 세로 안정성에 대한 판별을 수학적으로 표현할 수 있다. 미분계수는 접선의 기울기를 나타내는데, 양(+)의 미분계수의 값은 두 변수가 비례하고, 음(−)의 값은 두 변수가 서로 반비례하여 변화함을 의미한다. **정적 세로 안정성은 두 변수(α와 $C_{M_{cg}}$)의 부호가 반대**, 즉 반비례하여 변화해야 함을 뜻한다.

그러므로 **정적 세로 안정성의 확보를 위하여 0보다 작은 음(−)의 미분계수**가 되어야 한다는 의미의 판별식으로 다음과 같이 나타낼 수 있다.

$$\text{정적 세로 안정 판별식: } \frac{\partial C_{M_{cg}}}{\partial \alpha} < 0$$

반대로 **정적 세로 불안정성**은 받음각(α)과 키놀이 모멘트($C_{M_{cg}}$)의 부호가 같은 경우이므로 0보다 큰 **양(+)의 미분계수** 판별식으로 다음과 같이 표현할 수 있다.

$$\text{정적 세로 불안정 판별식: } \frac{\partial C_{M_{cg}}}{\partial \alpha} > 0$$

또한, $C_{M_{cg}} = 0$ 또는 $\frac{\partial C_{M_{cg}}}{\partial \alpha} = 0$은 받음각이 변화하더라도 무게중심에 대한 키놀이 모멘트가 없다. 즉, 키놀이 트림(pitch trim) 상태를 의미한다. 설계하고 있는 항공기가 정적 세로 안정성이 있는지를 확인하는 방법은 성능 해석을 통하여 해당 항공기의 정적 세로 안정성 미분계수, 즉 $\frac{\partial C_{M_{cg}}}{\partial \alpha}$의 값이 음수인지 검토하는 것인데, 일반적인 형상의 항공기의 경우는 $\frac{\partial C_{M_{cg}}}{\partial \alpha} = -1.0$ 전후이다.

(4) 압력중심과 공력중심

날개의 표면 위를 상대풍(relative wind)이 지나갈 때 표면에 발생하는 압력과 전단응력 분포를 상대풍 방향에 대한 수직힘과 수평힘으로 평균하여 정리한 것이 각각 양력과 항력이다.

무게중심(center of gravity, cg)이 항공기 전체에 분포하는 중량의 대표점이듯이 **날개 표면 전체에 분포한 압력과 전단응력의 수직힘, 즉 양력의 대표점이 압력중심(center of pressure)**이다.

그런데 **받음각(α)의 변화**에 따라 날개 표면의 압력과 전단응력의 분포가 달라지므로 **압력중심의 위치는 변화**한다. 예를 들어 받음각이 증가하면 양력 증가에 도움이 되는 음(−)의 압력 분포가 앞전(leading edge) 쪽으로 이동하기 때문에 압력중심의 위치가 앞쪽으로 이동한다. 이런 경우, 항공기의 기수가 올라가는 양(+)의 키놀이 모멘트가 증가한다.

키놀이 모멘트와 이에 따른 항공기의 세로 안정성을 분석할 때, 압력중심과 무게중심의 위치가 중요하다. 세로 안정성은 받음각에 따른 키놀이 모멘트의 변화로 판단하는데, 중량의 작용점인 무게중심의 위치는 받음각 변화와 무관하지만, **압력중심의 위치는 받음각에 따라 변화**하

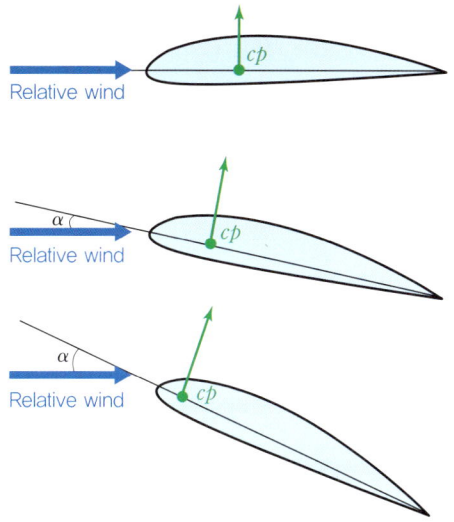

[그림 10-10] 받음각(α)의 변화에 따라 압력중심(cp)의 위치가 변화한다.

기 때문에 키놀이 모멘트 분석이 번거로워진다. 즉, 받음각이 변하면서 양력의 크기뿐만 아니라 양력이 작용하는 압력중심의 위치가 변화하면서 키놀이 모멘트에 복잡한 영향을 주게 된다.

그러므로 받음각 변화에 대하여 양력의 고정된 작용점이 요구되는데, 이런 특성을 가진 날개 시위상의 한 점을 **공력중심**(aerodynamic center, ac)이라고 한다.

모멘트는 힘과 거리의 곱으로 나타내는데, 거리를 모멘트 암이라고 일컫는다. 만약, 양력의 작용점인 압력중심(cp)이 공력중심(ac) 뒤의 일정 지점에 있다고 하자. 그러면 [그림 10-11]과 같이 양력(L_1)에 공력중심과 압력중심 사이의 거리인 모멘트 암(l_1)을 곱하여 공력중심에 작용하는 키놀이 모멘트를 $M_{ac} = L_1 \times l_1$으로 나타낼 수 있다. 그런데 받음각이 증가하면 압력중심은

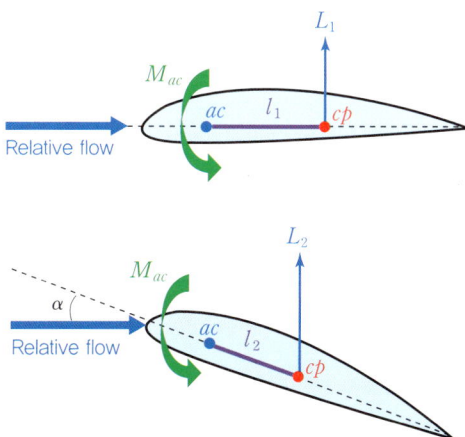

[그림 10-11] 받음각(α)의 변화에도 공력중심(ac)의 위치와 공력중심에 대한 키놀이 모멘트(M_{ac})는 변화하지 않는다.

전방으로 이동하므로 모멘트 암의 길이가 줄어들고(l_2), 대신 양력은 그만큼 증가하므로(L_2) 높은 받음각에서의 공력중심에 대한 키놀이 모멘트는 받음각이 증가하기 전과 동일하게 유지된다 ($M_{ac} = L_1 \times l_1 = L_2 \times l_2$). 즉, **공력중심의 다른 정의는 받음각이 변화하더라도 그 점에 대한 키놀이 모멘트(M_{ac})가 항상 일정한 날개 위의 한 지점**이라고 할 수 있다.

공력중심에 대한 정의를 수학적으로 표현하면 다음 식과 같다.

$$\text{공력중심 표현식: } \frac{\partial M_{ac}}{\partial \alpha} = 0 \text{ 또는 } \frac{\partial C_{M_{ac}}}{\partial \alpha} = 0$$

[그림 10-11]에서도 알 수 있듯이 양력의 실제 작용점은 압력중심이다. 하지만 공력중심을 양력의 작용점으로 가정하면 무게중심의 위치와 마찬가지로 양력의 위치도 받음각의 변화와 관계없이 일정하므로 항공기의 세로 안정성 분석이 단순해진다.

항공기의 공력중심 위치는 풍동시험(wind tunnel test) 등을 통하여 찾을 수 있다. 받음각을 변화시키면서 날개 시위의 길이 방향 여러 지점에서 발생하는 모멘트를 측정한다. 그리고 받음각 변화에도 불구하고 일정한 모멘트값이 나오는 지점을 찾는데, 이 지점이 공력중심에 해당한다. 저속 항공기의 경우, 일반적으로 날개의 평균공력시위(MAC) 기준 앞전에서 약 25% 지점에 공력중심이 있고, 초음속 항공기의 날개는 앞전에서 약 50% 지점에 공력중심이 있다. 무게중심의 위치를 공력중심의 위치에 근접하도록 항공기를 설계 및 운용하는 이유는 두 중심의 위치가 가까울수록, 즉 양력과 중력의 작용점이 가까울수록 항공기의 키놀이 모멘트는 작아지고, 따라서 키놀이 트림을 위한 여러 노력이 최소화되기 때문이다.

(5) 세로 안정성 관계식

공력중심과 무게중심이 일치하면 불필요한 키놀이 모멘트는 발생하지 않는다. 하지만 공력중심과 무게중심을 정확히 같은 곳에 위치시키는 것은 불가능하다. 따라서 공력중심은 무게중심의 전방 또는 후방에 위치하게 되고, 이에 따라 양(+) 또는 음(−)의 키놀이 모멘트가 발생하는데, **수평안정판에서 양력을 발생시켜 키놀이 모멘트를 상쇄시킴으로써 세로 안정성을 확보**한다. 즉, **수평안정판은 항공기의 세로 안정성에 가장 중요한 역할**을 한다.

[그림 10-12]와 같이 날개에서 발생하는 양력(L_w)은 공력중심에서, 중력(중량, W)은 무게중심(cg)에서 작용한다. 그리고 항공기가 세로 안정성을 확보하려면, 즉 키놀이 트림을 하려면 무게중심에 대한 키놀이 모멘트(M_{cg})가 '0'이 되어야 한다.

$$M_{cg} = 0$$

무게중심에 대한 키놀이 모멘트(M_{cg})는 날개의 양력(L_w)과 수평안정판의 양력(L_h), 무게중심부터 날개의 공력중심까지의 거리(a)와 무게중심부터 수평안정판의 공력중심까지의 거리(b)로

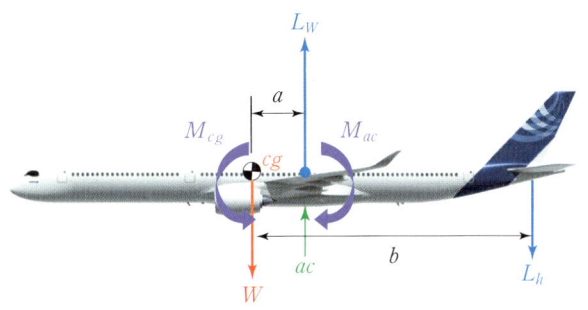

[그림 10-12] 무게중심에 대한 키놀이 모멘트(M_{cg})의 정의

다음과 같이 정의한다.

$$M_{cg} = -(L_w \times a) + M_{ac} + (L_h \times b)$$

여기서, 시계 방향 모멘트는 양(+)의 모멘트, 반시계 방향은 음(−)의 모멘트로 정의한다. 무게중심을 기준으로 날개 양력에 의한 모멘트는 $L_w \times a$로 정의되고, 반시계 방향이므로 $-(L_w \times a)$이다. 또한 무게중심에 대하여 수평안정판에 의한 모멘트는 $L_h \times b$이고, 시계 방향이므로 $+(L_h \times b)$가 된다. 공력중심에 대한 모멘트(M_{ac})는 날개의 형상에 따라 크기와 방향이 다르지만 편의상 양(+)의 값으로 가정한다. 아울러 날개 양력(L_w)과 수평안정판 양력(L_h)의 크기는 받음각에 따라 변하지만, 양력의 작용점은 받음각의 영향이 없는 공력중심이므로 위치 변화는 없다.

[그림 10-13]은 무게중심이 공력중심의 전방에 위치한 경우이다.

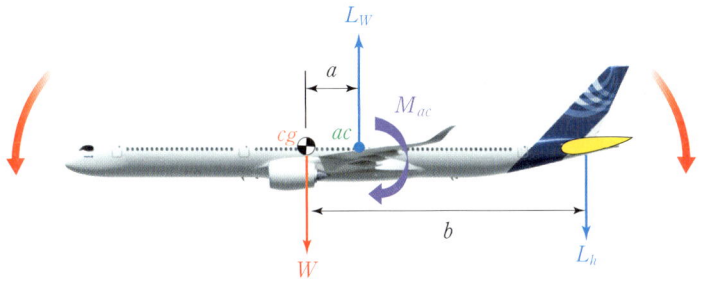

[그림 10-13] 무게중심(cg)이 공력중심(ac)의 전방에 있는 경우의 키놀이 모멘트 균형

날개에서 발생하는 양력에 의하여 음(−)의 모멘트인 기수가 내려가는 키놀이 모멘트, $-(L_w \times a)$가 발생하므로, 키놀이 트림($M_{cg} = 0$)을 위하여 수평안정판에서 양(+)의 모멘트로 발생시켜 이를 상쇄시켜야 한다. 따라서 수평안정판의 양력 방향은 그림과 같이 '아래'로 향하도록 수평안정판의 각도, 즉 받음각을 하향 설정한다. 이에 따라 수평안정판에 의한 모멘트는 $L_h \times b$가 된다. 앞서 언급한 바와 같이, 날개의 공력중심에 작용하는 키놀이 모멘트는 양(+)의 값으로 정의한다($+M_{ac}$). 그러므로 무게중심이 공력중심 앞에 위치할 때, 키놀이 트림을 위한 모멘트의

관계식은 다음과 같다.

$$M_{cg} = -(L_w \times a) + M_{ac} + (L_h \times b) = 0$$
$$(L_w \times a) - M_{ac} = (L_h \times b)$$

[그림 10-14]는 무게중심이 공력중심의 후방에 있는 경우이다. 이번에는 무게중심 기준의 날개 양력에 의한 모멘트는 양(+)의 모멘트인 $+(L_w \times a)$이다. 이에 따라 기수가 올라가는 키놀이 모멘트가 발생하고, 이를 상쇄시키기 위하여 '위'로 향하는 양력을 만들도록 수평안정판의 각도를 상향시켜 $-(L_{ht} \times b)$를 발생시켜야 한다. 따라서 무게중심이 공력중심의 후방에 있을 때 키놀이 트림($M_{cg}=0$)을 위한 모멘트의 관계식은 다음과 같다.

$$M_{cg} = +(L_w \times a) + M_{ac} - (L_h \times b) = 0$$
$$(L_w \times a) + M_{ac} = (L_h \times b)$$

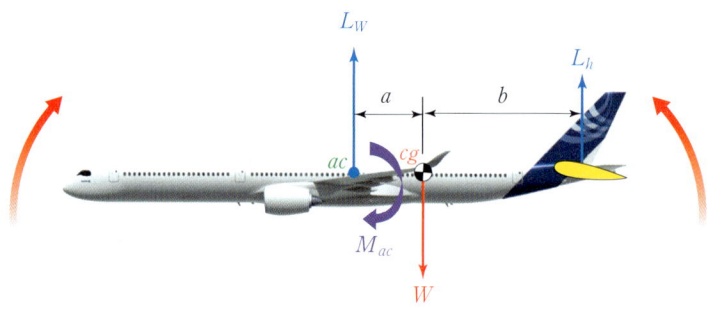

[그림 10-14] 무게중심(cg)이 공력중심(ac)의 후방에 있는 경우의 키놀이 모멘트 균형

정리하면 **무게중심이 공력중심 앞에 있으면 수평안정판에서 아래로 향하는 양력을 발생시키고, 무게중심이 공력중심 뒤에 있으면 수평안정판 위로 작용하는 양력을 만들어 키놀이 트림**을 한다.

항공기는 비행 중 외부 교란에 의하여 기수가 올라가거나 내려가는 경우가 발생한다. 그런데 받음각이 증가하여 실속 받음각에 가까워지는 기수 들림 교란이 항공기의 안정성에 훨씬 위협적이다. 즉, 교란 때문에 받음각이 과도하게 커지는 경우, 날개를 지나는 공기의 흐름이 떨어져 나가 양력을 잃고 실속하여 추락하게 된다. 그러므로 **실속받음각에 도달하기 전에 기수를 낮추는 음(−)의 키놀이 모멘트를 발생**시키는 것은 항공기의 안정성에 매우 중요하다.

그런데 무게중심과 공력중심의 위치에 따라 기수 들림 교란에 대한 안정성의 특성이 다르게 나타난다. [그림 10-15]와 같이 무게중심이 공력중심의 앞에 있으면 무게중심 기준으로 날개에서 음(−)의 키놀이 모멘트를 만드는데, 이에 대하여 수평안정판 각도를 아래로 향하게 하여 양(+)의 키놀이 모멘트를 발생시켜 균형을 유지한다.

만약, 기수 들림에 의하여 받음각 증가가 발생하면 날개에 발생하는 양력(L_w) 또한 증가하지

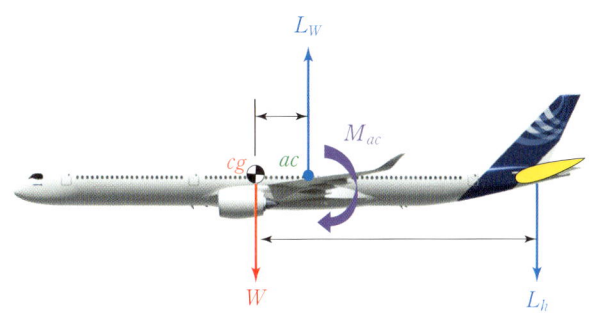

(a) 기수 들림 교란 전

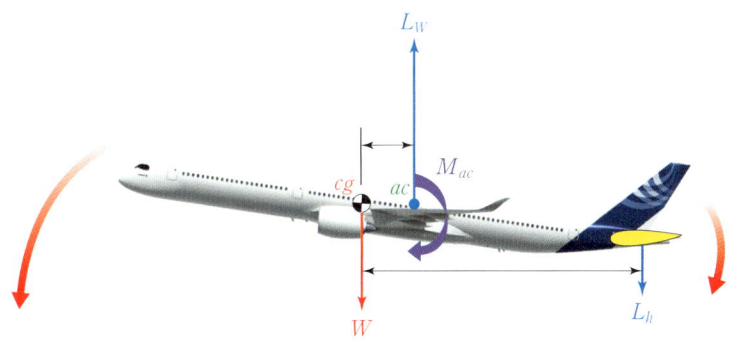

(b) 기수 들림 교란 후 기수 내림 경향성이 발생하여 세로 안정성 회복

[그림 10-15] 무게중심(cg)이 공력중심(ac)의 전방에 있는 경우 세로 안정성 향상

만, 수평안정판의 하향 각도는 감소하여 수평안정판의 아래로 작용하는 양력(L_h)은 감소한다. 그러므로 수평안정판에서 발생하는 양(+)의 모멘트에 비하여 날개에 발생하는 음(−)의 모멘트가 커지므로 결국 항공기는 기수가 내려가며 세로 안정성이 복구된다.

[그림 10-16]과 같이 무게중심이 공력중심보다 뒤에 있는 경우를 살펴보자. 앞서 설명한 바와 같이 무게중심이 뒤에 있으면 기수 들림 모멘트가 발생한다. 따라서 수평안정판의 각도, 즉 받음각을 상향시켜 수평안정판 위로 향하는 양력(L_h)으로 기수 들림 모멘트를 상쇄하여 세로 안정성을 유지한다.

그런데 날개 받음각은 2도이고, 수평안정판은 상향시켜 받음각이 4도라고 가정하자. 이때 기수 들림 교란을 받아 항공기 받음각이 2도 증가하여 날개 받음각은 4도가 되고, 수평안정판 받음각은 6도가 되었다. 즉, 날개 받음각은 100%가 증가한 반면, 수평안정판의 받음각은 50% 증가하였다. 따라서 수평안정판이 상향된 경우에는 수평안정판의 받음각보다 날개 받음각의 증가폭이 항상 더 크다. 무게중심이 공력중심의 후방에 있으면 날개에서 양(+)의 키놀이 모멘트가 발생하고, 수평안정판에서 음(−)의 키놀이 모멘트가 발생하는데, 기수가 들리는 교란에 대하여 날개 받음각의 증가폭이 더 크므로 양(+)의 키놀이 모멘트가 우세하고, 따라서 기수 들림이 더 증가하여 세로 불안정에 들어가게 된다.

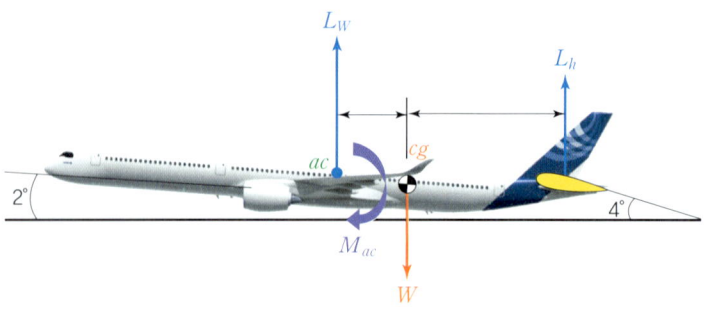

(a) 기수 들림 교란 전

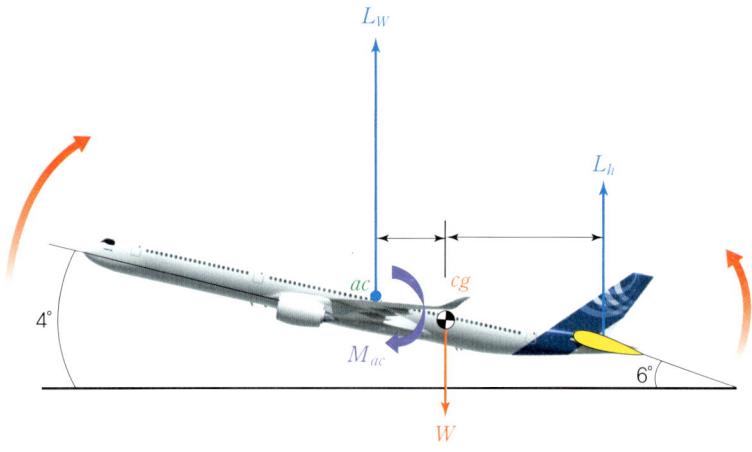

(b) 기수 들림 교란 후 기수 들림이 악화하여 세로 불안정 증가

[그림 10-16] 무게중심(cg)이 공력중심(ac)의 후방에 있는 경우 세로 불안정 발생

그러므로 **기수 들림 교란에 대하여 무게중심이 공력중심의 전방에 위치한 경우가 안정적**이고, 세로 안정성을 위하여 무게중심이 전방에 위치하도록 비행 전에 승객·화물·연료 등의 탑재물 중량을 배분하여 배치한다.

이제 항공기의 세로 안정성에 영향을 주는 요소들을 수식을 통하여 정량적으로 살펴보자. 앞서 설명했듯이 무게중심이 공력중심의 후방에 있을 때, 항공기의 무게중심에 대한 키놀이 모멘트는 다음과 같이 표현한다.

$$M_{cg} = +(L_w \times a) + M_{ac} - (L_h \times b)$$

모멘트 암의 길이 a는 무게중심과 날개의 공력중심 사이의 거리인데, [그림 10-17]과 같이 그 거리는 기준점(기수)에서 무게중심까지의 거리인 l_{cg}에서 기준점에서 날개의 공력중심까지의 거리인 l_{ac_w}를 뺀 것과 같다. 즉, $a = l_{cg} - l_{ac_w}$이다. 그리고 모멘트 암의 길이 b는 무게중심과 수평안정판의 공력중심 사이의 거리로서 기준점에서 수평안정판의 공력중심까지의 거리를 l_{ac_h}로

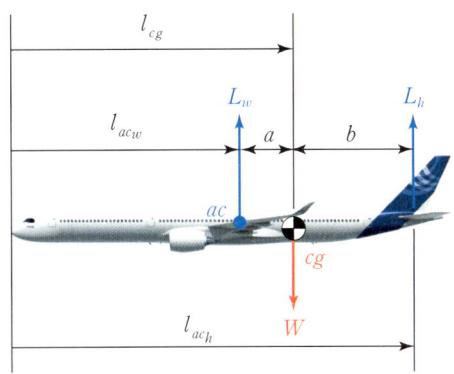

[그림 10-17] 기준점에서 무게중심과 공력중심까지 거리의 정의

정의하여 $b = l_{ac_h} - l_{cg}$와 같이 표현할 수 있다.

따라서 세로 안정성 관계식을 다음과 같이 나타낸다.

$$M_{cg} = M_{ac} + (l_{cg} - l_{ac_w})L_w - (l_{ac_h} - l_{cg})L_h$$

세로 안정성 관계식을 모멘트계수로 표현할 수 있다. 모멘트(M_{cg})는 '힘 × 거리(모멘트 암)'이므로 모멘트를 무차원수인 모멘트계수로 나타내기 위해서는 모멘트를 '힘 × 거리'로 나누어야 한다. 이때 힘은 동압$\left(q = \frac{1}{2}\rho V^2\right)$과 날개면적($S$)의 곱, 그리고 거리는 날개의 평균 공력시위($\bar{c}$)를 기준으로 한다. 이를 이용하여 모멘트를 다음과 같이 무차원화하여 모멘트계수로 나타낼 수 있다.

$$C_M = \frac{M}{qS\bar{c}}$$

모멘트계수의 정의를 이용하여 앞서 소개한 세로 안정성 관계식은 다음과 같이 정리할 수 있다. 여기서 S_w는 날개면적이고, $\bar{c}_w$는 날개의 평균공력시위다.

$$\frac{M_{cg}}{qS_w\bar{c}_w} = \frac{M_{ac}}{qS_w\bar{c}_w} + \frac{(l_{cg} - l_{ac_w})L_w}{qS_w\bar{c}_w} - \frac{(l_{ac_h} - l_{cg})L_h}{qS_w\bar{c}_w}$$

$$= \frac{M_{ac}}{qS_w\bar{c}_w} + \frac{(l_{cg} - l_{ac_w})}{\bar{c}_w}\frac{L_w}{qS_w} - \frac{(l_{ac_h} - l_{cg})}{\bar{c}_w}\frac{L_h}{qS_w}$$

그런데 $\frac{M_{cg}}{qS_w\bar{c}_w} = C_{M_{cg}}$, $\frac{M_{ac}}{qS_w\bar{c}_w} = C_{M_{ac}}$, $\frac{L_w}{qS_w} = C_{L_w}$로 정의하므로 위의 식을 다음과 같이 나타낼 수 있다.

$$C_{M_{cg}} = C_{M_{ac}} + \frac{(l_{cg} - l_{ac_w})}{\bar{c}_w}C_{L_w} - \frac{(l_{ac_h} - l_{cg})}{\bar{c}_w}\frac{L_h}{qS_w}$$

또한, 수평안정판에서 발생하는 양력을 의미하는 $\dfrac{L_h}{qS_w}$를 무차원화하기 위하여 $\dfrac{S_h}{S_h}$를 곱하여 다음과 같이 정리한다. S_h는 수평안정판의 면적이고, $\dfrac{L_h}{qS_h} = C_{L_h}$이다.

$$\frac{L_h}{qS_w} = \frac{L_h}{qS_w}\frac{S_h}{S_h} = \frac{L_h}{qS_h}\frac{S_h}{S_w} = C_{L_h}\frac{S_h}{S_w}$$

그러므로 세로 안정성 관계식을 키놀이 모멘트계수와 양력계수로 다음과 같이 표현할 수 있다.

$$C_{M_{cg}} = C_{M_{ac}} + \frac{(l_{cg} - l_{ac_w})}{\bar{c}_w}C_{L_w} - \frac{(l_{ac_h} - l_{cg})}{\bar{c}_w}C_{L_h}\frac{S_h}{S_w}$$

여기서, C_{L_w}와 C_{L_h}는 각각 날개의 양력계수와 수평안정판의 양력계수이다. 관계식을 단순화하기 위하여 기준점으로부터 무게중심까지의 거리(l_{cg})와 날개의 공력중심까지의 거리(l_{ac_w})를 날개의 평균공력시위($\bar{c}_w$)로 나누어 다음과 같이 무차원화할 수 있다.

$$\frac{(l_{cg} - l_{ac_w})}{\bar{c}_w} = h_{cg} - h_{ac_w}$$

수평안정판의 모멘트 암($l_{ac_h} - l_{cg}$)과 날개 평균공력시위의 비, 즉 $(l_{ac_h} - l_{cg})/\bar{c}_w$와 수평안정판과 날개의 면적비, 즉 S_h/S_w를 곱하여 다음과 같이 수평안정판 체적계수(horizontal stabilizer volume coefficient, V_h)로 정의한다.

$$\text{수평안정판 체적계수: } V_h = \frac{(l_{ac_h} - l_{cg})}{\bar{c}_w}\frac{S_h}{S_w}$$

수평안정판 체적계수를 포함한 세로 안정성 관계식은 다음과 같이 정리할 수 있다.

$$C_{M_{cg}} = C_{M_{ac}} + (h_{cg} - h_{ac_w})C_{L_w} - V_h C_{L_h}$$

그리고 세로 안정성 확보를 위한 조건은 $\dfrac{\partial C_{M_{cg}}}{\partial \alpha} < 0$이므로 받음각($\alpha$)에 대한 미분계수형으로 표현하면 다음과 같다.

$$\frac{\partial C_{M_{cg}}}{\partial \alpha} = \frac{\partial C_{M_{ac}}}{\partial \alpha} + (h_{cg} - h_{ac_w})\frac{\partial C_{L_w}}{\partial \alpha} - V_h\frac{\partial C_{L_h}}{\partial \alpha} < 0$$

공력중심의 정의는 받음각 변화에 대하여 키놀이 모멘트가 일정한 점이고, 따라서 $\dfrac{\partial C_{M_{ac}}}{\partial \alpha} = 0$이므로 세로 안정성 관계식은 최종적으로 다음과 같이 정리된다.

$$\text{세로 안정성 관계식: } \frac{\partial C_{M_{cg}}}{\partial \alpha} = (h_{cg} - h_{ac_w})\frac{\partial C_{L_w}}{\partial \alpha} - V_h\frac{\partial C_{L_h}}{\partial \alpha} < 0$$

(6) 세로 안정성 향상

위의 관계식이 $\frac{\partial C_{M_{cg}}}{\partial \alpha} < 0$ 이면 세로 안정, $\frac{\partial C_{M_{cg}}}{\partial \alpha} > 0$ 이면 세로 불안정, $\frac{\partial C_{M_{cg}}}{\partial \alpha} = 0$ 이면 세로 정적 중립으로서 키놀이 트림 상태를 의미한다. 또한, 위의 관계식은 세로 안정성의 확보, 즉 $\frac{\partial C_{M_{cg}}}{\partial \alpha} < 0$ 이 되기 위하여 항공기의 형상요소를 어떻게 조절해야 하는지를 보여 준다.

일반적으로 받음각 증가에 따라 날개의 양력계수는 증가하는데, 이는 $\frac{\partial C_{L_w}}{\partial \alpha}$ 가 양(+)의 값임을 의미한다. 그러므로 $\frac{\partial C_{M_{cg}}}{\partial \alpha} < 0$ 이 되려면 무게중심과 날개의 공력중심 사이의 거리인 $(h_{cg} - h_{ac_w})$ 가 음(−)의 값이 되어야 한다. 즉, **무게중심이 공력중심의 전방에 위치해야** 세로 안정성이 확보되는데, 이는 앞에서 살펴본 결과와 같다.

또한, $-V_h \frac{\partial C_{L_h}}{\partial \alpha}$ 는 음(−)의 값으로서 $V_h \frac{\partial C_{L_h}}{\partial \alpha}$ 의 값이 커야 세로 안정성이 향상된다. 수평안정판 역시 받음각이 증가하면 수평안정판 양력계수가 증가하므로 $\frac{\partial C_{L_h}}{\partial \alpha}$ 는 양(+)의 값이다. 그리고 V_h 역시 양(+)의 값이 되어야 하고, 그 값은 가능한 한 커야 한다.

앞서 수평안정판 체적계수는 다음과 같이 정의하였다.

$$V_h = \frac{(l_{ac_h} - l_{cg})}{\bar{c}_w} \frac{S_h}{S_w}$$

활공비행 중인 Duo Discus PH-1198 글라이더. 조종석이 기수 쪽에 있으므로 무게중심이 비교적 앞쪽에 있다. 따라서 무게중심과 수평안정판 사이의 거리가 멀기 때문에 수평안정판의 면적이 작지만 세로 안정성을 확보할 수 있다. 특히, 추진기관이 없는 글라이더는 항력을 극복하는 추력이 없으므로 기체에서 발생하는 항력을 최소화해야 한다. 필요 이상의 큰 면적의 수평안정판은 항력과 중량을 증가시킬 수 있다.

위의 수평안정판 체적계수의 정의를 검토해 보면 세로 안정성을 개선하는 방안이 다음과 같음을 알 수 있다.

첫째, $(l_{ac_h} - l_{cg})$의 값이 커야 한다. 수평안정판이 동체 끝에 부착된 일반적인 형상의 항공기는 수평안정판이 무게중심 뒤에 있으므로 $(l_{ac_h} - l_{cg})$는 기본적으로 양(+)의 값을 가진다. 그러므로 **무게중심과 수평안정판 사이의 거리가 멀수록, 즉 수평안정판이 무게중심이 있는 날개에서 멀리 설치될수록 세로 안정성은 향상**된다.

둘째, S_h/S_w가 커야 한다. 즉, **수평안정판의 면적(S_h)이 클수록 세로 안정성은 증가**한다.

하지만 세로 안정성의 향상을 위하여 수평안정판을 날개로부터 너무 멀리 위치시켜 후방 동체가 과도하게 길어지거나, 면적이 너무 넓은 수평안정판을 장착한다면 항공기의 중량이 증가하고 항력이 높아지므로 항공기의 공기역학적 성능이 낮아진다. 그러므로 세로 안정성을 유지함과 동시에 항공기의 공기역학적 성능을 높이기 위하여 항공기의 수평안정판의 위치와 면적 그리고 형상은 설계 단계부터 적절하게 결정되어야 한다.

(7) 정적 여유

앞서 살펴본 바와 같이, 항공기의 세로 안정성은 여러 요소에 의하여 영향을 받는다. 특히 무게중심의 위치는 항공기의 세로 안정성 유지를 위하여 항공기를 설계할 때나 항공기를 운용할 때 매우 신중하게 관리되어야 한다.

받음각에 대한 무게중심의 기준 키놀이 모멘트는 다음과 같이 정의하였다.

$$\frac{\partial C_{M_{cg}}}{\partial \alpha} = (h_{cg} - h_{ac_w})\frac{\partial C_{L_w}}{\partial \alpha} - V_h \frac{\partial C_{L_h}}{\partial \alpha}$$

그런데 세로 정적 중립, 즉 $\frac{\partial C_{M_{cg}}}{\partial \alpha} = 0$이 되어 **받음각이 변하더라도 키놀이 모멘트가 변화하지 않는 무게중심(cg)의 위치를 중립점(neutral point, np)**이라고 정의한다.

받음각이 변화하더라도 그 점에 대한 키놀이 모멘트가 변하지 않는 날개 위의 한 점을 공력중심이라고 앞서 정의하였다. 그리고 공력중심을 기준으로 무게중심이 전방에 있는 경우와 후방에 있는 경우로 분리하여 세로 안정성을 판단하였다. 이와 유사하게 중립점은 세로 안정성을 보장하는 무게중심의 이동 범위 지정에 활용된다. 즉, **무게중심이 중립점에 있으면 말 그대로 세로 중립이 되고**$\left(\frac{\partial C_{M_{cg}}}{\partial \alpha} = 0\right)$, **무게중심이 중립점 전방으로 이동하면 세로 안정**$\left(\frac{\partial C_{M_{cg}}}{\partial \alpha} < 0\right)$, **그리고 무게중심이 중립점 후방으로 이동하면 세로 불안정**$\left(\frac{\partial C_{M_{cg}}}{\partial \alpha} > 0\right)$**이 발생**한다.

그러므로 무게중심이 중립점 앞에 위치하도록 항공기를 설계하거나, 탑재물을 실으면 항공기의 세로 안정성이 증가한다. 또한, 중립점 앞에 있는 무게중심의 위치가 중립점에 가까워질수록 세로

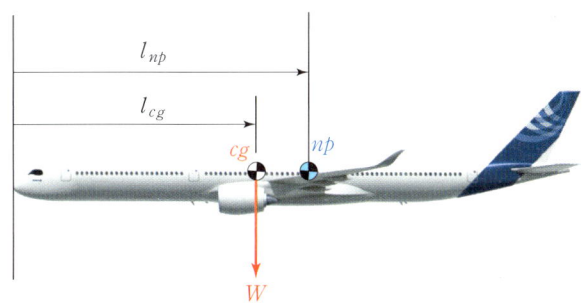

(a) 무게중심(*cg*)이 중립점(*np*)의 전방에 위치: 세로 양(+)의 정적 여유 및 세로 안정

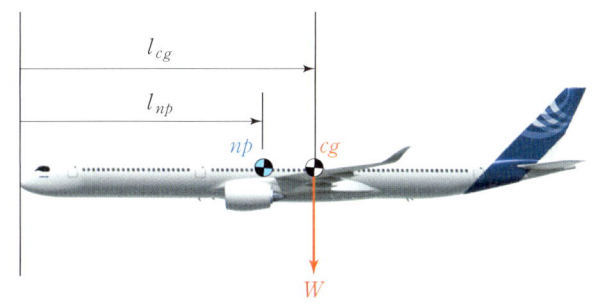

(b) 무게중심(*cg*)이 중립점(*np*)의 후방에 위치: 음(−)의 정적 여유 및 세로 불안정

[그림 10-18] 중립점의 위치에 따른 세로 안정성

안정성이 감소하고, 무게중심이 중립점을 지나 중립점 뒤로 이동하면 불안정해진다. 따라서 **중립점은 항공기가 세로 안정성을 확보하기 위한 무게중심의 최대 후방 한계 위치**라고 할 수 있다.

한편, **중립점의 위치(h_{np})에서 무게중심의 위치(h_{cg})를 뺀 거리를 정적 여유**(static margin, *SM*)라고 정의하는데, 이는 항공기를 설계하거나 운용할 때 세로 안정성 확보를 위한 판단 기준으로 활용된다. 또한, 기준점에서 **중립점까지의 거리(l_{np})에서 무게중심까지의 거리(l_{cg})를 빼고, 날개의 평균공력시위($\bar{c}_w$)로 나누어 무차원수**로 정적 여유를 표현할 수도 있다.

$$\text{정적 여유: } SM = h_{np} - h_{cg} = \frac{(l_{np} - l_{cg})}{\bar{c}_w}$$

위의 식을 검토해 보면 무게중심이 중립점 전방에 있어서 무게중심까지의 거리(l_{cg})가 중립점까지의 거리(l_{np})보다 가까워 **정적 여유가 양(+)의 값이면 세로 안정**, 반대로 무게중심이 중립점 후방에 있으므로 무게중심까지의 거리(l_{cg})가 중립점까지의 거리(l_{np})보다 멀어서 **정적 여유가 음(−)의 값이면 세로 불안정**임을 알 수 있다. 그리고 **정적 여유의 값이 0이면 세로 중립**이다.

정적 여유를 통한 세로 안정성 판별

$$SM > 0 \Rightarrow \frac{\partial C_{M_{cg}}}{\partial \alpha} < 0 : \text{세로 안정}$$

$$SM < 0 \Rightarrow \frac{\partial C_{M_{cg}}}{\partial \alpha} > 0 : \text{세로 불안정}$$

$$SM = 0 \Rightarrow \frac{\partial C_{M_{cg}}}{\partial \alpha} = 0 : \text{세로 중립}$$

실제 항공기의 정적 여유(SM)값이 제시된 다음의 [표 10-1]을 보면 항공기의 종류에 따라 정적 여유의 값이 각각 다름을 알 수 있다. 양(+)의 정적 여유값을 가지고 있는 항공기는 세로 안

[표 10-1] 기종별 정적 여유(static margin) 비교

Aircraft Name	Aircraft Type(maiden flight year)	Static Margin
Cessna 172	소형 비행기(1956)	0.19
Learjet 35	제트 비즈니스기(1973)	0.13
Boeing 747	제트 여객기(1970)	0.21
A380	제트 여객기(2007)	0.06
P-51D	프로펠러 전투기(1944)	0.05
F-16C	제트 전투기(1984)	0.01
F-35C	제트 전투기(2019)	−0.10

높은 받음각 상태에서 저속으로 항공모함에 착함 중인 Boeing F/A-18E 전투기. 불안정한 착함상태에서도 비행관리컴퓨터(FMC)가 스태빌레이터(stabilator, 수평안정판과 승강타가 통합된 조종면)와 도움 날개(aileron)를 지속적으로 미세하게 작동시켜 비행자세 및 안정성을 유지한다.

정성이 확보되었고, 양(+)의 정적 여유값이 클수록 무게중심의 이동거리에 대한 여유가 많기 때문에 더욱 안정적인 비행을 한다. 따라서 **경비행기와 여객기 등 안정적으로 승객과 화물을 실어 날라야 하는 항공기는 정적 여유가 크다.**

반면에 전투기는 정적 여유값이 작은데 **안정성이 클수록 조종성, 즉 기동성능이 낮아지기 때문에 높은 기동 비행성능이 요구되는 전투기는 낮은 정적 여유를 가지도록 설계**한다. 특히, F-35와 같이 **최근 개발된 전투기는 음(−)의 정적 여유**를 가지고 있는데, 이는 조종성을 크게 향상시키기 위하여 세로 안정성을 희생시킨 결과이다. 즉, 급하게 기수를 들어 받음각을 높이는 기동을 할 때 세로 안정성, 즉 정적 여유가 크다면 항공기가 빠르게 반응할 수 없다.

하지만 세로 불안정성은 실속성능을 악화시킬 수 있으므로 항공기의 안전비행에 큰 문제가 된다. 그러나 최근 개발된 항공기는 조종사의 개입 없이 비행관리컴퓨터(Flight Management Computer, FMC)와 Fly by wire 조종계통으로 수십 분의 일 초 단위로 수평안정판 또는 승강타를 조절하는 키놀이 트림을 진행하여 세로 안정성을 유지할 수 있다.

CHAPTER 10 SUMMARY

- **안정성(stability):** 비행 중 외부 교란에 의하여 항공기가 원래의 자세·비행경로·고도에서 벗어났을 때, 회복을 위한 조종사의 개입이 없이 항공기 형상의 영향으로 원래의 비행상태, 즉 평형상태로 복귀하는 경향성을 말한다.

- **조종성(controllability):** 조종사가 조종면과 추진계통을 통하여 원하는 비행자세, 비행경로, 고도로 항공기를 조종할 때, 항공기가 이에 반응하는 성능이다. 조종성을 높이면 안정성이 낮아지는 경향이 있으므로 조종성과 안정성은 서로 상반되는 성능이다.

- **트림(trim):** 항공기에 작용하는 모든 힘이 서로 균형을 이루어 항공기의 자유도운동(키놀이, 옆놀이, 빗놀이)을 하는 기준축에 대하여 모멘트가 없는 정적 평형상태를 말한다.

- **정적 안정성:** 항공기가 교란 후 시간에 따라 초기 비행경로로 다시 복귀하는지의 여부로 판단한다.

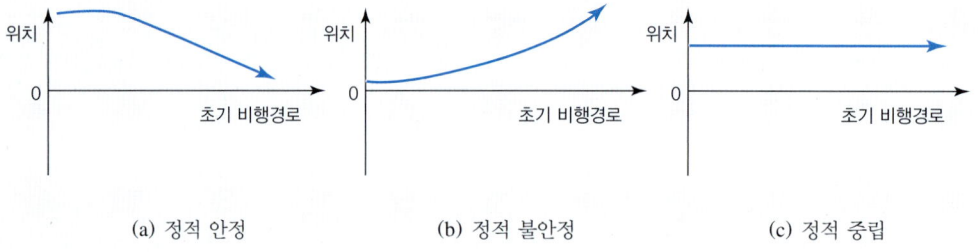

(a) 정적 안정   (b) 정적 불안정   (c) 정적 중립

- **동적 안정성:** 교란 후 파장(wave) 형태의 비행경로 진폭이 시간에 따라 감쇠하는지의 여부로 판단한다.

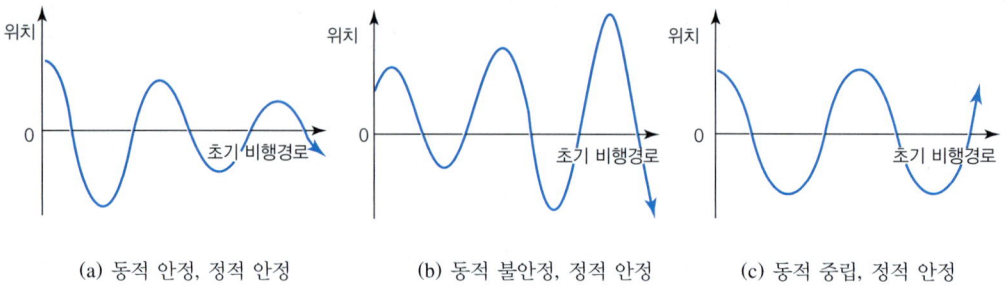

(a) 동적 안정, 정적 안정   (b) 동적 불안정, 정적 안정   (c) 동적 중립, 정적 안정

- **세로 안정성(longitudinal stability):** 항공기 기수의 들림과 내림을 유발하는 교란과 관계되고, 항공기의 키놀이운동(pitching)에 의하여 교란이 감소하거나 증가한다.

- **가로 안정성(lateral stability):** 한쪽 날개의 들림 또는 내림을 유발하는 교란과 관계되고, 항공기의 옆놀이운동(rolling)에 의하여 감소하거나 증가한다.

- **방향 안정성(directional stability):** 기수의 시계 방향 또는 반시계 방향으로의 전환을 유발하는 교란과 관계되고, 항공기의 빗놀이운동(yawing)에 의하여 감소하거나 증가한다.

CHAPTER 10 SUMMARY

- 키놀이 모멘트계수(무게중심 기준): $C_{M_{cg}} = \dfrac{M_{cg}}{\dfrac{1}{2}\rho V^2 S \bar{c}}$

- 키놀이 모멘트(pitching moment): $M = C_M \dfrac{1}{2}\rho V^2 S \bar{c}$

  ($\bar{c}$: 날개의 평균공력시위, C_M: 키놀이 모멘트계수)

- 교란에 의하여 항공기 기수가 올라가서 양(+)의 받음각(+α)이 나타날 때 기수가 내려가는 음(−)의 키놀이 모멘트(−$C_{M_{cg}}$)가 발생하거나, 교란에 의하여 기수가 내려가서 음(−)의 받음각(−α)이 나타날 때 기수가 올라가는 양(+)의 키놀이 모멘트(+$C_{M_{cg}}$)가 발생하면 정적 세로 안정성이 확보된다.

- 정적 세로 안정 판별식: $\dfrac{\partial C_{M_{cg}}}{\partial \alpha} < 0$ ($C_{M_{cg}}$와 α의 부호가 반대)

- 정적 세로 불안정 판별식: $\dfrac{\partial C_{M_{cg}}}{\partial \alpha} > 0$ ($C_{M_{cg}}$와 a의 부호가 동일)

- 공력중심(aerodynamic center, ac): 받음각이 변화하더라도 그 점에 대한 키놀이 모멘트(M_{ac})가 항상 일정한 날개 위의 한 지점

$$\dfrac{\partial M_{ac}}{\partial \alpha} = 0 \quad \text{또는} \quad \dfrac{\partial C_{M_{ac}}}{\partial \alpha} = 0$$

- 수평안정판 체적계수: $V_h = \dfrac{(l_{ac_h} - l_{cg})}{\bar{c}_w} \dfrac{S_h}{S_w}$

  (l_{ac_h}: 기준점에서 수평안정판 공력중심까지의 거리, l_{cg}: 기준점에서 무게중심까지의 거리, $\bar{c}_w$: 날개의 평균공력시위, S_h: 수평꼬리날개면적, S_w: 날개면적)

- 세로 안정성 관계식: $\dfrac{\partial C_{M_{cg}}}{\partial \alpha} = (h_{cg} - h_{ac_w}) \dfrac{\partial C_{L_w}}{\partial \alpha} - V_h \dfrac{\partial C_{L_h}}{\partial \alpha} < 0$

  (C_{L_w}: 날개 양력계수, C_{L_h}: 수평안정판 양력계수)

- 세로 안정성 향상
  - 무게중심(cg)이 공력중심(ac)의 전방에 있는 경우, 세로 안정성이 향상된다.
  - 무게중심과 수평안정판 사이의 거리가 멀수록, 즉 수평안정판이 무게중심이 있는 날개에서 멀리 설치될수록 세로 안정성이 향상된다.
  - 수평안정판의 면적 및 효율이 클수록 세로 안정성이 향상된다.

CHAPTER 10 SUMMARY

- **중립점**(neutral point, *np*): 받음각이 변하더라도 키놀이 모멘트가 변화하지 않는 무게중심(*cg*)의 위치로서 항공기가 세로 안정성을 확보하기 위한 무게중심의 최대 후방 한계 위치이다.
  - 무게중심이 중립점에 있으면 세로 중립, 무게중심이 중립점 전방으로 이동하면 세로 안정, 무게중심이 중립점 후방으로 이동하면 세로 불안정이다.

- **정적 여유**(static margin, *SM*): 중립점의 위치(h_{np})에서 무게중심의 위치(h_{cg})를 뺀 거리

$$SM = h_{np} - h_{cg} = \frac{(l_{np} - l_{cg})}{\bar{c}_w}$$

- **정적 여유를 통한 세로 안정성 판별**
  - $SM > 0$: 세로 안정
  - $SM < 0$: 세로 불안정
  - $SM = 0$: 세로 중립

PRACTICE

연습문제 및 기출문제

01 다음 중 항공기의 정적 안정성을 나타내는 그림은?

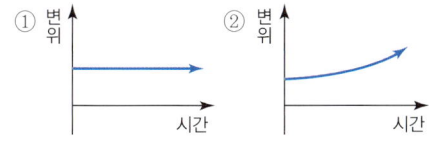

해설 정적 안정성은 항공기가 교란 후 시간이 지남에 따라 초기 비행경로로 다시 복귀하는지의 여부로 판단한다.

02 다음 중 항공기의 동적 안정성을 나타내는 그림은?

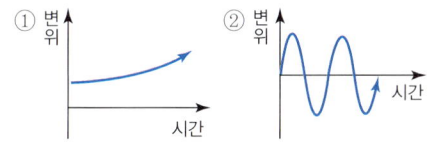

해설 동적 안정성은 항공기가 교란 후 파장(wave) 형태의 비행경로 진폭이 시간이 지남에 따라 감쇠하는지의 여부로 판단한다.

03 다음 중 항공기의 키놀이 모멘트(pitching moment)와 관련된 안정성은?

① 세로 안정성 ② 가로 안정성
③ 방향 안정성 ④ 승강 안정성

해설 세로 안정성(longitudinal stability)은 항공기의 기수 들림과 내림이 발생하는 키놀이운동과 관계된다.

04 다음 중 음(−)의 키놀이 모멘트를 나타내는 것은?

① 비행기 기수 시계 방향 회전
② 비행기 기수 반시계 방향 회전
③ 비행기 기수 상승
④ 비행기 기수 하강

해설 기수가 내려가는 것이 음(−)의 키놀이 모멘트($-C_{M_{cg}}$)이다.

05 다음의 안정성 판별식 중 정적 세로 불안정을 나타내는 것은? ($C_{M_{cg}}$: 키놀이 모멘트계수, α: 받음각, β: 옆미끄럼각)

① $\dfrac{dC_{M_{cg}}}{d\alpha} < 0$ ② $\dfrac{dC_{M_{cg}}}{d\alpha} > 0$

③ $\dfrac{dC_{M_{cg}}}{d\beta} < 0$ ④ $\dfrac{dC_{M_{cg}}}{d\beta} > 0$

해설 정적 세로 불안정 판별식은 $\dfrac{\partial C_{M_{cg}}}{\partial \alpha} > 0$ 이다. 즉, $C_{M_{cg}}$와 α의 부호가 동일하면 정적 세로 불안정이 발생한다.

06 다음 중 비행기의 정적 여유에 대한 정의로 옳은 것은? (단, 거리는 비행기의 동체중심선을 따라 nose에서부터 측정한 거리이다.)

[항공산업기사 2020년 1회]

① 정적 여유 = 중립점까지의 거리 − 무게중심까지의 거리
② 정적 여유 = 공력중심까지의 거리 − 중립점까지의 거리
③ 정적 여유 = 무게중심까지의 거리 − 공력중심까지의 거리
④ 정적 여유 = 무게중심까지의 거리 − 중립점까지의 거리

해설 정적 여유(static margin)는 중립점의 위치(h_{np})에서 무게중심의 위치(h_{cg})를 뺀 거리로 정의한다.

$$SM = h_{np} - h_{cg} = \dfrac{(l_{np} - l_{cg})}{\bar{c}_w}$$

정답 1. ③ 2. ③ 3. ① 4. ④ 5. ② 6. ①

07 다음 중 비행기의 정적 세로 안정성에 대한 영향이 가장 적은 것은?

① 수평꼬리날개의 면적
② 수직꼬리날개의 면적
③ 무게중심의 위치
④ 날개 공력중심의 위치

해설 세로 안정성 향상과 관계있는 것은 무게중심과 공력중심의 위치, 무게중심과 수평안정판 사이의 거리, 수평안정판의 면적(부피) 등이다.

08 항공기의 세로 안정성(longitudinal stability)을 좋게 하기 위한 방법으로 틀린 것은?
[항공산업기사 2019년 1회]

① 꼬리날개면적을 크게 한다.
② 꼬리날개의 효율을 작게 한다.
③ 날개를 무게중심보다 높은 위치에 둔다.
④ 무게중심을 공기역학적 중심보다 전방에 위치시킨다.

해설 무게중심(cg)이 공력중심(ac)의 전방에 있는 경우, 수평안정판을 무게중심에서 가능한 한 멀리 설치할수록, 수평안정판의 면적(부피) 및 효율이 증가할수록 세로 안정성이 향상된다.

09 비행기가 트림(trim) 상태로 비행한다는 것은 비행기 무게중심 주위의 모멘트가 어떤 상태인 경우인가? [항공산업기사 2018년 1회]

① '부(−)'인 경우
② '정(+)'인 경우
③ '영(0)'인 경우
④ '정'과 '영'인 경우

해설 트림(trim)이란 항공기에 작용하는 모든 힘들이 서로 균형을 이루어 항공기의 자유도운동(키놀이, 옆놀이, 빗놀이)을 하는 기준축에 대하여 모멘트가 없는 정적 평형상태를 말한다.

10 비행기의 동적 안정성이 (+)인 비행상태에 대한 설명으로 옳은 것은?
[항공산업기사 2018년 2회]

① 진동수가 점차 감소한다.
② 진동수가 점차 증가한다.
③ 진폭이 점차로 증가한다.
④ 진폭이 점차로 감소한다.

해설 동적 안정성은 항공기가 교란 후 파장 형태의 비행경로 진폭이 시간이 지남에 따라 감쇠하는지의 여부로 판단한다.

11 다음 중 세로 안정성이 안정인 조건은? (단, 비행기가 nose down 시 음의 피칭모멘트가 발생하며, C_M은 피칭 모멘트계수, α는 받음각이다.) [항공산업기사 2017년 2회]

① $\dfrac{dC_M}{d\alpha} = 0$ ② $\dfrac{dC_M}{d\alpha} \neq 0$
③ $\dfrac{dC_M}{d\alpha} > 0$ ④ $\dfrac{dC_M}{d\alpha} < 0$

해설 정적 세로 안정 판별식은 $\dfrac{\partial C_{M_{cg}}}{\partial \alpha} < 0$이다. 즉, $C_{M_{cg}}$와 α의 부호가 반대면 정적 세로 안정성이 확보된다.

12 비행기가 평형상태에서 이탈된 후, 평형상태와 이탈상태를 반복하면서 그 변화의 진폭이 시간의 경과에 따라 발산하는 경우를 가장 옳게 설명한 것은? [항공산업기사 2018년 1회]

① 정적으로 안정하고, 동적으로는 불안정하다.
② 정적으로 안정하고, 동적으로도 안정하다.
③ 정적으로 불안정하고, 동적으로는 안정하다.
④ 정적으로 불안정하고, 동적으로도 불안정하다.

정답 7. ② 8. ② 9. ③ 10. ④ 11. ④ 12. ①

해설 정적 안정성은 항공기가 교란 후 평형상태의 초기 비행경로로 다시 복귀하는지로 판단하고, 동적 안정성은 항공기가 교란 후 파장 형태의 비행경로 진폭이 감소하는지로 판단한다. 주어진 문제의 경우는 교란 후 진폭이 증가하므로 동적 불안정을 보이지만, 초기 평형상태로 돌아가려는 경향성을 지속적으로 보이므로 정적으로는 안정하다.

13 비행기의 세로 안정을 좋게 하기 위한 방법이 아닌 것은? [항공산업기사 2017년 1회]

① 수직꼬리날개의 면적을 증가시킨다.
② 수평꼬리날개 부피계수를 증가시킨다.
③ 무게중심이 날개의 공기역학적 중심 앞에 위치하도록 한다.
④ 무게중심에 관한 피칭 모멘트계수가 받음각이 증가함에 따라 음(−)의 값을 갖도록 한다.

해설 무게중심(cg)이 공력중심(ac)의 전방에 있는 경우, 수평안정판을 무게중심에서 가능한 한 멀리 설치할수록, 수평안정판의 면적(부피) 및 효율이 증가할수록 세로 안정성이 향상된다. 아울러 교란에 의하여 항공기 기수가 올라가서 양(+)의 받음각(+a)이 나타날 때 기수가 내려가는 음(−)의 키놀이 모멘트($-C_{M_{cg}}$)가 발생하면 세로 안정성이 확보된다.

14 다음 중 ( ) 안에 알맞은 내용은? [항공산업기사 2016년 4회]

"비행기에서 무게중심이 날개의 공기역학적 중심보다 앞쪽에 위치할수록 세로 안정은 (㉠)하고, 조종성은 (㉡)한다."

① ㉠ 감소, ㉡ 증가
② ㉠ 감소, ㉡ 감소
③ ㉠ 증가, ㉡ 증가
④ ㉠ 증가, ㉡ 감소

해설 무게중심(cg)이 공력중심(ac)의 전방에 있는 경우, 세로 안정성은 향상된다. 한편, 조종성과 안정성은 서로 상반되는 성능이다.

15 그림과 같은 비행특성을 갖는 비행기의 안정특성은? [항공산업기사 2016년 2회]

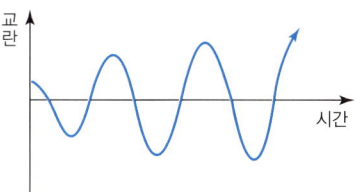

① 정적 안정, 동적 안정
② 정적 안정, 동적 불안정
③ 정적 불안정, 동적 안정
④ 정적 불안정, 동적 불안정

해설 문제의 그림은 교란 후 진폭이 증폭되므로 동적 불안정을 나타내지만, 초기 비행경로로 돌아가려는 경향성을 지속적으로 나타내므로 정적으로는 안정하다.

16 평형상태를 벗어난 비행기가 이동된 위치에서 새로운 평형상태가 되는 경우를 무엇이라고 하는가? [항공산업기사 2016년 1회]

① 동적 안정(dynamic stability)
② 정적 안정(positive static stability)
③ 정적 중립(neutral static stability)
④ 정적 불안정(negative static stability)

해설 교란을 받아 비행경로에서 이탈하지만, 초기 비행경로로 복귀하지도 않고 또한 이탈을 지속하지도 않으면서, 새로운 위치에서 다시 정적 평형상태를 유지하는 것을 정적 중립(neutral static stability)이라고 한다.

17 항공기의 중립점(np)에 대한 정의로 옳은 것은? [항공산업기사 2015년 2회]

① 항공기에서 무게가 가장 무거운 점
② 항공기 세로 길이 방향에서 가운뎃점
③ 받음각에 따른 피칭모멘트가 0인 점
④ 받음각에 따른 피칭모멘트가 일정한 점

정답 **13.** ① **14.** ④ **15.** ② **16.** ③ **17.** ④

해설 중립점(neutral point, np)이란 세로 정적 중립, 즉 $\dfrac{\partial C_{M_{cg}}}{\partial \alpha} = 0$이 되어 받음각이 변하더라도 키놀이 모멘트가 변화하지 않는 무게중심(cg)의 위치를 말한다.

18 꼬리날개가 주 날개의 뒤에 위치하는 일반적인 항공기에서 수평꼬리날개의 체적계수(tail volume coefficient)에 대한 설명으로 틀린 것은? [항공산업기사 2015년 4회]

① 주 날개의 면적에 반비례한다.
② 날개의 시위길이에 반비례한다.
③ 수평꼬리날개의 면적에 비례한다.
④ 수평꼬리날개의 시위길이에 비례한다.

해설 수평안정판 체적계수를 식으로 나타내면,
$V_h = \dfrac{(l_{ac_h} - l_{cg})}{\bar{c}_w} \dfrac{S_h}{S_w}$ 이다. 여기서, l_{ac_h}는 기준점에서 수평안정판 공력중심까지의 거리, l_{cg}는 기준점에서 무게중심까지의 거리, $\bar{c}_w$는 날개의 평균공력시위길이, S_h는 수평꼬리날개의 면적, S_w는 날개면적이다.

19 비행기의 정적 세로 안정성을 나타낸 그림과 같은 그래프에서 가장 안정한 비행기는? [단, 비행기의 기수를 내리는 방향의 모멘트를 음(−)으로 하며, C_M은 피칭 모멘트계수, α는 받음각이다.] [항공산업기사 2015년 2회]

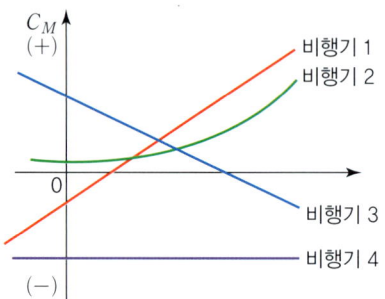

① 비행기 1   ② 비행기 2
③ 비행기 3   ④ 비행기 4

해설 정적 세로 안정 판별식은 $\dfrac{\partial C_{M_{cg}}}{\partial \alpha} < 0$이다. 즉, $C_{M_{cg}}$와 α의 부호가 반대(반비례)이면 정적 세로 안정성이 확보된다. 그러므로 위의 그래프에서 음(−)의 기울기가 나타나는 비행기가 정적 세로 안정성이 가장 높다.

정답 18. ④ 19. ③

날개에 후퇴각(sweepback angle)과 상반각(dihedral angle)이 있는 Boeing 787-8 여객기. 고속의 순항비행을 위하여 날개에 후퇴각을 적용하였는데, 이는 가로 안정성과 방향 안정성을 향상시키는 효과도 있다. 아울러 가로 안정성은 항공기를 정면에서 보았을 때 날개가 위로 올라간 상반각에 의해서도 개선된다. Boeing 787 여객기의 경우 날개 전체가 탄성(elasticity)이 우수한 복합소재로 제작되기 때문에 날개 위로 양력이 발생할 때 날개굽힘이 크게 발생하므로 비행 중 날개의 상반각은 더욱 증가하게 된다.

CHAPTER 11

정적 가로 안정성 및 정적 방향 안정성

11.1 정적 가로 안정성 | 11.2 정적 방향 안정성

11.1 정적 가로 안정성

정적 가로 안정성(lateral static stability)은 항공기의 한쪽 날개가 올라가거나 내려가는 교란에 대한 정적 안정성을 말한다. 항공기가 돌풍 등의 교란을 받아 한쪽 날개가 내려가거나 올라가면 **옆미끄럼각(β)의 변화**가 발생한다. 이에 대하여 날개의 **상반각 및 수직안정판** 등의 효과로 초기 비행상태, 즉 **정적 평형상태로 되돌아가려는 옆놀이 모멘트**(rolling moment)가 발생하면 정적 가로 안정성이 확보되었다고 한다.

(1) 옆놀이 교란에 의한 옆미끄럼각 변화

옆미끄럼각(sideslip angle, β)은 [그림 11-1]과 같이 항공기를 위에서 볼 때, 항공기의 진행 방향 또는 상대풍 방향과 항공기 기체축(aircraft axis) 사이의 각도를 말한다. 반시계 방향으로 기수가 돌아간 상태로 항공기가 비행하여 기체축을 기준으로 동체의 오른쪽으로 비스듬하게 상대풍이 불어오면 양(+)의 옆미끄럼각($+\beta$)이 생기고, 시계 방향으로 기수가 돌아간 상태로 비행하여 동체 왼쪽으로 비스듬하게 상대풍이 불어오면 음(-)의 옆미끄럼각($-\beta$)이 생긴다.

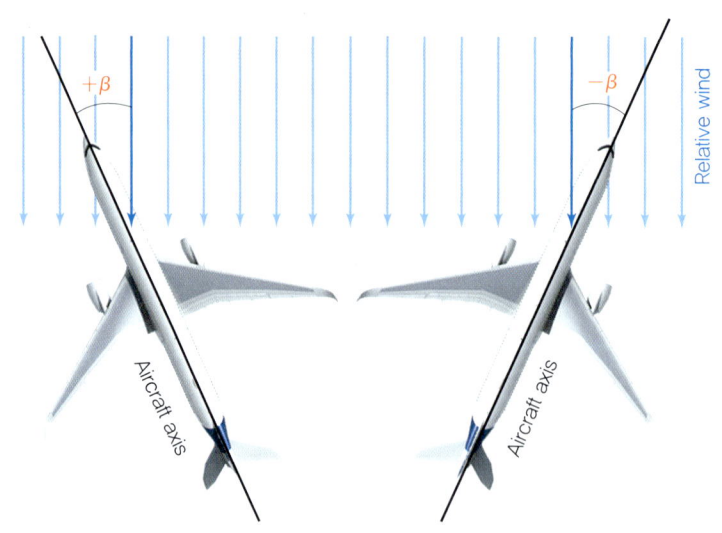

[그림 11-1] 옆미끄럼각(β)의 정의

그런데 한쪽 날개가 올라가거나 내려가는 옆놀이 교란은 옆미끄럼각(β)을 발생시키는데, 그 과정은 다음과 같다. 여기서, 오른쪽 또는 왼쪽 방향의 정의는 항공기에 탑승한 조종사의 오른쪽 또는 왼쪽 손을 기준으로 한다.

항공기가 전진비행을 하면 앞쪽에서 기수 쪽으로 불어오는 상대풍의 속도(V_1)가 있다. 그런

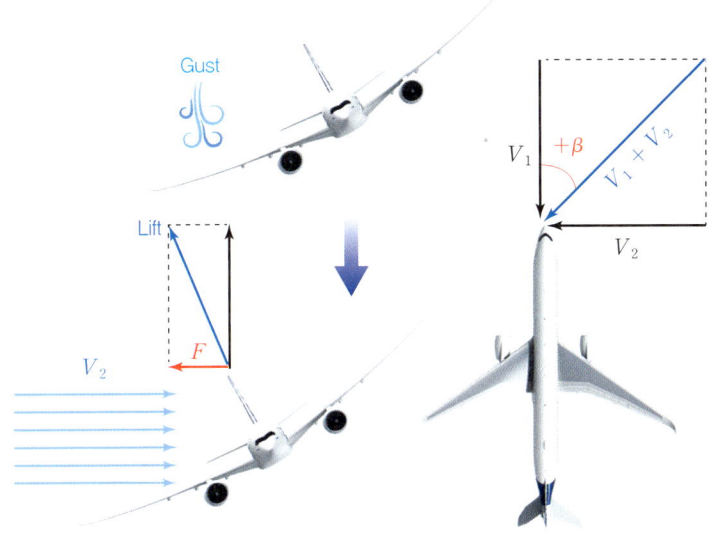

[그림 11-2] 오른쪽 날개가 내려가는 교란에 의한 양(+)의 옆미끄럼각(+β) 발생과정

데 항공기가 돌풍 등으로 인하여 **오른쪽 날개가 내려가거나, 왼쪽 날개가 올라가는 옆놀이 교란이 발생**하는 경우, 양력의 방향이 기울어짐으로써 오른쪽 방향으로 수평힘(F)이 발생하여 항공기는 전진비행을 하면서 오른쪽으로 옆미끄럼을 하게 된다. 이에 따라 기수 쪽 상대풍의 속도(V_1)뿐만 아니라 오른쪽으로부터 왼쪽으로 불어오는 상대풍의 속도(V_2)도 발생한다. 그리고 기수 쪽(6시 방향)과 왼쪽(9시 방향)으로 불어오는 두 가지 상대풍이 동시에 발생하기 때문에 항공기는 비스듬한 쪽(약 8시 방향)으로 불어오는 상대풍을 받아서 **양(+)의 옆미끄럼각($+\beta$)**이 발생한다. 반대로 돌풍에 의하여 **왼쪽 날개가 내려가거나, 오른쪽 날개가 올라간 경우는 음(-)의 옆미끄럼각($-\beta$)이 발생한다.**

(2) 옆놀이 모멘트

옆놀이 모멘트계수($C_{L'}$)는 항공기에 작용하는 옆놀이 모멘트(L')를 날개에 작용하는 동압 $\left(\frac{1}{2}\rho V^2\right)$, 날개면적($S$) 그리고 옆놀이운동에 대한 모멘트 암에 해당하는 날개의 스팬길이(b)로 나누어 다음과 같이 정의한다.

$$\text{옆놀이 모멘트계수: } C_{L'} = \frac{L'}{\frac{1}{2}\rho V^2 S b}$$

$$\text{옆놀이 모멘트: } L' = C_{L'} \frac{1}{2}\rho V^2 S b$$

[그림 11-3] 양(+)과 음(-)의 옆놀이 모멘트 정의

그리고 모멘트는 회전력이기 때문에 회전 방향에 대한 정의가 필요하다. **조종사 기준으로 오른쪽 날개가 하강하거나, 왼쪽 날개가 상승**하는 경우를 **양(+)의 옆놀이 모멘트($+C_{L'}$)**, 오른쪽 날개가 상승하거나, 왼쪽 날개가 하강하는 경우를 음(-)의 옆놀이 모멘트($-C_{L'}$)로 정의한다.

(3) 정적 가로 안정성 판별

항공기가 돌풍 등의 교란을 받아 조종사 기준 오른쪽 날개가 내려가서 **양(+)의 옆미끄럼각($+\beta$)**이 나타날 때, **날개 상반각 및 수직안정판의 효과** 등으로 오른쪽 날개를 올리는 **음(-)의 옆놀이 모멘트($-C_{L'}$)**가 발생하면 정적 평형상태로 되돌아갈 수 있고, 따라서 **정적 가로 안정성이 확보**된다. 마찬가지로 교란에 의하여 오른쪽 날개가 올라가서 **음(-)의 옆미끄럼각($-\beta$)**이 나타날 때, 오른쪽 날개를 내리는 **양(+)의 옆놀이 모멘트($+C_{L'}$)**가 발생하면 **정적 가로 안정성**이 확보된다.

그런데 오른쪽 날개가 내려가서 양(+)의 옆미끄럼각($+\beta$)이 발생하는 교란에 대하여 오른쪽 날개를 내리는 양(+)의 옆놀이 모멘트($+C_{L'}$)가 발생하여 오른쪽 날개가 더 내려가면 초기 정적 평형상태에서 멀어지므로 정적 가로 불안정성이 발생한다.

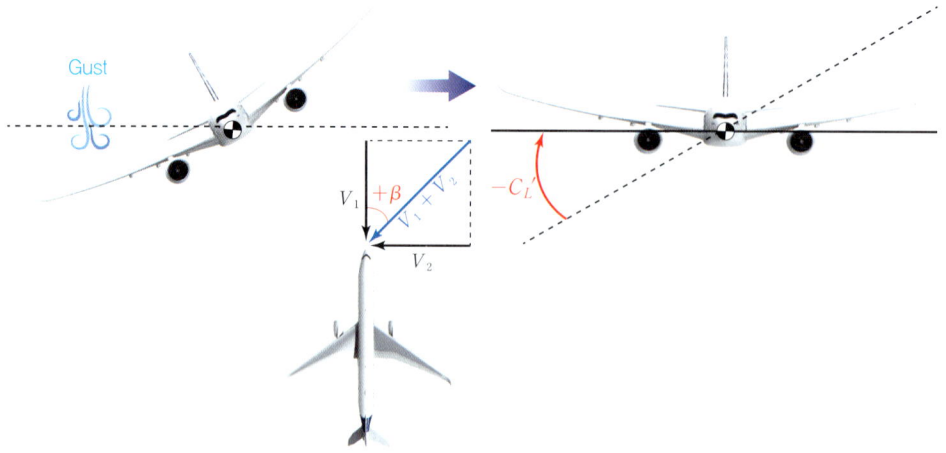

[그림 11-4] 양(+)의 옆미끄럼각($+\beta$)에 대하여 음(-)의 옆놀이 모멘트($-C_{L'}$)가 발생하면 정적 가로 안정성이 확보된다.

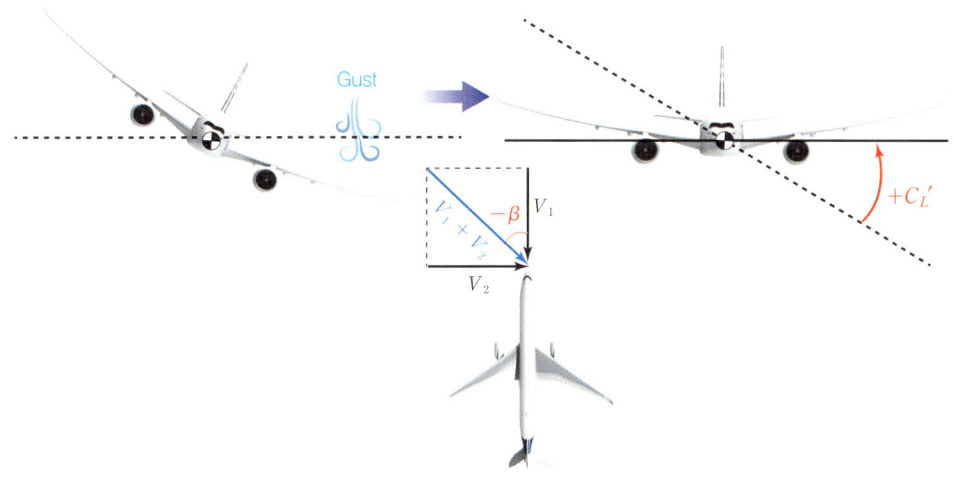

[그림 11-5] 음(−)의 옆미끄럼각(−β)에 대하여 양(+)의 옆놀이 모멘트(+C_L')가 발생하면 정적 가로 안정성이 확보된다.

따라서 **옆미끄럼각(β)과 옆놀이 모멘트(C_L')는 부호가 반대**이다. 즉, 서로 반비례해야 **정적 가로 안정성**이 있다고 할 수 있는데, 이를 미분계수를 사용하여 다음과 같이 수학적으로 표현한다. 양(+)의 미분계수의 값은 두 변수가 비례하고, 음(−)의 값은 두 변수가 서로 반비례하여 변화함을 의미한다. 따라서 두 변수(β와 C_L')는 부호가 반대, 즉 반비례하여 변화해야 하므로 **음(−)의 미분계수**로 다음과 같이 정적 가로 안정성을 나타낼 수 있다.

$$\text{정적 가로 안정 판별식:}\ \frac{\partial C_L'}{\partial \beta} < 0$$

또한, **옆미끄럼각과 옆놀이 모멘트의 부호가 같으면**, 즉 두 변수가 비례하여 변화하면 **가로 불안정성**이 발생하므로 **양(+)의 미분계수**로 다음과 같이 판별식을 표현할 수 있다.

$$\text{정적 가로 불안정 판별식:}\ \frac{\partial C_L'}{\partial \beta} > 0$$

정리하면 **정적 가로 안정성 미분계수**$\left(\frac{\partial C_L'}{\partial \beta}\right)$**가 음수**이면 옆놀이 모멘트($C_L'$)와 옆미끄럼각(β)이 서로 반비례함을 나타내고, 따라서 **정적 가로 안정성**을 의미한다. 반대로 **정적 가로 안정성 미분계수가 양수**이면 **정적 가로 불안정성**을 나타낸다. 그러므로 항공기의 형상을 설계할 때 성능 해석 결과 $\left(\frac{\partial C_L'}{\partial \beta}\right)$의 값이 음수로 도출되면 그 항공기의 형상은 정적으로 가로안정성이 있다고 판단할 수 있다.

(4) 가로 안정성 향상 – 날개 상반각

항공기의 세로 안정성은 수평안정판이, 방향 안정성은 수직안정판이 각각 담당하지만 가로 안정성을 개선시키는 항공기의 형상은 명확하게 식별되지 않는다. 하지만 항공기를 설계할 때 가로 안정성 향상을 위하여 여러 가지 형상요소를 고려하는데, 대표적인 것이 날개의 **상반각**과 **후퇴각**이다. 또한, 세로 안정성을 위하여 필요한 **수직안정판**은 **킬효과**(keel effect) 때문에 가로 안정성에도 도움이 되며, 날개가 동체 윗부분에 위치하는 고익기(high wing plane)는 동체 **진자효과**(pendulum effect)가 발생하여 가로 안정성 향상에 기여한다.

고속 순항비행을 위하여 날개에 후퇴각을 적용하는데, 이는 앞서 언급한 대로 가로 안정성을 개선한다. 그러나 날개 후퇴각이 불필요한 저속 항공기 또는 경비행기의 경우는 안정성 향상을 위하여 상반각이 있도록 날개를 제작한다.

상반각(dihedral angle)이 항공기의 가로 안정성 향상에 기여하는 이유를 살펴보도록 한다. 상반각은 [그림 11-6(a)]와 같이, 항공기를 정면에서 보았을 때 'V'자 형태로 날개 끝단이 올라가서 수평면과 이루는 각이다. 만약, 조종사 기준으로 오른쪽 날개가 내려가는 옆놀이 교란이 발생하였다고 가정하자. 오른쪽 날개가 내려가면 중력에 의하여 항공기는 오른쪽으로 옆미끄럼(sideslip)을 하기 때문에 오른쪽에서 왼쪽으로 불어오는 상대풍이 발생한다. 또한, 전진비행 중이므로 항공기의 기수 방향으로 불어오는 상대풍도 존재하는데, 두 방향의 상대풍은 항공기 기체축을 기준으로 동체의 오른쪽을 향하게 되어 [그림 11-6(b)]와 같이 **양(+)의 옆미끄럼각**($+\beta$)이 생긴다.

날개에 부착된 태양전지와 전기모터를 동력장치로 비행하는 Solar Impulse I 태양광 비행기. Solar Impulse I은 2012년 스페인에서 북아프리카 모로코까지 19시간 동안 태양열을 동력으로 한 장거리 비행에 성공하였다. 날개의 긴 가로세로비는 유도항력을 낮추고, 날개 중간부터 적용된 상반각은 가로 안정성을 향상시킨다.

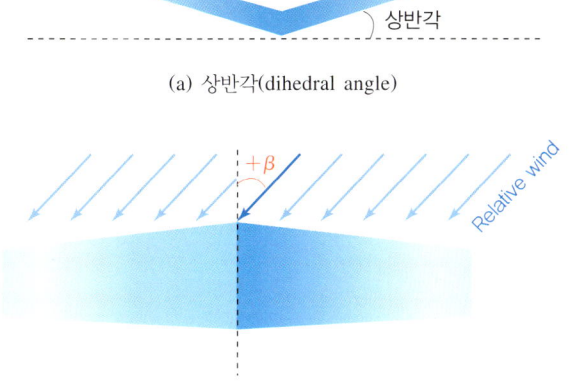

(a) 상반각(dihedral angle)

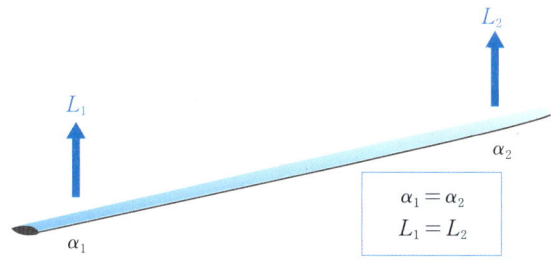

(b) 날개에 교란에 의한 양(+)의 옆미끄럼각 발생(+β)

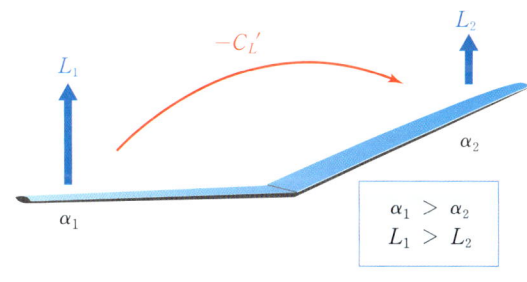

(c) 상반각이 없는 날개

(d) 상반각이 있는 날개

[그림 11-6] 날개 상반각에 의한 항공기의 가로 안정성 회복

이번에는 상대풍이 불어오는 방향, 즉 양(+)의 옆미끄럼각(+β)만큼 비스듬한 방향에서 날개를 바라보고 있다고 가정하자. [그림 11-6(c)]와 같이 상반각이 없는 경우, 교란을 받아서 오른쪽 날개가 내려가더라도 좌우측 모두 동일하게 날개 윗면이 보인다. 이는 상대풍에 대한 양쪽 날개의 받음각이 같고($\alpha_1 = \alpha_2$), 따라서 양쪽 날개의 양력도 동일($L_1 = L_2$)하다는 것을 의미한다. 하지만 [그림 11-6(d)]와 같이 상반각이 있는 경우, 오른쪽 날개가 내려가는 교란이 발생했을 때 오른쪽 날개는 거의 수평이지만, 왼쪽 날개는 더 올라간 것을 볼 수 있다. 그리고 오른쪽

날개는 앞전(leading edge)이 보이는 반면, 왼쪽 날개는 상승하여 날개의 윗면이 보인다. 즉, **왼쪽 날개의 윗면이 보인다는 것은 상대풍에 대한 왼쪽 날개의 받음각이 오른쪽 날개보다 낮다는 것**($\alpha_1 > \alpha_2$)을 의미하므로 오른쪽 날개에 더 큰 양력이 발생($L_1 < L_2$)하고, 따라서 오른쪽 날개가 다시 올라가는 음(−)의 옆놀이 모멘트($-C_{L'}$)가 생겨 자세를 회복하고 가로 안정성을 확보하게 된다. 왼쪽 날개가 내려가는 교란이 발생하는 경우에도 날개 상반각 효과에 의하여 앞서 설명한 과정으로 가로 안정성을 회복하게 된다.

(5) 가로 안정성 향상 – 날개 후퇴각

날개에 후퇴각을 적용하는 주된 이유는 날개 앞전에 대한 상대속도를 낮추어 고속비행 중에도 압축성 효과와 충격파의 발생을 지연시키기 위해서이다. 즉, 날개 앞전에 작용하는 동압 또는 상대풍 속도의 크기는 수직속도 성분을 기준으로 한다. 압력의 물리적 정의는 일정 면적에 작용하는 '수직힘'으로 정의하는 것과 유사한 개념이다.

[그림 11-7]과 같이 날개 후퇴각이 없는 직선 날개는 앞전에서 상대풍(V)을 수직으로 받지만, 후퇴각이 λ인 후퇴날개의 날개 앞전에 작용하는 상대풍의 수직속도 성분은 $V\cos\lambda$이므로 실제 비행속도보다 낮아진다. 즉, 날개의 후퇴각이 $\lambda = 60°$이면 $V\cos 60° = 0.5V$로서 속도가 50% 감소하게 된다. 이러한 이유로 실제 비행속도(상대풍 속도)를 음속($M = 1$)까지 증가시켜도 수직속도는 이보다 낮고, 따라서 충격파 발생을 지연시켜 고속비행을 가능하게 한다.

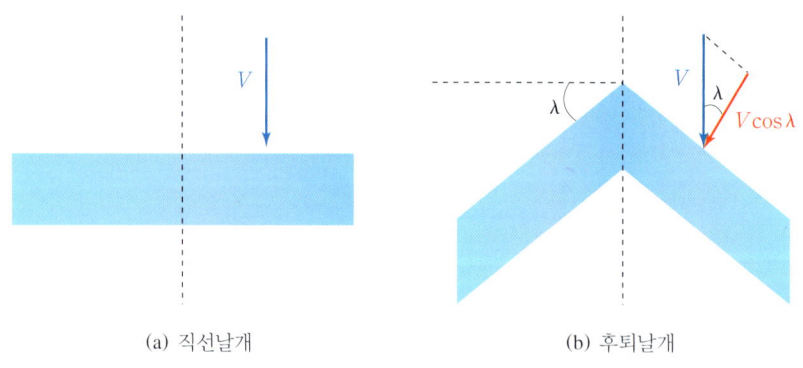

(a) 직선날개 (b) 후퇴날개

[그림 11-7] 날개 앞전에 작용하는 수직속도의 비교

그런데 후퇴각은 항공기의 가로 안정성을 향상시키는 역할도 한다. [그림 11-8]과 같이 후퇴각을 가진 항공기가 외부 교란에 의하여 오른쪽 날개가 내려가는 운동이 발생하면 비스듬한 방향으로 상대풍이 불어와 **양(+)의 옆미끄럼각**($+\beta$)이 발생한다. 이때 좌우 날개 앞전에 대한 상대속도(V)의 방향과 크기는 같지만, 각각의 수직속도의 방향과 크기는 다르다. 즉 **오른쪽 날개 앞전에 대한 수직속도**(V_R)는 왼쪽 날개에 대한 수직속도(V_L)보다 커지고, 따라서 오른쪽 날개의 양력(L_R)이 왼쪽 날개의 양력(L_L)보다 커진다.

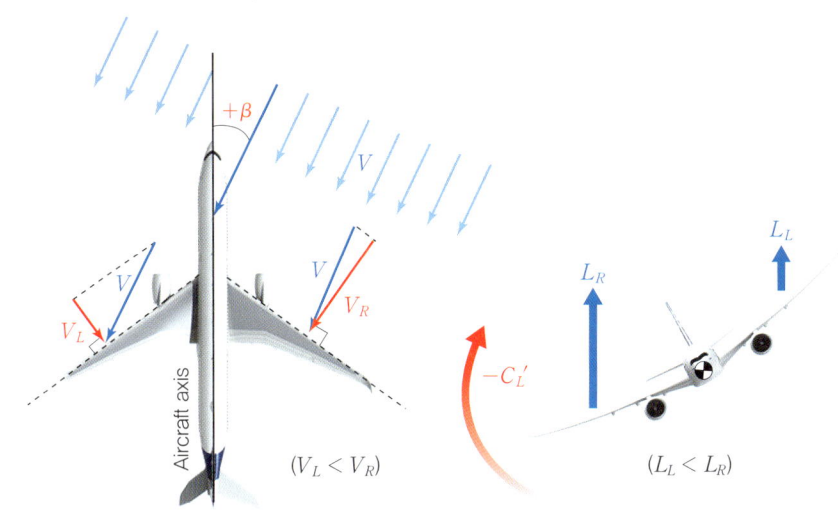

[그림 11-8] 날개 후퇴각에 의한 항공기의 가로 안정성 회복

즉, 양력은 다음과 같이 정의되기 때문에 속도(V)의 제곱에 비례한다.

$$L = C_L \frac{1}{2}\rho V^2 S$$

그러므로 **오른쪽 날개는 다시 올라가고, 왼쪽 날개는 다시 내려가는 음(−)의 옆놀이 모멘트($-C_L'$)가 발생하여 가로 안정성을 회복**한다. 왼쪽 날개가 올라가고, 오른쪽 날개가 내려가는 교란에 대해서도 같은 과정을 통하여 가로 안정성을 확보할 수 있다.

(6) 가로 안정성 향상 – 수직안정판

수직안정판은 원래 항공기의 방향 안정성을 위하여 설치되는데, 가로 안정성에 대한 긍정적인 영향도 있다. 그림과 같이 오른쪽 날개가 내려가는 외부 교란이 발생하여 비스듬한 방향으로 상대풍이 불어와 **양(+)의 옆미끄럼각(+β)이 발생**하였다.

수직안정판의 단면은 일반적으로 대칭형 날개 단면(symmetrical airfoil) 형태를 가지고 있다. 그리고 대칭형 날개 단면도 받음각이 발생하면 양력을 만들어 낸다. 마찬가지로 수직안정판의 단면에 옆미끄럼각만큼의 각도로 상대풍이 불어오면 단면 좌우의 압력 차 때문에 힘이 발생하는데, 이를 측력(side force)이라고 한다. [그림 11-9]의 경우에는 **수직안정판을 기준으로 하여 왼쪽으로 작용하는 측력**이 발생한다.

대부분의 항공기는 동체 위에 수직안정판이 있고, **수직안정판 아래에 위치한 동체에 무게중심**이 있다. 따라서 수직안정판 왼쪽에 작용하는 측력은 무게중심을 기준으로 오른쪽 날개가 올라가는 **음(−)의 옆놀이 모멘트($-C_L'$)를 발생시켜 가로 안정성을 회복**하게 된다. 그러므로 수직안정판의 면적이 큰 경우 또는 수직안정판에 도살 핀(dorsal fin)이 있는 경우, 방향 안정성뿐만

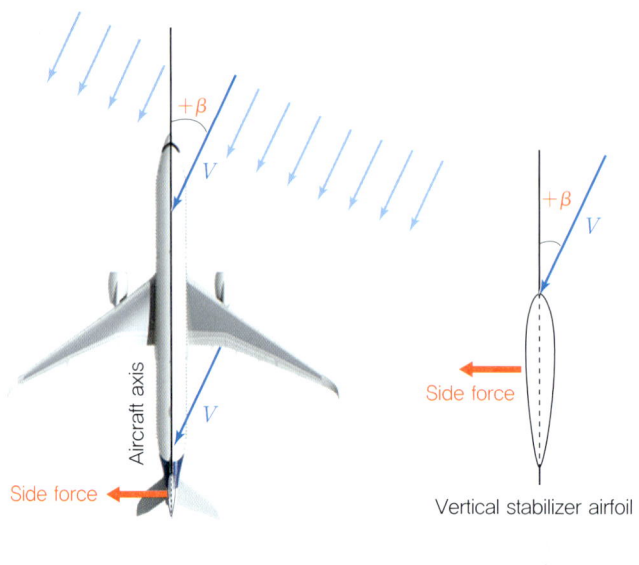

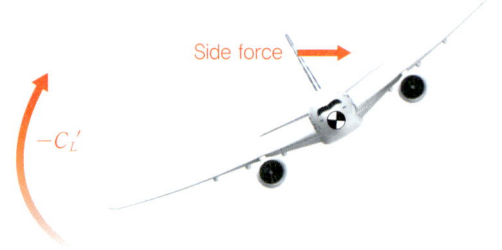

[그림 11-9] 수직안정판에 의한 항공기의 가로 안정성 회복

요트의 선체 밑에 부착된 킬(keel). 우리말로 용골이라고 부르며, 항공기의 수직안정판과 같이 항해 중인 선박의 가로 안정성을 향상시킨다. 그러므로 수직안정판에 의한 가로 안정성 개선효과를 킬효과(keel effect)라고 부른다.

아니라 **가로 안정성도 개선되는 효과**가 있다.

아울러 날개 위에 동체가 위치한 저익기(low wing plane)의 경우에는 동체에 작용하는 동압 역시 가로 안정성을 증가시킨다. **가로 안정성 개선에 대한 수직안정판 및 동체의 영향을 킬효과** (keel effect)라고 하는데, 킬 선박, 특히 요트(yacht) 하부에 부착되어 풍랑에 의한 요트의 가로 불안정을 방지하는 구조물이다(p. 282 사진 참조).

(7) 가로 안정성 향상-진자효과

화물을 실어 나르는 수송기의 경우, 동체의 높이가 지상에 가까우면 화물을 싣고 내리기가 편하다. 그러나 저익기 또는 중익기(mid wing plane) 형태라면 날개에 탑재되는 엔진의 높이가 지상에 너무 근접하게 되고, 프로펠러를 장착한다면 문제는 더욱 심각해진다. 그러므로 수송기는 가능한 한 날개가 높게 위치하도록 고익기(high wing plane) 형상으로 구성되는 경우가 많은데, 고익기는 날개 구조물이 동체를 통과하지 않고 동체 위에 위치하므로 화물을 탑재하는 동체의 용적이 증가하는 장점도 있다.

날개는 양력을 만들어 내고, 동체는 화물을 싣기 때문에 양력의 작용점인 압력중심(cp)은 날개에 있고, 중력의 작용점인 무게중심(cg)은 동체에 있다. 그러므로 날개 아래에 동체가 있는 고

[그림 11-10] 고익기 형상의 Airbus A400M 수송기

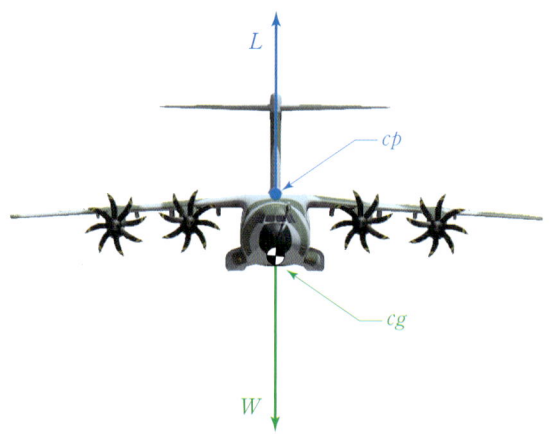

[그림 11-11] 고익기(high wing plane)의 압력중심(cp)과 무게중심(cg)의 위치

익기는 압력중심 아래에 무게중심이 있다. 즉, **압력중심과 무게중심이 위와 아래에 나란히 위치하며 균형**을 이루고 있다.

만약 **교란에 의하여 조종사 기준으로 오른쪽 날개가 내려가는 경우**, 무게중심이 왼쪽 위로 올라가게 된다. 이때 **이동한 무게중심이 압력중심과 나란한 원래의 낮은 위치로 되돌아가려는 복

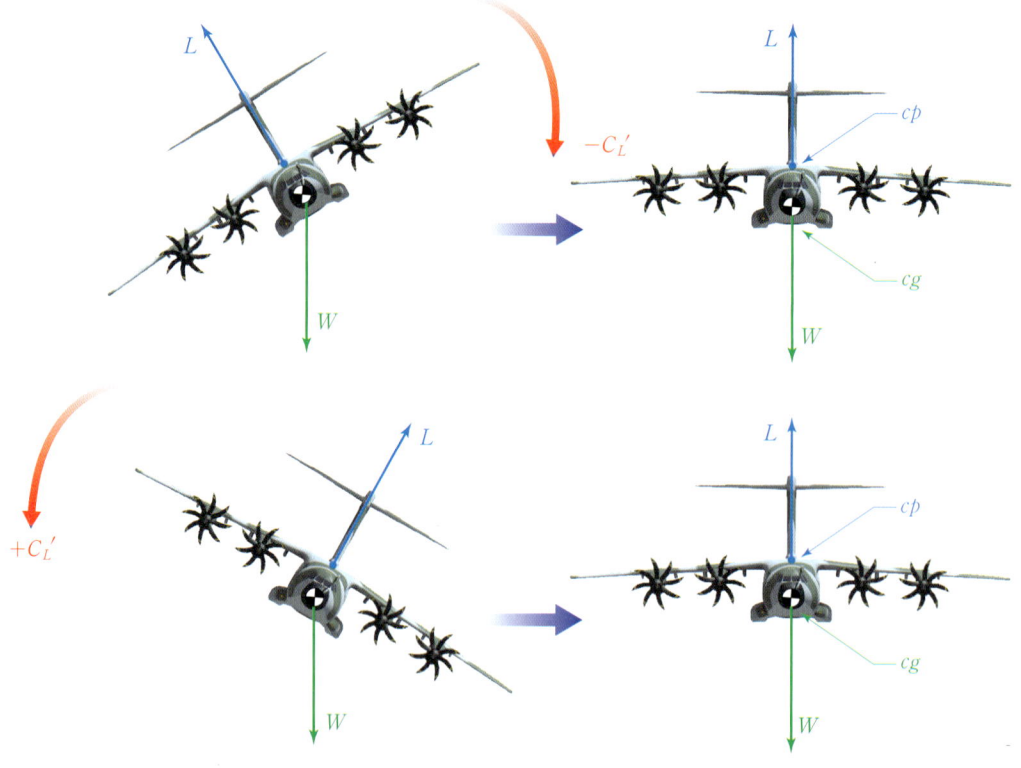

[그림 11-12] 진자효과에 의한 항공기의 가로 안정성 회복

최대 화물탑재량(payload)이 250 t에 이르는 세계 최대 수송기인 Antonov An-225. 고익기 형상을 한 An-225는 동체에 많은 화물을 싣고 비행하기 때문에 동체의 진자효과가 크다. 그러므로 과도한 가로 안정성 때문에 더치 롤이라는 동적 비행특성이 발생할 수 있다. 따라서 상반각이 아닌 하반각을 날개에 적용하여 가로 안정성을 조절한다.

원력이 발생하여 왼쪽 날개가 내려가고, 오른쪽 날개가 다시 올라가는 음(−)의 옆놀이 모멘트($-C_{L'}$)가 나타나 가로 안정성을 회복하게 된다. 역시 왼쪽 날개가 내려가는 교란에는 양(+)의 옆놀이 모멘트($+C_{L'}$)가 발생한다. 즉, 실에 달린 진자(pendulum)가 높은 위치에서 낮은 위치로 되돌아오는 현상과 유사하므로 이러한 경향을 **진자효과**(pendulum effect)라고 한다.

고익기 형상의 항공기는 동체의 진자효과에 따른 가로 안정성 증가 때문에 상반각을 적용하지 않는다. 특히, 화물을 대량 탑재하여 동체의 무게가 상당히 증가하는 대형 고익 수송기의 경우는 강한 진자효과에 따른 과도한 가로 안정성 때문에 **더치 롤**(Dutch roll) 등의 부정적인 비행특성이 발생하기도 한다. 그러므로 대형 고익 수송기는 오히려 가로 안정성을 감소시키는 **하반각**(anhedral angle)을 적용하기도 한다.

11.2 정적 방향 안정성

(1) 빗놀이 교란에 의한 옆미끄럼각 변화

정적 방향 안정성(directional static stability)은 항공기의 기수가 시계 또는 반시계 방향으로 돌아가는 교란에 대한 정적 안정성을 말한다.

항공기가 돌풍 등으로 인하여 기수가 시계 또는 반시계 방향으로 돌아가는 빗놀이 교란이 발생하면 **옆미끄럼각**(β)**의 변화로 교란의 결과**가 나타난다. 교란 때문에 조종사 기준으로 기수가 반시계 방향으로 돌아가면 양(+)의 옆미끄럼각($+\beta$), 시계 방향으로 돌아가면 음(−)의 옆미끄럼각($-\beta$)이 발생한다.

이에 대하여 **수직안정판 및 날개 후퇴각 등의 효과**로 초기 비행상태, 즉 **정적 평형상태로 되돌아가는 빗놀이 모멘트**(yawing moment)가 발생하면 정적 방향 안정성이 확보되었다고 한다.

(2) 빗놀이 모멘트

빗놀이 모멘트계수(C_N)는 항공기에 작용하는 빗놀이 모멘트(N)를 날개에 작용하는 동압 ($\frac{1}{2}\rho V^2$), 날개면적(S) 그리고 옆놀이운동에 대한 모멘트 암(moment arm)에 해당하는 날개의 스팬길이(b)로 나누어 다음과 같이 정의한다.

$$\text{빗놀이 모멘트계수: } C_N = \frac{N}{\frac{1}{2}\rho V^2 Sb}$$

$$\text{빗놀이 모멘트: } N = C_N \frac{1}{2}\rho V^2 Sb$$

또한, 항공기를 위에서 볼 때 **조종사 기준으로 기수가 시계 방향으로 돌아가는 모멘트를 양(+)의 빗놀이 모멘트**(+C_N), 기수가 반시계 방향으로 돌아가는 모멘트를 **음(−)의 빗놀이 모멘트**(−C_N)로 정의한다.

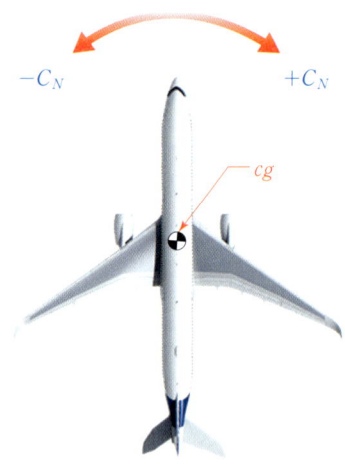

[그림 11-13] 양(+)과 음(−)의 빗놀이 모멘트(yawing moment)의 정의

(3) 정적 방향−안정성 판별

항공기가 돌풍 등의 교란을 받아 기수가 반시계 방향으로 돌아가서 **양(+)의 옆미끄럼각**(+β)이 나타날 때, **수직안정판 및 날개 후퇴각 효과** 등으로 기수를 다시 시계 방향으로 돌리는 **양**

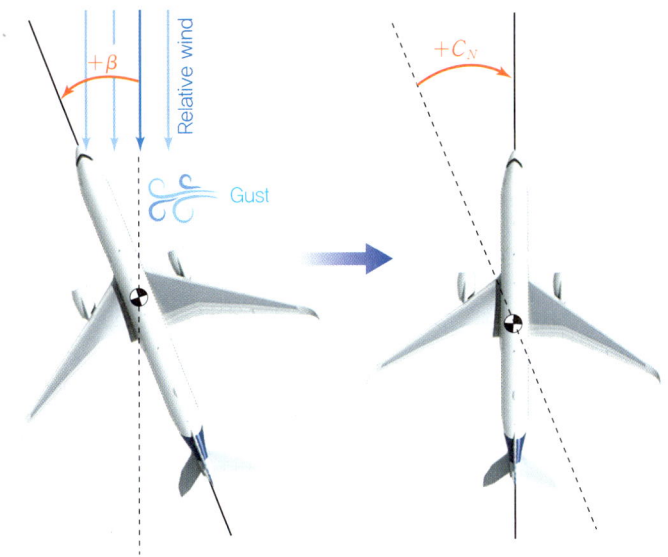

[그림 11-14] 양(+)의 옆미끄럼각(+β)에 대하여 양(+)의 빗놀이 모멘트(+C_N)가 발생하면 정적 방향 안정성이 확보된다.

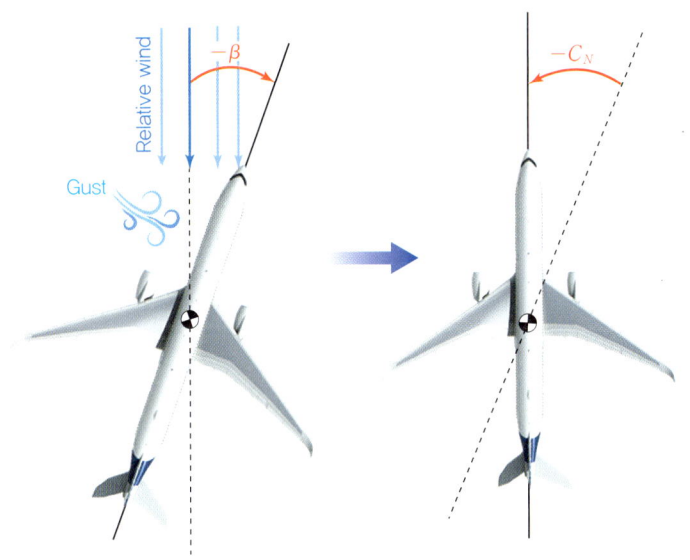

[그림 11-15] 음(−)의 옆미끄럼각(−β)에 대하여 음(−)의 빗놀이 모멘트(−C_N)가 발생하면 정적 방향 안정성이 확보된다.

(+)의 빗놀이 모멘트(+C_N)가 발생하면 정적 평형상태로 되돌아가서 **정적 방향 안정성**이 확보된다.

또한, 항공기가 교란으로 기수가 시계 방향으로 돌아가서 **음(−)의 옆미끄럼각(−β)**이 나타날 때, 기수를 반시계 방향으로 돌리는 **음(−)의 빗놀이 모멘트**($-C_N$)가 발생하면 역시 정적 평형상태로 되돌아가서 **정적 방향 안정성**이 확보된다.

하지만 기수가 반시계 방향으로 도는 양(+)의 옆미끄럼각(+β)이 발생하는 교란에 대하여 기수를 반시계 방향으로 돌리는 음(−)의 빗놀이 모멘트($-C_N$)가 발생하면 초기 정적 평형상태에서 멀어지므로 정적 방향 불안정성이 발생한다.

그러므로 **옆미끄럼각**(β)**과 빗놀이 모멘트**(C_N)는 부호가 같아야 정적 방향 안정성이 확보되는데, 이에 대한 판별식을 미분계수로 나타낼 수 있다. 즉, **미분계수가 양(+)의 값**이면 두 변수(β와 C_N)의 부호가 동일하여 **정적 방향 안정성**이 있다고 판단할 수 있으므로 다음과 같이 정적 방향 안정 판별식을 표현한다.

$$\text{정적 방향 안정 판별식: } \frac{\partial C_N}{\partial \beta} > 0$$

또한, 옆미끄럼과 빗놀이 모멘트의 부호가 다른 경우에는 **음(−)의 미분계수**가 되고 이는 **정적 방향 불안정**을 나타내는데 이에 대한 판별식은 다음과 같다.

$$\text{정적 방향 불안정 판별식: } \frac{\partial C_N}{\partial \beta} < 0$$

즉, **정적 방향의 안정성 미분계수**$\left(\frac{\partial C_N}{\partial \beta}\right)$**가 양수**이면 빗놀이 모멘트($C_N$)와 옆미끄럼각($\beta$)이 서로 비례함을 나타내고, 따라서 **정적 방향 안정성**을 의미한다. 반대로 **정적 방향의 안정성 미분계수가 음수**이면 **정적 방향 불안정성**을 나타낸다.

따라서 설계 중인 항공기의 정적 방향 안정성의 확보 여부는 그 항공기의 정적 방향 안정성의 미분계수가 양수인지를 확인하면 알 수 있는데, 일반적인 형상의 항공기의 경우는 대략 $\frac{\partial C_N}{\partial \beta} = 0.2$ 전후이다.

(4) 방향 안정성 향상−수직안정판

수직안정판은 항공기가 교란을 받았을 때, 원래의 방향으로 비행을 진행하도록 설치된 형상 요소이기 때문에 **방향 안정성에 가장 큰 역할을 한다**. 그리고 수직안정판의 면적이 클수록 방향 안정성은 증가한다. 따라서 수직안정판의 연장 형태라고 할 수 있는 **도살 핀**(dorsal fin), 동체 아래에서 수직안정판 역할을 하는 **벤트럴 핀**(ventral fin)은 수직안정판의 전체 면적을 증가시켜 방향 안정성을 대폭 개선한다. 하지만 수직안정판의 면적을 과도하게 크게 하면 항력과 중량이 증가하여 비행성능이 낮아지기 때문에 면적에 대한 절충이 필요하다.

다음에서 수직안정판이 방향 안정성을 유지하는 이유를 설명한다. 전진비행 중 교란에 의하

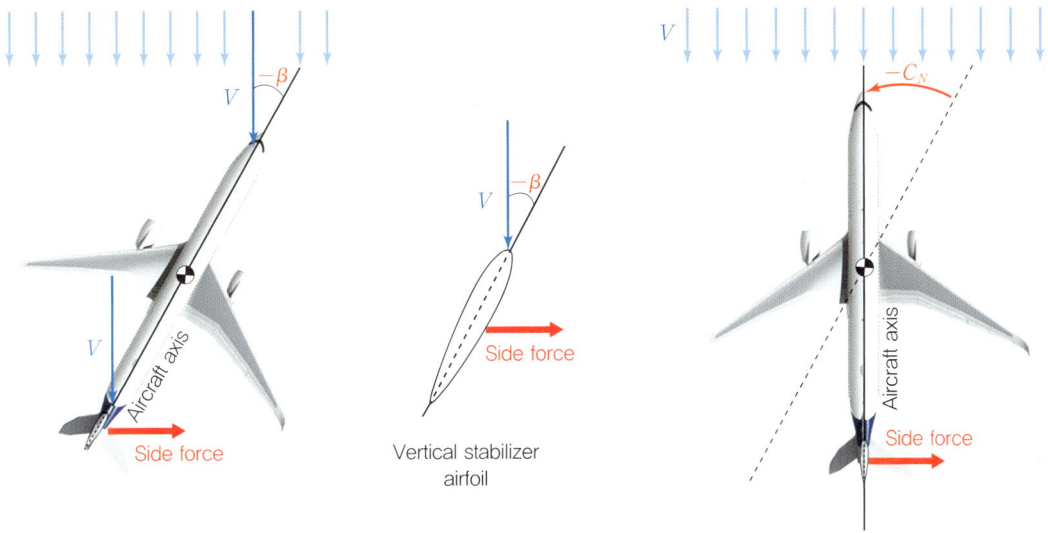

[그림 11-16] 수직안정판에 의한 항공기 방향의 안정성 회복

Boeing 747-300F(좌)와 동체 단축형 Boeing 747-SP(우). 두 기체 모두 동일한 형태와 면적의 날개를 장착했지만 747-SP의 동체길이는 747-300보다 14.4 m 짧다. 짧아진 동체로 인해 빗놀이 모멘트 암의 길이가 축소되어 방향 안정성 유지를 위하여 수직안정판의 면적을 증가시켰다. 747-300의 수직안정판의 높이는 19.3 m인 반면, 747-SP는 19.9 m이다.

여 기수가 시계 방향으로 돌아가서 **음(−)의 옆미끄럼각(−β)이 발생**했다고 가정하자. 이때 무게중심(cg)을 축으로 수직안정판은 시계 방향으로 돌게 되고, 전진비행에서 발생하는 상대풍은 수직안정판의 날개 단면에 옆미끄럼각을 가지고 작용하여 **수직안정판 기준 오른쪽으로 작용하는 측력**(side force)을 만들어 낸다. 이 측력은 수직안정판을 다시 반시계 방향으로 회전시키고, 이에 따라 무게중심을 축으로 기수 역시 반시계 방향으로 돌아가면서 **음(−)의 빗놀이 모멘트($-C_N$)를 발생시켜 방향 안정성을 복구**한다. 마찬가지로 반시계 방향으로 기수가 돌아가는 교란(+β)에 대해서는 수직안정판 오른쪽으로 측력이 발생하고, 양(+)의 빗놀이 모멘트($+C_N$)가 발생하여 방향 안정성을 회복한다.

방향 안정성을 위한 수직안정판의 영향은 앞서 설명한 바와 같이 **수직안정판의 면적이 증가하**

[그림 11-17] Boeing 737 여객기의 도살 핀(dorsal fin)

여 측력이 커질수록, 무게중심과 수직안정판의 거리인 빗놀이 모멘트 암의 길이가 길수록 증가한다. 따라서 항공기를 설계할 때 제한사항 때문에 수직안정판의 면적을 크게 할 수 없는 경우는 수직안정판을 가능한 한 뒤쪽에 위치하도록 항공기 형상을 구성하기도 한다. 반대로 동체길이가 짧아 무게중심과 수직안정판의 거리가 가까운 항공기는 면적이 넓은 수직안정판을 장착해야 한다.

(5) 방향 안정성 향상 – 도살 핀과 벤트럴 핀

어류의 등과 배에 있는 지느러미를 영어로 각각 도살 핀(dorsal fin)과 벤트럴 핀(ventral fin)이라고 한다. 항공기 수직안정판의 연장 부분이 어류의 등지느러미와 비슷하다고 하여 도살 핀, 그리고 항공기 동체 아래에 수직안정판의 역할을 하는 부분 역시 어류의 배지느러미를 닮아 벤트럴 핀이라고 한다. **도살 핀과 벤트럴 핀은 수직안정판의 전체 면적을 넓히고, 방향 교란이 발생할 때 측력을 증가시켜서 방향 안정성을 개선**하는 역할을 한다.

항공기를 설계할 때 운용상의 기준 등으로 항공기의 전체 높이에 제한이 있으면 가장 높은 위치에 있는 수직안정판의 높이(스팬길이)를 낮추어야 한다. 이때 정해진 면적으로 수직안정판을 구성하려면 수직안정판의 일부분이 앞으로 연장된 형태, 즉 도살 핀이 추가된 형태로 제작한다. **옆미끄럼각이 증가하면 수직안정판을 지나는 유동이 박리되어 실속할 수 있다.** 이때 도살 핀은 **날개의 LEX(Leading Edge Extension) 또는 스트레이크(strake)의 역할을 하며 수직안정판의 효율을 높인다.** 즉, 도살 핀 앞전에서 발생하는 와류(vortex)는 수직안정판을 지나는 유동의 박

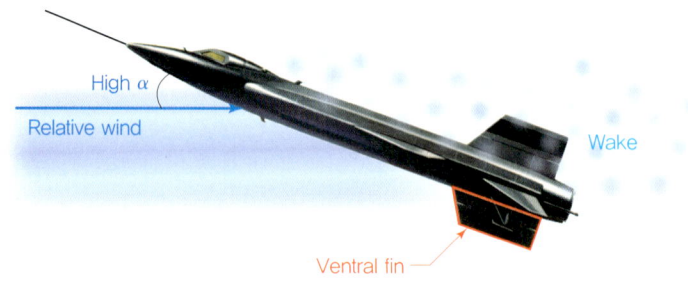

[그림 11-18] X-15 실험기의 벤트럴 핀(ventral fin)

동체 위에 대형 레이더를 장착한 Boeing E-7A Wedge tail 조기 경보기. 탑재된 레이더는 비행 중인 적기의 수량과 위치정보를 탐지하는 중요한 역할을 하지만, 수직안정판으로 흐르는 공기의 흐름을 방해하여 수직안정판의 효율을 떨어트려서 방향 안정성을 악화시킬 수 있다. 따라서 E-7A의 경우, 동체 하부에 벤트럴 핀이라고 하는 작은 크기의 수직안정판을 장착하여 방향 안정성을 개선하고 있다.

도살 핀과 벤트럴 핀을 장착하여 방향 안정성과 가로 안정성을 향상시킨 Lockheed Martin F-16C 전투기. 도살 핀은 수직안정판의 면적을 증가시키고, 벤트럴 핀은 옆놀이-빗놀이 커플링(roll-yaw coupling)을 억제하여 고받음각에서도 방향 안정성을 유지하는 역할을 한다.

리를 방지하여 실속할 수 있는 큰 옆미끄럼각에서도 수직안정판에서 충분한 측력을 발생시켜서 방향 안정성을 회복하게 한다.

벤트럴 핀은 특히 고(高)받음각(high-angle of attack)으로 비행할 때, 방향 안정성에 기여한다. 전투기들은 고받음각에서 기동하는 경우가 많은데, 그림과 같이 수직안정판이 날개의 후류(wake) 속에 들어가기도 한다. 후류는 날개를 거치며 속도와 동압이 낮아진 상태의 유동으로서 후류가 수직안정판 표면을 흐르게 되면 수직안정판의 효율이 떨어져 방향 안정성이 낮아진다. 그러나 동체 밑을 지나는 유동의 에너지는 고받음각에서도 큰 손실이 없기 때문에 벤트럴 핀은 수직안정판 대신 방향 안정성을 유지하는 역할을 한다.

또한, **벤트럴 핀은 빗놀이운동에 의한 옆놀이운동의 발생, 즉 '옆놀이-빗놀이 커플링(roll-yaw coupling)'이라고 부르는 현상을 억제**한다. 항공기에 양(+)의 빗놀이운동이 발생하면 음(−)의 옆미끄럼각이 나타나고, 따라서 수직안정판 기준 오른쪽으로 측력이 발생한다. 수직안정판은 항공기의 무게중심 위쪽에 위치하므로 수직안정판 기준 오른쪽으로 작용하는 측력은 오른쪽 날개가 내려가고, 왼쪽 날개가 올라가는 **양(+)의 옆놀이 모멘트**를 초래한다. 그러나 수직안정판뿐만 아니라 동체 아래, 즉 무게중심 아래에 벤트럴 핀이 장착되어 측력을 발생시키면 무게중심 위의 수직안정판 발생 측력과 균형을 이루게 되므로 옆놀이-빗놀이 커플링이 나타나지 않는다.

(6) 방향 안정성 향상 – 날개 후퇴각

날개에 적용된 **후퇴각(sweepback angle)은** 항공기의 가로 안정성을 향상시키지만, 동시에 **방향 안정성도 개선**하는 역할을 한다. 그림과 같이 교란 때문에 항공기의 기수가 반시계 방향으로 돌아가 **양(+)의 옆미끄럼각(+β)이 발생**하였다고 가정하자. 그런데 날개 후퇴각 효과 때문에

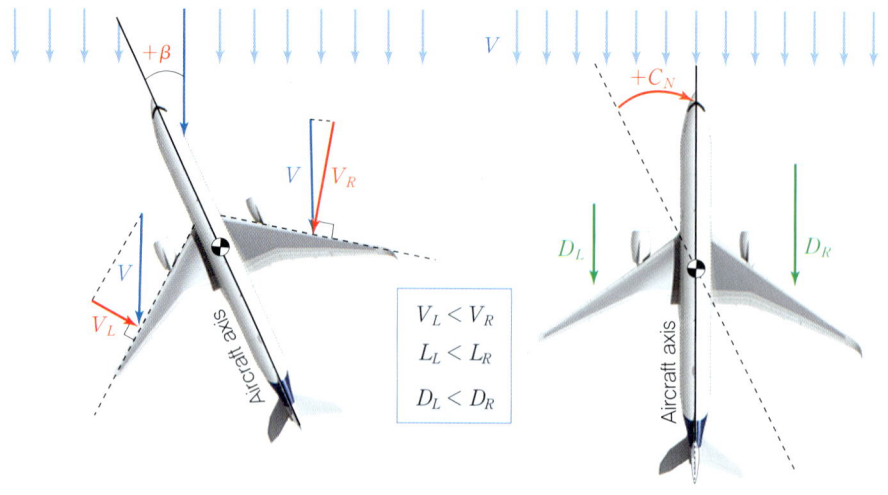

[그림 11-19] 날개 후퇴각에 의한 항공기의 방향 안정성 회복

오른쪽 날개 앞전에 작용하는 수직속도(V_R)는 왼쪽 날개의 수직속도(V_L)보다 높아서 오른쪽 날개에서의 양력(L_R)이 왼쪽 날개의 양력(L_L)보다 커진다.

그런데 속도가 증가하면 양력이 증가하지만, 다음에 제시된 항력의 정의에서 알 수 있듯이 항력 역시 증가하게 된다.

$$D = C_D \frac{1}{2} \rho V^2 S$$

따라서 **수직속도 성분이 큰 오른쪽 날개에서 발생하는 항력(D_R)이 왼쪽 날개의 항력(D_L)보다 커지고**, 이에 따라 오른쪽 날개가 뒤로 밀리고, 상대적으로 항력이 작은 왼쪽 날개가 앞으로 나아가기 때문에 기수가 다시 시계 방향으로 회전하는 **양(+)의 빗놀이 모멘트($+C_N$)가 발생하여 방향 안정성을 회복**한다. 마찬가지로 기수가 시계 방향으로 돌아가는 교란($-\beta$)에는 후퇴각 효과에 의하여 음(−)의 빗놀이 모멘트($-C_N$)가 발생하여 방향 안정성을 유지한다.

즉, 항공기의 가로 안정성과 방향 안정성은 옆놀이-빗놀이 커플링에 의하여 서로 연관되어 있기 때문에 날개 후퇴각 등 가로 안정성을 높이는 형상요소는 방향 안정성에도 영향을 미치고 있음을 알 수 있다.

CHAPTER 11 SUMMARY

- 옆놀이 모멘트계수: $C_{L'} = \dfrac{L'}{\frac{1}{2}\rho V^2 Sb}$

    (b: 날개의 스팬(span)길이, $C_{L'}$: 옆놀이 모멘트계수)

- 옆놀이 모멘트(rolling moment): $L' = C_{L'} \dfrac{1}{2}\rho V^2 Sb$

- 조종사 기준으로 오른쪽 날개가 내려가는 교란 때문에 양(+)의 옆미끄럼각(+β)이 나타날 때 오른쪽 날개가 올라가는 음(−)의 옆놀이 모멘트(−$C_{L'}$)가 발생하거나, 왼쪽 날개가 내려가는 교란 때문에 음(−)의 옆미끄럼각(−β)이 나타날 때 왼쪽 날개가 올라가는 양(+)의 옆놀이 모멘트(+$C_{L'}$)가 발생하면 정적 가로 안정성이 확보된다.

- 정적 가로 안정 판별식: $\dfrac{\partial C_{L'}}{\partial \beta} < 0$ ($C_{L'}$과 β의 부호가 반대)

- 정적 가로 불안정 판별식: $\dfrac{\partial C_{L'}}{\partial \beta} > 0$ ($C_{L'}$과 β의 부호가 동일)

- 가로 안정성 향상

    - 날개 상반각(dihedral angle): 옆놀이 교란이 발생하였을 때 양쪽 날개에 대한 받음각의 차이 때문에 양력 차이가 나타나고, 따라서 복원 옆놀이 모멘트가 발생한다.
    - 날개 후퇴각(sweepback angle): 옆놀이 교란이 발생하였을 때 양쪽 날개에 대한 수직속도의 차이 때문에 양력 차이가 나타나고, 따라서 복원 옆놀이 모멘트가 발생한다.
    - 수직안정판: 킬효과(keel effect)에 의한 측력으로 복원 옆놀이 모멘트가 발생한다.
    - 진자효과(pendulum effect): 동체 무게중심의 이동으로 복원 옆놀이 모멘트가 발생하는데, 진자효과가 과하게 나타나는 고익기(high wing plane)는 날개 하반각(anhedral angle)에 적용한다.

- 빗놀이 모멘트계수: $C_N = \dfrac{N}{\frac{1}{2}\rho V^2 Sb}$

    (b: 날개의 스팬길이, C_N: 빗놀이 모멘트계수)

- 빗놀이 모멘트(yawing moment): $N = C_N \dfrac{1}{2}\rho V^2 Sb$

- 교란에 의하여 항공기 기수가 조종사 기준으로 반시계 방향으로 돌아가 양(+)의 옆미끄럼각(+β)이 나타날 때 기수가 시계 방향으로 도는 양(+)의 빗놀이 모멘트(+C_N)가 발생하거나, 교란에 의하여 기수가 시계 방향으로 돌아가 음(−)의 옆미끄럼각(−β)이 나타날 때 기수가 반시계 방향으로 도는 음(−)의 빗놀이 모멘트(−C_N)가 발생하면 정적 방향 안정성이 확보된다.

- 정적 방향 안정 판별식: $\dfrac{\partial C_N}{\partial \beta} > 0$ (C_N과 β의 부호가 동일)

- 정적 방향 불안정 판별식: $\dfrac{\partial C_N}{\partial \beta} < 0$ (C_N과 β의 부호가 반대)

- **방향 안정성 향상**
  - 수직안정판: 빗놀이 교란이 발생하였을 때 수직안정판의 측력에 의해 복원 빗놀이 모멘트가 발생하며, 방향 안정성의 향상에 가장 큰 역할을 한다.
  - 도살 핀(dorsal fin)과 벤트럴 핀(ventral fin): 수직안정판의 면적 및 효율을 증가시켜 방향 안정성 향상에 기여한다.
  - 날개 후퇴각: 빗놀이 교란이 발생하였을 때 양쪽 날개에 대한 수직속도의 차이 때문에 항력 차이가 나타나고, 따라서 복원 빗놀이 모멘트가 발생한다.

PRACTICE

01 다음 중 항공기의 옆놀이 모멘트(rolling moment)와 관련된 안정성은?

① 세로 안정성 ② 가로 안정성
③ 방향 안정성 ④ 승강 안정성

해설 가로 안정성(lateral stability)은 한쪽 날개의 들림 또는 내림이 발생하는 옆놀이운동(rolling)과 관계된다.

02 음(-)의 옆놀이(rolling) 모멘트에 해당하는 것은? (조종사 기준)

① 좌측 날개 하강
② 우측 날개 하강
③ 기수 시계 방향 회전
④ 기수 반시계 방향 회전

해설 오른쪽 날개가 올라가는 것(왼쪽 날개가 내려가는 것)이 음(-)의 옆놀이 모멘트($-C_{L'}$)이다.

03 다음의 안정성 판별식 중 정적 가로 안정을 나타내는 것은? ($C_{L'}$: 옆놀이 모멘트계수, α: 받음각, β: 옆미끄럼각)

① $\dfrac{dC_{L'}}{d\alpha} < 0$ ② $\dfrac{dC_{L'}}{d\alpha} > 0$

③ $\dfrac{dC_{L'}}{d\beta} < 0$ ④ $\dfrac{dC_{L'}}{d\beta} > 0$

해설 정적 가로 안정 판별식은 $\dfrac{\partial C_{L'}}{\partial \beta} < 0$이다. 즉, $C_{L'}$과 β의 부호가 반대일 때 가로 안정성이 확보된다.

04 다음 중 비행기의 가로 안정성과 관계 없는 것은?

① 날개 쳐든각(상반각)
② 날개 후퇴각
③ 턱 언더
④ 진자효과

해설 날개 상반각(dihedral angle), 날개 후퇴각(sweep back angle), 수직안정판의 킬효과(keel effect), 진자효과(pendulum effect)는 가로 안정성을 향상시킨다. 턱 언더(tuck under)는 날개에 충격파가 발생하여 압력중심이 후방으로 이동하여 갑자기 항공기의 기수가 낮아지는 세로 안정성과 관련된 현상이다.

05 다음 중 빗놀이운동(yawing)을 발생시키는 조종면으로 가장 적합한 것은?

① 슬랫(slat) ② 승강타(elevator)
③ 도움날개(aileron) ④ 방향타(rudder)

해설 주로 빗놀이운동을 발생시키는 조종면은 방향타(rudder)이다.

06 다음 중 음(-)의 빗놀이 모멘트를 나타내는 것은?

① 비행기를 앞에서 볼 때, 비행기가 시계 방향으로 회전
② 비행기를 앞에서 볼 때, 비행기가 반시계 방향으로 회전
③ 비행기를 위에서 볼 때, 기수가 시계 방향으로 회전
④ 비행기를 위에서 볼 때, 기수가 반시계 방향으로 회전

해설 비행기를 위에서 볼 때, 기수가 반시계 방향으로 도는 것이 음(-)의 빗놀이 모멘트($-C_N$)이다.

07 다음의 안정성 판별식 중 정적 방향 불안정을 나타내는 것은? (C_N: 빗놀이 모멘트계수, α: 받음각, β: 옆미끄럼각)

① $\dfrac{dC_N}{d\alpha} < 0$ ② $\dfrac{dC_N}{d\alpha} > 0$

③ $\dfrac{dC_N}{d\beta} < 0$ ④ $\dfrac{dC_N}{d\beta} > 0$

해설 정적 방향 불안정 판별식은 $\dfrac{\partial C_N}{\partial \beta} < 0$이다. 즉, C_N과 β의 부호가 반대일 때 방향 불안정이 나타난다.

정답 1. ② 2. ① 3. ③ 4. ③ 5. ④ 6. ④ 7. ③

08 다음 중 비행기의 정적 방향 안정성 증가에 가장 큰 영향을 주는 것은?
① 수직안정판　② 수평안정판
③ 도움날개(aileron)　④ 승강타(elevator)

해설 수직안정판, 도살 핀(dorsal fin), 벤트럴 핀(ventral fin), 날개 후퇴각(wing sweepback angle) 등은 방향 안정성을 향상시킨다.

09 가로 안정(lateral stability)에 대해서 영향을 미치는 것으로 가장 거리가 먼 것은?
[항공산업기사 2019년 4회]
① 수평꼬리날개　② 주 날개의 상반각
③ 수직꼬리날개　④ 주 날개의 뒤젖힘각

해설 날개 상반각(올려본각), 날개 후퇴각(뒤젖힘각), 수직안정판의 킬효과, 진자효과는 가로 안정성을 향상시킨다.

10 항공기의 방향 안정성이 주된 목적인 것은?
[항공산업기사 2019년 4회]
① 수직안정판　② 주익의 상반각
③ 수평안정판　④ 주익의 붙임각

해설 수직안정판, 도살 핀, 벤트럴 핀과 날개 후퇴각 등은 방향 안정성을 향상시킨다.

11 항공기에 올려본각(dihedral angle)을 주는 주된 이유로 옳은 것은?
[항공산업기사 2019년 1회]
① 익단 실속을 방지할 수 있다.
② 임계마하수를 높일 수 있다.
③ 가로 안정성을 높일 수 있다.
④ 피칭 모멘트를 증가시킬 수 있다.

해설 날개 상반각(올려본각), 날개 후퇴각(뒤젖힘각), 수직안정판의 킬효과, 진자효과는 가로 안정성을 향상시킨다.

12 다음 중 방향 안정성이 양(+)인 경우는?
[단, β: 옆미끄럼각, C_N: 요잉(빗놀이) 모멘트계수이다.]
[항공산업기사 2014년 4회]
① $\dfrac{\partial C_N}{\partial \beta} = 0$　② $\dfrac{\partial C_N}{\partial \beta} \neq 0$
③ $\dfrac{\partial C_N}{\partial \beta} > 0$　④ $\dfrac{\partial C_N}{\partial \beta} < 0$

해설 정적 방향 안정(양의 방향 안정성)의 판별식은 $\dfrac{\partial C_N}{\partial \beta} > 0$이다.

13 수직꼬리날개가 실속하는 큰 옆미끄럼각에서도 방향 안정을 유지하기 위한 목적의 장치는?
[항공산업기사 2017년 4회]
① 윙렛(winglet)
② 도살 핀(dorsal fin)
③ 드루프 플랩(droop flap)
④ 주리 스트럿(jury strut)

해설 도살 핀(dorsal fin)은 앞전에서 와류(vortex)를 발생시킴으로써 과도한 옆미끄럼각에서 수직안정판을 지나는 유동이 박리되어 실속하는 것을 방지하여 수직안정판의 효율을 증가시킨다.

정답 8. ① 9. ① 10. ① 11. ③ 12. ③ 13. ②

Principles of Flight

고도 약 30 km에서 최고속도 $M = 6.7$(7,274 km/hr)을 기록한 North American X-15 극초음속(hypersonic) 실험기(1959). 고속비행 중 항력 감소와 충격파의 영향을 최소화하기 위하여 날개의 폭이 짧고 날개면적이 작으며, 가늘고 긴 동체를 가지고 있다. 따라서 낮은 속도와 낮은 고도에서는 충분한 양력을 발생시키지 못하므로 스스로 이륙하지 않고, B-52 폭격기에 실려 고고도까지 상승하여 비행을 시작한다. 하지만 긴 동체와 작은 날개의 항공기가 고속으로 비행할 때, 흔히 발생하는 관성 옆놀이 커플링(inertia-rolling coupling)이라는 고속 동적 불안정성이 자주 나타남에 따라 이를 방지하기 위하여 도살 핀(dorsal fin)을 장착하였다.

CHAPTER 12

동적 안정성, 고속 안정성과 실속

12.1 동적 안정성 | 12.2 동적 세로 안정성 | 12.3 동적 가로 및 방향 안정성
12.4 고속 안정성 | 12.5 실속

12.1 동적 안정성

항공기가 교란을 받아 초기 평형상태, 즉 트림 상태에서 벗어나 모멘트의 불균형이 발생하고 항공기의 자세, 비행경로, 비행고도가 시간에 따라 변화하면서 파장 형태의 비행궤적이 나타나고 있다고 가정하자. 이때 조종사의 개입이 없어도 시간이 지남에 따라 **항공기의 자세 교란이 감소하여 파장 형태의 비행경로 진폭이 점차 감쇠(convergent)하여 결국 초기의 트림 상태로 복귀하면 동적 안정성**이 있다고 하고, 그렇지 않고 **진폭이 더 증폭(divergent)되면 동적으로 불안정**하다고 정의한다.

동적 안정성도 정적인 경우와 마찬가지로 항공기의 운동 기준축에 따라 **동적 세로 안정성**(longitudinal dynamic stability), **동적 가로 안정성**(lateral dynamic stability)과 **동적 방향 안정성**(directional dynamic stability)으로 나뉘고, 이는 각각 키놀이운동(pitching), 옆놀이운동(rolling), 빗놀이운동(yawing)과 관계있다. 또한, 동적 안정성도 **옆놀이운동과 빗놀이운동의 상호작용으로 가로 안정성과 방향 안정성이 복합적으로 발생**하는 경우가 많다.

동적 안정성은 조종간 고정상태(stick-fixed) 또는 조종간 자유상태(stick-free)로 구분되어 발생할 수 있다. 조종간 고정상태에서는 조종간이 움직이지 않으므로 조종면이 작동하지 않는 상태에서 동적 교란이 발생하게 되지만, 조종간이 자유상태에 있으면 외력에 따라 조종면이 자유롭게 움직이면서 동적 교란에 대한 영향을 증폭시키기도 한다. 따라서 조종간 자유상태에서 동적 교란이 발생한다면 항공기가 트림 상태로 복귀하는 데 부정적인 영향을 주게 된다. 즉, **조종간 자유상태는 항공기가 동적 안정성을 회복하기 위하여 긴 시간이 필요하거나 동적 불안정성을 초래**하기도 한다.

12.2 동적 세로 안정성

(1) 단주기운동

동적 세로 안정성은 항공기가 교란을 받아 키놀이운동이 나타나는 경우와 관계있다. 교란에 의한 동적 세로운동은 주로 **주기적인 받음각의 변화** 또는 **주기적인 고도의 변화**로 나타나며, 대표적으로 **단주기운동**(short period oscillation)과 **장주기운동**(phugoid oscillation)이 있다.

[그림 12-1] 단주기운동: 수 초의 진동주기와 받음각의 변화

교란 때문에 키놀이 모멘트가 발생하면 비행궤적이 진동하면서 동적 세로운동을 하게 되는데, **진동의 진폭이 작고 진동 주기가 수 초 정도로 짧은 경우를 단주기운동**이라고 한다. 단주기운동은 기수가 올라가고 내려가는 키놀이운동에 따른 **받음각 변화로 나타나기 때문에 고도 변화가 크지 않고 비행속도가 비교적 일정**하다.

(2) 장주기운동

단주기운동과 비교하여 비행경로의 **진폭이 크고 진동주기가 긴 세로 방향 운동을 장주기운동**으로 정의하여 구분한다. 장주기운동을 영어로 퓨고이드(phugoid) 운동이라고 하는데, 이는 '비행'의 의미가 있는 고대 그리스어인 'phugē-eîdos'에서 유래되었다고 한다.

단주기운동의 주기는 수 초 정도이지만, 장주기운동의 경우는 대략 30~90초이다. 그리고 장주기운동에서는 기수 들림과 내림의 키놀이운동에 의하여 받음각의 변화가 아닌 **비행경로의 변화가 발생하기 때문에 상승과 하강을 반복**하며 주기운동을 한다. 따라서 단주기운동 중에는 고도 변화가 크지 않지만, 장주기운동을 하면서 **수십 미터의 비행고도 변화**가 발생한다. 특히, 상승할 때는 비행속도가 감소하고, 하강할 때는 높아진 위치에너지 때문에 비행속도가 증가하게 되면서 **비행속도 변화가 발생**한다.

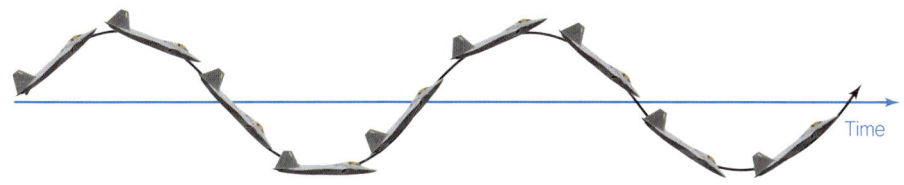

[그림 12-2] 장주기운동: 수십 초의 진동주기와 고도의 변화

Photo: NASA

시험비행 중 추락한 NASA의 Helios 태양광 무인기. 가로세로비가 큰 독특한 형상 때문에 비행 중 날개의 굽힘각도가 과도하게 증가하였고, 이에 따른 날개 형상 변화 때문에 장주기운동이 발생하였는데, 시간이 지남에 따라 진폭이 커지는 동적 세로 불안정성이 증가하여 구조 파손과 추락으로 이어졌다.

단주기운동 또는 장주기운동에서 회복되지 못하면 항공기는 결국 추락한다. 그러므로 항공기를 설계할 때, 단주기운동과 장주기운동이 발생하더라도 동적 안정성을 확보할 수 있도록 날개와 안정판 그리고 조종면의 크기와 위치가 신중하게 결정되어야 한다. 특히, 장주기운동은 조종사에 의하여 비교적 쉽게 제어될 수 있지만, 짧은 시간 동안 받음각이 지속적으로 변하는 단주기운동은 통제하기 어렵다. 그러므로 최신 항공기는 피치 댐퍼(pitch damper)를 장착하여 단주기운동과 같이 제어하기 힘든 동적 세로 불안정성이 나타나면 이를 상쇄하기 위하여 조종면(승강타)이 자동으로 작동하도록 구성되어 있다.

12.3 동적 가로 및 방향 안정성

(1) 옆놀이-빗놀이 커플링

정적 가로 안정성과 관계가 있는 옆놀이운동, 정적 방향 안정성과 관련된 빗놀이운동은 상호작용(coupling)에 의하여 서로 영향을 주는데, 이를 **옆놀이-빗놀이 커플링**(roll-yaw coupling)이라고 한다. 옆놀이-빗놀이 커플링은 다양한 형태로 발생하는데, 그중 대표적인 예는 다음과 같다.

교란에 의하여 한쪽 날개가 내려가는 **옆놀이운동**이 나타나면 양력 방향이 기울어지며 항공기는 옆미끄럼을 하게 되고, 이에 따라 동체 측면으로 비스듬하게 불어오는 상대풍 때문에 항공기 기체축(aircraft X-axis)과 상대풍 방향의 사잇각인 옆미끄럼각(sideslip angle)이 발생한다. 이러한 옆놀이 교란을 완화시키기 위하여 11장에서 살펴본 바와 같이 날개에 상반각 또는 후퇴각을 적용하여 양쪽 날개의 양력 차이를 발생시키고, 이에 따라 복원 옆놀이 모멘트가 나타나서 가로 안정성을 확보한다. 하지만 양쪽 날개의 양력 차이는 항력 차이까지 유발하기 때문에 한쪽으로 기수가 회전하는 **빗놀이운동**도 함께 나타나는 옆놀이-빗놀이 커플링이 발생한다.

수직안정판에 의하여 옆놀이-빗놀이 커플링이 나타나기도 한다. 수직안정판은 기수가 돌아가는 빗놀이 교란이 발생하였을 때 상대풍의 방향으로 기수를 향하게 하는 **빗놀이운동**을 만들어 방향 안정성을 개선한다. 그런데 빗놀이 교란이 발생하였을 때, 방향 안정성을 유지할 만큼 수직안정판의 면적이 크다면 수직안정판에서 발생하는 측력 때문에 한쪽 날개가 내려가는 **옆놀이운동**을 유발하기도 한다.

대부분의 항공기 형상은 좌우가 대칭이다. 그러므로 키놀이운동이 발생하더라도 항공기 동체의 좌우측과 좌우 날개에 힘의 불균형은 나타나지 않기 때문에 옆놀이운동 또는 빗놀이운동으로 이어지지 않는다. 그러므로 옆놀이운동과 빗놀이운동은 서로 상호작용을 하지만, 키놀이운동에 의하여 옆놀이 또는 빗놀이운동이 나타나거나 옆놀이 또는 빗놀이운동 때문에 키놀이운동이 발생하는 경우는 드물다.

동적 안정성에서도 옆놀이-빗놀이 커플링은 존재한다. 즉, 가로 안정성과 방향 안정성의 상호 작용으로 나타나는 동적 비행특성은 다양한데, **방향 불안정**(directional divergence), **나선 불안정**(spiral divergence), **더치 롤**(Dutch roll)이 대표적인 예이다.

(2) 방향 불안정

옆놀이운동과 빗놀이운동의 상호작용, 즉 옆놀이-빗놀이 커플링으로 인해 발생하는 비행특성 중에서 **가로 안정성 때문에 옆놀이 교란은 감소하지만, 방향 불안정성으로 인하여 빗놀이 교란이 증가하여 발산**(divergence)**하는 비행 패턴을 방향 불안정**(directional divergence)이라고 한다. 방향 불안정이 발생하는 과정은 다음과 같다.

옆놀이 교란이 빗놀이운동을 유발하거나 빗놀이 교란이 옆놀이운동을 초래하는데, 어느 경우에도 옆미끄럼각(β)이 발생한다. 그런데 항공기가 충분한 가로 안정성을 가지고 있으면 내려갔던 날개는 다시 원위치되고, 따라서 옆놀이 교란에 의한 옆미끄럼각 발생요인은 사라진다. 하지만 방향 불안정성 때문에 항공기 기수(기체축)의 방향은 비스듬하게 불어오는 상대풍 쪽으로 돌아오지 못하므로 옆미끄럼각은 감소하지 않으며, 오히려 시간이 지남에 따라 옆미끄럼각이 지속적으로 증가하는 방향 불안정이 발생한다.

방향 불안정은 날개에 후퇴각 또는 상반각이 적절히 적용되어 가로 안정성은 확보되었지만

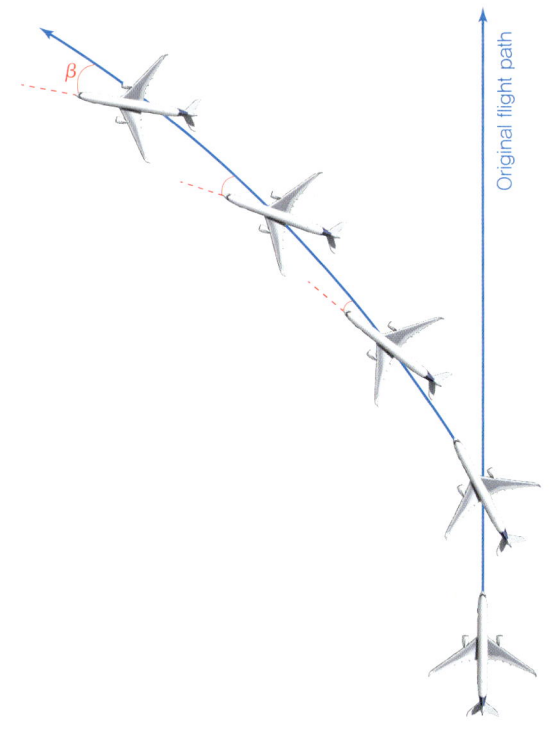

[그림 12-3] 방향 불안정(directional divergence)의 진행과정

수직안정판의 크기가 작아서 방향 안정성이 충분하지 못할 때 주로 나타난다. 실제로 비행 중 방향이 불안정한 경향이 나타나면 조종사가 방향타를 조작하여 극복할 수 있으며, 항공기 설계 중 수직안정판의 면적 증가, 도살 핀(dorsal fin) 또는 벤트럴 핀(ventral fin) 설치 등으로 방향 불안정을 해결할 수 있다.

(3) 나선 불안정

나선 불안정(spiral divergence)**은 가로 불안정성과 방향 안정성이 결합**하여 나타나는 동적 불안정 비행특성이다. 한쪽 날개가 내려가는 옆놀이 교란은 경사각을 유발하는데, 항공기가 가로 안정성을 확보하지 못하면 시간이 지남에 따라 경사각의 크기는 증가하게 된다. 그리고 옆놀이 교란 때문에 항공기 쪽으로 비스듬하게 불어오는 상대풍은 옆미끄럼각(β)을 발생시킨다.

그런데 항공기가 방향 안정성이 충분한 경우에는 기수가 상대풍 쪽으로 회전하여 옆미끄럼각을 '0'으로 감소시키려고 하는, 즉 비스듬한 방향의 상대풍과 기수(기체축)를 나란히 하려고 하는 빗놀이 모멘트가 발생한다. 따라서 항공기는 옆놀이 교란에 의하여 날개가 내려간 쪽, 즉 비스듬한 방향의 상대풍 쪽으로 기수가 회전하는 운동을 시작한다.

회전하는 물체의 선속도(v)는 회전속도(ω)와 회전반지름(R)의 곱으로 정의되므로 회전중심에서 멀수록, 즉 회전반지름이 증가할수록 선속도는 증가한다. 따라서 항공기가 회전을 하면 선속도 정의에 의하여 회전중심 쪽에 가까운 날개보다 회전중심에서 먼 반대쪽의 날개에 작용하는 상대풍의 속도가 높아진다. 그러므로 회전중심 반대쪽 날개에서 더 많은 양력이 발생하고, 따라

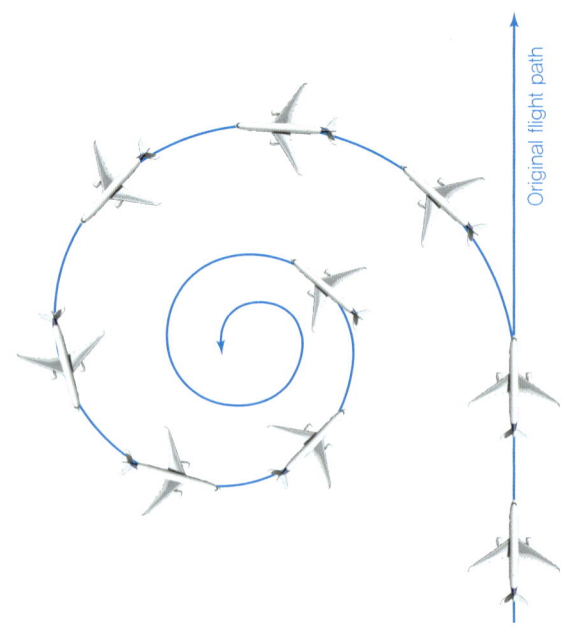

[그림 12-4] 나선 불안정의 진행과정

서 회전중심 반대쪽 날개가 상승하므로 옆미끄럼각과 경사각은 더욱 증가하게 된다. 그리고 충분한 방향 안정성 때문에 기수는 상대풍의 방향 쪽으로 돌게 되므로 옆미끄럼각이 커질수록 항공기는 더욱 안쪽을 향하며 회전한다. 또한, 경사각이 증가함에 따라 양쪽 날개에서 발생하는 양력은 항공기 중량보다 작아지므로 결국 항공기는 하강하게 된다. 즉, 항공기가 나선(spiral) 모양의 비행궤적을 그리며 하강하는 나선 불안정이 발생한다.

나선 불안정은 수직안정판의 크기가 충분하여 방향 안정성은 유지되지만 항공기를 설계할 때 날개 상반각 또는 후퇴각 등 가로 안정성을 개선하는 형상요소에 대한 고려가 부족할 때 발생한다. 나선을 그리며 하강하는 비행 패턴은 스핀(spin)과 유사하다. 하지만 나선 불안정은 교란에 대한 항공기의 동적 불안정 때문에 나타나는 동적 비행특성이지만, 스핀은 날개의 실속에 의한 것으로서 발생 원인에 차이가 있다.

(4) 더치롤

더치롤(Dutch roll) 역시 옆놀이운동과 빗놀이운동이 서로 영향을 주는 옆놀이-빗놀이 커플링 때문에 발생하는 동적 비행특성으로서 일반적으로 **과도한 가로 안정성과 다소 부족한 방향 안정성 때문에 나타난다.** 즉, 필요 이상의 날개 상반각 및 후퇴각 그리고 고익기(high wing plane)의 진자효과(pendulum effect) 등으로 항공기의 가로 안정성은 과도하지만, 작은 수직안정판 때문에 상대적으로 방향 안정성이 크지 않으면 옆놀이운동과 빗놀이운동이 반복되며 비행경로가 진동하게 된다. 날개 후퇴각 효과가 크고, 수직안정판의 면적이 작은 항공기에 더치롤이 발생하여 진행되는 과정은 다음과 같다.

옆놀이 교란에 의하여 조종사를 기준으로 오른쪽 날개가 내려가고, 항공기는 오른쪽으로 미끄러지며 항공기 오른쪽 측면으로 비스듬하게 상대풍이 불어와 양(+)의 옆미끄럼각이 발생했다

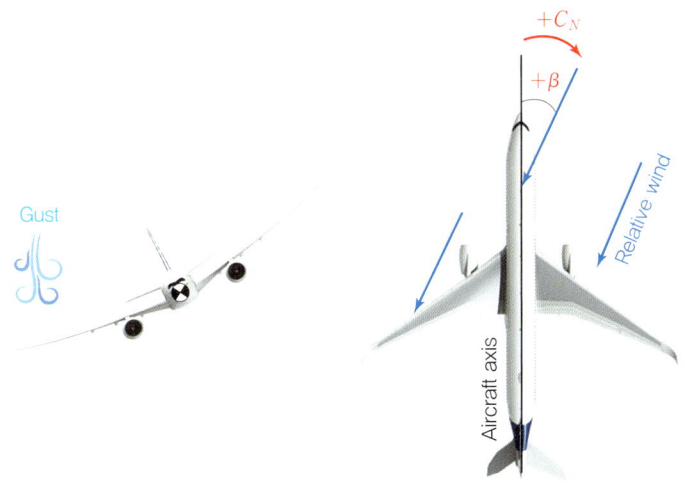

(a) 옆놀이 교란으로 조종사 기준 오른쪽 날개가 하강하여 양(+)의 옆미끄럼각과 양(+)의 빗놀이 모멘트 발생

고 하자. 이때 수직안정판의 영향으로 기수(기체축)가 상대풍의 방향으로 돌며 양(+)의 옆미끄럼각(+β)을 '0'으로 감소시키는 시계 방향의 양(+)의 빗놀이운동(+C_N)이 시작되지만, 수직안정판의 면적이 작아서 방향 안정성이 다소 부족하면 빗놀이운동은 천천히 진행된다[그림 12-5(a)].

옆놀이 교란으로 인해 내려갔던 오른쪽 날개는 날개 후퇴각 효과에 의하여 다시 올라가서 평형상태로 복귀하는 음(−)의 옆놀이 모멘트(−$C_{L'}$)가 발생한다. 즉, 오른쪽 날개가 내려가서 양(+)의 옆미끄럼각이 발생하는데, 날개에 후퇴각이 존재하면 오른쪽의 날개에 작용하는 상대풍의 수직속도가 왼쪽 날개의 수직속도보다 크므로($V_L < V_R$), 오른쪽 날개의 양력이 증가하여 오른쪽 날개가 다시 원래 위치까지 상승하게 된다[그림 12-5(b)].

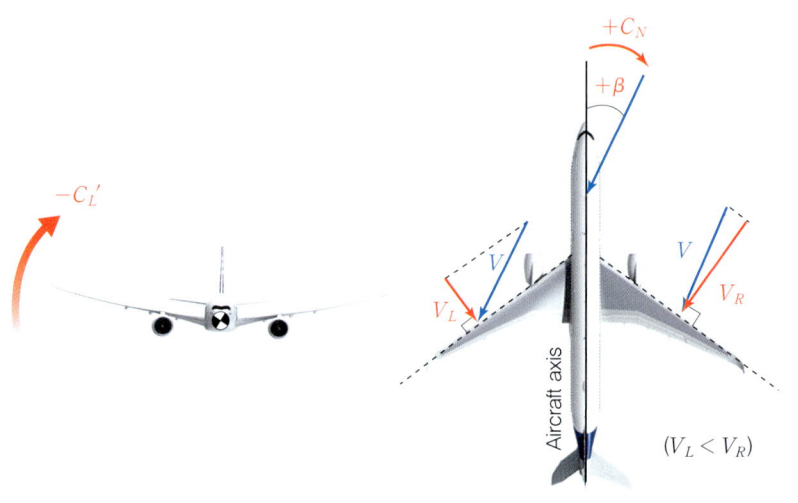

(b) 후퇴각 효과로 오른쪽 날개 수직 속도 증가에 따라 음(−)의 옆놀이 모멘트 발생하여 오른쪽 날개 상승

이때까지 양(+)의 빗놀이운동(+C_N)은 진행되지만 부족한 방향 안정성 때문에 여전히 작은 양(+)의 옆미끄럼각이 존재한다. 그런데 날개 후퇴각이 커서 가로 안정성이 과도하면 이 작은 양(+)의 옆미끄럼각에 반응하여 항공기는 음(−)의 옆놀이운동(−$C_{L'}$)을 지속하므로 오른쪽 날개가 평형상태 이상으로 올라가고, 따라서 이번에는 왼쪽 날개가 내려가게 된다[그림 12-5(c)].

이쯤에서 비로소 양(+)의 옆미끄럼각은 없어지지만, 왼쪽 날개가 내려간 옆놀이운동 때문에 항공기가 왼쪽으로 미끄러지며 이번에는 음(−)의 옆미끄럼각(−β)이 발생하게 된다[그림 12-5(d)].

그리고 왼쪽 날개에 작용하는 수직속도 증가($V_L > V_R$)에 따라 왼쪽 날개가 상승하는 가로 안정성에 의하여 양(+)의 옆놀이운동(+$C_{L'}$)이 발생하고, 음(−)의 옆미끄럼각(−β)을 감소시키기 위하여 기수가 반시계 방향으로 도는 음(−)의 빗놀이 모멘트(−C_N)가 발생하는 등 앞서 설명한 과정을 반복하게 된다[그림 12-5(e)].

그러므로 옆놀이운동과 빗놀이운동이 이와 같은 과정으로 상호작용하기 때문에 좌우 날개가 번갈아 기울어지면서 기수의 방향이 좌우로 진동을 하며 항공기가 지그재그(zigzag) 형태로 진

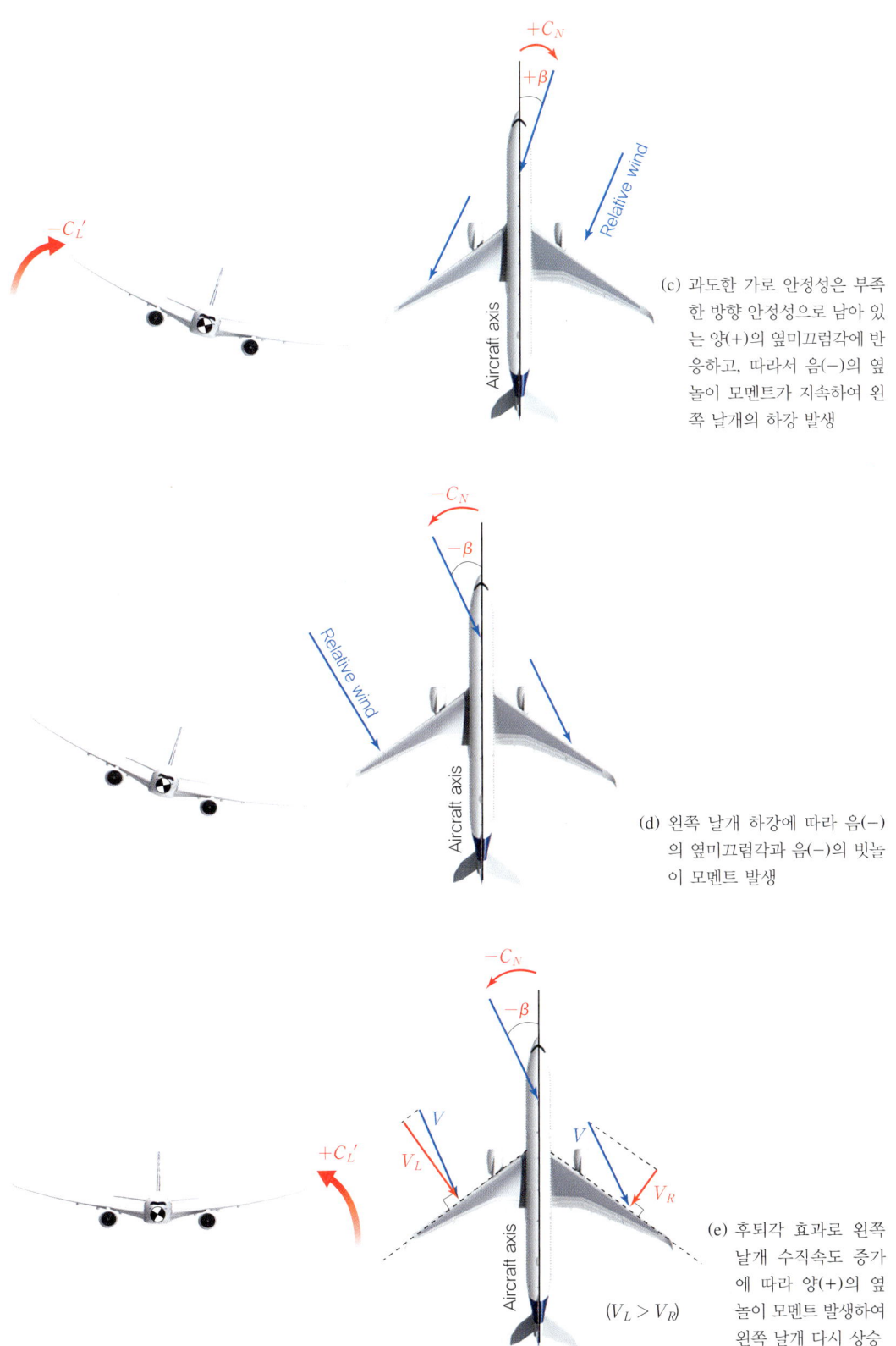

(c) 과도한 가로 안정성은 부족한 방향 안정성으로 남아 있는 양(+)의 옆미끄럼각에 반응하고, 따라서 음(−)의 옆놀이 모멘트가 지속하여 왼쪽 날개의 하강 발생

(d) 왼쪽 날개 하강에 따라 음(−)의 옆미끄럼각과 음(−)의 빗놀이 모멘트 발생

(e) 후퇴각 효과로 왼쪽 날개 수직속도 증가에 따라 양(+)의 옆놀이 모멘트 발생하여 왼쪽 날개 다시 상승

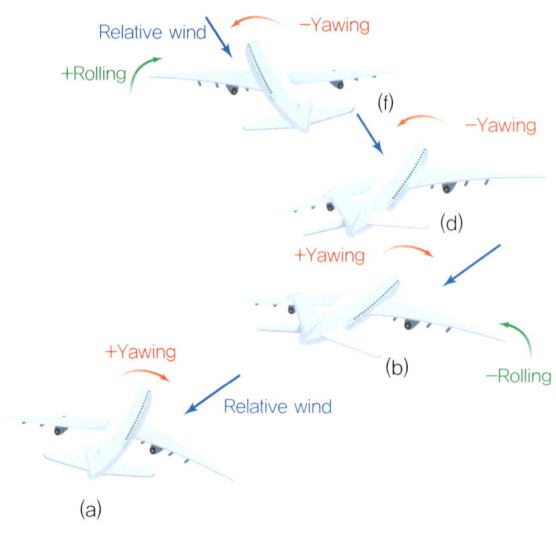

(f) 지그재그 형태로 비행경로 진동

[그림 12-5] 더치롤(Dutch roll)의 진행과정

동하며 비행하는 더치롤이 발생하게 된다[그림 12-5(f)].

더치롤은 진동의 진폭이 증가하며 동적으로 불안정한 상태로 진행되기도 한다. 그러나 과도한 가로 안정성과 부족한 방향 안정성 때문에 더치롤이 나타나지만, 초기 평형상태로 복귀하기 위하여 옆놀이운동과 빗놀이운동을 반복하는 것은 기본적으로 **정적 가로 안정성**과 **정적 방향 안정성이 있음을 의미**한다. 따라서 더치롤이 발생한 후 일정 시간이 지나면 점차 진폭이 줄어드는 동적 안정성을 나타내는 경우도 많다. 하지만 더치롤이 발생하는 동안 조종사와 승객은 복잡한 방향으로 진동하는 항공기 안에서 매우 고통스러운 경험을 하게 된다.

앞서 설명한 바와 같이, 필요 이상의 날개 상반각과 후퇴각 그리고 진자효과는 과도한 가로 안정성을 유발하여 더치롤을 발생시킬 수 있다. 따라서 날개에 과도한 상반각 또는 후퇴각이 적용된 항공기는 더치롤을 완화하기 위하여 **요 댐퍼**(yaw damper)를 장착하고, 진자효과가 큰 고익기는 가로 안정성을 적정 수준으로 낮추기 위하여 **날개에 하반각**(anhedral angle)**을 적용하기도 한다**. 아울러 벤트럴 핀(ventral fin)은 부족한 방향 안정성을 개선하여 더치롤을 완화시키는 데 도움이 된다.

더치롤이라는 단어의 유래는 명확하지 않고 여러 가지 가설이 있다. 결빙된 네덜란드(Dutch)의 해협에서 스케이트 선수들이 좌우로 움직이며 속도 경주하는 모습에서 비롯되었다는 가설이 있고, 네덜란드 선원이 술에 취해 비틀거리는 모양에서 나왔다는 가설도 있다. 그리고 바닥이 납작하여 킬효과(keel effect)가 낮아서 항해 중 격한 가로운동이 쉽게 발생하는 네덜란드 선박의 모습에서 유래되었다는 가설 등이 있다.

(5) 요 댐퍼

더치롤 현상이 여객기에 발생하면 승객들은 큰 고통을 받을 수 있기 때문에 이를 즉각 감쇠시키는 **요 댐퍼**(yaw damper)를 방향타에 장착한다. 비정상적인 옆미끄럼각 발생에 따른 옆놀이 운동과 빗놀이운동의 진동, 즉 **더치롤이 나타나면 자동조종장치**(autopilot system)**는 이를 감지하고 요 댐퍼를 통하여 더치롤의 진동이 감쇠하도록 방향타의 각도를 조정**한다.

그런데 항공기가 착륙할 때 측풍(cross wind)이 불어오면 항공기가 밀려서 활주로에서 이탈하는 상황이 발생할 수 있으므로 이를 방지하기 위하여 인위적으로 옆미끄럼각을 발생시킨 상태로 착륙을 진행한다. 이때 요 댐퍼가 자동으로 작동하여 옆미끄럼을 수정하도록 방향타를 조정한다면 조종사에 의한 실제 방향타 조작이 어려워질 수 있다. 그러므로 요 댐퍼는 조종석 계기판에 위치한 요 댐퍼 스위치를 작동하여 비행상황에 따라 선별적으로 사용한다.

[그림 12-6] Boeing 737 요댐퍼 On/Off 스위치

(6) 관성 옆놀이 커플링

고속비행 영역에서 현저해지는 유해항력(parasite drag)을 감소시키려면 가능한 한 항공기 동체의 단면적을 작게 해야 한다. 그리고 초음속비행을 할 때 기수에서 발생하는 경사 충격파가 날개와 수직안정판에 영향을 주지 않게 하려면 가능한 한 날개와 수직안정판의 스팬길이를 짧게 해야 한다. 따라서 초음속 항공기의 동체는 가늘고 길며, 날개는 큰 후퇴각이 적용되어 스팬길이가 짧고, 수직안정판의 면적은 크지 않다.

이런 형상의 항공기가 고고도(high altitude)에서 비행한다고 가정하자. 고고도에서는 대기의 밀도가 낮기 때문에 동압$\left(q=\frac{1}{2}\rho V^2\right)$이 작아서 날개와 수직 및 수평 안정판의 공기역학적 효율이 떨어진다. 옆놀이 교란이 나타날 때 수직안정판의 공기력에 의하여 만들어지는 측력은 가로 안정성을 복원시키는데, 이를 킬효과(keel effect)라고 한다. 고고도에서 수직안정판의 효율이 낮아지는 것은 킬효과가 감소함을 의미한다. 그러므로 수직안정판의 크기가 작은 항공기가 고고도에서 킬효과까지 부족하면 교란에 의하여 옆놀이가 멈추지 않고 빠르게 회전하는 가로 불안정성이 발생하기도 한다.

항공기는 이착륙뿐만 아니라 순항할 때도 일정 크기의 받음각을 유지하며 비행한다. 따라서 받음각(α)이 있는 상태에서 교란에 의하여 옆놀이운동이 발생하는 경우를 고려하자. 받음각은 항공기의 기수가 올라가거나 내려가서 항공기의 비행 방향, 즉 상대풍(relative wind)의 방향과 기체축(aircraft axis) 사이에서 발생하는 각도이다. 그런데 항공기가 받음각을 가지고 기체축이 아니라 상대풍의 방향을 축으로 하여 옆놀이 회전을 하는 경우가 있다. 즉, 상대풍 방향의 축이 옆놀이 회전축(roll axis)이 된다.

항공기가 받음각을 가지고 회전을 하면 [그림 12-7]과 같이 옆놀이축을 중심으로 기수가 회전하며 그리는 원(circle)이 나타난다. 그런데 앞서 설명한 바와 같이, 초음속 항공기는 가늘고 긴 동체를 가지고 있다. 따라서 항공기의 질량은 긴 동체를 따라 길게 분포하고, 질량이 있는 기수(nose)와 꼬리(tail)가 무게중심으로부터 멀리 위치해 있다. 그리고 기체축과 옆놀이축이 어긋나 있으므로 기수와 꼬리는 옆놀이축에서 멀리 떨어져 있고, 동체가 길수록 옆놀이 회전을 할 때 기수가 그리는 원의 반지름이 커진다. 또한, 날개와 수직안정판의 스팬길이가 짧으면 코리올리 효과(Coriolis effect)에 의하여 항공기의 옆놀이 회전속도가 높아진다.

항공기가 빠른 속도로 옆놀이 회전을 하면 기수와 꼬리가 회전중심인 옆놀이축으로부터 밖으로 멀어지려고 하는 관성(inertia), 즉 원심력(centrifugal force)이 발생한다. 회전하는 물체의 질량, 회전반지름, 회전속도가 커질수록 원심력은 증가한다. 따라서 질량이 있는 기수와 꼬리가 옆놀이축에서 멀리 위치할수록, 즉 기수가 회전하며 그리는 원의 반지름이 클수록, 옆놀이 회전속도가 높을수록 원심력은 더욱 커진다. 이에 따라 원의 직경은 더 늘어나는데, 이러한 현상 때

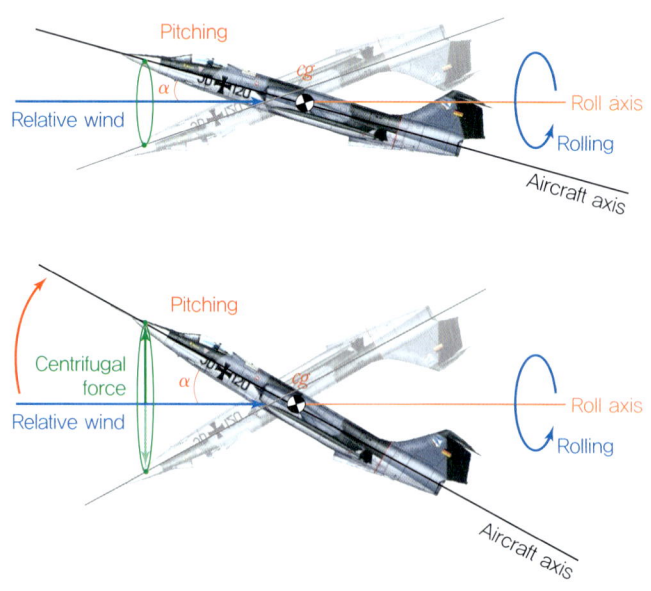

[그림 12-7] 옆놀이(rolling)에 의한 키놀이(pitching)의 발생

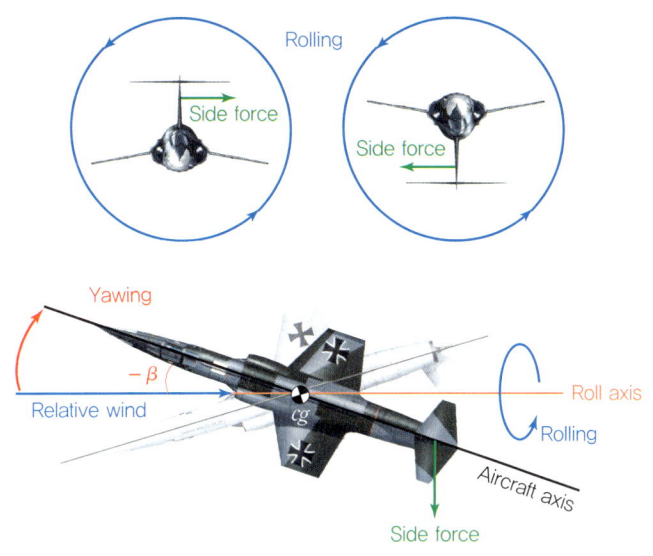

[그림 12-8] 옆놀이(rolling)에 의한 빗놀이(yawing)의 발생

문에 받음각이 점점 커지고 키놀이운동이 증가하는 동적 세로 불안정성이 나타난다. 즉, **받음각 때문에 기체축과 옆놀이축이 어긋난 상태에서 항공기가 회전할 때 관성의 영향으로 옆놀이운동이 키놀이운동을 증가시키는 현상을 관성 커플링**(inertial coupling)이라고 한다.

또한, **옆놀이운동이 발생하면 옆놀이-빗놀이 커플링**(roll-yaw coupling)**에 의하여 빗놀이운동도 발생한다.** 빠른 옆놀이 회전을 정지시킬 만큼 수직안정판의 킬효과가 크지 않다고 하더라도 수직안정판의 영향으로 옆미끄럼각(β)이 증가하는 빗놀이운동이 나타날 수 있다. 즉, [그림 12-8]과 같이 조종사 기준으로 오른쪽 날개가 내려가는 옆놀이 교란이 발생하면 수직안정판에 동압이 작용하고, 이에 따라 수직안정판의 왼쪽(조종사 기준)으로 측력(side force)이 발생한다. 그리고 측력은 무게중심을 기준으로 기수를 시계 방향으로 돌려 옆미끄럼각($-\beta$)을 발생시키는 빗놀이운동을 유발한다. 옆미끄럼각이 있는 상태에서 옆놀이 회전을 하면 항공기를 위에서 보았을 때, 기수가 좌우로 움직이는 동적 빗놀이 교란이 발생한다. 그리고 앞서 설명한 관성 커플링의 과정을 통하여 옆미끄럼각이 커지며 빗놀이운동이 증가하는 동적 불안정으로 발전한다. 이렇듯 **공기역학적 힘, 즉 공기력에 의하여 옆놀이와 빗놀이가 상호작용을 하므로 옆놀이-빗놀이 커플링을 공력 커플링**(aerodynamic coupling)이라고도 부른다.

그러므로 **관성의 영향과 공기력의 상호작용에 의하여 항공기의 옆놀이 교란이 키놀이 교란과 빗놀이 교란을 모두 유발**하여 매우 복잡한 형태의 동적 불안정성이 나타나 조종 불능에 빠지기도 하는데, 이를 **관성 옆놀이 커플링**(inertial-rolling coupling)이라고 한다.

관성 옆놀이 커플링은 옆놀이 교란이 발생하여 안정성을 회복하지 못할 때, 즉 가로 안정성이 부족한 상태에서 시작되기 때문에 가로 안정성을 개선하도록 항공기 형상을 구성해야 한다.

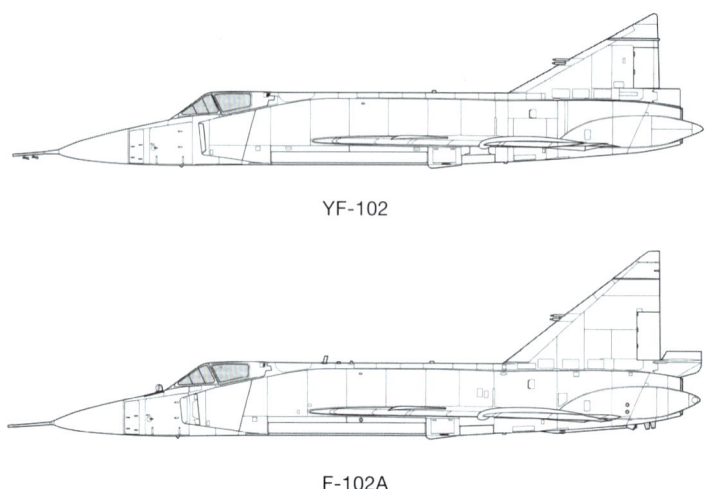

1953년에 개발되어 최고속도 $M = 1.25$를 달성한 Convair YF-102 'Delta Dagger' 전투기(위). 시험비행 중 관성 옆놀이 커플링이 발생하였고, 문제 해결을 위하여 수직안정판의 면적을 약 40% 확대하여 실전 배치용인 F-102A(아래)로 발전시켰다.

가장 보편적인 방법은 **면적이 넓은 수직안정판을 부착하여 킬효과를 증가**시키는 것이다. 만약, 수직안정판의 높이에 제한이 있다면 대신 **도살 핀 또는 벤트럴 핀을 설치하거나, 수직안정판을 T형으로 구성**하여 효율을 높인다. 현대 초음속 항공기는 비행 중 관성 옆놀이 커플링이 발생하면 도움날개 및 방향타의 변위각도를 자동으로 조절하여 이를 방지한다. 관성 옆놀이 커플링은 항공기뿐만 아니라 긴 동체와 작은 안정판으로 비행하는 미사일과 로켓 등의 발사체에서도 나타나는 동적 불안정현상이다.

12.4 고속 안정성

항공기가 음속에 가까운 고속으로 비행할 때 날개와 동체 표면을 흐르는 유동의 상태량이 급하게 변하는데, 이를 압축성 효과(compressible effect)라고 한다. 압축성 효과에 의한 유동의 변화 중 가장 대표적인 현상은 충격파(shock wave)이다.

유동의 속도 또는 비행속도를 음속(sonic speed)으로 나눈 값이 마하수(Mach number, M)이다. 공기가 음속 이상의 높은 속도, 즉 초음속(supersonic speed, $M > 1$)으로 흐르면 압력(정압)이 급감하고, 압력의 회복을 위하여 충격파가 발생한다. 따라서 충격파 전방 유동의 압력은 매우 낮고, 충격파를 거친 이후 유동의 압력은 다시 급증한다.

이와 같이 고속비행 중 발생하는 압축성 효과 또는 충격파 현상은 날개 주위를 흐르는 유동의 압력의 불균형을 초래하여 날개의 공기역학적 성능뿐만 아니라 항공기의 고속 안정성을 감소시킨다.

(1) 턱 언더

고속비행 중 날개 위에서 압축성 효과, 즉 **충격파가 발생할 때 항공기의 기수가 낮아지는 현상을 턱 언더**(tuck under) **또는 마하 턱**(Mach tuck)이라고 한다. 'tuck under'는 "아래쪽으로 어떤 것을 밀어 넣다"라는 뜻으로, 기수가 내려가는 현상을 의미한다. 항공기가 임계마하수(critical Mach number)를 넘어 가속하게 되면 날개 위의 유동속도가 증가하여 초음속($M > 1$)에 도달하고, 압력은 급감하며 충격파가 형성된다. 충격파 전방에 낮은 압력의 영역, 즉 저압부가 날개 위에 형성되면 그 영역의 양력은 높아진다. 즉, 날개 윗면과 아랫면의 압력 차에 의하여 양력이 발생하는데, 날개 윗면에 저압부가 증가하면 양력도 커지게 된다.

그런데 충격파가 발생한 상태에서 비행속도를 계속 증가시키면 날개 위의 초음속 영역, 즉 저압부가 확대되면서 날개 위의 충격파가 뒤쪽으로 이동한다. 양력의 평균이 작용하는 지점이 압력중심(center of pressure, cp)인데, 충격파가 날개 후방으로 이동함에 따라 저압부가 후방으로 확대되고, 따라서 압력중심도 날개 후방으로 움직인다. 그리고 무게중심이 날개 전방에 위치한다면 압력중심이 날개 후방으로 이동하면서 기수가 내려가는 키놀이 모멘트가 발생하는데, 이를 턱 언더 현상이라고 한다. 다시 말하면, 턱 언더는 충격파가 날개 윗면에 형성되는 **고속비행 중 속도 증가에 따른 압력중심의 후방 이동으로 기수가 내려가는 현상**을 말한다.

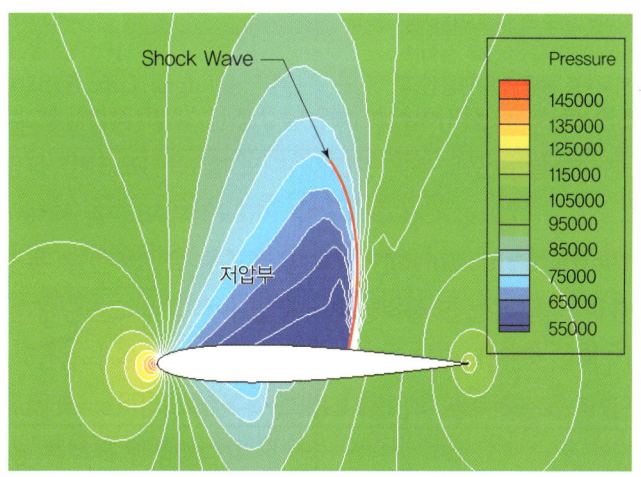

[그림 12-9] 고속비행 중 NACA 0012 날개 단면 위 수직 충격파 (normal shock) 전방에 저압부가 형성된 시뮬레이션 결과

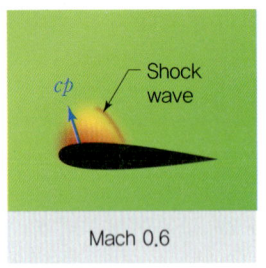
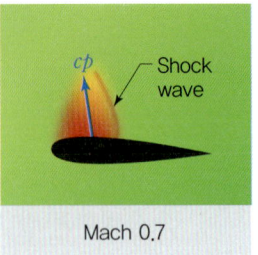
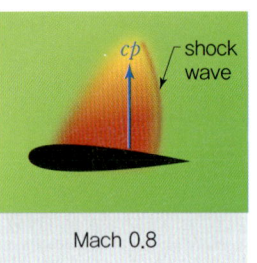

충격파가 형성된 상태에서 비행속도가 증가할수록 충격파가 날개 후방으로 이동하며 초음속 영역, 즉 양력을 증가시키는 저압부(빨간색 영역)가 후방으로 확대 이동한다. 따라서 양력의 작용점, 즉 압력중심(cp)이 뒤로 이동하게 되고 이에 따라 기수가 내려가는 턱 언더 현상이 발생한다.

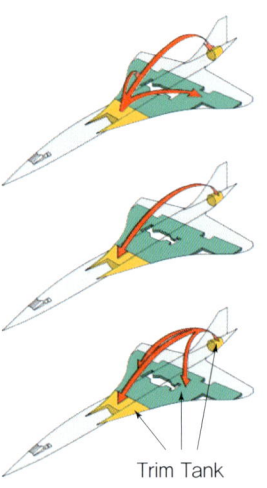

순항속도가 마하 $M = 2.0$에 이르는 Concord 여객기는 초음속 가속비행 중 날개에 충격파(shock wave)가 형성되고, 압력중심이 후방으로 이동하여 기수가 내려가는 턱 언더 현상이 발생할 가능성이 있었다. 따라서 초음속 가속 중 압력중심 이동에 대응하도록 기체 내부 연료를 이동시켜 무게중심의 위치를 조절하는 트림 연료탱크(trim tank)를 장착하고 있다.

(2) 마하 트리머

고속비행 중 발생하는 턱 언더 또는 마하 턱 현상은 날개의 충격파 형성에 따른 압력중심의 후방 이동에 원인이 있다. 따라서 연료탱크 내부의 연료를 이동시키고 무게중심의 위치를 변경하여 이동된 압력중심과 균형을 맞추어 턱 언더를 방지하는 항공기도 있다. 그러나 턱 언더 현상에 대응하는 가장 보편적인 방법은 **마하 트리머**(Mach trimmer)를 장착하는 것이다.

마하 트리머는 고속비행 중 기수가 내려가는 턱 언더 현상이 발생하는 마하수에 도달하면 자동으로 수평안정판(trimmable horizontal stabilizer) 또는 승강타의 각도를 조정하여 **수평비**

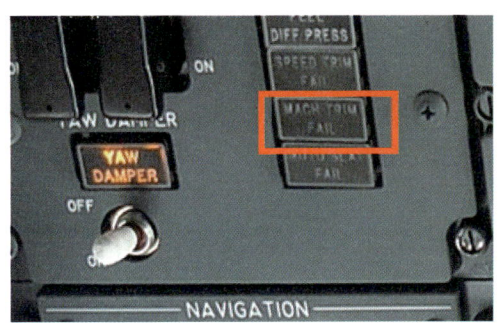

[그림 12-10] Boeing 737 Mach trim fail light. Boeing 737 여객기의 경우, 비행속도가 $M = 0.615$ 이상이 되면 자동으로 마하 트리머가 작동하여 턱 언더 현상을 방지한다.

행 상태를 유지하는 키놀이 트림을 담당하는 장치이다. 마하 트리머는 자동조종장치(auto pilot system)의 일부로서 고속비행 중 일정 마하수에 도달하면 자동으로 작동하고 조종석 계기판의 마하 트림 라이트(Mach trim light) 등을 통하여 작동 여부를 확인할 수 있다.

(3) 버피팅

날개 표면 위에서 공기의 흐름이 떨어져 나가는 유동박리(flow separation)는 실속을 유발할 수 있다. 그런데 유동박리가 되는 지점이 앞뒤로 이동하는 경우, **날개 위 압력 분포의 불균형 때문에 날개와 항공기가 진동하는 현상이 발생하는데, 이를 버피팅(buffeting)**이라고 한다.

유동박리는 받음각과 외부 교란뿐만 아니라 압축성 효과, 즉 충격파에 의해서도 발생한다. 비행속도가 임계마하수를 넘어 날개 위를 지나는 유동이 초음속으로 가속되면 날개 위에 충격파가 형성된다. 그리고 충격파 직전의 유동압력은 최저가 되었다가 충격파를 거치면서 다시 급증하게 되고, 날개 후방으로 갈수록 압력은 다시 낮아진다. 따라서 날개 위 충격파 직후 영역만 기준으로 한다면 유동의 반대 방향으로 압력이 증가하는 역압력구배(adverse pressure gradient)가 나타난다. 이에 따라 유동박리가 발생하는데, 날개 위 충격파가 앞뒤로 이동한다면 유동박리 지점 역시 앞뒤로 이동하면서 날개와 항공기가 진동하는 버피팅 현상이 발생한다.

특히, 도움날개 또는 승강타 등의 조종면에 충격파가 발생하면 항공기 진동을 유발하는 힘이 증폭되므로 버피팅 현상이 악화된다. 따라서 **고속비행 중 충격파 형성에 따라 발생하는 버피팅 현상을 고속 버피팅(high-speed buffeting) 또는 마하 버피팅(Mach buffeting)**으로 일컫는다.

그러므로 초음속비행을 할 수 없는 항공기는 충격파 발생에 의한 고속 버피팅 현상이 발생하지 않도록 임계마하수 이하에서 비행해야 한다.

Boeing 777 여객기의 비행계기인 PFD(Primary Flight Display). PFD의 왼쪽은 속도계(Air Speed Indicator)인데, 빨간색으로 최고제한속도를 표시하고 있다. 현재 비행속도는 아래에 표시된 바와 같이 마하 $M = 0.797$로서 속도가 조금만 높아지면 음속($M = 1.0$)에 도달하게 된다. 고속 영역에서는 압축성 효과 때문에 날개 위에 충격파가 형성되고 이에 따라 기체가 진동하는 마하 버피팅(Mach buffeting)이 발생한다. 그러므로 버피팅 현상이 나타나는 고속 영역에 항공기가 진입하지 못하도록 속도계를 통하여 조종사에게 최고제한속도를 지시한다.

(4) 날개 드롭

항공기가 천음속(transonic speed)으로 비행할 때 날개에 충격파 현상이 발생하는 조건은 양쪽 날개가 동일하지 않을 수 있다. 즉, 결빙 등으로 양쪽 날개 표면의 상태가 다를 수도 있고, 돌풍·난류·옆미끄럼·선회 등에 의하여 양쪽 날개 주위를 흐르는 유동의 형태와 조건도 정확히 일치하지 않을 수 있다. 또한, 도움날개의 작동으로 양쪽 날개의 단면 형상이 서로 달라질 수도 있다. 이에 따라 **한쪽 날개에 먼저 충격파가 형성되면 실속과 함께 해당 날개의 양력이 급감하면서 기울어지는 옆놀이 모멘트가 발생**하는데, 이런 고속 불안정현상을 **날개 드롭**(wing drop)이라고 한다.

한쪽 날개에 실속이 발생하여 날개 드롭 현상이 나타난다면 실속한 날개가 내려가는 옆놀이 운동(rolling)을 시작한다. 자세 회복을 위하여 실속한 날개의 도움날개를 작동하지만 날개 전반에 실속이 발생한 경우, 도움날개는 도움이 되지 않는다. 그러므로 실속이 발생한 날개는 하강을 지속하게 되고, 이에 따라 실속이 악화된다면 스핀(spin) 상태로 들어갈 수도 있다.

12.5 실속

비행 중에 항공기의 중량만큼 양력을 발생시키지 못하면 항공기는 추락하는데, **날개에서 발생하는 양력이 급격히 감소하여 항공기의 중량을 지탱하지 못하는 현상을 실속(stall)**이라고 한다. 양력이 급감하는 이유는 비행속도가 너무 낮아서 실속속도(V_s) 아래로 떨어지거나, 받음각이 너무 높아서 실속받음각(α_s)을 넘어가거나 임계마하수(M_{cr}) 이상의 고속으로 비행할 때 강한 충격파가 형성되는 경우, 날개 위를 지나는 공기의 흐름이 떨어지는 **유동박리**(flow separation)가 발생하기 때문이다.

[그림 12-11]과 같이 받음각이 증가하여 실속이 발생하면 양력이 급감할 뿐만 아니라, 역압력구배(adverse pressure gradient) 때문에 압력항력(pressure drag)이 급증한다. 즉, **실속받음각(α_s) 이후에는 양력(C_L)이 감소하고 항력(C_D)이 급증**하게 된다.

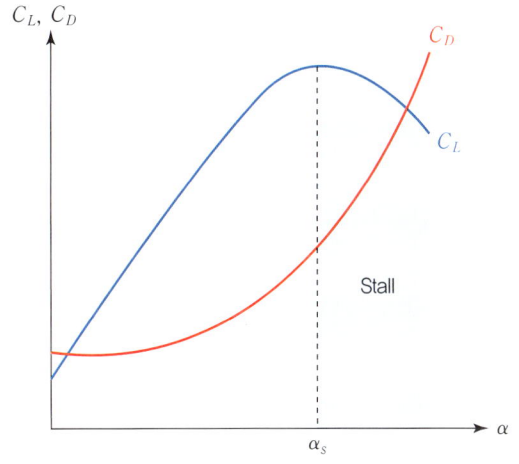

[그림 12-11] 실속 이후 양력계수(C_L)의 감소와 항력계수(C_D)의 급증

(1) 스핀

스핀(spin)은 자전(auto rotation)과 실속에 의한 수직강하가 결합된 형태로, 항공기가 나선 모양의 비행궤적을 그리며 하강 또는 추락하는 상태를 말한다. 앞서 설명한 바와 같이, 나선 불안정(spiral divergence)이 발생할 때에도 나선을 그리며 하강하기 때문에 스핀과 비행궤적이 유사하다. 하지만 나선 불안정은 항공기의 동적 불안정특성에 의하여 발생하는 반면, 스핀은 날개가 실속한 상태에서 옆놀이운동(rolling)이 발생하였을 때 나타나는 실속특성이다. 다음에서 실속이 스핀으로 이어지는 과정을 설명한다.

(2) 스핀의 발생과정

[그림 12-12]에 제시된 바와 같이, 비행 중인 고정익기의 받음각(α')이 실속받음각(α_s)보다 높아져서 양쪽 날개에 실속이 발생하였다. 그런데 돌풍 등의 교란 때문에 [그림 12-13]과 같이 왼쪽 날개가 상승하고 오른쪽 날개가 하강하는 옆놀이운동이 함께 나타난다고 가정하자. 실속 중에도 고정익기는 전진하고 있으므로 앞에서 날개 쪽을 향하여 비행속도(V)로 상대풍이 불어온다. 그런데 돌풍에 의하여 상승하는 왼쪽 날개는 위쪽에서 아래쪽으로 향하는 상대속도(V_1)가 반대로 하강하는 오른쪽 날개는 아래쪽에서 위쪽으로 향하는 상대속도(V_2)가 발생한다. 그러므로

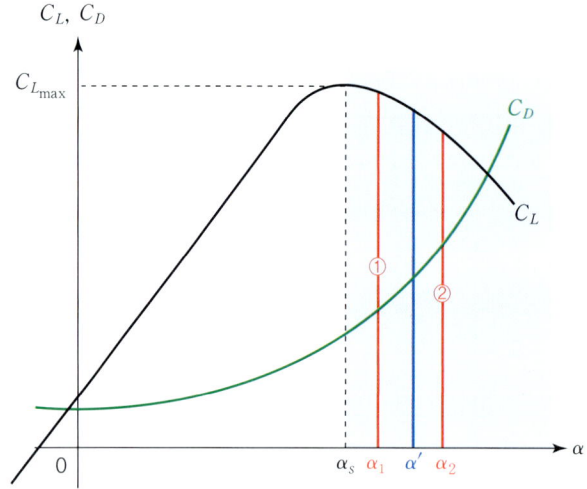

[그림 12-12] 실속(stall)에 의한 양쪽 날개 양력계수(C_L)와 항력계수(C_D)의 변화

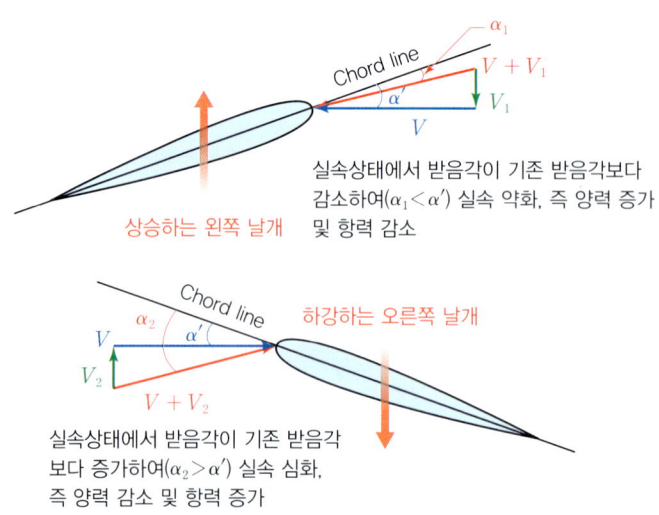

[그림 12-13] 실속(stall)에 의한 양쪽 날개 상대속도 및 받음각의 변화

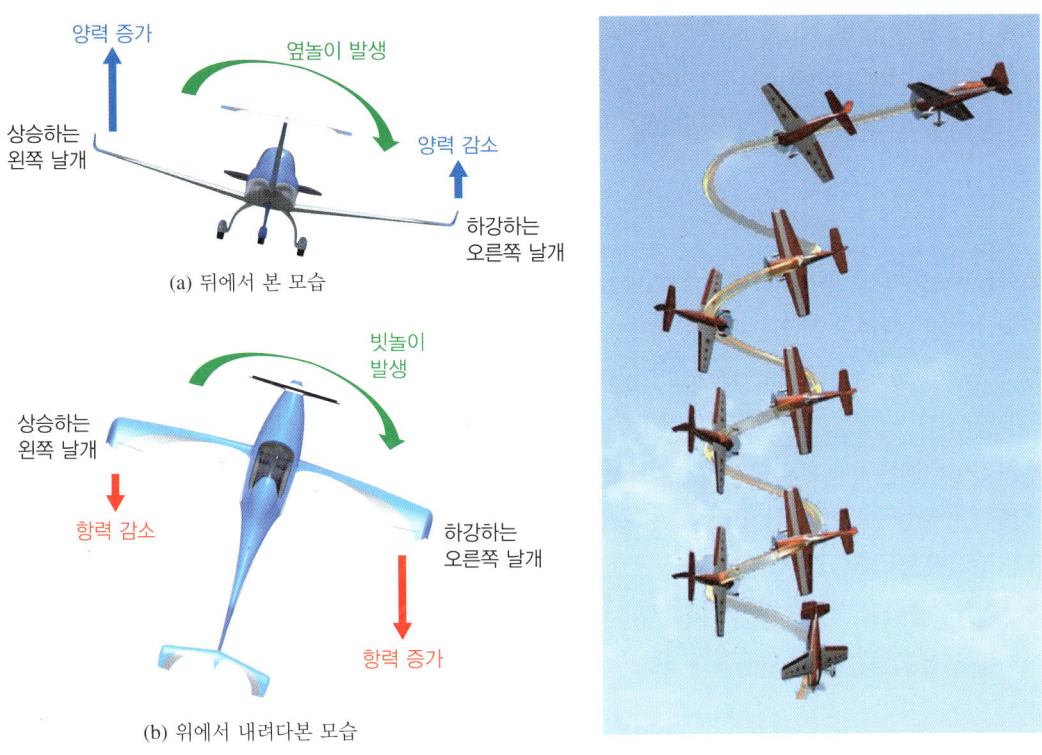

[그림 12-14] 스핀(spin)의 발생과정

아래로 향하는 상대속도(V_1) 때문에 왼쪽 날개에 대한 상대풍의 속도는 $V + V_1$이 되고, 이에 따라 상대풍에 대한 받음각(α_1)은 실속상태에서의 기존 받음각(α')보다 작아지게 된다($\alpha_1 < \alpha'$). 따라서 [그림 12-12]에 제시된 그래프의 영역 ①로 들어가므로 양력(C_L)이 다시 증가하고, 항력(C_D)은 감소한다. 그러므로 [그림 12-14]와 같이 상승하는 왼쪽 날개는 양력 증가로 인하여 더욱 올라가고, 항력의 감소 때문에 앞으로 왼쪽 날개가 전진하면서 비행기를 위에서 보았을 때 기수가 시계 방향으로 도는 빗놀이 모멘트가 발생한다.

이와 비교하여, 하강하는 오른쪽 날개에 대한 상대풍의 속도는 위로 향하는 상대속도성분(V_2) 때문에 $V + V_2$가 되고, 상대풍에 대한 받음각(α_2)은 실속상태에서 기존의 받음각(α')보다 커지므로($\alpha_2 > \alpha'$) 그래프의 영역 ②, 즉 실속특성이 악화되는 영역에 들어간다. 따라서 **양력(C_L)은 감소하고 항력(C_D)이 급증**하게 된다. 그러므로 하강하는 오른쪽 날개는 양력이 감소하여 더욱 내려가게 되고, 항력이 커짐에 따라 뒤로 밀리면서 시계 방향 빗놀이 모멘트의 증가를 돕는다. 결과적으로 오른쪽 날개가 내려간 상태로 실속하여 시계 방향으로 자전하면서 하강 또는 추락하는 비행 패턴인 스핀이 발생하게 된다.

고정익기의 자전은 실속한 상태에서 스스로 옆놀이운동과 빗놀이운동을 하는 것을 뜻하며, 회전익기(helicopter)의 자동회전비행(auto-rotation flight)과는 다른 개념이다.

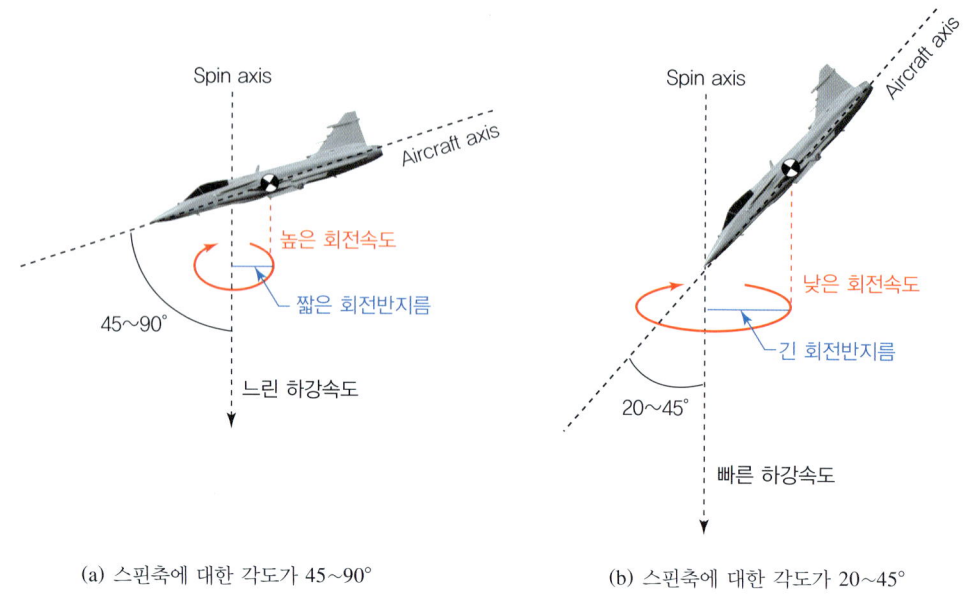

(a) 스핀축에 대한 각도가 45~90°   (b) 스핀축에 대한 각도가 20~45°

[그림 12-15] 수평 스핀과 수직 스핀의 비교

(3) 수평 스핀과 수직 스핀

스핀(spin)은 실속하강 중 항공기의 각도에 따라 **수평 스핀**(flat spin)과 **수직 스핀**(steep spin)으로 구분된다. 즉, 수평 스핀은 스핀축(spin axis)과 항공기 기체축(aircraft axis) 사이의 각도가 대략 45~90°인 반면, 수직 스핀은 약 20~45°이다. 따라서 **수평 스핀은 기수가 들린 상태에서 회전하며 추락**하는데, 기체 아랫면에 발생하는 저항으로 **하강속도는 낮지만**, [그림 12-15]와 같이 항공기 무게중심이 스핀축과 가까워 코리올리 효과(Coriolis effect)에 의하여 **회전속도는 높다**. 코리올리 효과는 각운동량 보존의 법칙으로 설명할 수 있다. 각운동량은 회전하는 물체의 회전반지름과 회전속도의 곱으로 나타내는데, 항공기의 무게중심과 스핀축이 가까울수록 회전반지름은 감소하기 때문에 각운동량 보존을 위하여 회전속도가 빨라지는 현상이 발생한다.

수직 스핀은 이와 반대로 기수가 내려간 상태에서 하강하기 때문에 기체항력이 낮으므로 하강속도가 높고, 스핀축과 기체의 무게중심이 멀기 때문에 **낮은 회전속도**로 회전하며 추락한다. 따라서 수직 스핀의 경우, 빠른 하강속도로 인하여 승강타와 방향타 등 조종면 주위의 공기 유동의 에너지가 높고, 따라서 조종면의 효율이 높아지기 때문에 조종면을 사용하여 정상 비행상태로 비교적 쉽게 회복할 수 있다. 그러나 수평 스핀은 빠르게 회전하며 추락하므로 승강타와 방향타 좌우측의 유동 형태가 다르고 따라서 조종면 효율이 낮아 정상 비행상태로 회복할 수 없는 경우가 많기 때문에 훨씬 위험하다.

스핀에서 회복할 수 있는 비행성능은 항공기의 안정성 확보를 위하여 매우 중요하다. 그러므로 항공기가 개발되어 감항성을 인정받기 위해서는 시험비행을 통하여 반드시 고(高)받음각 실

Principles of Flight

공중곡예(aerobatics)를 위하여 고의로 실속에 들어가 수평 스핀 상황을 보여주고 있는 공중곡예기. 일반적으로 수평 스핀은 수직 스핀보다 회복이 어려워 더 위험한 것으로 알려져 있다. 공중곡예기는 조종성이 높아 쉽게 스핀에서 벗어날 수 있지만, 일반 항공기에 발생하는 실속과 스핀은 치명적인 항공사고를 초래한다.

Photo: 경남도민일보

고(高)받음각 및 스핀 회복 비행시험 중 스핀 회복 낙하산을 전개한 한국항공우주산업(KAI) T-50 Golden Eagle. 스핀 회복 낙하산에서 나오는 강한 항력은 스핀 상태에서 발생하는 회전운동과 하강비행을 멈추게 한다.

속특성과 스핀 회복성능을 증명해야 한다. 하지만 인위적으로 스핀에 들어가서 비행성능을 시험하는 것은 매우 위험하기 때문에 시험비행 중에는 항공기 꼬리 부분에 실속 회복용 낙하산(spin recovery parachute)을 부착한다. 또한, 항공기마다 스핀 회복 비행특성이 모두 다르므로 항공기 제작사는 비행시험을 통하여 스핀 회복 절차를 규명하여 조종사에게 교육하고 있다.

(4) 디프 실속

실속은 비행속도가 너무 낮거나, 실속받음각 이상으로 받음각이 증가할 때 날개 위의 유동이 박리되면서 발생한다. 항공기가 교란을 받거나, 무게중심이 갑자기 많이 이동하면 기수가 올라가며 받음각이 급증하게 된다. 하지만 대부분의 경우, 수평안정판의 효과 또는 승강타 조작을 통하여 받음각을 낮추기 때문에 실속을 방지하거나 실속에 들어가더라도 다시 회복할 수 있다.

수평안정판과 승강타를 수직안정판 위에 위치시켜 꼬리날개를 T형으로 구성한다면 동체 후방에 화물을 싣고 내릴 수 있는 램프 도어(ramp door)의 설치가 쉬워진다. 따라서 짐을 운반하는 수송기의 경우는 T형 꼬리날개가 일반적이다. 그러나 T형 꼬리날개를 장착한 항공기는 높은 받음각에서 발생하는 실속에서 회복되기가 쉽지 않은 단점이 있다.

날개·꼬리날개·조종면은 주위를 흐르는 유동의 속도가 높아 동압과 에너지가 클수록 효율이 높아진다. 날개를 거치며 속도와 동압이 낮아진 유동을 후류(wake)라고 하는데, 꼬리날개 및 조종면이 날개에서 발생한 후류에 들어가면 효율은 감소하게 된다. [그림 12-16(a)]에 나타난 일반 꼬리날개의 경우, 받음각이 낮은 순항비행 중에는 수평안정판과 승강타가 약한 날개 후류 속에 잠겨 효율이 다소 감소하는 반면, T형 꼬리날개는 날개 후류의 흐름 위에 수평안정판과 승강타가 위치하여 성능이 유지될 수 있다.

하지만 [그림 12-16(b)]와 같이 높은 받음각에서는 반대의 상황이 나타난다. 즉, 높은 받음각에서는 T형 꼬리날개의 수평안정판과 승강타가 실속한 날개에서 발생하는 큰 규모의 날개 후류에 들어가게 되어 수평안정판과 승강타의 성능이 낮아진다. 실속을 유발하는 높은 받음각 상황에서 다시 기수를 낮추는 역할을 하는 것이 수평안정판과 승강타이지만, **높은 받음각에서 T형 꼬리날개의 수평안정판과 승강타 효율이 떨어져 실속에서 회복하지 못하고 더 심각한 실속에 들어가게 되는데, 이를 디프 실속(deep stall)이라고 한다.**

(5) 피치업

후퇴각이 큰 날개의 경우, 유동박리에 의한 실속은 날개 끝단(wing tip)에서부터 시작하는 경우가 많다. 날개에 후퇴각이 있으면 날개 뿌리에서 끝단으로 흐르는, 즉 스팬(span) 방향으로 흐르는 유동이 발생하고, 이에 따라 날개 끝단의 경계층이 두꺼워서 정상적인 유동의 흐름을 방해하기 때문이다. 만약, 받음각이 낮고 비행속도가 빨라서 후퇴날개 끝단을 흐르는 정상적인 유동의 에너지가 스팬 방향 유동보다 크다면 날개 끝단 경계층의 발달을 저지하여 날개 끝 실속은

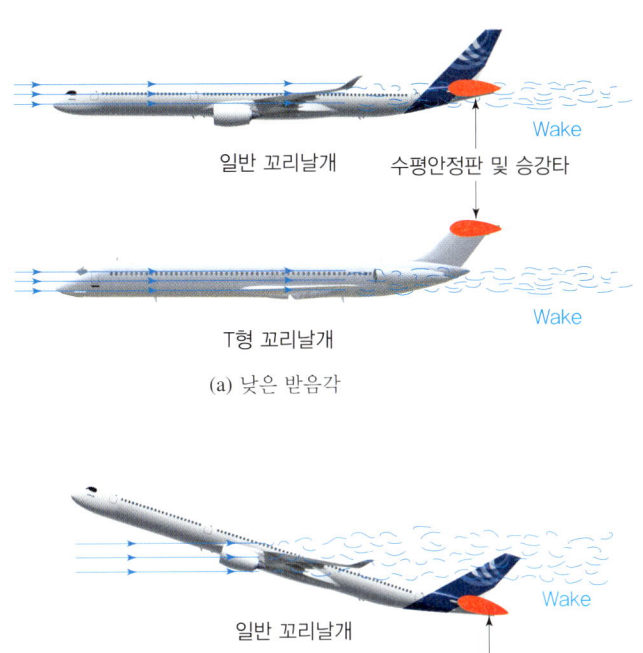

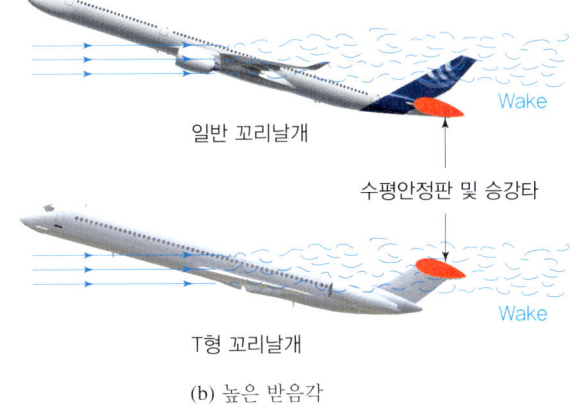

[그림 12-16] 받음각의 변화에 따른 꼬리날개 위치의 장단점

발생하지 않는다. 바꾸어 말하면 후퇴날개 끝 실속은 낮은 받음각과 고속에서는 문제가 되지 않지만 높은 받음각과 저속에서 현저해진다. 그러므로 후퇴날개 끝 실속은 항공기의 받음각이 높아지고 비행속도가 낮아지는 이착륙 중에 많이 발생한다.

[그림 12-17]과 같이 **받음각이 증가하여 후퇴 날개 끝에서 실속이 발생**하면 날개 끝부분은 더 이상 양력을 만들지 못하기 때문에 양력의 평균이 작용하는 점, 즉 압력중심의 위치가 앞으로 이동하게 된다. 특히, **압력중심(cp)이 무게중심(cg)의 전방으로 이동하는 경우에는 기수가 올라가는 키놀이 모멘트가 발생하고 이에 따라 받음각이 더욱 증가하는 피치업(pitch up) 현상**이 발생한다. 그리고 높아진 받음각 때문에 날개 끝에서 발생한 실속 영역이 날개 전체로 확대되며 항공기가 실속에 빠지게 된다. 피치업은 후퇴날개 항공기가 처음 개발되었을 때 이착륙 중 빈번히 발생하였고, 고도가 충분하지 않아 실속에서 회복하지 못하고 지상에 추락하는 사고로 이어졌다.

후퇴날개 끝 실속에 의한 피치업 현상은 날개 위에 경계층 펜스(boundary layer fence) 등의

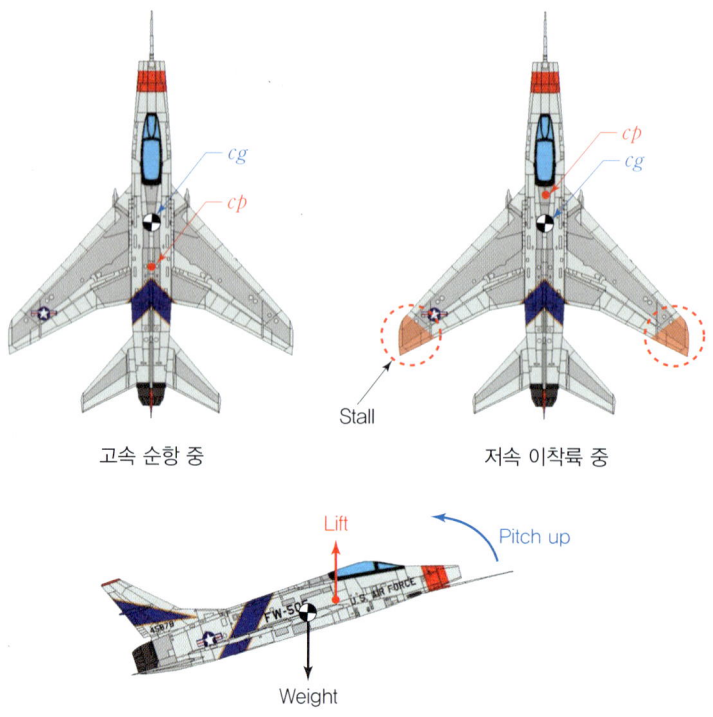

[그림 12-17] 후퇴날개 항공기의 날개 끝 실속과 압력중심(cp) 이동에 따른 피치업(pitch up) 발생

장치를 설치함으로써 완화시킬 수 있다. 즉, 경계층 펜스가 후퇴날개의 스팬 방향으로 발달하는 유동과 경계층을 차단하는 울타리 역할을 하여 날개 끝 실속을 방지한다.

Photo: Howard Mason(dbusack@primeportal.net)

미공군 최초의 실용 초음속 전투기인 North American F-100 Super Sabre(1954). 초음속비행을 위하여 큰 후퇴각이 적용된 날개를 장착하였는데, 저속 및 고(高)받음각으로 이착륙할 때 날개 끝 실속으로 발생하는 피치업(pitch up) 현상에 취약하였다. 피치업에서 회복하지 못하는 경우 좌우 날개가 흔들리며 추락했는데, 이를 'Sabre dance'라고 부르기도 하였다. 이런 경향은 날개 위에 경계층 펜스(boundary layer fence)를 설치하여 날개 끝 실속을 방지함으로써 해결되었다. 즉, 경계층 펜스는 후퇴날개 끝으로 향하는 유동을 차단하여 끝단 경계층이 두꺼워지는 것을 막는 역할을 한다.

CHAPTER 12 SUMMARY

- 동적 안정성 역시 정적 안정성과 마찬가지로 항공기의 운동 기준축에 따라 동적 세로 안정성(longitudinal dynamic stability), 동적 가로 안정성(lateral dynamic stability), 동적 방향 안정성(directional dynamic stability)으로 구분된다.

- **단주기운동(short period oscillation)**: 동적 세로 안정성과 관계되는 운동으로, 진동의 진폭이 작고 진동주기가 수 초 정도로 짧으며, 키놀이운동에 따른 받음각 변화로 나타나기 때문에 고도 변화가 크지 않고 비행속도가 비교적 일정하다.

- **장주기운동(phugoid oscillation)**: 진폭이 크고 진동주기가 길며, 받음각의 변화가 아닌 상승과 하강의 비행경로 변화로 나타나기 때문에 수십 미터의 비행고도 변화와 비행속도 변화가 발생한다.

- 옆놀이운동과 빗놀이운동의 상호작용(roll-yaw coupling)으로 가로 안정성과 방향 안정성이 복합적으로 발생하는 경우가 많은데, 대표적으로 방향 불안정, 나선 불안정, 더치롤이 일어난다.

- **방향 불안정(directional divergence)**: 가로 안정성 때문에 옆놀이운동은 감소하지만, 방향 불안정성으로 인하여 빗놀이운동이 증가하여 발산(divergence)하는 비행특성

- **나선 불안정(spiral divergence)**: 가로 불안정성과 방향 안정성이 결합하여 나타나는 비행특성

- **더치롤(Dutch roll)**: 날개 후퇴각, 상반각, 고익기의 진자효과(pendulum effect) 등에 의한 과대한 가로 안정성과 부족한 방향 안정성 때문에 옆놀이운동과 빗놀이운동을 반복하며 비행경로가 진동하는 동적 비행특성으로서 요 댐퍼(yaw damper) 또는 고익기 날개에 하반각(anhedral angle)을 적용하여 완화시킨다.

- **요 댐퍼(yaw damper)**: 방향타에 장착되어 더치롤의 영향을 최소화하도록 방향타의 각도를 자동으로 조정한다.

- **관성 옆놀이 커플링(inertia-rolling coupling)**: 가늘고 긴 동체의 초음속 항공기가 외부 교란의 영향을 받을 때, 옆놀이운동에 의하여 키놀이운동과 빗놀이운동이 모두 발생하는 동적 불안정 비행패턴. 큰 수직안정판, 도살 핀, 벤트럴 핀 설치 등 킬효과를 증가시켜 대응한다.

- **고속 불안정**: 고속비행 중 발생하는 압축성 효과와 충격파 현상은 날개 주위를 흐르는 유동 압력의 불균형을 초래하여 턱 언더, 고속 버피팅, 날개 드롭 등의 고속 불안정을 초래한다.

- **턱 언더(tuck under)**: 마하 턱(Mach tuck)이라고도 하며, 고속비행 중 날개에 충격파가 발생할 때 속도 증가에 따라 압력중심이 후방으로 이동하여 항공기의 기수가 낮아지는 현상. 마하 트리머(Mach trimmer)를 설치하여 대응한다.

- **버피팅(buffeting)**: 과도하게 높은 받음각 또는 돌풍 등의 외부 교란으로 날개 위 유동이 박리(flow separation)될 때 발생하는 날개 위 압력 분포의 불균형 때문에 날개와 항공기가 진동하는 현상을 말한다.

CHAPTER 12 SUMMARY

- **고속 버피팅(high-speed buffeting):** 마하 버피팅(Mach buffeting)이라고도 하며, 날개에 충격파가 형성되어 압력 분포의 불균형 때문에 날개와 항공기가 진동하는 현상을 말한다.

- **날개 드롭(wing drop):** 한쪽 날개에 먼저 충격파가 형성되면 실속과 함께 해당 날개의 양력이 급감하면서 기울어져 급격한 옆놀이운동이 발생하는 현상을 말한다.

- **실속(stall):** 유동박리 때문에 날개에서 발생하는 양력이 급격히 감소하여 항공기의 중량을 지탱하지 못하는 현상으로서 스핀, 디프 실속, 피치업 등을 유발한다. 실속받음각(α_s) 이후에는 양력(C_L)이 감소하고 항력(C_D)이 증가한다.

- **스핀(spin):** 자전(auto rotation)과 수직강하가 결합된 형태로, 항공기가 나선 모양의 비행궤적을 그리며 추락하는 비행 패턴으로서 날개가 실속한 상태에서 옆놀이운동(rolling)이 발생할 때 나타난다.

- **수평 스핀(flat spin):** 기수가 들린 상태에서 회전하면서 추락하므로 기체의 항력 때문에 하강속도는 낮지만 회전속도는 높다. 조종면의 효율이 감소하여 정상 비행상태로 회복하기 어려워 수직 스핀보다 위험하다.

- **수직 스핀(steep spin):** 기수가 내려간 상태에서 하강하기 때문에 기체의 항력이 낮으므로 하강속도가 높지만 회전속도는 낮다.

- **디프 실속(deep stall):** T형 꼬리날개의 항공기가 높은 받음각에서 실속한 날개 후류의 영향으로 수평안정판과 승강타의 효율이 낮아져서 실속에서 회복하지 못하고 더 심각한 실속에 들어가는 현상을 말한다.

- **피치업(pitch up):** 후퇴날개의 항공기가 이착륙 중 받음각이 증가하여 날개 끝에서 실속이 발생하면 압력중심이 무게중심의 전방으로 이동하여 기수가 올라가는 모멘트가 발생하고, 이에 따라 받음각이 더욱 증가하여 실속에 들어가는 현상을 말한다.

PRACTICE

01 동적 세로 안정성과 관계되는 것은?
① 장주기운동 ② 방향 불안정
③ 나선 불안정 ④ 더치롤

해설 단주기운동(short period oscillation)과 장주기운동(phugoid oscillation)은 동적 세로 안정성과 관계된다.

02 다음 중 단주기운동의 특징이 아닌 것은?
① 진동주기가 비교적 짧다.
② 진동이 진행될 때 받음각은 거의 일정하다.
③ 진동 중 고도 변화가 크지 않다.
④ 진폭이 감쇠될 때는 동적으로 안정한 운동이다.

해설 단주기운동은 진동의 진폭이 작고 진동주기가 수 초 정도로 짧으며, 키놀이운동에 따른 받음각의 변화로 나타나기 때문에 고도 변화가 크지 않고 비행속도도 비교적 일정하다. 시간에 따라 진폭이 감소하는 운동은 동적으로 안정하다.

03 가로 불안정성과 방향 안정성이 결합하여 나타나는 안정성 관련 비행특성은?
① 방향 불안정 ② 나선 불안정
③ 스핀 ④ 더치롤

해설 나선 불안정(spiral divergence)은 가로 불안정성과 방향 안정성이 결합하여 나타나는 비행특성이다.

04 비행속도를 음속에 가까운 속도로 증가시킬 때 날개에 발생하는 충격 실속에 의해 기수가 급격히 내려가는 경향은?
① 턱 언더(tuck under)
② 피치업(pitch up)
③ 디프 실속(deep stall)
④ 옆놀이 커플링

해설 턱 언더(tuck under)는 고속비행 중 날개에 충격파가 발생할 때, 압력중심이 후방으로 이동하여 갑자기 항공기의 기수가 낮아지는 현상이다.

05 더치롤(Dutch roll)에 대한 설명 중 사실과 가장 거리가 먼 것은?
① 과도한 가로 안정성은 더치롤을 유발한다.
② 날개 후퇴각은 더치롤을 유발한다.
③ 상반각(dihedral angle)은 더치롤을 완화한다.
④ 요 댐퍼(yaw damper)는 더치롤을 완화한다.

해설 더치롤(Dutch roll)은 날개 후퇴각, 상반각, 고익기의 진자효과(pendulum effect) 등에 의한 과도한 가로 안정성과 부족한 방향 안정성 때문에 옆놀이운동과 빗놀이운동이 반복하며 비행경로가 진동하는 동적 비행특성으로서 요 댐퍼(yaw damper) 또는 날개에 하반각(anhedral angle)을 적용하여 완화한다.

06 다음 중 턱 언더(tuck under) 현상을 완화시키기 위한 방법은?
① 꼬리날개를 T형으로 구성한다.
② 도살 핀(dorsal fin)을 장착한다.
③ 벤트럴 핀(ventral fin)을 장착한다.
④ 마하 트리머(Mach trimmer)를 장착한다.

해설 마하 트리머(Mach trimmer)를 설치하여 수평안정판 또는 승강타의 각도를 조정하여 턱 언더 현상을 완화시킨다.

07 실속현상에 대한 설명 중 맞는 것은?
① 양력계수와 실속현상은 무관하다.
② 받음각이 증가하면 실속현상이 강해진다.
③ 실속받음각 이후에는 받음각이 증가하면 양력계수가 증가한다.
④ 최대양력계수값에 가까워지면 버피팅(buffeting) 현상이 약해진다.

해설 최대양력계수까지 받음각이 증가하면 유동박리(flow separation)에 의한 실속(stall)이 시작되어 버피팅 현상이 발생한다. 실속 이후에는 양력(C_L)이 감소하고 항력(C_D)이 증가한다.

정답 1. ① 2. ② 3. ② 4. ① 5. ③ 6. ④ 7. ②

08 수평 스핀과 수직 스핀에 대한 설명 중 사실과 거리가 먼 것은?

① 수직 스핀은 기수가 내려가면서 하강하는 스핀이다.
② 수평 스핀에 들어가면 기수가 들린 상태에서 수평자세로 빠르게 회전한다.
③ 수직 스핀의 회전속도는 수평 스핀의 회전속도보다 크다.
④ 수직 스핀의 낙하속도는 수평 스핀의 낙하속도보다 크다.

해설 수평 스핀(flat spin)은 기수가 들린 상태에서 회전하며 추락하므로 기체의 항력 때문에 하강속도는 낮지만 회전속도는 높다. 반면에 수직 스핀(steep spin)은 기수가 내려간 상태에서 하강하기 때문에 기체 항력이 낮으므로 하강속도가 높지만 회전속도는 낮다.

09 날개 드롭(wing drop) 현상에 대한 설명으로 옳은 것은? [항공산업기사 2020년 3회]

① 비행기의 어떤 한 축에 대한 변화가 생겼을 때 다른 축에도 변화를 일으키는 현상
② 음속비행 시 날개에 발생하는 충격실속에 의해 기수가 오히려 급격히 내려가는 현상
③ 하강비행 시 기수를 올리려 할 때, 받음각과 각속도가 특정값을 넘게 되면 예상한 정도 이상으로 기수가 올라가는 현상
④ 비행기의 속도가 증가하여 천음속 영역에 도달하게 되면 한쪽 날개가 충격실속을 잃으면서 갑자기 양력을 상실하고 급격한 옆놀이(rolling)를 일으키는 현상

해설 날개 드롭(wing drop)은 한쪽 날개에 먼저 충격파가 형성되면 실속과 함께 해당 날개의 양력이 급감하면서 기울어져 급격한 옆놀이운동이 발생하는 현상이다.

10 비행기가 음속에 가까운 속도로 비행 시 속도를 증가시킬수록 기수가 내려가려는 현상은? [항공산업기사 2019년 4회]

① 피치업(pitch up)
② 턱 언더(tuck under)
③ 디프 실속(deep stall)
④ 역빗놀이(adverse yaw)

해설 턱 언더(tuck under)는 고속비행 중 날개에 충격파가 발생할 때, 압력중심이 후방으로 이동하여 갑자기 항공기의 기수가 낮아지는 현상이다.

11 항공기의 스핀에 대한 설명으로 틀린 것은? [항공산업기사 2019년 2회]

① 수직 스핀은 수평 스핀보다 회전각속도가 크다.
② 스핀 중에는 일반적으로 옆미끄럼(slide slip)이 발생한다.
③ 강하속도 및 옆놀이각속도가 일정하게 유지되면서 강하하는 상태를 정상 스핀이라고 한다.
④ 스핀 상태를 탈출하기 위하여 방향키를 스핀과 반대 방향으로 밀고, 동시에 승강키를 앞으로 밀어내야 한다.

해설 수직 스핀은 수평 스핀보다 하강속도는 높지만 회전속도는 낮다.

12 수직강하와 함께 비행기의 스핀(spin)운동을 이루는 현상은? [항공산업기사 2018년 4회]

① 자전(auto rotation) 현상
② 디프 실속(deep stall) 현상
③ 날개 드롭(wing drop) 현상
④ 가로 방향 불안정(Dutch roll) 현상

해설 스핀(spin)은 자전(auto rotation)과 수직강하가 결합된 형태로, 항공기가 나선 모양의 비행궤적을 그리며 추락하는 비행 패턴으로서 날개가 실속한 상태에서 옆놀이운동(rolling)이 발생할 때 나타난다.

정답 8. ③ 9. ④ 10. ② 11. ① 12. ①

13 수평 스핀과 수직 스핀의 낙하속도와 회전각속도는? [항공산업기사 2019년 1회]

① 낙하속도: 수평 스핀 > 수직 스핀, 회전각속도: 수평 스핀 > 수직 스핀
② 낙하속도: 수평 스핀 < 수직 스핀, 회전각속도: 수평 스핀 < 수직 스핀
③ 낙하속도: 수평 스핀 > 수직 스핀, 회전각속도: 수평 스핀 < 수직 스핀
④ 낙하속도: 수평 스핀 < 수직 스핀, 회전각속도: 수평 스핀 > 수직 스핀

해설 수평 스핀은 하강(낙하)속도는 낮지만 회전속도는 높다. 반면에 수직 스핀은 하강(낙하)속도는 높지만 회전속도는 낮다.

14 다음 중 수평 스핀(flat spin) 상태에서 받음각의 크기로 가장 적합한 것은? [항공산업기사 2017년 4회]

① 약 5° ② 10~20°
③ 약 60° ④ 약 95° 이상

해설 수평 스핀은 스핀축(spin axis)과 항공기 기체축(aircraft axis) 사이의 각도가 대략 45~90°인 반면, 수직 스핀은 약 20~45°이다.

15 피치업(pitch up) 현상의 원인이 아닌 것은? [항공산업기사 2016년 2회]

① 받음각의 감소
② 뒤젖힘 날개의 비틀림
③ 뒤젖힘 날개의 날개 끝 실속
④ 날개의 풍압중심이 앞으로 이동

해설 피치업(pitch up)은 후퇴날개(뒤젖힘 날개)의 항공기가 이착륙 중 받음각이 증가하여 날개 끝에서 실속이 발생하면 압력중심(풍압중심)이 전방으로 이동하여 기수가 올라가는 모멘트가 발생하고, 이에 따라 받음각은 더욱 증가하여 실속에 들어가는 현상이다.

16 날개 드롭(wing drop)에 대한 설명으로 틀린 것은? [항공산업기사 2016년 4회]

① 옆놀이와 관련된 현상이다.
② 한쪽 날개가 충격실속을 일으켜서 갑자기 양력을 상실하며 발생하는 현상이다.
③ 아음속에서 충격파가 과도할 경우 날개가 동체에서 떨어져 나가는 현상을 말한다.
④ 두꺼운 날개를 사용한 비행기가 천음속으로 비행 시 발생한다.

해설 날개 드롭(wing drop)은 한쪽 날개에 먼저 충격파가 형성되면 실속과 함께 해당 날개의 양력이 급감하면서 기울어져 급격한 옆놀이운동이 발생하는 현상이다. 아울러 천음속(transonic speed)비행 중에도 날개 단면의 두께가 두꺼우면 날개 위 유동의 속도가 초음속(supersonic speed)으로 쉽게 가속되어 충격파가 발생한다.

17 비행기가 장주기운동을 할 때 변화가 거의 없는 요소는? [항공산업기사 2016년 1회]

① 받음각 ② 비행속도
③ 키놀이 자세 ④ 비행고도

해설 장주기운동(phugoid oscillation)은 진폭이 크고 진동주기가 길며, 받음각의 변화가 아닌 상승과 하강의 비행경로 변화로 나타나기 때문에 수십 미터의 비행고도 변화와 비행속도 변화가 발생한다.

정답 13. ④ 14. ③ 15. ① 16. ③ 17. ①

Principles of Flight

Photo: Dassault-aviation

2018년에 취항한 Embraer E190 여객기(좌)와 2012년에 최초로 비행한 Dassault nEUROn 무인 전투기(우). 여객기는 조종성보다 안정성이 중요하므로 항공전기전자(avionics)장비와 자동비행장치(autopilot) 등의 발전에도 불구하고 근본적으로 안정성이 높은 형상, 즉 날개와 수평·수직안정판이 장착된 전통적인 형상을 하고 있다. 그러나 현재 개발되는 군용기의 경우, 공기역학적 성능 향상과 중량 감소, 그리고 레이더 반사면적(Raider Cross Section, RCS) 감소를 위하여 동체와 날개 그리고 수평·수직안정판을 통합하거나 생략하는 형상으로 제작하고 있으므로 도움날개·방향타·승강타를 분리하여 구성하는 기존의 형태로부터 변화하고 있다.

CHAPTER

13

조종성

13.1 조종 | 13.2 조종계통 | 13.3 키놀이 조종 | 13.4 옆놀이 조종 | 13.5 빗놀이 조종 | 13.6 조종력 감소

13.1 조종

(1) 조종의 개요

항공기의 조종(control)이란 조종사가 조종간과 페달, 추력 레버 등을 조작하여 조종면과 추진계통을 작동하여 항공기가 일정 자세로 일정 경로와 고도로 비행하도록 항공기를 제어하는 것을 말한다. **조종성**(controllability)은 항공기를 조종할 때 항공기가 이에 반응하는 성능을 말하며, 조종성이 높은 항공기일수록 조종사가 제어하는 대로 원활하게 반응하며 비행한다. 따라서 **조종성은 안정성**(stability)**과 상반되는 성능이기 때문에 전투기와 같이 우수한 조종성 또는 기동성**(maneuverability)**이 요구되는 항공기는 인위적으로 안정성을 낮추거나 불안정하게 설계**하기도 한다.

날개·수평안정판·수직안정판 등의 항공기 기체의 구성요소는 안정성을 기준으로 가로 안정성, 세로 안정성 그리고 방향 안정성의 확보를 위하여 설치된다. 그리고 날개에 설치된 **도움날개**(aileron), 수직안정판의 **승강타**(elevator)와 **방향타**(rudder)는 각각 **옆놀이**(rolling), **키놀이**(pitching), **빗놀이**(yawing)**운동을 발생시키는 조종면**(control surface)이다.

또한, 여객기 등의 중대형 항공기 날개에 설치되는 스포일러(spoiler)는 옆놀이운동과 빗놀이운동을 발생시켜 항공기의 선회비행을 돕는다. 플랩(flap)과 슬랫(slat)은 이착륙 비행 중 양력 증가를 위하여 전개하는데, 전투기 등 급기동을 하는 항공기는 높은 양력이 필요한 선회비행 중에도 작동시킨다.

[표 13-1] 양력 및 안정성과 조종성 관련 항공기 기체의 구성요소

구분	명칭	주요 기능
날개 및 안정판	날개(wing)	양력 발생 및 가로 안정성(lateral stability) 증가
	수평안정판(horizontal stabilizer)	세로 안정성(longitudinal stability) 증가
	수직안정판(vertical stabilizer)	방향 안정성(directional stability) 증가
조종면	도움날개(aileron)	옆놀이운동(rolling) 발생
	승강타(elevator)	키놀이운동(pitching) 발생
	방향타(rudder)	빗놀이운동(yawing) 발생
	스포일러(spoiler)	옆놀이운동·빗놀이운동 발생 및 감속장치
고양력장치	플랩(flap)	이착륙 및 선회비행 중 양력 증가
	슬랫(slat)	

Principles of Flight

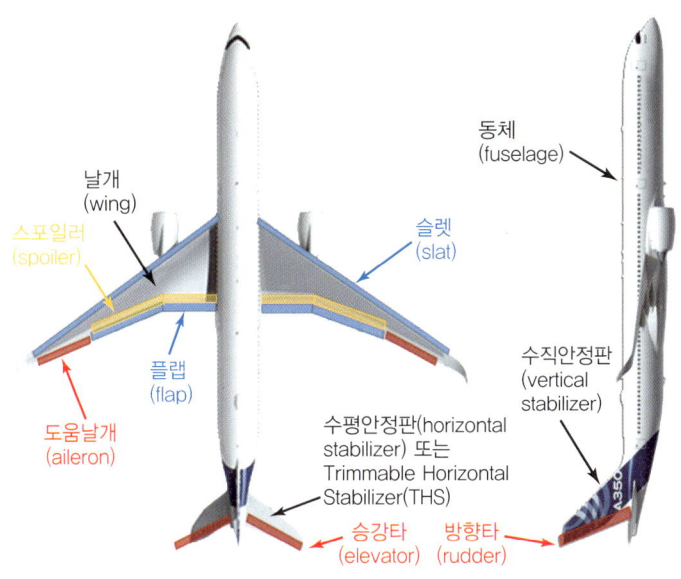

[그림 13-1] 안정판, 조종면, 고양력장치의 위치

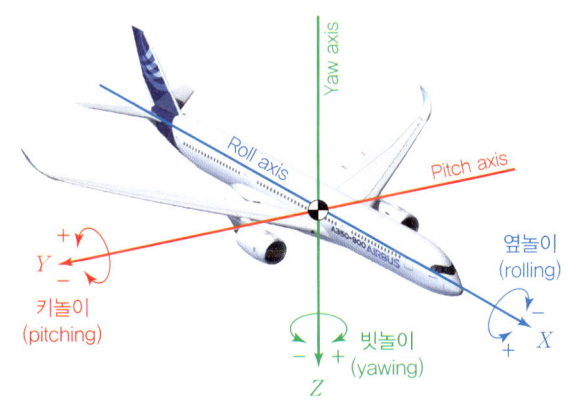

[그림 13-2] 키놀이(pitching), 옆놀이(rolling), 빗놀이(yawing)의 정의

(2) 항공계기의 분류

항공계기(aircraft instrument)는 조종사가 비행을 하기 위하여 필요한 비행성능, 항법(navigation), 엔진 및 기체계통의 상태 등에 대한 정보를 조종사에게 제공해 주는 역할을 한다. 항공계기는 용도에 따라 **비행계기, 기관계기, 항법계기**로 분류된다. 비행계기는 속도계·상승계·고도계·자세계·선회경사계 등 항공기의 비행성능과 자세에 대한 정보를 보여 준다. 기관계기는 항공기의 엔진 성능과 상태를 보여 주는데, 엔진회전계, 배기가스 온도계, 윤활유 압력·온도계 등이 있다. 항법계기는 항공기가 이륙하여 목적지에 착륙할 때까지 유도와 통신 등을 지시

13.1 조종 — 333

하는 계기로서 기수방위계, 자기 컴퍼스(magnetic compass), 관성항법장치(Inertial Navigation System, INS), 위성항법장치(Global Positioning System, GPS) 등이 있다.

최근 항공기에 설치되는 전자식 계기는 보다 다양한 정보를 표시할 수 있기 때문에 항공기기체계통, 즉 조종계통, 전기계통, 유압계통, 엔진·연료 계통, 냉난방계통, 착륙장치계통 등의 상태까지도 나타낼 수 있다.

(3) 항공계기의 발전

[그림 13-3]은 Boeing 737 여객기의 조종석 계기판의 발전 양상을 보여 주고 있다. 1967년에 Boeing 737-200이 취항하였을 때는 그림 (a)와 같이 **아날로그 방식의 계기 위주**로 구성되었다. 즉, 비행계기의 경우, 외부 대기의 압력과 온도 등을 직접 측정하여 조종석의 계기에 지시하는 아날로그 방식의 직접 지시계기가 주를 이루었다. 좌측과 우측에 각각 기장과 부기장용 비행계기와 항법계기가 배치되고, 가운데는 주로 엔진계기가 위치하고 있다.

그림 (b)는 1997년부터 운항하기 시작한 Boeing 737-700의 조종석 계기판을 나타내고 있다. 아날로그 계기는 거의 사라지고, 전기 및 전자신호를 통하여 간접적으로 정보를 지시하는 **디지털 방식의 계기**가 대신하게 되었다. 텔레비전 브라운관 형식의 계기에서 정보를 지시하므로 **글라스 칵핏**(glass cockpit)이라고도 한다. 텔레비전 채널을 바꾸듯 하나의 계기에서 여러 가지 화면, 즉 다양한 정보를 제공하므로 제한된 수의 계기에서 비약적으로 많은 정보를 나타낼 수 있게 되었다. 비행계기(PFD), 엔진계기(EICAS), 항법계기(ND)는 모두 전자화되었고 연료계통 및 유압계통 등 기체계통의 상태도 시현하는 계기(MFD)도 추가되었다.

(a) Boeing 737-200(1967): 아날로그 계기 위주로 구성

(b) Boeing 737-700(1997): 일부 백업용 아날로그 계기를 제외하고 모두 디지털화

(c) Boeing 737-Max(2017): 대형 터치스크린 디지털 계기로 통합

[그림 13-3] Boeing 737 여객기 항공계기판의 발전

그림 (c)는 2017년에 취항한 Boeing 737-Max 여객기의 계기판이다. 최근 개발되고 있는 항공기의 전자식 계기는 통합이 더욱 진행되어 계기의 숫자가 보다 감소하였다. 여객기의 경우, 기장(captain) 및 부기장(co-pilot)용 계기가 각각 2개의 대형 전자식 계기로 구성되어 있으며, 가장 최근에 개발된 유인 전투기인 F-35의 경우 모든 계기가 하나의 터치스크린(touch screen) 방식의 대형 화면으로 통합되었다. 즉, 조종사가 항공기 비행관리시스템(FMS)에 정보를 입력할 때는 CDU(Control Display Unit) 등의 입력장치를 사용했는데, 최근에는 직접 손가락으로 계기를 터치하여 정보의 선택과 입력이 가능하도록 발전하였다.

(4) 전자계기

소형 민간 항공기를 제외한 거의 모든 현대 항공기의 계기는 항공기 성능 및 상태와 관련된 많은 정보를 효율적으로 처리하기 위하여 모두 전자화되고 통합되었다. Boeing 777 여객기에 장착된 대표적인 전자계기의 종류와 용도에 대한 대략적인 설명을 정리하면 다음과 같다.

- PFD(Primary Flight Display): 기본 비행정보를 표시하는 계기로서 속도계·승강계·고도계·자세계·선회경사계 등을 통합하여 나타낸다.

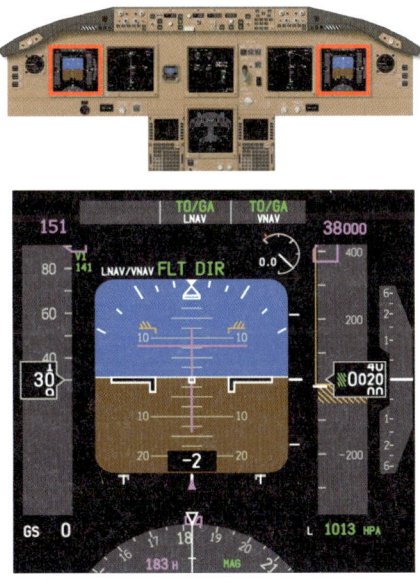

[그림 13-4] Boeing 777의 PFD(Primary Flight Display)

- ND(Navigation Display): 항법 및 위치 정보를 표시하는 계기로서 관성항법장치와 위성항법장치를 통하여 계측된 방위·진로·항공노선 등의 정보와 공중충돌방지장치(TCAS)·방향무선표지장치(VOR) 등의 정보를 통합하여 제공한다.

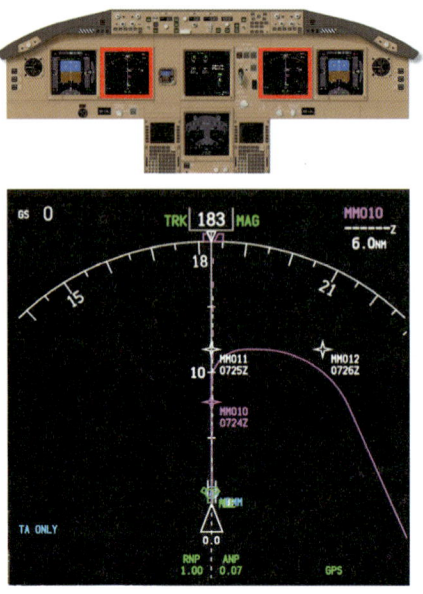

[그림 13-5] Boeing 777의 ND(Navigation Display)

- EICAS(Engine Indications and Crew Alerting System): 엔진의 상태에 대한 기본 정보를 표시하는 계기로서 엔진 팬과 압축기의 회전수, 엔진 배기가스 온도, 윤활유 온도 및 압력, 엔진의 진동 등을 나타내고 이착륙 중 플랩과 착륙장치의 업다운(up/down) 상태와 비상 경고 메시지 등도 표시한다.

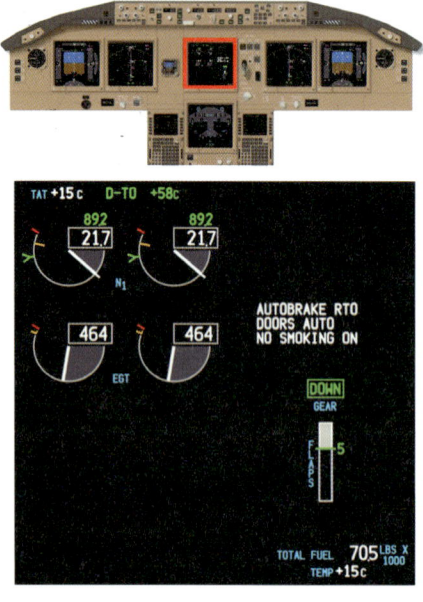

[그림 13-6] Boeing 777의 EICAS

- MFD(Multi-Functional Display): 각종 기체계통 정보를 표시한다. 즉, 조종계통, 전기계통, 유압계통, 엔진·연료 계통, 냉난방계통, 착륙장치계통 등의 상태를 보여 준다.

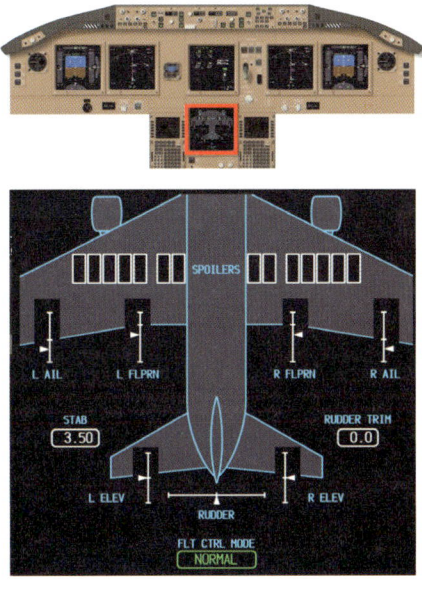

[그림 13-7] Boeing 777의 MFD

- CDU(Control Display Unit): 항공기의 모든 비행상태를 관할하는 비행관리시스템(Flight Management System, FMS)에 조종사가 비행과 항법 정보를 입출력할 때 사용하는 장치이다.

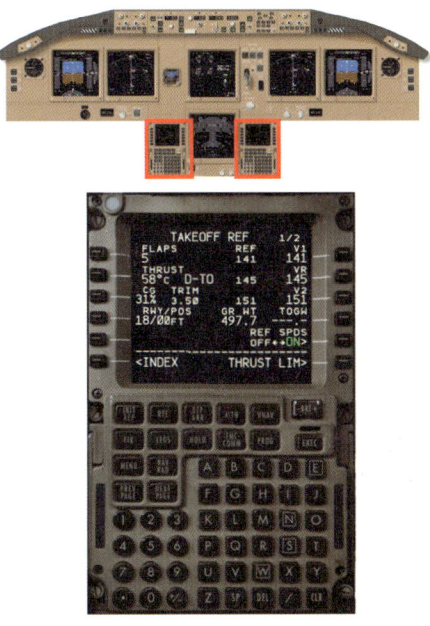

[그림 13-8] Boeing 777의 CDU

13.2 조종계통

(1) 조종간과 러더페달

조종사가 항공기의 자세(attitude)를 제어하여 원하는 방향으로 항공기를 움직이는 것이 조종이다. 항공기의 자세 변화 중 **키놀이운동**(pitching)**과 옆놀이운동**(rolling)**은 조종간**을 조작함으로써, 그리고 **빗놀이운동**(yawing)**은 러더페달**(rudder pedal)을 발로 밟아 발생시킨다.

과거 항공기의 조종간은 휠(wheel) 또는 요크(york) 형태였는데, 현대 항공기의 조종간은 요크 또는 스틱(stick) 형태로 제작된다. 요크형 조종간은 알파벳 'U', 'W' 형태 그리고 스틱형 조종간은 말 그대로 막대기 형태이다.

요크형 조종간은 여객기 및 수송기 등 조종사가 2명 탑승하는 항공기에 주로 설치된다. 요크형 조종간의 장점은 양쪽 조종사의 조종간이 연동되어 함께 움직일 때 조종사 간에 조종에 대한 혼동이 적다. 즉, 다른 조종사가 조종하는 것을 본인 조종간의 움직임을 통하여 인지할 수 있다. 이에 따라 2명의 조종사가 조종을 하는 경우, 조종에 대한 개입 여부와 시점 등을 용이하게 판단할 수 있다. 그리고 요크형 조종간은 스틱형보다 크기가 커서 통신 버튼, 트림 스위치 등 다양한 비행보조장치를 설치할 수 있다. 하지만 스틱형 조종간에 비하여 민감한 조종이 어렵고, 스틱형보다 크기가 커서 비좁은 조종석에서 많은 공간을 차지하는 단점이 있다.

스틱형 조종간은 미세한 움직임이 가능하여 급격한 기동을 하는 전투기 또는 곡예기 그리고 전자신호로 항공기를 정밀하게 제어하는 **fly-by-wire(FBW) 조종계통용으로 적합**하다. 하지만

Dassault Falcon 900 비즈니스 제트기(좌)와 Mikoyan Mig-23 전투기(우)의 조종석과 조종간. 여객기의 경우, 구식 조종간 형태(yoke)가 아직까지 남아 있는 반면, 조종석 공간이 좁은 전투기에는 예전부터 스틱 형태의 조종간이 일반화되었다. 조종간은 항공기의 키놀이운동과 옆놀이운동을, 발로 밟는 러더페달은 빗놀이운동을 발생시킨다.

복수의 조종사가 탑승하는 항공기의 경우, 스틱형 조종간이 서로 독립적으로 구성되므로 각각의 조종간을 통하여 동시에 서로 다른 조종신호를 입력하기 때문에 조종에 혼란이 발생할 수 있다.

현재 개발되고 있는 여객기는 대부분 fly-by-wire 조종계통을 탑재하고 있다. Airbus사 여객기에는 스틱형 조종간이 사용되는 반면, Boeing사의 여객기는 fly-by-wire 조종계통으로 구성되어 있음에도 불구하고 앞서 기술한 장점 때문에 여전히 요크형 조종간을 채택하고 있다.

(2) fly-by-wire(FBW)

조종면을 제어하는 조종계통을 구성할 때 조종간 또는 러더페달을 조작하여 조종면까지 조종력을 전달하기 위해 케이블(cable), 로드(rod), 풀리(pulley) 등의 기계식 조종계통을 사용하는 것이 일반적이다. 조종면을 작동하는 데 조종사의 힘이 부족한 경우에는 조종력 감소장치를 구성하거나, 유압장치를 통하여 조종력을 증폭시킨다.

최근 개발되는 항공기는 조종간의 움직임을 전선(wire), 컴퓨터 등 전기·전자식 장치를 통하여 조종면에 전달하여 작동시킨다. 이러한 조종계통 구성방식을 "전선(wire)을 이용하여(by) 비행한다(fly)"고 하여 **fly-by-wire**(FBW)라고 한다.

따라서 기계적 연결을 통하여 직접 조종면을 조작하지 않고, 조종면을 움직이는 유압장치 또는 전기모터에 전기신호를 보내 조종면을 제어하므로 **보다 적은 조종력이 요구되고, 정밀하게 조종면을 작동시킬 수 있으며, 조종계통 구성이 단순화**된다는 장점이 있다.

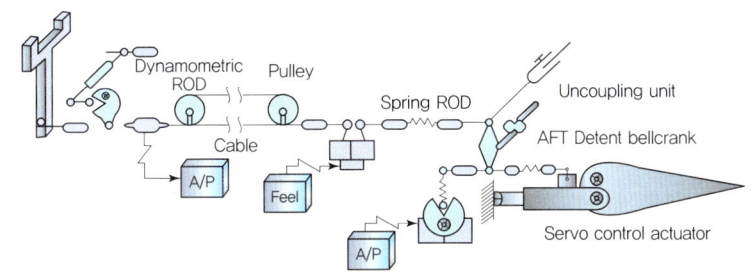

(a) 기계식 조종계통

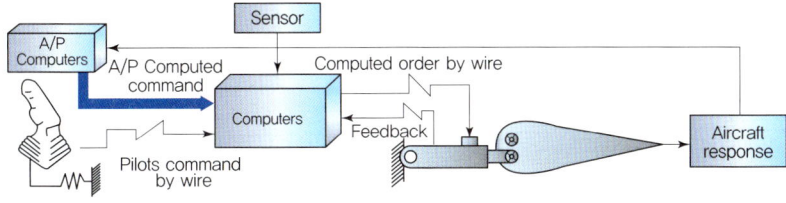

(b) fly-by-wire(FBW) 조종계통

[그림 13-9] 케이블·로드·풀리 등의 기계적 연결에 의하여 조종간의 움직임을 조종면에 전달하는 기계식 조종계통과 비교하여 fly-by-wire(FBW) 조종계통은 센서·전선·비행관리컴퓨터(FMC)를 사용하기 때문에 적은 조종력으로 보다 정밀하게 항공기를 제어할 수 있다.

아울러 fly-by-wire 조종계통은 센서(sensor) 및 **비행관리컴퓨터**(Flight Management Computer, FMC)와 연동되어 **자동비행조종**(autopilot)을 수행하는 데 중요한 역할을 한다. 즉, 사전 입력된 비행경로에 따라 자동으로 비행하도록 비행관리컴퓨터가 fly-by-wire를 통하여 조종사의 개입 없이 항공기를 조종하고, 비행 중 예상치 못한 교란이 발생하여 항공기의 자세나 경로에 크고 작은 변화가 발생할 때도 fly-by-wire 조종계통을 통하여 비행관리컴퓨터가 정밀하게 수정하며 안정적인 자동비행조종을 가능하게 한다.

(3) 자동비행조종(autopilot)

소형 항공기를 제외한 거의 모든 항공기는 자동비행조종장치를 탑재하고 있는데, 비행정보 처리와 자동비행제어 등 항공기전기전자(avionics) 기술의 발달에 힘입어 자동비행조종기술이 비약적으로 발전하고 있다.

조종사를 대신하여 항공기를 제어하는 자동비행조종장치는 비행단계에 따라 자동으로 추력을 조절하는 **자동추력조종**(auto-throttle)장치와 함께 **비행관리시스템**(Flight Management System, FMS)을 구성하며, 비행제어컴퓨터가 제공하는 정보에 따라 조종사의 개입 없이도 항공기를 조종한다. 자동비행조종의 가장 큰 장점은 전자신호로 도움날개·승강타·방향타 등의 조종면을 정교하게 조절하는 fly-by-wire 장치와 연동되어 정밀하고 안전한 비행이 가능하게 한다는 것이다. 따라서 복잡하고 다양한 비행환경에서 조종사가 초래할 수 있는 인적 오류(human error)를

Photo: Airbus

이륙비행 중 조종사는 최대추력을 이용하여 정지상태에서 이륙속도까지 급가속하고 정해진 활주로 길이 내에서 항공기를 안전하게 부양(lift off)시켜야 한다. 그러므로 이륙비행 중에는 다양한 위험요소와 돌발변수가 존재하므로 조종사는 여러 비행단계 중 가장 신중하게 조종에 임하게 된다. 그러나 최근에는 이륙비행 역시 조종사 개입 없이 자동비행조종으로 진행하는 기술이 개발되어 순조롭게 시험 및 평가가 진행되고 있다. 사진은 2020년 1월 Airbus A350-1000 여객기가 자동이륙(auto take-off)하는 장면이다. 조종사가 조종간을 잡지 않은 상태에서 해당 항공기는 비행관리시스템(FMS)의 지시에 따라 자동으로 기수를 들고 이륙하고 있다.

감소시킬 수 있다.

그러므로 안전이 최우선시되는 대부분의 현대 여객기는 많은 돌발상황이 발생 가능한 이륙단계를 제외한 거의 모든 비행단계에서 자동비행조종장치에 의하여 비행하기 때문에 조종사의 직접 개입이 최소화되고 있다. 즉, 상승·순항·하강 비행뿐만 아니라 악천후 등으로 착륙활주로가 잘 보이지 않는 상황에서도 자동비행조종장치는 **계기착륙장치**(Instrument Landing System, ILS) 및 **자동착륙**(auto landing)장치와 함께 항공기를 안전하게 착륙시킬 수 있다. 최근에는 **자동이륙**(auto take-off)에 대한 기술시험이 성공적으로 진행되고 있기 때문에 조만간 모든 비행단계에서 자동비행이 가능할 것으로 예상된다.

13.3 키놀이 조종

(1) 승강타

조종면에서 힘이 발생하는 원리는 항공기 날개와 플랩(flap)의 양력 발생원리와 비슷하다. 즉, 날개에 장착된 플랩을 아래로 전개하면 날개 단면의 캠버(camber)가 증가하여 양력이 증가한다. 마찬가지로 **조종면을 아래로 전개, 즉 하향하면 캠버가 증가하여 위쪽으로 힘, 즉 양력이 발생하고, 하향 각도(δ)를 높일수록 양력이 증가**한다. 반대로 조종면의 각도를 상향하면 캠버가 감소하여 양력이 감소하거나 또는 캠버가 아래로 발생하여 위쪽으로 작용하는 양력이 발생한다. 하지만 조종면을 전개하여 날개 단면의 캠버가 증가하면 양력이 증가하는 동시에 **날개의 형상 항력도 높아지게 된다.**

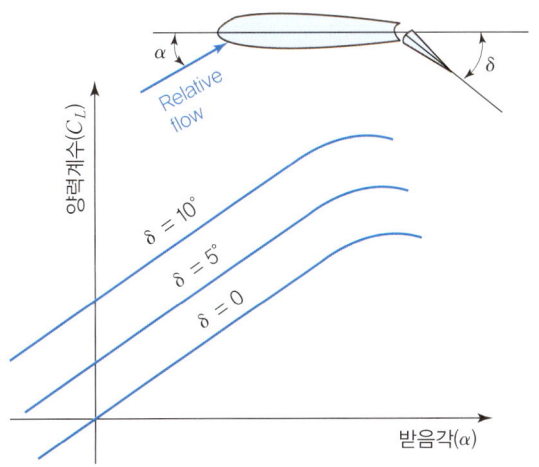

[그림 13-10] 조종면 각도(δ)에 따른 조종면의 양력(C_L) 변화

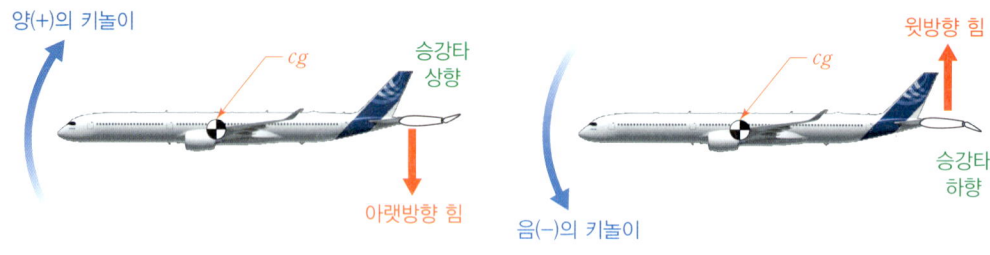

(a) 날개 단면 캠버 증가   (b) 날개 단면 캠버 감소

[그림 13-11] 승강타(elevator) 작동에 의해 키놀이운동(pitching) 발생

키놀이운동(pitching)은 수평안정판에 부착된 **승강타(elevator)**를 사용하여 발생시킨다. **조종간을 당겨서 승강타를 상향**시키면 수평안정판의 단면을 기준으로 아래로 볼록한 캠버가 형성되고, 따라서 아래쪽으로 양력을 발생시켜 무게중심을 기준축으로 항공기 기수 올림, 즉 **양(+)의 키놀이 모멘트**(pitching moment)를 발생시킨다.

반대로 **조종간을 밀어서 승강타를 하향**시키면 아래로 기수가 내려가는 **음(-)의 키놀이 모멘트**가 만들어진다. 아울러 수평안정판과 승강타가 분리된 형태는 소형기 및 여객기에 일반적이지만, 고속비행을 하는 전투기에는 승강타 효율이 높은 **스태빌레이터(stabilator)**가 흔히 장착된다. 한 쌍의 수직안정판을 장착한 항공기는 **한 쌍의 방향타**를 이용하여 키놀이 모멘트를 발생시킬 수 있다. 또한, 수평안정판이 없는 항공기는 승강타 대신 **엘러본(elevon)** 또는 **카나드(canard)**를 작동시켜 키놀이운동을 한다.

(2) 스태빌레이터(stabilator)

스태빌레이터는 수평안정판(horizontal stabilizer)과 승강타(elevator)가 결합된 형태로 고속

Lockheed Martin F-22A에 장착된 대형 스태빌레이터. 수평안정판과 승강타가 결합된 형태로서 고속비행 중 조종면 효율이 높아진다.

비행기와 전투기에 장착된다. 고속비행 또는 급강하비행을 할 때 수평안정판에 충격파가 발생하면 유동박리와 실속 때문에 승강키 효율이 감소하기 때문에 **승강타 면적이 큰 스태빌레이터가 효과적**이다. 또한 고속비행 중에는 승강타를 내리거나 또는 올려서 캠버를 만드는 기존의 조종면 방식보다 수평안정판 전체에 작은 각도를 주는 스태빌레이터 방식이 조종면에서 발생하는 항력 감소에 도움이 된다.

(3) 한 쌍의 방향타

아래 사진과 같이 2개의 수평안정판을 장착한 항공기는 **한 쌍의 방향타를 동시에 안쪽으로 위치시키는 'rudder toe in' 조작**을 통하여 키놀이 모멘트를 발생시킬 수 있다. 고(高)받음각 비행을 하는 경우, 날개 후류(wake)의 영향으로 수평안정판과 승강타의 효율이 낮아져서 고받음각, 즉 기수 들림 자세를 유지하기가 어려워진다. 이때 양쪽 방향타를 toe-in하게 되면 방향타가 무게중심보다 위쪽에 있기 때문에 기수가 들리는 **양(+)의 키놀이 모멘트**를 발생시키고, 따라서 기수 들림 비행을 지속할 수 있다. 이 상태에서도 자동비행조종장치에 의하여 방향타의 각도를 조절하여 빗놀이 모멘트까지 동시에 발생시켜 방향타 원래의 역할도 할 수 있게 한다.

또한, 짧은 활주거리에서 이착륙할 때에도 양쪽 방향타를 toe-in하여 양(+)의 키놀이 모멘트를 발생시키고 기수를 가볍게 하여 기수 들림을 원활하게 한다. 특히, 항공모함에서 이함할 때

'Rudder toe in' 상태로 항공모함에서 이함 준비 중인 McDonnell Douglas F/A-18C Hornet 전투기. 양쪽 방향타를 안쪽으로 모으면 양(+)의 키놀이 모멘트가 발생, 이륙 중 기수 들림 조작을 용이하게 한다.

기본적인 형상의 Lockheed Martin F-16C 전투기(좌)와, F-16과 동체는 거의 같지만 삼각형 날개와 엘러본(elevon)을 장착한 General Dynamics F-16XL(우). F-16XL은 폭격기로 개발되어 실전에 배치되지는 않았지만, 삼각형 날개를 장착하여 114% 늘어난 날개면적의 증가로 무장 탑재량은 약 두 배, 항속거리는 약 40%가 증가하였다.

는 그림과 같이 양쪽 방향타를 toe-in할 뿐만 아니라 스태빌레이터를 하향하여 양(+)의 키놀이 모멘트를 최대화한다.

(4) 엘러본(elevon)

삼각형 날개(delta wing)를 장착한 항공기는 날개면적이 넓고, 따라서 익면하중(W/S)이 낮아 선회능력 등 비행성능이 우수하다. 또한, 날개면적이 넓으면 연료탑재 용적이 증가하여 항속거리가 길어진다는 장점이 있다. 그런데 날개를 면적이 넓은 삼각형으로 구성하면 수평안정판을 생략하므로 승강타의 역할은 도움날개가 대신하게 된다. 즉, 삼각형 날개의 **도움날개(aileron)는 승강타(elevator) 역할도 한다고 하여 엘러본(elevon)**이라고 부른다. 키놀이운동을 하는 경우는 승강타를 조작하는 것과 같이 양쪽 엘러본을 모두 상향 또는 하향하며, 옆놀이운동을 할 때는 도움날개와 마찬가지로 양쪽 엘러본이 서로 반대로 작동하도록 조종계통을 구성한다.

(5) 카나드

카나드(canard)는 수평안정판과 승강타 역할을 하는 일종의 스태빌레이터(stabilator)인데, 날개 전방에 배치된다. 특히, 넓은 날개면적을 가진 삼각형 날개(delta wing)와 함께 구성되는 경우가 많다.

안정적인 항공기는 무게중심이 공력중심의 전방에 위치하고, 이에 따라 항공기는 기수가 내려가는 경향성이 생긴다. 그러므로 [그림 13-12(a)]와 같이 균형 유지, 즉 기수를 드는 키놀이 트림을 위하여 항공기 후방에 위치한 수평안정판에서 아래로 향하는 힘(L_h)을 발생시킨다. 같은 상황에서 카나드를 장착한 항공기는 [그림 13-12(b)]와 같이 기수 들림을 위하여 카나드 기

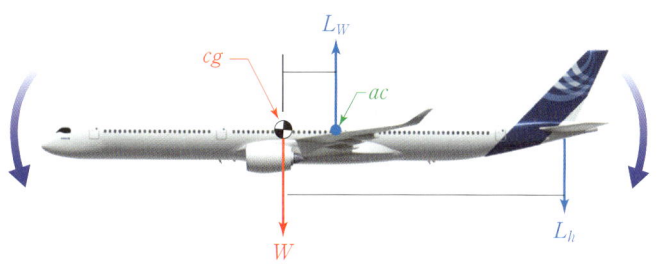

(a) 수평안정판을 장착한 항공기

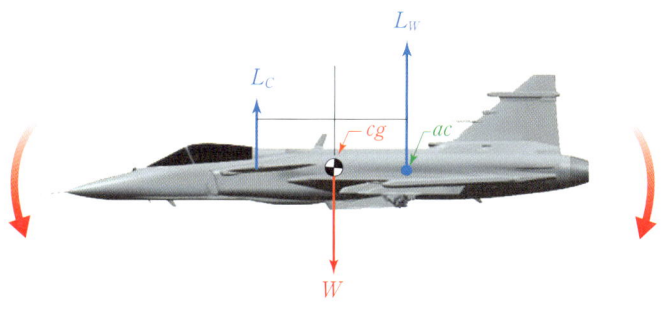

(b) 카나드(canard)를 장착한 항공기

[그림 13-12] 키놀이 트림(pitch trim)의 비교

준 위쪽으로 작용하는 힘을 발생시켜 기수를 드는 키놀이 트림을 한다. 즉, 항공기 후방의 수평안정판에서 발생하는 아래로 향하는 힘은 키놀이 트림에 도움이 되지만 전체 양력을 감소시키는 반면, 항공기 전방에 위치한 **카나드에서 발생하는 위로 향하는 힘(L_c)은 트림뿐만 아니라 전체 양력을 증가**시키는 이점이 있다.

한편, 카나드는 조종면으로서의 역할도 한다. 삼각형 날개의 항공기는 승강타가 생략되기 때

좌측은 라이트 형제의 Flyer I(1905). 최초의 동력 비행기도 날개 앞에 장착된 카나드를 이용하여 키놀이운동(pitching)을 발생시켰다. 우측은 SAAB JAS-39 Gripen 전투기. 삼각형 날개(delta wing)는 카나드와 조합하여 조종성과 안정성을 높일 수 있다. 하지만 카나드는 뒤에 있는 날개에 대하여 교란유동과 후류(wake)를 발생시키는 단점도 있다.

문에 승강타 대신 카나드를 조작하여 키놀이 조종을 한다. 또한, 고속비행 중 날개 위에서 충격파가 발생함에 따라 기수가 내려가는 턱 언더(tuck under) 현상과 같은 고속 불안정성이 나타날 때 카나드는 항공기의 균형을 유지하는 역할도 한다.

(6) Trimmable Horizontal Stabilizer(THS)

Trimmable Horizontal Stabilizer(THS)는 **현대 중·대형 제트항공기에 장착되는 키놀이 트림**(pitch trim)**을 위한 조종면**이다. 수평안정판과 승강타가 분리되어 있으면 수평안정판은 동체에 고정되고 승강타만 가동하는 것이 과거 항공기의 일반적인 방식이었다. 하지만 요즘에는 수평안정판이 동체에 고정되어 있지 않고, 비행 중에 상향 또는 하향시킬 수 있다. 즉, 수평안정판은 안정성을 증가시키는 동시에 필요한 경우 각도가 변화하며 키놀이 트림을 한다. 물론, 수평안정판과 별도로 구성된 승강타는 키놀이 조종(pitch control)에 사용된다. 이러한 방식으로 키놀이 트림에 사용되는 수평안정판을 **THS**라고 한다. THS의 장점은 수평안정판 전체가 트림에 사용되므로 트림 효과가 크고, 따라서 작은 각도로 움직여 트림하기 때문에 트림 항력이 비교적 적다.

Airbus A320-200에 장착되는 Trimmable Horizontal Stabilizer(THS). 현대 중·대형 제트 항공기에는 승강타뿐만 아니라 수평안정판이 작동하도록 구성되는데, 수평안정판의 각도 조절을 통하여 키놀이 트림을 하여 비행 안정성을 높인다.

13.4 옆놀이 조종

(1) 도움날개

비행기의 **옆놀이운동**(rolling)은 기본적으로 날개에 부착된 **도움날개**(aileron)가 담당한다. 양 날개에 부착된 도움날개는 항상 반대로 작동한다. 즉, **조종간을 오른쪽으로 돌려** 조종사 기준 왼쪽의 도움날개가 하향하면 날개 단면의 캠버가 증가해서 양력이 높아지고, 반대로 오른쪽 도움날개가 상향하면 날개 단면의 캠버가 감소하여 양력이 낮아지므로 결국 왼쪽 날개가 올라가고, 오른쪽 날개가 내려가는 **양**(+)**의 옆놀이 모멘트**(rolling moment)가 발생한다. 반대로 **조종간을**

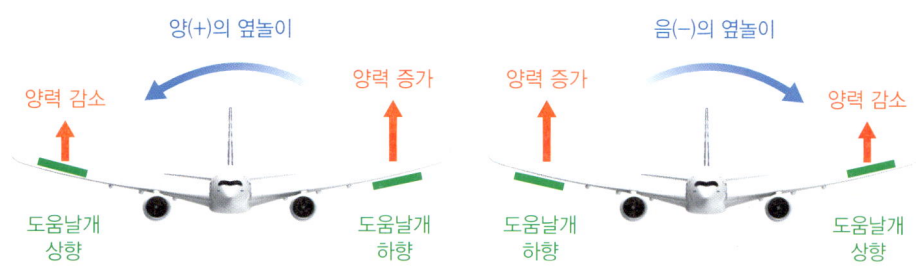

[그림 13-13] 도움날개(aileron) 작동에 의해 옆놀이운동(rolling) 발생

왼쪽으로 돌려 왼쪽 도움날개가 상향하고, 오른쪽 도움날개가 하향하면 왼쪽 날개가 내려가는 **음(−)의 옆놀이 모멘트**가 발생한다.

날개에 스포일러(spoiler)가 장착된 중·대형 항공기의 경우는 도움날개와 스포일러(spoiler)를 함께 조작하여 옆놀이 조종(roll control)을 하기도 한다. 또한, **도움날개와 플랩이 결합된 플래퍼론(flaperon)**을 장착한 항공기는 이를 이용하여 옆놀이운동을 하고, 급기동을 하는 전투기의 경우는 도움날개뿐만 아니라 키놀이운동에 사용하는 양쪽 스태빌레이터를 서로 반대 방향으로 작동시켜 강한 옆놀이 모멘트를 발생시킨다.

(2) 스포일러

스포일러(spoiler)는 주로 중·대형 항공기에 적용되며, 플랩의 앞쪽 날개 윗면에 부착되어 작**동되는 조종면**이다. 스포일러를 상향하면 **날개 위를 흐르는 공기의 유동을 방해하여 양력을 감소시키고 항력을 증가**시킨다. 특히, 비행 중 스포일러는 도움날개(aileron)의 역할을 보조하기 때문에 **스포일러론(spoileron)**이라고 부르기도 한다.

선회비행을 하려면 방향전환(빗놀이)뿐만 아니라 경사각 증가(옆놀이)도 필요하다. 선회경사각은 선회비행 중 발생하는 원심력에 대응하는 구심력을 만들어 낸다. 항공기는 중량이 크고 속도가 빠르기 때문에 선회중심축으로부터 바깥쪽으로 작용하는 원심력이 매우 크다. 따라서 선회중심축 쪽으로 경사각을 주어 양력의 수평성분, 즉 구심력을 만들어 원심력을 상쇄시키지 않으면 항공기는 선회 중 바깥쪽으로 밀리게 되므로 **정확한 원을 그리며 선회하는 균형선회**(coordinated turn)를 할 수 없다.

따라서 날개면적이 넓어 다양한 조종면 구성이 가능한 중·대형 항공기는 **스포일러를 장착하여 선회비행에 사용**한다. 즉, 조종사 기준 오른쪽 날개 위의 스포일러를 상향하면 오른쪽 날개의 형상항력(profile drag)이 증가하면서 기수가 시계 방향으로 도는 양(+)의 빗놀이운동이 발생하여 선회하기 시작한다. 그리고 동시에 오른쪽 날개의 양력이 감소하면서 오른쪽 날개가 내려가는 양(+)의 옆놀이운동도 발생하여 선회경사각을 만든다.

스포일러가 장착되지 않은 항공기는 도움날개와 방향타를 사용하여 옆놀이운동과 빗놀이운

Airbus A320-200 여객기의 스포일러(spoiler) 작동. 날개에 장착된 스포일러는 비행 중 조종면으로(좌), 그리고 착륙활주 중에는 감속장치인 스피드 브레이크(speed brake)로 사용한다(우).

동을 발생시켜 선회비행을 하고, 큰 선회반경으로 선회하는 항공기는 방향타를 사용하지 않고 도움날개만 사용하기도 한다. 그러나 도움날개만 사용하는 경우, 역빗놀이(adverse yaw)와 같이 정상적인 선회비행을 방해하는 현상이 발생할 수 있으므로 이를 방지하기 위한 기술이 적용된 도움날개를 사용해야 한다.

또한, 착륙 후 착륙활주거리를 단축시키기 위하여 양쪽 날개의 스포일러를 상향하는데, 이때는 스피드 브레이크(speed brake), 즉 항력 발생을 통한 감속(deceleration)장치로 사용된다.

(3) 플래퍼론

날개에 부착된 고양력장치인 플랩(flap)과 조종면인 에일러론(aileron)을 통합하면 조종면의

플래퍼론과 스태빌레이터를 장착한 Lockheed Martin F-35A Lightning II 전투기

작동구조가 단순화되고 중량이 줄어드는 큰 장점이 있다. 따라서 이와 같은 목적으로 구성된 조종면이 **플래퍼론**(flaperon)인데, 이는 **플랩**(flap)과 **도움날개**(aileron)의 **합성어**이다. 즉, 이착륙 중에는 플래퍼론을 하향하여 고양력장치로 사용하고, 비행 중에는 양쪽 플래퍼론을 반대로 작동하여 옆놀이운동을 발생시키는 도움날개의 용도로 사용한다. 단, 이착륙 중 옆놀이운동을 할 때는 조종면 작동방식이 복잡해지는데, 이는 모든 비행환경에서 다양한 비행제어가 가능하도록 구성된 fly-by-wire 조종계통을 사용함으로써 해결할 수 있다. 즉, 플래퍼론은 구조의 단순화와 중량의 절감이 중요한 fly-by-wire 경량 전투기에 많이 적용되고 있다. 아울러 도움날개, 복잡한 구조의 고양력장치, 스포일러 등 많은 구성품이 장착된 날개 구조를 단순하게 통합하기 위하여 Boeing 777과 같은 여객기에도 플래퍼론이 장착되고 있다.

(4) 고속/저속 도움날개

일반적으로 도움날개는 날개의 바깥쪽에 위치하고, 도움날개를 작동하여 발생하는 공기역학적 힘인 양력의 증감으로 항공기의 옆놀이 조종을 한다. 고속비행 중에는 날개에 작용하는 동압이 크기 때문에 날개의 앞전이 들리는 비틀림현상이 나타난다. 특히, 두께가 얇은 날개 바깥쪽 부분이 비틀림에 취약하다. 날개 바깥쪽 부분에 앞전이 올라가는 비틀림이 발생하면 받음각이 커지기 때문에 양력이 거의 최대치까지 증가한다. 이렇게 양력이 최대인 상태에서 옆놀이 조종을 위하여 날개 바깥쪽에 위치한 도움날개를 작동하더라도 도움날개에 의한 양력 증감효과는 미미하다. 따라서 일부 제트 여객기에는 고속비행에 사용하기 위한 별도의 도움날개를 비틀림에 취약하지 않은 날개 안쪽에 구성하기도 하는데, 이를 **고속 도움날개**(high-speed aileron)라고 한

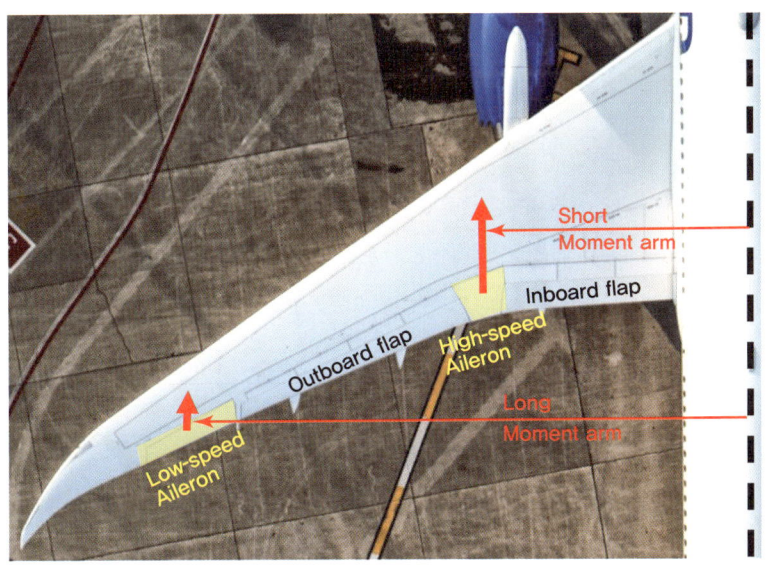

[그림 13-14] Boeing 787의 고속 도움날개와 저속 도움날개

다. 일반적인 위치, 즉 날개 바깥쪽에 위치하여 날개 비틀림이 거의 없는 저속비행 중에 사용하는 도움날개를 **저속 도움날개**(low-speed aileron)라고 구분하여 일컫는다.

고속 도움날개는 동체에 가까운 날개 안쪽에 위치하므로 동체중심부터 고속 도움날개까지의 거리, 즉 모멘트 암의 길이가 짧기 때문에 옆놀이 모멘트가 약할 수 있다. 하지만 고속비행 중에는 동압이 크고, 따라서 도움날개에서 발생하는 양력 증감이 크므로 짧은 모멘트 암으로도 충분한 옆놀이 모멘트를 발생시킬 수 있다. 마찬가지로 저속에서는 저속 도움날개의 동압이 작지만 모멘트 암의 길이가 길기 때문에 항공기가 원활하게 옆놀이운동을 할 수 있는 모멘트를 만들어 낸다. 특히 고속도움날개는 이착륙 중 플랩으로 사용하므로 플래퍼론(flaperon)으로 부르기도 한다.

(5) 스태빌레이터

전투기와 같이 높은 기동성이 요구되는 항공기가 회피기동 등의 급격한 옆놀이운동을 할 때는 도움날개의 효과가 부족할 수도 있다. 현대의 전투기는 키놀이운동을 위한 조종면으로 승강타 대신 **스태빌레이터**(stabilator)가 장착되어 있기 때문에 도움날개와 함께 작동하면 **신속하고 강한 옆놀이운동을 발생**시켜 급기동이 가능해진다. 즉, 도움날개와 함께 양쪽 스태빌레이터를 동시에 서로 반대로 작동하면 조종면에 큰 힘이 발생하여 급격한 옆놀이운동을 할 수 있다.

Photo: Boeing

플래퍼론과 스태빌레이터를 이용하여 급격한 옆놀이운동을 하고 있는 Boeing T-7A Red Hawk 초음속 연습기

(6) 역빗놀이현상

옆놀이를 위하여 도움날개를 작동하면 양력 변화와 항력 변화가 동시에 발생하여 빗놀이운동도 함께 발생하는 옆놀이-빗놀이 커플링(roll-yaw coupling) 현상이 나타난다. 만약, 시계 방향으로 선회비행을 한다고 가정하자. 이때 선회중심축 쪽으로 경사각을 주고 선회를 진행해야 하

므로 오른쪽 날개가 내려가는 양(+)의 옆놀이운동을 해야 한다. 따라서 조종사 기준 오른쪽 날개의 도움날개를 상향하여 오른쪽 날개의 양력을 감소시키고, 왼쪽 날개의 도움날개를 하향하여 왼쪽 날개의 양력을 증가시켜야 한다.

유도항력(induced drag)은 양력에 비례하는 항력이다. 즉, 다음의 유도항력계수의 정의에서 알 수 있듯이, 양력계수(C_L)가 증가하면 유도항력계수(C_{D_i}) 역시 증가하게 된다.

$$C_{D_i} = \frac{C_L^2}{\pi e AR}$$

그러므로 도움날개가 상향하면 날개 단면의 캠버(camber)가 감소하면서 양력이 낮아진다. 그리고 양력이 감소하면 항력, 특히 유도항력이 낮아지게 된다. 반대로 도움날개가 하향하면 날개 단면의 캠버가 증가하여 양력이 증가하고, 따라서 항력도 높아진다.

도움날개를 하향하는 왼쪽 날개의 항력이 커지면서 기수가 반시계 방향, 즉 원래 의도했던 회

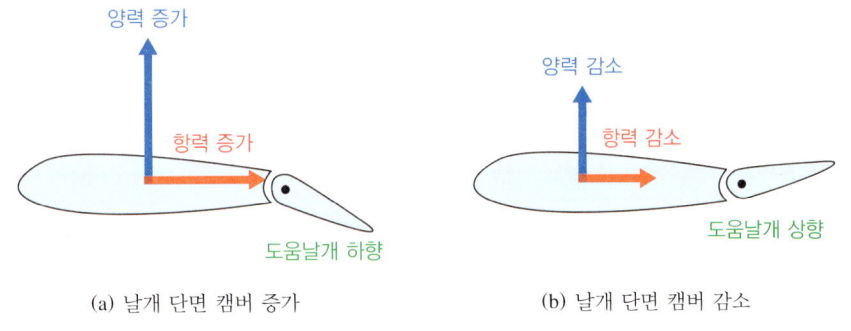

[그림 13-15] 도움날개의 작동에 의한 양력 및 항력의 증감

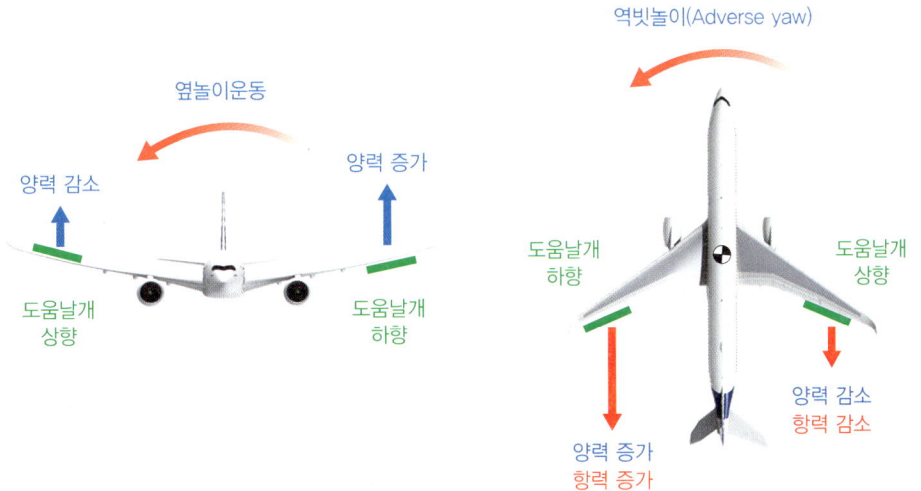

[그림 13-16] 역빗놀이(adverse yaw)의 발생

전 방향의 반대로 도는 빗놀이운동이 발생한다. **한쪽으로 방향 전환을 할 때 양쪽 날개의 항력 차이 때문에 반대쪽 방향으로 빗놀이 모멘트가 발생한다고 하여 이를 역빗놀이(adverse yaw) 현상**이라고 한다. 이러한 현상은 날개 스팬(span)이 길어 빗놀이 모멘트 암이 긴 항공기에게 더욱 강하게 나타난다. 따라서 **프리즈(frise) 도움날개**와 **디퍼렌셜(differential) 도움날개**는 역빗놀이를 완화하기 위하여 고안된 도움날개 형태이다. 아울러 도움날개를 사용하지 않고 스포일러(spoiler)를 작동하여 선회비행을 할 때는 선회중심축 쪽으로 내려가는 날개에서의 항력 증가가 현저하므로 선회 방향으로 기수가 돌아가기 때문에 역빗놀이현상은 발생하지 않는다.

(7) 프리즈(frise) 도움날개

방향타를 조작하여 빗놀이 모멘트를 발생시켜 역빗놀이현상을 완화시키기도 하지만, **프리즈 도움날개** 또는 **디퍼렌셜 도움날개** 등 특수하게 구성된 도움날개를 사용하기도 한다. 프리즈 도움날개의 특징은 [그림 13-17]과 같이 앞부분에 경사가 적용되어 있다. 프리즈 도움날개를 하향할 때는 기존의 다른 도움날개와 마찬가지로 날개 단면의 캠버가 증가하여 윗방향으로 양력이 증가하고 이와 동시에 항력도 증가하게 된다. 그런데 **프리즈 도움날개를 상향하는 경우, 앞부분에 적용된 경사 때문에 앞부분이 날개 아래쪽으로 돌출되어 이 부분에 작용하는 동압으로 인하여 형상항력이 높아져 추가로 항력이 발생하게 된다. 따라서 반대쪽 하향 도움날개의 항력 증가와 균형**을 이루어 역빗놀이현상이 발생하지 않게 된다.

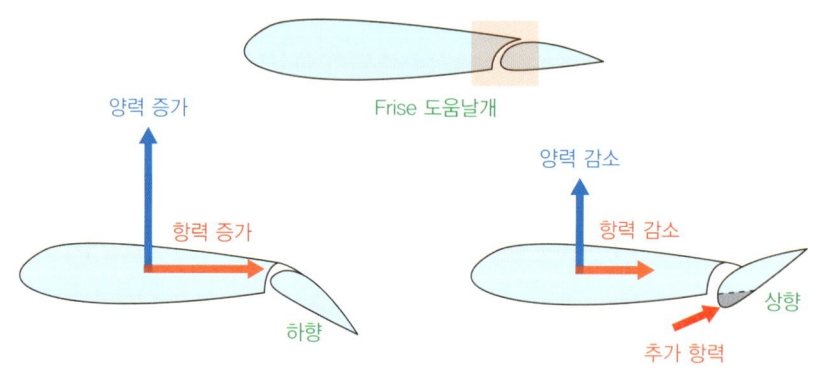

[그림 13-17] 프리즈(frise) 도움날개의 작동방식

(8) 디퍼렌셜(differential) 도움날개

디퍼렌셜 도움날개는 역빗놀이현상을 방지하기 위하여 좌우 도움날개의 전개각도를 달리하는 방식이다. 도움날개를 하향 전개하면 날개 단면의 캠버가 커지면서 양력과 항력이 증가하고, 따라서 역빗놀이현상이 발생한다. 그러므로 **하향하는 도움날개는 작은 각도로, 상향하는 도움날개의 각도는 큰 각도로 전개**되도록 도움날개의 조종계통을 구성한다. 즉, 도움날개의 적당한 상향

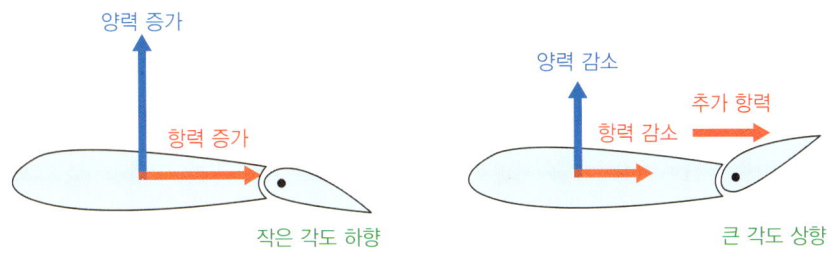

[그림 13-18] 디퍼렌셜(differential) 도움날개의 작동방식

각도는 캠버를 감소시켜 양력과 항력이 낮아지지만, 윗면을 지나는 공기의 흐름을 방해할 정도로 도움날개의 상향각도를 높이면 형상항력이 증가하게 된다. 이렇게 추가로 발생하는 상향 도움날개 쪽의 형상항력이 하향 도움날개의 항력과 균형을 이루면 역빗놀이현상을 방지할 수 있다.

13.5 빗놀이 조종

(1) 방향타

빗놀이운동(yawing)을 발생시키는 조종면은 기본적으로 수직안정판에 부착된 **방향타**(rudder)이다. 조종석의 **오른쪽 페달**(rudder pedal)**을 발로 누르면** 방향타가 오른쪽으로 이동하고, 따라서 항공기를 위에서 볼 때 수평안정판 단면을 기준으로 하여 왼쪽으로 캠버가 생긴다. 이로 인하여 왼쪽으로 작용하는 측력이 발생하여 기수가 시계 방향으로 돌아가는 **양(+)의 빗놀이 모멘트**(yawing moment)가 발생한다. 반대로 **왼쪽 페달을 밟아** 방향타가 왼쪽으로 작동하는 경우는

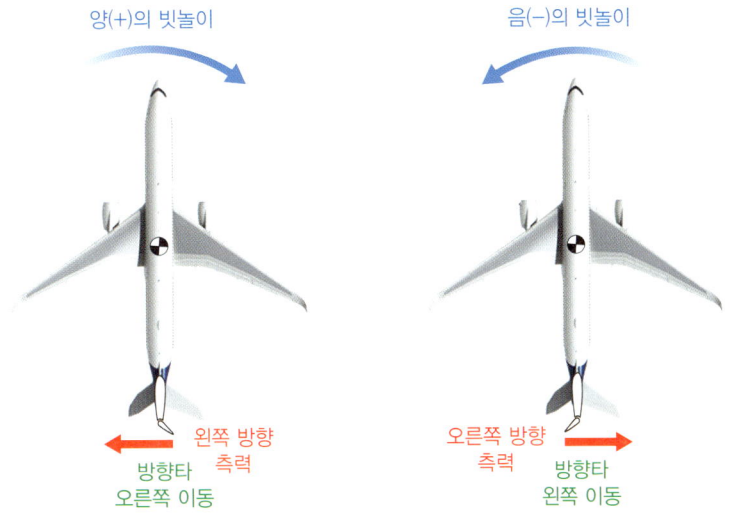

[그림 13-19] 방향타(rudder) 작동에 의해 빗놀이운동(yawing) 발생

음(−)의 빗놀이 모멘트가 발생한다.

중·대형 항공기에 장착되는 스포일러(spoiler)는 옆놀이운동뿐만 아니라 빗놀이운동도 발생시킨다. 아울러 수직안정판이 없는 독특한 형상의 항공기는 방향타 대신 장착되는 **스플릿 러더**(split rudder), **러더베이터**(ruddervator) 등의 조종면을 이용하여 빗놀이운동을 한다.

빗놀이운동을 위하여 방향타를 작동시키면 수직안정판에 측력이 발생한다. 그런데 무게중심이 수직안정판, 즉 측력의 작용점 아래에 있으면 측력으로 인하여 한쪽 날개가 내려가는 옆놀이 모멘트가 발생한다. 옆놀이운동을 위한 도움날개의 작동으로 빗놀이가 발생하듯이, **빗놀이운동을 위한 방향타의 작동으로 옆놀이운동이 발생**할 수 있다.

따라서 옆놀이와 빗놀이의 상호작용으로 나타나는 옆놀이-빗놀이 커플링(roll-yaw coupling)의 특성 때문에 두 가지 운동을 서로 연계하여 항공기의 조종성과 안정성을 검토하는 것이 일반적이다.

(2) 스플릿 러더

삼각형 날개 비행기 중에는 수직안정판까지 생략된 형태가 있는데 꼬리날개, 즉 수직·수평 안정판이 없다고 하여 **무미익기**(tailless airplane) 또는 기체가 날개로만 이루어졌다고 하여 **전익기**(flying wing)라고 부른다. 과거의 무미익기는 익면하중(W/S)을 감소시키고 유해항력(parasite drag), 특히 간섭항력(interference drag)을 줄임으로써 공기역학적 성능을 극대화하기 위하여 제작되었다. 최근에는 **레이다 반사면적**(Radar Cross Section, RCS)의 최소화에 따른 스텔스 성능을 위하여 무미익기가 개발되고 있다. 또한, 무미익기는 **무게중심이 공력(양력)중심보다 후**

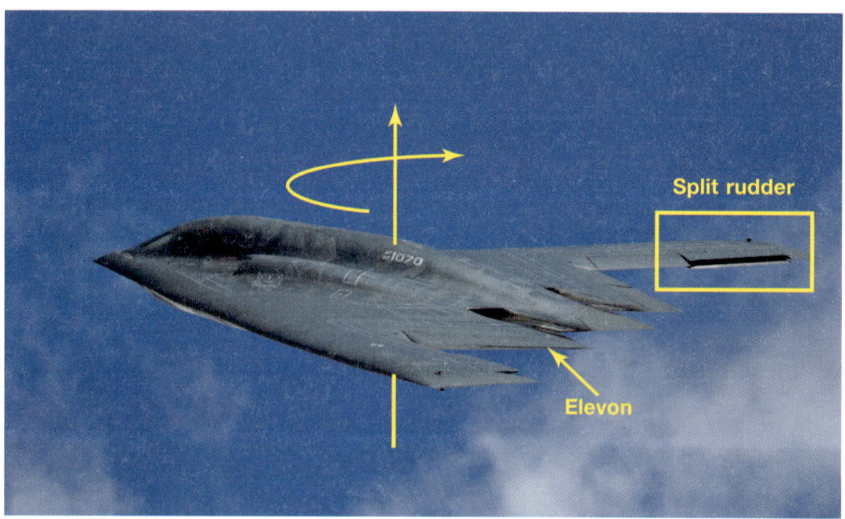

Northrop Grumman B-2A 폭격기가 오른쪽 스플릿 러더(split rudder)를 전개하여 오른쪽 날개의 항력을 증가시켜 양(+)의 빗놀이 모멘트를 발생시키고 있다. 키놀이와 옆놀이 모멘트는 날개 안쪽의 엘러본(elevon)을 사용한다. 이 항공기는 간섭항력과 레이더 반사면적(RCS) 감소를 위하여 수평·수직안정판이 없는 무미익기 형태로 설계되었다.

방에 위치하는 경우가 많으므로 기본적으로 **음(−)의 정적 여유, 즉 세로 불안정**한 특성이 있다.

무미익기의 경우, 키놀이와 옆놀이운동은 엘러본(elevon)이 담당하고, 빗놀이운동이 필요할 때는 날개의 가장 바깥쪽에 위치한 **스플릿 러더**(split rudder)를 사용한다. 즉, **한쪽 스플릿 러더를 전개하여 항력을 증가**시키면 그쪽 방향의 날개가 후퇴하며 기수가 돌아가는 **빗놀이운동이 발생**한다. 착륙 중에는 양쪽 스플릿 러더를 모두 전개하여 스피드 브레이크로 사용한다.

(3) 러더베이터

러더베이터(rudervator)는 **방향타**(rudder)와 **승강타**(elevator)의 합성어로서 방향타와 승강타의 특성이 결합된 조종면이다. 수직안정판과 수평안정판의 중간 정도의 경사각도를 가진 V자 형태로 꼬리날개와 러더베이터가 구성된다. 수평안정판과 수직안정판이 결합됨으로써 구조가 단순화되고 기체의 무게가 경감되며 간섭항력과 레이더 반사면적(RCS)이 감소하는 효과가 있다.

러더베이터를 작동시켜 키놀이운동과 빗놀이운동을 발생시키는 과정은 [그림 13-20]을 통하여 설명할 수 있다. 러더베이터를 하향시키면 위로 캠버가 발생하여 위쪽으로 힘, 즉 양력이 발생하고, 반대로 상향시키면 아래로 캠버가 생겨 아래쪽으로 양력이 발생한다. 그림 (a)와 (b)는 키놀이운동을 발생시키는 과정인데, 이는 일반적인 승강타 작동방식과 동일하다. 즉, 그림 (a)와 같이 양쪽 러더베이터를 동시에 상향시키면 아래쪽으로 양력이 발생하여 기수가 올라가는 양(+)의 키놀이운동이, 그리고 양쪽 러더베이터를 동시에 하향시키면 기수가 내려가는 음(−)의 키놀이운동이 발생한다.

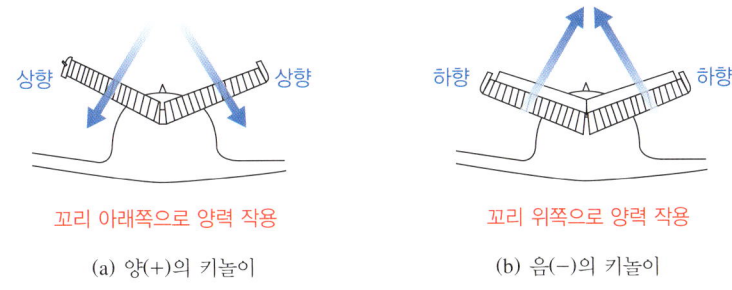

[그림 13-20] 러더베이터의 키놀이운동(pitching) 발생과정

그런데 러더베이터가 빗놀이운동을 발생시키는 과정은 일반적인 형태의 방향타의 경우와 다르다. 즉, [그림 13-21(a)]와 같이 왼쪽 러더베이터를 상향하여 아래쪽으로 향하는 힘을, 그리고 오른쪽 러더베이터를 하향하여 위쪽으로 향하는 힘을 발생시킨다. 이때 양쪽 힘벡터의 합은 꼬리를 기준으로 오른쪽에서 왼쪽으로 작용하는 힘, 즉 **측력**이 되는데, 이 측력이 기수를 시계 방향으로 돌려 양(+)의 빗놀이운동을 발생시킨다. [그림 13-21(b)]와 같이 반대로 왼쪽 러더베이터를 하향하고, 오른쪽을 상향하면 왼쪽에서 오른쪽으로 작용하는 측력을 발생시켜 음(−)의 빗놀이운동을 만든다.

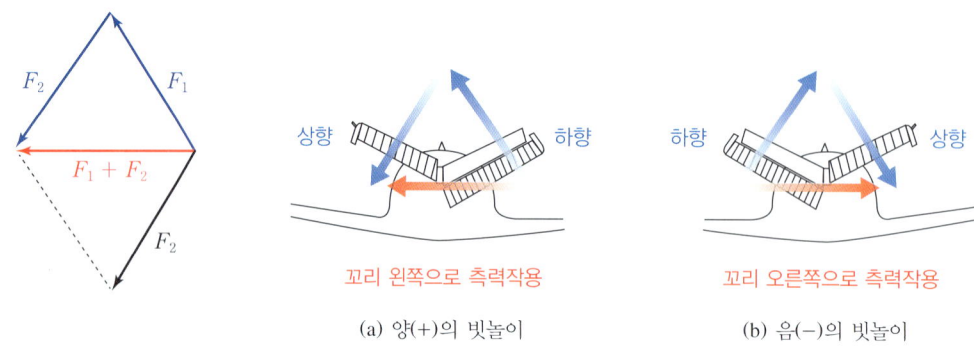

(a) 양(+)의 빗놀이   (b) 음(−)의 빗놀이

[그림 13–21] 러더베이터의 빗놀이운동(yawing) 발생과정

러더베이터(ruddervator)를 장착한 Northrop Grumman RQ-4 Global Hawk. 러더베이터는 기체 중량, 항력, 레이더 반사면적을 감소시키는 효과가 있으나, 키놀이 조종계통과 빗놀이 조종계통이 결합되므로 일반적인 형태의 항공기보다 조종계통 설계가 복잡한 단점이 있다.

13.6 조종력 감소

(1) 조종면 힌지 모멘트 및 조종력

항공기가 비행하는 동안 조종면 힌지(hinge)에 작용하는 모멘트는 다음의 관계식으로 정의할 수 있다. 즉, 조종면 힌지 모멘트는 조종면의 형상에 따른 힌지 모멘트계수(C_H), 조종면의 면적(S_c)에 작용하는 동압($\frac{1}{2}\rho V^2$), 모멘트암에 해당하는 조종면 평균공력시위길이($\bar{c}_c$)에 의하여 결정된다. 조종면 면적(S_c)을 조종면 스팬길이(b_c)와 조종면 평균공력시위길이($\bar{c}_c$)의 곱으로 정의하면 조종면 힌지 모멘트는 조종면 평균공력시위길이의 제곱($\bar{c}_c^2$)으로 다음과 같이 표현할 수 있다. 고도 8,000 km에서 $M=0.85$의 속도로 비행하는 항공기의 기체에 작용하는 동압은 18,000 Pa

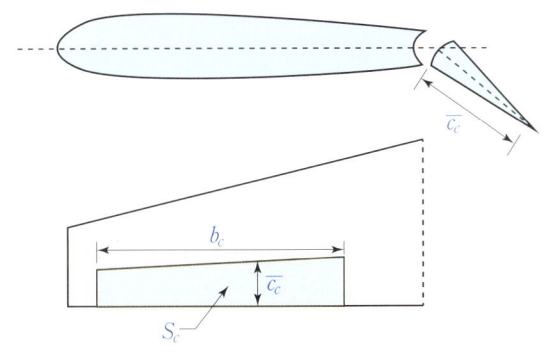

[그림 13-22] 조종면의 평균공력시위($\bar{c}_c$)와 조종면 면적(S_c)의 정의

에 달한다. 따라서 **비행 중 강한 동압, 즉 공기력이 작용하고 있는 조종면을 움직이려면 조종사가 조종면 힌지 모멘트보다 더 큰 힘, 즉 조종력(stick force)을 조종면에 부여**해야 한다.

$$\text{조종면 힌지 모멘트}: H = C_H \frac{1}{2}\rho V^2 S_c \bar{c}_c = C_H \frac{1}{2}\rho V^2 b_c \bar{c}_c^2$$

위의 관계식에서 볼 수 있듯이, **조종면 힌지 모멘트는 비행속도의 제곱(V^2), 조종면 면적(S_c), 또는 조종면 평균공력시위길이의 제곱($\bar{c}_c^2$)에 비례**한다. 따라서 비행속도가 빠르거나, 조종면 면적이 큰 항공기는 강한 조종면 힌지 모멘트가 발생하기 때문에 상당한 크기의 조종력이 요구된다. 비행 중인 중·대형 여객기의 조종면을 움직이려면 조종계통에서 20,000,000 Pa(3,000 psi) 이상의 압력을 발생시켜야 한다. 따라서 대부분의 현대 항공기는 유압 또는 전기적 에너지를 이용하여 조종면을 작동하는 압력과 힘을 증폭함으로써 조종사의 **조종력을 경감시키는 조종력 감소장치**를 사용한다. 또한, 유압과 전기 등의 별도 동력이 필요 없이 단순한 기계적 원리를 활용하거나 조종면 형상을 일부 변형하면 **조종면에 작용하는 공기력을 이용하여 조종력을 감소시킬** 수 있는데, 이러한 조종력 감소장치의 종류와 특징은 다음과 같다.

(2) 오버행, 혼, 인세트 밸런스

조종면, 특히 승강타 또는 방향타의 **힌지선(hinge line)의 위치를 조절하여 조종면을 구성하면 조종력을 감소시킬 수 있다**. 예를 들어 **오버행(overhang) 밸런스** 형식으로 제작된 승강타의 경우, 비행 중 승강타가 상향하도록 조종력을 주면 힌지선 앞쪽에 위치한 **승강타 앞전(leading edge) 부분은 수평안정판 아래쪽으로 노출**된다. 따라서 노출된 앞전 부분은 동압, 즉 공기력을 받아 전체 승강타가 위쪽으로 회전하는 모멘트가 발생하는데, 이는 조종력을 부여하는 방향과 같으므로 그 모멘트만큼 조종사의 조종력이 감소될 수 있다. 그러나 비행속도나 받음각 등 비행조건에 따라 조종면 앞전에 작용하는 동압의 크기가 변화하므로 감소하는 조종력에도 차이가 발생한다.

혼(horn) 밸런스와 **인세트(inset) 밸런스**는 **조종면 앞전의 일부만 힌지선 앞으로 위치시키는**

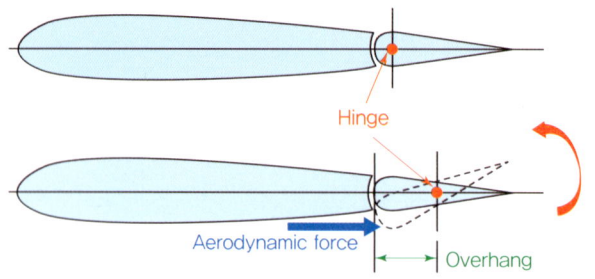

[그림 13-23] 오버행(overhang)의 정의

형태로서 비행속도가 빠른 고속 항공기의 경우, 강한 공기력에 의하여 조종면을 회전시키는 모멘트가 과도해짐에 따라 조종사가 설정하고자 하는 조종면 각도를 초과하는 문제가 발생하기 때문에 이를 방지하기 위하여 오버행 면적을 줄인 것이다.

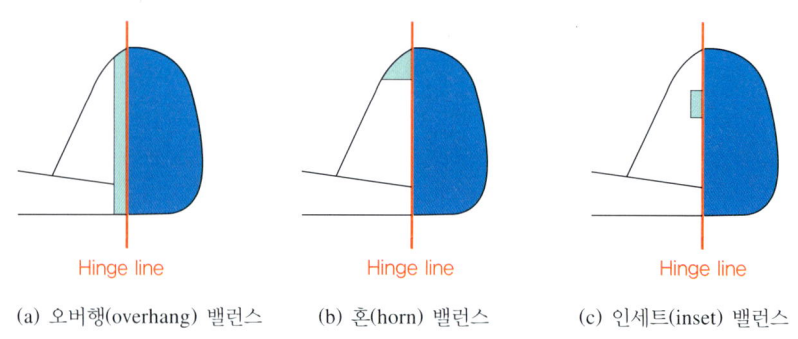

(a) 오버행(overhang) 밸런스   (b) 혼(horn) 밸런스   (c) 인세트(inset) 밸런스

[그림 13-24] 오버행, 혼, 인세트 밸런스

(3) 평형탭

또 다른 형태의 조종력 감소장치는 **평형탭**(balance tab)으로, 조종면의 면적이 넓어 큰 조종력이 필요한 중대형 항공기에 많이 사용된다. **탭(tab)은 조종면의 뒷전(tailing edge)에 설치되고, 조종면과 분리되어 별도로 작동하는 일종의 작은 조종면**이다.

[그림 13-25]와 같이, **조종면과 평형탭은 항상 반대 방향의 각도로 작동되도록 기계적으로 연결**되어 있다. 즉, 조종면을 상향시키면 기계적으로 연결된 평형탭은 하향각도를 가지게 되고, 이에 따라 조종면의 날개 단면을 기준으로 위쪽으로 향하는 캠버가 형성된다. 그러므로 조종면을 위로 향하게 하는 양력이 발생하는데, 이는 조종면을 상향시키는 조종력에 힘을 더해 준다. 반대로 조종면을 하향시킬 때는 평형탭이 위로 향하게 되어 조종력이 경감된다.

(4) 서보탭

조종면과 탭이 서로 기계적으로 연결되어 반대 방향으로 작동하는 평형탭과 달리 **서보탭**(servo

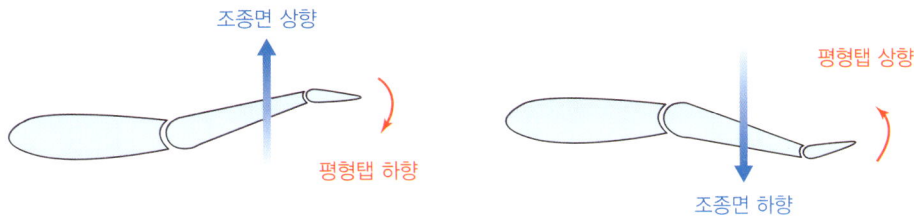

[그림 13-25] 평형탭의 작동방식

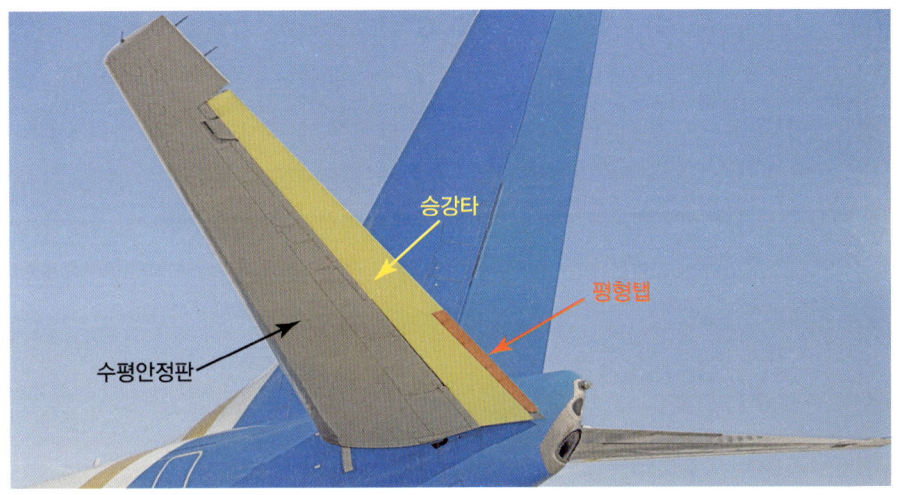

Boeing 737의 승강타에 장착된 평형탭(balance tab). 승강타의 작동 방향과 반대 방향으로 평형탭을 작동하고 이때 발생하는 힘으로 승강타를 작동하는 조종력을 경감시킨다.

tab)은 **탭만 별도로 조종되도록 구성**되어 있다. 예를 들어 항공기의 기수 내림 조종, 즉 음(−)의 키놀이운동을 위하여 승강타에 설치된 서보탭만 상향시키면 승강타의 날개 단면을 기준으로 아래쪽으로 향하는 캠버가 형성되고, 승강타 아래쪽으로 힘이 발생하여 전체 승강타가 하향하게 된다. 승강타가 하향함에 따라 항공기 꼬리 부분이 위로 올라가는 힘이 발생하여 결과적으로 기수가 내려가는 음(−)의 키놀이 모멘트가 나타난다. 평형탭과 마찬가지로 조종면 면적이 넓어 조종력 경감이 요구되는 중대형 항공기의 조종계통의 일부로서 구성된다.

(5) 트림탭

트림(trim)이란 항공기에 작용하는 모든 힘들이 서로 균형을 이루어 항공기 기준축에 대하여 키놀이·옆놀이·빗놀이 모멘트가 없는 평형(equilibrium)상태를 말한다. 비행 중에는 돌풍 등의 외부 교란 또는 무게중심의 변화에 따라 항공기에 모멘트가 발생하는데, 항공기 스스로 평형상태로 복귀하지 않는다면 조종면을 작동하여 모멘트를 상쇄하는 트림을 진행해야 한다. 하지만 트림을 위하여 조종면 전체를 작동시키는 것보다 작은 면적의 탭을 작동시키면 훨씬 적은 조종력이 필요하게 되는데 이러한 역할을 하는 탭을 트림탭(trim tab)이라고 한다.

작동방식은 서보탭과 마찬가지로 조종면을 작동하려는 방향과 반대 방향으로 반대로 트림탭을 조작한다. 그러나 서보탭은 항공기를 원하는 방향으로 조종할 때 사용하는 조종면의 일부라면, 트림탭은 항공기의 안정성 증가를 위하여 균형을 잡을 때 작동시키는 부분이다. 평형상태, 즉 트림상태에서는 모멘트가 없으므로 항공기에 대한 조종력이 '0'이 된다. 그러므로 평형탭과 서보탭은 조종력을 감소시키는 조종면의 일부이지만, **트림탭은 항공기가 모멘트가 없는 평형상태, 즉 조종력이 '0'인 상태로 만들어 비행 안정성을 유지하는** 역할을 한다.

트림탭이 평형탭 및 서보탭과 구별되는 또 다른 특징은 탭을 작동시키는 장치라는 점이다. 조종간이나 페달에 의하여 구동하는 평형탭 또는 서보탭과 달리, **트림탭은 트림휠(trim wheel)과 같은 별도의 조종장치에 의하여 작동**한다. 즉, 순항비행 중 기수가 내려가는 모멘트가 발생하면 조종석의 트림휠을 돌려서 승강타에 있는 트림탭의 각도를 조절하고, 기수가 올라가는 모멘트를 발생시켜 다시 트림 상태로 복귀시킨다. 최근 개발된 항공기는 트림탭 대신 Trimmable Horizontal Stabilizer(THS)와 같이 수평안정판 전체의 각도를 조절하여 트림을 진행하는 방식을 사용하고 있다.

Supermarine Spitfire MK I 전투기의 조종석 측면에 설치된 트림휠(좌). 그리고 수평안정판 및 수직안정판에 장착된 혼 밸런스와 트림탭(우)

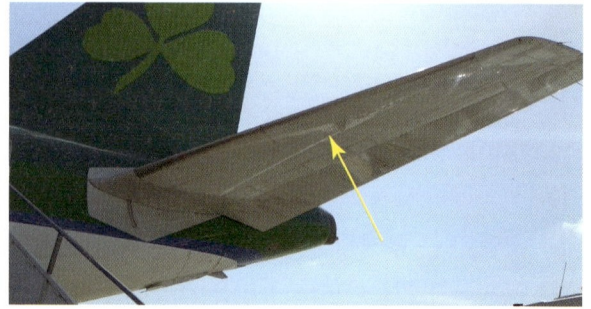

Airbus A320 여객기의 조종석에 설치된 트림휠(좌)과 Trimmable Horizontal Stabilizer(THS)(우)

(6) 질량 밸런스

질량 밸런스(mass balance)는 조종력 감소장치는 아니지만 조종면의 효율 개선을 위하여 장착된다. 비행 중 난류(turbulent flow), 유동박리(flow separation), 충격파(shock wave)의 발생 또는 기계적 문제로 **조종면 떨림현상, 즉 플러터**(flutter)가 발생할 수 있다. 플러터는 떨림의 강도가 비교적 낮은 버피팅(buffeting)과 비교하여 **진동의 강도가 크고 이에 따라 항공기 구조에 충격을 가하거나 비행 불안정을 유발**한다.

조종면을 옆에서 볼 때 힌지선(hinge line) 뒤쪽 부분이 무거워질수록 플러터가 강해지고, 반대로 힌지선 근처가 무거우면 플러터의 강도를 줄일 수 있다. 따라서 [그림 13-26]과 같이 **힌지선 근처에 무게추(weight) 형태의 질량 밸런스를 부착하여 플러터를 경감**시킨다. 그런데 질량 밸런스는 기본적으로 외부 돌출물이기 때문에 비행 중 항력을 증가시키는 요소가 될 수 있다. 그러므로 현대의 항공기는 외부에 질량 밸런스를 부착하는 대신 힌지선 근처에 위치한 조종면 내부 구조물의 무게를 증가시키는 형태로 조종면을 구성하고 있다.

Photo: Badobadop

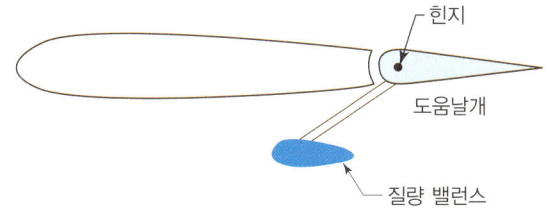

[그림 13-26] Messerschmitt Bf-110 전투 폭격기(1937)의 도움날개에 장착된 질량 밸런스

CHAPTER 13 SUMMARY

- **조종성(controllability)**: 항공기를 조종할 때 항공기가 이에 반응하는 성능을 말하며, 조종성이 높은 항공기일수록 조종사가 제어하는 대로 원활하게 반응하며 비행한다.
- 조종성은 안정성(stability)과 상반되는 성능이기 때문에 전투기와 같이 우수한 조종성 또는 기동성이 요구되는 항공기는 인위적으로 안정성을 낮추거나 불안정하게 설계한다.
- 키놀이운동과 옆놀이운동은 조종간(control stick), 빗놀이운동은 러더페달(rudder pedal)을 조작하여 발생한다.
- **키놀이 조종면**: 주로 승강타를 사용하지만, 스태빌레이터(stabilator), 엘러본(elevon), 카나드(canard), THS도 키놀이운동을 발생시킨다.
- **스태빌레이터(stabilator)**: 수평안정판(stabilizer)과 승강타(elevator)가 통합된 형태의 조종면으로, 승강타의 면적이 넓어서 고속비행 중 효율이 증가한다. 키놀이 조종을 위한 양쪽 스태빌레이터를 서로 반대로 작동시키면 급격한 옆놀이운동이 발생한다.
- **엘러본(elevon)**: 승강타(elevator)와 도움날개(aileron)가 통합된 형태의 조종면으로, 수평안정판이 없는 삼각형 날개(delta wing)의 항공기에 적용된다.
- **카나드(canard)**: 날개 전방에 배치되는 스태빌레이터로, 항공기의 양력을 증가시킨다.
- **Trimmable Horizontal Stabilizer(THS)**: 현대 중·대형 제트항공기에 장착되어 키놀이 트림(pitch trim)에 사용되는 조종면
- **옆놀이 조종면**: 주로 도움날개를 사용하지만 스포일러(spoiler), 플래퍼론(flaperon), 스태빌레이터(stabilator)도 옆놀이운동을 발생시킨다.
- **스포일러(spoiler)**: 플랩 앞쪽 날개 윗면에 부착되어 작동되는 조종면으로, 전개되는 날개의 양력을 낮추고 항력을 높여 옆놀이운동과 빗놀이운동을 발생시킨다.
- **플래퍼론(flaperon)**: 고양력장치인 플랩(flap)과 도움날개(aileron)가 통합된 형태의 조종면으로, 구조의 단순화와 중량 절감이 특징이다.
- **빗놀이 조종면**: 주로 방향타를 사용하지만 스포일러(spoiler), 스플릿 러더(split rudder), 러더베이터(ruddervator)도 빗놀이운동을 발생시킨다.
- **스플릿 러더(split rudder)**: 수평·수직안정판이 없는 무미익기 또는 전익기에 장착되며, 한쪽 날개의 스플릿 러더를 전개하면 항력이 증가하면서 빗놀이운동이 발생한다.
- **러더베이터(ruddervator)**: 방향타(rudder)와 승강타(elevator)가 통합된 형태의 조종면으로, 양쪽 러더베이터를 같은 방향으로 작동하면 키놀이운동이, 서로 반대 방향으로 작동하면 빗놀이운동이 발생한다.

CHAPTER 13 SUMMARY

- **역빗놀이 현상:** 항공기가 방향 전환을 할 때 양쪽 날개의 항력 차이 때문에 반대쪽 방향으로 빗놀이 모멘트가 발생하는 현상으로, 프리즈(frise) 도움날개 또는 디퍼렌셜(differential) 도움날개를 통하여 대응한다.

- **프리즈(frise) 도움날개:** 도움날개를 위쪽으로 전개할 때 도움날개 앞쪽이 날개 아래쪽으로 돌출되도록 구성하고, 이에 따라 발생하는 항력 차이로 역빗놀이 현상을 해소한다.

- **디퍼렌셜(differential) 도움날개:** 좌우 도움날개의 전개각도를 달리하여 발생하는 항력 차이로, 역빗놀이 현상을 해소한다.

- **조종면 힌지 모멘트:** $H = C_H \dfrac{1}{2} \rho V^2 S_c \bar{c}_c = C_H \dfrac{1}{2} \rho V^2 b_c \bar{c}_c^2$

  C_H: 힌지 모멘트계수, S_c: 조종면 면적, $\bar{c}_c$: 조종면 평균공력시위길이, b_c: 조종면 스팬길이

- 비행 중 강한 동압과 공기력이 작용하고 있는 조종면을 조작하려면 조종면 힌지 모멘트보다 큰 조종력(stick force)을 조종면에 부여한다.

- **오버행 밸런스(앞전 밸런스), 혼 밸런스, 인세트 밸런스:** 힌지선(hinge line)의 위치를 조절하여 조종면을 구성함으로써 조종력을 감소시킨다.

- **탭(tab):** 조종면 뒷전에 조종면과 분리되어 설치되고, 작동하는 작은 조종면이다.

- **평형탭(balance tab):** 조종면과 항상 반대 방향의 각도로 탭이 작동되도록 기계적으로 연결하여 탭에 의한 공기력 발생으로 조종력을 감소시킨다.

- **서보탭(servo tab):** 탭만 작동되도록 구성하고, 탭에 의한 공기력으로 전체 조종면을 움직이는 조종력 감소장치이다.

- **트림탭(trim tab):** 항공기가 모멘트가 없는 트림 상태, 즉 조종력이 '0'인 상태로 만들어 비행 안정성을 유지한다.

- **평형추:** 힌지선 근처에 무게추 형태로 장착되어 난류 또는 충격파에 의한 조종면의 떨림 현상, 즉 플러터(flutter)를 경감시킨다.

PRACTICE

01 다음 중 역빗놀이(adverse yaw) 현상을 감소시키는 장치는?

① 오버행 밸런스 ② 혼 밸런스
③ 내부 밸런스 ④ frise 도움날개

해설 프리즈(frise) 도움날개는 위 방향으로 전개될 때 도움날개의 앞쪽이 날개 아래쪽으로 돌출되도록 구성하고, 이에 따라 발생하는 항력 차이로 역빗놀이 현상을 해소한다.

02 조종면의 힌지 모멘트에 대한 설명 중 가장 바른 것은?

① 조종면의 면적에 반비례한다.
② 조종면을 작동시키려면 힌지 모멘트가 조종력보다 커야 한다.
③ 공기의 밀도가 높을수록 힌지 모멘트가 커진다.
④ 공기의 유동속도가 낮을수록 힌지 모멘트가 커진다.

해설 조종면의 힌지 모멘트 $H = C_H \frac{1}{2} \rho V^2 S_c \bar{c}_c = C_H \frac{1}{2} \rho V^2 b_c \bar{c}_c^2$ 으로 정의하므로 조종면의 힌지 모멘트는 힌지 모멘트계수(C_H), 공기의 밀도(ρ), 비행속도(유동속도)의 제곱(V^2), 조종면의 면적(S_c), 조종면 스팬길이(b_c), 조종면 평균공력시위길이의 제곱($\bar{c}_c^2$)에 비례한다.

03 탭의 종류 중 조종면이 움직이는 방향과 반대 방향으로 탭이 움직이도록 기계적으로 연결하여 조종력을 경감시키는 것은?

① 평형탭(balance tab)
② 서보탭(servo tab)
③ 스프링 탭(spring tab)
④ 트림탭(trim tab)

해설 평형탭은 조종면과 항상 반대 방향의 각도로 탭이 작동되도록 기계적으로 연결하여 탭에 의한 공기력의 발생으로 조종력을 감소시키는 방식이다.

04 조종력에 대한 설명 중 사실과 가장 거리가 먼 것은?

① 조종력이란 비행기의 조종면을 조작하기 위한 힘을 말한다.
② 조종면을 움직이려면 조종력이 조종면의 힌지 모멘트보다 커야 한다.
③ 조종면의 면적이 크면 큰 조종력이 필요하다.
④ 비행속도가 높아질수록 작은 조종력이 요구된다.

해설 조종면의 힌지 모멘트는 비행속도의 제곱(V^2)에 비례하므로 비행속도가 높아질수록 조종면 힌지 모멘트가 증가하고, 따라서 더 큰 조종력이 필요하다.

05 비행기 속도가 2배로 증가했을 때 조종력은 어떻게 변화하는가? [항공산업기사 2020년 1회]

① 1/2로 감소한다. ② 1/4로 감소한다.
③ 2배로 증가한다. ④ 4배로 증가한다.

해설 조종면의 힌지 모멘트는 비행속도의 제곱(V^2)에 비례하므로 비행속도가 2배 증가하면 조종면 힌지 모멘트는 4배로 증가하고, 조종력 역시 4배 이상 증가한다.

06 비행기의 조종면을 작동하는 데 필요한 조종력을 옳게 설명한 것은?
[항공산업기사 2019년 4회]

① 중력가속도에 반비례한다.
② 힌지 모멘트에 반비례한다.
③ 비행속도의 제곱에 비례한다.
④ 조종면 폭의 제곱에 비례한다.

해설 조종력은 조종면 힌지 모멘트에 비례하고, 비행속도의 제곱에 비례하며, 조종면 폭(스팬길이)에 비례한다.

정답 1. ④ 2. ③ 3. ① 4. ④ 5. ④ 6. ③

07 공력평형장치 중 프리즈 밸런스(frise balance)가 주로 사용되는 조종면은?

[항공산업기사 2019년 2회]

① 방향키(rudder)
② 승강키(elevator)
③ 도움날개(aileron)
④ 도살 핀(dorsal fin)

해설 프리즈(frise) 도움날개는 역빗놀이 현상을 감소시킨다.

08 다음 중 비행기의 안정성과 조종성에 관한 설명으로 가장 옳은 것은?

[항공산업기사 2019년 1회]

① 안정성과 조종성은 정비례한다.
② 정적 안정성이 증가하면 조종성도 증가된다.
③ 비행기의 안정성을 최대로 키워야 조종성이 최대가 된다.
④ 조종성과 안정성을 동시에 만족시킬 수 없다.

해설 조종성(controllability)은 안정성(stability)과 상반되는 성능이기 때문에 전투기와 같이 우수한 조종성 또는 기동성이 요구되는 항공기는 인위적으로 항공기의 안정성을 낮추거나 불안정하게 설계한다.

09 조종면의 앞전을 길게 하는 앞전 밸런스(leading edge balance)의 주된 이용 목적은?

[항공산업기사 2017년 2회]

① 양력 증가
② 조종력 경감
③ 항력 감소
④ 항공기 속도 증가

해설 오버행 밸런스(앞전 밸런스), 혼 밸런스, 인세트 밸런스는 힌지선(hinge line)의 위치를 조절하여 조종면을 구성함으로써 조종력을 감소시키는 장치이다.

10 수평꼬리날개에 의한 모멘트의 크기를 가장 옳게 설명한 것은? [단, 양(+), 음(−)의 부호는 고려하지 않는다.]

[항공산업기사 2018년 4회]

① 수평꼬리날개의 면적이 클수록, 수평꼬리날개 주위의 동압이 작을수록 커진다.
② 수평꼬리날개의 면적이 클수록, 수평꼬리날개 주위의 동압이 클수록 커진다.
③ 수평꼬리날개의 면적이 작을수록, 수평꼬리날개 주위의 동압이 클수록 커진다.
④ 수평꼬리날개의 면적이 작을수록, 수평꼬리날개 주위의 동압이 작을수록 커진다.

해설 동압은 $q = \frac{1}{2}\rho V^2$이므로, 조종면(수평안정판) 힌지 모멘트는 $H = C_H \frac{1}{2}\rho V^2 S_c \bar{c}_c = C_H q S_c \bar{c}_c$로 정의할 수 있고, 따라서 조종면(수평안정판)에 작용하는 동압(q)과 조종면(수평안정판)의 면적(S_c)이 클수록 힌지 모멘트는 증가한다.

11 조종면의 폭이 2배가 되면 조종력은 어떻게 되어야 하는가? [항공산업기사 2017년 4회]

① 1/2로 감소
② 변함 없음
③ 2배 증가
④ 4배 증가

해설 조종면 힌지 모멘트는 조종면 스팬길이(조종면 폭, b_c)에 비례하므로 조종면 스팬길이가 2배가 되면 조종력은 2배가 된다.

12 조종면에 발생되는 힌지 모멘트가 증가되는 경우로 옳은 것은? [항공산업기사 2017년 1회]

① 조종면의 폭을 키운다.
② 비행기의 속도를 줄인다.
③ 항공기 주 날개의 무게를 늘린다.
④ 조종면의 평균 시위를 최대한 작게 한다.

해설 조종면의 힌지 모멘트는 공기의 밀도(ρ), 비행속도(유동속도)의 제곱(V^2), 조종면의 면적(S_c), 조종면의 평균공력시위길이의 제곱($\bar{c}_c^2$), 조종면 스팬길이(폭, b_c)에 비례한다.

정답 7. ③ 8. ④ 9. ② 10. ② 11. ③ 12. ①

13 도움날개(aileron) 및 승강키(elevator)의 힌지 모멘트와 이들 조종면을 원하는 위치에 유지하기 위한 조종력과의 관계로 옳은 것은? [항공산업기사 2017년 4회]

① 힌지 모멘트가 크면 조종력도 커야 한다.
② 힌지 모멘트가 커져도 필요한 조종력에는 변화가 없다.
③ 힌지 모멘트가 크면 조종력은 작아도 된다.
④ 아음속 항공기에서는 힌지 모멘트가 커질수록 필요한 조종력은 작아진다.

해설 비행 중 강한 동압과 공기력이 작용하고 있는 조종면을 조작하려면 조종면 힌지 모멘트보다 큰 조종력(stick force)을 조종면에 부여해야 한다.

14 비행기의 가로축(lateral axis)을 중심으로 한 피치운동(pitching)을 조종하는 데 주로 사용되는 조종면은? [항공산업기사 2016년 1회]

① 플랩(flap)   ② 방향키(rudder)
③ 도움날개(aileron)   ④ 승강키(elevator)

해설 키놀이운동(pitching)을 발생시키는 조종면은 승강타(승강키)이다.

15 항공기의 조종성과 안정성에 대한 설명으로 옳은 것은? [항공산업기사 2017년 1회]

① 전투기는 안정성이 커야 한다.
② 안정성이 커지면 조종성이 나빠진다.
③ 조종성이란 평형상태로 되돌아오는 정도를 의미한다.
④ 여객기의 경우 비행성능을 좋게 하기 위해 조종성에 중점을 두어 설계해야 한다.

해설 조종성은 안정성과 상반되는 성능이기 때문에 전투기와 같이 우수한 조종성 또는 기동성이 요구되는 항공기는 인위적으로 항공기의 안정성을 낮추거나 불안정하게 설계한다. 반대로 승객의 안전과 안락함이 중요한 여객기는 충분한 안정성을 확보하도록 설계한다.

정답 13. ① 14. ④ 15. ②

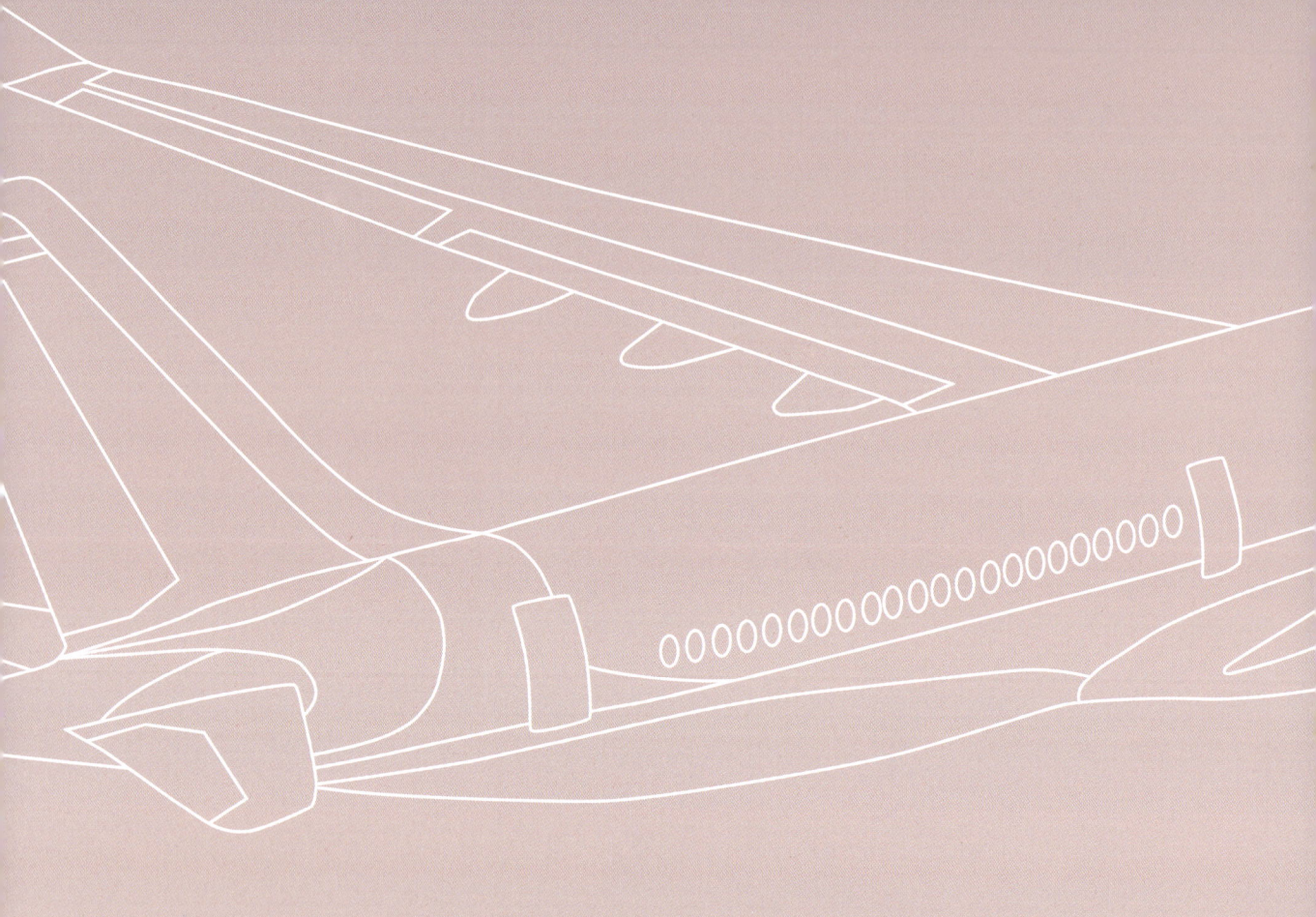

Principles of Flight

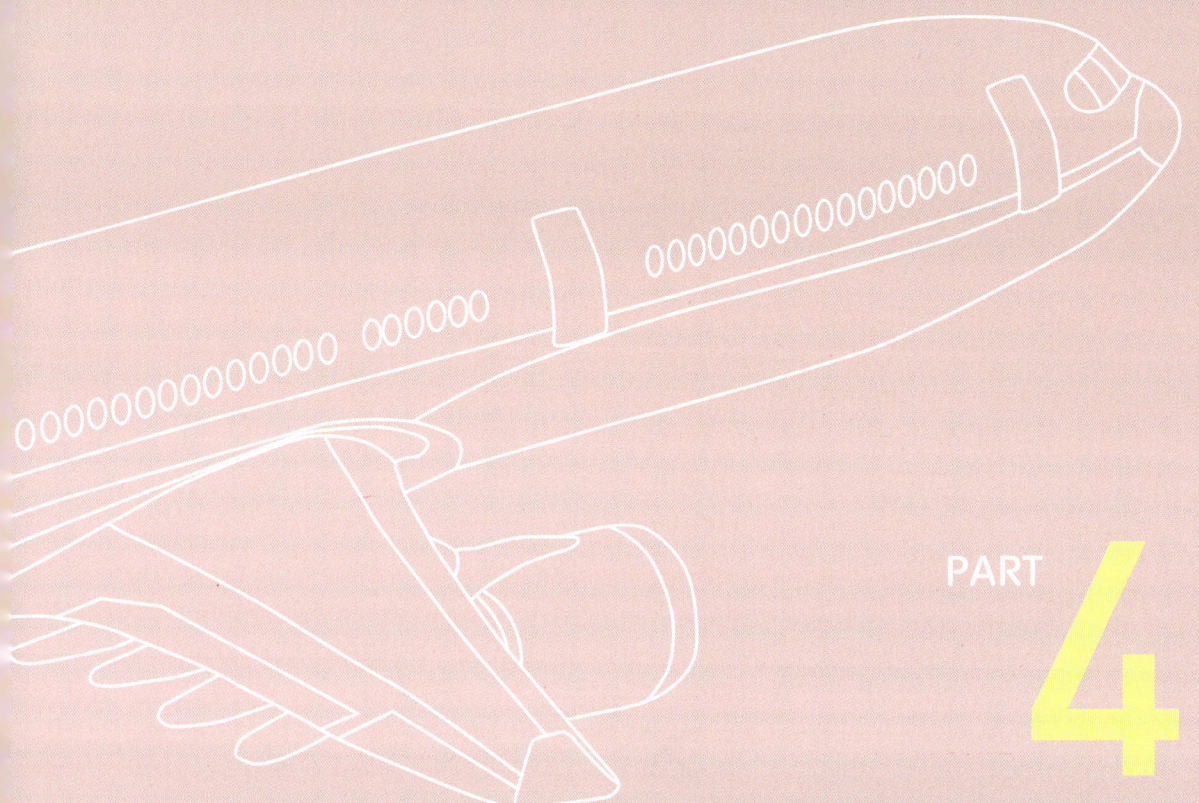

PART 4

헬리콥터 비행원리

Chapter 14 헬리콥터 구조와 조종

Chapter 15 헬리콥터 공기역학

화물 운반을 위하여 설산에 착륙 중인 Eurocopter EC130. 헬리콥터(helicopter)는 회전익기(rotorcraft)라고도 하는데, 회전날개를 회전시켜 양력과 추력을 발생시키기 때문에 고정익기와 달리 이착륙을 위하여 활주할 필요가 없으므로 산악지역과 같이 활주로가 없는 지역에도 이착륙이 가능하다. 따라서 헬리콥터의 구조와 조종계통은 고정익기와 비교하여 많은 부분에서 차별화된다.

CHAPTER 14

헬리콥터 구조와 조종

14.1 헬리콥터의 개요 | 14.2 헬리콥터에 작용하는 힘 | 14.3 헬리콥터의 종류
14.4 회전날개계통 | 14.5 헬리콥터 조종

14.1 헬리콥터의 개요

(1) 헬리콥터의 특징

헬리콥터(helicopter)는 회전날개(rotor)를 회전시킬 때 발생하는 양력과 추력으로 비행하기 때문에 **회전익기**(rotorcraft)라고도 하며, 날개(wing)를 장착하여 양력을 발생시키는 고정익기(fixed wing aircraft)와 구분되는 항공기의 종류이다.

헬리콥터의 회전날개는 2개 이상의 회전날개깃(rotor blade)으로 이루어져 있다. 회전날개깃 자체가 고정익기의 날개와 유사하지만, 고정익기의 날개는 전진비행을 할 때 발생하는 상대풍(relative wind)으로 양력을 만들어 내는 반면, 헬리콥터의 회전날개깃은 회전할 때 발생하는 상대풍으로 양력과 추력을 만들어 낸다. 그러므로 헬리콥터는 정지상태에서도 회전날개를 회전시키면 양력을 만들 수 있으므로 **공중정지**(hovering), **수직상승**(vertical climb) 그리고 **수직하강**(vertical descent)**비행** 등 고정익기로는 불가능한 비행이 가능하다. 아울러 회전날개의 회전면을 기울여 앞으로 가는 전진비행뿐만 아니라 뒤로 가는 **후진비행**과 옆으로 이동하는 **측면비행**도 가능하다는 장점이 있다.

그리고 이륙할 때 양력 발생을 위하여 활주할 필요가 없으므로 산악지역 또는 해상 등 활주로를 건설할 수 없는 지역에서 수송·건설·구조(rescue) 등에 사용된다.

하지만 **회전날개깃 끝의 실속**(stall) 문제로 회전날개의 직경과 회전날개의 회전속도에 제한이 있어서 **고속비행(약 400 km/hr 이상)이 어렵고, 회전날개와 동체에서 발생하는 항력이 상당히 커서 동력 및 연료 소모가 높아 장거리 비행이 어렵다**는 단점이 있다.

(2) 헬리콥터의 구조

헬리콥터는 기본적으로 **동체**(fuselage), **추진장치**(powerplant), **회전날개계통**(main rotor system), **꼬리회전날개계통**(tail rotor system), **변속기**(transmission) 그리고 **착륙장치**(landing gear)로 구성된다.

헬리콥터의 동체는 회전날개계통·추진장치·변속기 등의 내부 장치뿐만 아니라 승무원·화물·연료계통 등을 수용해야 하므로 고정익기의 동체와 비교하여 단면적이 크기 때문에 적지 않은 형상항력(profile drag)이 발생한다.

헬리콥터가 처음 개발되어 운용하던 시기에는 추진장치로 왕복엔진을 사용하였는데, 최근에는 출력과 연료효율이 향상된 터보샤프트 또는 터보프롭엔진을 주로 탑재한다. 회전날개계통은 회전날개를 회전시켜 양력과 추력을 발생시키며, 꼬리회전날개계통은 회전날개가 회전할 때 작용-반작용의 법칙에 따라 동체가 반대 방향으로 회전하는 **회전력**, 즉 **토크**(torque)를 상쇄시

Principles of Flight

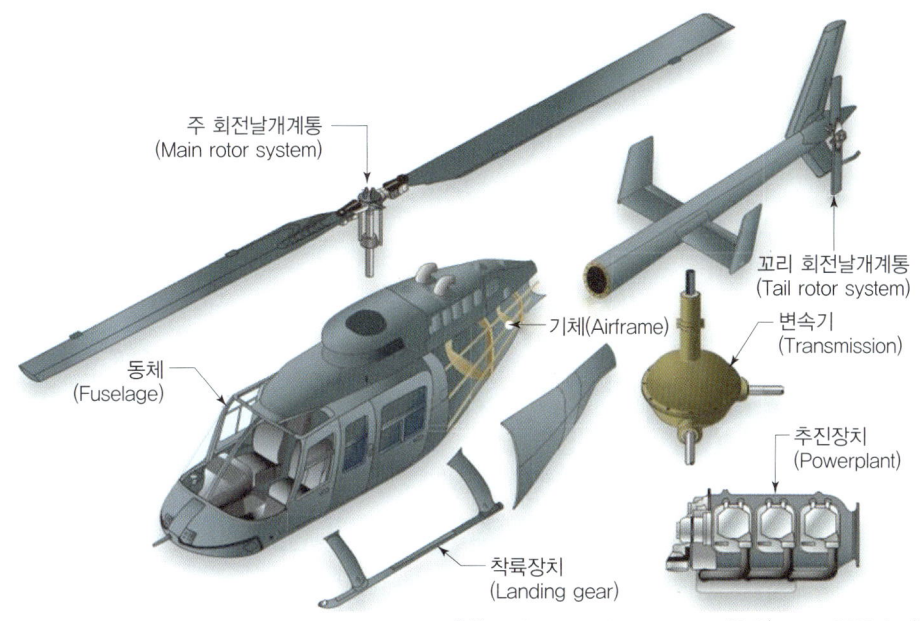

출처: Helicopter Flying Handbook 2019(FAA-H-8083-21B)

[그림 14-1] 헬리콥터의 구조

키는 **역토크**(counter torque)를 만들어 내는 역할을 한다.

아울러 변속기는 추진장치에서 발생하는 회전력을 회전날개계통과 꼬리회전날개계통으로 회전속도를 조절하여 보내 주는 역할을 한다. 헬리콥터의 착륙장치는 고정익기와 같은 바퀴형(wheel type)뿐만 아니라 [그림 14-1]과 같은 스키드형(skid type)이 있다. 착륙장치는 비행 중 많은 항력을 발생시키므로 비행속도가 높은 헬리콥터는 인입식(retractable) 착륙장치를 장비하기도 한다.

14.2 헬리콥터에 작용하는 힘

(1) 양력, 중력, 추력, 항력

고정날개를 장착한 항공기와 마찬가지로 헬리콥터에도 **양력·중력·추력·항력** 등 **4가지 힘**이 발생하거나 작용한다. 양력은 헬리콥터의 회전날개를 기준으로 상대풍 방향 또는 비행 방향(flight direction)의 수직으로 발생하는 힘이고, 중력을 이기고 헬리콥터를 공중에 띄우는 힘이다.

[그림 14-2]와 같이 헬리콥터의 회전날개를 앞으로 기울이는 경우, 회전면에 수직 방향으로 힘(resultant force)이 발생한다. 이 힘의 수직성분이 양력이고, 수평성분이 추력이다. 프로펠러를 장착한 고정익기를 예로 들면 양력은 날개 그리고 추력은 프로펠러가 담당한다. 따라서 프로

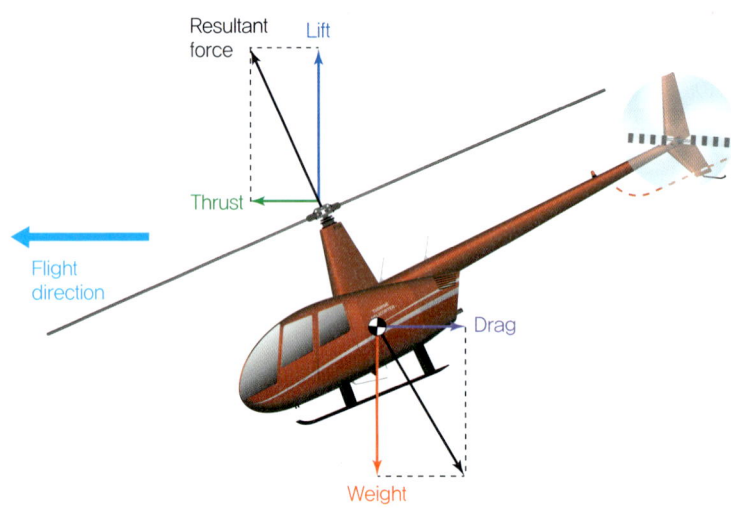

[그림 14-2] 헬리콥터에 작용하는 양력·중력·추력·항력

펠러에서 발생하는 힘은 추력으로 전용되기 때문에 추력이 크고 이에 따라 고속비행이 가능하다. 그러나 헬리콥터의 경우, 회전날개에서 양력과 추력을 모두 발생시키기 때문에 고속비행에 필요한 큰 추력을 만들 수 없다. 따라서 최근 개발되고 있는 고속 헬리콥터는 추력 발생을 위한 프로펠러를 따로 구성하여 기체에 장착하기도 한다.

항력은 추력에 저항하는 힘으로서 헬리콥터 기체뿐만 아니라 회전날개에서도 발생한다. 특히, 길이가 긴 회전날개의 깃이 빠른 속도로 회전할 때 많은 항력이 발생하고, 고정익기와 비교하여 단면적이 넓고 길이가 짧은 동체 때문에 항력이 증가한다.

양력·중력·추력·항력뿐만 아니라 회전하는 회전날개에는 **원심력**(centrifugal force)이 작용하고, 회전날개 회전에 대한 반작용으로 동체에 **회전력**(torque)이 작용한다.

(2) 원심력

원심력은 물체가 회전할 때 회전중심으로부터 바깥쪽으로 작용하는 관성력을 말하며, 물체의 질량과 회전속도에 비례한다. 양력과 추력을 만들어내는 헬리콥터의 회전날개는 중량이 무겁고 회전속도가 빠르기 때문에 회전날개가 발생시키는 원심력은 매우 크다.

[그림 14-3]과 같이 회전날개가 회전축을 기준으로 회전하면 위쪽으로 양력이 발생하고, 회전날개 바깥쪽으로 원심력이 발생한다. 따라서 **양력과 원심력의 합성력이 발생하는데, 합성력의 크기만큼 회전날개깃**(rotor blade)**이 일정 각도를 가지고 올라간다. 이때 깃의 각도를 코닝각(coning angle)이라고 한다. 회전날개깃의 피치각**(받음각)**을 높이거나, 회전날개의 회전속도를 증가시켜 회전날개에서 발생하는 양력이 커지면 코닝각은 증가한다.** 또한, 헬리콥터의 중량이 무거우면 이륙 또는 비행을 위하여 그 이상의 양력을 발생해야 하므로 코닝각이 증가하게 된다.

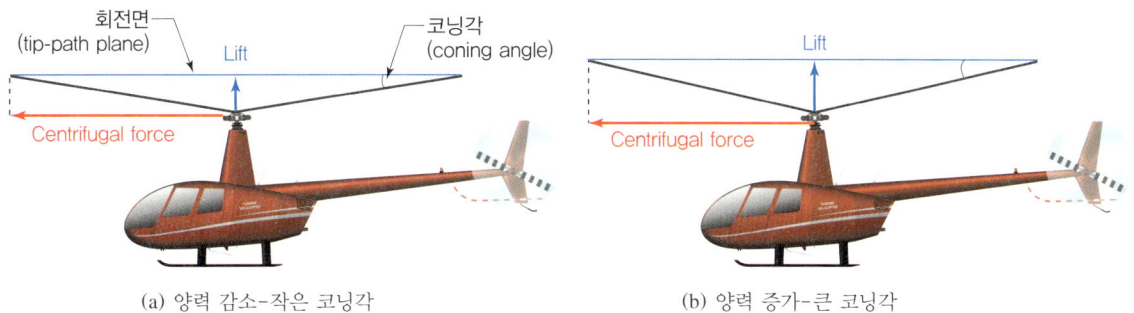

(a) 양력 감소-작은 코닝각   (b) 양력 증가-큰 코닝각

[그림 14-3] 양력과 원심력에 의한 회전날개 코닝각 발생

Photo courtesy of Senior

최대 20 t까지 적재하고 비행이 가능한 Mil Mi-26 헬리콥터가 Tu-134 여객기를 운반하고 있다. 헬리콥터의 중량이 증가했기 때문에 큰 양력이 필요하고, 따라서 회전날개깃의 코닝각이 많이 증가한 상태임을 볼 수 있다.

코닝각을 가지고 회전날개가 회전할 때 깃의 끝단이 만드는 **원형 고리 형태를 경계로 가상의 원형 평면이 형성되는데, 이를 회전날개 회전면 또는 깃끝 경로면**(tip-path plane)이라고 한다.

따라서 코닝각은 회전날개깃과 회전날개 회전면 사이의 각도라고 할 수도 있다. 고정익기의 날개(wing)와 비교하여 헬리콥터 회전날개계통의 구조와 형태가 복잡하기 때문에 이를 단순화한 회전날개 회전면을 기준으로 헬리콥터 비행역학을 해석하고 설명하는 경우가 많다. 그리고 양력 변화에 따라 코닝각이 변하더라도 회전면은 항상 원형 평면을 유지한다. 하지만 코닝각이 과도하게 큰 경우에는 회전날개 회전면의 면적이 감소하므로 회전날개에서 발생하는 양력이 감소하는 현상이 발생한다.

Photo courtesy of NHIndustries

NHindustry NH-90 헬리콥터의 회전날개 회전면(tip-path plane). 헬리콥터의 회전날개는 고정익기의 프로펠러와 비교하여 훨씬 크기 때문에 지상과 공중에서 충돌에 대한 위험이 항상 존재한다. 특히, 주간과 달리 회전날개를 시각적으로 식별하기 어려운 야간에는 그 위험성이 더욱 증가한다. 따라서 요즘 개발되는 헬리콥터는 회전날개 끝단에 조명장치(rotor tip light)를 부착하여 야간에 지상에서 운용할 때나 편대 비행할 때 충돌을 방지하여 안전성을 높인다. 회전날개의 회전면은 가상의 평면이지만 이 조명장치로 인하여 그 형태를 추정해 볼 수 있다.

(3) 회전력

헬리콥터의 회전날개는 회전력(torque)에 의하여 회전한다. 회전력은 물체를 회전시키는 힘에 중심축으로부터 힘이 작용하는 지점까지의 거리를 곱하여 정의되기 때문에 모멘트(moment)와 유사한 개념이다. 헬리콥터 회전날개 자체의 중량(힘)이 크고 깃의 길이(모멘트 암)가 길기 때문에 회전날개를 회전시키는 데 필요한 모멘트 또는 회전력은 매우 크다. 이 회전력은 헬리콥터의 추진장치, 즉 엔진에서 만들어지고 그 회전력이 회전날개를 회전시켜서 양력과 추력을 만든다.

그런데 여기에 뉴턴의 제3법칙인 **작용–반작용의 법칙**(the law of action-reaction)이 적용된다. 헬리콥터 엔진이 회전날개에 회전력을 부가하여 회전시키면 엔진이 장착된 **헬리콥터의 동체**

는 회전날개 회전 방향의 반대로 그만큼의 회전력을 받는데, 이를 **토크 효과**(torque effect)라고 한다. 회전날개보다 항력이 큰 헬리콥터의 동체는 회전날개와 같은 회전속도로 회전하지는 않지만, **토크 효과를 제거하는 역토크**(counter torque)를 발생시키지 않으면 비행이 불가능할 정도로 동체가 회전을 한다. 역토크를 발생시켜서 토크 효과를 제어하는 가장 일반적인 방법은 **꼬리회전날개**(tail rotor)를 장착하는 것이다.

[그림 14-4]와 같이 **회전날개**(main rotor)가 조종사 기준 반시계 방향으로 회전하면 작용-반작용의 법칙에 의한 토크 효과로 동체는 시계 방향으로 회전하게 된다. 이때 헬리콥터 기체 후방에 장착된 **꼬리회전날개를 회전시켜 오른쪽으로 추력을 발생시키면 반시계 방향으로 역토크가 발생하여 토크 효과를 상쇄**시킬 수 있다. 회전날개를 작동시키는 엔진은 변속기를 통하여 꼬

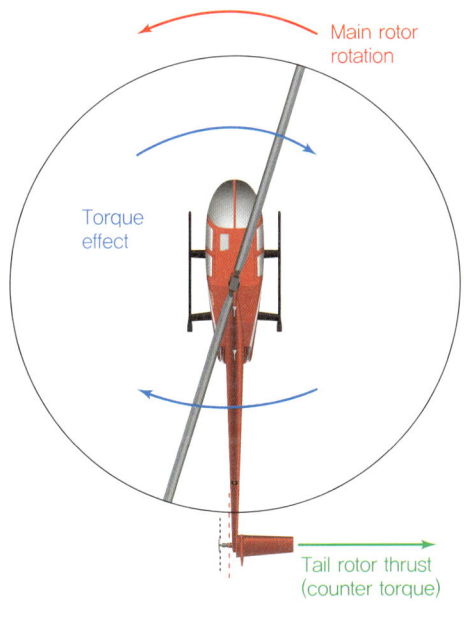

[그림 14-4] 헬리콥터 동체의 토크 효과 (torque effect)와 이를 상쇄시키는 꼬리회전날개의 추력(counter torque)

Images from Movie *Black Hawk Down*(Columbia Pictures, 2001)

영화 '블랙호크 다운(Black Hawk Down, 2001)'에서 미육군 특수전 헬리콥터인 Sikorsky MH-60L의 추락 장면. 소말리아 모가디슈 전투에서 헬리콥터의 꼬리회전날개가 피격되면서 역토크가 감소하고, 따라서 토크 효과를 제어하지 못하고 동체가 급격하게 회전하며 추락하게 된다.

리회전날개도 함께 회전시킨다. 아울러 꼬리회전날개의 추력, 즉 역토크를 조절하여 헬리콥터의 빗놀이운동(yawing)과 기수의 방향 전환을 제어하기도 한다.

14.3 헬리콥터의 종류

날개가 없는 헬리콥터는 양력과 추력을 발생시키기 위하여 고정익기의 프로펠러보다 훨씬 길이가 긴 회전날개깃을 장착한다. 헬리콥터의 이륙중량이 무거울수록 많은 양력을 발생시켜야 하므로 더 넓은 회전날개 회전면이 요구되고, 따라서 회전날개깃의 길이가 증가한다.

그러나 깃의 길이가 증가할수록 **압축성 효과가 발생할 정도로 깃 끝단의 회전각속도가 증가하고, 깃 끝단에서 실속이 발생하는 경우 회전날개의 효율은 저하**된다. 그러므로 고정익기가 큰 추력이 필요할 때는 프로펠러의 크기를 늘리는 대신 엔진과 프로펠러의 개수를 증가시키듯이 중량이 큰 대형 헬리콥터는 2개 조의 회전날개를 장비한다. 그리고 회전날개 토크 효과를 상쇄시키는 방식에 따라 다음과 같이 다양한 헬리콥터의 형상이 정의된다.

(1) 단일 회전날개형

토크 효과를 통제하는 가장 일반적인 헬리콥터의 형태는 **1개 조의 회전날개와 1개 조의 꼬리회전날개를 장착한 단일 회전날개형**(single rotor)이다. 회전날개와 꼬리회전날개를 별도로 구성해야 하는 단점은 있지만, **다른 형태의 헬리콥터보다 회전날개계통의 구조가 단순하므로 중소형 헬리콥터의 형태로 가장 일반적**이다. 즉, 회전날개 때문에 발생하는 토크 효과를 꼬리회전날개의 추력으로 상쇄시키는 방식이다.

하지만 꼬리회전날개는 토크 효과를 상쇄시키는 것 이외에는 다른 역할은 없으며 오히려 항력을 증가시키는 요소가 된다. 또한, 회전날개와 꼬리회전날개의 충돌 방지를 위하여 동체길이를 연장시키는 **테일 붐(tail boom)이라는 기체 구조물이 필요하므로 항력과 중량이 증가**한다. 그리고 꼬리회전날개의 추력 때문에 편류경향(drift tendency)이라는 현상이 나타나기도 한다.

(2) 쌍회전날개형

이륙중량이 무거운 수송용 헬리콥터는 회전날개에서 큰 양력을 만들어야 하는데, 회전날개깃의 길이가 증가하면 끝단의 속도 증가에 따른 실속 문제 때문에 회전날개 크기에 제한을 받는다. 따라서 충분한 양력을 발생시키기 위하여 **회전날개를 2개 조로 분리하여 동체 앞과 뒤에 장착한 헬리콥터 형태가 쌍회전날개형**(tandem rotor)이다. 아울러 앞과 뒤 회전날개를 회전 방향을 반대로 회전시키게 되면 토크 효과를 상쇄시킬 수 있으므로 추가로 꼬리회전날개가 필요 없

단일 회전날개형(single rotor)인 독일 육군의 Airbus H145M 정찰 헬리콥터. 단일 회전날개형은 구조가 단순하다는 장점 때문에 가장 일반적인 헬리콥터의 형태이지만, 꼬리회전날개계통(tail rotor system)이 필요하고, 따라서 사진과 같이 전체 기체의 큰 부분을 차지하는 테일 붐(tail boom)이 장착됨으로써 중량과 항력이 증가하게 된다.

꼬리회전날개의 장착각도가 경사진(tilted tail rotor) 형태를 가진 Skorsky UH-60L 헬리콥터. 꼬리회전날개의 장착각도가 기울어지면 꼬리회전날개가 발생시키는 힘은 동체의 토크 효과를 상쇄하는 추력(thrust)뿐만 아니라 소량의 수직힘, 즉 양력을 만들어 내므로 헬리콥터의 양력을 높이는 데 도움이 된다. 꼬리회전날개를 약 20도 기울이면 약 2~3%의 양력 증가가 발생한다.

는 것이 장점이다. 또한, 테일 붐이 없으므로 동체 후방에 화물 적재용 도어(ramp door)를 설치함에 따라 화물 입출이 쉬우므로 **수송용 헬리콥터 형태로 적합**하다.

하지만 앞과 뒤에 근접해 있는 회전날개가 서로 교차하여 회전하므로 회전날개들은 서로에게 영향을 주는 간섭이 발생한다. 특히, 전진비행 중에는 **앞쪽 회전날개에서 발생하는 후류**(wake)가 뒤쪽 회전날개로 들어가게 되므로 전체 양력의 발생량이 감소한다.

가장 대표적인 쌍회전날개형(tandem rotor) 헬리콥터인 Boeing CH-47F Chinook. 대형 회전날개를 2개조 장착하여 많은 화물을 운반할 수 있다. 또한 꼬리회전날개와 테일 붐이 생략되었기 때문에 동체의 내부 공간을 충분히 확보할 수 있고, 동체 후방에 화물을 쉽게 싣고 내릴 수 있는 대형의 화물적재용 도어(ramp door)를 설치할 수 있으므로 대형 수송용 헬리콥터 형태로 적합하다.

(3) 동축 회전날개형

동축 회전날개형(coaxial rotor)은 2개 조의 회전날개를 앞과 뒤가 아닌 하나의 회전축(mast)의 위와 아래에 장착한 형태이다. 쌍회전날개형과 마찬가지로 **위아래 회전날개를 서로 반대 방향으로 회전시켜 토크 효과를 제거**하는 방식으로, 꼬리회전날개와 테일 붐이 불필요하므로 동체가 콤팩트(compact)한 장점이 있다.

그러나 **회전날개계통의 구조가 복잡하고**, 위쪽 회전날개에서 만들어지는 후류가 아래쪽 회전날개에 직접적인 영향을 주므로 회전날개의 효율이 떨어지는 문제점이 있다. 또한, 위와 아래 회전날개가 서로 반대로 회전하면서 매우 복잡한 공기의 흐름 구조를 만들어내므로 **공기역학적 소음이 증가**하는 단점도 있다.

동축 회전날개형(coaxial rotor) 헬리콥터인 Kamov Ka-32. 동체는 크지 않지만, 2개 조의 회전날개가 장착되어 충분한 양력을 발생시키므로 이륙중량, 즉 화물 적재량이 크다. 하지만 위쪽 회전날개의 간섭으로 아래쪽 회전날개의 효율이 떨어지기 때문에 양력과 추력 대비 연료효율이 낮은 단점이 있다.

(4) 편향 회전날개형

회전날개를 2개 조로 구성하여 작은 고정날개 좌우 양쪽에 배치하고, 회전날개축의 각도를 위쪽과 앞쪽으로 변화(tilt)를 주어 이착륙과 전진비행을 하는 헬리콥터 형태를 편향 회전날개형(tilt rotor)이라고 한다. 물론, 양쪽 회전날개의 회전 방향을 반대로 하여 토크 효과를 억제한다. 이륙 중에는 회전날개를 일반 헬리콥터같이 위로 향하게 하여 양력을 발생시키고, 순항고도에 도달하여 전진비행을 할 때는 회전날개를 앞쪽으로 향하도록 회전날개 회전축의 각도를 약 90° 전환하여 추력을 만들어낸다. 이때 회전날개의 배치는 고정익기의 프로펠러와 유사하고, 따라서 **일반 헬리콥터보다 추력이 커서 비교적 고속 순항비행이 가능**하다.

편향 회전날개형(tilt rotor) 항공기인 Bell CV-22 Osprey. 이륙할 때와 전진(순항)비행할 때의 회전날개 회전축(mast)의 각도가 다르다. 구조가 복잡한 단점이 있지만, 회전날개를 고정익기의 프로펠러와 같은 방식으로 사용하고, 따라서 강력한 추력이 발생하기 때문에 일반 헬리콥터의 순항속도는 250 km/hr 전후인 것에 비하여 CV-22의 순항속도는 약 450 km/hr에 달한다.

전진비행을 하는 동안 고도 유지를 위한 양력은 회전날개가 부착된 고정날개에서 발생시키므로 헬리콥터와 고정익기의 형태가 혼합되었다고 할 수 있다. **이러한 형태적인 특성 때문에 구조가 복잡하고, 따라서 중량이 무거우며 제작비가 고가인 단점**이 있다.

(5) 혼합 회전날개형

2개 조의 회전날개를 동축 회전날개형과 같이 위와 아래로 배치하고, 동체 뒤쪽에 추력 보조용 회전날개, 즉 프로펠러를 장착한 헬리콥터 형태를 혼합 회전날개형(compound rotor)이라고 일컫는다. 회전날개를 2조로 구성했기 때문에 회전면 면적이 충분하며 깃의 길이를 짧게 할 수 있으므로 깃 끝단의 회전속도가 낮아 깃 끝 실속의 발생을 지연시킬 수 있다. 이에 따라 **회전날개의 회전속도를 높여 추력과 양력을 증가**시킬 수 있다. 또한, **추력 보조용 회전날개는 전진(순항)비행 중 속도를 증가시켜 주는 장점이 있으므로 고속비행이 가능**한 헬리콥터 형태이다.

동축 회전날개형(coaxial rotor)의 단점, 즉 아래 회전날개의 효율 감소는 고효율 회전날개 형상 설계 및 시스템 설계 기술의 발전으로 극복되고 있다.

Photo courtesy of Lockheed Martin

미국 차세대 군용 헬리콥터 개발사업인 'Future Vertical Lift' 프로젝트의 정찰헬리콥터 선정사업에 참가하기 위하여 Sikorsky사가 개발한 S-97 Raider. 고속 순항비행을 위하여 별도의 추력 보조용 회전날개를 동체 뒤쪽에 장착한 혼합 회전날개 형태를 하고 있다. 고속비행 중 깃 끝단의 실속 문제를 해결할 수 있도록 회전날개를 동축 회전날개로 구성하여 깃의 길이를 크게 줄임으로써 순항속도가 410 km/hr에 이른다.

(6) 미래의 헬리콥터의 형태

헬리콥터는 수직 이착륙과 공중정지비행 등 고정익기로서는 불가능한 다양한 패턴의 비행이 가능하다는 장점이 있지만, 고정익기보다 순항속도가 낮고 항속거리가 짧다는 단점이 있다. 군용 헬리콥터의 경우, 순항속도와 항속거리 등의 비행성능이 특히 중요하므로 이를 개선하기 위한 연구가 진행되고 있다.

특히, 'Future Vertical Lift' 사업은 미국 육해공군 및 해병대가 보유하는 거의 모든 헬리콥터를 대체할 새로운 형태와 방식의 차세대 헬리콥터를 개발하는 사업이다. UH-1과 V-22를 개발한 Bell사는 편향 회전날개형(tilt rotor) 헬리콥터, UH-60을 개발한 Sikorsky사는 혼합 회전날개형(compound rotor) 헬리콥터를 차세대 헬리콥터의 개념으로 설정하여 사업에 참여하고 있다.

앞서 살펴본 바와 같이, 편향 회전날개형은 회전날개 회전축의 각도를 조절하여 충분한 추력을 발생시켜 비행속도를 높일 수 있다. 또한, 혼합 회전날개형은 동축 회전날개와 추력 보조용 회전날개를 장착하여 고속비행이 가능하게 하고 있다. 두 가지 형식 모두 구조가 복잡하고 중량이 증가하는 단점이 있지만, 가벼운 복합재료를 대폭 적용하고 회전날개계통 구조의 최적화와 단순화를 통하여 중량 문제를 개선하고 있기 때문에 미래 헬리콥터의 기본 형태로 자리잡고 있다.

Photo courtesy of Lockheed Martin

Future Vertical Lift 프로젝트 중 UH-60을 대체하는 헬리콥터 후보 기종으로 선정된 Bell V-280 Valor(좌)와 Sikorsky SB-1 Defiant(우). V-280은 편향 회전날개형(tilt rotor), 그리고 SB-1은 혼합 회전날개(compound rotor) 형태를 하고 있다. Future Vertical Lift 프로젝트의 성능 요구조건은 430 km/hr 이상의 순항속도와 850 km 이상의 항속거리로서 이는 UH-60의 280 km/hr와 590 km를 기준으로 각각 50%와 40% 이상 대폭 증가한 수준이다.

14.4 회전날개계통

(1) 회전날개계통의 구조

헬리콥터의 회전날개계통은 수직상승과 수직하강, 공중정지 그리고 전진·후진·측면 이동비행 등 다양한 비행패턴에서 양력과 추력을 동시에 발생시켜야 하므로 다소 복잡한 구조를 가지고 있다.

양력과 추력을 발생시키는 것은 회전날개깃이다. 그리고 회전날개깃의 피치각(pitch angle)을 조절하고, 회전날개 회전면의 각도를 조절할 수 있도록 여러 가지 형태의 힌지(hinge)를 통하여 회전날개깃은 회전축(mast)에 연결된다. 일반적인 회전날개계통의 경우 **페더링 힌지**(feathering hinge), **플래핑 힌지**(flapping hinge) 그리고 **리드-래그 힌지**(lead-lag hinge)가 있고, 각각 회

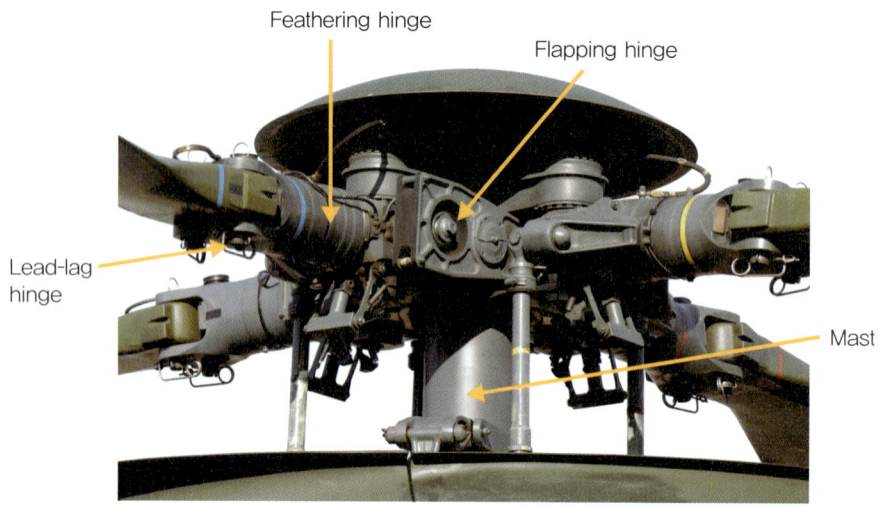

Eurocopter AS532 Cougar 헬리콥터의 회전날개계통. 플래핑 힌지(flapping hinge), 페더링 힌지(feathering hinge), 리드-래그 힌지(lead-lag hinge)의 구성이 잘 나타나 있다.

전날개깃이 **페더링 운동, 플래핑 운동, 리드-래그 운동**을 할 수 있도록 구성되어 있다.

(2) 페더링 운동

페더링 운동(feathering motion)은 회전축에 연결된 회전날개깃의 피치각이 바뀌는 운동이다. 피치각은 고정익기 날개의 받음각과 같은 개념으로, **피치각이 증가하면 회전날개깃에서 발생하는 양력이 증가**한다.

페더링 힌지는 회전날개깃이 회전하면서 피치각이 변화하도록 구성된 힌지인데, 피치각의 변화는 회전날개깃의 앞전(leading edge) 또는 뒷전(trailing edge)에 연결된 **피치 로드(pitch rod)가 올라가거나 내려가면서 회전날개깃의 피치각을 조절**한다.

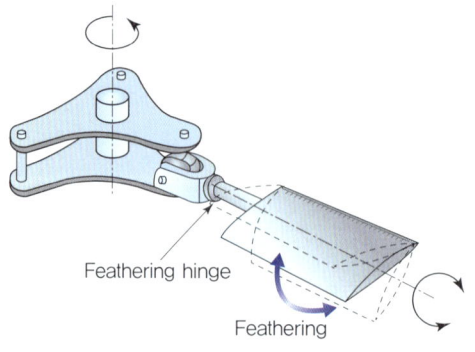

[그림 14-5] 페더링 힌지와 페더링 운동

(3) 플래핑 운동

페더링 운동에 의하여 회전날개깃의 피치각이 증가함에 따라 양력이 커지면서 깃의 위쪽으로 작용하는 힘이 발생하고, 피치각이 감소하면 양력이 감소하여 중력의 영향으로 깃이 아래로 내려간다. **플래핑 힌지는 회전날개깃에서 발생하는 양력의 증감에 따라 상하운동, 즉 플래핑 운동(flapping motion)을 할 수 있게 구성된 힌지**로, 양력 발생에 따라 회전날개깃이 상승할 때 **회전축 연결부에 작용하는 굽힘 모멘트를 완화**시킨다. 피치 로드가 연결된 페더링 힌지와는 달리 별도의 기계적 연결장치는 없다.

회전날개깃의 피치각 조절, 즉 페더링 운동으로 회전날개 양력이 변화하여 플래핑 운동이 발생하고, 이에 따라 앞서 설명한 회전면의 코닝각(coning angle)이 발생한다. 경량 헬리콥터는 조종계통구조를 단순화하기 위하여 페더링 힌지를 생략하기도 하는데, 탄성이 있는 회전날개깃이 양력을 받아 위로 휘어짐에 따라 코닝각이 발생한다. 그리고 회전날개깃의 **플래핑 운동은 회전날개 회전면에서 발생하는 양력 비대칭 현상을 완화**하는 중요한 역할을 한다.

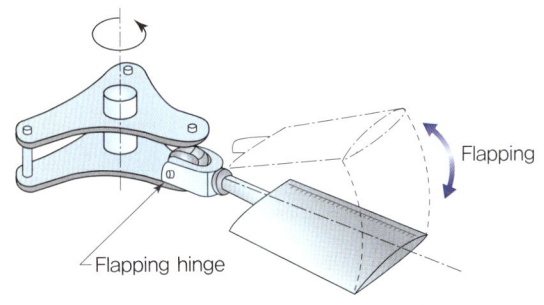

[그림 14-6] 플래핑 힌지와 플래핑 운동

(4) 리드-래그 운동

회전축을 기준으로 회전날개깃이 회전할 때 **코리올리 효과**(Coriolis effect) 때문에 위치에 따라 회전날개깃의 회전속도가 회전축의 회전속도보다 빨라지거나 느려지는 현상이 생긴다. 즉, 회전날개깃의 회전속도가 빨라지면 회전축보다 앞서게 되고(lead), 회전속도가 느려지면 회전축보다 뒤로 쳐지게 되는데(lag), 이를 리드-래그 운동(lead-lag motion)이라고 한다.

이때 회전축과 깃의 연결부는 큰 굽힘 모멘트(bending moment)를 받게 되어 구조에 무리가 간다. 따라서 **리드-래그 힌지는 회전날개깃의 리드-래그 운동, 즉 깃의 좌우 방향 운동을 허용하여 회전축 연결부에 작용하는 굽힘 모멘트를 완화시키는 역할**을 한다. 그리고 급격한 리드-래그 운동을 방지하기 위하여 각각의 회전날개깃에 **리드-래그 댐퍼**(lead-lag damper)를 부착하기도 한다. 댐퍼는 완충장치로서 충격과 진동을 감소시키는 역할을 한다. 회전날개깃을 2매로 구성하는 경량 헬리콥터의 경우, 조종계통 구조를 단순화하기 위하여 플래핑 힌지 또는 리드-래그 힌지를 생략하기도 하는데, 이러한 형태를 고정형 회전날개계통(rigid rotor system)이라고 한다.

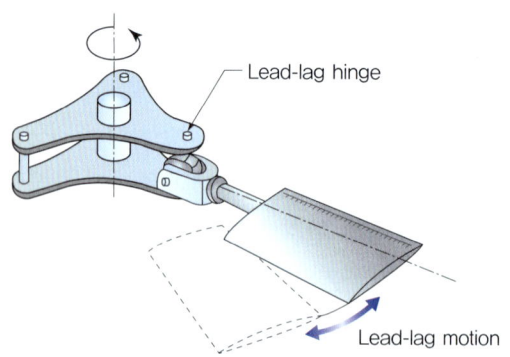

[그림 14-7] 리드-래그 힌지와 리드-래그 운동

Mil Mi-2 헬리콥터의 리드-래그 댐퍼(lead-lag damper). 리드-래그 댐퍼는 회전날개의 급격한 리드-래그 운동 때문에 회전축의 연결부에 작용하는 강한 굽힘 모멘트를 완화시키는 일종의 완충장치이다.

14.5 헬리콥터 조종

(1) 개요

　고정익기의 경우, 날개와 안정판에 설치된 조종면의 각도를 조절하여 조종면에서 나타나는 공기력으로 키놀이운동(pitching), 옆놀이운동(rolling), 빗놀이운동(yawing)을 발생시켜 상승·하강·선회 비행을 한다. 하지만 헬리콥터는 형상과 구조적 특성 때문에 조종면의 구성이 쉽지 않다. 단, 꼬리회전날개가 없는 동축 회전날개형, 편향 회전날개형, 혼합 회전날개형 헬리콥터의 경우, 고속에서의 빗놀이운동, 즉 기수 방향 전환은 동체 후방에 부착된 방향타(rudder)를 이용한다. 그리고 저속에서는 2개의 회전날개 회전력의 차이를 이용하여 기수 방향을 전환한다.

하지만 단일 회전날개형과 쌍회전날개형 헬리콥터의 경우, 조종면은 장착되지 않는다. 특히, 단일 회전날개형은 현재 가장 일반적인 헬리콥터 형태인데, 다음과 같은 방식을 통하여 헬리콥터를 조종한다.

헬리콥터의 수직상승과 수직하강 그리고 공중정지(hovering)비행 등 고도 변화는 회전날개의 동시 피치 조종(collective pitch control)에 의하여 이루어진다. 그리고 전진·후진·측면 이동비행 등의 비행 방향 전환은 회전날개의 주기 피치 조종(cyclic pitch control)을 이용한다. 또한, 기수의 방향(heading) 전환은 꼬리회전날개의 추력 조절을 통한 기수 방향 조종(heading control)에 의하여 발생한다.

고정익기의 경우, 조종간(control stick/yoke)과 페달(pedal) 그리고 추력 레버(throttle lever)를 이용하여 항공기를 조종한다. 그런데 헬리콥터의 경우, **동시 피치 조종간(collective pitch stick)과 추력 조절 손잡이(twist grip throttle)로 수직상승·수직하강·공중정지 등의 고도 변화를, 그리고 주기 피치 조종간(cyclic control stick)을 이용하여 전진·후진·측면으로 비행 방향 전환**을 한다. 또한, **페달(pedal)을 밟아서 기수의 방향 전환**을 한다.

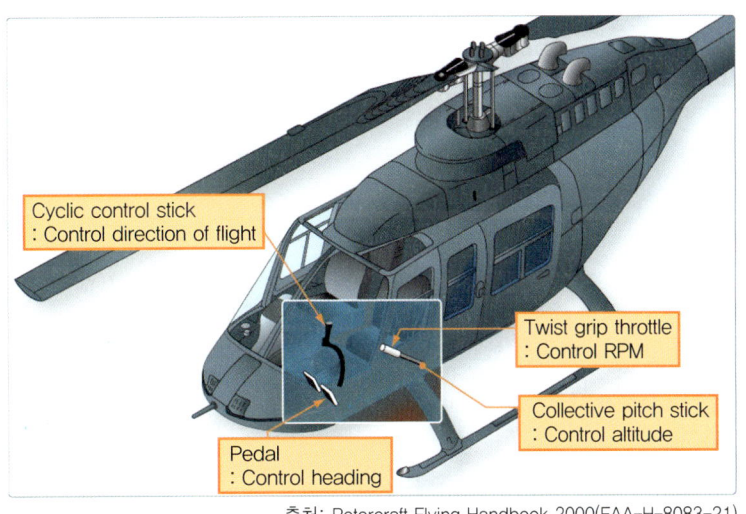

출처: Rotorcraft Flying Handbook 2000(FAA-H-8083-21)

[그림 14-8] 헬리콥터 조종계통

헬리콥터 회전날개계통에는 경사판(swash plate)이라는 장치가 있다. 경사판은 윗부분과 아랫부분으로 구분되는데, **위쪽은 회전경사판(rotating swash plate), 아래쪽은 고정경사판(stationary swash plate)**이라 부르고, 두 경사판 사이에는 볼 베어링(ball bearing)이 위치하고 있다.

회전경사판은 **피치 로드**를 통하여 각각의 회전날개깃에 연결되어 함께 회전한다. **고정경사판이 상하운동을 하면 동시 피치 조종이 발생하고, 고정경사판이 한쪽 방향으로 경사가 지는 운

플래핑 힌지가 생략된 MBB BK-117 헬리콥터의 고정식 회전날개(rigid rotor)계통. 페더링 힌지와 리드-래그 힌지뿐만 아니라 피치 로드(pitch rod)와 고정 및 회전 경사판(stationary/rotating swash plate)을 볼 수 있다. 고정식 회전날개의 코닝각(coning angle)은 회전날개깃이 양력을 받아 위로 휘는 탄성에 의하여 발생한다.

동을 하면 주기 피치 조종이 일어난다. 회전경사판은 고정경사판의 운동을 회전날개깃에 전달하는 역할을 하는데, 중간에 있는 볼베어링 때문에 회전날개와 함께 회전하는 동시에 고정경사판과 함께 운동할 수 있다.

(2) 동시 피치 조종

동시 피치 조종은 비행 중 고도 변화를 발생시킨다. 즉, 조종사가 동시 피치 조종을 위하여 **동시 피치 조종간을 당겨서 경사판을 상승시키면** 각각의 회전날개깃에 연결된 모든 피치 로드를 위로 밀고, 페더링 힌지에 의하여 **모든 깃의 피치각이 동시(collective)에 증가**하는 페더링 운동이 발생한다. 이는 고정익기의 날개 받음각을 증가시키는 것과 같다. 따라서 **모든 회전날개깃에서 양력이 증가**하고, 플래핑 힌지에 연결되어 자유롭게 상하로 움직일 수 있는 **회전날개깃은 위로 올라가는 플래핑 운동을 하여 코닝각이 증가**한다. 이에 따라 **회전날개에서 발생하는 양력이 크기가 헬리콥터 중량보다 커지면($L > W$) 헬리콥터는 수직으로 상승**하게 된다.

반대로 동시 피치 조종간을 밀면 경사판이 하강하고, 따라서 모든 회전날개깃의 피치각이 동시에 감소하여 양력이 중량보다 작아지므로($L < W$) 헬리콥터는 수직으로 하강하게 된다. 아울러 **양력이 중량과 같아지도록($L = W$) 동시 피치 조종**을 하면 **공중정지비행**을 한다.

고정익기의 경우, 날개 받음각이 증가하여 양력이 커지면 항력 역시 증가하므로 엔진의 추력을 증가시켜야 하는데, 헬리콥터 회전날개깃도 마찬가지이다. 즉, 상승비행을 위하여 회전날개깃의 피치각을 증가시켜 양력이 증가하면 회전하는 깃에서 발생하는 저항이 커져서 회전날개의

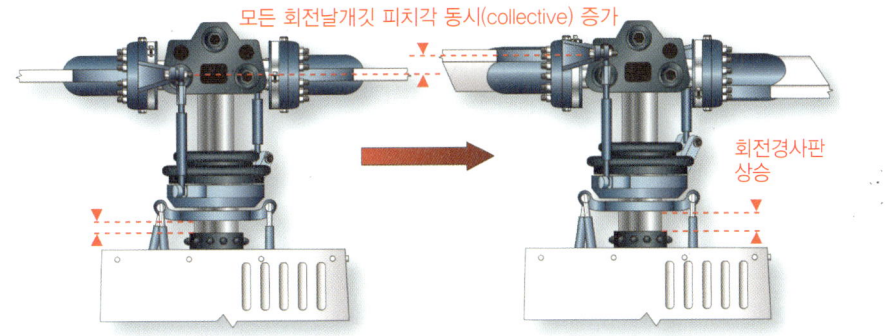

[그림 14-9] 경사판(swash plate) 상승에 의한 모든 회전날개깃의 피치각 동시(collective) 증가

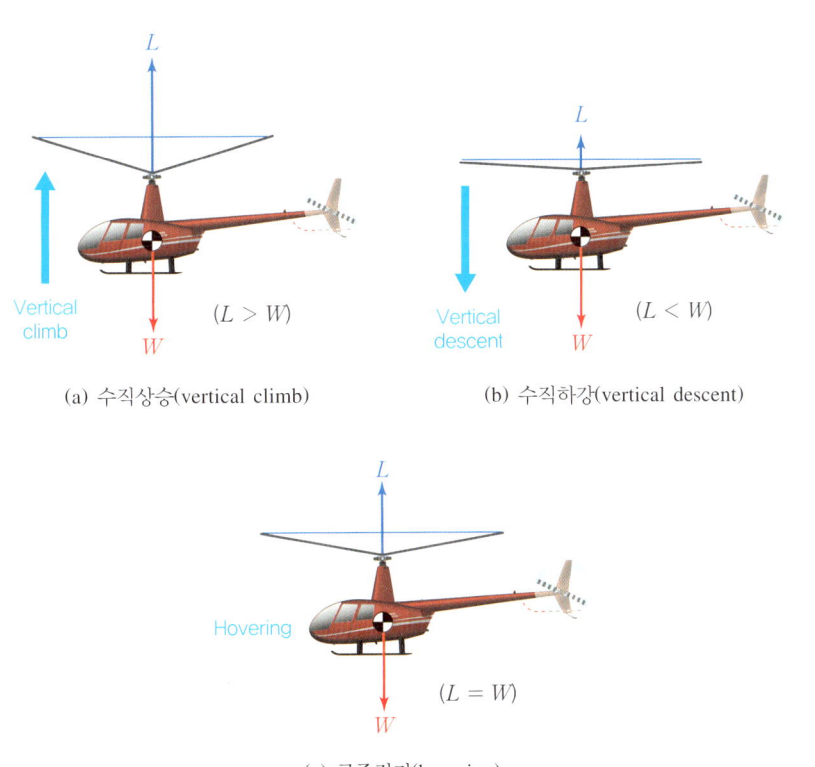

[그림 14-10] 코닝각 및 양력 변화에 따른 고도 변화(동시 피치 조종)

회전수가 감소할 수 있다. 그러므로 헬리콥터 엔진의 출력을 증가시켜 회전수가 감소하지 않고 일정하게 유지되도록 해야 한다. 따라서 상승비행을 위하여 **동시 피치 조종간을 당길 때 동시 피치 조종간과 함께 구성된 추력 조절 손잡이(twist grip throttle)를 조작하여 엔진의 출력을 높인다.** 반대로 하강비행을 위하여 회전날개의 양력을 감소시키면 깃의 저항도 떨어지기 때문에

[그림 14-11] 동시 피치 조종에 이용되는 동시 피치 조종간과 추력 조절 손잡이

회전날개의 회전수가 빨라지므로 엔진출력을 낮추어야 한다.

(3) 주기 피치 조종

주기 피치 조종은 회전날개깃의 피치각을 주기적으로 조절하여 이동하고자 하는 방향으로 회전날개의 회전면을 경사지게 하고, 따라서 그 방향으로 추력을 발생시켜 헬리콥터를 이동시킨다.

만약 조종사가 **주기 피치 조종간을 12시 방향으로 밀면 회전날개 회전면은 12시 방향으로 기울어지고, 따라서 그 방향으로 추력이 발생하여 헬리콥터는 12시 방향으로 전진비행**을 하게 된다. 경사진 경사판을 따라 회전하는 회전날개깃의 피치각이 경사판이 내려간 지점에서 감소하고, 반대 위치, 즉 경사판이 올라간 위치에서는 피치각이 증가하는 **주기적(cyclic) 변화를 보이기 때문에 주기 피치 조종**이라고 한다.

마찬가지로 주기 피치 조종간을 오른쪽 옆으로 즉, 3시 방향으로 밀면 회전날개 회전면이 3시 방향으로 기울어지면서 그쪽으로 측면 이동비행을 하게 된다. 따라서 헬리콥터가 전후좌우 등 원하는 방향으로 비행 방향을 전환하기 위해서는 주기 피치 조종을 해야 한다.

그런데 주기 피치 조종계통을 설계하거나 제작할 때는 **자이로 섭동성**(gyroscopic precession) 을 고려해야 한다. **자이로 섭동성은 회전하는 물체에 힘을 가하면 회전 방향 90도 이후 위치에서 그 힘에 대한 반응이 나타난다는 물리적 특성**을 말하는데, 헬리콥터의 회전날개도 자이로 섭동성의 영향을 받는다.

자이로 섭동성은 다음의 예로 설명할 수 있다. 자전거를 탄 사람의 시점에서 핸들을 오른쪽으로 꺾지 않고 오른쪽으로 방향을 바꾸는 방법은 자전거를 탄 사람이 오른쪽으로 몸을 살짝 기울이는 것이다. 즉, 사람이 오른쪽으로 몸을 기울이면 바퀴의 위쪽에 오른쪽으로 움직이게 하는

Principles of Flight

[그림 14-12] 주기 피치 조종에 이용되는 주기 피치 조종간

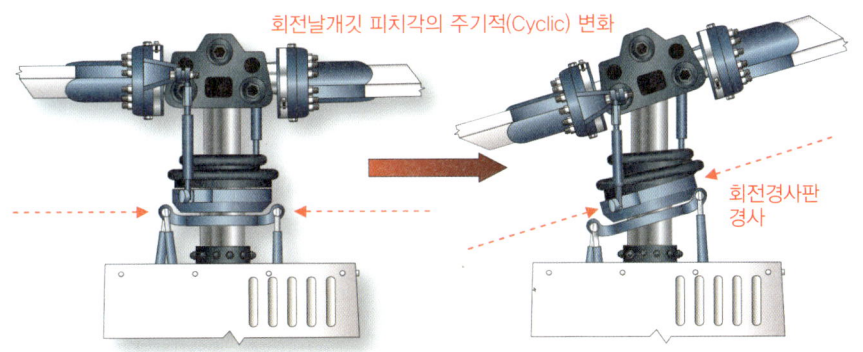

출처: Helicopter Instructor's Handbook 2012(FAA-H-8083-4)

[그림 14-13] 경사판(swash plate)의 경사에 의한 회전날개깃의 피치각의 주기적(cyclic) 변화 발생

힘이 가해진다. 그러나 자이로 섭동성 때문에 실제로 회전 방향 90도 이후인 바퀴 앞쪽이 오른쪽으로 움직이게 되고, 이에 따라 자전거는 오른쪽으로 진행 방향이 바뀌게 된다.

헬리콥터가 12시 방향으로 전진비행을 하려면 회전날개의 회전면을 12시 방향으로 기울여야 한다. 이를 위하여 경사판을 12시 방향으로 경사지게 하여 회전날개깃의 피치각이 12시 방향에서 최소가 되도록 해야 한다고 생각할 수 있다. 하지만 자이로 섭동성을 고려한다면 12시 방향을 기준으로 90도 이전에서 피치각이 최소가 되어야 한다. 즉, 회전날개가 반시계 방향으로 회전하는 헬리콥터가 12시 방향으로 전진비행을 하려면 주기 피치 조종을 통하여 경사판을 3시 방향으로 기울여야 한다.

이에 따라 회전날개깃이 3시 방향에 도달하면서 내려간 경사판 때문에 피치각이 최소로 감소하는 페더링 운동이 발생하고, 반대로 9시 방향에서 올라간 경사판에 의하여 피치각이 최대로 증가하는 페더링 운동이 나타난다. 그러면 3시 방향의 최소 피치각에 따른 최소 양력의 영향은

14.5 헬리콥터 조종 — 391

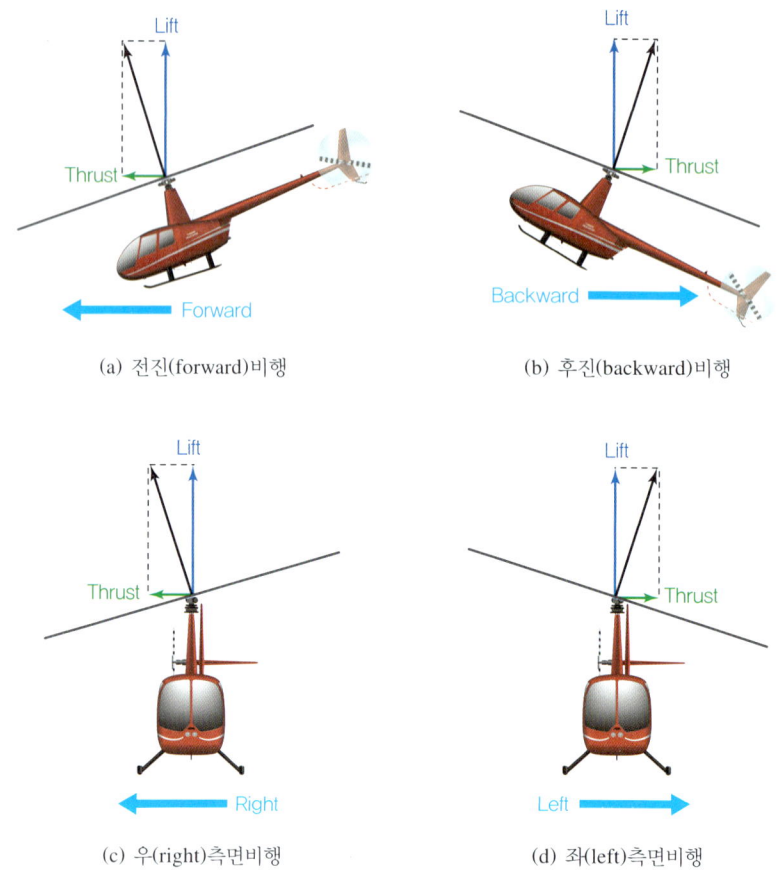

[그림 14-14] 회전날개 회전면의 경사 및 추력 방향 변화에 따른 비행 방향 전환(주기 피치 조종)

자이로 섭동성에 의하여 90도 이후에서 나타나기 때문에 12시 방향에서 회전날개깃이 가장 내려가는 플래핑 운동이 발생한다. 그리고 9시 방향의 최대 피치각에 따른 최대 양력의 영향으로 6시 방향에서 깃이 가장 올라가는 플래핑 운동이 나타나 회전면이 12시 방향으로 기울어지며 전진비행을 할 수 있게 된다. 그러므로 **헬리콥터의 주기 피치 조종계통은 자이로 섭동성을 고려하여 이동하려는 방향으로 주기 피치 조종간을 작동시키면 경사판은 이동 방향보다 90도 이전에서 경사지도록 구성되어야 한다.**

(4) 기수 방향 조종

헬리콥터의 기수 방향 조종(heading control), 즉 기수 방향을 전환하는 방법은 헬리콥터의 형식에 따라 다르다. 단일 회전날개형은 꼬리회전날개의 추력 조절을 이용하고, 쌍회전날개형은 서로 다른 방향으로 회전날개 회전면을 기울이는 주기 피치 조종방식을 이용하며, 기체 후방에 방향타(rudder)가 있는 동축 회전날개형, 편향 회전날개형, 혼합 회전날개형은 방향타를 조작하

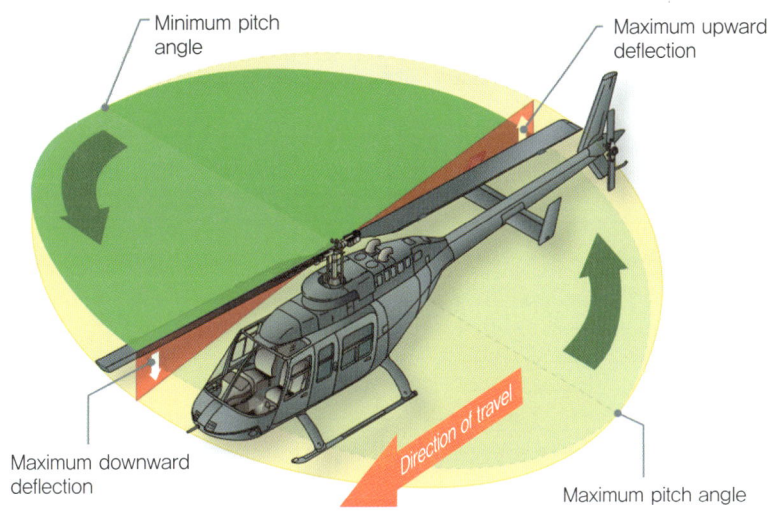

출처: Helicopter Flying Handbook 2019 (FAA-H-8083-21B)

[그림 14-15] 자이로 섭동성(gyroscopic precession)을 고려한 회전날개 주기 피치 조종. 기수가 향하고 있는 12시 방향으로 전진비행을 하려면 3시 방향(오른쪽)에서 회전날개깃의 피치각이 최소, 그리고 9시 방향(왼쪽)에서 피치각이 최대가 되어야 한다.

여 방향을 전환한다. 하지만 헬리콥터의 형식과 관계없이 조종석에 있는 페달(pedal)을 밟아서 기수 방향을 전환하는 조종방법은 같다.

여기서는 단일 회전날개형의 방향조종방식에 대하여 설명한다. 앞서 설명한 바와 같이, 헬리콥터의 동체는 작용-반작용의 법칙 때문에 회전날개의 회전 방향과 반대 방향으로 **토크 효과**가 작용한다. 단일 회전날개형 헬리콥터는 꼬리회전날개를 장착하여 토크 효과가 발생하는 반

[그림 14-16] 기수 방향 조종에 이용되는 페달

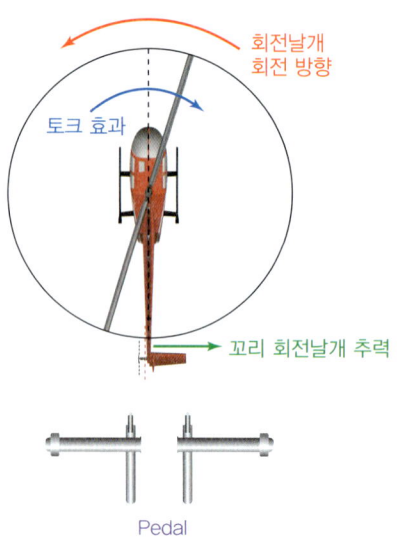

(a) 기수 정면 방향(토크 효과 = 꼬리회전날개 추력)

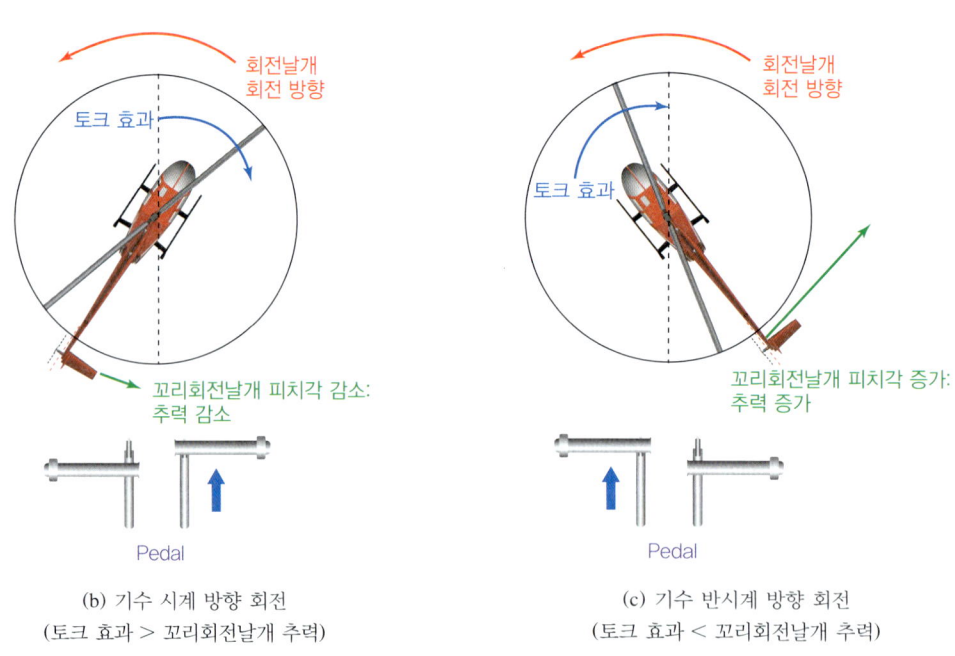

(b) 기수 시계 방향 회전
(토크 효과 > 꼬리회전날개 추력)

(c) 기수 반시계 방향 회전
(토크 효과 < 꼬리회전날개 추력)

[그림 14-17] 꼬리회전날개의 추력 조절에 따른 기수의 방향 전환(기수 방향 조종)

대 방향으로 같은 크기의 **역토크를 발생시켜 균형을 이루는데, 역토크의 강도를 조절하여 헬리콥터의 기수 방향을 조종**한다.

[그림 14-17]과 같이 조종사 기준 반시계 방향으로 회전하는 회전날개를 장착한 헬리콥터가 있다고 가정하자. 토크 효과에 의하여 동체는 시계 방향으로 회전하려는 경향이 있는데, 이를 상쇄시키기 위하여 꼬리회전날개에서 오른쪽으로 작용하는 추력을 만들어 역토크를 발생시

킨다. 꼬리회전날개는 회전날개와 마찬가지로 항상 같은 방향으로 회전하기 때문에 항상 일정한 방향, 여기서는 오른쪽으로 추력을 발생시킨다. 꼬리회전날개의 추력 역시 꼬리회전날개깃의 피치각 변화로 조절한다. 즉, **꼬리회전날개깃의 피치각을 높이면 추력이 증가하고, 피치각을 낮추면 추력이 감소**한다.

따라서 조종사가 **시계 방향으로 기수가 돌아가는 기수 방향 전환을 위하여 오른쪽 페달을 밟으면** 꼬리회전날개깃의 피치각이 감소하여 오른쪽으로 향하는 추력이 약해진다. 그러므로 역토크의 세기가 약해지고 토크 효과가 작용하는 방향, 즉 시계 방향으로 헬리콥터의 기수가 돌아가는 기수 방향 전환이 일어난다.

마찬가지로 반시계 방향, 즉 기수를 왼쪽으로 돌리려면 왼쪽 페달을 밟고, 이에 따라 꼬리회전날개의 피치각이 증가하여 오른쪽으로 작용하는 추력이 커져서 동체에 작용하는 토크 효과보다 꼬리회전날개의 역토크가 우세해지도록 한다.

따라서 단일 회전날개형 헬리콥터의 기수 방향 전환은 일정 방향으로 추력을 발생시키는 꼬리회전날개의 피치각을 바꾸고 추력, 즉 역토크의 세기를 조절하여 이루어진다.

CHAPTER 14 SUMMARY

- **헬리콥터(helicopter)**: 회전날개(rotor)를 회전시킬 때 발생하는 양력과 추력으로 비행하기 때문에 회전익기(rotorcraft)라고도 하며, 고정익기는 할 수 없는 공중정지(hovering), 수직상승, 수직하강, 측면비행 등이 가능하다.

- **헬리콥터의 구조**: 동체, 추진장치, 주 회전날개계통, 꼬리회전날개계통, 변속기, 착륙장치로 구성된다.

- **코닝각(coning angle)**: 회전날개에서 발생하는 양력과 원심력의 합성력만큼 회전날개깃이 상승하여 회전날개 회전면(tip-path angle)과 이루는 각도로, 헬리콥터 중량이 무거울수록 회전날개 피치각을 높이거나 회전날개의 회전속도를 증가시켜 회전날개 발생 양력을 높여 코닝각을 증가시킨다.

- **토크 효과(torque effect)**: 엔진이 회전날개를 회전시키면 엔진이 장착된 헬리콥터의 동체는 작용–반작용의 법칙에 따라 반대 방향으로 회전력을 받아 회전하려는 현상이다.

- **역토크(counter torque)**: 동체의 토크 효과를 상쇄시키는 회전력으로, 일반적으로 꼬리회전날개에서 발생한다.

- **헬리콥터의 종류**: 주로 주 회전날개(main rotor)의 구성방식에 따라 구분하며, 단일 회전날개형, 쌍회전날개형, 동축 회전날개형, 편향 회전날개형, 혼합 회전날개형 등이 있다.
  - 단일 회전날개형(single rotor): 1개 조의 주 회전날개와 1개 조의 꼬리회전날개로 구성되며, 구조가 단순하므로 중소형 헬리콥터의 형태로 적합하다.
  - 쌍회전날개형(tandem rotor): 2개 조의 회전날개가 동체 앞과 뒤에 장착되며, 수송용 헬리콥터 형태로 적합하다.
  - 동축 회전날개형(coaxial rotor): 2개 조의 회전날개가 하나의 회전축(mast)의 위와 아래에 장착되며, 동체가 콤팩트한 것이 장점이다.
  - 편향 회전날개형(tilt rotor): 2개 조의 회전날개를 고정날개 좌우 양쪽에 배치하고 회전날개축의 각도를 변경함으로써 수직 이착륙과 고속비행이 가능하다.

- **혼합 회전날개형(compound rotor)**: 2개 조의 회전날개를 동축 회전날개형과 같이 위와 아래로 배치하고, 동체 뒤쪽에 추력 보조용 회전날개를 장착하여 수직 이착륙과 고속비행이 가능하다.

- **페더링 운동(feathering motion)**: 페더링 힌지(feathering hinge)를 통하여 회전날개 회전축에 연결된 깃의 피치각이 바뀌는 운동이다.

- **플래핑 운동(flapping motion)**: 회전날개깃의 양력 증감에 따라 플래핑 힌지를 통하여 발생하는 회전날개깃의 상하운동을 말한다. 회전날개깃의 피치각 변화, 즉 페더링 운동은 회전날개의 양력을 변화시켜 플래핑 운동과 코닝각을 발생시킨다.

CHAPTER 14 SUMMARY

- **리드-래그 운동(lead-lag motion)**: 회전날개깃이 회전할 때 코리올리 효과(Coriolis effect) 때문에 위치에 따라 회전날개깃의 회전속도가 회전축의 회전속도보다 빨라지거나 느려지는 운동을 말한다. 리드-래그 힌지(lead-lag hinge) 및 리드-래그 댐퍼가 회전축 연결부에 작용하는 굽힘모멘트를 완화시킨다.

- **동시 피치 조종(collective pitch control)**: 동시 피치 조종간을 조작하여 회전날개깃의 피치각을 동시에 바꾸고, 이에 따라 발생하는 플래핑 운동과 코닝각의 증감으로 헬리콥터를 수직상승, 수직하강, 공중정지(hovering)를 시킨다.

- **주기 피치 조종(cyclic pitch control)**: 주기 피치 조종간을 조작하여 일정 위치를 지나는 회전날개깃의 피치각을 바꾸고, 이에 따라 발생하는 회전면의 기울어짐으로 전진 방향, 후진 방향, 측면 방향으로 헬리콥터의 비행 방향을 전환한다.

- **자이로 섭동성(gyroscopic precession)**: 회전하는 물체에 힘을 가하면 회전 방향 90도 이후의 위치에서 그 힘에 대한 반응이 나타난다는 물리적 특성. 따라서 이동하려는 방향으로 주기 피치 조종간을 작동시키면 경사판은 이동 방향 기준 90도 이전에서 경사지도록 조종계통을 구성한다.

- **기수 방향 조종(heading control)**: 페달을 밟아서 꼬리회전날개의 피치각을 변경하고, 꼬리회전날개의 추력을 조절하여 헬리콥터의 기수 방향을 전환한다.

PRACTICE

01 헬리콥터에 발생하는 토크 효과와 관련이 있는 물리법칙은?

① 질량보존의 법칙 ② 관성의 법칙
③ 가속도의 법칙 ④ 작용-반작용의 법칙

해설 토크 효과(torque effect)는 엔진이 회전날개를 회전시키면 엔진이 장착된 헬리콥터의 동체는 작용-반작용의 법칙에 따라 반대 방향으로 회전력을 받아 회전하려는 현상이다.

02 주 회전날개축이 90도 회전하는 헬리콥터 형태는?

① 단일(single) 회전날개형
② 편향(tilt) 회전날개형
③ 동축형(coaxial) 회전날개형
④ 쌍(tandem)회전날개형

해설 편향 회전날개형(tilt rotor) 헬리콥터는 2개 조의 회전날개를 고정날개 좌우 양쪽에 배치하고 회전날개축의 각도를 변경함으로써 수직 이착륙과 고속비행이 가능하다.

03 헬리콥터 회전날개깃의 피치각을 변환시키는 운동은?

① 페더링 운동 ② 플래핑 운동
③ 리드-래그 운동 ④ 회전경사판 운동

해설 페더링(feathering) 운동은 페더링 힌지를 통하여 회전날개 회전축에 연결된 깃의 피치각이 바뀌는 운동이다.

04 다음 중 헬리콥터 주 회전날개계통에서 발생하는 코리올리 효과를 완화시키는 힌지는?

① 리드-래그 힌지 ② 짐발 힌지
③ 페더링 힌지 ④ 티터링 힌지

해설 리드-래그 힌지(lead-lag hinge)와 리드-래그 댐퍼(lead-lag damper)는 코리올리 효과(Coriolis effect)에 의한 리드-래그 운동 때문에 회전축 연결부에 작용하는 굽힘 모멘트를 완화시킨다.

05 헬리콥터의 상승비행에 사용되는 조종장치는?

① 주기 피치 조종간 ② 동시 피치 조종간
③ 트림탭 ④ 페달

해설 동시 피치 조종(collective pitch control)은 동시 피치 조종간을 조작하여 경사판을 상승 또는 하강시켜 회전날개깃의 피치각을 바꾸고, 이에 따라 발생하는 플래핑 운동과 코닝각의 증감으로 헬리콥터를 수직상승·수직하강·공중정지(hovering)를 시킨다.

06 주 회전날개가 반시계 방향으로 회전하는 헬리콥터가 있다. 12시 방향으로 전진비행을 하려 한다면 회전날개깃에 대하여 최소 피치각을 주어야 하는 위치는?

① 12시 방향 ② 3시 방향
③ 6시 방향 ④ 9시 방향

해설 전진비행을 위하여 회전날개의 회전면을 앞으로(12시 방향) 기울여야 하는데, 자이로 섭동성을 고려하여 3시 방향에서 깃의 피치각이 최소가 되도록 해야 한다.

07 헬리콥터의 전진비행 또는 원하는 방향으로의 비행을 위해 회전면을 기울여 주는 조종장치는? [항공산업기사 2020년 1회]

① 사이클릭 조종레버
② 페달
③ 콜렉티브 조종레버
④ 피치암

해설 주기 피치 조종(cyclic pitch control)은 주기 피치 조종간을 조작하여 헬리콥터가 이동하려는 방향으로 경사판을 기울여 일정 위치를 지나는 회전날개깃의 피치각을 바꾸고, 이에 따라 발생하는 회전날개 회전면의 기울어짐으로 전진·후진·측면 등으로 비행 방향을 전환하는 것이다.

정답 1. ④ 2. ② 3. ① 4. ① 5. ② 6. ② 7. ①

08 헬리콥터 회전날개의 코닝각에 대한 설명으로 틀린 것은? [항공산업기사 2020년 3회]

① 양력이 증가하면 코닝각은 증가한다.
② 무게가 증가하면 코닝각은 증가한다.
③ 회전날개의 회전속도가 증가하면 코닝각은 증가한다.
④ 헬리콥터의 전진속도가 증가하면 코닝각은 증가한다.

해설 헬리콥터 중량이 무거울수록 회전날개깃의 피치각을 높이거나 회전날개의 회전속도를 증가시켜 회전날개에서 발생하는 양력을 높여 코닝각을 증가시킨다.

09 헬리콥터 회전날개의 조종장치 중 주기 피치 조종과 동시 피치 조종을 위해서 사용되는 장치는? [항공산업기사 2018년 2회]

① 평형탭(balance tab)
② 안정바(stabilizer bar)
③ 회전경사판(swash plate)
④ 트랜스미션(transmission)

해설 경사판(swash plate)을 상승 또는 하강시켜 회전날개깃의 피치각을 동시에 바꾸어 동시 피치 조종을 하거나, 헬리콥터가 이동하려는 방향으로 경사판을 기울여 일정 위치를 지나는 회전날개깃의 피치각을 바꾸어 주기 피치 조종을 한다.

10 꼬리회전날개(tail rotor)가 필요한 헬리콥터는? [항공산업기사 2017년 4회]

① 단일 회전날개 헬리콥터
② 직렬식 회전날개 헬리콥터
③ 병렬식 회전날개 헬리콥터
④ 동축 역회전식 회전날개 헬리콥터

해설 단일 회전날개형(single rotor) 헬리콥터는 1개 조의 주 회전날개와 1개 조의 꼬리회전날개로 구성되며, 구조가 단순하므로 중소형 헬리콥터의 형태로 적합하다.

11 헬리콥터의 동시 피치 제어간(collective pitch control lever)을 올리면 나타나는 현상에 대한 설명으로 옳은 것은? [항공산업기사 2017년 2회]

① 피치가 커져 전진비행을 가능하게 한다.
② 피치가 커져 수직으로 상승할 수 있다.
③ 피치가 작아져 후진비행을 빠르게 한다.
④ 피치가 작아져 수직으로 상승할 수 있다.

해설 동시 피치 조종간을 조작하여 경사판을 상승시켜 회전날개깃의 피치각을 증가시키고, 이에 따라 발생하는 플래핑 운동으로 코닝각이 증가하여 헬리콥터는 수직상승한다.

12 원심력에 의해 양력이 회전날개에 수직으로 작용한 결과로서 헬리콥터 회전날개깃 끝 경로면(tip path plane)과 회전날개깃이 이루는 각을 의미하는 용어는? [항공산업기사 2017년 2회]

① 경로각 ② 깃각
③ 회전각 ④ 코닝각

해설 코닝각은 회전날개에서 발생하는 양력과 원심력의 합성력만큼 회전날개깃이 상승하여 회전날개 회전면(tip path plane)과 이루는 각도이다.

13 전진비행 중인 헬리콥터의 진행 방향 변경은 어떻게 이루어지는가? [항공산업기사 2017년 1회]

① 꼬리회전날개를 경사시킨다.
② 꼬리회전날개의 회전수를 변경시킨다.
③ 주 회전날개깃의 피치각을 변경시킨다.
④ 주 회전날개 회전면을 원하는 방향으로 경사시킨다.

해설 주기 피치 조종간을 조작하여 헬리콥터가 이동하려는 방향으로 경사판을 기울여 일정 위치를 지나는 회전날개깃의 피치각을 바꾸고, 이에 따라 발생하는 회전날개 회전면의 기울어짐으로 비행 방향을 전환한다.

정답 8. ④ 9. ③ 10. ① 11. ② 12. ④ 13. ④

14 헬리콥터의 공중정지 비행 시 기수 방향을 바꾸기 위한 방법은? [항공산업기사 2016년 2회]
① 주 회전날개의 코닝각을 변화시킨다.
② 주 회전날개의 회전수를 변화시킨다.
③ 주 회전날개의 피치각을 변화시킨다.
④ 꼬리회전날개의 피치각을 조종한다.

해설 기수 방향 조종(heading control)은 페달을 밟아서 꼬리회전날개 피치각을 변경하고, 꼬리회전날개 추력을 조절하여 헬리콥터의 기수 방향을 전환한다.

15 헬리콥터를 전진, 후진, 옆으로 비행을 시키기 위하여 회전면을 경사시키는 데 사용되는 조종장치는? [항공산업기사 2015년 4회]
① 동시 피치 조종장치
② 추력 조절장치
③ 주기 피치 조종장치
④ 방향 조종 페달

해설 전진·후진·측면으로 헬리콥터의 비행 방향을 전환하는 데 사용하는 조종장치는 주기 피치 조종장치이다.

정답 14. ④ 15. ③

회전날개깃 끝에서 와류(vortex)를 발생시키고 있는 Mil M-26 헬리콥터. 깃 끝의 와류는 육안으로 보기 어려우므로 실제 규모는 사진에서 수증기 응축으로 식별되는 부분보다 훨씬 크다. 회전날개깃의 윗면과 아랫면의 압력차 때문에 아랫면의 유동이 깃 끝을 거쳐 윗면으로 올라가면서 소용돌이 형태의 깃 끝 와류가 형성된다. 아울러 헬리콥터는 회전날개를 이용하여 수직상승 및 수직하강 그리고 공중정지(hovering) 등 일반적인 형태의 고정익기로는 불가능한 패턴의 비행이 가능하다. 하지만 회전날개가 회전하며 양력과 추력을 만들어 낼 때 회전날개의 회전면(tip-path plane)에서 발생하는 다양하고 독특한 공기역학적 현상은 헬리콥터의 비행성능을 제한하는 단점으로 작용하기도 한다.

CHAPTER 15

헬리콥터 공기역학

15.1 회전날개 공기역학 | 15.2 헬리콥터 공기역학

15.1 회전날개 공기역학

(1) 회전날개의 선속도 변화

회전속도(rotational velocity, ω)는 물체가 회전할 때의 속도로서 시간당 각(angle)의 변화로 나타내기 때문에 각속도(angular velocity)라고도 한다. 회전속도는 다음과 같이 선속도(linear velocity, v)와 회전반지름(R)으로 나타낸다.

$$\text{회전속도}: \omega = \frac{v}{R}$$

선속도는 물체가 회전궤적을 이루며 회전할 때 일정 위치에서의 순간속도로서 회전운동이 아닌 직선운동을 기준으로 한 속도이다. 위의 회전속도의 정의를 이용하여 선속도를 표현하면 다음과 같다.

$$\text{선속도}: v = \omega R$$

즉, 일정한 회전속도 ω로 회전하더라도 회전중심을 기준으로 회전반지름 R이 커질수록 또는 회전중심에서 멀어질수록 선속도 v는 증가한다. 이는 운동장에서 여러 명의 학생들이 달리기를 할 때, 운동장 중심을 기준으로 바깥쪽에서 달리는 학생이 뒤처지지 않으려면 훨씬 빨리 달려야 하는 것과 같은 이치이다.

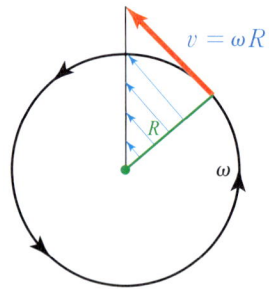

[그림 15-1] 선속도(linear velocity, v)의 정의

헬리콥터의 회전날개깃의 경우도 마찬가지이다. 회전날개깃의 길이 방향 위치인 R에 대하여 회전속도는 일정하지만 선속도는 달라진다. 즉, 회전축(mast)에 가까운 **깃의 뿌리**(blade root) **부분보다 깃의 끝단**(blade tip) **부분의 선속도가 빠르다**. 선속도(v)는 회전속도(ω)와 회전축으로부터의 거리(R)의 곱으로 정의하므로 깃의 뿌리 부분에서 깃의 끝부분으로 갈수록 선속도가 일정하게 증가한다. 예를 들어 프로펠러깃의 길이, 즉 회전면의 반지름이 5 m라고 하고, 회전속

도가 50 rad/s라고 하면 깃의 길이 방향 위치에서의 선속도는 다음과 같다.

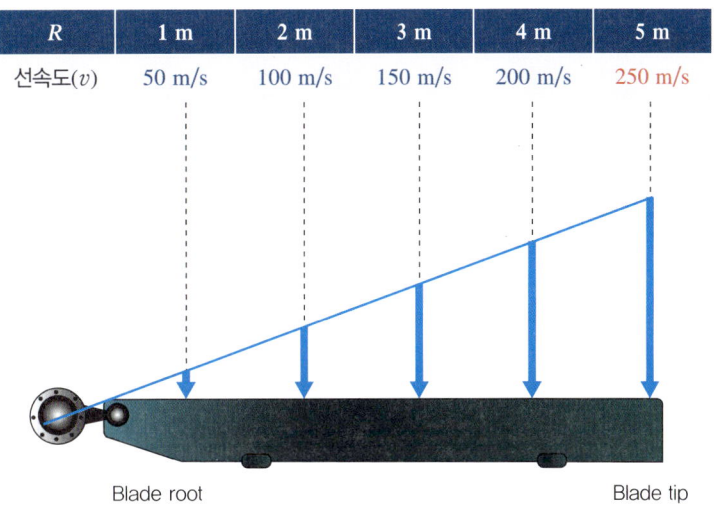

[그림 15-2] 회전날개깃의 길이 방향의 선속도 변화(정지비행)

프로펠러 회전날개가 50 rad/s의 일정한 속도로 회전하더라도 깃의 안쪽 $R = 1$ m 지점에서의 선속도, 즉 깃의 앞전(leading edge)에 대한 상대풍의 속도인 상대속도는 50 m/s이지만, 깃의 끝단은 250 m/s까지 증가한다.

그런데 앞의 예시는 헬리콥터가 정지한 상태에서 깃의 길이 방향 선속도로서 상대속도와 같지만, 헬리콥터가 전진비행을 시작하면 비행속도만큼 상대속도가 증가한다. 만약, 헬리콥터가

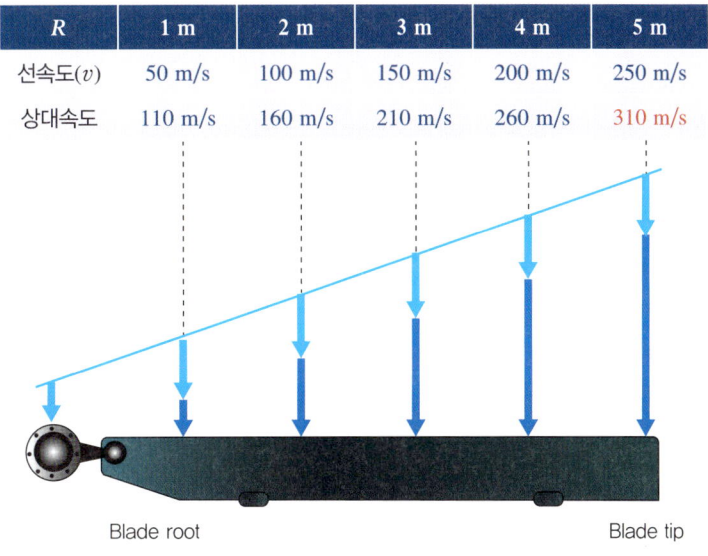

[그림 15-3] 회전날개깃의 길이 방향의 상대속도 변화(60 m/s 전진비행)

216 km/hr, 즉 60 m/s로 전진비행을 하면 깃 끝단에서의 상대속도는 선속도 250 m/s에 비행속도 60 m/s를 더하여 310 m/s에 이른다.

이는 해면고도 기준 $M=1.0$, 즉 음속 340 m/s에 가까운 속도로서 프로펠러깃의 두께와 받음각 등을 고려하면 끝단에서 압축성 효과에 의하여 충격파가 발생할 수 있다. **깃의 끝단에서 충격파가 발생하면 실속현상이 일어나서 강한 진동이 발생하고, 실속이 깃 전체로 확대되면 회전날개의 양력과 추력이 급감하고 항력이 급증**하는 악영향이 나타난다.

따라서 양력과 추력을 증가시키기 위하여 회전날개의 회전속도를 증가시키거나, 회전면의 면적을 넓히기 위하여 회전날개깃의 길이를 증가시키면 끝단에서 상대속도가 높아져서 압축성 효과에 의한 실속이 발생할 수 있다. 그리고 헬리콥터 전진속도를 높여도 끝단 실속이 발생할 수 있다.

압축성 효과에 의한 깃의 끝단 실속을 해결하는 방법은 깃의 끝단에 후퇴각(sweepback angle)을 적용하는 것이다. 고정익기의 날개에 작용하는 상대속도는 수직속도 성분을 기준으로 한다. 날개 앞전의 각도가 비행속도에 수직이면 앞전에 작용하는 상대속도는 비행속도와 같지만, 날개 앞전에 후퇴각을 적용하면 상대속도는 비행속도보다 낮아진다. 후퇴각의 크기에 비례하여 상대속도는 낮아지기 때문에 초음속비행을 하는 고정익기의 날개에는 큰 후퇴각이 적용된다.

헬리콥터의 경우도 마찬가지로 회전속도가 큰 회전날개를 장착한 헬리콥터는 깃의 끝단 부분에 후퇴각을 주어 상대속도를 초음속 이하로 낮추면 충격파 발생과 실속을 방지한다. 예를 들어 깃의 끝단 상대속도가 $v = 310$ m/s인 경우, 후퇴각 45도를 끝단에 적용하면 수직상대속도 $v_p = 310$ m/s $\times \cos 45° = 219$ m/s가 되므로 앞전에 작용하는 수직속도는 약 30% 감소하여 압축성 효과로 인한 실속을 방지할 수 있다.

[그림 15-4] 후퇴각(sweepback angle)이 적용된 회전날개깃 끝단

또한, 회전날개깃의 길이 방향으로 상대속도가 증가하므로 **회전날개 회전면에서 균일한 양력과 추력을 발생시키기 위하여 비틀림각(twist angle)을 적용**한다. 양력은 받음각과 속도에 비례한다. 따라서 상대속도가 느린 회전날개깃의 뿌리 부분에서는 받음각을 높이고, 상대속도가 빠른 깃의 끝단 부분에서는 받음각을 낮추면 회전면 전체에서 균일한 양력과 추력 분포를 얻을 수 있다. 즉, 깃의 뿌리 근처는 높은 받음각이, 깃의 끝단 부분으로 갈수록 점점 낮은 받음각이 형성되도록 회전날개깃 전체에 비틀림각을 주어 제작하면 회전날개의 효율을 높일 수 있다.

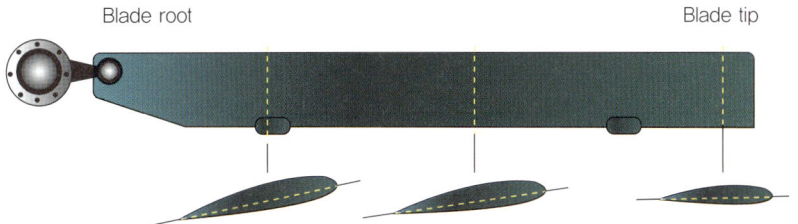

[그림 15-5] 비틀림각(twist angle)이 적용된 회전날개깃

깃 끝단 부분에 후퇴각(sweepback angle)을 적용한 Boeing AH-64D Longbow Apache 헬리콥터의 회전날개깃. 끝단에 적용된 후퇴각 덕분에 상대속도를 초음속 이하로 낮추어 실속을 방지한다.

비틀림각(twist angle)이 적용된 Boeing CH-47F Chinook 헬리콥터의 회전날개깃. 끝단 부분으로 갈수록 상대속도에 대한 받음각이 낮아지도록 회전날개깃을 비틀어 제작하면 회전날개 회전면 전체에서 균일한 양력과 추력이 발생한다.

헬리콥터는 깃 끝단 실속 등 회전날개의 공기역학적 특성 때문에 엔진의 성능과 상관없이 최고속도에 대한 제한이 있으며 **회전날개의 회전속도와 깃의 길이, 즉 회전면 크기의 제한**을 받는다. 회전면의 면적이 클수록 회전면이 만들어 내는 양력과 추력이 증가한다. 그러므로 이륙중량이 무거운 수송용 헬리콥터는 큰 회전면, 즉 회전날개깃의 길이를 늘려야 하지만 앞서 설명한 깃 끝단의 실속 문제로 깃의 길이에 대한 제한이 있기 때문에 대신 2개 조의 회전날개 형태(쌍회전날개형)로 구성한다.

마찬가지로 헬리콥터가 고속비행을 하려면 회전날개깃의 길이를 줄여야 하고, 이에 따른 양력 부족을 해결하려면 회전날개를 2개 조로 제작해야 한다. 깃의 길이를 줄이면 깃의 끝단 실속은 해결할 수 있지만, 고속 수평비행을 위한 추력이 부족하므로 회전날개의 추진 방향을 바꾸거나(편향 회전날개형), 동체에 추력 보조용 회전날개를 부착하여(혼합 회전날개형) 이를 해결한다.

(2) 회전면의 양력 비대칭

앞서 살펴본 바와 같이, 회전날개깃의 길이 방향에 따라 선속도가 증가한다. 이제 하나의 깃이 아닌 회전날개가 회전하면서 형성되는 원형의 회전면을 기준으로 선속도의 변화를 고려한다. 회전 방향이 반시계 방향이라면 회전면의 오른쪽 절반에서는 회전날개깃이 전진하므로 **전진 반원**(advancing side)이라 하고, 왼쪽 절반에서는 후진하므로 **후진 반원**(retreating side)이라고 한다.

아울러 전진 반원과 후진 반원에서의 상대속도의 크기는 같지만, 방향은 반대이다. 예를 들어 정지한 헬리콥터의 회전면 전진 반원의 상대속도가 길이 방향에 따라 50 m/s, 150 m/s, 250 m/s라면, 후진 반원에서는 상대속도의 절대값 크기는 같지만 방향은 정반대이므로 −50 m/s, −150 m/s, −250 m/s가 된다. 따라서 정지상태 또는 공중정지비행을 할 때 회전면 전진 및 후진 반원에서 발생하는 상대속도의 방향은 다르지만 크기는 같으므로 양력의 크기는 모두 같다.

그런데 **전진비행을 시작하면 회전면의 전진 및 후진 반원에서 만들어 내는 양력의 크기가 달라지는 양력 비대칭(dissymmetry of lift) 현상**이 발생한다. 만약, 반시계 방향으로 회전하는 회전면을 가진 헬리콥터가 60 m/s의 속도로 전진비행을 한다면 전진 반원에서의 상대속도 분포는 길이 방향으로 110 m/s, 210 m/s, 310 m/s이고, 후진 반원은 10 m/s, −90 m/s, −190 m/s가 된다. 따라서 양쪽 끝단에서의 상대속도의 절댓값 차이는 120 m/s이다. 상대속도의 절댓값이 낮아지는 회전면 후진 반원의 양력의 크기는 전진 반원에 비하여 작아지게 되고, 전진비행을 시작하면 헬리콥터가 양력이 감소하는 후진 반원 쪽으로 기울어지는 양력 비대칭 현상이 발생하는데, 이를 극복하지 않으면 정상비행이 불가능하다.

전진비행을 할 때 나타나는 양력 비대칭을 해결하는 방법은 회전날개 조종계통에 **플래핑 힌지**(flapping hinge)를 설치하여 회전날개깃이 **플래핑 운동**(flapping motion)을 하게 하는 것이다. [그림 15-6]에 나타낸 바와 같이, 회전날개가 회전선속도(v)로 회전운동을 하면 깃의 앞전을 향하여 같은 속도(v)로 상대풍이 불어온다. **전진 반원에서 상대속도가 증가하면 양력이 증가**

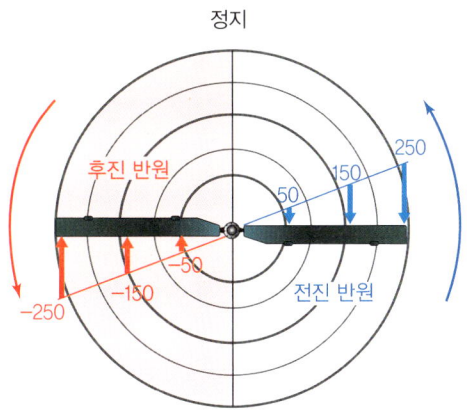

[표 15-1] 회전면 상대속도 분포(정지비행)

구분	후진 반원			전진 반원		
R	5 m	3 m	1 m	1 m	3 m	5 m
선속도(v)	−250 m/s	−150 m/s	−50 m/s	50 m/s	150 m/s	250 m/s

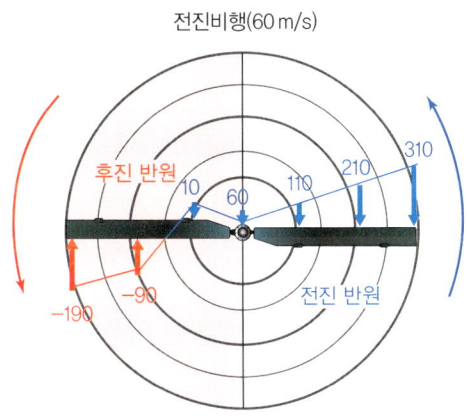

[표 15-2] 회전면의 상대속도 분포(60 m/s 전진비행)

구분	후진 반원			전진 반원		
R	5 m	3 m	1 m	1 m	3 m	5 m
선속도(v)	−250 m/s	−150 m/s	−50 m/s	50 m/s	150 m/s	250 m/s
상대속도	−190 m/s	−90 m/s	10 m/s	110 m/s	210 m/s	310 m/s

하고, 플래핑 힌지에 의하여 회전날개깃이 위로 상승하는 플래핑 운동이 일어난다. 반대로 후진 반원에서 상대속도가 감소하면 회전날개깃이 하강하는 플래핑 운동이 나타난다.

전진 반원에서는 **깃이 위로 상승하기 때문에 위에서 아래로 향하는 추가 상대속도(v_1)가 발

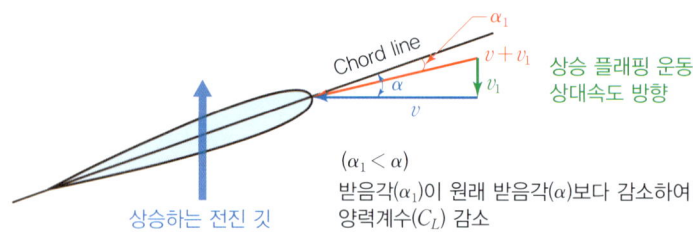

(a) 전진 반원에서의 양력 감소

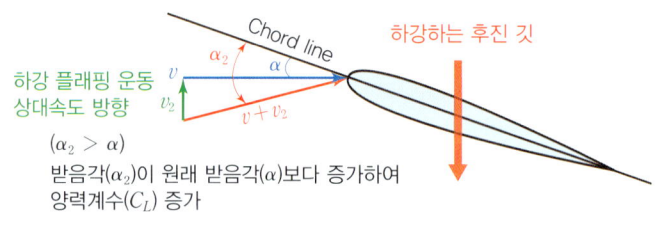

(b) 후진 반원에서의 양력 증가

[그림 15-6] 플래핑 운동에 의한 양력 비대칭 완화과정

생한다. 따라서 회전운동과 상승 플래핑 운동이 동시에 발생할 때 상대속도($v + v_1$)의 방향은 [그림 15-6(a)]와 같이 벡터합 정의에 따라 비스듬하게 아래로 향한다. 그러므로 깃 단면의 시위선(chord line)과 상대속도 방향의 사잇각인 받음각은 감소($\alpha_1 < \alpha$)하게 된다. **받음각이 감소하면 양력계수(C_L)가 감소**하는데, 양력은 다음과 같이 양력계수와 속도로 정의한다. 따라서 **전진 반원에서의 상대속도는 높지만, 깃의 상승 플래핑 운동으로 양력계수는 낮아져서 양력은 증가하지 않는다.**

$$L = C_L \frac{1}{2}\rho V^2 S$$

반대로 후진 반원에서는 양력이 감소하면서 **회전날개깃이 하강하는 플래핑 운동이 발생하여 아래에서 위로 향하는 상대속도(v_2)가 발생**한다. 따라서 회전운동의 상대속도(v)의 방향과 함께 비스듬하게 위로 향하는 상대속도($v + v_2$)가 발생하여 **받음각이 기존 받음각보다 커지기 때문에($\alpha_2 > \alpha$)** 양력계수가 증가한다. 따라서 **후진 반원에서는 상대속도는 감소하지만, 깃의 하강 플래핑 운동으로 양력계수가 증가하기 때문에 양력이 감소하지는 않는다.**

정리하면 전진 반원과 후진 반원에서 발생하는 양력의 비대칭 현상은 플래핑 힌지와 회전날개깃의 플래핑 운동에 의하여 상대속도에 대한 받음각 변화가 발생하고, 이에 따라 양쪽 반원에서 발생하는 양력이 다시 균형을 이루게 되어 양력의 비대칭 현상이 완화되므로 정상비행이 가능해진다.

(3) 회전면 블로백

[그림 15-7]과 같이 주기 피치 조종(cyclic pitch control)으로 회전면을 앞으로 기울일 때 앞쪽으로 발생하는 추력성분으로 전진비행을 한다. 그런데 전진비행은 회전날개 회전면의 양력 비대칭 현상을 만들고, 이는 앞서 설명한 플래핑 운동에 의하여 상쇄된다.

하지만 앞으로 향하는 회전면의 경사가 충분하지 않으면 플래핑 운동 때문에 회전날개의 회전면은 뒤쪽으로 기울어지게 된다. 즉, 반시계 방향으로 회전하는 회전날개깃은 6시 방향에서부터 전진 반원에 들어가면서 **상승 플래핑 운동이 시작되어 12시 방향에서 가장 많이 상승한다.**

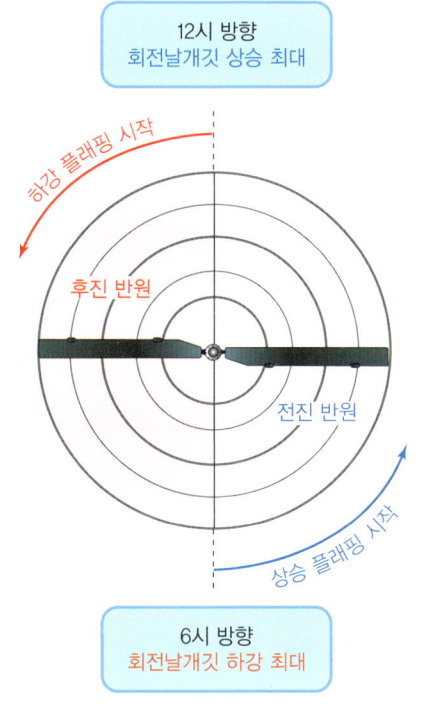

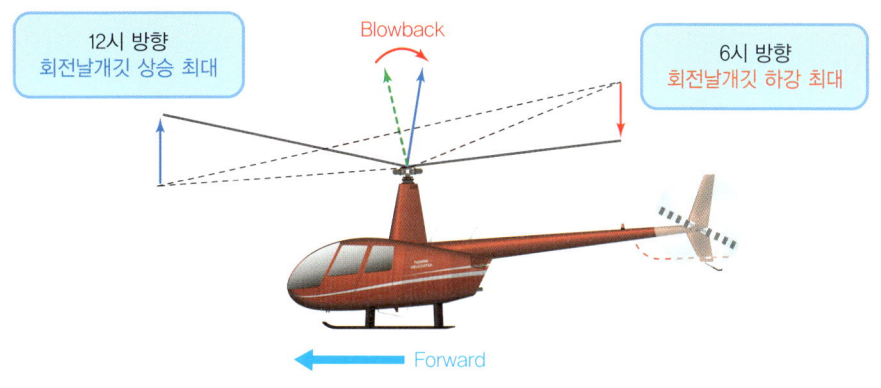

[그림 15-7] 플래핑 운동에 의한 블로백 현상 발생

그리고 12시 방향을 지나며 하강 플래핑이 시작되어 6시 방향에서 가장 많이 하강한다. 그러므로 **전진비행을 위하여 앞으로 기울인 회전면이 회전날개의 플래핑 운동 때문에 다시 뒤쪽으로 기울어져 원위치되는 회전면 블로백(blow back) 현상**이 나타난다.

전진비행 속도가 높을수록, 즉 양력 비대칭이 심해질수록 강한 플래핑 운동이 발생하여 블로백 현상이 더 현저하게 나타나고 블로백에 의하여 회전면이 다시 원위치되며, 따라서 추력이 낮아져서 전진속도는 감소하게 된다. 그러므로 고속으로 전진비행을 할 때는 블로백 현상을 극복할 수 있을 만큼 회전면 경사가 크게 발생할 수 있도록 주기 피치 조종간을 충분히 밀어야 한다.

(4) 회전면 속도 분포

헬리콥터 회전면에서는 고정익기의 날개보다 더욱 다양한 속도 분포가 발생한다. 앞의 그림에서 나타낸 바와 같이, 반시계 방향으로 회전하면서 전진비행을 하는 경우에 회전날개깃이 3시 방향을 지날 때 상대속도가 가장 증가하고, 9시 방향을 지날 때 가장 감소하므로 회전날개깃 주위를 흐르는 유동의 형태는 주기적(cyclic)으로 변화한다. 특히, **회전날개깃의 끝이 전진 반원의 3시 방향을 지날 때 상대속도가 가장 빠르고, 회전축에 가까운 회전날개깃의 뿌리 부분이 후진 반원의 9시 방향을 지날 때 상대속도가 가장 느리다.** 즉, [표 15-2]의 예시에서 보면 9시 방향에서 후진 회전날개깃 뿌리 근처인 1 m 위치에서 상대속도는 10 m/s인데, 이는 후진 반원에서 양(+)의 상대속도가 발생하는 것이다. 후진 반원에서 발생하는 양(+)의 상대속도 10 m/s는 깃의 앞전이 아닌 뒷전(trailing edge) 쪽으로 상대풍이 불어옴을 의미한다.

이렇게 **헬리콥터가 전진비행을 할 때 후진 회전날개깃 뿌리 근처에서 뒷전 쪽으로 상대풍이 불어오는 부분을 역풍지역(reverse flow region)**이라고 한다. 뒷전 쪽으로 발생하는 상대풍 때문에 앞전 쪽으로 불어오는 일부 유동이 깃의 표면을 따라 뒷전 쪽으로 흐르지 못하고 떨어져 나가는 유동박리(flow separation)가 발생한다. 이에 따라 후진 깃 뿌리 근처의 역풍지역에서는 실속하여 양력을 발생시키지 못하게 된다. 특히, 양력의 비대칭 현상을 완화하기 위하여 후진 회전날개깃이 하강 플래핑 운동을 하면 후진 깃의 받음각은 증가한다. 그런데 실속상태에서의 받음각 증가는 실속을 악화시키기 때문에 후진 반원의 역풍지역에서의 실속은 플래핑 운동으로 더욱 촉진된다.

또한, 헬리콥터의 전진비행 속도가 증가할수록 역풍지역, 즉 9시 방향 회전날개깃 뿌리 근처에서 실속이 발생하는 지역의 면적이 증가한다. 그리고 9시 방향을 지나는 회전날개깃에서 실속이 발생하면 자이로 섭동성(gyroscopic precession)의 영향으로 반시계 회전 방향 90도 이후 6시 방향에서 양력이 급감하는데, 이에 따라 **갑자기 헬리콥터 기수가 올라가는 불안정 비행 특성**이 나타난다. 그러므로 회전날개 회전면의 역풍지역 발생은 헬리콥터의 고속비행을 제한하는 원인이 된다.

헬리콥터의 고속비행을 제한하는 또 다른 현상은 앞서 설명한 **회전날개깃 끝단의 실속**이다.

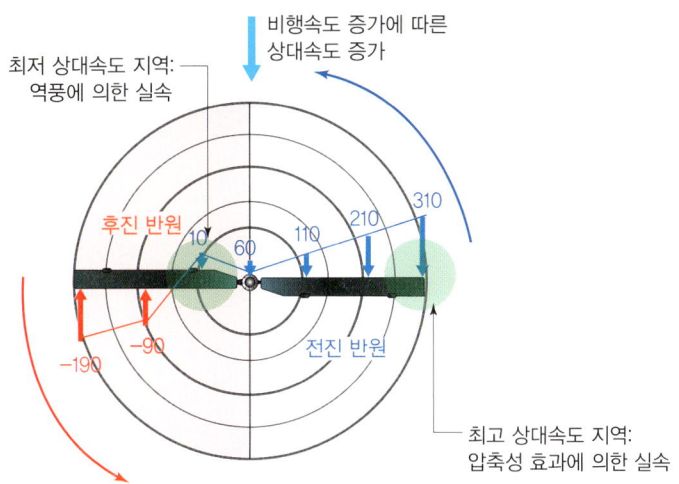

[그림 15-8] 반시계 방향으로 회전하는 회전날개의 역풍 실속 및 날개 끝 실속

전진비행 속도가 증가하면 전진 반원의 3시 방향을 지나는 깃 끝단의 상대속도는 음속에 접근하게 되고, 이에 따른 압축성 효과에 의한 충격파 발생과 실속으로 회전날개 항력이 급증하여 큰 동력 손실을 유발한다.

그러므로 헬리콥터가 고속비행이 불가능한 이유는 **후진 회전날개깃 뿌리 근처 최저 상대속도 지역에서 역풍이 발생하여 실속하기 때문**이고, **전진 회전날개깃 끝단의 최고 상대속도 지역에서 충격파 등의 압축성 효과가 발생하여 실속**하기 때문으로 정리할 수 있다. 따라서 헬리콥터가 제한 비행속도를 넘어 가속하면 회전날개 전체가 실속에 들어가서 헬리콥터가 불안정해지거나 비행이 불가능하게 된다.

(5) 코리올리 효과

회전날개깃이 상하로 움직일 수 있도록 플래핑 힌지를 설치하고, 이에 따라 나타나는 회전날개깃의 플래핑 운동으로 양력 비대칭 현상을 완화시킴을 앞에서 살펴보았다. 그런데 회전날개의 플래핑 운동은 **코리올리 효과**(Coriolis effect)라고 하는 또 다른 물리 현상을 일으킨다. 코리올리 효과는 각운동량 보존법칙(the law of conservation of angular momentum)으로 설명할 수 있다. 각운동량은 회전하는 물체의 회전반지름과 회전속도(각속도)의 곱으로 정의된다. 따라서 회전반지름이 증가하면 각운동량을 보존하기 위하여 회전속도가 감소하고, 반대로 회전반지름이 감소하면 회전속도가 증가한다.

전진비행하는 헬리콥터의 회전날개에서도 코리올리 효과가 발생한다. 앞서 설명한 바와 같이, 회전면의 전진 반원에서 양력이 증가하고, 후진 반원에서 양력이 감소하는 양력의 비대칭 현상이 나타난다. 이를 해소하기 위하여 플래핑 힌지를 장착하는데, 전진 반원에서는 회전날개깃이 상승하는 플래핑 운동이, 후진 반원에서는 회전날개깃이 하강하는 플래핑 운동이 발생한다. 이

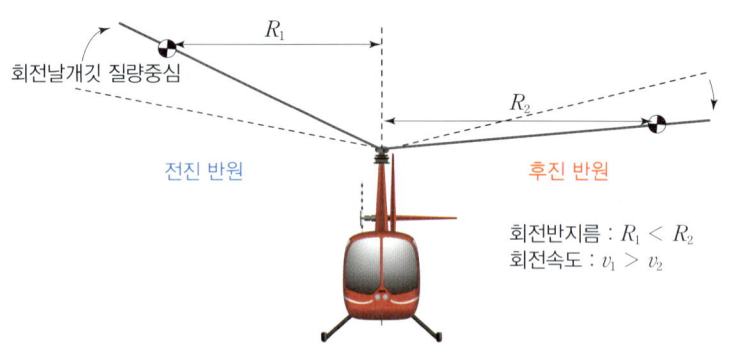

[그림 15-9] 코리올리 효과(Coriolis effect)에 의한 회전반지름과 회전속도의 변화

때 상승하는 전진 회전날개깃의 질량중심은 [그림 15-9]와 같이 회전날개 회전축에 가까워지므로 회전반지름(R_1)이 감소하고, 따라서 회전속도(v_1)가 증가한다. 반대로 하강하는 후진 회전날개깃의 질량중심은 회전축에서 멀어지면서 회전반지름(R_2)이 증가하여 회전속도(v_2)가 감소한다.

따라서 전진 반원에서 회전속도가 증가하기 때문에 **회전날개깃의 회전속도가 회전축의 회전속도보다 빨라지는 리드(lead) 운동**이 발생하고, 후진 반원에서는 **회전속도가 느려지는 래그(lag) 운동**이 발생한다. 그러므로 회전날개깃과 회전축의 연결부에 굽힘 모멘트와 진동이 발생하고, 리드-래그 운동(lead-lag motion)이 장시간 반복하여 나타나면 회전축 또는 회전날개의 피로파손으로 이어진다. 따라서 회전축에는 **리드-래그 힌지**(lead-lag hinge)를 구성하여 코리올리 효과에 의한 연결부 굽힘 모멘트를 감소시킨다.

한편, **리드-래그 댐퍼**(lead-lag damper)는 충격을 흡수하는 완충기로, 리드-래그 힌지에 결합된 회전날개깃의 급격한 리드-래그 운동을 완화시키는 역할을 한다. 리드-래그 댐퍼는 각각의 회전날개깃에 하나씩 장착되는데, 헬리콥터 기종에 따라 회전날개계통에서 생략되기도 한다.

정리하면 전진비행하는 헬리콥터 회전면에는 양력 비대칭 현상이 발생하는데, 이를 해소하기 위하여 플래핑 힌지가 구성된다. 이에 따른 회전날개깃의 플래핑 운동과 코리올리 효과로 리드-래그 운동이 발생하지만, 리드-래그 힌지와 리드-래그 댐퍼를 장착하여 이를 완화시킨다.

15.2 헬리콥터 공기역학

(1) 편류경향

회전운동을 하는 날개, 즉 회전날개는 고정익기의 날개에서 나타나지 않는 여러 가지 독특한 공기역학적 특징을 발생시킴을 앞에서 살펴보았다. 이제 회전날개뿐만 아니라 헬리콥터의 운동과 연관된 공기역학적 특징에 대하여 알아보도록 한다.

꼬리회전날개가 동체 측면으로 추력을 만들어 회전날개에 의한 동체 토크 효과를 상쇄하는 역토크(counter torque)를 발생시키지만, **꼬리회전날개 추력의 영향으로 헬리콥터가 꼬리회전날개의 추력 방향으로 측면 이동하는 현상이 발생하는데, 이를 편류경향**(drift tendency, translating tendency)이라고 한다.

편류경향을 통제하는 가장 쉬운 방법은 **회전날개의 회전축(mast)을 편류경향이 작용하는 방향의 반대쪽으로 경사**를 주는 것이다. 즉, 회전날개의 회전축이 기울어져 있으면 회전날개가 양력을 발생시킬 때 편류경향을 상쇄하는 추력도 함께 만들어 낸다. 편류경향을 해결하는 또 다른 방법은 회전축을 기울이는 대신 **주기 피치 조종계통의 조작을 통하여 회전날개의 회전면에 경사를 주어 편류경향을 상쇄**시키는 힘을 발생시키는 것이다.

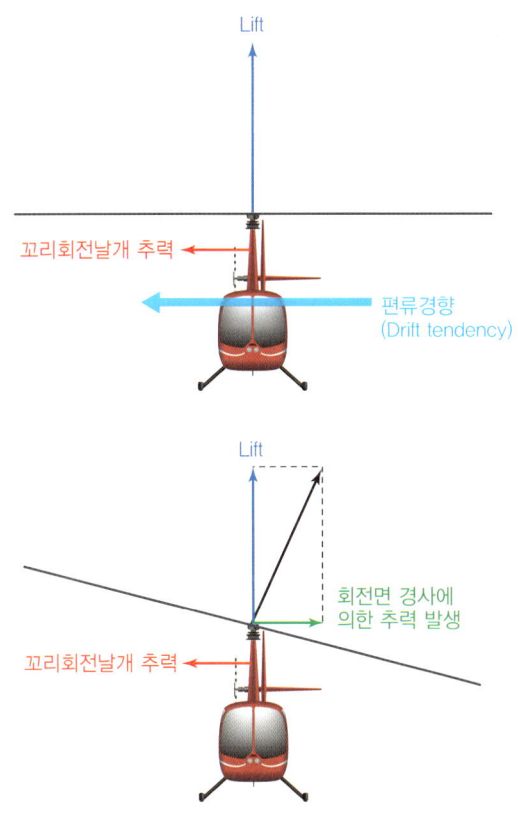

[그림 15-10] 편류경향이 작용하는 방향의 반대로 회전날개 회전축 또는 회전면에 경사를 주고, 이에 따라 발생하는 회전면 추력으로 편류경향을 상쇄시킨다.

(2) 전이양력

헬리콥터가 중량보다 큰 양력(추력)을 발생시켜 일정 비행고도까지 수직으로 상승하려면 큰 동력이 필요하다. 항공기의 중량이 가장 무거운 비행단계는 이륙이다. 따라서 무거운 이륙중량

상태의 헬리콥터를 수직상승하여 이륙시키려면 엔진의 출력을 높이고, 회전날개의 피치각과 회전수를 증가시켜 회전날개를 통과하여 아래로 향하는 공기 유동의 속도와 공기량을 증가시켜야 한다. 만약, 빠른 속도로 상승하려면 더 많은 동력이 필요하기 때문에 비교적 낮은 속도로 상승하는 것이 일반적이다. 이런 이유로 상승비행 중 회전날개로 들어오는 공기 유동의 상대속도가 낮고, 따라서 회전날개 유입 공기량이 많지 않다. 피치각과 회전수가 증가하지 않아도 회전날개로 유입되는 공기의 속도와 양이 증가하면 더 많은 공기가 더 빠르게 회전날개를 통하여 가속되어 아래로 내려가므로 양력과 추력이 높아진다.

그런데 일정 고도에 도달하여 수직상승에서 수평 전진비행으로 전환하면 회전날개로 들어오는 공기 유동의 상대속도와 공기량이 증가한다. 이에 따라 엔진의 동일한 동력 조건에서도 회전날개에서 발생하는 양력(추력)이 증가하는데, **수직비행에서 수평비행으로 전환하면서 발생하는 양력의 증가분을 전이양력**(transitional lift)이라고 정의한다.

또한, 헬리콥터가 저속으로 수직상승할 때 회전날개깃의 끝단에서 발생하는 와류(blade tip vortex)는 회전날개로 유입되는 유동을 방해하고, 깃에 대한 유동의 받음각을 낮추어 양력을 감소시킨다. 하지만 수직상승에서 수평 전진비행으로 전환하면 **수직상승 때 발생했던 깃 끝 와류는 약해지고 균일한 유동만 유입되기** 때문에 그만큼 양력이 증가하게 된다. 특히, 전진속도가 16~20 kts(30~37 km/hr)일 때 회전날개에 대한 깃 끝 와류의 영향은 최소화되는데, 이때 발생하는 양력을 **유효전이양력**(Effective Transitional Lift, ETL)이라고 한다.

헬리콥터의 이륙중량이 무겁거나 빠른 속도로 상승하기 위해서는 더 많은 동력이 필요하다.

상승하면서 곧바로 전진비행에 들어가는 Sikorsky UH-60. 헬리콥터가 수직으로 상승하며 이륙할 때는 회전날개로 들어오는 공기 유동의 상대속도가 느리기 때문에 중량보다 큰 양력 발생을 위하여 많은 동력이 필요하다. 하지만 전진하면서 상승하는 이륙방식에서는 회전날개로 유입되는 공기 유동의 상대속도와 공기량이 증가하여 회전날개의 양력이 커지므로 보다 적은 동력이 소모된다.

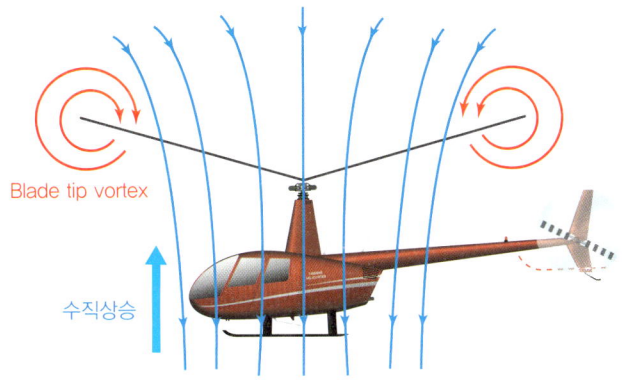

(a) 수직상승(강한 회전날개깃 끝 와류 발생)

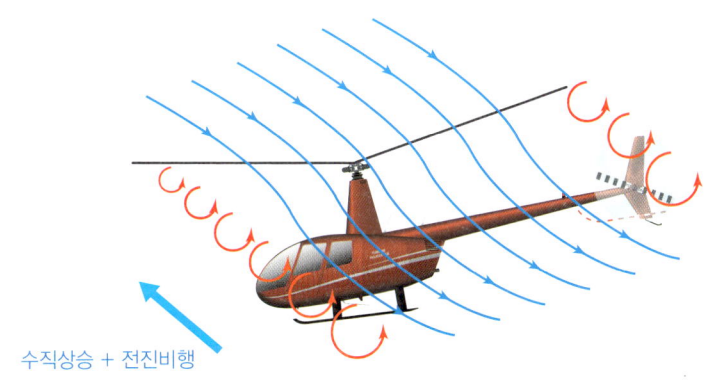

(b) 수직상승에서 전진비행으로 전환(깃 끝 와류 영향 감소)

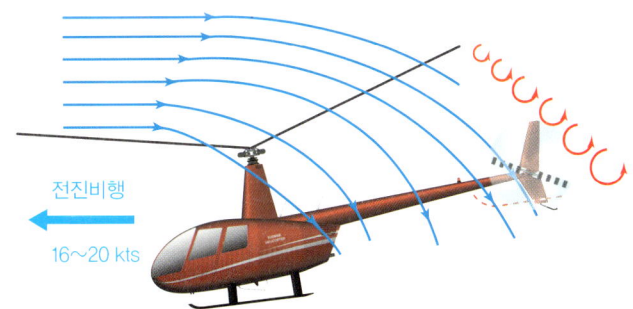

(c) 유효전이양력(ETL) 상태(깃 끝 와류 영향 최소화)

[그림 15-11] 전이양력(transitional lift)의 발생과정

그러므로 수직으로 이륙하여 상승하는 대신 이륙 직후 회전날개 회전면을 앞쪽으로 기울여 전진하면서 상승하면 회전면으로 들어오는 공기의 상대속도와 공기량을 높일 수 있다. 이에 따라 회전날개의 양력이 증가하므로 보다 적은 동력으로 이륙할 수 있다.

(3) 횡단류 효과

전진비행을 하려면 회전날개의 회전면을 앞으로 기울여야 하고, 회전면을 앞으로 기울이려면 플래핑 운동(flapping)에 의하여 회전면 뒤쪽을 지나는 회전날개깃은 상승시켜야 하고, 앞쪽을 지나는 회전날개깃은 하강시켜야 한다. 즉, [그림 15-12]의 ⓐ위치를 지나는 회전날개깃은 올라가고, ⓑ위치를 지나는 회전날개깃은 내려가야 전진비행을 할 수 있다. 그리고 전진비행을 시작하면 상대유동이 회전면으로 들어오게 되는데, 그림과 같이 **ⓐ위치 기준 회전날개깃에 대한 유동의 유입 방향은 비교적 위에서 아래로 향하고, ⓑ위치에서는 유동이 거의 수평으로 유입**된다.

그러므로 ⓐ위치 기준으로 상승 깃에 유입되는 유동의 수직속도 성분은 크고, 상대적으로 ⓑ위치에서의 하강 깃에 대한 수직 유입속도는 매우 작다. [그림 15-13]에서 보는 바와 같이, ⓐ위치에서 수직속도가 크면 결국 상대속도($v + v_1$)에 대한 받음각(α_1)이 원래 받음각(α)보다 감소하여 양력이 감소한다. 그러나 ⓑ위치는 거의 수평으로 유동이 유입되므로 수직속도가 크지 않고, 따라서 상대속도($v + v_2$)에 대한 새로운 받음각(α_2)이 원래 받음각(α)과 큰 차이가 없게 되므로 양력 변화가 미미하다.

따라서 ⓑ위치에서는 양력의 변화가 없으나, ⓐ위치에서는 상대적으로 양력이 감소하므로 회전면의 ⓐ부분이 하강하게 된다. 그런데 회전하는 물체는 자이로 섭동성(gyroscopic precession)의 영향을 받는다. 즉, 반시계 방향으로 회전날개가 회전할 때 ⓐ부분이 하강하는 힘이 작용하면 회전 방향 90도 이후인 회전면의 오른쪽 부분이 하강하게 된다.

그러므로 **헬리콥터가 전진비행을 시작할 때 플래핑 운동에 의하여 한쪽으로 기울어지는 경향이 발생하는데, 이를 횡단류 효과**(transverse flow effect)라고 한다. 회전날개가 반시계 방향으로 회전하는 헬리콥터의 전진비행 초기, 속도가 10~20 kts(18~36 km/hr)일 때 횡단류 효과가 발생하

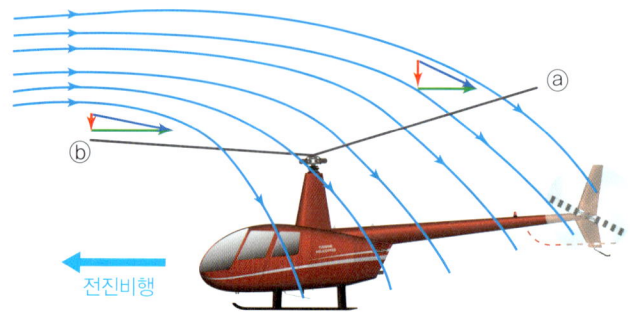

[그림 15-12] 전진비행 중 회전날개 유입 유동의 각도 비교

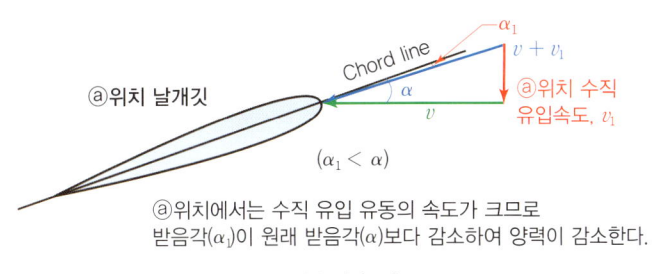

@위치에서는 수직 유입 유동의 속도가 크므로
받음각(α_1)이 원래 받음각(α)보다 감소하여 양력이 감소한다.

(a) 상승 깃

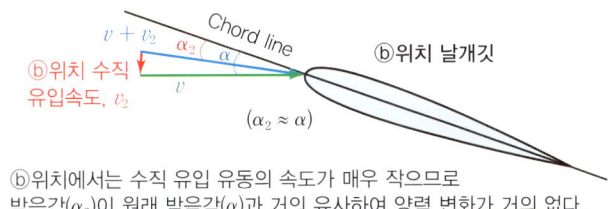

ⓑ위치에서는 수직 유입 유동의 속도가 매우 작으므로
받음각(α_2)이 원래 받음각(α)과 거의 유사하여 양력 변화가 거의 없다.

(b) 하강 깃

[그림 15-13] 전진비행과 플래핑 운동에 의한 상승 깃과 하강 깃의 양력 변화

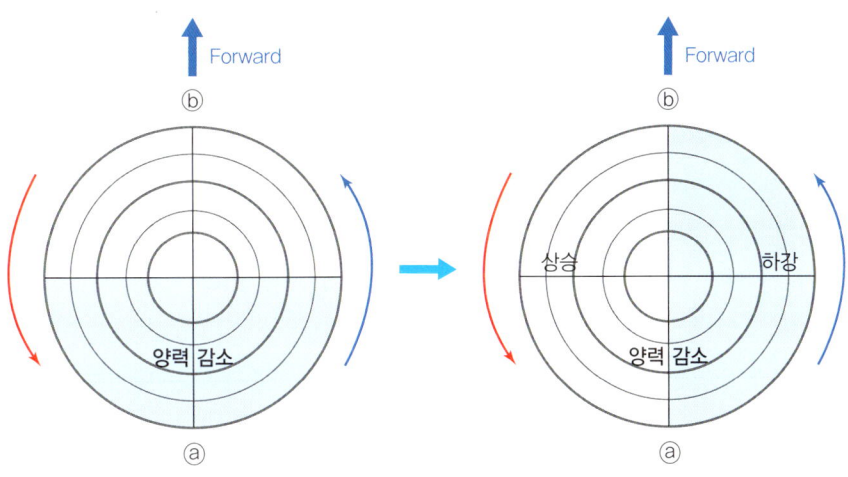

[그림 15-14] 자이로 섭동성(gyroscopic precession)에 의한 오른쪽 회전면의 양력 감소

기 시작하여 헬리콥터가 오른쪽으로 기울어지다가, 가속을 진행하여 속도가 약 50 kts(90 km/hr) 이상이 되면 횡단류 효과가 사라지며 헬리콥터가 원래의 상태로 복귀된다.

(4) 와류 고리 상태

헬리콥터가 공중에 떠 있기 위하여 회전날개에서 헬리콥터 중량만큼의 양력(추력)을 발생시킨다. 즉, 회전날개에서 만들어지는 고속·고에너지의 유동을 아래로 분출하고, 그 힘의 반작용

[그림 15-15] 전진비행 중 횡단류 효과(traverse effect)에 의한 헬리콥터의 기울어짐 발생

으로 양력이 발생하여 비행한다.

수직하강비행을 시작하면 추력을 감소시키고, 따라서 회전날개에서 발생하여 아래로 향하는 하향유동의 속도, 즉 회전날개 유도속도(induced velocity)는 감소하게 된다. 아울러 수직하강비행 중 헬리콥터 회전날개 주위의 상대유동은 아래에서 위로 상향하게 된다. 이는 항공기가 앞으로 전진비행을 하면 상대풍이 앞쪽에서 항공기 쪽으로 불어오는 것과 같다. 즉, 실제로 대기는 정지되어 있지만, 항공기가 대기 중을 비행할 때 항공기에 고정된 시점으로 보면 공기가 항공기 쪽으로 이동하는 것과 같은 개념이다.

그런데 수직하강비행 중에는 **아래에서 회전날개 방향으로 상향하는 상대유동의 속도와 회전날개에서 발생하는 하향유동의 유도속도가 같아지는 경우가 생긴다.** 이때 회전날개에서 발생하는 하향유동의 일부는 아래로 내려가지 못하고 회전날개 주위의 상향유동에 합류하게 된다. 그리고 상향유동은 다시 회전날개 위로 흡수되어 **회전날개 끝 주위에서 고리(ring) 모양으로 순환하는 규모가 큰 와류(vortex)를 형성하는데, 이 현상을 와류 고리 상태(Vortex Ring State, VRS)**라고 한다.

와류는 회전날개 윗면을 지나는 유동에 대하여 위에서 밑으로 누르는 **내리흐름(down wash)**을 발생시킨다. 그리고 내리흐름 때문에 회전날개깃에 대한 상대풍 방향의 각도는 작아지고, 이에 따라 받음각은 실제보다 감소하여 양력이 작아지게 된다. 특히, 규모가 큰 와류가 발생하는 와류 고리 상태에서는 받음각의 감소가 현저하여 양력이 대폭 감소하게 된다. 그러므로 하강비행 중 와류 고리 상태에 들어가면 갑자기 헬리콥터가 급강하하는데, 고도가 충분하지 못한 경우는 지면과 충돌하는 추락으로 이어진다. 실제로 헬리콥터가 하강하는 도중에 추락하는 사고 중 많은 경우가 와류 고리 상태와 연관된 것으로 알려져 있다.

와류 고리는 회전날개깃 끝의 와류(blade tip vortex)와 발생 원인이 다소 다르다. 회전날개깃 끝의 와류는 고정익기의 날개 끝 와류(wing tip vortex)와 비슷한 과정으로 생성된다. 즉, 헬리콥터 비행 중 회전날개깃 아랫면의 고압부에서 윗면의 저압부로 흐르는 유동이 깃 끝을 거쳐 올라가면서 소용돌이 모양의 깃 끝 와류를 생성한다. 이와 비교하여 와류 고리는 헬리콥터가 수

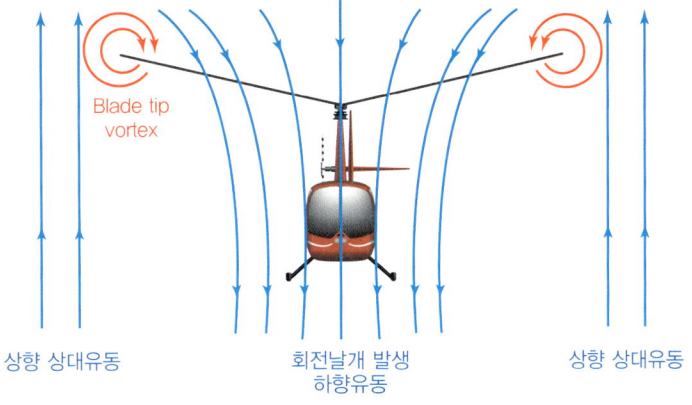

(a) 하강비행

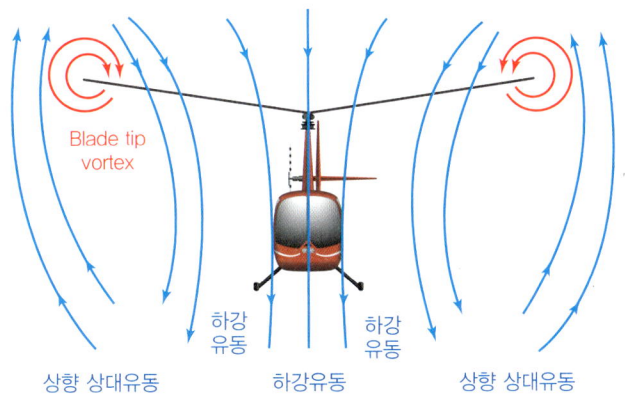

(b) 회전날개 발생 하향유동의 일부가 상향 상대유동에 합류

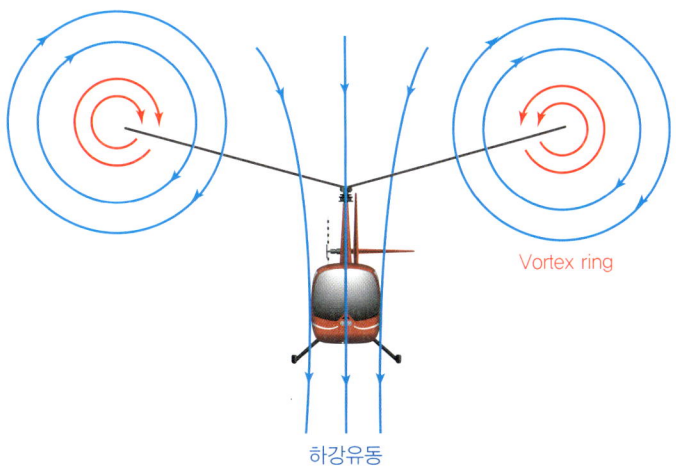

(c) 와류 고리 상태(Vortex Ring State, VRS)

[그림 15-16] 와류 고리의 생성과정

농약 살포장치를 탑재한 헬리콥터가 하강할 때 회전날개에 와류 고리 상태(Vortex Ring State, VRS)가 나타나는 장면. 실제 와류 고리는 육안으로 잘 보이지 않지만, 농약 살포 장치를 통한 분무(spray) 형태의 수분 입자에 의하여 유동 가시화(flow visualization)되어 이를 관찰할 수 있다. 하강비행을 하는 동안 급격한 양력 손실을 유발하는 와류 고리 상태 때문에 헬리콥터가 추락하는 사고가 빈번히 발생한다.

직하강할 때 회전날개 쪽으로 상향하는 상대유동과 회전날개에 발생하는 하향유동이 뒤섞일 때 발생한다. 깃 끝의 와류는 깃 끝에서 비교적 작은 크기로 생성되는 반면, 와류 고리의 규모는 회전날개 전체에 걸쳐 나타날 만큼 크다. 하지만 회전날개 아래쪽에서 위쪽으로 유동이 흐르면서 발생한다는 점에서 깃 끝 와류와 와류 고리의 형태는 유사하다고 볼 수 있다.

와류 고리 상태를 방지하는 방법은 가능한 한 수직상태로 하강하지 않고 수평이동을 동반하여 하강하는 것이다. 즉, 고정익기가 활공하듯이 전진하면서 하강을 하면 회전날개에서 아래로 분출되는 하향유동이 다시 회전날개 위로 유입되어 큰 와류를 형성하는 상황을 최소화할 수 있다. 헬리콥터의 하강속도가 대략 15 km/hr 전후가 되면 회전날개 주위 상향유동의 속도가 회전날개 유도속도에 가까워지기 때문에 와류 고리 상태가 발생한다. 그러므로 가능한 한 15 km/hr 보다 낮은 하강속도로 하강을 진행해야 한다.

(5) 지면효과

고정익기의 날개 끝 와류는 날개 상하면의 압력 차 때문에 발생한다. 그리고 날개 끝 와류는 날개 주위를 흐르는 유동을 밑으로 누르는 내리흐름을 유발하고 날개에 작용하는 상대풍의 각도를 낮추는데, 이에 따라 날개 받음각이 낮아져서 양력이 감소한다. 하지만 고정익기가 지면(ground) 근처에서 비행할 때는 날개 끝 와류가 지면에 부딪혀 에너지가 감소하여 **날개 끝 와**

류의 강도와 크기가 줄어들고 내리흐림이 감소하여 양력이 다소 증가하는데, 이러한 현상을 지면효과(ground effect)라고 한다.

앞서 설명한 대로 헬리콥터 역시 회전날개깃의 윗면과 아랫면의 압력 차에 의하여 깃 끝 와류가 발생한다. 그런데 헬리콥터가 지면 근처에서 공중정지를 하면 지면의 영향으로 하강유동의 수직속도는 감소하고 대신 수평속도가 증가하는데, 이는 회전날개의 깃 끝 아랫면으로부터

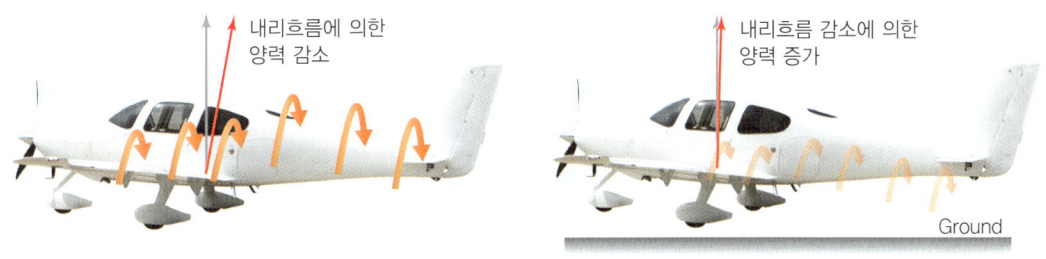

날개 끝 와류에 의한 내리흐름 발생   지면의 영향으로 날개 끝 와류 감소 및 내리흐름 감소

[그림 15-17] 지면효과에 의하여 날개 끝 와류의 강도와 크기가 감소하고, 양력을 낮추는 내리흐름이 약해지므로 결국 받음각이 증가하여 양력이 커진다.

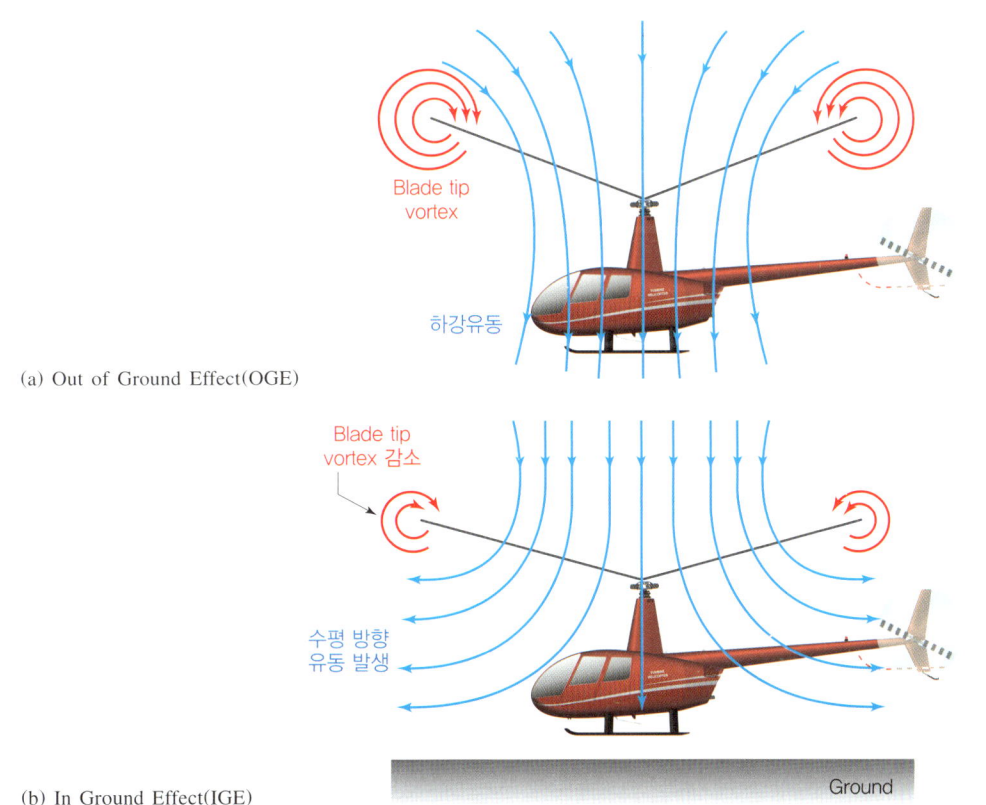

[그림 15-18] 지면효과에 의하여 회전날개깃 끝 와류(blade tip vortex)의 강도와 크기가 감소하고, 이에 따라 깃에 대한 상대풍 방향의 각도, 즉 받음각이 증가하여 회전날개 양력이 커진다.

해수면 위에서 공중정지비행 중인 Eurocopter AS332 헬리콥터. 회전날개에서 발생하는 하강유동이 해수면에 부딪혀 수직속도는 감소하고 수평 방향 유동이 발생하는데, 이에 따라 해수면에 독특한 패턴의 파문이 발생한다.

윗면으로 이동하면서 발달하는 깃 끝 와류의 강도와 크기를 감소시킨다. 그러므로 **깃 끝 와류에 의한 받음각 감소가 완화되어 결과적으로 양력의 감소가 줄어드는, 즉 상대적으로 양력이 증가하는 지면효과가 발생**한다.

공중정지비행 중인 헬리콥터가 지면과 가까워질수록 지면효과에 의하여 양력의 증가효과가 현저해진다. [그림 15-19]의 그래프에 제시된 실험 결과에 의하면 지면으로부터 헬리콥터 회전면의 높이가 회전면 반지름의 약 50%($Z/R = 0.5$)가 되는 고도에서는 지면효과로 인하여 약 33%

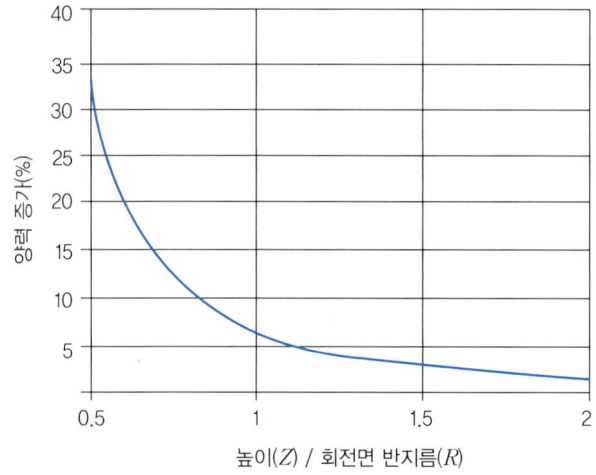

[그림 15-19] 헬리콥터 회전면 높이에 따른 지면효과의 변화

(자료 출처: Seddon, John M. and Newman, Simon, *Basic Helicopter Aerodynamics*, John Wiley & Sons, Inc., 2011.)

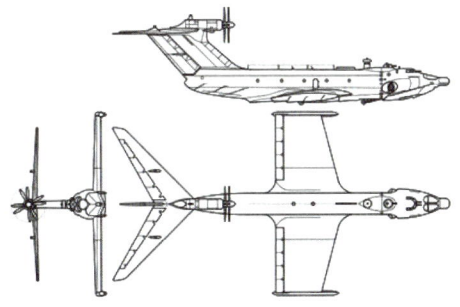

Photo: Russian Ministry of Defense

작은 날개와 낮은 추력(프로펠러 1개)으로 해수면 위에서 지면효과를 이용하여 비행(항해) 중인 A-90 Orlyonok. 이 비행체는 일반적인 형태의 비행기보다 날개면적이 작은 것을 볼 수 있는데, 지면효과를 이용하는 비행체를 WIG선(Wing In Ground effect ship)이라고 한다. 지면 근처에서 날개 끝 와류가 약해지면서 양력이 증가하는 현상을 이용하면 작은 날개면적과 낮은 엔진 추력으로도 많은 승객과 화물을 실어 나를 수 있는 효율적인 운반 수단이 된다. 실제 지면은 높낮이가 다르고 불규칙하기 때문에 지상에서는 WIG선이 안전성 문제로 비행하기 힘들다. 하지만 표면의 높낮이가 거의 일정한 해수면에서는 비교적 안전하게 비행할 수 있을 뿐만 아니라 균일한 해수면의 표면은 지면효과를 증가시킨다. 따라서 해수면 약 5 m 전후의 높이에서 비행할 수 있는 WIG선이 많이 개발되었으며, 해상에서 운행하므로 항공기가 아닌 선박으로 분류한다.

양력 증가가 발생한다. 그렇지만 회전면의 높이가 회전면 반지름과 거의 같으면($Z/R = 1$) 지면효과에 의한 양력 증가는 약 7% 전후로 감소하며, 회전면 높이가 회전면 지름과 비슷한 높이까지 상승하면($Z/R = 2$) 지면효과는 거의 사라지게 된다. 지면효과가 없는 상태에서는 양력 유지를 위하여 회전날개깃의 피치각과 회전수를 증가시켜야 하고, 이에 따라 회전날개 발생 항력이 증가하므로 회전날개의 회전력(torque)을 높여야 한다.

(6) 자동회전비행

헬리콥터 동체에 설치된 엔진은 회전날개를 회전시키고, 회전날개는 양력과 추력을 발생시킨다. 그런데 만약 비행 중 엔진에 문제가 발생하여 엔진이 정지하면 회전날개도 회전을 멈추게 되므로 헬리콥터는 양력과 추력을 상실하고 결국 추락하게 된다.

그러나 **헬리콥터는 엔진이 정지하여 하강할 때 아래로부터 유입되는 상대풍을 회전날개가 받아 자유롭게 계속 회전하도록 구성된 장치를 이용하여 일정 속도로 하강하여 안전하게 착륙할 수 있는데, 이러한 비행방식을 자동회전비행(auto-rotation flight)**이라고 한다. 이는 장난감 회전날개가 공중에 던져져서 다시 내려올 때 상대풍에 의하여 스스로 회전하면서 천천히 내려오는 것과 같은 원리이다. 즉, **동력 상실(power-off)에 따라 헬리콥터가 하강할 때 자동회전비행을 통하여 하강속도를 감소시킬 수 있는 회전날개 회전수를 유지하며 안전하게 착륙할 수 있는 최소한의 양력과 추력을 발생**시킬 수 있다. 따라서 고정익기가 무동력으로 하강하는 활공비행과 유사한 개념이라고 할 수 있다.

[그림 15-20]과 같이 헬리콥터가 정상적으로 전진비행을 할 때는 회전날개의 회전면 위로

(a) 정상비행(normal powered flight)

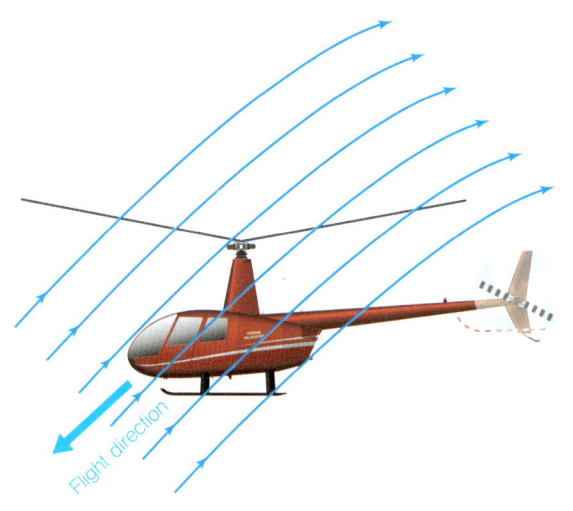

(b) 자동회전비행(auto-rotation flight)

[그림 15-20] 정상비행과 자동회전비행의 회전날개 유입 유동 방향의 비교

공기 유동이 유입되고, 엔진에 의하여 회전하는 회전날개가 이를 지나는 유동의 속도와 에너지를 증폭시켜 양력과 추력을 만들어 낸다. 하지만 엔진이 멈추어 자동회전을 하며 하강비행을 할 때는 공기 유동이 회전면 아래로 유입되고, 동력을 잃은 회전날개가 유입되는 상대풍에 의하여 스스로 회전하며 최소한의 양력과 추력을 발생시킬 수 있다.

또한, 주기 피치 조종(cyclic pitch control)계통을 작동하여 착륙할 때까지 헬리콥터의 비행 방향 조종을 할 수 있다. 자동회전비행은 헬리콥터의 안전성과 탑승자의 생존성 향상을 위하여 매우 중요한 비행패턴으로서 새로 개발된 헬리콥터는 감항성 획득을 위하여 자동회전비행성능을 입증해야 하고, 조종사도 자동회전 비행기술을 이용하여 안전하게 착륙하는 조종 교육을 받는다.

(7) 공중정지비행

정지한 상태로 일정 고도에서 머무를 수 있는 **공중정지비행**(hovering)은 헬리콥터가 할 수 있는 독특한 비행패턴 중 하나이며, 인명구조 및 건설 등에 큰 도움이 된다. 물론, 고정익기 중에서 수직이착륙기(Vertical Take Off and Landing, VTOL)는 공중정지비행이 가능하지만, 대부분의 고정익기는 정지상태에서 양력이 발생하지 않기 때문에 공중정지비행이 불가능하다.

[그림 15-21]과 같이 수직상승 중인 헬리콥터는 양력과 추력을 위로 발생시키고, 헬리콥터의 중량과 항력은 아래로 작용한다. 만약 **회전날개에서 헬리콥터의 중량과 동일한 크기의 양력을 발생**($L = W$)**시키면, 수직상승 또는 수직하강하지 않고 공중에서 정지**하게 된다. 헬리콥터를 공중에 떠 있게 하는 힘은 양력이고 헬리콥터를 이동시키는 힘은 추력이지만, 작용하고 있는 방향이 같으므로 편의상 양력을 추력으로 간주한다. 그리고 항력은 물체가 이동할 때 이동 방향의 반대로 발생하는 힘이기 때문에 공중에서 정지하고 있는 헬리콥터에서는 항력이 나타나지 않는다. 따라서 **공중정지비행 중에는 추력과 중량이 균형**을 이룰 때 나타난다.

운동량 방정식(momentum equation)을 이용하여 공중정지비행을 위한 추력의 크기를 추정해 보도록 한다. 회전날개 형상을 단순화하여 깃의 두께가 없는 회전날개를 가정하고, 회전날개가 회전할 때 발생하는 두께가 없는 원형의 평면을 회전면으로 정의한다. 그리고 회전면을 지나는 공기 유동의 회전면 전후의 운동량 차이를 구하면 회전면에서 만들어지는 추력을 계산할 수 있다. 운동량 방정식을 이용하여 회전면에서 발생하는 추력을 구하는 관계식을 유도하는 과정은 다음과 같다.

운동량(p)은 질량과 속도의 곱으로 다음과 같이 정의된다. 즉 회전면을 지나는 공기 유동의 운동량은 유동의 질량에 유동의 속도를 곱한 것이다.

$$p = mV$$

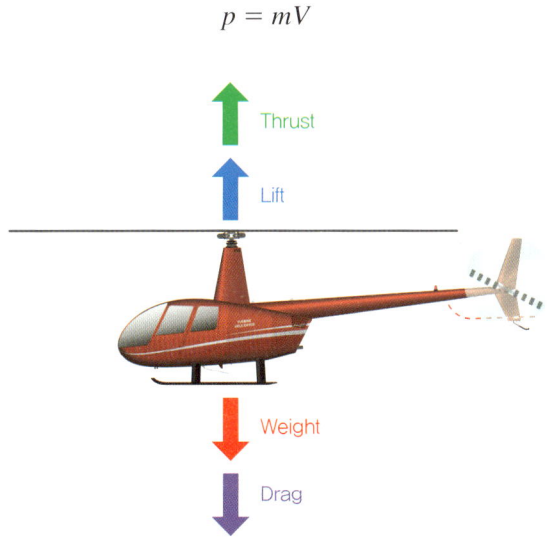

[그림 15-21] 수직비행 중 헬리콥터에 작용하는 힘

운동량 보존의 법칙(the law of conservation of momentum)은 운동하는 물체에 외부 힘(외력)이 작용하지 않으면 운동량은 보존된다는 것을 설명하는데, 이를 다르게 표현하면 물체에 힘이 작용하면 운동량은 보존되지 않고 시간에 대하여 변화한다고 할 수 있다. 즉, 힘(F)은 시간에 대하여 운동량(p)을 변화시키는데, 힘을 수학적으로 표현하면 다음과 같이 운동량을 시간에 대하여 미분하여 나타낼 수 있다.

$$F = \frac{d}{dt}p = \frac{d}{dt}mV = \dot{m}V$$

위의 식을 운동량 방정식이라고 한다. 여기서 질량을 시간으로 미분한 것은 $\frac{d}{dt}m$인데, 이는 **질량유량**(mass flow rate, $\dot{m}$)이라 하며 다음과 같이 유동의 밀도(ρ), 유동이 지나는 단면적(A), 그리고 유동의 속도(V)의 곱으로 정의한다.

$$\frac{d}{dt}m = \dot{m} = \rho AV$$

그러므로 힘은 아래와 같이 나타낼 수 있다.

$$F = \rho AV \cdot V$$

헬리콥터 회전날개가 만들어 내는 힘이 헬리콥터 중량(W)을 지탱하는 추력(T)이다. 그리고 추력은 위와 같이 질량유량(ρAV)과 속도(V)의 곱으로 정의하였다. 여기서, 밀도(ρ)와 속도(V)는 회전날개를 통과하는 공기 유동의 밀도와 속도이고, 면적(A)은 공기 유동이 통과하는 단면적, 즉 회전날개 회전면의 면적이다. **질량보존의 법칙**(the law of conservation of mass)에 의하여 회전날개를 통과하는 질량유량(ρAV)은 일정하기 때문에 결국 회전날개의 추력, 즉 힘의 차이(ΔF)를 발생시키는 것은 속도 차이(ΔV)이다. 따라서 회전날개에 의하여 유동의 속도가 V_1에서 V_2로 가속될 때 속도 차이($V_2 - V_1$)에 의하여 추력이 발생한다.

$$T = \Delta F = \rho AV \cdot \Delta V = \rho AV(V_2 - V_1) \tag{15.1}$$

여기서, V_1은 회전날개 영향이 없는 회전날개 상류 부분에서의 유동속도로서 헬리콥터가 상승할 때 회전날개 영역으로 들어오는 상대풍의 속도를 의미한다. 그러므로 V_1은 상승속도와 같고, 공중정지비행을 하는 경우 $V_1 = 0$으로 정의된다. V_2는 회전날개 하류에서의 속도로서 회전날개의 회전에 의하여 가속된 속도이다. 그리고 회전날개 상류와 하류의 속도 차($V_2 - V_1$)가 클수록 추력은 증가하게 된다.

한편, 추력을 다른 개념으로 정의할 수 있다. 압력(p)은 단위면적(A)에 작용하는 힘(F)으로 나타낸다.

$$p = \frac{F}{A}$$

그러므로 힘은 압력과 면적의 곱으로 다음과 같이 정의할 수 있다.

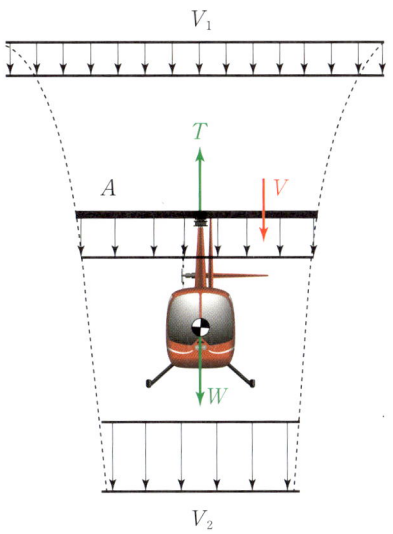

[그림 15-22] 회전날개 상류 유동속도(V_1) 및 하류 유동속도(V_2)의 정의

$$F = pA$$

따라서 추력은 회전면 전후의 힘의 차(ΔF)이고, 이는 아래와 같이 회전면(A) 전후의 압력 차, 즉 $p_{out} - p_{in}$으로 표현한다[그림 15-23].

$$T = \Delta F = \Delta p \cdot A = (p_{out} - p_{in})A \tag{15.2}$$

식 (15.1)과 (15.2)를 정리하면 다음과 같다.

$$T = (p_{out} - p_{in})A = \rho AV(V_2 - V_1) \tag{15.3}$$
$$p_{out} - p_{in} = \rho V(V_2 - V_1)$$

이렇게 회전날개 회전면 전후의 압력 차는 회전날개에 의한 유동의 속도 차이로 나타낼 수 있다. 이제 회전날개에서 만들어지는 추력에 대한 관계식을 정립하기 위하여 다음과 같이 **베르누이 방정식**(Bernoulli's equation)을 활용한다.

[그림 15-24]는 헬리콥터가 공중정지비행 중에 회전날개 회전면 전후의 공기 유동속도와 압력의 변화를 보여 주고 있다. 회전날개는 위의 공기를 빨아들여 아래로 내려보내고, 그 반작용으로 중력과 균형을 이루는 추력을 발생시킨다.

공기가 회전면을 통과하면서 유동의 통로를 형성하는데, 통로의 단면적은 아래로 내려가면서 줄어든다. 이는 앞서 살펴본 질량유량($\dot{m} = \rho AV$)은 일정하게 유지되기 때문이다. 즉, 회전날개에 의하여 아래로 향하는 유동의 속도는 점점 증가한다.

그런데 연속방정식(continuity equation)에 의하면 속도와 면적은 반비례한다. 그러므로 **유동이 아래로 내려가며 속도가 증가하므로 유동이 통과하는 통로의 단면적은 감소하게 된다.**

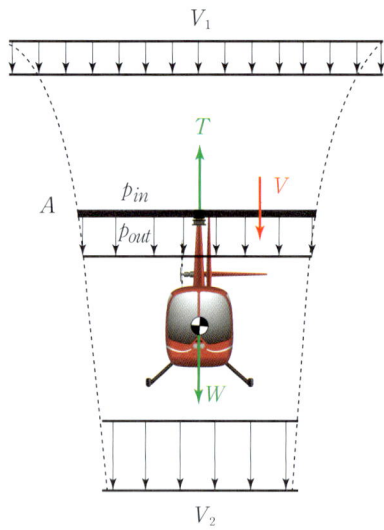

[그림 15-23] 회전날개 전후 압력(p_{in}, p_{out})의 정의

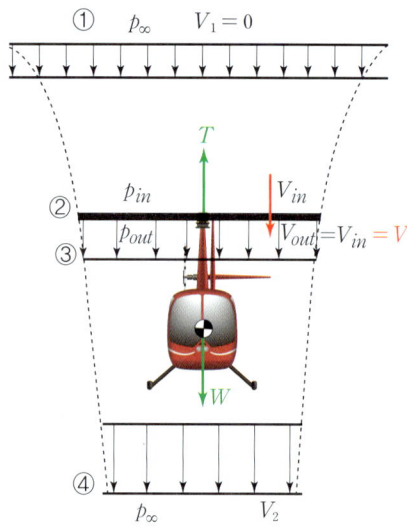

[그림 15-24] 회전날개 전후의 영역별 구분

[그림 15-24]의 영역 ①은 회전날개의 영향이 없는 영역으로서 압력은 대기압인 p_∞이다. 회전면의 직전과 직후, 즉 영역 ②와 ③에서의 속도를 각각 V_{in}과 V_{out}, 그리고 압력을 각각 p_{in}과 p_{out}으로 정의한다. 그런데 회전면의 직전과 직후에서의 면적은 회전면의 면적과 같다고 볼 수 있으므로 회전면의 직전과 직후의 속도 역시 거의 동일하여 $V_{in} = V_{out}$이 된다. 이때 V_{in}과 V_{out}은 회전날개 통과속도 V와 같다.

$$V_{in} = V_{out} = V$$

영역 ④는 회전날개에서 발생하는 유동의 영향이 작용하지만, 압력은 대기압(p_∞)에 가까울 만큼 회전날개로부터 떨어져 있으므로 영역 ④에서의 압력 역시 p_∞로 정의한다. 물론, 영역 ④에서의 유동의 속도는 회전면에서 나오는 속도인 V_{out}보다 높다($V_{out} < V_2$). 이는 회전면 이후의 압력(p_{out})이 대기압(p_∞)으로 낮아지기 때문에 그만큼 속도가 V_{out}에서 V_2로 증가한 것으로 해석할 수 있다.

따라서 영역 ①과 ②를 기준으로 베르누이 공식을 정리하면 다음과 같다.

$$p_\infty + \frac{1}{2}\rho V_1^2 = p_{in} + \frac{1}{2}\rho V_{in}^2 \tag{15.4}$$

그런데 베르누이 공식을 이용하여 회전날개 직전과 직후, 즉 영역 ②와 ③의 압력과 속도에 대한 관계를 설명할 수 없다. **베르누이 정리는 에너지 보존의 법칙**(the law of conservation of energy)**에서 도출되었기 때문에 에너지가 보존되는, 즉 동일한 에너지 영역에만 적용**할 수 있다. 회전날개의 회전면을 사이에 둔 영역 ②와 ③은 에너지가 같지 않으므로 에너지가 보존된다고 할 수 없다. 왜냐하면 헬리콥터 엔진에서 만들어지는 에너지는 회전날개를 통하여 유동에 전달되기 때문에 회전날개 이전의 영역 ②보다 이후 영역 ③에서 유동의 에너지는 증가한다. 그러므로 회전면을 사이에 두고 유동의 속도는 같지만($V_{in} = V_{out}$), 압력은 증가하게 된다($p_{in} < p_{out}$). 아울러 베르누이 공식을 통한 영역 ③과 ④의 속도와 압력의 관계는 다음의 식과 같다.

$$p_{out} + \frac{1}{2}\rho V_{out}^2 = p_\infty + \frac{1}{2}\rho V_2^2 \tag{15.5}$$

식 (15.5)를 p_∞에 대하여 정리하고 이를 식 (15.4)에 대입하면 다음과 같다.

$$p_\infty = p_{out} + \frac{1}{2}\rho V_{out}^2 - \frac{1}{2}\rho V_2^2$$

$$p_{out} - p_{in} = \frac{1}{2}\rho V_{in}^2 - \frac{1}{2}\rho V_{out}^2 + \frac{1}{2}\rho V_2^2 - \frac{1}{2}\rho V_1^2$$

그런데 $V_{in} = V_{out}$이므로 식은 다음과 같이 정리된다

$$p_{out} - p_{in} = \frac{1}{2}\rho V_2^2 - \frac{1}{2}\rho V_1^2 = \frac{1}{2}\rho(V_2^2 - V_1^2) \tag{15.6}$$

$$= \frac{1}{2}\rho(V_2 + V_1)(V_2 - V_1)$$

식 (15.3)을 식 (15.6)에 대입하면 다음과 같다.

$$\rho V(V_2 - V_1) = \frac{1}{2}\rho(V_2 + V_1)(V_2 - V_1) \tag{15.7}$$

$$V = \frac{1}{2}(V_2 + V_1)$$

따라서 **회전날개 통과속도 V는 회전날개 상류 영역에서의 속도(V_1)와 회전날개에 의하여 가속된 회전날개 하류 영역에서의 속도(V_2)를 평균**한 것과 같다. V_1은 상승비행 중 회전날개에 대한 상대속도와 같으므로 상승하지 않는 공중정지비행이라면 상대속도가 없으므로 $V_1 = 0$이다. 따라서 공중정지비행을 할 때 회전날개 통과속도, 즉 회전날개 유도속도(induced velocity)는 다음과 같다.

$$V = \frac{V_2}{2} \quad V_2 = 2V$$

그러므로 공중정지비행($V_1 = 0$)의 경우, 추력에 대한 관계식 (15.1)은 다음과 같이 정리할 수 있다.

$$T = \rho AV(V_2 - V_1) = \rho AVV_2 = \rho A \frac{V_2}{2} V_2 \tag{15.1}$$

$$T = \frac{\rho A V_2^2}{2}$$

그리고 $V_2 = 2V$이므로 다음과 같이 추력을 표현할 수 있다.

$$T = \frac{\rho A(2V)^2}{2} = \frac{4\rho AV^2}{2} = 2\rho AV^2$$

따라서 공중정지비행 중인 헬리콥터의 회전날개 회전면에서 발생하는 추력은 운동량 이론을 통하여 회전면 면적($A = \pi R^2$)과 유동의 회전날개 통과속도(V) 그리고 유동의 밀도(ρ)로 다음과 같이 나타낼 수 있다.

공중정지비행 중 회전날개 추력: $T = 2\rho AV^2 = 2\rho\pi R^2 V^2$

여기서, R은 회전날개 회전면의 반지름 또는 회전날개의 길이이다. 반대로 공중정지비행 중인 헬리콥터 회전날개의 회전면에서 유도되는 속도(V)는 다음과 같이 추력으로 표현할 수 있다.

$$V = \sqrt{\frac{T}{2\rho A}} = \sqrt{\frac{T}{2\rho\pi R^2}}$$

회전면 하중(Disk Loading, DL)은 고정익기의 익면하중(wing loading)과 비슷한 개념의 성능계수로서 헬리콥터의 중량을 회전날개 회전면의 면적으로 나누어 W/A로 정의한다. 즉, 회전면의 하중이 낮다는 것은 중량이 적고 추력을 발생시키는 회전면 면적이 크기 때문에 헬리콥터의 비행성능이 개선됨을 의미한다. 특히, 공중정지비행 중에는 추력이 중량과 균형을 이루고 있으므로 $T = W$가 된다. 따라서 공중정지비행 중인 헬리콥터의 회전면 하중(DL)을 T/A로 정의할 수 있으므로 위의 추력 관계식을 다음과 같이 나타낼 수 있다.

공중정지비행 중 회전날개의 유도속도: $V = \sqrt{\dfrac{T}{2\rho A}} = \sqrt{\dfrac{T}{2\rho\pi R^2}} = \sqrt{\dfrac{DL}{2\rho}} = \sqrt{\dfrac{W}{2\rho A}}$

엔진 노즐을 아래로 꺾는 독특한 추진계통을 이용하여 추력으로 중량을 지탱하며 공중정지비행을 하는 Lockheed Martin F-35B. 이와 같은 수직이착륙기(Vertical Take Off and Landing, VTOL)는 고정익기지만 헬리콥터와 마찬가지로 공중정지, 수직상승 및 수직하강을 할 수 있다.

CHAPTER 15 SUMMARY

- **회전속도:** $\omega = \dfrac{v}{R}$ (v: 선속도, R: 회전반지름)
- **선속도:** 물체가 회전궤적을 이루며 회전할 때 일정 위치에서의 순간속도. $v = \omega R$
- 선속도는 회전반지름에 비례하므로 헬리콥터의 회전날개 회전축(mast)에서 먼 회전날개깃의 끝단 부분에서 최고로 증가한다. 회전날개깃 끝 속도가 초음속에 도달하면 충격파가 발생하고, 깃 끝단 실속을 유발한다.
- 충격파에 의한 회전날개깃 끝단의 실속을 방지하기 위하여 끝단에 후퇴각(sweepback angle)을 적용하여 상대속도를 낮춘다.
- 회전날개 회전면에서 균일한 양력과 추력을 발생시키기 위하여 깃 전체에 비틀림각(twist angle)을 적용한다.
- **양력 비대칭(dissymmetry of lift):** 전진비행을 시작하면 회전날개 회전면의 전진 및 후진 반원에서 만들어내는 양력의 크기가 달라지는 현상을 말한다. 플래핑 힌지의 설치에 의한 회전날개깃의 플래핑 운동이 양력 비대칭을 해소한다.
- **블로백(blowback):** 헬리콥터가 전진비행을 할 때 반시계 방향으로 회전하는 회전날개깃은 6시 방향에서부터 전진 반원에 들어가면서 상승 플래핑 운동이 시작되어 12시 방향에서 가장 많이 상승하고, 12시 방향을 지나며 하강 플래핑이 시작되어 6시 방향에서 가장 많이 하강한다. 따라서 전진비행을 위하여 앞으로 기울인 회전면이 회전날개의 플래핑 운동 때문에 다시 뒤쪽으로 기울어져 원위치되는 현상을 말한다.
- **역풍지역(reverse flow region):** 헬리콥터가 전진비행을 할 때 회전날개깃의 뒷전(trailing edge) 쪽으로 상대풍이 불어오는 지역으로서 후진 회전날개깃 뿌리(root) 부근이며 역풍은 유동박리와 실속을 유발한다.
- **헬리콥터 고속비행:** 후진 회전날개깃 뿌리(root) 부근에서 역풍이 발생하여 실속하고, 전진 회전날개깃 끝(tip) 최고상대속도 지역에서는 압축성 효과와 충격파가 발생하여 실속한다.
- **회전날개 코리올리 효과(Coriolis effect):** 플래핑 운동에 따른 주 회전날개깃의 질량중심의 위치 변화에 의하여 회전속도가 달라지는 현상으로, 회전날개의 리드-래그 운동을 유발한다.
- **편류경향(drift tendency):** 꼬리회전날개의 추력을 이용하여 주 회전날개의 토크 효과를 상쇄시킬 때, 꼬리회전날개 추력의 영향 때문에 헬리콥터가 꼬리회전날개 추력 방향으로 측면이동하는 현상을 말한다. 주 회전날개의 회전축을 편류경향이 작용하는 방향의 반대쪽으로 경사를 주거나 주기 피치 조종계통을 조작하여 해소한다.
- **전이양력(transitional lift):** 수직비행에서 수평비행으로 전환할 때 회전날개로 유입되는 공기의 속도와 양이 증가하면서 발생하는 양력의 증가분을 말한다.

CHAPTER 15 SUMMARY

- **횡단류 효과**(transverse flow effect): 헬리콥터가 전진비행을 시작할 때 플래핑 운동에 의하여 한쪽으로 기울어지는 현상으로, 가속을 진행하면 횡단류 효과가 사라지며 다시 원래 상태로 복귀한다.

- **와류 고리 상태**(Vortex Ring State, VRS): 하강비행 중 아래에서 회전날개 쪽으로 상향하는 상대유동의 속도와 회전날개에서 발생하여 아래로 향하는 유도속도가 같아질 때 회전날개 끝 주위에서 고리 모양으로 순환하는 와류(vortex)가 형성되는 현상으로, 양력이 급감하여 추락을 유발한다.

- **지면효과**(ground effect): 지면과 가까운 높이에서 비행할 때 지면의 영향으로 회전날개깃 끝 와류의 강도와 크기가 감소하며 양력이 상대적으로 증가하는 현상이다.

- **자동회전비행**(auto-rotation): 헬리콥터가 동력을 상실하여 하강할 때, 아래로부터 유입되는 상대풍을 회전날개가 받아 일정한 회전수를 유지하며 최소한의 양력과 추력으로 안전하게 하강하여 착륙하는 비행방식이다.

- **공중정지비행**(hovering): 회전날개에서 헬리콥터의 중량(중력)과 동일한 크기의 양력을 발생 ($L = W$)시켜서 수직상승 또는 수직하강하지 않고 공중에서 정지하는 비행을 말한다.

- **운동량 보존법칙에 의한 공중정지비행 중 회전날개 추력:**

$$T = 2\rho A V^2 = 2\rho \pi R^2 V^2$$

[ρ: 회전날개 통과 유동의 밀도, A: 회전날개 회전면 면적, V: 회전날개 유도속도, R: 회전날개 회전면 반지름(회전날개 길이)]

- **공중정지비행**(hovering) **중 회전날개 유도속도:**

$$V = \sqrt{\frac{T}{2\rho A}} = \sqrt{\frac{T}{2\rho \pi R^2}} = \sqrt{\frac{W}{2\rho A}} = \sqrt{\frac{DL}{2\rho}}$$

$\left[W: \text{헬리콥터 중량}, DL: \text{회전면 하중(disk loading)}, DL = \frac{W}{A} \right]$

연습문제 및 기출문제

01 헬리콥터가 전진비행을 할 때 주 회전날개 깃의 뒷전으로 상대풍이 불어와서 회전날개 회전면에서 음(−)의 속도 분포를 형성하는 부분을 일컫는 것은?

① 박리지역　② 역풍지역
③ 실속지역　④ 후진지역

해설 역풍지역(reverse flow region)은 헬리콥터가 전진비행을 할 때 회전날개깃의 뒷전(trailing edge) 쪽으로 상대풍이 불어오는 지역으로서 후진 회전날개깃의 뿌리(root) 부근이며 회전날개 유동박리와 실속을 유발한다.

02 헬리콥터의 주 회전날개가 회전할 때, 깃의 질량중심 위치에 따라 회전속도가 달라지는 현상을 설명하는 것은?

① 전이 효과　② 양력 비대칭 효과
③ 코리올리 효과　④ 지면효과

해설 코리올리 효과(Coriolis effect)는 플래핑 운동에 따른 주 회전날개깃의 질량중심의 위치 변화에 의하여 회전속도가 달라지는 현상으로, 회전날개의 리드-래그 운동을 유발한다.

03 헬리콥터가 지면(ground) 근처에서 비행할 때 양력이 증가하는 현상은 무엇인가?

① 전이양력 효과　② 양력 비대칭 효과
③ 지면효과　④ 코리올리 효과

해설 지면효과(ground effect)는 헬리콥터가 지면과 가까운 높이에서 비행할 때 지면의 영향으로 회전날개깃 끝 와류의 강도와 크기가 감소하며 양력이 상대적으로 증가하는 현상이다.

04 헬리콥터의 수직하강속도가 커져서 회전면을 통과하는 공기흐름 속도와 거의 같아질 때, 회전날개의 깃 끝 와류가 회전면을 떠나지 못하는 현상은?

① 와류 고리 상태　② 지면효과
③ 풍차 효과　④ 자동회전 상태

해설 와류 고리 상태(Vortex Ring State, VRS)는 하강비행 중 아래에서 회전날개 쪽으로 상향하는 상대유동의 속도와 회전날개에서 발생하여 아래로 향하는 유도속도가 같아질 때, 회전날개 끝 주위에서 고리 모양으로 순환하는 와류(vortex)가 형성되는 현상으로서 양력이 급감하여 추락을 유발한다.

05 헬리콥터가 전후좌우의 방향으로 이동하지 않고 일정한 고도를 유지하며 공중에 떠 있는 비행방식은?

① 전이비행　③ 오토자이로
③ 플래핑　④ 호버링

해설 공중정지비행(hovering)은 회전날개에서 헬리콥터의 중량(중력)과 동일한 크기의 양력을 발생($L = W$)시켜서 수직상승 또는 수직하강하지 않고 공중에서 정지하는 비행패턴이다.

06 다음 중 헬리콥터 회전면 하중(disk loading)에 대하여 바르게 정의한 것은?

① 헬리콥터 항력/회전날개 회전면의 면적
② 헬리콥터 무게/회전날개 회전면의 면적
③ 헬리콥터 항력/회전날개깃의 길이
④ 헬리콥터 무게/회전날개깃의 길이

해설 회전면 하중(Disk Loading, DL)은 고정익기의 익면하중(wing loading)과 비슷한 개념의 성능계수로, 헬리콥터의 중량(무게)을 회전날개 회전면 면적으로 나누어 $DL = \dfrac{W}{A} = \dfrac{W}{\pi R^2}$ 로 정의한다.

07 헬리콥터가 비행기처럼 고속으로 비행할 수 없는 이유로 틀린 것은? [항공산업기사 2019년 2회]

① 후퇴하는 깃의 날개 끝 실속 때문에
② 후퇴하는 깃 뿌리의 역풍 범위 때문에
③ 전진하는 깃 끝의 마하수의 영향 때문에
④ 전진하는 깃 끝의 항력이 감소하기 때문에

해설 헬리콥터가 고속으로 비행하면 후퇴 회전날개깃 뿌리(root) 부근에서는 역풍이 발생하여 실속하고, 전진날개깃 끝(tip) 최고상대속도 지역에서는 압축성 효과와 충격파가 발생하여 실속하기 때문이다.

정답 1. ②　2. ③　3. ③　4. ①　5. ④　6. ②　7. ④

08 헬리콥터가 공중정지비행(호버링)할 때 회전날개의 유도속도를 바르게 정의한 것은? (ρ: 회전날개 통과 공기밀도, T: 회전날개 추력, A: 회전날개 회전면 면적)

① $v = \sqrt{\dfrac{\rho}{2TA}}$ ② $v = \sqrt{\dfrac{2\rho T}{A}}$

③ $v = \sqrt{\dfrac{2T}{\rho A}}$ ④ $v = \sqrt{\dfrac{T}{2\rho A}}$

해설 공중정지비행(hovering) 중 회전날개에서 발생하는 유도속도는

$$V = \sqrt{\dfrac{T}{2\rho A}} = \sqrt{\dfrac{T}{2\rho\pi R^2}} = \sqrt{\dfrac{W}{2\rho A}} = \sqrt{\dfrac{DL}{2\rho}}$$

로 정의한다. 여기서, W는 헬리콥터 중량이고, DL은 회전면 하중(disk loading)이다.

09 헬리콥터에서 양력 불균형이 일어나지 않도록 하는 주 회전날개깃의 플래핑 작용의 결과로 나타나는 현상으로 옳은 것은?
[항공산업기사 2018년 4회]

① 후퇴하는 깃에는 최대상향 변위가 기수 전방에서 나타난다.
② 후퇴하는 깃에는 최대상향 변위가 기수 후방에서 나타난다.
③ 전진하는 깃에는 최대상향 변위가 기수 후방에서 나타난다.
④ 전진하는 깃에는 최대상향 변위가 기수 전방에서 나타난다.

해설 회전날개깃이 전진 반원에 들어가면 상대속도가 빨라져서 양력이 증가하고, 따라서 플래핑 힌지에 의하여 회전날개깃이 위로 상승하는 플래핑 운동이 일어난다. 반대로 후진 반원에 들어가면 상대속도가 감소하여 회전날개깃이 하강하는 플래핑 운동이 나타난다. 따라서 전진 반원의 끝인 12시 방향(기수 전방)에서 회전날개깃이 가장 많이 상승하고, 후진 반원의 끝인 6시 방향에서 가장 많이 하강한다.

10 다음과 같은 [조건]에서 헬리콥터의 원판하중은 약 몇 kgf/m²인가? [항공산업기사 2019년 1회]

- 헬리콥터의 총중량: 800 kgf
- 엔진출력: 160 HP
- 회전날개의 반지름: 2.8 m
- 회전날개깃의 수: 2개

① 25.5   ② 28.5
③ 30.5   ④ 32.5

해설 회전면 하중(원판 하중)은
$$DL = \dfrac{W}{A} = \dfrac{W}{\pi R^2} = \dfrac{800 \text{ kgf}}{\pi \times (2.8 \text{ m})^2} = 32.5 \dfrac{\text{kgf}}{\text{m}^2}$$이다.

11 헬리콥터 회전날개의 추력을 계산하는 데 사용되는 이론은? [항공산업기사 2018년 2회]

① 엔진의 연료소비율에 따른 연소이론
② 로터 블레이드의 코닝각의 속도변화 이론
③ 로터 블레이드의 회전관성을 이용한 관성이론
④ 회전면 위에서의 공기 유동량과 회전면 아래에서의 공기 유동량의 차이를 운동량에 적용한 이론

해설 운동량 보존의 법칙을 기준으로 하여 회전면을 지나는 공기 유동의 회전면 전후의 운동량 차이로 회전면에서 만들어지는 추력을 계산할 수 있다.

12 헬리콥터가 전진비행을 할 때 주 회전날개의 전진깃과 후진깃에서 발생하는 양력 차이를 보정해 주는 장치는? [항공산업기사 2016년 1회]

① 플래핑 힌지(flapping hinge)
② 리드-래그 힌지(lead-lag hinge)
③ 동시 피치 제어간(collective pitch control lever)
④ 사이클릭 피치 조종간(cyclic pitch control lever)

정답 8. ④ 9. ④ 10. ④ 11. ④ 12. ①

해설 회전날개계통에 플래핑 힌지를 설치하여 발생하는 회전날개깃의 플래핑 운동으로 양력 비대칭을 해소할 수 있다.

13 헬리콥터의 제자리 비행 시 발생하는 전이성향 편류를 옳게 설명한 것은?

[항공산업기사 2018년 1회]

① 주 로터가 회전할 때 토크를 상쇄하기 위해 미부로터가 수평추력을 발생시키는 것
② 단일로터 헬리콥터에서 주 로터와 미부로터의 추력이 효과적인 균형을 이룰 때 헬리콥터가 옆으로 흐르는 현상
③ 종렬로터와 동축로터 시스템의 헬리콥터에서 토크를 장비하기 위한 로터가 상호 반대로 회전하는 것
④ 헬리콥터의 주 로터 회전 방향의 반대 방향으로 동체가 돌아가려는 성질

해설 편류경향(drift tendency)은 꼬리회전날개의 추력을 이용하여 주 회전날개의 토크효과를 상쇄시킬 때, 꼬리회전날개 추력의 영향 때문에 헬리콥터가 꼬리회전날개 추력 방향으로 측면 이동하는 현상이다.

14 헬리콥터에서 회전날개의 회전 위치에 따른 양력 비대칭 현상을 없애기 위한 방법은?

[항공산업기사 2018년 1회]

① 회전깃에 비틀림을 준다.
② 플래핑 힌지를 사용한다.
③ 꼬리회전날개를 사용한다.
④ 리드-래그 힌지를 사용한다.

해설 양력 비대칭(dissymmetry of lift)은 헬리콥터가 전진비행을 시작하면 회전날개 회전면 전진 및 후진 반원에서 만들어 내는 양력의 크기가 달라지는 현상으로, 회전날개계통에 플래핑 힌지를 설치하여 발생하는 회전날개깃의 플래핑 운동으로 양력 비대칭을 해소할 수 있다.

15 헬리콥터의 자동회전(auto-rotation) 비행에 대한 설명이 아닌 것은?

[항공산업기사 2015년 1회]

① 호버링의 일종으로 양력과 무게의 균형을 유지한다.
② 기관이 고장났을 경우, 로터블레이드의 독립적인 자유회전에 의한 강하비행을 말한다.
③ 위치에너지를 운동에너지로 바꾸면서 무동력으로 하강하는 것이다.
④ 공기흐름은 상향 공기흐름을 일으켜 착륙에 필요한 양력을 발생시킨다.

해설 자동회전비행(auto-rotation flight)은 헬리콥터가 동력을 상실하여 하강할 때, 아래로부터 유입되는 상대풍을 회전날개가 받아 일정한 회전수를 유지하며 최소한의 양력과 추력으로 안전하게 하강하여 착륙하는 비행방식이다. 헬리콥터의 양력과 중량(무게)이 균형을 유지한다면 하강하거나 상승하지 않고 공중에서 정지(hovering)하게 된다.

정답 13. ② 14. ② 15. ①

참고문헌
REFERENCES

- *Aircraft Maintenance Technician Handbook-General: FAA-H-8083-30A*, Federal Aviation Administration, 2018.
- Anderson, John D., *Aircraft Performance and Design*. McGraw-Hill Education, 1999.
- Anderson, John D., *Fundamentals of Aerodynamics*, 6th ed., McGraw-Hill Education, 2018.
- Anderson, John D., *Introduction to Flight*, 8th ed., McGraw-Hill Education, 2015.
- Abzug, Malcolm J. and Larrabee, E. Eugene, *Airplane Stability and Control: A History of the Technologies that Made Aviation Possible*, 2nd ed., Cambridge University Press, 2005.
- Barnard, R. H. and Philpott D. R., *Aircraft Flight: A Description of the Physical Principles of Aircraft Flight*, 4th ed., Pearson Prentice Hall, 2010.
- Barnard, R. H., Philpott, D. R., and Kermode, A. C., *Mechanics of Flight*, 11th ed., Pearson Prentice Hall, 2006.
- *Helicopter Flying Handbook: FAA-H-8083-21B*, Federal Aviation Administration, 2019.
- *Helicopter Instructor's Handbook: FAA-H-8083-4*, Federal Aviation Administration, 2012.
- Larrimer, Bruce I., *Beyond Tube and Wing: The X-48 Blended Wing-Body and NASA's Quest to Reshape Future Transport Aircraft*, NASA Aeronautics Book Series, NASA, 2020.
- Leishman, Gordon J., *Principles of Helicopter Aerodynamics*, Cambridge University Press, 2006.
- McCormick, Barnes W., *Aerodynamics, Aeronautics, and Flight Mechanics*, 2nd ed., John Wiley & Sons, Inc., 1995.
- Nelson, Robert C., *Flight Stability and Automatic Control*, 2nd ed., Mcgraw-Hill, 1997.
- Phillips, Warren F., *Mechanics of Flight*, John Wiley & Sons, Inc., 2004.
- *Principles of Flight*, 4th ed., Oxford Aviation Academy Ltd., 2008.
- Raymer, Daniel P., *Aircraft Design: A Conceptual Approach*, 6th ed., American Institute of Aeronautics and Astronautics Inc., 2018.

- Roskam, Jan and Lan, Chuan-Tau, *Airplane Aerodynamics and Performance*, DARcorporation, 2003.
- Roskam, Jan, *Airplane Flight Dynamics and Automatic Flight Controls: Part I*, DARcorporation, 2001.
- *Rotorcraft Flying Handbook: FAA-H-8083-21*, Federal Aviation Administration, 2000.
- Seddon, John M. and Newman, Simon, *Basic Helicopter Aerodynamics*, 3rd ed., John Wiley & Sons, Inc., 2011.
- Talay, Theodore A., *Introduction to the Aerodynamics of Flight*, NASA SP-367, Scientific and Technical Information Office, NASA, 1975.
- Tewari, Ashish, *Basic Flight Mechanics: A Simple Approach Without Equations*, 1st ed., Springer, 2016.
- 나카무라 간지, 권재상 역, 알기 쉬운 항공역학, 북스힐, 2017.
- 나카무라 간지, 김정환 역, 비행기 조종교과서, 보누스, 2016.
- 윤선주, 항공역학, 성안당, 2012.
- 윤용현, 비행역학, 경문사, 2011.
- 이상종, 항공계기시스템, 성안당, 2019.
- Anderson, John D., 변영환·김창주·박수형 공역, 항공우주 비행원리, 텍스트북스, 2017.
- 장조원, 비행의 시대: 77가지 키워드로 살펴보는 항공 우주 과학 이야기, 사이언스북스, 2015.

[참고 사이트]

http://www.b737.org.uk
https://skybrary.aero
https://www.wikipedia.org
https://www.airliners.net
https://www.boldmethod.com

찾아보기
INDEX

가로세로비(aspect ratio) 54
가로 안정성(lateral stability) 248
가속도(acceleration, a) 5
가속도의 법칙(the law of acceleration) 26
각속도(angular velocity) 13
각운동량(angular momentum) 27
각운동량 보존의 법칙(the law of angular momentum) 27
간섭항력(interference drag) 51
감속 낙하산(drag chute) 232
경계층 펜스(boundary layer fence) 323
경사각(bank angle, ϕ) 75
경사판(swash plate) 387
경제순항방식(economical cruise, ECON) 144
계기착륙(instrument landing) 219
계기착륙장치(Instrument Landing System, ILS) 219
고속 도움날개(high-speed aileron) 349
고속 버피팅(high-speed buffeting) 193, 315
고양력장치(high-lift device) 45, 112
고정경사판(stationary swash plate) 387
공기의 기체상수 17
공력중심(aerodynamic center, ac) 253
공력 커플링(aerodynamic coupling) 311
공중부양속도(V_{LOF}) 102

공중이륙거리 104
공중정지비행(hovering) 425
공중착륙거리 224
관성(inertia) 26
관성 옆놀이 커플링(inertial-rolling coupling) 311
관성의 법칙(the law of inertia) 26
관성 커플링(inertial coupling) 311
균형 선회비행(coordinated turning flight) 173
글라이더 슬로프(glider slope) 219
급강하 205
급강하속도(dive speed) 205
기관계기 333
기본 물리량 4
기수 방향 조종(heading control) 392
깃끝 경로면(tip-path plane) 375
꼬리회전날개(tail rotor) 377

나선 불안정(spiral divergence) 304
난류 경계층(turbulent boundary layer) 49
날개 끝 와류(wing tip vortex) 53, 111
날개 드롭(wing drop) 316
날개효율계수(Oswald's factor) 54
내리흐름(down wash) 53, 111, 418
뉴턴의 가속도법칙 7

뉴턴의 제1법칙 26
뉴턴의 제2법칙 7
뉴턴의 제3법칙 26

ㄷ

단일 회전날개형(single rotor) 378
단주기운동 300
더치롤(Dutch roll) 305
도살 핀(dorsal fin) 288, 290
도움날개(aileron) 346
동력 11
동시 피치 조종 388
동시 피치 조종간 388
동압(dynamic pressure) 15
동적 세로 안정성 300
동적 안정성(positive dynamic stability) 247
동적으로 불안정(negative dynamic stability) 247
동적 중립(neutral dynamic stability) 247
동축 회전날개형(coaxial rotor) 380
뒷전 플랩(trailing-edge flap) 113
등속비행(steady flight) 7
디퍼렌셜(differential) 도움날개 352
디프 실속(deep stall) 322

ㄹ

러더베이터(ruddervator) 20, 355
러더페달(rudder pedal) 338
레이놀즈수(Reynolds number) 40
로컬라이저 219
리드-래그 댐퍼(lead-lag damper) 385, 412
리드-래그 운동(lead-lag motion) 385

리드-래그 힌지(lead-lag hinge) 385, 412

ㅁ

마력(horse power) 11
마이크로버스트(microburst) 223
마찰력(frictional force, F_f) 65
마하 버피팅(Mach buffeting) 315
마하수(Mach number) 40, 135
마하 턱(Mach tuck) 313
마하 트리머(Mach trimmer) 314
모멘트(moment) 10
무게(weight) 8
무게중심(center of gravity, cg) 10, 250, 252
물리량(physical quantity) 4
밀도 16

ㅂ

바이패스비(By Pass Ratio, BPR) 58
받음각(angle of attak, α) 20, 74
방위각(heading angle, ψ) 75
방향 불안정(directional divergence) 303
방향 안정성(directional stability) 248
방향타(rudder) 20, 353
배풍(tail wind) 110
버피팅(buffeting) 315
베르누이 방정식(Bernoulli's equation) 16, 29, 427
벡터(vector) 18
벤투리관(venturi tube) 32
벤투리 효과(venturi effect) 32
벤트럴 핀(ventral fin) 288, 290
변속기 373

복행(go-around) 222
붙임각(angle of incidence) 74, 83
비압축성 유동(incompressible flow) 23, 30
비연료소모율(Specific Fuel Consumption, SFC) 154
비열비(specific heat ratio) 135
비체적(specific volume, v) 17
비틀림각(twist angle) 404
비행경로각(flight path angle, γ) 74
비행계기 333
비행관리시스템(Flight Management System, FMS) 340
비행역학(flight mechanics) 4
빗놀이 모멘트(yawing moment) 11
빗놀이 모멘트계수(C_N) 286

상대풍(relative wind) 19
상반각(dihedral angle) 278
상승각(climb angle) 126
상승률(rate of climb, R/C) 129, 130
상승비행 126
상태량(property) 15
서보탭(servo tab) 358
선속도(linear velocity) 13, 27, 402
선회경사각(bank angle) 172, 174
선회반지름 175
선회비행(turning flight) 172
선회비행 양력 175
선회비행 운동방정식 173
선회율(rate of turn, ω) 176
선회하중배수 175
설계급강하속도(V_D) 193

설계기동속도(V_A) 189
설계돌풍속도(V_B) 192
설계순항속도(V_C) 193
설계제한 하중배수(n_{max}) 187
세로 안정성(longitudinal stability) 248
세로 안정성 관계식 260
속도(velocity, V) 5
수직 상승비행 128
수직 스핀(steep spin) 320
수직안정판 281, 288
수직하강 205
수직하강(급강하) 운동방정식 205
수평 스핀(flat spin) 320
수평안정판 체적계수 260
순항비행(cruise flight) 143
스칼라 18
스태빌레이터 342
스탭업 순항(step up cruise) 145
스트레이크(strake) 117
스포일러(spoiler) 230, 347
스플릿 러더(split rudder) 355
스피드 브레이크(speed brake) 231
스핀(spin) 317
슬랫(slat) 45
슬롯(slot) 113
승강타(elevator) 20, 100, 342
시계착륙(visual landing) 219
실속(stall) 42, 317
실속받음각(α_s) 42
실속속도(stall speed, V_s) 43, 189
실용상승한계(service ceiling) 137
쌍회전날개형(tandem rotor) 378

압력(p) 15
압력중심(center of pressure, cp) 40, 252
압력항력(pressure drag) 49
앞전 플랩(leading-edge flap) 113
앞 착륙장치(Nose Landing Gear, NLG) 221
양력(lift) 39
양력계수(lift coefficient) 40
양력 비대칭(dissymmetry of lift) 현상 406
양항비(lift to drag ratio, L/D) 81
에너지(energy, E) 9
에너지 보존의 법칙(the law of conservation of energy) 29, 428
엔진 나셀 스트레이크(engine nacelle strake) 118
엘러본(elevon) 344
역빗놀이(adverse yaw) 352
역추력장치(thrust reverser) 233
역토크(counter torque) 377
역풍지역(reverse flow region) 410
연속방정식(continuity equation) 23, 427
옆놀이 모멘트(rolling moment) 11, 275
옆놀이 모멘트계수 275
옆놀이-빗놀이 커플링(roll-yaw coupling) 302, 354
옆미끄럼각(sideslip angle, β) 20, 75, 274
오버런(overrun) 228
오버행(overhang) 밸런스 357
온도(temperature) 17
와류 고리 상태(Vortex Ring State, VRS) 418
왕복엔진(reciprocating engine) 60
요 댐퍼(yaw damper) 309
운동량(momentum) 6

운동량 방정식(momentum equation) 25, 425
운동량 보존의 법칙(the law of conservation of momentum) 6, 24, 426
운동에너지(kinetic energy) 29
운항공허중량 103
원심력(centrifugal force) 172, 374
원심력(centrifical force, F_c) 66
위치에너지(potential energy) 29
윈드시어(wind shear) 223
윙렛(winglet) 55
유도항력(induced drag) 54
유동 15
유동박리(flow separation) 42
유효전이양력(Effective Transitional Lift, ETL) 414
이륙거리 104
이륙결정속도 101
이륙상승거리 104
이륙안전속도 103
이륙전환거리 104
이륙전환속도 102
이륙활주거리 104
이륙활주거리 계산식 108
이륙회전거리 104
이상기체(ideal gas) 17
이상기체 상태방정식 17
이용동력(power available, P_A) 13, 87
이용추력(available thrust, T_A) 82
익면하중(wing loading, W/S) 46
인세트(inset) 밸런스 357
일(work, W) 9, 11
일률(power) 11
임계마하수(critical Mach number, M_{cr}) 135

잉여동력(excess power, ΔP) 130
잉여추력(excess thrust, ΔT) 129

ㅈ

자동비행조종(autopilot) 340
자동추력조종(auto-throttle) 340
자동회전비행(auto-rotation flight) 423
자이로 섭동성(gyroscopic precession) 390, 416
작용-반작용의 법칙(the law of action-reaction) 26, 376
장주기운동 301
저속 도움날개(low-speed aileron) 350
전 항력(total drag) 56
전단응력(shear stress) 40
전압(total pressure) 15
전이양력(transitional lift) 414
전익기(全翼機) 47
전진 반원(advancing side) 406
절대상승한계(absolute ceiling) 136
절대온도 18
정압(static pressure) 15
정적 가로 안정성(lateral static stability) 274
정적 가로 안정 판별식 277
정적 방향 안정성(directional static stability) 285
정적 방향 안정 판별식 288
정적 불안정(negative static stability) 246
정적 세로 안정성(longitudinal static stability) 249
정적 세로 안정 판별식 252
정적 안정(positive static stability) 246
정적 안정성(static stability) 246
정적 여유 263
정풍(head wind) 110

제동마력(Break Horse Power, BHP) 89, 154
제트기의 최장거리 양항비 조건 150
제트기의 최장거리 항력비 조건 151
제트기의 최장시간 양항비 조건 146
제트기의 최장시간 항력비 조건 148
제트기의 항속거리 계산식 161
제트기의 항속시간 계산식 155
조종간 338
조종력(stick force) 357
조종성(controllability) 244
조파항력(wave drag) 52
종극속도(terminal velocity) 205
주기 피치 조종 390
주기 피치 조종간 390
주 착륙장치(Main Landing Gear, MLG) 221
중량(weight) 8, 39
중력(gravity) 8
중력가속도 8
중립점(neutral point, np) 262
지면효과(ground effect) 111, 421
지상이륙거리 104
지상착륙거리 224
진자효과(pendulum effect) 285
질량(mass) 8
질량 밸런스(mass balance) 361
질량 보존의 법칙(the law of conservation of mass) 23, 426
질량유량(mass flow rate) 23, 426

ㅊ

차륜 브레이크 229
착륙 216

착륙거리(S_L) 224
착륙기준속도 216
착륙 받음각 217
착륙장치 373
착륙 플레어(landing flare) 221
착륙하강거리 224
착륙활주거리 225
착륙활주거리 계산식 227
착륙활주 운동방정식 226
착륙회전거리 224
착지속도 216
최고속도 134
최대무연료중량 103
최대받음각(α_{max}) 42
최대양력계수($C_{L_{max}}$) 42
최대 운용 마하수(maximum operating Mach number, M_{MO}) 135
최대이륙중량 103
최대이용동력($P_{A_{max}}$) 90
최대이용추력($T_{A_{max}}$) 87
최대착륙중량(Maximum Landing Weight, MLW) 104, 218
최소 필요동력 89
최소 필요추력($T_{R_{min}}$) 84
최장거리 순항방식(Long Range Cruise, LRC) 144
최장시간 순항방식(Maximum Range Cruise, MRC) 144
추력(thrust, T) 57
추력당 연료소모율(Thrust Specific Fuel Consumption, TSFC) 154
추력 대 중량비(thrust to weight ratio, T/W) 82
추력 조절 손잡이(twist grip throttle) 389
충격파(shock wave) 312

측력(side force) 281
측풍착륙(cross-wind landing) 222
층류 경계층(laminar boundary layer) 49

카나드(canard) 344
코닝각(coning angle) 374
코리올리 효과(Coriolis effect) 28, 320, 411
키놀이 모멘트 10, 250
키놀이 모멘트계수 250

터보샤프트(turboshaft)엔진 60
터보제트엔진 58
터보팬(turbofan)엔진 58
터보프롭(turboprop)엔진 59
턱 언더(tuck under) 313
테일 붐(tail boom) 378
테일 스트라이크(Tail strike) 120
토크(torque) 10
토크 효과(torque effect) 377
트림(trim) 118, 244
트림탭(trim tab) 360

파울러 플랩(fowler flap) 114
페달(pedal) 393
페더링 운동(feathering motion) 384
페더링 힌지 384
편류경향(drift tendency, translating tendency) 413
편향 회전날개형(tilt rotor) 381

평균공력시위(Mean Aerodynamic Chord, MAC) 11
평플랩(plain flap) 114
평형탭(balance tab) 358
표면마찰계수(μ) 105
표면마찰항력(skin friction drag) 49
풍동(wind tunnel) 41
프로펠러기의 최장거리 양항비 조건 152
프로펠러기의 최장거리 항력비 조건 152
프로펠러기의 최장시간 양항비 조건 148
프로펠러기의 최장시간 항력비 조건 150
프로펠러기의 항속거리 계산식 164
프로펠러기의 항속시간 계산식 158
프리즈(frise) 도움날개 352
플래핑 운동(flapping motion) 385, 406
플래핑 힌지(flapping hinge) 385, 406
플랩(flap) 45, 113
플러터(flutter) 361
피치각(pitch angle, θ) 74, 383
피치 로드(pitch rod) 384
피치업(pitch up) 323
필요동력(power required, P_R) 13, 87
필요추력(required thrust, T_R) 82

하강(descent) 202
하강률(rate of descent, R/D) 203, 204
하강비행 운동방정식 202
하중배수(load factor) 175, 186
항공계기(aircraft instrument) 333
항공기 자중 103

항력(drag, D) 38, 47
항력계수 47
항법계기 333
항속거리(range) 153
항속시간(endurance) 153
헬리콥터(helicopter) 372
혼(horn) 밸런스 357
혼합 회전날개형(compound rotor) 382
활공각 209
활공거리 209
활공기(glider) 206
활공비행(gliding flight) 206
활공비행 운동방정식 208
회전경사판(rotating swash plate) 387
회전날개깃(rotor blade) 372, 374
회전날개깃 끝의 와류(blade tip vortex) 418
회전날개의 유도속도 430
회전날개 추력 430
회전날개 회전면 375
회전력(torque) 10, 376
회전면 블로백(blow back) 410
회전면 하중(Disk Loading, DL) 430
회전반지름(R) 27
회전속도(rotational velocity, ω) 13, 27, 402
회전익기(rotorcraft) 372
회항(diversion) 222
횡단류 효과(transverse flow effect) 416
후진 반원(retreating side) 406
후퇴각(sweepback angle) 53, 280, 404
힘(force, F) 6

기타

Blended Wing Body(BWB) 47
CDU(Control Display Unit) 337
EICAS(Engine Indications and Crew Alerting System) 336
fly-by-wire(FBW) 339
LEX(Leading Edge Extension) 117
loop 비행 181
loop 비행 선회반지름 183
MFD(Multi-Functional Display) 337
ND(Navigation Display) 335
PFD(Primary Flight Display) 335
pull down 비행 179
pull down 비행 운동방정식 180
pull down 선회반지름 180
pull up 비행 178
pull up 비행 운동방정식 178
pull up 선회반지름 179
rudder toe in 343
Trimmable Horizontal Stabilizer(THS) 120, 346
$V-n$ 선도($V-n$ diagram) 187

Principles of Flight

항공종사자를 위한
비행의 원리

2022. 2. 23. 초 판 1쇄 인쇄
2022. 3. 3. 초 판 1쇄 발행

지은이 | 진원진
펴낸이 | 이종춘
펴낸곳 | BM ㈜도서출판 성안당

주소 | 04032 서울시 마포구 양화로 127 첨단빌딩 3층(출판기획 R&D 센터)
     | 10881 경기도 파주시 문발로 112 파주 출판 문화도시(제작 및 물류)
전화 | 02) 3142-0036
     | 031) 950-6300
팩스 | 031) 955-0510
등록 | 1973. 2. 1. 제406-2005-000046호
출판사 홈페이지 | www.cyber.co.kr
ISBN | 978-89-315-3383-5 (93550)
정가 | 32,000원

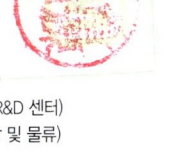

이 책을 만든 사람들
책임 | 최옥현
진행 | 이희영
교정·교열 | 이희영
본문 디자인 | 파워기획
표지 디자인 | 박현정
홍보 | 김계향, 이보람, 유미나, 서세원
국제부 | 이선민, 조혜란, 권수경
마케팅 | 구본철, 차정욱, 나진호, 이동후, 강호묵
마케팅 지원 | 장상범, 박지연
제작 | 김유석

이 책의 어느 부분도 저작권자나 BM ㈜도서출판 성안당 발행인의 승인 문서 없이 일부 또는 전부를 사진 복사나 디스크 복사 및 기타 정보 재생 시스템을 비롯하여 현재 알려지거나 향후 발명될 어떤 전기적, 기계적 또는 다른 수단을 통해 복사하거나 재생하거나 이용할 수 없음.

※ 잘못된 책은 바꾸어 드립니다.

Principles of Flight